香乘
xiang sheng

珍藏版

上

[明]
周嘉胄
著

明洲
注

九州出版社

图书在版编目（CIP）数据

香乘：珍藏版 /（明）周嘉胄著；明洲注. 北京：九州出版社，2025. 4. -- ISBN 978-7-5225-3670-5

Ⅰ．TQ65

中国国家版本馆CIP数据核字第2025YT6057号

香乘：珍藏版

作　者	［明］周嘉胄 著　明洲 注
选题策划	于善伟
责任编辑	于善伟
封面设计	吕彦秋
出版发行	九州出版社
地　址	北京市西城区阜外大街甲35号（100037）
发行电话	（010）68992190/3/5/6
网　址	www.jiuzhoupress.com
印　刷	鑫艺佳利（天津）印刷有限公司
开　本	880毫米×1230毫米　32开
印　张	37.75
字　数	750千字
版　次	2025年5月第1版
印　次	2025年5月第1次印刷
书　号	ISBN 978-7-5225-3670-5
定　价	198.00元

★ 版权所有　侵权必究 ★

香乘卷之三

明淮海周嘉胄江左纂輯

香品 隨品附事實

龍腦香

龍腦香卽片腦金光明經名羯婆羅香膏名婆律香

西方抹羅短吒國在南印度境有羯婆羅香樹松身異葉花果斯別初採旣濕尚未有香木乾之後循理而析其中有香狀如雲母色

香乘

天

早稻田大学图书馆藏（曾由无碍庵收藏）　　清初抄本《香乘》

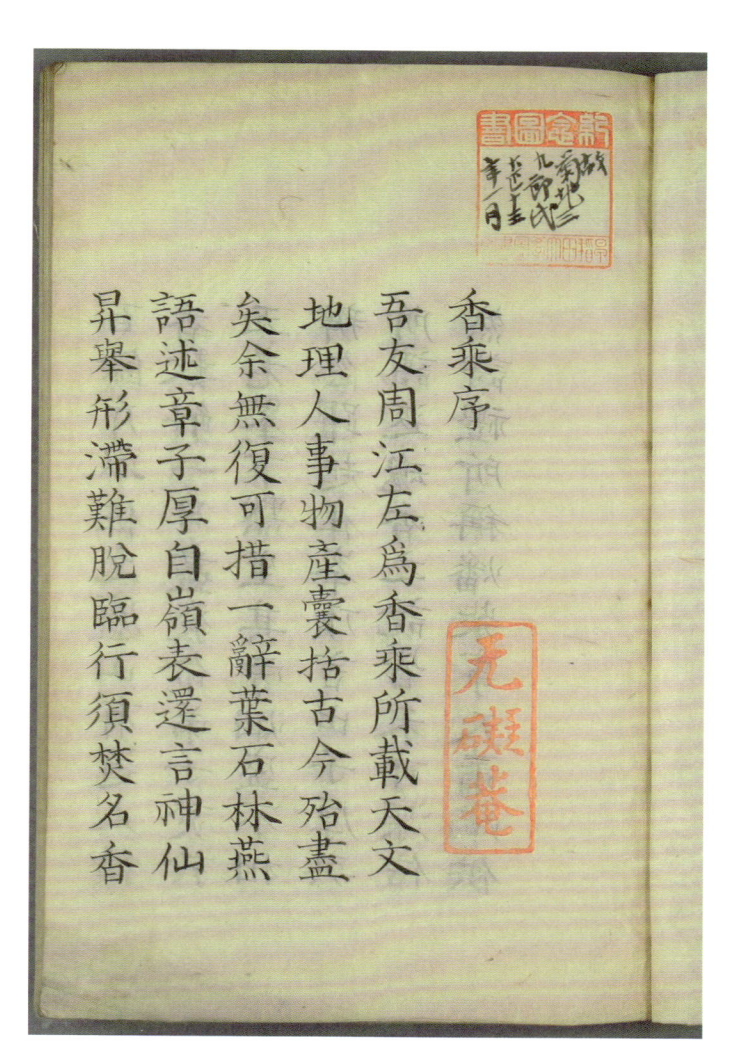

香乘序

吾友周江左為香乘所載天文
地理人事物產囊括古今殆盡
矣余無復可措一辭葉石林燕
語述章子厚自嶺表還言神仙
昇舉形滯難脫臨行須焚名香

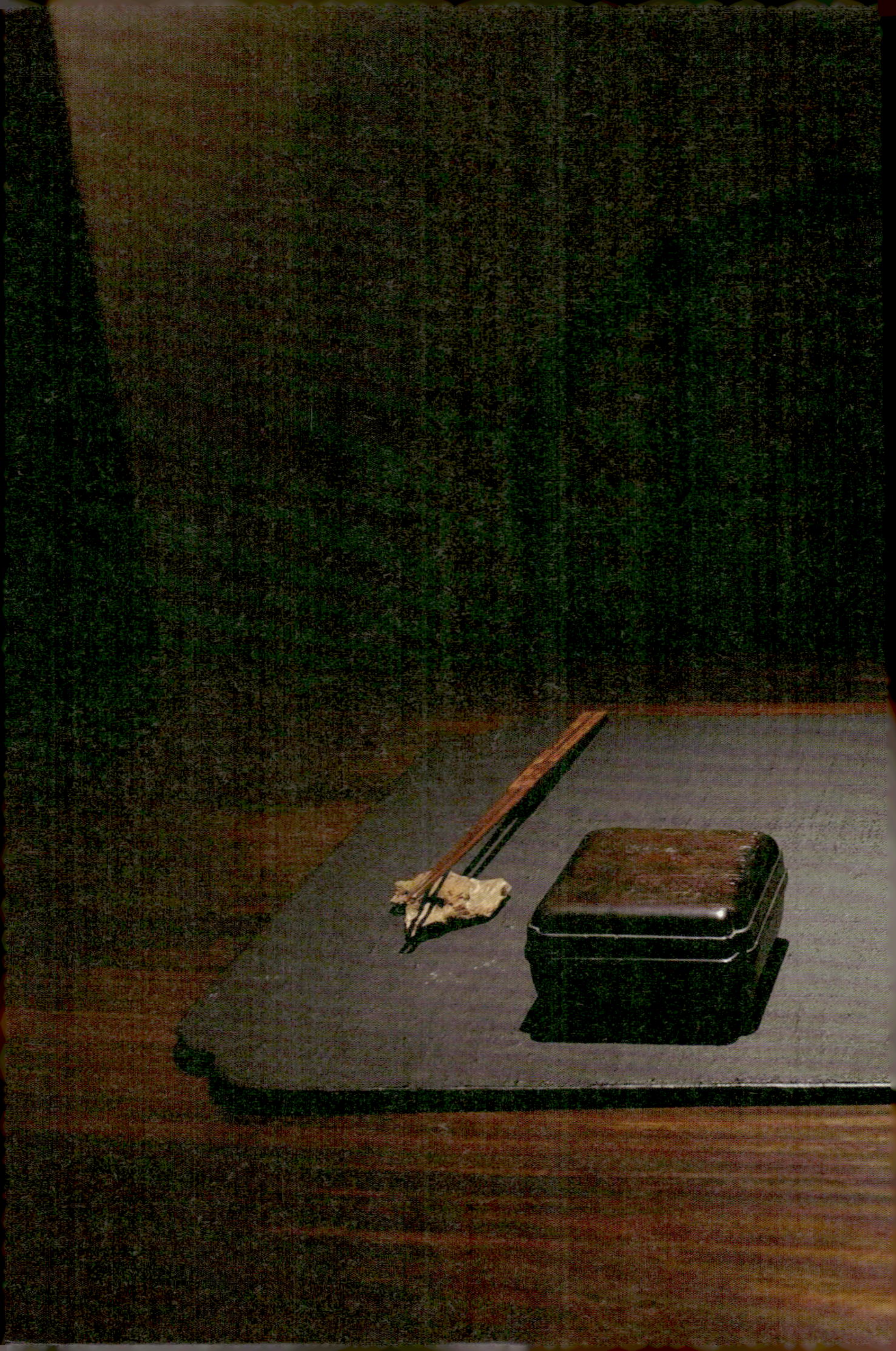

香席　无双阁香馆供图

香席　无双阁香馆供图

越南芽庄沉水黄土沉香（黄奇）725克　　　　越南芽庄沉香（363克）
　　　　李士海供图　　　　　　　　　　　　　　罗子杰供图

越南沉水土沉香（紫奇）1205克　　　　　　　张良维供图

越南生木沉香（黑奇）1197克　　　　　　　张良维供图

越南芽庄沉水黄土沉香（黄奇）725克　　　　　　李士海供图

海南沉水香山子　　　　　　张晓武供图

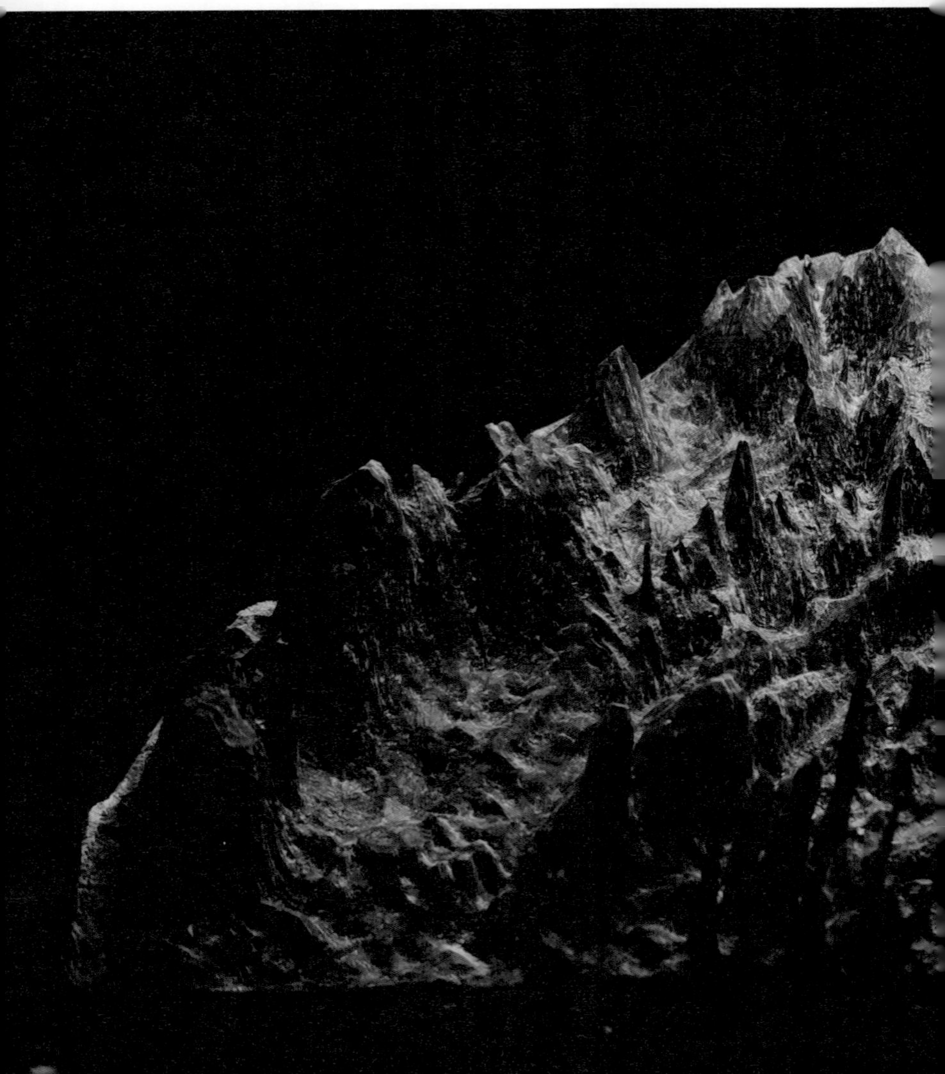

海南沉香山子　　　　　　　　　　　　　　　　十三先生供图

乳香（绿乳），产于阿曼佐法尔省　　　　　　　　见闻香堂供图

印度迈索尔老山檀　　　　　　　　　　　　　　　张朋供图

苏门答腊安息香　　　　　　　　　　　　见闻香堂供图

泰国安息香　　　　　　　　　　　　　　见闻香堂供图

也门龙涎香（1200克） 陆士杰供图

麝香香囊　　　　　　　　　　　　　　　张朋供图

产自新疆和田的成熟榅桲果,现在制香者也用来替代鹅梨制作鹅梨帐中香。
见闻香堂供图

榄脂香,橄榄树脂自然氧化而成,呈黑白相间状,外表坚硬,内里柔软。
见闻香堂供图

印尼龙脑香树自然凝结的龙脑香，裹挟着褐红色树粉，古人谓之"赤苍脑"。
见闻香堂供图

榠楂，产自秦岭，每年十月成熟。　　　　　　见闻香堂供图

茶水浸泡檀香去燥　　　　　　　　见闻香堂供图

阴干中的酒浸柏子　　　　　　　　　　　　　见闻香堂供图

酒蜜浸泡茅香　　　　　　　　　　　　　　见闻香堂供图

炭灰水煮甲香去腥　　　　　　见闻香堂供图

酒蜜煎甲香去腥气　　　　　　　　见闻香堂供图

苏合香树皮压榨而出的苏合油　　　　　见闻香堂供图

玄参切片 见闻香堂供图

当代手工制香　　　　　　　　　　　　　　　　　　　张朋供图

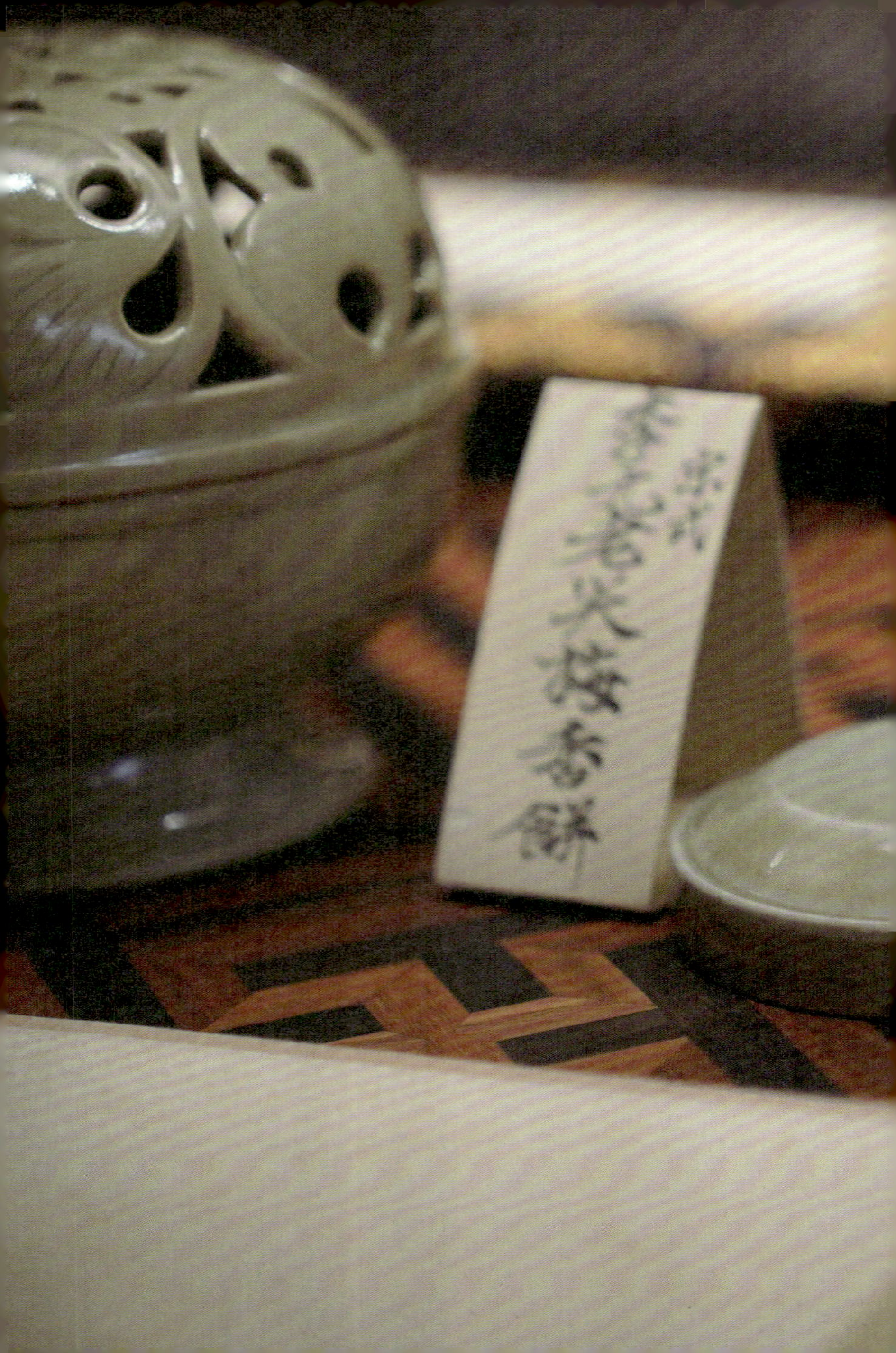

宋李元老笑梅香复刻　　　　　　　　昌殊供图

宋代大衍篆香复刻　　　　　　　　　　昌殊供图

日本大内山乾香（香陀），大内山是日本最古制香流派，保留了中国宋代制香的一些做法和形制，此种小饼状是中国宋代合香的形制之一。

染香人供图

日本大内山练香（香丸），此种香丸也是中国宋代合香的形制之一。

染香人供图

出版说明

关于《香乘》一书

《香乘》一书是明末淮海（今江苏扬州）著名学者、香学家周嘉胄穷二十年之力搜集整理的香学著作。也是中国香文化集大成的经典之作。周嘉胄此书囊括了各种香材的辨析、产地、特性等香学知识；搜集整理了大量与中国香文化有关的典故趣事，可谓知识性和趣味性兼备，是了解中国香文化的首选之作。更弥足珍贵的是，《香乘》还博采宋代以来诸香谱之长，整理了很多传世香方，这些香方在今天不仅具有香学上的史料价值，也是香道爱好者可以不断发掘实践的宝库和源泉。《四库全书》的编者认为，香学方面的书详备莫过于此书，得此书，可得香学大概了。故此书是学习中国传统香道，重兴中国香文化的首选之书。

《香乘》一书除了《四库全书》收录的版本外，尚有其他民间流传的版本，各有特色又各有错讹之处。今用三种版本互校，用一些典故和诗文查对所引的原典来校对，再加以必要的注释，成为比较准确，又易于大众阅读的香学经典。现在出版此书实为当代重兴香学的开山奠基之作，其重要性是不言而喻的。

关于《香乘》的读音。"乘"有两种读音，一曰chéng（成），一曰shèng（胜）。《香乘》之"乘"应读"shèng"，是香的历史的意思。

校对和注释说明

本书校对所依据的版本包括四库全书本，哈佛燕京图书馆藏汉和本（以下简称汉和本），日本早稻田大学藏无碍庵本（以下简称无碍庵本），前两者为刻本，后一本为写本。相对而言，四库全书本错讹较多，汉和本和无碍庵本则互有短长。校注时以三本互相参校，明显错讹之处予以改正并注明，不同版本皆可说通的地方加以说明，供读者自行思辨。

为了让文字内容更加准确，每条文字还要尽可能找到其原始出处。香品及典故部分，都尽量以原始出处的文字为准。香谱部分中宋代的香谱大多来自《陈氏香谱》，以四库全书本《陈氏香谱》（简称《陈氏香谱》）进行校对。涉及宋代洪、颜、沈、叶各家香谱的部分，既参考其在《陈氏香谱》中的引文，同时也尽量找到更早的底本来相互参照。元代香谱多来自《居家必用事类全集》《墨娥小录香谱》等书，亦参照原书进行校对。明代部分则参照同时代《遵生八笺》等书进行校对。诗文部分也尽量依据权威来源如《艺文类聚》或作者全集等书进行校对。

香品的考证部分，尽量考虑到历史沿革，所指称植物的变迁，以及不同地域、不同上下文中所指的差异，给出较为合理的推断。考证过程吸收了大量近年来本草历史考证的研究成果，涉及论文数以千计，恐繁不一一列出，一并表示感谢。

无论是香品、典故还是香谱香方，对所有现代人理解困难的部分都做出了注释，尽量让大家能充分理解，对香材和制法的考证则尽量达到依照原文能轻松上手实践的程度。而在诗文部分，如每个词语注释，则篇幅过于浩繁，而且也并非此书的重点，所以只注作者、背景来源、重要典故和不同版本之间差异，词句不再一一注释。

虽然对我个人来说，几乎可以说是尽力而为，但挂漏之处难免，各位方家香友如有高见，还望不吝赐教，共臻完善。

庚寅新秋乙卯明洲于莲生居

注者序一

从首次校注《香乘》开始，不知不觉已经过去十五年时间。

从开始时的一腔热情和颟顸，到不断深入香学感受古人的精神世界，再到试图解决香史的种种问题，其间种种惊喜与遗憾，不足为外人道。虽然谈不到有多大成果，每一次也都有阶段性的结果和答案。这部历史上最重要的香学百科全书如同古代高雅物质生活与精神生活的富矿，常读常新，总是让人意犹未尽，不断让人有新的感悟与发现。

开始时深挚的热情和浅拙的认知，后来平淡的心情与渐深的认知，究竟哪个更好？开始时社会上对香学闻所未闻，到现在对香学感兴趣的人越来越多，而自媒体和AI时代，于传统曲学阿世以谋名利却也愈演愈烈。究竟哪一个更好？

或许每个人都有自己的答案。

于我来说，能借此机会传承古人的文字，契会古人的精神，随缘传播文明的内涵，即是漂流此世的一大幸事。道不可言，道亦不远人，所有现代社会所营造的生命的疏离感,终将形成对乐天体道的呼唤,香道之所兴,有得其时乎?

此次再版,对之前的注释做了一些修订,感谢香道师严晨雨、张朋、昌殊提出的修改意见。也感谢香学界的师友们提供的各类图片。我越来越觉得,这本书的校注我只是一个发起人,更多的希望香学界的有识之士一同不断修订,不断补充内容,让这本书越来越准确和丰富,如果有方家阅读中发现什么问题,也欢迎不吝赐教。

这些年的生活总是围绕着茶和香在打转,近期会有一本纵贯古今,讲茶和人体关系的书面世,算是为茶道应世做点基础工作。香方面一直想写一本另辟蹊径的书,也希望能为香道的应世做点前行工作,祝愿能早日完成吧。

感谢所有的香友,能放下万缘,放下手机,静静地燃一支香,翻翻这本书,和古人对坐笑谈,的是有清福之人。

乙巳孟春明洲于茗寿堂

注者序二

十几年前因为种种机缘接触到了香学，看到很多香友既被传统香学的巨大魅力所吸引，同时苦于缺乏易于阅读的资料，影印版的四库全书中的《香乘》不仅没有句读，阅读困难，错讹之处也颇不少。当时仅凭一腔热情，不自量力地开始了《香乘》的断句和校注工作。

当时的我只有些许传统文化的背景知识和文言文基础，对香学了解很少，相关领域的实践更几乎是空白，硬着头皮勉强完成了这个大部头，便放在一边。有幸遇到了同样对传统生活美学感兴趣的编辑于善伟兄，后来又接触到著名出版人杨文轩先生，在他们的鼓励下才将校注后的《香乘》出版。因为自己深知工作做得很不到位，出版后便不再关心后续的情况。

没想到的是，这些年传统文化被越来越多的年轻人关注，传统香学也被越来越多爱好者所重视，很多同好都有丰富的实践经验和深入的见解，很多香道老师和香友都和我建立了联系，并且和我一起探讨相关的问题。我在欣慰之余颇感惭愧。之前不仅很多香材都没说清楚，错误也不少，一直都想重新校注，真正于传统香学发微探奥，否则总是耿耿于怀，难以释然啊。

这些年一直有一个想法，希望能真正让《香乘》活起来，成为可操作的香学指导手册，而不是束之高阁装点门面的道具，这意味着必须涉及数百种本草和香材的古今考证，这无疑意味着海量的论文阅读和实践参照，这是本书最大的难点，涉及的工作超出一般人的想象。

不同于之前梳理的《茶经》《大观茶论》等书，《香乘》篇幅甚巨，基础工作量已经是《茶经》的十倍以上，再加上前面说的更加困难的香材考证部分，实足以让人望而生畏。原来稀里糊涂的校注只是颟顸而为，真正要彻底梳理，深知不易，几次动念，几次又搁置下来。

这些年有的香道老师以我校注的《香乘》作为教材，甚至在大学里面开设香道课，我听到这个消息，更加坐卧难安。一天，我对善伟兄说，惭愧积累到一定程度忍无可忍，我必须重新校注一遍了。

说来容易，做起来还是有很多障碍，尤其是处于一切都要叩问商业价值的社会，花如此大量的时间精力去做这样一件看似毫无效益的工作，自身又远未达到财务自由的程度，一边做茶为稻粱谋，一边又要彻底沉下来与自然对话、与古人对话，中间难免有纠结之处。妻常与我说，你这两年大部分时间都花在这本书上了，生意的事耽搁了不少，究竟有多大意义呢？

是啊，我也不停地问自己，这本书可以想见，不可能成为畅销书，于此浮华之世，空怀屠龙之技究竟有多大意义？

　　了解传统香学的人都知道，中国香学最重要的两本书，一本是集宋代香学大成的《陈氏香谱》，一本是集历代香学大成的《香乘》（《香乘》基本涵盖了《陈氏香谱》的内容）。颇为耐人寻味的是，这两本书都并非是在香学高峰的太平时代出现，反而是出现在社会激烈动荡、朝代交替之时。

　　宋末元初，崖山之后，中华文化存亡之际，陈家父子两代人以巨大的毅力和耐心完成了《陈氏香谱》；明末清初，国破之时，周江左穷毕生之力，三次刻板才完成了《香乘》。这远非我们通常所能理解的名利、效益所能解释。因为他们心中有这样的信念：只要有中国人在，这文化的传承就不能断。

　　每每读到这些文字，心便自然平静下来，虽然缘起于惭愧，但真正支撑我坚持做下来的，是先贤的这种精神。尤其是周江左，第一次刻板遇到瘟疫，工人都病故了；第二次又遇到火灾，刻板都烧毁了；第三次财力已尽，已经想彻底放弃了，后来想来想去把买房子的钱拿出来刻板，我们今天才能看到眼前的这本《香乘》，我想即便是如你我这般终日被功利洗脑的现代人，读到这一点，也不能不为之动容。

　　周江左把买房子的钱拿出来刻板，在书中讲到香草的部分，他也流露出心中的梦想：有朝一日，希望能有一个小院子，种上各种香草，每天对着幽兰都梁，与古君子对话，感悟天地之美。逢彼乱世，山河破碎，周江左恐怕终身也未能了此心愿。这也是很多香学爱好者共同的愿望吧，很多人财力充裕，却无暇无兴；有雅兴者又往往迫于生计，此今日之悖论也。

不管怎样，周江左还是把这本《香乘》传了下来。本人虽不敢言为往圣继绝学，但求不愧古人、不愧同好，不愧自心而已。勉力而为，供大家参考吧。

"苟日新、日日新"，无论是茶之道，还是香之道，都不能只是因循守旧，而必须与时俱进，这于我也是每日都在思考的课题。如果只是传递文化躯壳，而不能真正运用其智慧，那所谓传统文化也就失去了生命力和存在的意义。

日日践履、时时参究、念念印契，无论是茶道还是香道，有了新的感悟，会继续和大家分享。

茶道方面未来会有关于古树茶品鉴与茶道的书籍问世。而在香道方面，将会以全球化的视角，结合东西方的历史和观念来写一本有趣的书，涉及欲望、信仰、美食和大航海时代，希望会于此课题有所启发。

辛丑仲夏明洲于昆明白龙潭

香乘序

　　吾友周江左[1]为《香乘》，所载天文地理、人事物产，囊括古今，殆尽矣，余无复可措一辞。叶石林《燕语》[2]述章子厚[3]自岭表还，言神仙升举[4]形滞难脱，临行须焚名香百余斤以佐之。庐山有道人积香数斛[5]，一日尽发，命弟子焚于五老峰下，默坐其旁。烟盛不相辨，忽跃起在峰顶。言出子厚，与所谓返魂香[6]之说皆未可深信；然诗礼所称燔柴事天，萧焫供祭[7]，蒸享苾芬[8]，升香椒馨，达神明、通幽隐，其来久远矣。佛有众香国[9]，而养生炼形[10]者亦必焚香，言岂尽诬哉？古人香臭字通，谓之臭。故《大学》言："如恶恶臭。"而《孟子》以鼻之于臭为性，性之所欲不得而安于命[11]。余老矣，薄命不能得致奇香，展读此乘，芳菲菲兮袭余。计人性有同好者，案头各置一册，作如是鼻观[12]否？以香草比君子，屈宋诸君[13]骚赋累累不绝书，则好香固余楚俗。周君维扬[14]人，实楚产，两人譬之草木，吾臭味[15]也。

　　万历戊午[16]**中秋前二日大泌山人李维桢**[17]**本宁父撰**

[1] 周江左：周嘉胄，号江左，扬州泰兴人。《香乘》一书的编撰者。明万历十年（1582）生，约顺治十八年（1661）卒。周嘉胄明末清初寓居金陵，所著《香乘》《装潢志》二书，有名学林，又能诗善书，精鉴别，富藏弄。

[2]《燕语》：宋朝叶梦得著，是作者记录故实旧闻和古今嘉言善行的笔记类著作。叶梦得（1077—1148），字少蕴，号石林居士，苏州吴县人，绍兴四年进士，翰林学士、吏部尚书、龙图阁直学士，能诗工词，除《燕语》外，有多部著作传世。

[3] 章子厚：章惇（1035—1105），字子厚，福建浦城人，北宋时期大臣，历事神宗、哲宗、徽宗三朝，官至宰相，为人多谋善断，有较高的政治和军事才能，因为坚决支持王安石变法以及对旧党手段过激，被《宋史》列为"奸臣"。元祐更化时期，章惇被贬岭南，文中言及他在岭南听闻的关于焚香帮助神仙飞升的说法。

[4] 升举：登仙。

[5] 斛：量词。多用于量粮食。古代一斛为十斗，南宋末年改为五斗。

[6] 见正文"返魂香"条。

[7] 燔柴事天，萧焫供祭：《通典·礼三》："祭天则燔柴，祭地则瘗血，祭宗庙则焫萧。"燔（fán）和焫（ruò）都是焚烧的意思；萧，指香蒿。

[8]《诗经·小雅·信南山》:"是烝是享,苾苾芬芬,祀事孔明。"
[9]众香国:出《维摩诘经·香积佛品》,"上方界分,过四十二恒河沙佛土,有国名众香,佛号香积,今现在。其国香气,比於十方诸佛世界人天之香,最为第一……"
[10]炼形:道家谓修炼自身形体。
[11]此段文字出《孟子·尽心下》,是原文意思的概括,并非原文。
[12]鼻观:佛教禅观之一种,以嗅觉入观的方法。苏东坡、黄庭坚等宋人诗中常提及,因此也作为品香的一种雅称。
[13]屈宋诸君:屈原、宋玉等人,过去楚国经常以香草比君子。
[14]维扬:扬州的别称。《尚书·禹贡》:"淮海惟扬州。"惟,通"维"。后因截取二字以为名。
[15]臭味:指同类,《左传·襄公八年》:"季武子曰:'谁敢哉!今譬於草木,寡君在君,君之臭味也。'"杜预注:"言同类。"
[16]万历戊午:万历四十八年,公元1618年。
[17]李维桢:1547—1626,字本宁,湖北京山人。晚明著名文学家,文坛领军人物。官至南京礼部尚书。有《大泌山房集》一百三十四卷,及《史通评释》等传于世。

自 序

　　余好睡嗜香，性习成癖，有生之乐在兹，遁世之情弥笃，每谓霜里佩黄金者[1]不贵于枕上黑甜[2]，马首拥红尘者[3]不乐于炉中碧篆[4]，香之为用大矣哉！通天集灵，祀先供圣，礼佛籍以导诚，祈仙因之升举，至返魂祛疫，辟邪飞气，功可回天，殊珍异物，累累征奇，岂惟幽窗破寂，绣阁助欢已耶？少时尝为此书，鸠集[5]一十三卷。时欲命梓[6]，殊欺挂漏[7]，乃复穷搜遍辑，积有年月，通得二十八卷。嗣后[8]次第获睹洪、颜、沈、叶[9]四家香谱，每谱卷帙寥寥，似未该博[10]，又皆修合香方过半，且四氏所纂互相重复，至如幽兰木兰等赋，于谱无关，经余所采，通不多则[11]，而辩论精审[12]叶氏居优，其修合诸方实有资焉。复得《晦斋香谱》一卷、《墨娥小录香谱》一卷[13]，并全录之。计余所纂，颇亦浩繁，尚冀海底珊瑚[14]，不辞探讨；而异迹无穷，年力有尽，乃授剞劂[15]，布诸艺林[16]，卅载精勤，庶几[17]不负。更欲纂《睡旨》一书以副[18]初志。李先生[19]所为序，正在一十三卷之时，今先生下世二十年[20]，惜不得余全书而为之快读，不胜高山仰止之思焉。

　　崇祯十四年[21]岁次辛巳春三月六日 书于鼎足斋　周嘉胄

[1] 霜里佩黄金者：犹言朝中求取名利之人。唐寅诗有："尽胜达官忧利害，五更霜里佩黄金。"
[2] 黑甜：酣睡。
[3] 马首拥红尘者：犹言追求繁华热闹的人。于谦诗有："一从游宦隔天涯，马首红尘厌驱逐。"
[4] 碧篆：绿色篆香。
[5] 鸠集：聚集，搜集。
[6] 命梓：嘱人刻版，刊印。
[7] 挂漏：挂一漏万之略语。
[8] 嗣后：此后。
[9] 洪、颜、沈、叶：洪刍、颜博文、沈立、叶廷珪，四人都留下香谱方面的著作，详细解释见后面相关内容。
[10] 该博：学问或见识广博。
[11] 多则：多半，大概。
[12] 精审：精密详尽。
[13] 详见后文"《晦斋香谱》""《墨娥小录香谱》"条注释。
[14] 海底珊瑚：遗漏的宝贵资料。
[15] 剞劂：刻版刊印。
[16] 艺林：收藏、汇集典籍图书的地方。
[17] 庶几：或许可以。
[18] 副：辅助。
[19] 李先生：指前面为《香乘》作序的李维桢。

[20]李维桢1626年去世,这里落款为崇祯十四年(1641年),相隔十五年,所言二十或为概数。
[21]崇祯十四年:公元1641年。

目录

香乘（上）

卷一 香品（一） 随品附事实

沉水香 考证一十九则 004

沉香祭天 024

沉香一婆罗丁 025

沉香火山 025

太宗问沉香 026

沉香为龙 027

沉香亭子材 027

沉香泥壁 028

屑沉水香末布象床上 029

沉香叠旖旎山 030

沉香翁 030

沉香为柱 031

沉香水染衣 031

炊饭洒沉香水 032

沉香甑 032

桑木根可作沉香想 033

鹧鸪沉界尺 033

沉香似芬陀利华 034

研金虚镂沉水香纽列环　035

沉香板床　035

沉香履箱　036

魇衬沉香　036

沉香种楮树　037

蜡沉　037

沉香观音像　038

沉香煎汤　039

妻斋沉香　039

牛易沉水香　040

沉香节　040

沉香为供　040

沉香烟结七鸳鸯　041

仙留沉香　042

卷二　香品（二）　随品附事实

檀香　考证十四则　044

旃檀　050

檀香止可供上真　051

旃檀逆风　051

檀香屑化为金　052

白檀香龙　053

檀香床　053

白檀香末　054

白檀香亭子　054

檀香板　055

云檀香架　056

雪檀香刹竿　057

熏陆香即乳香　考证十三则　057

斗盆烧乳头香　066

鸡舌香即丁香　考证七则　067

辩鸡舌香　069

含鸡舌香　072

嚼鸡舌香　073

奉鸡舌香　074

鸡舌香木刀把　074

丁香末　075

安息香　考证六则　075

辩真安息香　078

烧安息香咒水　078

烧安息香聚鼠　079

笃耨香　080

瓢香　082

詹糖香　082

䤵齐香　084

麻树香　085

罗斛香　086

郁金香　考证八则　087

郁金香手印　093

卷三　香品（三）　随品附事实
龙脑香　考证十则　096

藏龙脑香　102

相思子与龙脑相宜　102

龙脑香御龙　103

献龙脑香　104

龙脑香藉地　104

赐龙脑香　104

瑞龙脑香　105

遗安禄山龙脑香　106

瑞龙脑棋子　107

食龙脑香　107

翠尾聚龙脑香　108

梓树化龙脑　109

龙脑浆　109

大食国进龙脑　110

焚龙脑香十斤　111

龙脑小儿　112

松窗龙脑香　112

龙脑香与茶宜　113

焚龙脑归钱　113

麝香　考证九则　114

水麝香　121

土麝香　121

麝香种瓜　122

瓜忌麝　122

梦索麝香丸　123

麝香绝恶梦　125

麝香塞鼻　125

麝遗香　126

麝香不足　126

麝橙　127

麝香月　127

麝香墨　128

麝香木　128

麝香檀　129

麝香草　130

卷四　香品（四）随品附事实

降真香　考证八则　134

贡降真香　139

蜜香　140

蜜香纸　143

木香　考证四则　144

梦青木香疗疾　146

苏合香　考证八则　147

赐苏合香酒　152

市苏合香　153

金银香　154

南极　155

金颜香　考证二则　155

贡金颜香千团　156

流黄香　157

亚湿香　158

颤风香　158

迦阇香（一作迦蓝水）　159

特遐香　160

阿勃参香　160

兜纳香　161

兜娄香　162

红兜娄香　163

艾纳香　考证三则　163

迷迭香　165

藒车香　165

都梁香　考证三则　167

零陵香　考证五则　170

芳香　考证四则　174

蜘蛛香　176

甘松香　考证三则　177

藿香　考证六则　179

芸香　183

宫殿植芸香　185

芸香室　186

芸香去虱　186

櫰香　187

蘹香　188

香茸　考证二则　191

茅香　考证二则　194

香茅南挪　195

白茅香　196

排草香　197

瓶香　198

耕香　198

雀头香　199

玄台香　200

荔枝香　200

孩儿香　200

藁本香　201

卷五　香品（五）　随品附事实

龙涎香　考证九则　204

古龙涎香　209

龙涎香烛　211

龙涎香恶湿　212

广购龙涎香　212

进龙涎香　213

甲香　考证二则　213

酴醾香露即蔷薇露　考证四则　215

贡蔷薇露　218

饮蔷薇香露　218

野悉蜜香　219

橄榄香　考证二则　220

榄子香　221

思劳香　221

熏华香　221

紫茸香　222

珠子散香　222

胆八香　222

白胶香　考证四则　223

鸵毽香　224

排香　224

乌里香　225

豆蔻香　考证二则　225

奇蓝香　考证四则　227

唵叭香　232

唵叭香辟邪　233

国朝贡唵叭香　233

撒馣香　234

乾岛香 235

卷六　佛藏诸香

象藏香　考证二则　238

无胜香　239

净庄严香　240

牛头旃檀香　240

兜娄婆香　240

香严童子　241

烧沉水　241

三种香　242

世有三香　242

栴檀香树　242

栴檀香身　243

持香诣佛　243

传香罪福响应　244

多伽罗香　244

法华诸香　245

殊特妙香　245

石上余香　246

香灌佛牙　246

譬香　247

青棘香　248

风与香等　249

香从顶穴中出　249

结愿香　250

所拈之香芳烟直上　250

香似茅根　252

香熏诸世界　252

香印顶骨　253

买香弟子　254

以香薪身　255

戒香　255

戒定香　256

多天香　256

如来香　257

浴佛香　257

异香成穗　258

古殿炉香　258

买佛香　259

万种为香　259

合境异香　260

烧香咒莲　260

香光　260

自然香洁　261

临化异香　261

卷七　宫掖诸香

熏香　考证二则　264

西施异香　265

迫驾香　266

烧香礼神　266

龙华香　267

百蕴香　267

九回香　268

坐处余香不歇　269

昭仪上飞燕香物　269

绿熊席熏香　270

余香可分　270

香闻十里　271

夜酣香　271

五方香床　272

拘物头花香　272

敕贡杜若　273

助情香　274

叠香为山　275

碧芬香裘　275

浓香触体　276

月麟香　276

凤脑香　277

百品香　278

龙火香　279

焚香读章奏　279

步辇缀五色香囊　280

玉髓香　281

沉檀为座　282

刻香檀为飞帘　282

含嚼沉麝　282

升宵灵香　283

灵芳国　283

香宴　284

爇诸香昼夜不绝　284

鹅梨香　285

焚香祝天　286

香孩儿营　287

降香岳渎　287

雕香看果　288

香药库　289

诸品名香　289

宣和香　293

行香　294

斋降御香　295

僧吐御香　296

麝香小龙团　296

祈雨香　297

卷八　香异

沉榆香　302

荼芜香　303

恒春香　303

返草香　304

西国献香　305

返魂香　306

庄姬藏返魂香　310

返魂香引见先灵　310

明天发日香　311

百和香　312

乾陀罗耶香　313

兜木香　314

龙文香　315

方山馆烧诸异香　315

金磾香　316

熏肌香　316

天仙椒香彻数里　316

神精香　318

辟寒香　318

寄辟寒香　319

飞气香　320

蘅薇香　321

蘅芜香　322

平露金香　322

诃黎勒香　323

李少君奇香　324

女香草　326

石叶香　327

都夷香　327

茵墀香　328

九和香　329

五色香烟　329

千步香　329

百濯香　330

西域奇香　331

韩寿余香　331

罽宾国香　332

西国异香　333

香玉辟邪　334

刀圭第一香　336

一国香　336

鹰嘴香（一名吉罗香）　337

特迦香　338

卷九　香事分类（上）

天文香　342

香风　342

香云　342

香雨　343

香露　343

神女擎香露　344

地理香　345

香山　345

香水　345

香溪　346

曹溪香　346

香井　348

浴汤泉异香　348

香石　349

湖石炷香　350

灵壁石收香　351

张香桥　352

香木梁　352

香城　352

香柏城　353

沉香洞　353

香洲　354

香林　354

香户　355

香市　355

香界　355

众香国　356

草木香　357

遥香草　357

家荨香　357

兰香　358

蕙香　359

兰为香祖　359

兰汤　360

兰佩　361

兰畹　362

兰操　363

蘪芜香　363

三花香　364

五色香草　364

八芳草　365

聚香草　366

芸薇香　367

钟火山香草　367

蜜香花　368

百草皆香　368

咸香　368

真香茗　369

人参香　370

睡香　370

牡丹香名　371

芍药香名　371

御蝉香　371

万岁枣木香　372

金荆榴木香　372

素松香　373

水松香　373

女香树　374

七里香　375

君迁香　376

香艳各异　376

木犀香　377

木兰香　377

月桂子香　378

海棠香国　378

桑椹甘香　379

栗有异香　380

必栗香　381

桃香　382

桧香蜜　382

三名香　384

杉香　384

槟榔苔宜合香　385

苔香　385

鸟兽香　386

闻香倒挂鸟　386

越王鸟粪香　386

香象　387

牛脂香　388

骨咄犀香　388

灵犀香　389

香猪　390

香猫　391

香狸　391

狐足香囊　392

狐以名香自防　393

猿穴名香数斛　393

獭搦鸡舌香　394

香鼠　394

蚯蚓一查香　395

卷十　香事分类（下）

宫室香　398

采香径　398

披香殿　399

柏梁台　399

桂柱　400

兰室　401

兰台 401

兰亭 402

温室 403

温香渠 404

宫殿皆香 405

大殿用沉檀香贴遍 405

沉香堂 406

香涂粉壁 407

沉香亭 407

四香阁 408

四香亭 409

含熏阁 410

芸辉堂 410

起宅刷酒散香 411

礼佛寺香壁 411

三清台焚香 412

绣香堂 413

郁金屋 413

饮香亭 414

沉香暖阁 414

迷香洞 415

厨香 416

厕香 417

身体香 418

肌香 418

涂肌拂手香 418

口气莲花香 419

口香七日 419

橄榄香口 420

汗香 421

身出名香 421

椒兰养鼻 422

饮食香 422

五香饮 422

名香杂茶 424

酒香山仙酒 425

酒令骨香 426

流香酒 427

糜钦香酒 428

椒浆 429

椒酒 429

聚香团 430

赤明香 430

玉角香 431

香葱 431

香盐 432

香酱 432

黑香油　433

丁香竹汤　433

米香　434

香饭　435

器具香　437

沉香降真钵　木香匙箸　437

杯香　438

藤实杯香　439

雪香扇　440

香奁　440

香如意　441

名香礼笔　442

香璧　443

龙香剂　444

墨用香　444

香皮纸　445

枕中道士持香　446

飞云履染四选香　446

香囊　447

白玉香囊　447

五色香囊　448

紫罗香囊　448

贵妃香囊　449

连蝉锦香囊　450

绣香袋　450

香缨　451

玉盒香膏　451

香兽　452

香炭　453

香蜡烛　453

香灯　456

烧香器　457

卷十一　香事别录（上）

香尉　460

含嚼荷香　460

含异香行　461

好香四种　461

芳尘　462

逆风香　463

奁中香尽　464

令公香　465

刘季和爱香　466

媚香　466

玉蕤香　467

桂蠹香　468

九和握香　468

四和香　469

千和香 469

百蕴香 470

香童 470

曝衣焚香 470

瑶英啖香 471

蜂蝶慕香 472

佩香非世所闻 472

贵香 473

降仙香 473

仙有遗香 474

山水香 475

三匀煎 476

异香剂 476

灵香膏 477

暗香 478

花宜香 478

透云香 479

暖香 480

伴月香 480

平等香 481

烧异香被草负笈而进 481

魏公香 482

汉宫香 483

僧作笑兰香 483

斗香会　484

闻思香　485

狄香　486

香钱　486

衙香　487

异香自内出　489

小鬟持香球　490

香有气势　490

留神香事　491

癖于焚香　492

性喜焚香　492

燕集焚香　493

焚香读《孝经》　493

烧香读道书　494

焚香告天　495

焚香熏衣　496

烧香左右　497

夏月烧香　497

焚香勿返顾　497

焚香静坐　498

焚香告祖　498

烧香拒邪　498

买香浴仙公　498

仙诞异香　499

升天异香　500

空中有异香之气　500

市香媚妇　501

张俊上高宗香食香物　502

贡奉香物　503

香价踊贵　504

卒时香气　505

烧香辟瘟　505

烧香引鼠　505

茶墨俱香　505

香与墨同关纽　506

水炙香　507

山林穷四和香　509

焚香写图　509

香乘（下）

卷十二　香事别录（下）

南方产香　512

南蛮香　513

香槎　514

天竺产香　515

九州山采香　516

阿鲁国采香为生　517

喃哎哩香　517

旧港产香　517

万佛山香　518

瓦矢实香草　518

刻香木为人　518

龙牙加貌产香　519

安南产香　520

敏真诚国产香　520

回鹘产香　520

安南贡香　521

瓜哇国贡香　521

和香饮　522

香味若莲　522

香代囊　523

涂香礼寺　523

脑麝涂体　523

身上涂香　523

涂香为奇　524

偷香　525

寻香人　525

香婆　526

白香　527

红香　527

碧香　527

玄香　528

观香　528

闻香　529

馨香　529

馣香　530

国香　530

夕香　530

熏炀　531

芬熏　531

宝熏　531

桂烟　531

兰烟　532

兰苏香　532

绘馨　533

旃檀片片香　533

前人不及花香　533

焖萧无香　535

香令松枯　535

辨一木五香　536

辨烧香　536

意和香有富贵气　537

绝尘香　539

心字香　540

清泉香饼　542

苏文忠论香　543

香药　546

香秉　547

求名如烧香　547

香鹤喻　548

四戒香　548

五名香　549

解脱知见香　549

太乙香　550

香愈弱疾　551

香治异病　552

卖香好施受报　553

卖假香受报　553

阿香　555

埋香　555

墓中有非常香气　556

死者燔香　556

香起卒殁　557

卷十三　香绪余

香字义　560

十二香名义　561

十八香喻士　562

南方花香　564

花熏香诀　566

橙柚蒸香　567

香草名释　567

修制诸香　573

飞樟脑　573

制笃耨　575

制乳香　575

制麝香　576

制龙脑　576

制檀香　577

制沉香　579

制藿香　579

制茅香　580

制甲香　580

炼蜜　582

煅炭　582

炒香　583

合香　583

捣香　584

收香　584

窨香　585

焚香　586

熏香　586

烧香器　586
香炉　586
香盛　587
香盘　587
香匕　588
香箸　588
香壶　588
香罂　589
香范　589

卷十四　法和众妙香（一）
汉建宁宫中香（沈）　594
唐开元宫中香　595
宫中香二　596
江南李主帐中香　597
宣和御制香　598
御炉香　600
李次公香（武）　601
赵清献公香　601
苏州王氏帏中香　602
唐化度寺衙香（洪谱）　603
杨贵妃帏中衙香　604
花蕊夫人衙香　604
雍文徹郎中衙香（洪谱）　605

苏内翰贫衙香（沈） 605

钱塘僧日休衙香 606

金粟衙香（洪） 607

衙香八 608

衙香（武） 612

延安郡公蕊香（洪谱） 613

婴香（武） 613

道香（出《神仙传》） 615

韵香 616

不下阁新香 616

宣和贵妃王氏金香（售用录） 617

压香（补） 618

古香 619

神仙合香（沈谱） 620

僧惠深湿香 620

供佛湿香 621

久窖湿香（武） 622

湿香（沈） 623

清神湿香（补） 623

清远湿香 625

日用供神湿香（新） 626

卷十五　法和众妙香（二）

丁晋公清真香（武） 628

清真香（新） 628

清真香（沈） 629

黄太史清真香 630

清妙香（沈） 630

清神香 630

清神香（武） 632

清远香（局方） 632

清远香（沈） 634

清远香（补） 634

清远香（新） 635

汴梁太一宫清远香 635

清远膏子香 636

刑太尉韵胜清远香（沈） 636

内府龙涎香（补） 638

王将明太宰龙涎香（沈） 639

杨吉老龙涎香（武） 640

亚里木吃兰脾龙涎香 641

龙涎香五 641

南蕃龙涎香（又名胜芬积） 644

龙涎香（补） 645

龙涎香（沈） 646

智月龙涎香（补） 646

龙涎香（新） 647

古龙涎香一 648

古龙涎香二　649

古龙涎香（补）　649

古龙涎香（沈）　650

白龙涎香　651

小龙涎香二　652

小龙涎香（新）　653

小龙涎香（补）　654

吴侍中龙津香（沈）　654

龙泉香（新）　656

卷十六　法和众妙香（三）

清心降真香（局方）　658

宣和内府降真香　659

降真香二　659

胜笃耨香　660

假笃耨香四　660

冯仲柔假笃耨香（售）　662

江南李主煎沉香（沈）　662

李主花浸沉香　663

华盖香（补）　664

宝球香（洪）　664

香球（新）　665

芬积香　666

芬积香（沈）　666

小芬积香（武） 667

芬馥香（补） 667

藏春香（武） 667

藏春香 669

出尘香二 669

四和香 670

四和香（补） 671

冯仲柔四和香 671

加减四和香（武） 671

夹栈香（沈） 672

闻思香（武） 673

闻思香 673

百里香 674

洪驹父百步香（又名万斛香） 675

五真香 675

禅悦香 675

篱落香 676

春宵百媚香 676

亚四和香 678

三胜香 678

逗情香 679

远湿香 679

卷十七　法和众妙香（四）

　　黄太史四香　682

　　　意和香　682

　　　意可香　684

　　　深静香　687

　　　小宗香　688

　　蓝成叔知府韵胜香（售）　690

　　元御带清观香　691

　　脱俗香（武）　692

　　文英香　692

　　心清香　693

　　琼心香　693

　　太真香　694

　　大洞真香　694

　　天真香　695

　　玉蕊香三　695

　　庐陵香　697

　　康漕紫瑞香　697

　　灵犀香　698

　　仙荑香　699

　　降仙香　699

　　可人香　699

　　禁中非烟香一　700

　　禁中非烟香二　700

复古东阁云头香（售） 701

崔贤妃瑶英胜 702

元若虚总管瑶英胜 703

韩钤辖正德香 703

滁州公库天花香 704

玉春新料香（补） 705

辛押陀罗亚悉香（沈） 705

瑞龙香 707

华盖香 708

华盖香（补） 708

宝林香 709

巡筵香 709

宝金香 711

云盖香 712

卷十八　凝合花香

梅花香三 716

梅花香（武） 717

梅花香（沈） 717

寿阳公主梅花香（沈） 718

李主帐中梅花香（补） 718

梅英香二 719

梅蕊香 720

梅蕊香（武）（又名一枝梅） 721

笑梅香三　724

笑梅香二（武）　726

肖梅韵香（补）　727

胜梅香　727

鄮梅香（武）　727

梅林香　728

浃梅香（沈）　728

肖兰香二　729

笑兰香（武）　730

笑兰香（洪）　731

李元老笑兰香　731

靖老笑兰香（新）　735

胜笑兰香　735

胜兰香（补）　736

秀兰香（武）　736

兰蕊香（补）　736

兰远香（补）　737

木犀香四　737

木犀香（新）　740

吴彦庄木犀香（武）　740

智月木犀香（沈）　741

桂花香　742

桂枝香　742

杏花香二　742

吴顾道侍郎杏花香　744

百花香二　745

野花香三　746

野花香（武）　747

后庭花香　748

荔枝香（沈）　748

洪驹父荔枝香（武）　749

柏子香　749

酴醾香　750

黄亚夫野梅香（武）　751

江梅香　751

江梅香（补）　752

蜡梅香（武）　752

雪中春信　752

雪中春信（沈）　753

雪中春信（武）　754

春消息二　754

雪中春泛（东平李子新方）　755

胜茉莉香　755

蘑菇香　756

雪兰香　756

卷十九　熏佩之香

笃耨佩香（武）　758

梅蕊香　759

荀令十里香（沈）　759

洗衣香（武）　760

假蔷薇面花香　760

玉华醒醉香　761

衣香（洪）　761

蔷薇衣香（武）　762

牡丹衣香　762

芙蕖衣香（补）　763

御爱梅花衣香（售）　763

梅花衣香（武）　764

梅萼衣香（补）　765

莲蕊衣香　765

浓梅衣香　766

裛衣香（武）　766

裛衣香（《琐碎录》）　767

贵人浥汗香（武）　767

内苑蕊心衣香（《事林》）　768

胜兰衣香　768

香㿻　769

软香八　770

软香（沈）　777

软香（武）　778

宝梵院主软香　778

广州吴家软香（新） 779

瞿仲仁运使软香 780

熏衣香二 781

蜀主熏御衣香（洪） 782

南阳公主熏衣香（《事林》） 783

新料熏衣香 783

《千金月令》熏衣香 784

熏衣梅花香 785

熏衣芬积香（和剂） 786

熏衣衙香 787

熏衣笑兰香（《事林》） 788

涂傅之香 789

傅身香粉（洪） 789

和粉香 791

十和香粉 793

利汗红粉香 794

香身丸 794

拂手香（武） 795

梅真香 796

香发木犀香油（《事林》） 796

乌发香油（此油洗发后用最妙） 797

合香泽法 800

香粉 801

面脂香 802

八白香（金章宗宫中洗面散） 803

金主绿云香 804

莲香散（金主宫中方） 806

卷二十　香属

烧香用香饼 810

香饼三 810

香饼（沈） 811

耐久香饼 812

长生香饼 813

终日香饼 813

丁晋公文房七宝香饼 814

内府香饼 814

贾清泉香饼 815

制香煤 815

香煤四 816

香煤（沈） 818

月禅师香煤 818

阎资钦香煤 819

制香灰 820

香灰十二法 820

香珠 824

孙功甫廉访木犀香珠 824

龙涎香珠 826

香珠二　827

收香珠法　830

香珠烧之香彻天　830

交趾香珠　831

香药　831

丁沉煎圆　831

木香饼子　832

豆蔻香身丸　833

透体麝脐丹　834

独醒香　834

香茶　834

经进龙麝香茶　835

孩儿香茶　836

香茶二　837

卷二十一　印篆诸香（上）

定州公库印香　840

和州公库印香　840

百刻印香　842

资善堂印香　842

龙麝印香　844

又方（沈谱）　844

乳檀印香　845

供佛印香　845

无比印香　846

梦觉庵妙高印香（共二十四味，按二十四炁，用以供佛）　846

水浮印香　848

宝篆香（洪）　849

香篆（新）（一名寿香）　849

丁公美香篆　852

旁通香图　853

信灵香（一名三神香）　856

卷二十二　印篆诸香（下）

五夜香刻（宣州石刻）　860

百刻香印　864

五更印刻（十三）　866

大衍篆香图　867

百刻篆香图　868

五夜篆香图（十三）　870

福庆香篆　877

寿征香篆　877

长春篆香图　878

延寿篆香图　878

万寿篆香图　878

内府篆香图　879

卷二十三　晦斋香谱

　　晦斋香谱序　882

　　香煤　883

　　四时烧香炭饼　883

　　金火引子　884

　　五方真气香　884

　　东阁藏春香　884

　　南极庆寿香　885

　　西斋雅意香　885

　　北苑名芳香　886

　　四时清味香　886

　　醍醐香　887

　　瑞和香　888

　　宝炉香　888

　　龙涎香　888

　　翠屏香（宜花馆翠屏间焚之）　888

　　蝴蝶香（春月花圃中焚之，蝴蝶自至）　889

　　金丝香　889

　　代梅香　889

　　三奇香　889

　　瑶华清露香　890

　　三品清香（已下皆线香）　890

　　瑶池清味香　890

　　玉堂清霭香　891

璃林清远香 892

三洞真香 892

真品清奇香 892

真和柔远香 893

真全嘉瑞香 893

黑芸香 894

石泉香 894

紫藤香 894

榄脂香 894

清秽香（此香能解秽气避恶气） 895

清镇香（此香能清宅宇，辟诸恶秽） 895

卷二十四 墨娥小录香谱

四叶饼子香 898

造数珠 898

木犀印香 899

聚香烟法 899

分香烟法 899

赛龙涎饼子 900

出降真油法 901

制檀香 901

制茅香 901

香篆盘 902

取百花香水 902

蔷薇香　903

琼心香　903

香煤一字金　903

香饼　904

驾头香　905

线香　905

飞樟脑　907

熏衣笑兰梅花香　907

红绿软香　909

合木犀香珠器物　909

藏春不下阁香　910

藏木犀花　911

长春香　911

太膳白酒麴　912

制香薄荷　915

卷二十五　猎香新谱

宣庙御衣攒香　918

御前香　920

内甜香　921

内府香衣香牌　922

世庙枕顶香　922

香扇牌　924

玉华香　925

庆真香　925

万春香　926

龙楼香　926

恭顺寿香饼　927

臞仙神隐香　928

西洋片香　929

越邻香　930

芙蓉香　930

黄香饼　931

黑香饼　932

撒馣兰香　932

玫瑰香　933

聚仙香　933

沉速棒香　933

黄龙挂香　934

黑龙挂香　935

清道引路香　935

合香　935

卷灰寿带香　936

金猊玉兔香　937

金龟香灯（新）　938

金龟延寿香（新）　939

窗前省读香　940

刘真人幻烟瑞球香　940

香烟奇妙　942

窨酒香丸　943

香饼　943

烧香难消炭　944

烧香留宿火　945

煮香　945

面香药（除雀斑酒刺）　946

头油香（内府秘传第一妙方）　947

两朝取龙涎香　948

龙涎香（补遗）　950

丁香（补遗）　951

香山　951

龙脑（补遗）　952

税香　952

卷二十六　香炉类

炉之名　956

博山香炉五　956

绿玉博山炉　958

九层博山炉　959

被中香炉　959

熏炉　960

鹊尾香炉　960

麒麟炉　962

天降瑞炉　962

金银铜香炉　963

梦天帝手执香炉　964

香炉堕地　964

覆炉示兆　965

凿镂香炉　966

兔藻炉　966

瓦香炉　967

祠坐置香炉　967

迎婚用香炉　968

熏笼　968

筵香炉　968

贪得铜炉　969

焚香之器　969

文燕香炉　970

聚香鼎　970

百宝香炉　971

迦业香炉　972

金炉口喷香烟　973

龙文鼎　974

肉香炉　974

香炉峰　975

香鼎　975

卷二十七　香诗汇

烧香曲（李商隐）　978

香（罗隐）　979

宝熏（黄庭坚）　979

帐中香（前人）　980

戏用前韵二首　有闻帐中香以为熬蜡香（前人）　981

和鲁直韵（苏轼）　981

次韵答子瞻（黄庭坚）　982

印香（苏轼）　983

沉香石（苏轼）　984

凝斋香（曾巩）　984

肖梅香（张吉甫）　985

香界（朱熹）　985

返魂梅次苏借韵（陈子高）　985

龙涎香（刘子翚）　986

焚香（邵康节）　987

焚香（杨廷秀）　987

焚香（郝伯常）　988

焚香（陈去非）　988

觅香　989

觅香（颜博文）　989

香炉（古诗）　990

博山香炉（刘绘）　990

和刘雍州绘博山香炉诗（沈约）　991

迷香洞［史凤（宣城妓）］ 992

传香枕 992

十香词（出《焚椒录》） 992

焚香诗（高启） 994

焚香（文徵明） 995

香烟六首（徐渭） 995

香球（前人） 996

诗句 997

冷香拈句 1005

木犀（鹧鸪天）（元裕之） 1006

龙涎香（天香）（王沂孙） 1006

软香（庆清朝慢）（詹天游） 1007

词句 1008

卷二十八 香文汇

天香传（丁谓） 1012

和香序（范蔚宗） 1018

香说 1018

博山炉铭（刘向） 1020

香炉铭（梁元帝） 1020

郁金香颂（古九嫔） 1020

藿香颂（江淹） 1021

瑞香宝峰颂并序（张建） 1021

迷迭香赋（魏文帝） 1022

郁金香赋（傅玄） 1023

芸香赋（傅咸） 1024

鸡舌香赋并序（颜博文） 1024

铜博山香炉赋（昭明太子） 1026

博山香炉赋（傅缚） 1026

沉香山子赋（子由生日作）（苏轼） 1027

香丸志 1028

上香偈（道书） 1029

修香（陆放翁《义方训》） 1030

附诸谱序 1030

叶氏香录序 1031

颜氏香史序 1032

洪氏香谱序 1033

陈氏香谱序 1034

索引 1040

香品（一）

随品附事实

卷一

香最多品类，出交广崖州[1]及海南诸国。然秦汉已前无闻，惟称兰蕙椒桂而已。至汉武奢广[2]，尚书郎[3]奏事者始有含鸡舌香，及诸夷献香种种征异。晋武时外国亦贡异香。迨炀帝，除夜[4]火山烧沉香甲煎[5]不计数，海南诸香毕至矣。唐明皇君臣多有用沉檀脑麝为亭阁，何侈[6]也！后周显德间，昆明国[7]人又献蔷薇水[8]矣，昔所未有，今皆有焉。然香一也，或生于草，或出于木，或花、或实、或节、或叶、或皮、或液，或又假人力煎和而成，有供焚者，有可佩者，又有充入药者，详列如左。

[1] 交广崖州：指交州、广州、崖州。历代不同，而且区域互有重复，大体上，交州包括今广东和广西的一部分及越南中部和北部；广州，主要包括今广东和广西的大部分；崖州，主要包括今海南省北部和东部。

[2] 奢广：无碍庵本作"奢靡"。

[3] 尚书郎：为尚书的属官。西汉武帝时常以郎官供尚书署差遣，掌收发文书章奏庶务，后成为常设官职，员四人。东汉尚书台时期合置尚书郎三十四人，主作文书起草。

［4］除夜：除夕之夜，此处所言隋炀帝烧香事详见下文"沉香火山"条。
［5］甲煎：香料名。以甲香和沉麝诸药花物制成，可作口脂及焚爇，也可入药。
［6］侈：四库本、汉和本作"多"。
［7］昆明国：昆明是西南夷的一支，生活在云南境内，昆明可称"国"大概是秦汉至南北朝时代，五代应无此称谓。此段昆明国献蔷薇水出自五代张泌《妆楼记》："周显德五年，昆明国献蔷薇水十五瓶，云得自西域，以洒衣，衣敝而香不灭。"显德五年（958）昆明属大理国范围，之前亦多年属于南诏，不合称国。按《太平寰宇记·卷一百七十九》，后周显德五年："占城国王释利因得漫遣其臣蒲诃散等来贡方物。中有洒衣蔷薇水一十五琉璃瓶。言出自西域，凡鲜华之衣，以此水洒之，则不黦而馥。郁烈之香，连岁不歇。"又《新五代史·卷七十四·四夷附录第三》："显德五年，其国王（指占城国）因德漫遣使者莆诃散来，贡猛火油八十四瓶、蔷薇水十五瓶。"此处应为占城国王，昆明国为误记。
［8］蔷薇水：指由蔷薇花制成的香水。详见后文"酴醾香露即蔷薇露"条。

沉水香[9] 考证一十九则

木之心节，置水则沉，故名沉水，亦曰水沉。半沉者为栈香[10]，不沉者为黄熟香[11]，《南越志》[12]言："交州[13]人称为蜜香，谓其气如蜜脾[14]也，梵书名阿迦嚧香[15]。"

香之等凡三：曰沉、曰栈、曰黄熟是也。沉香入水即沉，其品凡四。曰熟结，乃膏脉[16]凝结自朽出者；曰生结，乃刀斧伐仆膏脉结聚者；曰脱落，乃因木朽而结者；曰虫漏，乃因蠹[17]隙而结者。生结为上，熟脱次之。坚黑为上，黄色次之。角沉黑润，黄沉黄润，蜡沉柔韧，革沉纹横[18]，皆上品也。海岛所出，有如石杵，如肘如拳，如凤、雀、龟、蛇、云气、人物，及海南马蹄、牛头、燕口、茧栗[19]、竹叶、芝菌[20]、梭子[21]、附子[22]等香，皆因形命名耳。其栈香入水半浮半沉，即沉香之半结连木者，或作煎香[23]，番名婆菜香，亦曰弄水香，甚类猬刺。鸡骨香、叶子香皆因形而名。有大如笠者，为蓬莱香；有如山石枯槎[24]者，为光香；入药皆次于沉水。其黄熟香，即香之轻虚者，俗讹为速香是矣。有生速斫伐而取者，有熟速腐朽而取者，其大而可雕刻者，谓之水盘头，并不可入药，但可焚爇。（《本草纲目》）

水沉岭南诸郡悉有，傍海处尤多，交干连枝，冈岭相接，千里不绝。叶如冬青[25]，大者数抱，木性虚柔，山民以构[26]茅庐，或为桥梁、为饭甑[27]，有香者百无一二，盖木得水方结。多有折枝枯干，中或为沉、或为栈、或为黄熟、自枯死者谓之水盘香。南恩、高、窦等州[28]惟产生结香。盖山民入山，以刀斫曲干斜枝成坎[29]，经年得雨水浸渍，遂结成香。乃锯取之，刮去白木，其香结为斑点，名鹧鸪斑，爇之极清烈。香之良者，惟在琼、崖[30]等州，俗谓之角沉、黄沉，乃枯木得者，宜入药用。依木皮而结者，谓之青桂，气尤清。在土中岁久，不待剜剔而成薄片者，谓之龙鳞。削之自卷，咀之柔韧者，谓之黄蜡沉，尤难得也。（同上）[31]

诸品之外又有龙鳞、麻叶[32]、竹叶之类，不止一二十品。要之入药，惟取中实沉水者。或沉水而有中心空者，则是鸡骨，谓中有朽路如鸡骨血眼也。（同上）[33]

沉香所出非一，真腊[34]者为上，占城[35]次之，渤泥[36]最下。真腊之香又分三品：绿洋[37]极佳，三泺[38]次之，勃罗间[39]差弱。而香之大概，生结者为上，熟脱者次之。坚黑为上，黄者次之。然诸沉之形多异，而名不一。有状如犀角者，有如燕口者、如附子者、如梭子者，是皆因形而名。其坚致而有横纹者谓之横隔沉，大抵以所产气色为高下，非以形体[40]定优劣也。绿洋、三泺、勃罗间皆真腊属国。（叶廷珪《南番香录》[41]）

蜜香、沉香、鸡骨香、黄熟香、栈香、青桂香、马蹄香、鸡舌香，按此八香同出于一树也。交趾有蜜香树，干似榉柳，其花白而繁，其叶如橘，欲取香伐之，经年其根干枝节各有别色，木心与节坚黑沉水者为沉香，与水面平者为鸡骨香，其根为黄熟香，其干为栈香，细枝紧实未烂者为青桂香，其根节轻而大者为马蹄香，其花不香，成实乃香为鸡舌香，珍异之木[42]也。（陆佃《埤雅广要》[43]）

太学[44]同官有曾官广中者云：沉香杂木也，朽蠹浸沙水岁久得之。如儋崖[45]海道居民桥梁皆香材，如海桂、橘、柚之木沉于水多年得之为沉水香，本草谓为似橘是已。然生采之则不香也。（《续博物志》[46]）

琼崖四州在海岛上，中有黎戎国[47]，其族散处，无酋长，多沉香药货。（《孙升谈圃》[48]）

水沉出南海，凡数种，外为断白，次为栈，中为沉，今岭南岩峻处亦有之，但不及海南者清婉耳。诸夷以香树为槽，以饲鸡犬，故郑文宝[49]诗云："沉檀香植在天涯，贱等荆衡水面槎，未必为槽饲鸡犬，不如煨烬向豪家。"（《陈谱》[50]）

沉香，生在土最久不待剜剔而得者。（《孔平仲谈苑》[51]）

香出占城者不若真腊，真腊不若海南黎峒[52]，黎峒又以万安[53]黎母山[54]东峒者冠绝天下，谓之海南沉，一片万钱。海北高、化[55]诸州者，皆栈香耳。（《蔡絛丛谈》[56]）

上品出海南黎峒，一名土沉香，少有大块。其次如茧栗角[57]、如附子、如芝菌、如茅竹叶者佳，至轻薄如纸者入水亦沉。香之节因久蛰土中，滋液下流结而为香，采时香面悉在下，其背带木性者乃出土上。环岛四郡界皆有之，悉冠诸番，所出又以出万安者为最胜。说者谓万安山在岛正东，钟朝阳之气，香尤酝借丰美。大抵海南香气皆清淑如莲花、梅英[58]、鹅梨[59]、蜜脾之类，焚博山，投少许，氛翳弥室，翻之四面悉香，至煤烬气不焦。此海南之辩也，北人多不甚识。盖海上亦自难得，省民以牛博[60]之于黎，一牛博香一担，归自择选，得沉水十不一二。中州[61]人士但用广州舶上[62]占城、真腊等香，近来又贵登流眉[63]来者，余试之，乃不及海南中下品。舶香往往腥烈，不甚腥者气味又短，带木性尾烟必焦。其出海北者生交趾[64]，及交人得之海外番舶而聚于钦州[65]，谓之钦香，质重实多，大块气尤酷烈，不复蕴藉[66]，惟可入药，南人贱之。（范成大《桂海虞衡志》[67]）

琼州、崖、万、琼山、定安、临高[68]皆产沉香，又出黄速等香。（《大明一统志》[69]）

香木所断日久朽烂，心节独在，投水则沉。（同上）

环岛四郡以万安军[70]所采为绝品，丰郁蕴藉，四面悉皆翻爇[71]，烬余而气不尽，所产处价与银等。（《稗史汇编》[72]）

大率沉水万安东洞为第一品，在海外则登流眉片沉可与黎峒之香相伯仲。登流眉有绝品，乃千年枯木所结，如石杵、如拳、如肘、如凤、如孔雀、如龟蛇、如云气、如神仙人物，焚一片则盈室香雾，越三日不散，彼人自谓无

价宝。多归两广帅府及大贵势之家。（同上）

香木，初一种也，膏脉贯溢则沉实，此为沉水香。有曰熟结，其间自然凝实者。脱落，因木朽而自解者。生结，人以刀斧伤之而复膏脉聚焉。虫漏，因虫伤蠹而后膏脉亦聚焉。自然脱落为上，以其气和，生结虫漏则气烈，斯为下矣。沉水香过四者外，则有半结半不结为弄水香，番言为婆菜[73]，因其半结则实而色重，半不结则不大实而色褐，好事者谓之鹧鸪斑婆菜。中则复有名水盘头，结实厚者亦近沉水。凡香木被伐，其根盘结处必有膏脉涌溢，故亦结，但数为雨淫[74]，其气颇腥烈，故婆菜中水盘头为下，余虽有香气不大凝实。又一品号为栈香，大凡沉水、婆菜、栈香尝出于一种，而自有高下。三者其产占城不若真腊国，真腊不若海南诸黎峒，海南诸黎峒又不若万安、吉阳[75]两军之间黎母山，至是为冠绝天下之香，无能及之矣。又海北则有高、化二郡[76]亦产香，然无是三者之别第，为一种，类栈之上者。海北香若沉水地号龙龟者，高凉地号浪滩者[77]，官中时时择其高胜，试爇一炷，其香味虽浅薄，乃更作花气百和旖旎[78]。（同上）

南方火行[79]，其气炎上，药物所赋皆味辛而嗅香，如沉栈之属，世专谓之香者，又美之所钟也。世皆云二广出香，然广东香乃自舶上来，广右[80]香产海北者亦凡品，惟海南最胜，人士未尝落南者未必尽知，故著其说。（《桂海志》[81]）

高、容、雷、化[82]山间亦有香，但白如木，不禁火

力，气味极短，亦无膏乳，土人货卖不论钱也。(《稗史汇编》)

泉南[83]香不及广香之为妙，都城市肆有詹家香，颇类广香，今日多用，全类辛辣之气，无复有清芬韵度也。又有官香，而香味亦浅薄，非旧香之比。[84]

[9]沉水香：我国古籍中记录的沉香，种类繁多，产地、形态、等级、植物来源多有不同。一般来说古籍中沉香植物来源主要包括产于我国南方海南、广东、广西、云贵等地的沉香[Aquilaria sinensis (Lour.) Gilg]，亦称白木香、土沉香、莞香等，以及产于越南、缅甸、老挝等地的沉香（Aquilaria agallocha Roxb.）。亦称为蜜香。这两种是我国古代沉香的主要来源。较晚近沉香亦包括产于印度尼西亚、马来西亚半岛等地的沉香（Aquilaria crassna Pierre），亦称柯拉斯那沉香、鹰木香等，也是目前香道沉香用量较大的一类。以上这些都是瑞香科沉香属（Aquilaria）植物。沉香可以指这些木本植物含树脂的木材，也可以指老茎（包括死去植物）受到人为或自然伤害后产生的含有树脂的组织物。有人也称前者为沉香木，而称后者为沉香。香道界所指沉香一般指后者，而中药材中的沉香一般指前者。除此以外，现在国际市场的"沉香"类来源植物还包括产于美洲及亚洲的含有沉香醇（linalool）的橄

橄科和樟科植物（如所谓开云沉香），以及产于印度、印度尼西亚、菲律宾等地与中国大陆及台湾地区的大戟科植物。

[10] 栈香：指沉香半结连木者，入水半沉半浮，后来也用来指沉香干、沉香木的心材。详见下文相关说明。

[11] 黄熟香：沉香中品级较低、质地轻虚、入水不沉者。因多产于沉香木根部，色黄而熟，故称。

[12] 《南越志》：南朝宋沈怀远撰，为作者在广州时所作，记载上至三代下至东晋岭南地区的异物、建置沿革、古迹、趣闻等。原书已佚。《说郛》《汉唐地理书钞》等有辑录。

[13] 交州：东汉建安八年（203）改交州刺史部置，治所在广信县（今广西梧州市）。十五年（210）移治番禺县（今广东广州市）。辖境相当今广东、广西的大部，越南承天以北诸省。三国吴黄武五年（226）分为交、广二州，交州治龙编县（今越南河北省仙游东）。辖境相当今广西钦州地区、广东雷州半岛，越南北部、中部地区。隋废。

[14] 蜜脾：蜜蜂营造的酿蜜的房，其形如脾。

[15] 阿迦嚧香：《大威力乌枢瑟摩明王经》卷上："乃截黑阿迦嚧（唐云沉香）进钵啰奢薪火中一千八。"

[16] 膏脉：这里指含有树脂的组织物。

[17] 蠹：蛀蚀器物的虫子。
[18] 角沉、黄沉、蜡沉、革沉皆是以外形、颜色、质地命名的上品沉香。
[19] 茧栗：形容牛角初生之状。言其形小如茧似栗。
[20] 芝菌：即灵芝。
[21] 梭子：织布机上牵引纬线的工具。两头尖，中间粗，丝束置于中空部分。
[22] 附子：毛茛科植物乌头Aconitumcarmichaeli Debx的旁生块根（子根）。
[23] 煎香：这里是指上文的栈香，又被称作"煎香"。
[24] 桠：这里指树木的枝桠。
[25] 冬青：冬青科冬青属植物冬青（Ilex chinensis Sims）。
[26] 构：建造。
[27] 饭甑：蒸饭用的炊具，一般用木条箍成，形似木桶。
[28] 三本《香乘》皆作"南息高窦等州"，误。此部分内容原出《本草衍义》，原文以及《本草纲目》的引文皆作"南恩、高、窦等州"。

这里指的是《本草衍义》作者（寇宗奭）所在宋代的行政区划。

南恩州，北宋庆历八年（1048）改恩州置，治所在阳江县（今广东阳江市）。《宋史·地理志》南恩州："以河北路有恩州，乃加'南'字。"辖境相当今广东恩平、阳江、阳春三地市。

高州，南朝梁大同中置，治所在高凉郡高凉县

（今广东阳江市西）。辖境相当今广东鉴江及漠阳江流域地区。唐大历十一年（776）徙治电白县（今广东高州市东北长坡镇旧城村），辖境缩小，仅为今高州市、电白县部分地。

窦州，唐贞观八年（634）改南扶州置，治所在信义县（今广东信宜县西南镇隆镇）。天宝元年（742）改为怀德郡，乾元元年（758）复为窦州。辖境相当今广东信宜县地。

[29] 坎：坑、洞。

[30] 琼、崖：琼州，唐贞观五年（631）析崖州置，治所在琼山县（今海南省琼山市东南旧州镇）。北宋熙宁四年（1071）移治今琼山市。辖境相当今海南省海口、琼山、琼海三市及定安、澄迈、临高等县地。

崖州，北宋开宝五年（972）之前，指南朝梁置崖州，治所在义伦县（今海南省儋州市西北）。隋废。唐武德四年（621）复置，治所在舍城县（今琼山市东南）。辖境相当今海南省海口、琼山、琼海三市及文昌、澄迈、定安等县地。北宋开宝五年（972）并入琼州。北宋开宝五年（972）改振州置崖州，治所在宁远县（今海南省三亚市西北崖城镇）。辖境相当今海南三亚市和保亭、乐东两县部分地区。熙宁六年（1073）改为朱崖军。

[31] 这段文字出《本草衍义》，为《本草纲目》所引，作者引自《本草纲目》。

[32] 麻叶：这里指桑科大麻属植物大麻Cannabis sativa L.的叶，可入药。

[33] 这段文字出《证类本草》，为《本草纲目》所引，作者引自《本草纲目》。

[34] 真腊：国名。又称吉蔑。故地在今柬埔寨。原为扶南属国。公元6世纪中叶，打败扶南。627年灭扶南，统一柬埔寨。定都伊奢那城。8世纪初分裂为陆真腊（北部）和水真腊（南部）两部分。8世纪末为爪哇夏连特拉王朝控制。约802年重新统一并独立，定都吴哥地区，史称吴哥王朝。11世纪，对外扩张，势力北达琅勃拉邦，南下马来半岛。1203年吞并东邻占城，成为中南半岛强大帝国。

[35] 占城：占城国又作林邑国、环王国、占婆国，或简称为占国、佔国，在今越南的中南部。9世纪末期，其领土约自今平治天省北部的横山（Hoanh Son）至顺海（Thuan Hai）省的藩朗（Phan Rang）一带。后来安南国扩张南侵，其国土逐步缩小，约17世纪末、18世纪初被安南国灭亡。占城一名有时也专指占城国的首都，故地在不同时期有所变化。

[36] 渤泥：汉文古籍亦作勃泥、浡泥。故地在今加里曼丹岛。

[37] 绿洋：一作缘洋，所指不详，一说在今柬埔寨或越南的南部，一说在泰国东南部。据《诸蕃志》，绿洋为真腊的属国。

[38] 三泺：又作三泊，一说在今柬埔寨的桔井省湄公河东岸的三坡（Sambor），除此以外还有多种说法。

[39] 勃罗间：《朝贡录》卷上真腊国，"其沉香之品有三，绿洋为上，三泺次之，勃雍又次之"。则此处勃罗间应指勃雍，或指今柬埔寨的土珠岛（Pulau Panjang），勃雍为Panjang的译音。

[40] "为高"句：四库本、汉和本作"为高，形体非以"，今依无碍庵本。

[41] 叶廷珪《南番香录》：叶廷珪（一作庭珪），字嗣忠，号翠岩，瓯宁（今福建建瓯）人。北宋徽宗朝进士，南宋高宗时任泉州知州，当时泉州海外贸易频繁，故有条件收集整理资料，编纂《南番香录》，是历史上重要的香学著作。

[42] "珍异"句：四库本、汉和本作"珍异之本"。无碍庵本作"珍异之木"。据《南方草木状》原文，应作"珍异之木"。

[43] 此段八物同出一树的文字原出晋人嵇含《南方草木状》，代表了当时人的听闻和想象。

《埤雅》是宋代陆佃（1042—1102）作的一部解释《尔雅》动植物名词的训诂类书。明代牛衷增补成《增修埤雅广要》。

[44] 太学：古代设在京师的全国最高学府。西周已有太学之名，汉武帝时设立，唐宋时期，国子学和太学并隶国子监，到元明后，太学逐渐为国子学或国子

监所取代。

[45]儋崖：儋州与崖州的合称。二州在今海南岛。也作为海南岛的泛称。儋崖合称或来源于汉武帝时置珠崖、儋耳二郡，后世儋州辖境相当今海南儋州、昌江、东方等市、县地。崖州见本章"琼、崖"条。

[46]《续博物志》：博物学文献，南宋李石撰。10卷。李石，字知几，号方舟。是书欲补张华《博物志》之所未备，故称。

[47]黎戎国：指海南黎族先民的族群。唐代时"黎"这个称呼开始出现，宋代固定下来，成为海南黎族的专用名称。

[48]《孙升谈圃》：又称《孙公谈圃》，三卷。宋刘延世录所闻于孙升之语。孙升，字君孚，高邮（今江苏高邮）人，所述皆宋元祐年间朝廷时事，而且多与作者的亲身经历相关。

[49]郑文宝：953—1013，字仲贤，一字伯玉，汀洲宁化（今属福建）人，北宋初年大臣，诗人，书法家。此诗为郑文宝《香木槽》。

[50]《陈谱》：指《陈氏香谱》，宋代陈敬与其子陈浩卿编，集中了宋代及之前的诸多香方和史料，是中国香学的重要著作。本书中很多内容都来自《陈氏香谱》。

[51]《孔平仲谈苑》：又称《孔氏谈苑》，宋孔平仲撰（亦有人认为是后人集孔平仲他书而成）。是一部

以记载北宋及前朝政事典章、人物轶闻为主的史料笔记，同时间涉社会风俗和动植物知识。孔平仲，字义甫，一作毅父，临江新喻（今江西新余）人，北宋学者、诗人。

[52] 黎峒：黎族居住地的总称。又指黎族一种原始社会组织。也可特指黎母山一带。

[53] 万安：宋时指万安州或万安军，辖境相当今海南省万宁、陵水二市县地。治所在今海南省万宁市。

[54] 黎母山：即今海南琼中黎族苗族自治县北黎母岭。广义的黎母岭指黎母山脉，即海南岛中部山脉，狭义的黎母岭指黎母山山脉主峰鹦哥岭一带。

[55] 海北高、化：所谓海北，相对于海南而称，大致包括今日广东信宜、廉江以南雷州半岛、广西浦北、灵山、防城港以南以东地区。高州、化州，分别为今日广东省高州市、化州市。

[56] 《蔡絛丛谈》：指《铁围山丛谈》，宋蔡絛著，笔记体史料书籍，书中具体记载了北宋至南宋初，尤其是北宋后期的典章制度、掌故等，具有相当的史料价值。蔡絛，字约之，别号无为子、百衲居士。兴化军仙游（今属福建）人，宋代笔记作家。

[57] 茧栗角：形容牛角初生之状。言其形小如茧似栗。也指植物的幼芽或蓓蕾。

[58] 梅英：梅花。

[59] 鹅梨：详见后面"鹅梨帐中香"部分鹅梨注释。

[60] 博：换取。

[61] 中州：这里指内地、中原地区。

[62] 舶上：指由海路运来。

[63] 登流眉：古国名。故地或以为在今泰国南部马来半岛洛坤附近。亦称"丹流眉""丹马令""单马令"。

[64] 交趾：汉代有交趾郡，武帝时交趾郡治交趾县即位于今越南河内。唐宋时交趾独立，北宋时称其国为交趾，南宋之后虽改称安南、越南。因其为交趾故地，亦以交趾指越南北部地区。

[65] 钦州：隋开皇十八年（598）改安州置，治所在钦江县（今广西钦州市东北三十里久隆镇）。辖境相当今广西钦州及灵山县等地。北宋天圣元年（1023）移治南宾砦（今广西灵山县西旧州墟）。南宋移治安远县（今钦州市）。

[66] 蕴藉：无碍庵本作"风韵"。

[67] 范成大《桂海虞衡志》：《桂海虞衡志》，宋范成大撰，记述广南西路（今广西一带）风土民俗的著作。范成大（1126—1193），字致能，号石湖居士。平江吴郡（郡治在今江苏吴县）人。南宋著名诗人。

[68] 琼州、崖州、万安（万州）、琼山、定安、临高，都是海南的地名，前面注释过的地名不再重复。万安明洪武后称万州。琼山在今海南琼山市。三本"定安"皆作"定海"，查诸《大明一统志》原

文,这里为定安之误,即今海南定安县。临高,今海南临高县。

[69]《大明一统志》:明代官修地理总志。李贤、彭时等纂修。成书于天顺五年(1461)。因参与人员芜杂,纂修仓促,多有错误,为后代学者所批评。

[70]万安军:见前"万安"条,北宋熙宁七年(1074)改万安州置万安军。

[71]爇:音ruò,烧。

[72]《稗史汇编》:此处的《稗史汇编》为明代王圻编纂,王圻,字元翰,诸翟人,嘉靖朝进士,一生编纂整理了很多文献。

[73]婆菜:无碍庵本作"婆菜"。称沉香为"婆菜",出《铁围山丛谈》,后《本草纲目》等书亦引用此说。这里应为婆菜。

[74]淫:浸渍。

[75]吉阳:吉阳军,北宋政和七年(1117)改朱崖军置,治所即今海南省三亚市西北崖城镇,明之后称崖州。

[76]海北则有高、化二郡:高、化二郡指高州、化州,见前注释。

[77]这里可能是《稗史汇编》引用时误记,《铁围山丛谈》原作:"(海北香)若凌水,地号'瓦竈'者为上,地号'浪滩'者为中。"

[78]旖旎:旖旎用来形容香气,是指甜美浓郁的花香。

［79］火行：五行属火。

［80］广右：一般指广西，与广东相对。

［81］《桂海志》：即范成大《桂海虞衡志》。

［82］指高州、容州、雷州、化州。高州、化州前已注，容州辖境相当今广西北流、容县。雷州辖境相当今广东遂溪、湛江以南雷州半岛。

［83］泉南：泉州的别称。因宋泉州城南为通商口岸，有"蕃坊"，为阿拉伯等国商人居处而得名。此处泉州香是当地所产，还是海上舶来，不详。

［84］未标注出处的地方，一般为作者记述，大抵反映当时（明末）的情况。

以下十品[85]俱沉香之属

生沉香（即蓬莱香）

出海南山西[86]。其初连木，状如栗棘房[87]，土人谓之刺香。刀刳去木，而出其香，则坚致而光泽。士大夫曰蓬莱香气清而且长，品虽侔[88]于真腊，然地之所产者少，而官于彼者乃得之，商舶罕获焉，故值常倍于真腊所产者云。（《香录》[89]）

蓬莱香即沉水香，结未成者多成片，如小笠及大菌之状。有径一二尺者，极坚实，色状皆似沉香，惟入水则浮，刳去其背带木处，亦多沉水。（《桂海虞衡志》）

[85] 十品：四库本、汉和本作"九品"，计数之误。
[86] 山西：应指海南"黎母山"西，见前"黎母山"条注释。
[87] 栗棘房：栗子带刺的外壳。
[88] 侔：音móu，等同。
[89] 《香录》：指叶廷珪所撰《香录》，即前文所说之《南番香录》，见前"叶廷珪《南番香录》"条。

光香

与栈香同品第，出海北及交趾，亦聚于钦州。多大块如山石枯槎，气粗烈如焚松桧，曾不能与海南栈香比，南人常以供日用及陈祭享[90]。（同上）

[90] 祭享：供奉祭品、祭神或祖先。

海南栈香

香如猬皮、栗蓬及渔蓑[91]状，盖修治时雕镂费工，去木留香，棘刺森然。香之精钟于刺端，芳气与他处栈香迥别。出海北者聚于钦州，品极凡，与广东舶上生、熟、速结等香相埒[92]。海南栈香之下又有重漏、生结等香，皆下色。（同上）

[91] 猬皮、栗蓬及渔蓑：指刺猬皮、栗子外壳，渔人蓑衣。
[92] 埒：音liè，等同。

番香（一名番沉）

出勃泥[93]、三佛齐[94]，气犷而烈，价视[95]真腊绿洋减三分之二，视占城减半矣。（《香录》）

[93] 勃泥：即渤泥，见前"渤泥"条。

[94] 三佛齐：唐代古籍亦称"室利佛逝"，宋代后称"三佛齐"，东南亚古国，7世纪于苏门答腊兴起，都城在今巨港。鼎盛时期，其势力范围包括马来半岛和巽他群岛的大部分地区，是中国和印度、阿拉伯国家之间的交通贸易要冲。

[95] 视：四库本、汉和本作"似"。据《陈氏香谱》、无碍庵本，应作"视"。

占城栈香

栈香乃沉香之次者，出占城国。气味与沉香相类，但带木不坚实，亚于沉而优于熟速。（《香录》）

栈与沉同树，以其肌理有黑脉者为别。（《本草拾遗》[96]）

[96] 《本草拾遗》：唐代陈藏器编著的中药学著作，陈氏认为有很多未被载入《神农本草经》的药物，故收集资料编著此书，原书已佚，其中资料多为后人所引用，李时珍《本草纲目》即大量引用该书，被李时珍认为是《神农本草经》以来最为重要的药学著作。陈藏器，唐药学家。四明（今浙江鄞县）人。开元中曾任三原县尉。

黄熟香[97]

亦栈香之类，但轻虚枯朽，不堪爇[98]也。今和香中皆用之。

黄熟香夹栈香。黄熟香，诸番出而真腊为上，黄而熟，故名焉。其皮坚而中腐者，其形状如桶，故谓之黄熟桶。其夹栈而通黑者，其气尤胜，故谓夹栈黄熟。此香虽泉[99]人之所日用，而夹栈居上品。（《香录》）

近时东南好事家盛行黄熟香又非此类，乃南粤[100]土人种香树，如江南人家艺[101]茶趋利，树矮枝繁，其香在根，剔根作香，根腹可容数升，实以肥土，数年复成香矣。以年逾久者逾香。又有生香、铁面、油尖之称。故《广州志》云：东莞[102]县茶园村香树出于人为，不及海南出于自然。

[97] 黄熟香：指较轻虚的沉香。见前"沉水香"部分对黄熟香的解释。

[98] "不堪"句：四库本、汉和本无"爇"字。《陈氏香谱》作："但轻虚枯朽不堪者。"疑有脱字，今据无碍庵本。

[99] 泉：指泉州一带，泉州在宋代是海上丝绸之路起点，和很多国家地区有海上交通贸易往来。

[100] 南粤：指广东省。

[101] 艺：这里是艺的本意，种植。

[102] 东莞：四库本、汉和本作"东筦"，指明代东莞

县，即今广东省东莞市。

速栈香[103]

香出真腊者为上。伐树去木而取香者谓之生速，树仆木腐而香存者谓之熟速，其树木之半存者谓之栈香，而黄而熟者谓之黄熟，通黑者为夹栈，又有皮坚而中腐形如桶谓之黄熟桶。（《一统志》[104]）

速栈黄熟即今速香，俗呼鲫鱼片，以雉鸡[105]斑者佳，重实为美。[106]

[103] 速栈香：四库本、汉和本作"速暂香"。
[104] 《一统志》：本书《一统志》指《大明一统志》。见前"《大明一统志》"注释。
[105] 雉鸡：俗称野鸡，学名：Phasianus colchicus。
[106] "速栈"句：无碍庵本无此句。

白眼香

亦黄熟之别名也。其色差[107]白，不入药品，和香用之。[108]

[107] 差：略微，比较。
[108] 自此以下三条《香乘》未注明出处，当出自洪刍《香谱》，为《陈氏香谱》等书所引。

叶子香
一名龙鳞香。盖栈香之薄者,其香尤胜于栈。

水盘香
类黄熟而殊大,雕刻为香山佛像,并出舶上。

有云诸香同出一树,有云诸木皆可为香,有云土人取香树作桥梁、槽、甑等用。大抵树本无香,须枯株朽干仆地袭脉,沁泽凝膏,蜕去木性,秀出香材,为焚爇之珍。海外必登流眉为极佳,海南必万安东峒称最胜,产因地分优劣,盖以万安钟朝阳之气[109]故耳。或谓价与银等,与一片万钱者,则彼方亦自高值,且非大有力者不可得。今所市者不过占、腊[110]诸方平等香耳。

[109] 钟朝阳之气:万安在黎母山东,故曰钟朝阳之气。
[110] 指真腊,见"真腊"条注释。《宋史》卷四八九:"真腊国亦名占腊。"

沉香祭天[111]

梁武帝[112]制南郊明堂[113]用沉香,取天之质阳所宜也。北郊用土和香,以地于人亲,宜加杂馥,即合诸香为之。梁武祭天始用沉香,古未有也。

[111] 此条作者未注明出处。梁武帝沉香祭天之事见于《通典》等书。

[112] 梁武帝：萧衍（464—549），南朝梁开国君主，502年即位。

[113] 明堂：古代帝王宣明政教、举行大典的地方。

沉香一婆罗丁

梁简文[114]时，扶南[115]传有沉香一婆罗丁云。婆罗丁，五百六十斤也。（《北户录》[116]）

[114] 梁简文：梁简文帝，萧纲（503—551），梁武帝第三子，在位二年被弑。

[115] 扶南：中南半岛古国，辖境约当今柬埔寨以及老挝南部、越南南部和泰国东南部一带。公元1世纪建国，7世纪被真腊所灭。

[116] 《北户录》：唐代段公路所著，为其在广州时记录岭南风土物产之书。

沉香火山

隋炀帝[117]每至除夜殿前诸院设火山数十[118]，尽沉香木根也[119]。每一山焚沉香数车，以甲煎沃[120]之，焰起数丈，香闻数十里。[121]一夜之中用沉香二百余乘，甲煎二百余石，房中不燃膏火，悬宝珠一百二十以照之，光比白日。（《杜阳杂编》[122]）

[117] 隋炀帝：杨广（569—618），隋朝第二位皇帝

（604—618年在位）。

[118] 数十：四库本、汉和本作"数十车"。《太平广记》、《陈氏香谱》、无碍庵本等皆作"数十"，应作"数十"。

[119] "尽沉香"句：四库本、汉和本此句无，仅有"沉水香"三字，不通。今依无碍庵本、《太平广记》、《陈氏香谱》。

[120] 沃：这里指加在点燃的沉香上。

[121] 李商隐《隋宫守岁》诗："沉香甲煎为庭燎，玉液琼苏作寿杯。"

[122] 《杜阳杂编》：唐代苏鹗撰，三卷。以作者家居武功杜阳川而得名。记载代宗广德元年（763）至懿宗咸通十四年（873）凡十朝间异物杂事，多为传闻之事。但其中亦涉及史实。

太宗问沉香

唐太宗[123]问高州首领冯盎[124]云："卿去沉香远近？"[125]盎曰："左右皆香树，然其生者无香，惟朽者香耳。"

[123] 唐太宗：李世民（599—649），唐朝第二位皇帝（626—649年在位）。

[124] 冯盎：？—646，字明达，高州良德（今广东省高州市）人。隋末唐初控制岭南地区的边疆大吏，

归附朝廷而得太宗信任，唐太宗因他在岭南故问他沉香之事。
[125]依《太平广记·草木》，此句应为："卿宅去沉香远近？"下文"左右"是指冯宅左右。四库本、汉和本与无碍庵本皆脱"宅"字。

沉香为龙

马希范[126]构九龙殿，以沉香为八龙，各长百尺，抱柱相向，作趋捧势，希范坐其间，自谓一龙也。幞头[127]脚长丈余，以象龙角。凌晨将坐，先使人焚香于龙腹中，烟气郁然而出，若口吐然。近古以来诸侯王奢僭[128]未有如此之盛也。（《续世说》[129]）

[126] 马希范：899—947，字宝规，五代十国时期南楚君主（932—947年在位）。性好奢靡。
[127] 幞头：一种古代男子用的头巾。以丝绢裁成方巾，方巾四角下垂四长带，用来裹发，盛行于唐代。
[128] 奢僭：谓奢侈逾礼，不合法度。
[129]《续世说》：宋代孔平仲所作，以体例类《世说新语》，故名。孔平仲，见前"《孔氏谈苑》"条。

沉香亭子材

长庆四年，敬宗[130]初嗣位，九月丁未，波斯大商李苏沙[131]进沉香亭子材。拾遗[132]李汉[133]谏云:"沉香为亭子,不异瑶台琼室。"上怒,优[134]容之。(《唐纪》[135])

[130] 敬宗:唐敬宗李湛(809—826),824年即位,长庆四年即824年,长庆为唐穆宗年号。
[131] 李苏沙:波斯香药巨商,李为赐姓。
[132] 拾遗:官名。唐代置。掌随侍皇帝左右,侍奉讽谏等事。
[133] 李汉:字南纪,唐朝宗室、官员,为人刚正。时任左拾遗。
[134] 优:宽容。
[135] 《唐纪》:此处指《资治通鉴》中《唐纪》,宋司马光编纂。

沉香泥壁

唐宗楚客[136]造一宅新成,皆是文柏[137]为梁,沉香和红粉[138]以泥壁,开门则香气蓬勃。太平公主[139]就其宅看,叹曰:"观其行坐处,我等皆虚生浪死。"(《朝野佥载》[140])

[136] 宗楚客:?—710,字叔敖,蒲州(今山西永济县西)人。武则天从姊子,官至宰相,后因逆谋事被诛。权盛时生活奢侈。
[137] 文柏:纹理鲜明的柏树。

[138] 红粉：女子妆饰时所用的胭脂和铅粉。

[139] 太平公主：约665—713，唐高宗李治之女，生母武则天。后因权力之争被唐玄宗赐死。

[140]《朝野佥载》：作者张鷟，字文成，生平时期约当于唐代武后到玄宗朝前期。《朝野佥载》为作者耳闻目睹的社会札记，记述了唐代前期朝野遗事轶闻，尤以武后朝事迹为主。

屑沉水香末布象床[141] 上

石季伦[142]屑沉水之香如尘末，布象床上，使所爱之姬践之，无迹者赐以珍珠百琲[143]，有迹者节以饮食，令体轻弱故。闺中相戏曰："尔非细骨轻躯，那得百琲珍珠。"（《拾遗记》[144]）

[141] 象床：象牙装饰的床。

[142] 石季伦：石崇（249—300），字季伦，小名齐奴。渤海南皮（今河北南皮东北）人。西晋人，貌美有文名，据说因荆州任职时劫持商贾，家资巨富，性极骄奢，与王恺斗富中占上风，八王之乱中被诛。

[143] 琲：珠串子。

[144]《拾遗记》：志怪小说集，又名《拾遗录》《王子年拾遗记》。作者东晋王嘉，字子年，陇西安阳（今甘肃渭源）人。

沉香叠旖旎山[145]

高丽[146]舶主王大世[147]选沉水香近千斤，叠为旖旎山，象衡岳[148]七十二峰。钱俶[149]许黄金五百两，竟不售。（《清异录》[150]）

[145] 旖旎山：用香料制作的假山。
[146] 高丽：朝鲜的王朝。王建始建于公元918年，1392年为李成桂的李朝取代。
[147] 王大世：往来高丽吴越之间的大海商。
[148] 指南岳衡山。
[149] 钱俶：929—988，原名弘俶，小字虎子，改字文德，临安人，是五代十国时期吴越的最后一位国王。
[150] 《清异录》：宋陶谷撰。谷字秀实，邠州新平人。《清异录》是一部笔记，内容十分丰富详细，多为后人引用。

沉香翁

海舶来有一沉香翁，剜镂若鬼工，高尺余。舶酋以上吴越王，王目为清门[151]处士[152]，发源于心，清心闻妙香也。（同上）

[151] 清门：寒素之家。
[152] 处士：有才德而不出仕做官的人。

沉香为柱

番禺[153]有海獠[154]杂居,其最豪者蒲姓。号曰番人,本占城之贵人[155]也,既浮海而遇风涛,惮于复返,遂留中国,定居城中。屋室侈靡踰禁中[156],堂有四柱,皆沉水香。(《桯史》[157])

[153] 番禺:指番禺县,秦始皇三十三年(前214)统一南越(粤)后置。今广州番禺区。
[154] 海獠:宋时称由海上至中国的外国商人为海獠,通常为穆斯林。
[155] 据后人考证,蒲姓海商应为阿拉伯穆斯林,所谓"占城之贵人",应指侨居占城的阿拉伯人。
[156] 禁中:指帝王所居宫内。
[157]《桯史》:三本作《程史》,误,应作《桯史》,宋代朝野见闻笔记,记叙两宋人物、政事、旧闻等。南宋岳珂(1183—1234,岳飞之孙)撰。

沉香水染衣

周光禄诸妓掠鬓用郁金油,傅面用龙消粉,染衣以沉香水,月终人赏金凤皇一只。(《传芳略记》[158])

[158]《传芳略记》:此记载见于五代冯贽《云仙杂记》卷一"金凤凰"条。

炊饭洒沉香水

龙道千卜室[159]于积玉坊，编藤作凤眼窗，支床用荔枝千年根，炊饭洒沉香水，浸酒取山凤髓。(《青州杂记》[160])

[159] 卜室：选择居室。
[160] 《青州杂记》：此记载见于五代冯贽《云仙杂记》卷六"凤眼窗"条。

沉香甑

有贾[161]至林邑[162]，舍[163]一翁姥家，日食其饭，浓香满室。贾亦不喻[164]，偶见甑，则沉香所剡也。(《清异录》)

又陶谷[165]家有沉香甑，鱼英酒醆[166]中现园林美女象，黄霖曰：陶翰林[167]甑里熏香，醆中游妓，可谓好事矣。(同上)

[161] 贾：音gǔ，商人。
[162] 林邑：古国名，一般认为林邑国即后来史籍所载的环王国、占婆国或占城国，东汉末期立国于西汉日南郡的象林县。中心地区在今越南的广南-岘港省，9世纪后称占城，见前"占城"条解释。不过也有人认为林邑为占人国家之一部，范围没有占城那么大。

[163] 舍：居住。

[164] 喻：明白。

[165] 陶谷：903—970，字秀实，邠州新平（今陕西邠县）人。五代至北宋人，见"《清异录》"条。

[166] 鱼英酒酸：鱼英，鱼的脑骨。特指用鱼的脑骨制成的器具。酒酸，即酒盏，小酒杯。

[167] 陶翰林：陶谷曾任翰林学士承旨，为翰林学士院主官。

桑木根可作沉香想

裴休[168]得桑木根，曰："若作沉香想之，更无异相，虽对沉水香反作桑根想，终不闻香气。诸相从心起也。"（《常新录》[169]）

[168] 裴休：797—870，字公美。唐孟州济源（今属河南省）人。进士出身，宣宗时宰相。能诗善书，有政绩，笃信佛教，礼黄檗希运禅师等禅宗大德，为一代护法名相。

[169]《常新录》：此记载见于五代冯贽《云仙杂记》卷五"桑木根可作沉香想"条。

鹧鸪沉界尺[170]

沉香带斑点者名鹧鸪沉。华山道士苏志恬偶获尺

许，修为界尺。(《清异录》)

[170] 界尺：文具，长数寸至尺许。用以间隔行距、画直线或镇书纸。或以为指法器，但界尺与戒尺不同，禅门中界尺基本也还是行使文具功能。

沉香似芬陀利华[171]

显德[172]末进士贾颙于九仙山遇靖长官[173]，行若奔马，知其异，拜而求道。取箧中所遗沉水香焚之，靖曰：此香全类斜光下等六天[174]所种芬陀利华。汝有道骨而俗缘未尽，因授炼仙丹一粒，以柏子为粮，迄今尚健。(同上)

[171] 芬陀利华：芬陀利为梵文pundarīka的音译，白莲花。
[172] 显德：954—960，是后周太祖郭威开始使用的年号（显德元年正月）。其后后周世宗柴荣在元年正月即位沿用（显德元年—六年）；后周恭帝柴宗训即位后继续沿用（显德六年六月—七年正月），前后共计七年。
[173] 靖长官：唐代修道成仙之人。宋曾慥《集仙传》："靖不知何许人，唐僖宗时为登封令，既而弃官学道，遂仙去。隐其姓而以名显，故世谓之靖长官。"
[174] 六天：道教与佛教共认欲界有六天，为诸天最下等。道教另有以六天帝为六天，与此处无关。

研金[175]虚镂[176]沉水香纽列环

晋天福[177]三年，赐僧法城跋遮那[178]袈裟环也。王言云：敕法城，卿佛国栋梁，僧坛领袖，今遣内官[179]赐卿研金虚镂沉水香纽列环一枚，至可领取。（同上）

[175] 研金：一种以金研碾于器物上的工艺。
[176] 镂：无碍庵本作"缕"，误。
[177] 天福：936—944，后晋高祖石敬瑭年号，后晋出帝石重贵942年继位，沿用至944年。
[178] 跋遮那：即梵语袈裟环。
[179] 内官：内官在不同背景下有多种含义，此处指宦官。

沉香板床

沙门支法存[180]有八尺沉香板床，刺史[181]王淡息[182]切求不与，遂杀而借焉。后淡息疾，法存出为祟。（《异苑》[183]）

[180] 支法存：晋代医僧，先辈为胡人（从"支"字看可能和月氏有关）。长期生活于广州，妙善医术，著有《申苏方》五卷，现已佚失。
[181] 刺史：官名，地方行政区域州的最高行政长官，始于汉，自三国至南北朝，各州亦多置刺史，但重要的州、郡，一般都以都督兼任刺史，并加将军之称号。
[182] 王淡息：依《异苑》原文，应作王琰，指南朝齐

梁时期的学者太原王琰，著有《冥祥记》，曾与范缜辩论。不过明清的一些类书也有写作"王淡息"的，不知所据。

[183]《异苑》：志怪小说集。撰者南朝宋刘敬叔，彭城（今江苏徐州）人。《异苑》现存十卷，虽非原书，但大致完整。

沉香履箱[184]

陈宣华[185]有沉香履箱金屈膝[186]（《三余帖》[187]）

[184] 沉香履箱：四库本、汉和本无"箱"字，从上下文看，应有"箱"字。

[185] 陈宣华：宣华夫人陈氏，南北朝时期南朝陈宣帝女、陈后主同父异母之妹。后选为隋文帝嫔妾，隋文帝病危时封其为宣华夫人。

[186] 屈膝：又称屈戌，指门窗、屏风、橱柜等的环纽、搭扣。

[187]《三余帖》：宋代笔记，今已佚，部分收录于《说郛》中。

屦[188]衬沉香

无瑕屦，屦之内皆衬香，谓之生香屦。[189]

[188] 屦：无碍庵本作"屣"，屦、屣都是鞋子。

[189] 此条出元龙辅《女红余志·生香屦》。

沉香种楮树[190]

永徽[191]中,定州[192]僧欲写《华严经》,先以沉香种楮树[193],取以造纸。(《清赏集》[194])

[190] 楮树:落叶乔木,树皮是制造桑皮纸和宣纸的原料。

[191] 永徽:永徽(650年正月—655年12月)是唐高宗李治的第一个年号。

[192] 定州:北魏天兴三年(400)改安州置,治所在卢奴县(北齐改名安喜县,今河北定州市)。辖境相当今河北满城县以南,安国市、饶阳县以西,井陉县及藁城、辛集二市以北地区。其后渐小。隋大业三年(607)改为博陵郡,九年(613)又改为高阳郡。唐武德四年(621)复为定州,天宝初改为博陵郡,乾元初复为定州。北宋政和三年(1113)升为中山府。

[193] 依《文房四谱》,此句应为"先以沉香积水种楮树"。

[194]《清赏集》:所指不详,此条可见于宋苏易简《文房四谱》。

蜡沉[195]

周公谨[196]有蜡沉,重二十四两。又火浣布[197]尺余。(《云烟过眼录》[198])

[195] 蜡沉：前文"沉香之削之自卷，咀之柔韧者"，指如蜡质油脂丰富柔软的沉香，为沉香中之上品。

[196] 周公谨：指《云烟过眼录》作者周密。周密（1232—1298），宋末元初人，字公谨，号草窗，又号霄斋、苹洲、萧斋，晚年号四水潜夫、弁阳老人、弁阳啸翁、华不注山人，博学多识，诗词书画俱精，精鉴赏而富收藏，又雅好医药，一生著述颇丰。

[197] 火浣布：亦作"火澣布"，即石棉布。投入火中即洁白，故曰"火浣"。

[198]《云烟过眼录》：记录书画古器的著录著作，南宋周密著。

沉香观音像

西小湖[199]天台教寺旧名观音教寺，相传唐乾符[200]中，有沉香观音像泛太湖而来，小湖寺僧迎得之，有草绕像足，以草投小湖，遂生千叶莲花。（《苏州旧志》[201]）

[199] 西小湖：指苏州洞庭西山西面的一个池塘，据说与太湖水脉相通。

[200] 乾符：乾符（874年11月—879年12月）是唐僖宗李儇的年号。

[201]《苏州旧志》：明代曾多次修《苏州志》，此条可见于王鏊所撰《姑苏志》。

沉香煎汤

丁晋公[202]临终前半月已不食，但焚香危坐，默诵佛经。以沉香煎汤，时时呷[203]少许，神识不乱，正衣冠，奄然[204]化去。（《东轩笔录》[205]）

[202] 丁晋公：丁谓（966—1037），字谓之，后更字公言，江苏长洲县（今苏州市）人。宋真宗时宰相，封晋国公，故称丁晋公。

[203] 呷：小口喝。

[204] 奄然：这里是忽然的意思。

[205] 《东轩笔录》：共十五卷，记北宋太祖至神宗六朝旧事，作者魏泰，字道辅，襄阳人，博学能诗文。

妻齎沉香[206]

吴隐之[207]为广州刺史，及归，妻刘氏齎沉香一片，隐之见之怒，即投于湖。（《天游别集》[208]）

[206] 妻齎沉香：齎，为"赍"繁体的一种写法，指的是携带、怀揣。此故事较早版本见于《太平御览》等书。

[207] 吴隐之：？—414，字处默，东晋濮阳鄄城人，著名廉吏。

[208] 《天游别集》：明王达撰，王达，明初学者、官员。性简淡、博通经史。

牛易沉水香

海南产沉水香,香必以牛易之黎,黎人得牛皆以祭鬼,无得脱者。中国[209]人以沉水香供佛燎帝求福,此皆烧牛也,何福之能得?哀哉!(《东坡集》[210])

[209] 中国:指中原地区。

[210]《东坡集》:北宋苏轼作品集,四十卷,作者生前已编撰。

沉香节[211]

江南李建勋[212]尝蓄一玉磬,尺余,以沉香节按柄叩之,声极清越。(《澄怀录》[213])

[211] 节:这里节是指用来敲击的东西。类似"击节"的用法。

[212] 李建勋:约872—952,广陵人(今江苏扬州,一说陇西人),南唐大臣、诗人。

[213]《澄怀录》:南宋周密著,采唐宋诸人所纪登涉之胜与旷达之语汇编成书。周密见前"周公谨"条,参见"《云烟过眼录》"条。

沉香为供

高丽使慕倪云林[214]高洁,屡叩不一见,惟示云林

堂[215]，使惊异，向上礼拜，留沉香十斤为供，叹息而去。（《云林遗事》[216]）

[214] 倪云林：倪瓒（1301—1374），常州无锡（今江苏无锡）人。元代画家、诗人。一说初名"珽"。字泰宇，后字元镇，号云林。性清高孤傲。

[215] "惟示"句：此句四库本作"惟开云林示之"。脱"堂"字。云林堂是倪瓒家中陈设古董珍玩的一处地方，十分雅致。据说来使还想参观更为奇特的"清閟阁"，被家人婉拒。汉和本与无碍庵本同。

[216] 《云林遗事》：明顾元庆撰，记载倪瓒生平事迹。顾元庆（1487—1565），字大有，号大石山人。长洲（今江苏苏州）人。明藏书家、刻书家、茶学家。

沉香烟结七鹭鸶

有浙人下番，以货物不合，时疾疢[217]，遗失尽倾其本，叹息欲死，海容[218]同行慰勉再三，乃始登舟，见水濒朽木一块，大如钵，取而嗅之颇香，谓必香木也，漫[219]取以枕首。抵家，对妻子饮泣，遂再求物力，以为明年图。一日邻家秽气逆鼻，呼妻以朽木爇之，则烟中结作七鹭鸶，飞至数丈乃散，大以为奇，而始珍之。未几，宪宗皇帝命使求奇香，有不次之赏。其人以献，授锦衣百户，

赐金百两。识者谓沉香顿水，次七鹭鸶日夕饮宿其上，积久精神晕入，因结成形云。(《广艳异编》[220])

[217] 疢：chèn，烦热，疾病，忧虑。

[218] 海容：宽容大度。

[219] 漫：随便，随意。

[220]《广艳异编》：三十五卷，明吴大震编。此书广泛收录唐人传奇与宋元明小说故事，取材范围、内容、体例与《艳异编》概同。吴大震，字东宇，号长孺，又自号市隐生，休宁（今安徽休宁）人，明代戏曲作家。

仙留沉香

国朝[221]张三丰[222]与蜀僧广海[223]善，寓开元寺七日，临别赠诗，并留沉香三片，草履一双，海并献文皇，答赐甚腆[224]。(《嘉靖闻见录》[225])

[221] 国朝：指本朝（《嘉靖见闻录》所在的明朝）。

[222] 张三丰：本名通，字君宝，道家大师。记载中其活动年代涉及宋、金、元、明等。

[223] 广海：夔州府（重庆奉节）开元寺僧，张三丰的好友。

[224] 腆：丰厚。

[225]《嘉靖闻见录》：四库本、汉和本无此书名。关于此事记载可见于《益部谈资》《夔州府志》。

香品(二)

随品附事实

卷二

檀香[1]　考证十四则

陈藏器[2]曰：白檀[3]出海南，树如檀[4]。

苏颂[5]曰：檀香有数种，黄白紫之异，今人盛用之，江淮[6]河朔[7]所生檀木即其类，但不香耳。

李时珍[8]曰：檀香木也。故字从亶；亶，善也。释氏[9]呼为旃檀[10]，以为汤沐，犹言离垢也，番人讹为真檀。

李杲[11]曰：白檀调气引芳香之物，上至极高之分，檀香出昆仑[12]盘盘[13]之国，又有紫真檀，磨之以涂风肿[14]。（以上集《本草》）

叶廷珪曰：出三佛齐国，气清劲而易泄，爇之能夺众香。皮在而色黄者谓之黄檀，皮腐而色紫者谓之紫檀，气味大率相类，而紫者差胜[15]。其轻而脆者谓之沙檀，药中多用之。然香材头长，商人截而短之，以便负贩；恐其气泄[16]，以纸封之，欲其湿润也。（《香录》）

秣罗矩咤国[17]南滨海有秣剌耶山[18]，崇崖峻岭，洞谷深涧，其中则有白檀香树。旃檀你婆树，树类白檀，不可以别,惟于盛夏登高远瞩,其有大蛇萦者,于是知之,由其木性凉冷,故蛇盘蜷。既望见,以射箭为记,冬蛰[19]之后方能采伐。(《大唐西域记》[20])

印度之人身涂诸香,所谓旃檀、郁金[21]也。(同上)

剑门[22]之左峭岩间有大树生于石缝之中,大可数围,枝干纯白,皆传为白檀香树,其下常有巨虺[23],蟠而护之,人不敢采伐。(《玉堂闲话》[24])

吉里地闷[25]其国居重迦罗[26]之东,连山茂林,皆檀香树,无别产焉。(《星槎胜览》[27])

檀香出广东、云南及占城、真腊、爪哇[28]、渤泥、暹罗[29]、三佛齐、回回[30]等国。(《大明一统志》)

云南临安[31]河西县[32]产胜沉香[33],即紫檀香[34]。

檀香,岭南诸地亦皆有之,树叶似荔枝,皮青色而滑泽。紫檀,诸溪峒[35]出之,性坚,新者色红,旧者色紫,有蟹爪文[36]。新者以水浸之,可染物。旧者揩[37]粉壁[38]上,色紫,故有紫檀色。黄檀最香,俱可作带胯[39]扇骨等物。(王佐《格古论》[40])

[1] 檀香:一般指檀香科檀香属植物檀香(Santalum album L.),以其心材部分入香。有时也可能指同属其他植物。

我国古代的檀香,一般指产于印度或南海诸国的檀香(Santalum album L.),后来来源地不断扩大。现代香材市场上对檀香的分类大致如下:老山檀,指产于印度的印度檀香(Santalum album L.)。

新山檀指产于澳大利亚西部的大果澳洲檀香［S. spictum（R.Br.）A.DC.］，或产于澳洲北部的大花澳洲檀香（S. lanceolatum R.Br.），依产地亦被称为西澳檀香和北澳檀香。产于东帝汶和印度尼西亚的檀香（Santalum album L.）称为地门香，地门为帝汶过去的音译。产于澳大利亚及周边南太平洋斐济等岛国的新喀里多尼亚檀香（S.austrocaledonicum Vieill）被称为雪梨香，来自香港对悉尼的音译。产于汤加的檀香则被称为东加檀，东加也是对汤加的音译。

值得一提的是，历史上的檀香所指有时比较宽泛，比如唐代陈藏器《本草拾遗》："檀香其种有三，曰白，曰紫，曰黄。"叶廷珪《香谱》也有类似记述，这里面也可能包括了其他植物，需要具体分析而定。

[2] 陈藏器：唐代药学家，《本草拾遗》作者，见第一卷"《本草拾遗》"条。此句出《本草拾遗》。

[3] 白檀：檀香（Santalum album L.）的心材颜色较浅，可称白檀香。

[4] 檀：我国古代的"檀"或"檀木"可能指榆科青檀属植物青檀（Pteroceltis tatarinowii Maxim.）或豆科黄檀属植物黄檀（Dalbergia hupeana Hance）。

[5] 苏颂：1020—1101，字子容。泉州同安（今厦门市同安区）人，后徙居润州丹阳，宋代天文学家、药物学家，官至宰相。曾组织增补《开宝本草》（1057），著有《本草图经》（1062），此外还有

《新仪象法要》《苏魏公文集》等作品传世。此处这句话最早是编撰《唐本草》的苏敬说的，苏颂在《本草图经》中引用过。

[6] 江淮：泛指今安徽、江苏、河南以及湖北东北部，长江以北、淮河以南地区。

[7] 河朔：泛指黄河以北地区。

[8] 李时珍：1518—1593，字东璧，晚年自号濒湖山人，湖北蕲州（今湖北省黄冈市蕲春县蕲州镇）人，明代著名中医药学家。撰《本草纲目》《奇经八脉考》等。此句出《本草纲目·木部·檀香》中李时珍的按语。

[9] 释氏：佛家、佛教。

[10] 旃檀为梵语candana音译，是"与乐"的意思。

[11] 李杲：1180—1251，字明之，晚号东垣（老人）。真定（今河北正定）人。金元医学家。金元四家之一。撰《脾胃论》《兰室秘藏》《内外伤辨惑论》等。此句出《用药法象》。

[12] 昆仑：这里的"昆仑"泛指中南半岛南部及南洋群岛一带的国家及居民。

[13] 盘盘：古国名。一译槃槃。故地一般以为在今泰国南万伦湾沿岸一带。

[14] 风肿：病症名，出《灵枢·五变》，痛风身肿。

[15] 差胜：略微胜过，略好一点。

[16] 恐其气泄：这里是为了防止挥发性内含物质流失。

[17] 秣罗矩咤国：《大唐西域记》原作"秣罗矩咤

国",印度古国,梵名 Malakūṭa,在今印度半岛南端,泰米尔纳德邦科弗里(Kaveri)河及韦盖(Vaigai)河一带。

[18] 秣剌耶山:梵名Malayagiri,指今印度西南部伸向半岛南端的山脉。即西高止山脉尼尔山(Nilgiris)到科摩林角(Cape Comorin)一段,名卡尔达蒙(Cardamon)山脉。

[19] 冬蛰:(指上文大蛇)冬眠。

[20] 《大唐西域记》:为唐代著名高僧玄奘口述,门人辩机奉唐太宗之敕令笔受编集而成。共十二卷,成书于唐贞观二十年(646),为玄奘游历印度、西域旅途19年间之游历见闻录。

[21] 郁金:郁金在汉文古籍中所指有多种,一般用于涂身的郁金,应该是指姜科植物块根制作的香料,在印度一般用的是姜黄。

[22] 剑门:中国历史上之剑门有多处,此处指今四川剑阁县北。

[23] 虺:huǐ,此处指蛇之类,原意为蜥蜴。

[24] 《玉堂闲话》:唐笔记小说,记录唐末五代时期的史事和社会传说。作者王仁裕(880—956),字德辇,唐秦州长道县汉阳川(今甘肃礼县石桥镇)人。

[25] 吉里地闷:古地名。故址在今努沙登加拉群岛中的帝汶岛。为南海最重要的产檀香地区。

[26] 重迦罗：古国名。在今印度尼西亚爪哇岛东部的泗水（Surabaya）地区，为12至15世纪爪哇岛上Janggala王国的译音。一说在马都拉（Madura）岛。

[27]《星槎胜览》：明代费信著，记述作者跟随郑和四次下西洋二十余年历览之风土人物。费信（1388—？），字公晓，江南太仓（今江苏太仓）人。

[28] 爪哇：古国名。即今印度尼西亚群岛的爪哇（Java）岛，元时始称爪哇。

[29] 暹罗：泰国旧称。1350年，暹国被南方的罗斛国征服，建立阿瑜陀耶王朝。中国史籍称之为暹罗。

[30] 回回：古籍中有三种用法，一是民族名，二是古国名，三泛指信仰伊斯兰教之人。《大明一统志》的时代多是泛指伊斯兰国家和地区，似无确指。

[31] 临安：历史上云南临安在今云南建水。

[32] 河西县：这里指临安的河西县，治所在今云南通海县西十二公里河西镇。

[33] 胜沉香：这里是云南人对紫檀的称呼。清厉荃《事物异名录》卷十九："云南人呼紫檀为胜沉香。"

[34] 紫檀香：关于古代中药和香学里面的紫檀，多数指豆科紫檀属植物檀香紫檀（Pterocarpus santalinus L.f.），又称小叶紫檀。不过小叶紫檀我国不产。也有可能指豆科紫檀属植物青龙木（Pterocarpus indicus Willd.），也称紫檀，青龙木在我国广东、云南等地有产。这里可能指的是后者。

[35] 溪峒：亦作"溪洞"，"峒"本来是唐宋以来壮、侗、苗、瑶、黎等民族的社会组织形式，后用来指古代南方和西南民族群体，也可作为广西、贵州、福建、湘西等地部分山区民族的泛称。

[36] 蟹爪文：指蟹爪纹，多用于形容瓷器开片。明曹昭《格古要论》："汝窑器，出北地，宋时烧者。淡青色，有蟹爪纹者真。"这里是形容木纹。

[37] 揩：擦，抹。

[38] 粉壁：这里指白色墙壁。

[39] 带胯：亦作"带銙"。佩带上衔𨫡𨫡之环，用以挂弓矢刀剑。

[40] 王佐《格古论》：明曹昭撰《格古要论》是一本文物鉴定的著作，共三卷。后来王佐增补为十三卷，题为《新增格古要论》。书成于天顺三年（1459）。王佐，字功载，号竹斋，江西吉水人。

旃檀

《楞严经》[41]云："白檀涂身能除一切热恼。"今西南诸蕃酋皆用诸香涂身，取其义也。

檀香出海外诸国及滇粤诸地。树即今之檀木，盖因彼方阳盛燠[42]烈，钟[43]地气得香耳。其所谓紫檀即黄白檀香中色紫者称之，今之紫檀[44]即《格古论》所云器料具耳。

[41]《楞严经》：经名，一名"大佛顶如来密因修证了义诸菩萨万行首楞严经"，唐般剌密帝译，十卷。该书阐明心性本体，文义皆妙，属大乘秘密部。这里所引并非《楞严经》原文，可能来自楞严经的注疏。

[42]燠：yù，很热。

[43]钟：聚集。

[44]紫檀：古籍中称"紫檀"有两种，一种是文中所说檀香中颜色较深的，但这里用作器料具的紫檀并非檀香中颜色深的，而是指豆科紫檀属植物檀香紫檀（Pterocarpus santalinus L.f.）的心材。

檀香止可供上真[45]

道书言：檀香、乳香，谓之真香，止可烧祀上真。

[45]上真：真仙。

旃檀逆风

林公[46]曰：白旃檀非不馥，焉能逆风？《成实论》[47]曰：波利质多天树[48]，其香则逆风而闻。（《世说新语》[49]）

[46]林公：支道林，即支遁。东晋僧人，俗姓关，名遁，以字行。世称"支公""林公"。为般若学即色宗创始人。与谢安、王羲之等交游，好清谈

玄理。
[47]《成实论》：佛教论书。古印度诃梨跋摩著，后秦鸠摩罗什译，十六卷（一作十四卷或二十卷）。成实即成就四谛之意。
[48]波利质多天树：Paricitra，又曰波利质多罗，波疑质姤。具名波利耶恒罗拘陀罗，忉利天上之树名。译言香遍树，又称曰天树王。
[49]《世说新语》：记述魏晋人物言谈轶事的笔记小说。是由南朝刘宋宗室临川王刘义庆组织一批文人编写的。刘义庆（403—444），彭城郡彭城县（今江苏省徐州市）人，南朝宋宗室、文学家。

檀香屑化为金

汉武帝[50]有透骨金，大如弹丸，凡物近之便成金色。帝试以檀香屑共裹一处置李夫人[51]枕旁，诘旦[52]视之，香皆化为金屑。（《拾遗记》）
[50]汉武帝：汉武帝刘彻（前156—前87），在位五十四年（前141—前87）。
[51]李夫人：孝武皇后李氏，倡家出身，中山人（今河北省定州市），武帝极宠爱之。
[52]诘旦：第二天早晨。

白檀香龙

唐玄宗[53]尝诏术士罗公远[54]与僧不空[55]同祈雨校[56]功力,俱诏问之。不空曰:"臣昨焚白檀香龙。"上命左右掬[57]庭水嗅之,果有檀香气。(《酉阳杂俎》[58])

[53] 唐玄宗:李隆基(685—762),712—756年在位。

[54] 罗公远:618—758,唐代著名道士。又名思远。彭州九陇山(今四川彭县)人,一说鄂州(今湖北武昌)人。唐玄宗时屡屡召见策问。

[55] 不空:705—774,唐代佛教三藏法师,大译师,狮子国(今斯里兰卡)人。中国唐代密宗开创者"开元三大士"之一。曾为唐玄宗灌顶,并受肃宗礼遇。

[56] 校:比较。

[57] 掬:用两手捧。

[58] 《酉阳杂俎》:唐代笔记小说集,二十卷,续集十卷。段成式撰。段成式(803—863),字柯古。临淄(今山东淄博东北)人,唐代小说家、骈文家。

檀香床

安禄山[59]有檀香床,乃上赐者。(《天宝遗事》[60])

[59] 安禄山:703—757,营州(今辽宁朝阳)人,本姓

康，名轧荦山。官任范阳、平卢、河东三镇节度使，755年叛乱。
[60]《天宝遗事》：《开元天宝遗事》，记唐玄宗开元（713—741）、天宝（742—756）间遗事。唐末至五代人王仁裕撰。王仁裕（880—956），字德辇，天水郡人。

白檀香末

凡将相告身[61]，用金花五色绫纸[62]，上散白檀香末。（《翰林志》[63]）

[61] 告身：唐代朝廷任命官员的符。即现代的委任状或文凭。
[62] 绫纸：用绢绫裱过的纸。古时多为官诰所用。
[63]《翰林志》：唐代翰林典故之书，一卷，李肇撰。李肇生卒不详，晚唐时人。

白檀香亭子

李绛子璋[64]为宣州[65]观察使[66]，杨收[67]造白檀香亭子初成，会亲宾观之，先是璋潜[68]遣人度[69]具广袤，织成地毯，其日献之。（《杜阳杂编》）

[64] 李绛子璋：李绛的儿子李璋，李绛是宪宗朝宰相，以正直敢言著称。

[65] 宣州：隋开皇九年（589）改宣城郡置，治所在宛陵县（大业初改宣城县，今安徽宣州市）。辖境相当今安徽长江以南，郎溪、广德以西，旌德以北，东至以西地。大业初改为宣城郡。唐武德三年（620）复为宣州。天宝元年（742）改为宣城郡。乾元元年（758）复为宣州。南宋乾道二年（1166）升为宁国府。

[66] 观察使：官名。唐初于各道置巡察使，巡察地方。景云二年（711）改为按察使，开元时改为采访处置使，简称采访使，掌举劾所属州县官吏。开元末实际上已成为道的行政长官，与道的军事长官——节度使并行，各自行使职权，不相统属。乾元元年（758）改采访处置使为观察处置使，简称观察使。在军事地区以节度使兼观察使；在非军事的重要地区，未设节度使的就以观察使为行政长官而兼管军事，与节度使同为藩镇。

[67] 杨收：浔阳（今江西九江）人，唐懿宗朝宰相。后来杨收在政治斗争中被流放、赐死，李璋也因白檀香亭子的事受到牵连。

[68] 潜：暗中。

[69] 度：测量。

檀香板

宣和间徽宗[70]赐大主[71]御笔檀香板，应游玩处所并许直入。

[70] 徽宗：宋徽宗赵佶（1082—1135），1100年即位，在位二十五年。宣和年间为1119—1125。

[71] 大主：三本皆作"大王"，依《研北杂志》应作"大主"，指皇帝的姑姑，大长公主。

云檀香架

宫人沈阿翘[72]进上白玉方响[73]，云：本吴元济[74]所与也。光明皎洁，可照十数步。其犀槌[75]亦响犀[76]也，凡物有声，乃响应其中焉。架则云檀香也，而又彩若云霞之状，芬馥着人则弥月不散。制度[77]精妙，固非中国所有者。（同上）

[72] 沈阿翘：唐朝女子，原为淮西节度使吴元济家中艺伎，后吴被唐平灭，阿翘被俘入宫。时当文宗朝，文宗因朝政被宦官钳制而郁闷，阿翘善为歌舞，以此白玉方响演奏《凉州曲》，文宗如闻天乐，遂令阿翘在宫中执教。

[73] 方响：古磬类打击乐器。由十六枚大小相同、厚薄不一的长方铁片组成，分两排悬于架上。用小铁槌击奏，声音清浊不等。创始于南朝梁，为隋唐燕乐中常用乐器。这里的方响是白玉材质的。

[74] 吴元济：783—817，沧州清池（今河北沧州东南）人，唐宪宗时叛藩的首领。

[75] 犀槌：犀牛角所制的棒槌，击物能应声回响。
[76] 响犀：犀角之一种。相传其闻声则有回响应之，故名。
[77] 制度：式样；规格。

雪檀香刹竿

南夷香槎[78]到文登[79]，尽以易疋[80]物，同光[81]中有舶上檀香色正白，号雪檀，长六尺，土人[82]买为僧坊刹竿[83]。（《清异录》）

[78] 香槎：贩香的货船。槎：chá，木船。
[79] 文登：文登县，北齐天统四年（568）置，属长广郡。治所即今山东文登市。
[80] 疋：同"雅"。
[81] 同光：923—926，是后唐开国皇帝李存勖的年号。
[82] 土人：当地人。
[83] 刹竿：寺前的幡竿。

熏陆香即乳香[84] 考证十三则

熏陆即乳香，其状垂滴如乳头也。镕塌在地者为塌香，皆一也。佛书谓之天泽香，言其润泽也，又谓之多伽罗香[85]、杜鲁香[86]、摩勒香[87]、马尾香[88]。

苏恭[89]曰：熏陆香，形似白胶香[90]，出天竺[91]者色白，出单于[92]者夹绿色[93]，亦不佳。

宗奭[94]曰：熏陆，木叶类棠梨[95]，南印度界阿吒厘国[96]出之，谓之西香，南番者更佳，即乳香也。

陈承[97]曰：西出天竺，南出波斯[98]等国。西者色黄白，南者紫赤。日久重叠者不成乳头，杂以砂石；其成乳者乃新出，未杂砂石者也。熏陆是总名，乳是熏陆之乳头也，今松脂枫脂[99]中有此状者甚多。

李时珍曰：乳香，今人多以枫香[100]杂之，惟烧时可辩。南番诸国皆有。《宋史》言乳香有一十三等[101]。（以上集《本草》）

大食勿拔国[102]边海，天气暖甚，出乳香树[103]，他国皆无其树。逐日用刀斫树皮取乳，或在树上，或在地下。在树自结透者为明乳，番人用玻璃瓶盛之，名曰乳香。在地者名塌香。（《埤雅》[104]）

熏陆香是树皮鳞甲，采之复生。乳头香生南海，是波斯松树脂也，紫赤如樱桃透明者为上。（《广志》[105]）

乳香，其香乃树脂，以其形似榆而叶尖长大，斫树取香，出祖法儿国[106]。（《华夷续考》[107]）

熏陆[108]，出大秦国[109]。在海边有大树，枝叶正如古松，生于沙中，盛夏木胶流出沙上，状如桃胶，夷人采取卖与商贾，无贾则自食之。（《南方异物志》）[110]

阿吒厘国[111]出熏陆香树，树叶如棠梨也。（《大唐西域记》）

《法苑珠林》[112]引《益期笺》[113]：木胶为熏陆。流黄香。[114]

熏陆香出大食国之南数千里，深山穷谷中，其树大抵类松，以斧斫，脂溢于外结而成香。聚而为块，以象负之，至于大食，大食以舟载，易他货于三佛齐，故香常聚于三佛齐。三佛齐每年以大舶至广与泉[115]，广泉舶上视香之多少为殿最[116]。而香之品有十，其最上品为拣香，圆大如指头，今世所谓滴乳是也；次曰瓶乳，其色亚于拣者；又次曰瓶香，言收时量重置于瓶中，在瓶香之中又有上、中、下之别；又次曰袋香，言收时只置袋中，其品亦有三等；又次曰乳塌，盖镕在地，杂以沙石者；又次曰黑塌，香之黑色者；又次曰水湿黑塌，盖香在舟中，为水所侵渍而气变色败者也；品杂而碎者曰斫削[117]；颠扬为尘者曰缠末[118]；此香之别也。（叶廷珪《香录》）

伪乳香，以白胶香搅糖为之，但烧之烟散，多吒声者是也。真乳香与茯苓[119]共嚼则成水。

皖山石乳香[120]灵珑而有蜂窝者为真，每先爇之，次爇沉香之属，则香气为乳香，烟罩定难散者是[121]，否则白胶香也。

熏陆香树，《异物志》云：枝叶正如古松。《西域记》云：叶如棠梨。《华夷续考》云：似榆而叶尖长。《一统志》又云：类榕。似因地所产，叶干有异，而诸论著多自传闻，故无的据[122]。其香是树脂液凝结而成者，《香录》论之详矣，独《广志》云熏陆香是树皮鳞甲，采之复生，乳头香是波斯松树脂也，似又两种，当从诸说为是。

[84] 熏陆香即乳香：关于熏陆香与乳香是一种或两种，历来有不同的看法。现在所说的乳香是指橄榄科乳香属植物乳香树Boswellia carterii Birdw. 鲍达乳香树Boswellia bhawdajiana Birdw. 以及同属植物B. frereana, B. serrata, B. papyrifera.等皮部渗出的油胶树脂。而现在的熏陆香，除了有些资料沿用熏陆香和乳香同类的观点之外，亦有很多人认为应该是漆树科植物黏胶乳香树（乳香黄连木）Pistacia lentiscus的树脂。

　　唐之前往往只称熏陆，后来渐有乳香之名，宋人多认为乳香是以外形而论，是熏陆之一种，且在香方中称乳香的情况大量增加。其后基本都是沿用熏陆与乳香是同一物的说法。

　　在阿拉伯和我国维吾尔回回古代医药古代文献中，是将二者分开的。称前者为"捆都而"（kundur），即今日英语中的olibanum（Frankincense）；而将后者称为麻思他其（Mastakee），即今日英语中的mastic。后者在我国有时也被称为洋乳香或南乳香，以区别于前者。相对而言，历史上前者从产量和使用频率来看都更多一些，应该是香方中乳香的主流。

综合来看，这两种树脂古代都有传入中国，而且都经过阿拉伯商人之手，之间很可能有名称混用的情况，很难说和上述两种植物有一一对应的关系。

今日香材市场上，熏陆也用来指希腊科西嘉所产乳香黄连木树脂，又被称为"天使眼泪"，不过也有一般乳香称熏陆的情况，香友需加以辨别。

[85] 多伽罗香：佛教称多伽罗香是指梵文tagara，从现代梵文意思来看，指的是缬草香（缬草根），后来我国佛教界也有人理解为沉香之一种，无论如何并非是乳香。唐玄应《一切经音义》卷一："多伽罗香，此云根香。只是说根香，符合梵文本意。元善住《谷响集》卷七："伽罗，翻黑，经所谓黑沉香是矣。盖昔蛮商传天竺语耶？今名奇南香也。指伽罗为梵文黑色（kāla）之译，进而猜想为奇南香，大概是一种误会。

[86] 杜鲁香：香多见于佛经，写作"君杜噜香"或"杜噜香"。《佛说陀罗尼集经》："又法咒君杜噜香（薰陆香是）。"宋法云《翻译名义集》："杜噜，此云熏陆。"

[87] 摩勒香：宋代药方中常用来称呼上等乳香。《太平圣惠方》卷第二十四："摩勒香一斤（乳头内拣光明者是）。"

[88] 马尾香：《陈氏香谱》引《海药本草》："（熏陆）味平温毒清神，一名马尾香。"

[89] 苏恭：599—674，本名苏敬（宋时避讳改称苏恭），陈州淮阳（今河南省淮阳县）人，唐代药学家。主持编撰《新修本草》（又名《唐本草》）。此句和今存《新修本草》原文有出入。
[90] 白胶香：指枫香脂，详见下文"白胶香"部分注释。
[91] 天竺：我国古籍对印度及南亚次大陆其他国家的统称。
[92] 单于：汉代匈奴最高首领的称呼，其后周围少数民族首领也用这种称号，这里"出单于者"，是指来自西域或中亚地区，或者说产自中东地区的乳香经过这些地区传入。
[93] 绿色：今日绿乳香在乳香中可称上品，产于中东阿曼、也门等地。不过今日称上品是相对于产自非洲的普通乳香而言。且《新修本草》原文并没有绿色不佳的记录。
[94] 宗奭：寇宗奭，宋代药物学家。政和（1111—1117）年间任医官，政和六年（1116）著有《本草衍义》。奭，音shì。此句出《本草衍义》卷十三。
[95] 棠梨：蔷薇科梨属植物棠梨（又称杜梨，Pyrus xerophila）。
[96] 阿吒厘国：应作阿吒厘，南印度之古国名。位于今孟买北部，即注入康贝湾之沙巴马提河（Sabarmati）上游与莫河（Maki）中游以西一带。一说位于恒河中游。

[97] 陈承：宋代医家。阆中（今四川阆中）人，北宋元祐间（1086—1093）以医术闻世。编成《重广补注神农本草并图经》二十三卷。

[98] 波斯：波斯为古代对萨珊王朝统治下伊朗的称呼，后为大食（阿拉伯）所灭。这里用"南出"，可能是作者不了解情况。

[99] 枫脂：蕈树科（原属金缕梅科）枫香树属植物枫香树（Liquidambar formosana Hance）的树脂，参见后文"白胶香"条。

[100] 枫香：见上文"枫脂"条。

[101] 《宋史·食货志》："建炎四年，泉州抽买乳香一十三等。"

[102] 大食勿拔国：大食，中国唐、宋时期对阿拉伯人、阿拉伯帝国的专称和对伊朗语地区穆斯林的泛称。勿拔国，古国名。故地旧说以为在今阿曼北部的苏哈尔（Suhār）；据近人考证，认为当位于阿曼南部的米尔巴特（Mirbat）一带。其地为古代东西方海舶所经，也可由此取陆道通大食诸国。

[103] 乳香树：阿拉伯地区乳香为橄榄科植物乳香树Boswellia carterii Birdw.及同属植物Boswellia bhaurdajiana Birdw.树皮渗出的树脂。

[104] 《埤雅》：宋代陆佃作的解释尔雅名物的训诂书，见前"《埤雅广要》"条。

[105] 《广志》：志怪小说集。晋郭义恭著。原书已佚。

清马国翰辑佚文二百六十余则，依今本《博物志》次第，编为上下二卷，收入《玉函山房辑佚书》。

[106] 祖法儿国：（Zufar）古国名，亦译佐法儿。故地在今阿拉伯半岛东南岸阿曼的佐法尔一带。

[107] 《华夷续考》：指《华夷草木珍玩续考》。明慎懋官撰《华夷草木珍玩考》的一部分，两卷。参见《华夷草木珍玩考》条。

[108] 熏陆：此处大秦国之熏陆，可能对应地中海地区的黏胶乳香树（乳香黄连木）Pistacia lentiscus的树脂。这也说明早期（此书为晋代）所称熏陆所指可能与后来所说乳香不同，不过后来熏陆所指可能与乳香逐渐重叠，所以形成了熏陆即乳香的认识。

[109] 大秦国：大秦是古代中国对罗马帝国及近东地区的称呼。

[110] 此句出晋嵇含《南方草木状》，这里称《南方异物志》，如果不是误记，可能是《南方草木状》引用了东汉杨孚《南裔异物志》，该书也被称为《南方异物志》。

[111] 阿叱厘国：应作"阿吒厘国"，见前注释。

[112] 《法苑珠林》：一百二十卷（或作百卷）唐释道世撰，以佛经故实分类编排，大旨推明罪福之由，用生敬信之念，盖引经据典之作也。

[113] 《益期笺》：这里指的是俞益期写的《交州笺》。《交州笺》是俞益期写与韩康伯的一封记

述交州实况的书信，介绍晋时交州的历史、地理、风俗、物产等内容，原文已佚。《法苑珠林》保留了其中几条内容。关于这部分内容，《晋书》所引为："外国老胡说，众香共是一木，木花为鸡舌香，木胶为熏陆，木节为青木香，木根为旃檀，木叶为藿香，木心为沉香。"虽然是不合事实的，但代表了当时部分人对这些香料的认识。

[114] 流黄香：此处为断句错误。《法苑珠林》中"木胶为熏陆。"是熏陆这一条的最后一句话。流黄香在《法苑珠林》里是下一条的题目，是另一种香，和熏陆没有关系。

[115] 广与泉：广州和泉州。

[116] 殿最：泛指等级高下，古代考核政绩或军功，下等称为"殿"，上等称为"最"。

[117] 斫削：三本皆作"砍硝"，依《陈氏香谱》引叶廷珪《香录》应作"斫削"。

[118] 缠末：三本皆作"缠香"，依《陈氏香谱》引叶廷珪《香录》应作"缠末"。

[119] 茯苓：多孔菌科真菌茯苓Poria cocos（Schw.）Wolf的干燥菌核。

[120] 皖山石乳香：此条《香乘》引自《陈氏香谱》。皖山，即皖公山，又名潜山、天柱山。在今安徽省潜山县西北。汉武帝曾封为南岳。这里的皖山

石乳香具体所指不详，就通常的乳香而言，皖山不可能是产地，而且也不是石上所生。这里所谓"灵珑而有蜂窝者"，应该是另有所指。

在湖广云贵等地民间草药中有一种"石乳香"，是指某种蜜蜂所采枫香在石岩下凝结而成的产物。外形和这里所说的颇为近似，从香气来看作为香材也是完全可行的。现在民间仍然沿用这样的称呼。

[121] 三本此处皆把《陈氏香谱》原文中"乳"字误为"乱"字，句意不明。今据《陈氏香谱》改之。

[122] 的据：确实可信的依据。

斗盆烧乳头香

曹务光见赵州[123]，以斗盆烧乳头香十斛[124]，曰："财易得，佛难求。"（《旧相禅学录》[125]）

[123] 赵州：赵州从谂禅师（778—897），唐末大禅师，俗姓郝，曹州（今山东曹县）人。师从南泉普愿禅师，遍参天下，僧俗共仰，时称"赵州古佛"。

[124] 斛：唐代一斛为十斗，每斗约合今日600毫升，一斛相当于今日6升。

[125] 《旧相禅学录》：此书不详，此条见于唐冯贽《云仙杂记》卷八，书中即注为引自《旧相禅学录》。

鸡舌香即丁香[126]　考证七则

陈藏器曰：鸡舌香与丁香同种，花实丛生，其中心最大者为鸡舌，击破有顺理，而解为两向如鸡舌，故名。乃是母丁香也。

苏恭曰：鸡舌香树叶及皮并似栗，花如梅花[127]，子似枣核，此雌树也，不入香用。其雄树虽花不实，采花酿之以成香。出昆仑及交州、爱州[128]以南。

李珣[129]曰：丁香生东海[130]及昆仑国[131]。二月、三月花开紫白色，至七月始成实，小者为丁香，大者如巴豆，为母丁香。

马志[132]曰：丁香生交、广、南番，按《广州图》[133]上丁香，树高丈余，木类桂，叶似栎，花圆细黄色，凌冬不凋，其子出枝蕊上，如钉，长三四分，紫色，其中有粗大如山茱萸[134]者，俗呼为母丁香，二八月采子及根。一云：盛冬生花子，至次年春采之。

雷敩[135]曰：丁香有雌雄，雄者颗小，雌者大如山茱萸，名母丁香，入药最胜。

李时珍曰：雄为丁香，雌为鸡舌，诸说甚明。（以上集《本草》）

丁香，一名丁子香，以其形似丁子也。鸡舌，丁香之大者，今所谓母丁香是也。（《香录》）

丁香诸论不一，按出东海、昆仑者花紫白色，七月结实。产交、广、南番者，花黄色，二八月采子。及盛冬生花，次年春采者，盖地土气候各有不同。亦犹今之桃李，闽越燕齐开候[136]大异也。愚谓即此中丁香花亦有紫白二色，或即此种，因地产非宜，不能子大为香耳。[137]

[126] 丁香：桃金娘科蒲桃属植物丁香［Syzygium aromaticum（L.）Merr. & L. M. Perry］。其尚未开放的花蕾晒干后就是公丁香，近成熟的果实晒干后就是母丁香。依陈藏器的说法，丁香是指公丁香，鸡舌香是指母丁香，后世多沿用此说。

[127] 梅花：蔷薇科杏属植物梅（Armeniaca mume Sieb.）。

[128] 交州、爱州：交州见前"交广崖州"注释，爱州，南朝梁普通四年（523）置。唐代爱州辖境相当于今越南清化、义安两省地。

[129] 李珣：五代词人。字德润，其先祖为波斯人，后家梓州。通医理，兼卖香药，著有《海药本草》六卷，原书至南宋已佚。部分内容散见于《证类本草》等书中。

[130] 东海：古时东海之名，所指因时而异。明之前东海包括今日东海和黄海。

[131] 昆仑国：南海诸国之总称，至隋唐时代广指婆罗洲、爪哇、苏门答腊附近诸岛，乃至包括缅甸、马来半岛，系随昆仑人之蔓延移居而扩大，为我国广州与印度、波斯间航路之要冲。参见前"昆仑"条注释。

[132] 马志：宋代医家，道士。传曾得海上方。深察药

性，治病多显效。曾任御医，名著当时。与他人共同编校《开宝新详定本草》，并加以注释，后又重加校定，增补删改，成《开宝重定本草》二十卷，即《开宝本草》。

[133]《广州图》：此处可能指宋代开宝年间所修各地图经中的《广州图经》，未见著录。

[134] 山茱萸：即山茱萸科山茱萸属植物山茱萸（Cornus officinalis Sieb. et Zucc.）。果实入药，称"萸肉"，这里比较大小也是说的山茱萸的果实。

[135] 雷敩：南朝宋时著名药物学家，以著《雷公炮炙论》三卷著称。对我国古代的药物炮炙方法、宜忌等方面做了总结。原书已佚，其内容散见后世的本草书中。

[136] 开候：物候开始的时间。古时一年有七十二候。各候均以一个物候现象相应，称候应。其中植物候应有植物的幼芽萌动、开花、结实等。

[137] 丁香为桃金娘科蒲桃属植物丁香 [丁子香，Syzygium aromaticum（L.）Merr. & L. M. Perry]。丁香花为木犀科丁香属植物丁香（紫丁香，Syringa oblata Lindl.）。是不同的植物，并非是产地不同的差别。

辩鸡舌香

沈存中《笔谈》[138]云："予集《灵苑方》[139]，

据陈藏器《本草拾遗》以鸡舌为丁香母。今考之尚不然，鸡舌即丁香也。《齐民要术》[140]言：'鸡舌俗名丁子香。'日华子[141]言'丁香治口气'，与含鸡舌香奏事欲其芬芳之说相合。及《千金方》[142]五香汤用丁香鸡舌最为明验。《开宝本草》[143]重出丁香，谬矣。今世以乳香中大如山茱萸者为鸡舌香，略无气味，治疾殊乖。"

《老学庵日记》[144]云："存中辩鸡舌香为丁香，亹亹[145]数百言竟是以意度之，惟元魏贾思勰作《齐民要术》第五卷有合香泽[146]法用鸡舌香，注云：'俗人以其似丁子故谓之丁子香。'此最的确可引之证。而存中反不及之，以此知博洽之难也。"

存中辩鸡舌已引《齐民要术》，而老学庵云："存中反不及之"，何也？总之丁香鸡舌本是一种，何庸聚讼。[147]

[138]沈存中《笔谈》：沈括所著《梦溪笔谈》。沈括（1031—1095），字存中，号梦溪丈人，杭州钱塘县（今浙江杭州）人，北宋科学家。《梦溪笔谈》是一本有关历史、文艺、科学等各种知识的百科全书式的著作，因写于润州（今江苏镇江）梦溪园而得名。书中涉及科学理论和实践的部分尤为科学史所重视，很多方面做出了超越时代的开创性贡献。

[139]《灵苑方》：方书，20卷，宋沈括撰。约成书于1048—1077年。收集内、外、伤、妇产、儿、五官

各科验方。原书约在明末清初时亡佚，散见于后世其他方书。

[140]《齐民要术》：北魏时期贾思勰所著的一部综合性农书。该书系统地总结了6世纪以前黄河中下游地区农牧业生产经验、食品的加工与贮藏、野生植物的利用等，对中国古代农学的发展产生重大影响。贾思勰，北魏山东益都（今山东寿光市）人。生平不详，曾任高阳太守。

[141] 日华子：唐代本草学家。原名大明，以号行，四明（今浙江鄞县）人，一说雁门（今属山西）人，著《诸家本草》。

[142]《千金方》：综合性临床医著。本书集唐代以前诊治经验之大成，对后世医家影响极大。作者孙思邈（约581—682），唐代医学家，中医医德规范制定人，人尊为"药王"，京兆华原（今陕西耀县）人。

[143]《开宝本草》：宋代药物学著作，参见"苏颂"条。

[144]《老学庵日记》：即《老学庵笔记》，南宋笔记体书，著者陆游（1125—1210），字务观，号放翁，南宋诗人。老学庵是陆游晚年（1190年，绍熙元年以后）蛰居故乡山阴（今浙江绍兴）时书斋的名字。

[145] 亹亹：勤勉不倦，亹，音wěi。

[146] 香泽：指发油一类的化妆品。《释名·释首饰》："香泽者，人发恒枯悴，以此濡泽之也。"

[147] 作者认为，沈括已经引用了《齐民要术》，而且和贾思勰的观点没有任何矛盾，总之丁香即是鸡舌香，陆游对沈括的批评有些莫名其妙。

含鸡舌香

尚书郎含鸡舌香伏奏事，黄门郎[148]对揖跪受，故称尚书郎怀香握兰[149]。（《汉官仪》[150]）

尚书郎给青缣白绫[151]被，或以锦被含香。（《汉官典职》[152]）

桓帝时侍中[153]刁存年老口臭，上出鸡舌香与含之，鸡舌颇小辛螫[154]，不敢咀咽，嫌[155]有过赐毒药。归舍辞决家人，哀泣莫知其故。僚友[156]求舐其药，出口香，咸嗤笑之。

[148] 黄门郎：官名。秦和西汉郎官给事于黄闼（宫门）之内者，称黄门郎或黄门侍郎；到东汉，称黄门侍郎，但也省称黄门郎。

[149] 东汉应劭《风俗通》："尚书郎每进朝时，怀香握兰，口含鸡舌香。"怀香握兰是指佩戴香草，与口含鸡舌香是并列关系，并非"故称"。

[150] 《汉官仪》：东汉应劭撰，汉代制度仪式之书。应劭，字仲瑗，汝南郡南顿县（今河南省项城市）人，东汉末年，礼制湮没，作者感慨于此，故著此书。记叙汉官名称、职掌、俸禄、玺绶制

度及其他故事。已佚。有清人辑本。
[151] 青缣白绫：青色的细绢，白色的绫子。
[152] 《汉官典职》：东汉蔡质撰。亦称《汉官典仪》《汉官典职仪式选用》。记两汉官制。是书佚。清孙星衍有辑本。
[153] 侍中：官名。秦始置，为丞相之史，以其往来东厢奏事，故谓之侍中。西汉沿置，为自侯以下至郎中的加官。东汉时为实官、掌赞导众事，顾问应对，护驾，陪乘。
[154] 辛螫：本意为毒虫刺螫人。这里指丁香口感有刺激性。
[155] 嫌：怀疑。
[156] 僚友：官职相同的人。同官的人。

嚼鸡舌香

饮酒者嚼鸡舌香则量广[157]，浸半天回而不醉[158]。（《酒中玄》[159]）

[157] 量广：指酒量大。
[158] 不醉：四库本作"不醒"，结合上文，误。汉和本与无碍庵本同。
[159] 此条出《云仙杂记》，"《酒中玄》"是原书标注的出处，所指不详。

奉鸡舌香

魏武[160]与诸葛亮[161]书云：今奉鸡舌香五斤以表微意。（《五色线》[162]）

[160] 魏武：曹操（155—220），字孟德，一名吉利，小字阿瞒，沛国谯（今安徽省亳州市）人，为魏王。其子曹丕称帝后，追尊为魏武帝。

[161] 诸葛亮：181—234，字孔明，号卧龙，琅琊阳都（今山东临沂市沂南县）人，三国时蜀汉丞相。

[162] 《五色线》：宋代笔记。作者不详，是书摭百家杂事，记汉以来名人逸闻及市井俚语。此事出《魏武帝集》。

鸡舌香木刀把

张受益[163]所藏篦刀[164]，其把黑如乌木，乃西域鸡舌香木也。（《云烟过眼录》）

[163] 张受益：张谦，字受益，号古斋，宋末元初时人，收藏家。

[164] 篦刀：亦作"篦刀"，形如篦的刀。篦刀是以铁针、竹、木制成多齿如梳子状的工具，可用于梳理头发（见《挥麈录》）。也可以作为一种刻划表现纹饰（篦线纹、篦点纹）的工具（用于陶瓷等工艺）。这里应该是指日用的篦刀，和篦子用

法类似。

丁香末

圣寿堂[165]，石虎[166]造。垂玉佩八百、大小镜二万枚，丁香末为泥，油瓦[167]四面，垂金铃一万枚，去邺[168]三十里。（《羊头山记》[169]）

[165]圣寿堂：在今河北临漳县西南古邺南城内。《邺中记》载："圣寿堂在修文、偃武殿后。"

[166]石虎：后赵武帝（295—349），字季龙，五胡十六国时后赵的第三位皇帝，性残暴奢靡。

[167]油瓦：用油涂过的瓦。《邺中记》："北齐起邺，南城屋瓦皆以胡桃油油之，光明不藓。"

[168]邺：古地名，在今河北省临漳县西。石虎在位时将国都迁于此地。

[169]《羊头山记》：宋徐叔旸著，十卷。

安息香[170]　考证六则

安息香，梵书谓之拙贝罗[171]香。

《西域传》[172]：安息国[173]去洛阳二万五千里，北至康居[174]。其香乃树皮胶，烧之通神明，辟众恶。（《汉书》）

安息香树出波斯国[175]，波斯呼为辟邪树。长二三丈，皮色黄黑，叶有四角，经冬不凋，二月开花黄色，花心微碧，不结实，刻其树皮，其胶如饴[176]，名安息香，六七月坚凝乃取之。（《酉阳杂俎》）

安息香出西域，树形类松柏，脂黄黑色，为块，新者柔韧。（《本草》[177]）

三佛齐国安息香树脂，其形色类核桃瓤，不宜于烧而能发众香，人取以和香。（《一统志》）

安息香树如苦楝[178]，大而直，叶类羊桃[179]而长，中心有脂作香。[180]（同上）

[170] 安息香：我国古籍中所谓安息香所指不同，一种从梵文来源判断可能为产于北印度、西亚及中东的安息香（gugal或者guggul），为Commiphora wightii之树脂（现在也被称为印度没药），下文拙具罗香之名即来源于此，此传入路径也是香以安息为名的原因。

另一种产于东南亚的安息香（benzoin），为安息香属（Styrax）植物的干燥树脂。本书所引用的安息香可以根据其产地来判断所指。

[171] 拙贝罗：应作"拙具罗"，梵文guggula。贝为具之误。《治病合药经》曰："拙具罗香者，安息香是也。"《翻译名义集》："拙具罗，或窭具罗，或求求罗，此云安息。"

[172] 《西域传》：指《汉书·西域传》。《汉书》，

又称《前汉书》，由我国东汉时期的历史学家班固编撰，是中国第一部纪传体断代史，"二十四史"之一。

[173] 安息国：安息（Parthia），音译帕提亚，亚洲西部的古国。本波斯帝国一行省，公元前249—前247年独立，逐渐发展壮大，盛时领有全部伊朗高原及两河流域。公元226年为萨珊波斯所取代。

[174] 康居：古西域国名。东界乌孙，西达奄蔡，南接大月氏，东南临大宛，约在今巴尔喀什湖和咸海之间。其人善经商。

[175] 波斯国：中国古籍中波斯所指有三。一为西亚古国。汉时称安息，隋唐称波斯，亦作波剌斯，今伊朗。都苏蔺城，故址在今底格里斯河西岸。二指苏木都剌国，又称八昔（Pasai），在今印度尼西亚苏门答腊岛东北部，见《岭外代答》卷三。三故地指今缅甸南部勃生（Bassein），见《蛮书》卷一。大抵宋以前波斯多指西亚波斯，宋以后波斯多指南海波斯。

　　此处波斯所指应为西亚波斯。原因有二：一段成式所处时代波斯一般指西亚波斯。《酉阳杂俎》此段后面"无石子"条，亦称波斯，无石子，即没食子，是地中海和西亚地区特产，可为旁证。

[176] 饴：用麦芽制成的糖浆。

[177] 《本草》：《神农本草经》的省称，有时作为泛

指亦包括各朝增补的内容，以李时珍《本草纲目》为集大成总结性著作。本书中常指代《本草纲目》。后文所称《本草》如是《本草纲目》不再注释。此条唐代本草文献已记录，但作者可能还是引自《本草纲目》。
[178] 苦楝：楝科，楝属植物楝（苦楝，Melia azedarach L.）。其花、叶、果实、根皮均可入药。
[179] 羊桃：古籍中"羊桃"可指阳桃（杨桃），也可指猕猴桃，这里指的是阳桃。酢浆草科，阳桃属植物阳桃（杨桃，Averrhoa carambola L.），也就是日常的水果杨桃。
[180] 从这一段的描述来看，应该指东南亚安息香属植物（Styrax）的树脂（benzoin）。

辩真安息香

焚时以厚纸覆其上，烟透出是，否则伪也[181]。
[181] 据《陈氏香谱》，此条出温子皮《温氏杂录》。

烧安息香咒水

襄国[182]城堑[183]水源暴竭，西域佛图澄[184]坐绳床[185]烧安息香咒愿数百言，如此三日水泫然[186]微流。（《高僧传》[187]）

［182］襄国：汉高帝元年（前206）项羽改信都县置，西汉属赵国。治所即今河北邢台市。后赵太和三年（330），羯人石勒称帝，建都于此。

［183］城堑：护城河。

［184］佛图澄：天竺高僧，故云竺佛图澄，佛图澄是梵语音译。晋怀帝永嘉四年来洛阳，现种种神异以弘法，多次调伏石勒、石虎的暴虐之行。

［185］绳床：一种可以折叠的轻便坐具。以板为之，并用绳穿织而成。又称"胡床""交床"。

［186］泫然：水流动的样子。

［187］《高僧传》：十四卷，南朝梁慧皎撰，作者为纠正当时重虚名的时弊，强调僧人需以真修实证为"高"，故编撰此书。后历代依此例编撰了多部"高僧传"。释慧皎大师（497—554），俗姓陈，会稽上虞（今属浙江）人，南朝梁代高僧、佛教史学家。

烧安息香聚鼠

真安息焚之能聚鼠，其烟白色如缕，直上不散。[188]（《本草》）

［188］安息香聚鼠的说法可以见于明谢肇淛《五杂组》，之前未见记载。谢氏藏书颇富，不知从何处得此说。

笃耨香[189]

笃耨香出真腊国，树之脂也，树如松形，又云类杉桧。香藏于皮，其香老则溢出，色白而透明者名白笃耨，盛夏不融，香气清远。土人取后，夏月[190]以火炙树，令脂液再溢，至冬乃凝，复收之，其香夏融冬结，以瓠瓢[191]盛，置阴凉处，乃得不融，杂以树皮者则色黑，名黑笃耨。一说盛以瓢，碎瓢而爇之亦香，名笃耨瓢香。（《香录》）

[189] 笃耨香：关于笃耨香的所指，从其在中国古籍中的性状、植物、产地描述，以及作者对其在书中的安排，有可能是安息香科安息香属植物越南安息香Styrax tonkinensis（Pierre）Craib ex Hartw的树脂。值得注意的是，笃耨香在基督教文献翻译中也用来作为产于地中海地区terebinth（指黄连木属植物Pistacia terebinthus树也称为terebinth树的树脂）的对译，后来在对其他西方文献翻译中，也通用这种译法。此种植物在我国古籍中多被称为熏陆或者乳香，与我国古籍所称笃耨香不是一种。

笃耨香在古代依产地和等级不同，可分为黑笃耨、笃耨皮、笃耨香、笃耨脑、白笃耨、笃耨瓢等。此处记载黑笃耨为杂以树皮者，等级较低，大概类似今日所谓泰国安息香。笃耨脑应该是较纯，偏白色的高等级笃耨香，类似今日印尼安息高等级者。从文献描述看，笃耨瓢可能是当地人用瓢之类的东西来收集笃耨树脂，取下笃耨香后，剩下的残余与瓢黏连，将瓢打碎后而成。

宋赵汝适《诸蕃志·卷下》描述与此处有所不同，录于下："笃耨香，出真腊国。其香，树脂也。其树状如杉、桧之类，而香藏于皮。树老而自然流溢者，色白而莹；故其香虽盛暑不融，名白笃耨。至夏日以火环其株而炙之，令其脂液再溢，冬月因其凝而取之；故其香夏融而冬凝，名黑笃耨。土人盛之以瓢，舟人易之以瓷器。香之味清而长，黑者易融。渗漉于瓢，碎瓢而蒸之，亦得其仿佛；今所谓笃耨瓢是也。"

据此，则白笃耨为自然流溢的树脂，需老树且经过长时间形成，不易融。黑笃耨为人力炙烤至流出，冬天凝结而成的树脂。黑笃耨的流动性较强，春夏时为液态，容易渗入所盛的瓢中，将瓢打碎即成笃耨瓢。

笃耨皮从名字看，可能是杂以树皮的笃耨香，但在文献中和黑笃耨有并列的情况，可能颜色没有黑笃耨深，或者黑笃耨只是颜色更深，和杂以树皮无关。还有一种可能笃耨皮是笃耨瓢的异名，二者从未并列是对这种猜测的支持。

总的来说，笃耨脑和白笃耨属于高等级笃耨，黑笃耨、笃耨皮、笃耨瓢属于低等级笃耨。

[190] 夏月：夏天。

[191] 瓠瓢：指用葫芦剖制而成的盛器。

瓢香

三佛齐国以瓠瓢盛蔷薇水至中国，碎其瓢而爇之，与笃耨瓢略同，又名干葫芦片，以之蒸香最妙。（《琐碎录》[192]）

[192]《琐碎录》：亦称《分门琐碎录》《分门琐碎》，杂录著作，两宋间温革著，陈昱增广。20卷。温革，字叔皮，泉州（今属福建）人。

詹糖香[193]

詹糖香出晋安[194]、岑州[195]及交广以南。树似橘，煎枝叶为香，似糖而黑，如今之沙糖[196]。多以其皮及蠹[197]粪杂之，难得纯正者。惟软乃佳。其花亦香，如茉莉[198]花气。（《本草》）

[193] 詹糖香：现在中医药领域一般认为，詹糖香为樟科山胡椒属植物红果钓樟（红果山胡椒）Lindera erythrocarpa Makino的枝叶经煎熬而成的加工品。但和古籍中记载的詹糖香有出入。

詹糖香之名最早见于《名医别录》，被列为上品，陶弘景曾加以描述。其名屡见于唐宋本草文献及地理志中，从描述中看，概为南海某地物产。在香方中的使用很少见，《陈氏香谱》只有千金月令熏衣香用到詹糖香。李时珍认为其名称来源是因为"詹言其粘，糖言其状也"。此段文字中"其花亦香，如茉莉花气"亦来自李时珍的补充，说明李时珍可能见过这种植物，但究竟明人所谓詹糖香与唐宋时期詹糖香是否为一物还不好确定。无论如何，产地与植物学描述与红果钓樟出入太大，可以排除这种可能。

近代以来，日本学者试图复原詹糖香，曾根据植物学描述尝试过多种植物，都告失败。《唐代舶来品研究》认为，所谓詹糖香的"詹"并非如李时珍所言形容其黏性，而是来自"trâm"（詹）是安南语"kanari"（即橄榄属树）的读音，詹糖香在当地的原读音是"trâm-trăng"。《太平广记》"野悉密花"条："与岭南詹糖相类。"指出詹糖的花和素馨之类的花很像，橄榄花大致符合此特征。如果这个猜测成立，詹糖香可能指的是榄糖。不过榄糖和詹糖香的描述仍有差距，尤其是和深色沙糖的性状颇有出入，也和日本传世品詹糖香不太符合。或许并非来源于橄榄树，或许加工方式与榄糖不同，具体还不好确定。

[194] 晋安：晋安可指晋安郡或晋安县。晋安郡辖今福建东部和南部地区，晋安县治所为今日福建南安市东丰州镇，古时为交通南海的重要港口。

[195] 岑州：岑州具体所指不详，据《太平寰宇记》："交州……西北至岑州陆路一百三十里……"又为载于唐书，推测为安南都护府所辖羁縻州。不过《本草纲目》引陶弘景的说法中即有"岑州"，其名应该早在南北朝之前即已有之。大概位置可能在越南北部一带。

[196]《陈氏香谱》原文中并没有"如今之白沙糖"这一句。《本草纲目》所引来自苏敬《唐本草》。原文作："似沙糖而黑。"在南北朝时期我国南方已有用甘蔗生产沙糖，但品质较差。唐代时从印度传入制法，制成品质较好的沙糖。虽然当时有白沙糖的记载，不过唐宋市场主流的沙糖并不是白沙糖，颜色是比较深的，类似今日的红糖。直到元代，白沙糖才大量出现。所以苏敬此处"似沙糖而黑"，应该是非常深的颜色了。

[197] 蠹：指木中虫。

[198] 茉莉：一般指木犀科素馨属植物茉莉 [Jasminum sambac (L.) Ait]，茉莉又称"末利""抹厉""抹利"等，来自于梵语（mallikā），东南亚一些地方语言也有类似的叫法。

醍[199] 齐香[200]

醍齐香出波斯国、拂林[201]，呼为"顶勃梨咃"，长一丈、围一尺许，皮青色，薄而极光净，叶似阿魏[202]，每三叶生于条端，无花实。西域人常八月伐之，至腊月更抽新条，极滋茂，若不剪除反枯死。七月断其枝，有黄汁，其状如蜜，微有香气，入药疗百病。（《酉阳杂俎》）

[199] 蘴：四库本、汉和本作"韛"，无碍庵本作"蘴"，依《酉阳杂俎》，应作"蘴"。

[200] 此香的描述仅见于《酉阳杂俎》，未见于具体香方，所指不详。

[201] 拂林：中国隋唐史籍中对拜占庭帝国的称呼，即东罗马帝国及其所属的西亚地中海东部沿海一带。

[202] 阿魏：作为香料或中药，过去进口之阿魏为同属植物胶阿魏草F. assafoetida L. 的油胶树脂，产伊朗、阿富汗等国。现在国内所用为伞形科植物新疆阿魏Ferula sinkiangensis K.M. Shen或阜康阿魏F. fukanensis K. M.Shen及其具有蒜样特臭的同属植物的油胶树脂。这里指植物。

麻树香[203]

麻树生斯调国[204]，其汁肥润，其泽如脂膏，馨香馥郁，可以熬香，美于中国之油也。

[203] 麻树香：此香出《异物志》。《太平御览》："《异物志》曰：木有摩厨，生于斯调。（摩

厨，木名也，生于斯调州。）厥汁肥润，其泽如膏，馨香馥郁，可以煎熬。（如脂膏，可以煎熬食物也。）彼州之民，仰为嘉肴。"可以看出是作为烹饪的油料来源的。又《海药本草》"摩厨子"条引《异物志》："谨按《异物志》云：生西域。二月开花，四月、五月结实如瓜许。益气，安神，养血，生肌。久服健人也。"则是以其果实作为药用。摩厨子作为药用，可见于宋代《证类本草》《普济方》等书中。宋以后文献都是引用之前的资料，亦将摩厨称为麻树，明人似乎不太清楚究竟为何物。这里的"可以熬香"是熬出香的油用于烹饪，和制香没有关系。历代香方中也没有使用此物的记载。

[204] 斯调国：古国名，故地一般以为在今斯里兰卡，一说为今印度尼西亚爪哇岛东南的一岛。

罗斛香[205]

暹罗国产罗斛香，味极清远，亚于沉香。

[205] 罗斛香：罗斛一词本指12世纪孟人在今泰国南部素攀武里一带建立的国家。都城为罗斛（今华富里，又翻作洛布里），故名。此香可能是因地得名。

此条最早见于元代汪大渊《岛夷志略》一书中"罗斛"一条之下。一般认为罗斛即12世纪柬埔寨吴哥石刻中的Lvo或Lavo，故地在今泰国的华富里（Lopbury）一带。一说其名与老挝（Laos）立名有关。或谓中国古籍所记的罗斛国在不同时期所指非一： 宋代和元初的罗斛系都于华富里的高棉人国家，后被泰人建立的素可泰王国（即暹国）所灭；元至正九年（1349）兼并暹国的罗斛则指代替素可泰王国的另一泰人国家——大城王国（1350—1767），即明清载籍中的暹罗斛、暹罗，其都在华富里稍南的大城（Ayuthaya）。从《岛夷志略》的描述看，罗斛香应该是类似于沉香之类的香材。

郁金香[206] 考证八则

《金光明经》[207]谓之荼矩么[208]香，又名紫述香[209]、红蓝花草[210]、麝香草。馨香可佩，宫嫔每服之于襟袵[211]。（《本草》）

许慎《说文》[212]云："郁，芳草也。十叶为贯，百二十贯筑以煮之为鬯[213]，一曰郁鬯[214]，百草之英合而酿酒以降神，乃远方郁人所贡故谓之郁，郁今郁林郡[215]也。"（同上）

郁金[216]生大秦国，二月、三月有花，状如红蓝[217]，四月、五月采花即香也。（《魏略》[218]）

郑玄[219]云："郁草似兰[220]。"

郁金香[221]出罽宾[222]，国人种之，先以供佛数日，萎然后取之，色正黄，与芙蓉[223]花裹嫩莲[224]者相似，可以香酒。（杨孚《南州异物志》[225]）

唐太宗时[226]伽毗国[227]献郁金香[228]，叶似麦门冬[229]，九月花开，状如芙蓉，其色紫碧，香闻数十步，花而不实，欲种者取根。[230]

撒马儿罕[231]，西域中大国也，产郁金香[232]，色黄似芙蓉花。（《方舆胜略》[233]）

柳州罗城县[234]出郁金香[235]。（《一统志》）

伽毗国所献叶象花色与时迥异[236]，彼间关[237]致贡，定又珍异之品，亦以名郁金乎？

[206] 郁金香：郁金在我国古籍中有两种所指。一种指姜科植物的块根，中药上指姜科植物温郁金Curcuma rcenyujin Y, H. Chen et C.Ling、姜黄Curcuma longa L.、广西莪术Curcuma kwangsiensis S.G.Lee et C.F.Liang或蓬莪术Curcuma pha eocaulis Val.的干燥块根。

另一种指藏红花（番红花），鸢尾科番红花属植物番红花（Crocus sativus L.），药用为花柱的上部及柱头。这种用法在作者的时代已经罕为人知，本书中两种用法是混用的，作者也产生了一些误解。

[207]《金光明经》：有三译，一北凉昙无谶译，四卷，题曰《金光明经》；一隋宝贵等取前译补

译，合入其缺品八卷，题曰《合部金光明经》；一唐义净译，十卷，题曰《金光明最胜王经》。

[208] 荼矩么：又作"荼矩磨""荼矩磨"，梵语Kuṅkuma的音译，荼字为误字。在早期佛教与印度教文献中，很多时候Kuṅkuma指的就是藏红花（saffron），也就是早期汉文佛教文献中的郁金香。后来所指范围逐渐扩大，因为印度教仪式与节日中姜黄粉末常作为藏红花替代品，所以也用来指姜黄粉之类，也就是今日的curcuma。这种所指的变迁也影响了汉文郁金香和郁金的辨识。这里面引用的《本草》（明代李时珍《本草纲目》）作者不太了解这种变迁，作为一种植物看待。

[209] 紫述香：洪刍《香谱》："紫述香"条引《述异记》："一名红蓝香，又名金香，又名麝香草，香出苍梧、桂林二郡界。"任昉《述异记》卷下："紫术香，一名红兰香，一名金桂香，亦名麝香草。出苍梧、桂林二郡界，今吴中有麝香草，似红兰而甚芳香。"

[210] 红蓝花草：红蓝原指菊科桔梗目植物红花（Carthamus tinctorius L.），从《述异记》原文来看，指的是鸢尾科藏红花还是菊科红花，还未能确定。从产地来看，可能是指菊科红花，也有可能是用红蓝花之名来比称藏红花，因为从成品外观和染色作用来看，二者都有相似性。

[211] 此句见于明吴从先《香本纪》，作"郁金芳草，酿之以降神者，可佩，宫嫔每服之补襦袡"。这里说的是上古酿酒所用郁金香草，和后来说的郁金香不同。襦袡：襦同襦，佩巾。袡，衣襟。

[212] 许慎《说文》：许慎所著《说文解字》，简称《说文》，系统地分析汉字字形和考究字源的字书。许慎（约58—约147），字叔重，东汉汝南召陵（现河南郾城县）人，是东汉的经学家、文字学家。

[213] 鬯：古代祭祀用的酒，用郁金草酿黑黍而成。

[214] 郁鬯：上古时期的"郁"和后来的郁金应该有所不同。郁鬯在《周礼》中即有所记载，郑玄的注中说："郁者，郁金香草，宜以和鬯"，但此处名为"郁"的草究竟是什么并不清楚。从外形描述上看，应该不是姜黄科植物，而上古时期，藏红花应该还没有传入。有学者认为"郁"可能是麻黄草，古人可能取其致幻作用，但仅仅是猜测，没有充分根据。

[215] 郁林郡：西汉元鼎六年（前111）置，治所布山县（今广西桂平县西南古城）。辖境相当今广西三江、鹿寨、桂平以西、邕宁、上思、宁明以北、贵州榕江及越南高平一带。关于郁林郡名称来源的这一说法可能出于臆想，今人考证郁林名字可

能来源于古代西南少数民族语言。

[216] 郁金：这里的郁金从原产地和形态分析，应该是指藏红花。藏红花原产西亚中亚和地中海地区。

[217] 指菊科桔梗目植物红花（Carthamus tinctorius L.），见前"红蓝花草"条。

[218]《魏略》：共五十卷，魏郎中鱼豢撰，三国时代记载魏国的史书。原书已佚，部分因被引用存于裴松之《三国志注》之中。

[219] 郑玄：127—200，字康成，北海高密（今山东省潍坊市峡山）人，东汉经学大师，他对儒家经典的注释长期被官方作为权威教材，收入九经、十三经注疏中。

[220] 此句出《周礼·春官·郁人》的注，原文为"郑司农云：'郁，草名，十叶为贯，百二十贯为筑以煮之镬中，停于祭前。郁为草若兰。'"这里郑司农指的是东汉经学大师郑众而非郑玄。郑玄原注为："郁，郁金香草，宜以和鬯。"

[221] 郁金香：这里从产地和描述来看，应该是指藏红花。

[222] 罽宾：（Kasmira）古西域国名。所指地域因时代而异。汉代在今喀布尔河下游及克什米尔一带，都循鲜城（南北朝作善见城，今克什米尔斯利那加附近）。隋唐两代则位于阿富汗东北一带。

[223] 芙蓉：此处"芙蓉"指荷花。

[224] 此处"莲"字为其本义，指莲子。

[225] 杨孚《南州异物志》：东汉杨孚所作通常称为《异物志》，又名《交州异物志》。记载交州一带的物产风俗。东汉杨孚撰。一卷。孚字孝元，南海（今属广东）人。章帝时举贤良，拜议郎。原书早佚。杨孚是《异物志》这种体裁的开创者。通常言《南州异物志》，为三国吴万震所作。

[226] 唐太宗，626—649年在位。

[227] 伽毗国：今克什米尔一带，或以为即伽倍国，西域古国，大月氏休密翕侯故地。都和墨城，在莎车西。故地在今阿富汗东北之瓦罕。唐时曾于此设羁縻州。从郁金产地来说，此处以克什米尔为是。

[228] 郁金香：这里的郁金香从产地和形态来说，应该是藏红花。

[229] 麦门冬：一般指百合科沿阶草属植物麦冬［Ophiopogon japonicus (Linn. f.) Ker-Gawl.］，在有的时候，也可能指同科山麦冬属植物山麦冬［Liriope spicata (Thunb.) Lour.］极其近缘植物。皆以块根入药。

[230] 此段文字见于宋代王溥所辑《唐会要》中。

[231] 撒马儿罕：中亚古城，中国史籍称悉万斤、寻思干、萨末鞬、飒秣建、撒马儿罕、称墨幹得、萨马尔冈等。即今乌兹别克斯坦撒马尔罕。公元前4

世纪称马拉坎达，为粟特（索格狄亚那）都城。公元前329年被亚历山大大帝攻占。6世纪遭土耳其人入侵。712年被阿拉伯人据有，传进伊斯兰文化。13世纪初归花剌子模王国统治，后为成吉思汗所毁。14世纪末为帖木儿帝国都城。

[232] 郁金香：这里应该也是指藏红花。

[233]《方舆胜略》：明代程百二所辑之地理书籍，包括当时已知的国内外各地的地理知识。程百二，安徽休宁布衣。

[234] 柳州罗城县：即今广西罗城县。

[235] 郁金香：这里指的很可能是姜科植物。明代称郁金香一般指的是姜科植物。

[236] 这里指伽毗国所献郁金的叶、花、色的描述，与作者当时不同。考察该文字，叶形、花色、采摘时间与藏红花基本一致，作者所在时代的郁金另有所指。

在明代中药著作中，郁金一般指姜科植物块根，藏红花一般称番红花，本草纲目亦用其音译"消夫蓝"（saffron）。

[237] 间关：道途崎岖艰险，不易行走。

郁金香手印

天竺国婆陀婆恨[238]王有宿愿，每年所赋[239]细绁[240]并重叠积之,手染郁金香拓于绁上,千万重手印即透。丈夫衣之手印当背,妇人衣之手印当乳。[241]（《酉阳杂俎》）

[238] 娑陀婆恨：依《酉阳杂俎》原文，应作"娑陀婆恨王"，或即《大唐西域记》卷十"娑陀婆诃王"（Satavahana），《南海寄归内法传》卷四"娑多婆汗那"，南印度国王，与龙猛（龙树）菩萨同时。

[239] 赋：指百姓那里收上来的。

[240] 绁：xiè，一种布。

[241]《酉阳杂俎》这段文字的意思是说娑陀婆恨王因为宿愿产生了一种特殊的能力，让染郁金香的手印能一直透过细绁，如果穿衣的是男子，此王手印在背部，如果穿衣的是女子，手印在胸部。

乾陀国（犍陀罗）国王征讨五天竺，得到上贡的绁衣，他的爱妃穿上以后发现胸部有郁金香手印。国王大怒调查，最后得知是南印娑陀婆恨王所为，遂讨伐其国，断其手足。

香品（三）

随品附事实

卷三

龙脑香[1]　考证十则

龙脑香即片脑。《金光明经》名羯婆罗香[2]，膏名婆律香[3]。（《本草》）

西方秣罗短咤国[4]在南印度境，有羯婆罗香树[5]，松身异叶，花果斯别。初采既湿，尚未有香；木干之后，循理而析，其中有香，状如云母[6]，色如冰雪，此所谓龙脑香也。（《大唐西域记》）

咸阳山[7]有神农鞭药处。山上紫阳观有千年龙脑，叶圆而背白，无花实者，在木心中，断其树，膏流出，作坎以承之，清香为诸香之祖。

龙脑香树出婆利国[8]，婆利呼为"固不婆律"。亦出婆斯国[9]，树高八九丈，大可六七围，叶圆而背白，无花实。其树有肥有瘦，瘦者有婆律膏香。亦曰瘦者出龙脑香，肥者出婆律膏[10]也。在木心中，断其树，劈取之，膏于树端流出，斫树作坎而承之。（《酉阳杂俎》）

渤泥、三佛齐国龙脑香乃深山穷谷中千年老杉树枝干不损者，若损动则气泄无脑矣。其土人解为板，板傍裂缝，脑出缝中，劈而取之。大者成斤，谓之梅花脑，其次谓之速脑，脑之中又有金脚，其碎者谓之米脑，锯下杉屑与碎脑相杂者谓之苍脑。取脑已净，其杉板谓之脑木札，与锯屑同捣碎，和置磁盆中，以笠覆之，封其缝，热灰煨逼，其气飞上凝结而成块，谓之熟脑，可作面花[11]、耳环佩带等用。又有一种如油者谓之油脑，其气劲于脑，可浸诸香。（《香谱》[12]）

干脂为香，清脂为膏子，主去内外障眼。又有苍龙脑，不可点眼[13]，经火为熟龙脑。（《续博物志》）

龙脑是树根中干脂，婆律香是根下清脂，出婆律国[14]，因以为名也。又曰：龙脑及膏香树形似杉木，脑形似白松脂，作杉木气。明静者善，久经风日，或如鸟遗者不佳。[15]或云：子似豆蔻[16]，皮有错甲，即松脂也。今江南有杉木末，经试或入土无脂，犹甘蕉之无实[17]也。（《本草》）

龙脑是西海[18]婆律国婆律树中脂也。状如白胶香，其龙脑油本出佛誓国[19]，从树取之。（同上）

片脑产暹罗诸国，惟佛打泥[20]者为上。其树高大，叶如槐而小，皮理类沙柳，脑则其皮间凝液也。好生穷谷，岛夷以锯付铳[21]就谷中，寸断而出，剥而采之，有大如指，厚如二青钱[22]者，香味清烈，莹洁可爱，谓之梅花片，鬻[23]至中国，擅[24]翔价[25]焉。复有数种亦堪入药，乃其次者。（《华夷续考》）

渤泥片脑树如杉桧，取之者必斋沐而往。其成冰似梅

花者为上，其次有金脚脑、速脑、米脑、苍脑、札聚脑；又一种如油，名脑油。（《一统志》）

　　有人下洋遭溺，附一蓬席不死，三昼夜泊一岛间，乃匍匐而登，得木上大果，如梨而芋味，食之，一二日颇觉有力。夜宿大树下，闻树根有物沿衣而上，其声灵珑[26]可听，至颠而止。五更复自树颠而下，不知何物，乃以手扪[27]之，惊而逸去，嗅其掌香甚，以为必香物也。乃俟其升树，解衣铺地至明，遂不能去，凡得片脑斗许。自是每夜收之，约十余石。乃日坐水次，望见海艅过，大呼求救，遂赏片脑以归，分与舟人十之一，犹成巨富。（《广艳异编》）

[1] 龙脑香：古称梅片、龙脑、片脑、羯婆罗香，今称冰片，系龙脑香科龙脑香属植物羯布罗香树（Dipterocarpus turbinatus Gaertn. F）树脂经蒸馏后所得的结晶，供药用。

[2] 羯婆罗香：即羯布罗，梵语（karpūra）。《金光明最胜王经卷第七》三十二味香药，婆律膏下注梵音"揭罗婆"。慧琳《一切经音义》："龙脑，羯布罗。"玄应《一切经音义》四："羯布罗香，此谓龙脑香者也。"

[3] 婆律香：婆律膏的得名可能是来源于其产地。《名医别录》："（龙脑香）出婆律国，形似白松脂，作杉木气。"见下"婆律国"注释。下文《酉阳杂俎》则认为是来自于当地语言对龙脑香的称呼。

[4] 抹罗短咤国：查诸《大唐西域记》，应为"秣罗矩吒国"之误，见前"秣罗矩吒国"条。
[5] 羯婆罗香树：《大唐西域记》作"羯布罗香树"。指龙脑香科龙脑香属植物羯布罗香树。
[6] 云母：硅酸盐类矿物，云母有多种，本书中云母，一般指白云母的晶体。
[7] 咸阳山：应作"成阳山"，南朝梁任昉《述异记》卷下："成阳山中有神农鞭药处，一名神农原药草山，山上紫阳观，世传神农於此辨百药，中有千年龙脑。"
[8] 婆利国：又作婆黎、婆里洲、马礼。其故地众说不一，主要有下列数说：又作波利，即今印度尼西亚的巴厘（Bali）岛；与后来的淳泥、勃泥均为Borneo的译音，在加里曼丹岛；在苏门答腊岛东南部的占碑（Jambi）一带；又作婆律，在苏门答腊岛北部。
[9] 婆斯国：《酉阳杂俎》原作"波斯国"，此处引文有误，见前"波斯国"条。
[10] 婆律膏：《新修本草·卷第十三》："树形似杉木，言婆律膏是树根下清脂，龙脑是树根中干脂。"可知龙脑是干脂，即龙脑香树产出的固体香，而婆律膏是清脂，是龙脑香树产出的液体树脂油。这里又说，瘦者出婆律膏香，大概婆律膏香即龙脑香，是干脂，而婆律膏是指清脂。
[11] 面花：古代妇女的面部装饰，又称"花子"。唐五

代较为盛行，宋代此习俗仍常见。多以艳色薄型金片或绿玉（翠钿）等制成鸟、虫、花、叶状，以粘胶呵贴于额间或面颊，也可以其他材料制作。这里是用龙脑香片作为面花。

[12]《香谱》：此段文字出自叶廷珪，《陈氏香谱》中转述了叶廷珪的记载。

[13] 不可点眼：因为苍龙脑中含有木屑杂质，所以不能用来点眼。

[14] 婆律国：又作波律。或谓即今印度尼西亚苏门答腊岛西岸的巴鲁斯（Barus）；一说为婆利的异译。参上文"婆利"条。

[15] 这里是说龙脑香的形态。此句原出《名医别录》，作"出婆律国，形似白松脂，作杉木气，明净者善；久经风日，或如雀米炭、相思子，贮之则不耗。"《千金翼方》作："出婆律国，形似白松脂，作杉木气。明净者善，久经风日或如雀屎者不佳。云合糯（一作粳）米炭、相思子贮之则不耗。"《香乘》中将"明净"误作"明静"。

[16] 豆蔻：豆蔻在宋以前所指复杂，宋代以后，单称"豆蔻"，一般即指姜科山姜属植物草豆蔻（Alpinia katsumadai Hayata）。虽然也间有混淆的情况，但这里所指应该是草豆蔻。

[17] 甘蕉之无实：甘蕉，即芭蕉。芭蕉树由叶重重包裹而成，中间是空的，佛教中以芭蕉无实喻有为法无

实质，后常以芭蕉无实比喻空虚无实之物。

[18] 西海：古代指称中国西部或以西海域。或泛指西方。此句见于《陈氏香谱》引陶隐居的引文，具体所指不详。

[19] 佛誓国：又称"室利佛逝"，即三佛齐，今印尼苏门答腊岛。参上文"三佛齐"条。

[20] 佛打泥：又作佛大坭、孛大泥、大坭、大泥、大宜、大年、大呢、大哖、太呢，另有凌牙斯、凌牙斯加、凌牙苏家、龙牙犀角、狼西加、灵牙苏嘉等称。在今马来半岛东北岸，即泰国北大年（Patani）府名的译音。明代中期以后的载籍往往因佛打泥与佛泥二名相近，遂将加里曼丹岛的勃泥与大泥相混。这里指前者。

[21] 銃：金属制的打眼器具。

[22] 青钱：铅、锡比例较高的钱称为"青钱"，以其外观颜色灰蓝，故名之，是一种优质的钱币。

[23] 鬻：卖。

[24] 擅：自作主张；随意。

[25] 翔价：涨价。

[26] 灵珑：亦作"玲珑"，指玲珑的本义，玉声、清越的声音。

[27] 扪：摸。

藏龙脑香[28]

龙脑香合糯米、炭、相思子[29]贮之则不耗。或言以鸡毛、相思子同入小瓷罐密收之佳。《相感志》[30]言：杉木炭养之更良，不耗也。

[28] 龙脑香易挥发导致损耗，这里探讨的是平时收存龙脑香的方法。

[29] 相思子：又名土甘草豆、相思豆、鸳鸯豆、红豆。为豆科植物相思子Abrus precatorius L. 的种子。产广东、广西、福建、云南、台湾等地。

[30] 《相感志》：指《物类相感志》，北宋初名僧赞宁所撰，十八卷。赞宁（919—1001），佛教律学家，佛教史学家，著有《大宋高僧传》等。

相思子与龙脑相宜

相思子有蔓生者[31]，与龙脑香相宜，能令香不耗，韩朋拱木[32]也。（《搜神记》[33]）

[31] 相思子有蔓生者：相思子是藤本植物。茎细弱，多分枝。

[32] 韩朋拱木：相传战国时宋康王舍人韩凭娶妻何氏，甚美，康王夺之。凭怨，王囚之，沦为城旦。凭自杀。其妻乃阴腐其衣，王与之登台，妻遂自投台下，左右揽之，衣不中手而死。遗书于带，愿以尸

骨赐凭合葬。王怒，弗听，使里人埋之，冢相望也。宿昔之间，便有大梓木生于两冢之端，旬日而大盈抱，屈体相就，根交于下，枝错于上。又有鸳鸯，雌雄各一，恒栖树上，晨夕不去，交颈悲鸣，音声感人。宋人哀之，遂号其木曰"相思树"。见晋干宝《搜神记》卷十一。

[33]《搜神记》：记录古代民间传说中神奇怪异故事的小说集，作者干宝（？—336），字令升，东晋时海盐人，有感于生死之事，"遂撰集古今神祇灵异人物变化，名为《搜神记》"。

龙脑香御龙

罗子春欲为梁武帝入海取珠。杰公曰："汝有西海龙脑香否？"曰："无。"公曰："奈之何御龙？"帝曰："事不谐[34]矣。"公曰："西海大船求龙脑香可得。"（《梁四公记》[35]）

[34] 谐：办妥，成功。

[35]《梁四公记》：唐代传奇小说，梁载言著，讲述四位异人在梁武帝面前和廷臣对答。这一段文字中，杰公认为龙脑香可以御龙。

献龙脑香

乌荼国[36]献唐太宗龙脑香。（《方舆胜略》）

[36] 乌荼国：Udra，古国名，故地在今印度奥里萨邦北部一带。

龙脑香藉[37]地

唐宫中每欲行幸，即先以龙脑郁金涂其地。

[37] 藉：衬垫。

赐龙脑香

唐玄宗[38]夜宴，以琉璃器盛龙脑香赐群臣。冯谧[39]曰："臣请效陈平为宰[40]。"自丞相以下皆跪受，尚余其半，乃捧拜曰："敕赐录事[41]冯谧。"玄宗笑许之。

[38] 唐玄宗：此处应指南唐玄宗（亦作元宗）李璟（916—961），五代十国时期南唐第二位皇帝，史称南唐中主。非是唐玄宗李隆基，冯谧为南唐时人。

[39] 冯谧：即冯延鲁，五代南唐文学家。字叔文，寿春（今安徽寿县）人。南唐吏部尚书冯令䪻之子，词人冯延巳异母弟。

[40] 陈平为宰：宰是在村社祭祀中主持割肉的人，少年

陈平为宰十分公平，得到乡里人称许，不过陈平却有着"宰天下"的抱负，后来投靠刘邦，果为汉初名相。此处冯谧意为自己可以很公平地分配，不过最后却施小计把一大份落入自己的囊中，玄宗不以为意。

[41] 录事：本意指各官署缮写文件的官员，这里指此次分龙脑事件的记录监督者（冯谧）。

瑞龙脑香

天宝末交阯国[42]贡龙脑，如蝉蚕形。波斯国言：乃老龙脑树节方有，禁中呼为瑞龙脑，上惟赐贵妃[43]十枚，香气彻[44]十余步。上夏日尝与亲王弈棋，令贺怀智[45]独弹琵琶，贵妃立于局前观之。上数枰[46]上子将输，贵妃放康国[47]猧子[48]于座侧，猧上局，局子乱，上大悦。时风吹贵妃领巾于贺怀智巾上，良久回身方落，怀智归觉满身香气非常，乃卸幞头[49]贮于锦囊中。及上皇复宫阙[50]，追思贵妃不已，怀智乃进所贮幞头，具奏前事。上皇发[51]囊泣曰："此瑞龙脑香也。"（《酉阳杂俎》）

[42] 交阯国：即交趾国，见前"交趾"条。
[43] 贵妃：指杨贵妃杨玉环（719—756），原籍蒲州永乐（今山西永济）人，生于蜀郡（今四川成都）。唐朝时期后妃、宫廷音乐家、舞蹈家、中国古代四

大美女之一,安史之乱马嵬兵变,被赐死。

[44] 彻:通、达。

[45] 贺怀智:唐代音乐家,善弹琵琶,为唐玄宗所重。

[46] 枰:棋盘。

[47] 康国:古国名。昭武九姓之一。北魏时称悉万斤,唐时始称康国,又名萨末鞬、飒秣建。国都阿禄迪城(今乌兹别克斯坦撒马尔罕一带)。

[48] 猧子:猧,音wō,小狗。

[49] 幪头:指覆头之巾。

[50] 复宫阙:指唐明皇回到长安(时杨贵妃已死)。

[51] 发:打开。

遗[52]安禄山龙脑香

贵妃以上赐龙脑香私发明驼使[53]遗安禄山三枚,余归寿邸[54]。杨国忠[55]闻之,入宫语妃曰:"贵人妹得佳香,何独吝一韩司掾[56]也。"妃曰:"兄若得相,胜此十倍。"(《杨妃外传》[57])

[52] 遗:给予;馈赠。

[53] 明驼使:唐代驿使名,明驼为善走的骆驼。明杨慎《丹铅总录·论文·明驼使》:"唐制,驿置有明驼使,非边塞军机,不得擅发。"

[54] 寿邸:寿王(唐玄宗之子李瑁)府邸。

[55] 杨国忠:?—756,杨贵妃同曾祖兄,张易之之

甥，官至宰相。随唐玄宗西逃入蜀，中途在马嵬驿被乱兵所杀。

[56]韩司掾：指韩寿偷香之韩寿，见第八卷"西域奇香"条，司掾，官名。这段话里杨国忠以韩寿偷香来指杨玉环和安禄山之事。

[57]《杨妃外传》：亦称《杨太真外传》，宋代乐史撰。乐史（930—1007），字子正，北宋宜黄县人，文学家、地理学家。

瑞龙脑棋子[58]

开成[59]中贵家以紫檀心、瑞龙脑为棋子。（《棋谈》[60]）

[58]棋子：指围棋的棋子。

[59]开成：唐文宗的年号（836—840）。

[60]《棋谈》：此书早佚，这条记载见于《云仙杂记》引《棋谈》。

食龙脑香

宝历[61]二年，浙东[62]贡二舞女，冬不纩衣[63]，夏不汗体，所食荔枝、榧实[64]、金屑[65]、龙脑香之类。宫中语曰："宝帐香重重，一双红芙蓉[66]。"（《杜阳杂编》）

[61] 宝历：唐敬宗的年号（825—827）。
[62] 浙东：指浙江东道，唐方镇名。乾元元年（758）置浙江东道节度使，简称浙东节度使，治越州（治今浙江绍兴市），领越、睦、衢、婺、台、明、处、温八州。
[63] 纩衣：棉衣。
[64] 榠实：即今日所称"香榠"。榠树的果实。其仁甘美可食，可驱虫，亦可榨油。
[65] 金屑：黄金研磨成的碎屑，为古代服药物之一。《名医别录》谓能"镇精神，坚骨髓，通利五脏邪气"，服之成仙。
[66] 红芙蓉：因为此典故，"红芙蓉"后亦用作歌舞女伎的代称。

翠尾[67]聚龙脑香

孔雀毛着龙脑香则相缀[68]。禁中以翠尾作帚，每幸诸阁掷龙脑香以避秽，过则以翠尾帚之，皆聚无有遗者。亦若磁石引针、琥珀拾芥[69]，物类相感，然也。（《墨庄漫录》[70]）

[67] 翠尾：这里指孔雀尾。
[68] 缀：连接。
[69] 磁石引针、琥珀拾芥：汉王充《论衡·乱龙》："顿牟掇芥，磁石引皆以其真是，不假他类。"顿

年，琥珀。磁铁吸附铁针，琥珀能够吸附小草，古人认为是物类相互感应。

[70]《墨庄漫录》：北宋张邦基著，是书多记杂事，兼及考证，尤留意于诗文词的评论及记载。

梓树化龙脑

熙宁[71]九年，英州[72]雷震，一山梓树尽枯，中皆化为龙脑香。(《宋史》[73])

[71]熙宁：宋神宗年号（1068—1077）。
[72]英州：五代南汉乾和五年（947）置，治所在浈阳县（今广东英德市）。辖境相当今广东英德地市。
[73]《宋史》：元脱脱（1314—1355）撰。四百九十六卷。纪传体宋代史。

龙脑浆

南唐保大[74]中，贡龙脑浆，云：以缣囊[75]贮龙脑悬于琉璃瓶中，少顷滴沥成冰，香气馥烈，大补益元气。(《江南异闻录》[76])

[74]保大：南唐元宗李璟的年号（943—957）。
[75]缣囊：细绢制成的袋子。
[76]《江南异闻录》：此书不详，《本草纲目》等书曾引用此书。从记录的事件来看，或是《江淮异人

录》之误。

《江淮异人录》，传奇小说集。宋吴淑（947—1002）撰。二卷（一作一卷）。淑字正仪，丹阳（今江苏镇江）人。记录江淮间道流、侠客、奇女、异童二十五人的事迹，各为列传，其中唐代两人，其余二十三人均为吴及南唐时人。

大食国进龙脑

南唐大食国进龙脑油，上所秘惜[77]，女冠[78]耿先生[79]见之曰："此非佳者，当为大家[80]致之。"乃缝夹绢囊，贮白龙脑一斤垂于栋[81]上，以胡瓶[82]盛之，有顷[83]如注。上骇叹不已，命酒泛之，味逾于大食国进者。（《续博物志》[84]）

[77] 秘惜：隐藏珍惜，不以示人。
[78] 女冠：女道士。
[79] 耿先生：南唐传奇女道士，南唐元宗时入宫演示道术。此处记录耿先生为元宗展示一种特殊的龙脑精制之法，耿先生更被元宗所幸有娠，但后来身孕又神秘地消失了，耿先生也不知所终。这里先生是对道士的称呼。事见《江淮异人录》《南唐书》等书。
[80] 大家：这里指皇帝陛下，大家是宫中近臣或后妃对皇帝的称呼。

[81] 栋：屋的正梁，即屋顶最高处的水平木梁。
[82] 胡瓶：本为胡地产制的瓶，后来指瓶子的制式为西方胡地传来，包括萨珊、粟特等样式，外面传来的多为金银器，中国仿制品多为陶瓷器。
[83] 有顷：过了一会儿。
[84] 此条《续博物志》是转引，原出《江淮异人录》。

焚龙脑香十斤

孙承佑[85]，吴越王[86]妃之兄，贵近用事[87]，王常以大片生龙脑[88]香十斤赐承佑，承佑对使者索大银炉，作一聚[89]焚之，曰："聊以祝王寿。"及归朝[90]为节度使，俸入[91]有节，无复向日[92]之豪侈，然卧内[93]每夕[94]燃烛二炬，焚龙脑二两。（《乐善录》[95]）

[85] 孙承佑：五代杭州钱塘（今浙江杭州）人。以姐为吴越忠懿王（钱俶）妃，故擢处要职，凭借亲宠，恣为奢侈。
[86] 吴越王：五代十国时吴越国的国王。这里指忠懿王钱俶。
[87] 贵近用事：贵近指显贵的近臣，用事指当权。
[88] 生龙脑：指未制过的天然龙脑。
[89] 一聚：一堆。
[90] 归朝：归附朝廷（北宋）。
[91] 俸入：官员的俸禄收入。

[92] 向日：往日；从前。

[93] 卧内：卧室，内室。

[94] 夕：夜、晚上。

[95] 《乐善录》：宋李昌龄撰，以祸福感应的故事劝人向善的书。李昌龄，字伯崇，眉州眉山人。淳熙间进士。非是北宋大臣李昌龄。

龙脑小儿

以龙脑为佛像者有矣，未见着色者也。汴都[96]龙兴寺僧惠乘宝[97]一龙脑小儿，雕装巧妙，彩绘可人。（《清异录》）

[96] 汴都：即汴梁，今河南开封。

[97] 宝：珍藏。

松窗龙脑香

李华烧三城绝品炭，以龙脑裹芋魁[98]煨之，击炉曰："芋魁遭遇[99]矣。"（《三贤典语》[100]）

[98] 芋魁：芋的块茎，即芋头。亦泛称薯类植物的块茎。这里指的是芋头。

[99] 遭遇：际遇，这句话意思是，芋魁碰到好事了。

[100] 此条为后唐冯贽《云仙杂记》所录，引自《三贤典语》。

龙脑香与茶宜[101]

龙脑其清香为百药之先,于茶亦相宜,多则掩茶气味,万物中香无出其右者。(《华夷草木考》[102])

[101] 此条见于宋《证类本草》《本草衍义》等书,茶中加入龙脑香是宋代常见的做法,这里《华夷草木考》只是转引。

[102]《华夷草木考》:明慎懋官撰《华夷花木鸟兽珍玩考》,亦称《华夷鸟兽草木珍玩考》,动植物知识书,十卷,"花木考"六卷、"鸟兽考"一卷、"珍玩考"一卷、"续考"二卷。其中植物部分可称《华夷草木考》或《华夷花木考》。慎懋官,字汝学,湖州人。此段文字出《华夷花木鸟兽珍玩考》卷一。

焚龙脑归钱

青蚨[103]一名钱精,取母杀,血涂钱绳,入龙脑香少许置柜中,焚一炉祷之,其钱并归于绳上[104]。(《搜神记》)

[103] 青蚨:传说中的虫名。《太平御览》卷九五〇引汉刘安《淮南万毕术》:"青蚨还钱:青蚨一名鱼,或曰蒲,以其子母各等,置瓮中,埋东行阴垣下,三日后开之,即相从。以母血涂八十一

钱，亦以子血涂八十一钱，以其钱更互市，置子用母，置母用子，钱皆自还。"后因此用以指钱。

[104] 指花过的钱又会回到钱绳之上。

麝香[105] 考证九则

麝香一名香麞[106]、一名麝父[107]。梵书谓之莫诃婆伽[108]香。

麝生中台山谷[109]及益州[110]、雍州[111]山中。春分取香，生者益良。陶弘景[112]云：麝形似麞而小。黑色，常食柏叶，又噉[113]蛇。其香正在阴茎前，皮内别有膜袋裹之，五月得香，往往有蛇皮骨。今人以蛇蜕皮裹香，云弥[114]香，是相使也。麝夏月食蛇虫多，至寒则香满，入春脐内急痛，则以爪剔出着屎溺中覆之，常在一处不移，曾有遇得乃至一斗五升者，此香绝胜杀取者。昔人云是精溺[115]凝结，殊不尔也。今出羌夷[116]者多真好；出随郡[117]、义阳[118]、晋熙[119]诸蛮中者亚之；出益州者形扁，仍以皮膜裹之，多伪。凡真香一子分作三四子，刮取血膜，杂纳余物，裹以四足膝皮而货之。货者又复伪之，彼人言："但破看一片，毛共在裹中者为胜。"今惟得真者，看取必当全真耳。[120]（《本草》[121]）

苏颂曰："今陕西、益州、河东[122]诸路山中皆有，而秦州[123]、文州[124]诸蛮中尤多，蕲州[125]、光州[126]

或时亦有。其香绝小，一子缠若弹丸往往是真，盖彼人不甚作伪耳。"（同上）

香有三种。第一生者，名遗香，乃麝自剔出者，其香聚处，远近草木皆焦黄，此极难得。今人带真香过园中，瓜果皆不实，此其验也。其次脐香，乃捕得杀取者。又其次为心结香，麝被大兽捕逐，惊畏失心狂走山巅坠崖谷而毙，人有得之，破心见血流出作块者是也。此香干燥不堪用。（《华夷草木考》）

嵇康[127]云："麝食柏故香。"[128]

梨香[129]有二色：番香、蛮香。又杂以梨人[130]撰作，官市动至数十计，何以责科取之？责所谓真，有三说：麝群行山中，自然有麝气，不见其形为真香。入春以脚剔入水泥中，藏之不使人见为真香。杀之取其脐，一麝一脐为真香。此余所目击也。（《香谱》[131]）

商[132]、汝[133]山中多麝遗粪，常在一处不移，人以是获之。其性绝爱其脐，为人逐急，即投岩[134]举爪剔其香，就絷[135]而死，犹拱四足保其脐。李商隐[136]诗云："投岩麝自香[137]。"（《谈苑》[138]）

麝居山，麋居泽，以此为别。麝出西北者香结实，出东南者谓之土麝，亦可入药，而力次之。南中[139]灵猫囊[140]，其气如麝，人以杂之。（《本草》）

麝香不可近鼻，有白虫入脑患癫[141]，久带其香透关[142]，令人成异疾。（同上）

[105]麝香：为鹿科动物林麝Moschusberezovskii Flerov、马

麝M.sifanicusPrzewalski或原麝M.MoschiferusLinnaeus成熟雄体香囊中的分泌物干燥而成。可入香、入药。

[106] 一名香麈：麈，獐的异体字。无碍庵本无"一名香麈"四字。

[107] 麝父：麝父之称出《尔雅》："麝父，麇足。"

[108] 莫诃婆伽：南宋法云《翻译名义集》："莫诃婆伽，此云麝。"

[109] 中台山谷：《陈氏香谱》引《唐本草》作"中台川谷"。《千金翼方》《新修本草》《证类本草》等引《名医别录》亦皆作"中台川谷"。这个说法来源大概是自陶弘景《本草经集注》。《本草纲目》作"中台山谷"，有可能是误记。《香乘》作"中台山谷"，可能来自《本草纲目》。

[110] 益州：西汉元封五年（前106）置，为十三州刺史部之一。辖境相当今四川折多山、云南怒山、哀牢山以东，甘肃武都、两当，陕西秦岭以南，湖北郧县、保康西北，贵州除东边以外地区。州境有成都平原，经济发达。东汉以后辖境缩小，后来亦有时期称蜀郡、成都府。

[111] 雍州：古九州之一。在今陕西、甘肃二省和青海省东部地区。东汉兴平元年（194）分凉州河西四郡置，秦岭以北弘农以西诸郡悉属雍州。三国魏时，辖境相当今陕西关中平原、甘肃东南部、宁夏南部及青海黄河以南的一部分地。以后逐渐缩

小。隋大业三年（607）废雍州为京兆郡，治所在大兴城（今西安市）。唐武德元年（618）又改为雍州。辖有今陕西秦岭以北，乾县以东，铜川市以南，渭南市以西地。开元元年（713）改为京兆府。

[112] 陶弘景：456—536，字通明，号华阳隐居，丹阳秣陵（今江苏南京）人，南朝齐、梁时期的道教思想家、医药家、炼丹家、文学家，卒谥贞白先生。医学方面著有《本草经集注》，其他方面著述亦很多。此句本出陶弘景为《神农本草经》做的注。《香乘》这里称引自《本草纲目》，而《本草纲目》所引并非陶弘景原文。

[113] 噉：啖的异体字。

[114] 弥：更。

[115] 精溺：精液与尿液。

[116] 羌夷：泛指我国甘肃、青海、四川一带的少数民族。

[117] 随郡："南齐改随阳郡置，属司州。治所在随县（今湖北随州市）。辖境相当今湖北随州、广水二地市。隋开皇初废。"《香乘》作"隋郡"，误。依《本草经集注》应作"随郡"。

[118] 义阳：义阳郡，三国魏文帝时置，属荆州。辖境相当今河南信阳市与信阳、罗山二县和桐柏县东部及湖北随州、广水二市、大悟县部分地。隋大业三年（607）改义州为义阳郡。治所平阳县亦改

为义阳县。

[119] 晋熙：此段《本草经集注》原文应为"晋熙"，无碍庵、四库本、汉和本皆误为"溪"。晋熙郡，东晋隆安二年（398）置，辖境相当今四川绵竹县及德阳市西部地。隋开皇时治晋熙县，寻废。

[120] 这一段讲麝香的造假手段和鉴别方法。因为造假严重，所以一定要打开检查所有部分。

[121] 这段文字大部分原文出自宋代《新修本草》，但《香乘》这里是引自《本草纲目》。包括下面两段也是引自《本草纲目》。

[122] 河东：因在黄河以东而得名。战国、秦、汉时指今山西省西南部，所置河东郡即在这一地区。唐以后泛指今山西全省。唐河东道，宋、金河东路（金分置南、北两路）皆在这一地区。

[123] 秦州：三国魏分陇右置，因秦邑以为名。辖境相当今甘肃定西、静宁二县以南，清水县以西及陕西凤县、略阳和四川平武、南坪及青海黄河以南、贵德以东地。其后逐渐缩小。隋大业初改为天水郡。唐武德初复曰秦州。

[124] 文州：北周明帝二年（558）置。隋大业初废。唐武德初复置文州，辖境相当今甘肃文县一带。

[125] 蕲州：南朝陈改罗州置。隋大业三年（607）改为蕲春郡。唐复改为蕲州。辖境相当今湖北蕲春、浠水、罗田、英山、黄梅、武穴等县地市。

[126] 光州：南朝梁置。隋大业初改弋阳郡。唐武德三年（620）复为光州。辖境相当今河南潢川、光山、新县、固始、商城等县及安徽金寨县西部地。

[127] 嵇康：224—263，字叔夜，谯国铚县（现安徽宿州境内）人，竹林七贤领袖之一，魏晋思想家、音乐家。

[128] 此句出嵇康《养生论》："虱处头而黑，麝食柏而香；颈处险而瘿，齿居晋而黄。推此而言，凡所食之气，蒸性染身，莫不相应。"

[129] 梨香：结合下文，此处或应作"黎香"。参看下文"梨人"。

[130] 梨人：此处三本皆作"梨人"，或应为"黎人"，海南为麝香产地之一。

[131]《香谱》：此文字未见于今存洪、叶、陈诸家香谱，出处不详。

[132] 商：商州，北周宣政元年（578）改洛州置，治所在上洛县（今陕西商洛市），辖境相当今陕西秦岭以南、洵河以东及湖北郧西县上津镇地。其后渐小。

[133] 汝：汝州，隋大业二年（606）改伊州置，治所在汝原县（今河南汝州市）。辖境相当今河南汝州、平顶山二市及汝阳、郏县、宝丰、襄城、叶县、鲁山等县地。

[134] 投岩：从石崖上跳下。

[135] 繁：音zhí，拴住马足的绳索。
[136] 李商隐：约813—约858，字义山，号玉溪（谿）生，又号樊南生，祖籍怀州河内（今河南焦作沁阳），出生于郑州荥阳（今河南郑州荥阳市），晚唐著名诗人。
[137] 投岩麝自香：此句出李商隐诗《商於》，原句为："背坞猿收果，投岩麝退香。"从上文可知，"退香"更为合理，"自香"为误记。
[138] 《谈苑》：此处指《杨文公谈苑》，是记载杨亿言谈的语录笔记，由杨亿乡谊门生黄鉴辑录。杨亿（974—1020），字大年，建州浦城（今福建浦城县）人。北宋大臣、文学家。
[139] 南中：作为地名，早先指今四川大渡河以南及云、贵两省。也可以泛指南方地区，尤指五岭以南的广东、广西和四川一带。
[140] 灵猫囊：灵猫科动物大灵猫Viverra zibetha Linnaeus、小灵猫Viverricula indica Desmarest［Veverra indica Desmarest］香腺囊中的分泌物，称为灵猫香，可入药。
[141] 癞：指麻风病。
[142] 透关：指麝香的香气能透过人体的一些重要关口，关口具体所指说法有多种。

水麝香[143]

天宝初，渔人获水麝，诏使养之。脐下惟水，滴沥于斗中[144]，水用洒衣，衣至败，香不歇。每取以针刺之，投以真雄黄，香气倍于肉麝。（《续博物志》）

[143] 水麝香：关于水麝香的记载，似乎仅见于此条，此条最早出处可能为唐段成式《酉阳杂俎》。因无其他旁证，水麝所指难以考证。

水麝香多见于宋代诗词，香方中很少见。以水麝入香方，也只见于后面的"胜兰香（补）"中，也有可能是误记。

[144] 此句《续博物志》中原作："脐中下水，沥滴于斗。"

土麝香

自邕州[145]溪洞[146]来者名土麝香，气燥烈，不及他产。（《桂海虞衡志》）

[145] 邕州：唐贞观六年（632）改南晋州置，辖境相当今广西南宁市及邕宁、武鸣、隆安、大新、崇左、上思、扶绥等县地。治所在宣化县（在今广西南宁市）。

[146] 溪洞：见前"溪峒"条解释。

麝香种瓜

尝因会客食瓜言："瓜最恶麝香。"坐有延祖[147]曰："是大不然，吾家以麝香种瓜，为邻里冠，但人不知制伏之术耳。"求麝二钱许，怀去后旬日[148]以药末搅麝见送，每种瓜一窠，根下用药一捻，既结瓜，破之，麝气扑鼻。次年种其子，名之曰"土麝香"，然不如药麝香耳。[149]（《清异录》）

[147] 延祖：《清异录》作"张延祖"。

[148] 旬日：十天。

[149]《香乘》此处是误记。《清异录》原文："次年种其子，名之曰'土麝香'，然不用药麝，止微香耳。"这里是说，如果不用张延祖的药麝混合物，（这个种子种出来的瓜）只是微有香气。和通常所说的土麝香、药麝香不是一回事。

瓜忌麝

瓜恶香，香中尤忌麝。郑注[150]太和[151]初赴职河中[152]，姬妾百余骑，香气数里，逆于人鼻，是岁自京至河中所过路瓜尽死，一蕾不获。（《酉阳杂俎》）

广明[153]中巢寇[154]犯关[155]，僖宗[156]幸蜀，关中道傍之瓜悉萎，盖宫嫔多带麝香，所熏皆萎落耳。（《负暄杂录》[157]）

[150] 郑注：？—835，唐代大臣，绛州翼城（今山西省翼城县）人，本姓鱼，冒姓郑氏。本为江湖游医，结交权贵，后得文宗器重。
[151] 太和：唐文宗年号（827—835），一作大和。
[152] 河中：唐方镇名。至德二年（757）置，治所在蒲州（旋升河中府，治今山西永济市蒲州镇）。辖境屡有变动，较长期领有今山西石楼、汾西、霍州以南和安泽、垣曲以西地区。
[153] 广明：唐僖宗李儇年号（880年正月—881年7月）。
[154] 巢寇：指黄巢的军队，黄巢（820—884），唐末农民军首领，曹州冤句（今山东东明县西南）人。
[155] 犯关：指880年12月1日黄巢进击长安门户潼关，12月3日攻破潼关。僖宗逃往四川避难。
[156] 僖宗：唐僖宗李儇（862—888），初名俨，873—888年在位。
[157]《负暄杂录》：宋笔记，南宋顾文荐撰。顾文荐，字伯举，号兰谷、兰谷倦翁。昆山人。博物多识，精于故实考订。著有诗集及《船窗夜话》《负暄杂录》等。一说顾文荐即宋末诗人顾逢。

梦索麝香丸

桓哲[158]居豫章[159]时，梅玄龙为太守[160]，梦就玄龙索麝香丸。[161]（《续搜神记》[162]）

[158] 桓哲：《续搜神记》作"桓哲"，三本皆作"桓誓"。《太平广记》作"桓誓"，《太平御览》作"桓哲"。

[159] 豫章：古地名，春秋即有此地名，楚汉之际置豫章郡，治所在今江西南昌。关于所辖地，或以为古豫章不止一处，又有淮南、汉东二处，淮南、江南二处，和淮南、汉东、江南三处等说。或以为西起豫、鄂间的淮水以南、汉水以东，东至皖西，南包赣北的鄱阳湖一带。或以为专指今安徽寿县、合肥一带。孔颖达谓，旧在江北淮南，盖后徙在江南之豫章。后一般作为江西省代称。

[160] 太守：官名。战国时郡的长官称"守"，尊称为太守。汉初改称郡守，景帝中元二年（前148）更名太守，太守始为正式官称。至北周孝闵帝元年（557）又改称太守为郡守。隋炀帝与唐玄宗时复称太守。宋代以太守为知府的别称。

[161] 此处记载不详，依《续搜神记》，故事说的是，梅元龙重病，桓哲前去探望，言及梦见自己变成一名士卒，迎请梅元龙去做泰山府君。梅元龙也有同样的梦。过了几天桓哲得暴病腹中胀满，于是向梅元龙索要麝香丸。后来二人先后去世，印证了之前的梦境。

[162] 《续搜神记》：亦作《搜神后记》《搜神续记》《搜神录》。志怪小说，十卷，旧题陶潜撰，盖

系伪托。

麝香绝恶梦

佩麝非但香辟恶，以真香置枕中，可绝恶梦。（《本草》[163]）

[163] 此段文字本出洪刍《香谱》，原作："带麝，非但香辟恶，以香真者一子着脑间枕之，辟恶梦及尸疰鬼气。"

麝香塞鼻

钱方义[164]如厕见怪[165]，怪曰："某以阴气侵阳，贵人虽福力正强不成疾病，亦当少有不安，宜急服生犀角、生玳瑁，麝香塞鼻则无苦。"方义如其言，果善。（《续玄怪录》[166]）

[164] 钱方义：唐朝人，礼部尚书钱徽之子，曾为殿中侍御史、太子宾客。

[165] 怪：指厕神郭登。他求钱方义写《金刚经》帮他（于鬼神界）升迁，同时教方义避免被自己阴气伤害的方法。

[166] 《续玄怪录》：唐代传奇小说集，因续牛僧孺《玄怪录》而得名，多记神鬼怪异之事，撰者李复言，大约太和、开成（827—840）时人。

麝遗香

走麝以遗香不捕，是以圣人以约为记[167]。（《续韵府》[168]）

[167] 记：《关尹子》原文作"纪"，三本皆作"记"。此段文字是说，麝可以自己遗留麝香，所以不要去捕杀，圣人以约定为法度。

[168] 《续韵府》：此段文字出《关尹子·九药》，此处《续韵府》所指不详。古代韵府类书籍有多种，此处或指补《韵府群玉》之遗的《韵府续编》，成书在明代。

麝香不足

黄山谷[169]云："所惠香非往时意态[170]，恐方[171]不同，或是香材不精，乃婆律[172]与麝香不足耳。"

[169] 黄山谷：黄庭坚（1045—1105），字鲁直，自号山谷道人，晚号涪翁，又称豫章黄先生，洪州分宁（今江西修水）人，北宋诗人、词人、书法家。黄庭坚同时也是一位香学大家，有香方传世，写《香谱》的洪刍即是他的外甥。

[170] 意态：本指神情姿态，这里指香的呈现效果。

[171] 方：指香方。

[172] 婆律：指龙脑香，详见上文"龙脑香"部分。

麝褡[173]

晋时有徐景于宣阳门[174]外得一锦麝褡,至家开视,有虫如蝉,五色,两足各缀一五铢钱。(《酉阳杂俎》)

[173] 褡:汉和本、四库本作"褃",误。无碍庵本作"褡",与《酉阳杂俎》原文吻合。褡:毛带。

[174] 宣阳门:西晋洛阳、东晋建康(南京)皆有宣阳门。

麝香月

韩熙载[175]留心翰墨[176],四方胶煤[177]多不合意,延[178]歙匠朱逢[179]于书馆制墨供用,名麝香月,又名玄中子。(《清异录》)

[175] 韩熙载:902—970,字叔言,潍州北海(今山东潍坊)人,五代南唐宰相,博学,善文。

[176] 翰墨:笔墨。

[177] 胶煤:胶,制墨用的黏合剂;煤,烟气凝结的黑灰,为制墨的主要原料。

[178] 延:请。

[179] 歙匠朱逢:歙,地名,今安徽歙县,产歙砚、徽墨。朱逢,南唐当时的制墨名家。

麝香墨

欧阳通[180]每书，其墨必古松之烟，末以麝香，方下笔。（《李孝美墨谱》[181]）

[180] 欧阳通：620—691，唐代著名书法家，字通师，潭州临湘（今湖南长沙）人，欧阳询之子。

[181] 《李孝美墨谱》：《墨谱》，宋李孝美撰，又名《墨苑》《墨谱法式》，三卷。李孝美，字伯扬，自称赵郡（今河北赵县）人。生卒年不详。

以下曰木、曰檀、曰草，皆以香似麝名之。

麝香木[182]

出占城国，树老而仆[183]，埋于土而腐，外黑内黄赤者，其气类于麝，故名焉。其品之下者，盖缘伐生树而取香故，其气劣而劲，此香宾朣胧[184]尤多，南人以为器皿，如花梨木类。（《香录》[185]）

[182] 麝香木：宋赵汝适《诸蕃志》："麝香木出占城、真腊，树老仆淹没于土而腐，以熟脱者为上，其气依稀似麝，故谓之麝香。若伐生木取之则气劲而恶，是为下品。泉人多以为器用，如花梨木之类。" 概为降真香之属，今日香材市场上有以小叶降真腐蚀根为麝香木的说法。

[183] 仆: 倒下。
[184] 宾瞳胧: 应作"宾瞳胧",亦称宾瞳龙、宾童龙、奔陀浪州等等,一般认为即占城碑铭中梵文名"Pāṇḍuraṅga"(来源于印度教神祇)的译音,其地约当今越南顺海省北部和富庆省南部一带。有时也用来专指今藩朗(Phan Rang)或其南面的巴达兰(Padaran)角。
[185] 指叶廷珪《香录》。

麝香檀[186]

麝香檀一名麝檀香,盖西山桦根也。爇之类煎香[187],或云衡山亦有,不及海南者。(《琐碎录》)

[186] 麝香檀: 所指不详,从香气和名称来看,应该是沉檀降真之属。这里说是西山桦的根,衡山亦有出产。但在后面《黄太史四香》中"意可香方"中又说出海南者比出衡山好得多。麝香檀与麝香木是一种还是两种,还不好确定。两者在香方中并没有并列出现过,很可能是一种东西。而从红兜娄的别名来看,可能为红色,这和麝香木很接近。不过兜娄甚难解,和草本兜娄香应无关系。姑且以小叶降真或其他黄檀属植物的根视之。所谓西山桦,或衡山所产为何物就不得而知了。
[187] 煎香: 这里指沉香之一种,品级不高,见前文"沉

水香考证"部分。

麝香草[188]

麝香草一名红兰香，一名金桂香，一名紫述香，出苍梧[189]、郁林[190]二郡，今吴中亦有麝香草，似红兰而甚香，最宜合香。（《述异记》[191]）

郁金香亦名麝香草，此以形似言之，实自两种。《魏略》云：郁金状如红兰。则非郁金审矣[192]。而《述异记》又谓龟甲香即桂香之善者[193]。

[188] 关于此处"麝香草"，前面"郁金香"部分已经引用过《述异记》的这段文字，应该指的是红花或藏红花之类的植物，具体所指不详。

[189] 苍梧：西汉元鼎六年（前111）置，治所在广信县（今广西梧州市）。南朝时辖境缩小，相当今广西梧州市、苍梧县及蒙江下游地区。

[190] 郁林：郁林郡，见前"郁林郡"条注释。

[191] 《述异记》：此处指任昉所编之《述异记》。所记多异闻琐事。任昉，字彦升，乐安博昌（今山东寿光）人，南朝梁文学家、藏书家。另有南朝齐祖冲之所撰之《述异记》，记载鬼异之事。

[192] 作者认为既然《魏略》里面以红蓝草来类比郁金，则郁金与红蓝草（即麝香草）应该不是一

种。但不同时代称呼可能有混用的情况，还不能下这个结论。

[193] 这句话在《述异记》中"紫述香"条原文之上，可能和紫述香这一条没有关系。但在《太平广记》等书引《述异记》时，将此句与紫述香合为一条，这可能是误记。从龟甲香的描述来看，桂香可能指的是桂皮之类，和下文的金桂香大概不是一种。

香品（四）

随品附事实

卷四

降真香[1]　考证八则

降真香，一名紫藤香，一名鸡骨，与沉香同，亦因其形有如鸡骨者为香名耳。俗传舶上来者为番降，生南海山中及大秦国。其香似苏方木[2]，烧之初不甚香，得诸香和之则特美。入药以番降紫而润者为良。广东[3]、广西[4]、云南[5]、安南[6]、汉中[7]、施州[8]、永顺[9]、保靖[10]及占城、暹罗、渤泥、琉球[11]诸番皆有之。（集《本草》）

降真生丛林中，番人颇费坎[12]斫[13]之功，乃树心也。其外白，皮厚八九寸，或五六寸，焚之气劲而远。（《真腊记》[14]）

鸡骨香[15]即降真香，本出海南，今溪峒僻处所出者似是而非，劲瘦，不甚香。（《溪蛮丛话》[16]）

主天行时气[17]、宅舍怪异。并烧之，有验。（《海药本草》[18]）

伴和诸香，烧烟直上，感引鹤降，醮[19]星辰烧此香妙为第一，小儿佩之能辟邪气，度录[20]功德极验，降真

之名以此。(《列仙传》[21])

出三佛齐国者佳,其气劲而远,辟邪气。泉人每岁除[22],家无贫富皆爇之,如燔柴,维在处[23]有之皆不及三佛齐国者。今有番降、广降、土降之别。(《虞衡志》[24])

[1] 降真香:又名降真、降香、鸡骨香(沉香也有称鸡骨香者)、紫藤香(非植物紫藤)等。古代典籍与现代中药、现代香材所指非一,较为复杂。

学者普遍认为历史上的进口降真香(古番降)多指豆科黄檀属植物小花黄檀(Dalbergia parviflora Roxb.)或印度黄檀(Dalbergia sissoo Roxb.)等乔木的心材。后者有宋代沉船考古实物为证。而且在香方中番降一般都是切小片使用,并未有像国产降香作为香味载体的做法,也可作为辅证。

国产降香的基源植物则为豆科黄檀属两粤黄檀(Dalbergia benthamii Prain)、斜叶黄檀[Dalbergia pinnata (Lour.) Prain]、藤黄檀(Dallergia hancei Benth.)等产香的藤本植物,较晚也可能包括滇黔黄檀(Dallergia yunnanensis Franch.)。在现代香材市场上,多以两粤黄檀为大叶降真,藤黄檀或斜叶黄檀为小叶降真。

时至近代,又有以芸香科山油柑属植物山油柑[Acronychia pedunculata (L.) Miq.]为降真香的,可能是文献的误记。以《中国药典》为代表的现代药学著作以豆科黄檀属植物降香檀（Dalbergia odorifera T.Chen）为降香的基源植物，主要是受现代植物学命名的影响，和古代典籍记载的主流降香无关。虽然如此，这两种植物在现代中药学中作为降香和降真香的基源植物已经成为习惯。

除此之外，现代香材市场所称的番降是指产于缅甸的小叶降真，与古代番降不同。而十亩降真香基源植物则为豆科黄檀属红果黄檀（Dalbergia tsoi Merr. Et Chun）。

所以我们在讨论时需要加以特别注意，需要区分香材还是药材，在药材领域要区分古代中药和现代中药，香材也要区分古香材和现代香材，并结合产地做出判断。

关于鸡骨香与紫藤香的所指在相关注释中再展开。

[2] 苏方木：为豆科苏木属植物苏木的干燥心材。降真香与苏方木外观香气不尽相似，这里说似苏方木，可能是指古番降与苏方木一样，都是取其心材。

[3] 广东：宋时指广南东路。治所在广州（今广东广州市）。辖境相当今广东贺江、罗定江、漠阳江以东地区。明代称广东布政司，治所在广州府（今广东广州市）。辖境相当今广东、海南二省及广西防城港、钦州、北海等市及其辖地。

[4] 广西：宋时指广南西路，北宋至道三年（997）置，治所在桂州（今广西桂林市）。辖境相当今广西壮

族自治区、海南省及广东雷州半岛。明代广西布政司，治所在静江府（今广西桂林市）。辖境相当今广西壮族自治区（除钦州、灵山、防城港、合浦以外地），贵州罗甸县、望谟布依族苗族自治县、贞丰布依族苗族自治县、册亨布依族自治县及广东怀集县地。

［5］云南：唐代以来对云南的地区总称。泛指唐代的南诏、宋代的大理及元代的云南行省、明代的云南布政司等。

［6］安南：唐高宗调露元年（679）在今越南北部和广西、云南靠边境地方置安南都护府，省称安南府，安南一名由此而来。入五代后大致仅指越南部分。五代晋时（936—946）开始独立，虽时有不同自称，中国习惯上称呼其为安南。

［7］汉中：战国秦置汉中郡，辖境相当今陕西秦岭以南，留坝、勉县以东，乾祐河流域及湖北郧县、保康以西，米仓山、大巴山以北地。汉以后辖境缩小。北周时仅辖今陕西汉中、南郑、城固等市县地。隋开皇初废。唐天宝初又改梁州为汉中郡。

［8］施州：北周建德三年（574）置，治所在沙渠县（今湖北恩施市）。唐天宝元年（742）改为清化郡。乾元元年（758）复为施州。辖境相当今湖北西南部五峰、建始等县以西地。

［9］永顺：永顺州，五代置，治所在今湖南永顺县东南老

司城。元至元中改为永顺路。明为永顺等处宣慰司。
[10] 保靖：原称保静州，五代末蛮置，治所即今湖南保靖县。宋为羁縻州。元改为保靖州。明初改保靖州安抚司。
[11] 琉球：琉球在古籍中可指琉球群岛，也可指台湾岛（如元汪大渊《岛夷志略》）。明代称今台湾为小琉球，称今琉球群岛为大琉球。
[12] 坎：砍。
[13] 斫：用刀、斧等砍。
[14] 《真腊记》：即《真腊风土记》，元成宗元贞元年（1295），周达观奉命随使团前往真腊，逗留一年，回国后写成此书，内容翔实可靠。达观，号草庭逸民，浙江永嘉人。此处引文和原文大体一致，略有出入。
[15] 鸡骨香：现代中药中的鸡骨香为大戟科巴豆属鸡骨香（Croton crassifolius Geisel.）的干燥根。这里描述的"溪峒僻处所出者"既与现代中药不同，也和一般理解的古代降真香不同。具体所指不很清楚。
[16] 《溪蛮丛话》：南宋朱辅所著，记载12世纪沅江流域各民族的风俗习惯、土产方物、文物古迹。朱辅，南宋安庆怀宁（今安徽潜山）人，字季公。
[17] 天行时气：因气候不正常而引起的流行病。
[18] 《海药本草》：有关海药（海外及南方药）药品产地、主治功能介绍的书籍，唐末五代间医家李珣

著。原书已佚。部分内容散见于其他本草书籍中。参见第二卷"李珣"条。

[19] 醮：道教设坛祈神求福的过程。

[20] 度录：应作"度箓"，道教语。接受秘箓，接受天神的符咒，以祈福、消灾。

[21] 《列仙传》：神仙故事集。旧题刘向撰，上古至西汉七十一位仙家传记。今存《列仙传》中未见此文字。另有南朝梁江禄撰《列仙传》，已佚。

[22] 岁除：年终的一天；除夕。

[23] 在处：到处。

[24] 《虞衡志》：即《桂海虞衡志》，见前文注释。

贡降真香

南巫里[25]其地自苏门答剌[26]西风一日夜可至，洪武[27]初贡降真香。[28]

[25] 南巫里：又作蓝里、蓝无里、南无里、喃巫哩、兰无里等。故地一般认为在今印度尼西亚苏门答腊岛西北角亚齐河下游一带。

[26] 苏门答剌：答又作荅。又有金洲、深没陀罗、须门答剌、须文答剌、速木都剌、速木答剌、苏木都剌等称呼。该名最初仅指印度尼西亚苏门答腊（Sumatra）岛北部一带，约15世纪中期后或16世纪初方成为全岛之名。我国明代载籍所记的苏门答剌

港应在急水湾（即今Jambuair角，又译金刚石岬）之西，位洛克肖马韦（Lhokseumawe）或其附近。

[27] 洪武：明太祖朱元璋年号（1368—1398）。

[28] 此段记载见于《咸宾录》。

蜜香[29]

蜜香即木香，一名没香，一名木蜜，一名阿勒[30]，一名多香木，皮可为纸。

木蜜，香蜜也。树形似槐而香，伐之，五六年乃取其香。（《法华经注》[31]）

木蜜号千岁树，根本甚大，伐之，四五岁，取不腐者为香。[32]（《魏王花木志》[33]）

没香树[34]出波斯国拂林，国人呼为阿勒[35]。长数丈，皮表青白色，叶似槐而长，花似橘而大，子黑色，大如山茱萸，酸甜可食。（《酉阳杂俎》）

肇庆新兴县[36]出多香木，俗名蜜香，辟恶气、杀鬼精。（《广州志》[37]）

木蜜其叶如椿树，生千岁，斫仆之，历四五岁乃往看，已腐败，惟中节坚贞者是香。（《异物志》[38]）

蜜香生永昌[39]山谷，[40]今惟广州舶上有来者，他无所出。（《本草》）

蜜香生交州，大树节如沉香。（《交州志》）

蜜香从外国舶上，来叶似薯蓣[41]而根大，花紫色，功效极多。今以如鸡骨坚实啮之粘齿者为上。复有马兜铃根谓之青木香，非此之谓也。或云有二种，亦恐非耳。一谓之云南根[42]。(《本草》)

前"沉香部"交人称沉香为蜜香，《交州志》谓蜜香似沉香，盖木体俱香，形复相似，亦犹南北橘枳之别耳。诸论不一，并采之，以俟考订。有云蜜香生南海诸山中，种之五六年得香，此即广人种香树为利，今书斋日用黄熟生香，又非彼类。

[29] 蜜香：蜜香的所指在古籍中也有所不同。一种是上古文献所称，一种高大乔木，子实（或枝叶）甜美，故称木蜜（如《毛诗草木鸟兽虫鱼疏》）。一种产自东南亚，从形态和结香方式看，和沉香类似，在香料相关记载中（如本书）多为此类，或者用来称呼沉香的一种。另有一种是产自西亚或者西方其他地区由西域传来，具体所指不详（如《酉阳杂俎》《晋书》）。还有一种就是后来中药所称的木香，菊科植物云木香与川木香的根。

[30] 瑳：嗟的古字。

[31] 《法华经注》：不知所指。此文字见于唐窥基大师《妙法莲花经玄赞》，亦见于后来湛然大师《法华文句记》和慧琳《一切经音义》。

[32] 《太平广记》引《魏王花木志》："《广志》：'木蜜树，号千岁树，根甚大。伐之，四五岁乃取，木腐者为香，其枝可食。'"《广博物志》作

"不腐者为香"。从下文来看,似乎"不腐者"更有可能。

[33]《魏王花木志》:成书于南北朝时期,一说后魏元欣撰,原书已佚,部分内容保存下来。

[34]没香树:《酉阳杂俎》原作"没树"。此树似乎和木蜜没什么关系。可能是《本草纲目》误把"没树"和木蜜的别名"没香"混淆了。《香乘》沿用了这个说法。

[35]阿璨:《酉阳杂俎》原作"阿縒"。

[36]肇庆新兴县:东晋永和七年(351)置,治所即今广东新兴县。明属肇庆府。

[37]《广州志》:从内容来看,应为明代所修《广州志》,明代成化、嘉靖、万历都曾修过《广州志》。

[38]《异物志》:历史上称《异物志》的书甚多,这里所指不详。

[39]永昌:中国历史上叫永昌的地方有多处,此处似应指今云南保山。唐南诏时称永昌节度,宋大理时称永昌府,元称永昌州,明称永昌卫。

[40]此条见于《本草经集解》引《名医别录》,亦见于《千金翼方》等书。后面一句是《本草纲目》作者李时珍所说当时情况。

[41]薯蓣:薯蓣科薯蓣属植物薯蓣(Dioscorea oppositifolia L.),即现在通常说的山药。《本草衍义》中说,

是因避唐代宗李豫、宋英宗赵曙之讳，后世逐渐改称山药。

[42] 这里的云南根指的是马兜铃的根。

蜜香纸[43]

晋太康[44]五年大秦国献蜜香纸三万幅，帝以万幅赐杜预[45]，令写《春秋释例》[46]。纸以蜜香树皮叶作之，微褐色，有纹如鱼子[47]，极香而坚韧，水渍之不烂。(《晋书》[48])

[43] 蜜香纸：关于蜜香纸的所指近人提出多种可能。如果来源确实来自大秦国，那可能是指"莎草纸"，但和蜜香树皮的记载不符。根据《晋书》原文，贡蜜香纸的除了大秦还有林邑，如果是来自林邑，可能就是用树皮制成的，但其时东南亚地区只有原始的树皮布法，似不可能达到描述的质量。还有一种意见认为，蜜香纸并非来自外国，而是来自我国南方地区。参见后面"香皮纸"条。

[44] 太康：晋武帝司马炎年号（280—289）。

[45] 杜预：222—284，字元凯，京兆杜陵（今陕西西安东南）人，西晋时期著名的政治家、军事家和学者。著有《春秋左氏经传集解》及《春秋释例》等。

[46]《春秋释例》：《春秋》学著作，十五卷，晋杜

预著。明以来此书久佚，唯《永乐大典》存三十篇，清修《四库全书》，从《永乐大典》及他书辑录成书。

[47] 有纹如鱼子：像鱼子一样的密集点状纹理，可用在瓷器、砚台、犀角等材质描述上。

[48] 《晋书》：唐代官方编纂的晋朝史书，包括西晋和东晋的历史，并用"载记"的形式兼述了十六国割据政权的兴亡。

木香[49]　考证四则

木香草本也，与前木香不同，本名蜜香，因其香气如蜜也。缘沉香类有蜜香，遂讹此为木香耳，昔人谓之青木香。后人因呼马兜铃根为青木香，乃呼此为南木香、广木香[50]以分别之。（《本草》）

青木香出天竺，是草根状如甘草。（《南州异物志》[51]）

其香是芦蔓根条，左盘旋，采得二十九日方硬如朽骨，其有芦头[52]、丁盖、子色青者，是木香神也。（《本草》[53]）

五香[54]者即青木香也。一株五根，一茎五枝，一枝五叶，一叶间五节，五五相对，故名五香，烧之能上彻九星[55]之天也。（《三洞珠囊》[56]）

[49] 木香：木香的所指有所不同，下面"《本草》"条有所言及。一种是指沉香之类的香材，包括产于东南亚的木香，包括《神农本草经》所指产于云南永昌的木香很可能是瑞香科植物云南沉香（Aquilaria yunnanensis S. C. Huang）含树脂的木材，这种木香在香方中作用和沉香接近。一种木香（Radix Aucklandiae）是指菊科云木香属植物云木香（Saussurea costus），又称广木香、木香、蜜香、青木香、五木香、南木香等）和川木香（Vladimiria souliei）的通称，这种也是后来本草中木香的主流。另外一种是马兜铃目马兜铃科植物马兜铃（Aristolochia debilis Sieb. et Zucc）的根，称青木香。马兜铃在早期作为木香的混淆品，在明代以后才开始作为正品青木香出现。一般称西木香或西胡木香的，可能指产于西亚、中亚和印度的菊科旋覆花属植物土木香（Inula helenium L.）或藏木香（Inula racemosa Hook.f.）。除此以外云南马兜铃（Aristolochia yunnanensis Franch.）的根现在也被称为南木香。

[50] 南木香、广木香：这里南木香和广木香是指菊科植物木香的根，现在所说南木香也可能是云南马兜铃的根，参见上文"木香"条。

[51] 《南州异物志》：此条见于《法苑珠林》等所引《南州异物志》，为三国吴万震所撰。记录岭南、南海及西方诸国的物产。是珍贵的早期史料。万震，曾任丹阳（治建业即今南京）太守。

［52］芦头：指根类药材近地面处残留的根茎凸起部分。
［53］此条原出《雷公炮炙论》。《本草纲目》是转引。
［54］五香：木香又称五木香，可能与此处所说的解释有关。
［55］九星：这里指北斗七元星加左辅右弼二星：天蓬、天内、天冲、天辅、天禽、天心、天任、天柱、天英。在堪舆术中，九星另有所指。
［56］《三洞珠囊》：题"大唐陆海羽客王悬河修"。道教类书。该书辑录二百一十二种三洞道书精要，故名《三洞珠囊》。北周武帝宇文邕曾命通道观道士王延校三洞经图，王延撰《三洞珠囊》七卷，已佚。王悬河晚于王延，为唐道士，其生平无记载，所撰书名则与后者同。内容多系古代神话故事及南北朝以前道士事迹，也有关于内外丹和斋仪戒律等的辑录。

梦青木香疗疾

崔万安[57]分务广陵[58]，苦脾泄[59]，家人祷于后土祠[60]。是夕万安梦一妇人，珠珥[61]珠履，衣五重，皆编贝珠为之，谓万安曰："此疾可治，今以一方相与，可取青木香、肉豆蔻[62]等分，枣肉为丸，米饮[63]下二十丸。"又云："此药太热，疾平即止。"如其言，即愈。（《稽神录》[64]）

[57] 崔万安：《稽神录》原文作"江南司农少卿崔万安"。
[58] 广陵：西汉置广陵国，辖境相当今江苏扬州、邗江、江都、高邮、宝应、金湖等市县地。东汉改为广陵郡。唐天宝元年（742）又改扬州为广陵郡，治所在江都县（今江苏扬州市）。乾元元年（758）复为扬州。
[59] 脾泄：病名。又名脾泻。指饮食或寒湿伤脾，引致脾虚泄泻。
[60] 后土祠：后土是旧时官方及民间广泛信仰的神祇，为总司土地的大神（传为共工氏之子句龙）。后土祠即奉祀后土的祠庙。
[61] 珥：用珠子或玉石做的耳环。
[62] 肉豆蔻：古代直称肉豆蔻，即指肉豆蔻科肉豆蔻属植物肉豆蔻（Myristica fragrans）。
[63] 米饮：米汤，服用中药的一种方式。
[64]《稽神录》：志怪小说集。五代末宋初徐铉撰，徐铉（916—991），字鼎臣，广陵人。徐铉原为南唐吏部尚书，南唐灭后入仕宋朝。

苏合香[65]　考证八则

此香出苏合国[66]，因以名之。梵书谓之"咄鲁瑟剑[67]"。

苏合香出中台川谷[68]。今从西域及昆仑来者紫赤色，与紫真檀相似，坚实极芳香，性重如石，烧之灰白者好。

广州虽有苏合香，但类苏木，无香气，药中只用有膏油者，极芳烈。大秦国人采得苏合香[69]，先煎其汁以为香膏，乃卖其滓与诸国贾人，是以展转来达中国者不大香也。然则广南[70]货者其经煎煮之余乎？今用如膏油者乃合治成香耳。[71]（以上集《本草》）

中天竺国出苏合香，是诸香汁煎成，非自然一物也。

苏合油[72]出安南、三佛齐诸番国。树生膏可为香，以浓而无滓者为上。

大秦国一名犁靬[73]，以在海西亦名云海西，国地方数千里，有四百余城，人俗有类中国，故谓之大秦。国人合香谓之香煎，其汁为苏合油，其滓为苏合油香。（《西域传》[74]）

苏合香油亦出大食国，气味类笃耨[75]，以浓净无滓者为上。番人多以涂身，而闽中病大风[76]者亦仿之。可合软香及入药用。（《香录》[77]）

今之苏合香，赤色如坚木；又有苏合油，如𩆜胶[78]。人多用之。而刘梦得[79]《传信方》[80]言谓：苏合香多薄叶，子如金色。按之即止，放之即起，良久不定如虫动，气烈者佳。[81]（沈括《笔谈》）

香本一树，建论互殊。其云类紫真檀是树枝节，如

膏油者即树脂膏，苏合香、苏合油一树两品。又云诸香汁煎成乃伪为者，如苏木重如石婴薁[82]是山葡萄。至陶隐居云："是狮子粪。"[83]《物理论》[84]云："是兽便。"此大谬误。苏合油白色，《本草》言："狮粪极臭赤黑色。"又刘梦得言"薄叶如金色者"或即苏合香树之叶。抑番禺[85]珍异不一，更品外奇者乎？

[65] 苏合香：苏合香的所指历代有所不同。在隋唐以前，苏合香被描述为固体，虽然描述中认为是多种香材熬制后的混合物，但经西方多位学者考证，一般认为是安息香科安息香属植物南欧安息香（Styrax officinalis L.）的树脂，产于地中海东岸、小亚细亚、叙利亚等地，由腓尼基人使用和传播，后来辗转进入中国。期间国外商人也可能把东南亚所产的蕈树［Altingia chinensis（Champ. ex Benth.）Oliv. ex Hance］的树脂作为苏合香舶来我国，但并不被认可。在隋唐时期，因为南欧安息香逐渐难得，拜占庭人开始使用金缕梅科枫香树属植物苏合香树（Liquidambar orientalis Mill.）的液体树脂替代。这便是宋代及之后典籍中记载的液体苏合香或苏合油。产于小亚细亚南部、土耳其至叙利亚北部。现代由于苏合香树主要产区土耳其对出口的限制，中药市场上多以中美洲所产其近缘植物北美枫香树（Liquidambar styraciflua L.）的树脂替代。

[66] 苏合国：关于苏合国的所指，有不同说法。有据

《后汉书》记载，认为即大秦国或大秦国所辖地名。有认为苏合国为伊朗，有认为是在阿拉伯南部即今也门的席赫尔，或者大食（阿拉伯）其他地区。目前还没有确实的证据证明苏合香之名来自苏合国，是否真实存在"苏合国"尚不能确定。

[67] 咄鲁瑟剑："咄噜瑟剑"，亦作"都嚧瑟迦"、"兜楼婆"，梵语 turuṣka。《陀罗尼集经》："都嚧瑟迦油，唐云苏合香。"《翻译名义集》："咄噜瑟剑，此云苏合。"

[68] 中台山谷：无碍庵本作"中台山谷"，此句原出《名医别录》。

[69] 苏合香：此段关于苏合香的记载，见于《续汉书》《后汉书·西域传》《广志》《梁书》等处，但是其中所指的苏合香是（可能由多种香料合成的）较为坚实的固体，与后来的苏合香不同。

[70] 广南：宋置广南道，后分东西两路，简称广东、广西。参见"广东""广西"条。

[71] 这里李时珍用古文献来分析当时的苏合香来源，但前面已说，古文献中的苏合香和后来的苏合香不同。

[72] 苏合油：在很多情况下，苏合油就是苏合香。在有些情况下指由苏合香加工成的浓稠油脂状物。

[73] 揅靰：此处三本皆误，依《后汉书》，应作"犁鞬"。犁鞬，亦作黎轩、犁靬、嫠靬、骊靬，有学

者研究认为即亚历山大（Alexandria）的音译，不过这里所指的应该是后来建于东方的某座亚历山大城（亚历山大东征曾建立多座亚历山大城）。

［74］《西域传》：此处指《后汉书·西域传》，《后汉书》，关于东汉的纪传体断代史，南朝宋范晔撰，梁代刘昭取晋司马彪《续汉书》八志三十卷补入，今本一百二十卷。此处关于苏合香油的记录即来自《续汉书》。

［75］笃耨：见前文"笃耨香"条注释。

［76］大风：指麻风病。

［77］《香录》：此段文字出自叶廷珪《香录》，《陈氏香谱》中转述了叶廷珪的记载。

［78］黐胶：一种胶，用细叶冬青茎部的内皮捣碎制成。

［79］刘梦得：刘禹锡（772—842），字梦得，彭城人，祖籍洛阳，唐朝诗人、哲学家。

［80］《传信方》：医方著作，二卷，唐刘禹锡撰于818年。刘氏集个人用于临床确有良效的方剂辑成此书。后渐散轶，部分见于其他古方书中。

［81］刘禹锡原文颇令人费解，似乎是说苏合香是一种有弹性的胶质体。

［82］嬰薁：应作"蘡薁"，植物名。葡萄科葡萄属，蔓性藤本，又名山葡萄、野葡萄藤，可入药。

［83］陶弘景《本草经集注》原文："苏合香俗传是狮子屎，外国说不尔。"陶弘景并没有认同苏合香是狮

子厦的说法。这里断章取义了。
[84]《物理论》：三国时期吴国杨泉著。阐述对宇宙万物之理的认识，作者杨泉，字德渊，西晋睢阳（今河南商丘市睢阳区）人。
[85]番禺：这里是说外国不同地区。禺，地区。

赐苏合香酒

王文正[86]太尉[87]气羸[88]多病，真宗[89]面赐药酒一瓶，令空腹饮之，可以和气血、辟外邪[90]。文正饮之，大觉安健，因对称谢。上曰："此苏合香酒也，每一斗酒以苏合香丸一两同煮，极能调五脏，却腹中诸疾，每胃寒夙兴[91]，则饮一杯。"因各出数榼[92]赐近臣，自此臣庶[93]之家皆效为之，苏合香丸因盛行于时。（彭乘《墨客挥犀》[94]）

[86]王文正：王曾（978—1038），北宋名相，青州益都（今山东益都）人，字孝先，景祐年间官至枢密使，封沂国公，文正为死后的谥号。
[87]太尉：在宋初的时候，太尉为三公之一，为虚职，徽宗后成为武官最高一级。
[88]羸：弱。
[89]真宗：宋真宗赵恒（968—1022），998—1022年在位。
[90]外邪：中医特指风、寒、暑、湿、燥、火和疫疠之

气等从外侵入人体的致病因素。

[91] 夙兴：早起。

[92] 榼：音kē，古代盛酒或贮水的器具。

[93] 臣庶：臣民。

[94] 彭乘《墨客挥犀》：北宋彭乘所作《墨客挥犀》，十卷，内容大体逸闻故事，诗话文评，其中涉及北宋的资料尤其有价值。彭乘，筠州高安（今属江西）人。也有人认为此书不是彭乘所撰。

市苏合香

班固[95]云：窦侍中[96]令载杂彩[97]七百匹[98]市月氐[99]马、苏合香。一云令赍[100]白素[101]三百匹欲以市月氐马、苏合香。（《太平御览》[102]）

[95] 班固：32—92，字孟坚，扶风安陵人（今陕西咸阳），东汉史学家、文学家。见前"汉书"条。

[96] 窦侍中：窦宪（？—92），字伯度，窦融之曾孙。东汉外戚、权臣、著名将领。扶风平陵（今陕西咸阳西北）人。侍中，官名。秦始置，为丞相之史，以其往来东厢奏事，故谓之侍中。东汉时为实官、掌赞导众事，顾问应对，护驾，陪乘。窦宪后来凭战功拜大将军，权倾朝野，暗图不轨，最终被捕自杀。

[97] 杂彩：杂色丝织品。

[98] 匹：同"匹"。

[99] 月氏：指月氏，古代民族，原居住于敦煌、祁连之间，后被匈奴胁迫一路西迁至伊犁河上游一带，再至阿富汗北部。1世纪建立贵霜帝国，此一系为大月氏，5世纪被嚈哒所灭。原河西走廊的月氏人入祁连山，与羌人杂居，称小月氏。

[100] 赍：音jī，携带。

[101] 白素：白色的生绢。

[102]《太平御览》：中国古代类书。宋太宗命李昉等十四人编辑，始于太平兴国二年（977），成于八年（983），全书共千卷，保存了很多珍贵资料。

金银香[103]

金银香中国皆不出，其香如银匠榄糖[104]相似，中有白蜡一般白块在内，好者白多，低者白少，焚之气味甚美，出旧港[105]。（《华夷续考》[106]）

[103] 金银香：根据此处金银香的描述，金银香与金颜香大概是一种东西，只是音译方法不同。

[104] 榄糖：即橄榄糖，由橄榄树脂和枝叶加工而成，古时可作胶漆用。无碍庵本作"搅糖"。

[105] 旧港：即巴林冯、佛林邦、浡林邦，一译浡淋邦，故地在今印度尼西亚苏门答腊岛东南岸巨港一带，曾为三佛齐国政治中心，公元14世纪后改称旧港。

[106]《华夷续考》：即《华夷花木鸟兽珍玩续考》，十二卷本《华夷花木鸟兽珍玩考》的九至十二卷，见"华夷草木考"条。

南极

南极，香材也。[107]（同上）

[107]这段引文出自《华夷花木鸟兽珍玩考》卷九，原文如此，未做任何说明解释。

金颜香[108] 考证二则

香类熏陆，其色紫赤，如凝漆，沸起不甚香而有酸气，合沉檀焚之，极清婉。（《西域传》[109]）

香出大食及真腊国[110]。所谓三佛齐国出者，盖自二国贩去三佛齐，而三佛齐乃贩至中国焉。其香乃树之脂也，色黄而气劲，盖能聚众香，今之为龙涎软香佩带者多用之，番人亦以和香而涂身。真腊产金颜香：黄、白、黑三色，白者佳。（《方舆胜略》）

[108]金颜香：关于金颜香的所指，很多学者进行了研究。根据其描述，一般认为是产于东南亚的安息香（benzoin），为安息香（Styrax）植物的干燥树脂，区别于西亚等地的安息香（gugal）。从

发音来看，金颜香可能是马来语Kemenyan的对音，今日东南亚很多国家仍然用类似发音称呼安息香。金颜香的名称在宋代叶廷珪的《香谱》中即有所记载，但相对而言，较晚期的文献金颜香出现的频率更高，而且基本都是指东南亚的安息香。因为安息香和金颜香有混用、共用的情况，所以具体所指仍需要仔细甄别。

[109]《西域传》：所指不详。前文《西域传》一般指《汉书》或《后汉书》中的西域传，但这两本书并没有此引文。《陈氏香谱》中只是说"西域云：'金颜香类熏陆……'"，并没有说出自《西域传》。

[110] 香出大食及真腊国：如果说真腊所产金颜香是指东南亚的安息香的话，西亚所产安息香除了可能是gugal之外，也可能是苏合香类树脂（Liquidambar orientalis），在西亚和地中海地区有着悠久的使用传统，在其他国家历史上也曾经和安息香名称有混用的情况。

贡金颜香千团

元至元[111]间，马八儿国[112]贡献诸物，有金颜香千团。香乃树脂，有淡黄色者，黑色者，劈开雪白者为佳。（《解醒录》[113]）

[111] 至元：1264—1294，元朝时元世祖的年号。

[112] 马八儿国：古代阿拉伯-波斯人称印度西南海岸为Malaya-bar，马八儿（Ma'bar）即此一名的简称，位于今印度半岛西南马拉巴尔（Malabar）海岸一带。一说位于印度东南科罗曼德尔海岸（Coromandel Coast）。

[113] 应作《解醒语》，元李材撰，元代掌故笔记之书。解醒，指醒酒；消除酒病。

流黄香[114]

流黄香似流黄[115]而香。《吴时外国传》[116]云：流黄香出都昆国[117]，在扶南南三千里。

流黄香在南海边诸国，今中国用者从西戎[118]来。（《南州异物志》）

[114] 流黄香：此段文字出《吴时外国传》，为《南州异物志》《法苑珠林》等书所引。因缺少后来的文献记录，流黄香的所指不详。

[115] 流黄：即指硫磺。这里指的是石硫磺。

[116] 《吴时外国传》：又名《扶南传》《外国传》《扶南记》《吴时外国志》《扶南土俗》等。吴孙权时，遣宣化从事朱应、中郎康泰，由海路出使扶南国（今柬埔寨等地）。康泰返国后，撰此书，已佚，部分内容散见于其他书中。

[117] 都昆国：又作屈都昆、都军、都君，一般均认为

即屈都昆的同名异译,故地在今马来半岛。也有的认为应作都元,故地或以为在今印度尼西亚苏门答腊岛的东北部或西北部,也有以为在今马来西亚的东部或西部等不同说法。

[118]西戎:我国古代对西北少数民族的总称。

亚湿香[119]

亚湿香出占城国,其香非自然,乃土人以十种香捣和而成。体湿而黑,气和而长,爇之胜于他香。(《香录》[120])

近有自日本来者贻余以香,所谓"体湿而黑,气和而长",全无沉檀脑麝气味,或即此香云。

[119]关于亚湿香的描述和使用仅见于宋代,后代皆为引述。具体所指不详,除了下文中叶廷珪的说法,明代的《物理小识》认为是树脂类香料。

[120]《香录》:此段文字见于《陈氏香谱》引述叶廷珪的记录。

颤风香[121]

香乃占城香品中之至精好者。盖香树交枝,曲干两相戛磨[122],积有岁月,树之渍液菁英[123]凝结成香,伐而取之。节油透者更佳。润泽颇类蜜渍[124]，最宜熏衣，经数日香气不歇，今江西道临江路清江镇[125]以此为香中之甲品，价常倍于他香。

[121] 此香仅见于本节这段描述（出自《陈氏香谱》），应该是宋代占城的顶级树脂类香，具体所指不详。

[122] 戛磨：击撞摩擦。

[123] 菁英：精华。

[124] 蜜渍：指蜂蜜或蜜渍的果品。

[125] 江西道临江路清江镇：即今江西省樟树市，从称谓上看，临江路应该是元代的行政区划，明代称临江府。

迦阑香[126]（一作迦蓝水）

香出迦阑国故名，亦占香[127]之类也，或云生南海补陀岩[128]，盖香中至宝，价与金等。[129]

[126] 迦阑香：迦阑一词在古籍中可作为奇楠香的他称。如《西洋朝贡典录·占城国》："其山有迦阑香，一曰奇南……"这里迦阑国地名所指不详，可能是误传。关于奇南香，详见后文"奇蓝"条。

[127] 占香：指占城出的香。

[128] 补陀岩：补陀是普陀洛伽的缩略，来自于佛教，指观音菩萨所住之山。所以各地称补陀的地名甚多，此处所指不详。

[129] 此段文字出自《陈氏香谱》。

特遰香[130]

特遰香出弱水[131]西，形如雀卵，色颇淡白，焚之辟邪去秽，鬼魅避之。（《五杂俎》[132]）

[130]《五杂俎》作"特迦香"。《香乘》这里是误记。关于特迦香的传说来自《马氏日抄》，说的是作者得到一种香，怀疑可能与古籍记载汉武帝时西国献香是同类，只是一种猜测而已。《五杂俎》将其记录为西国献香，言"出弱水西"云云，未免轻忽。

[131]弱水：在古代，凡水道水浅，或不通舟者，人们往往认为是弱水不能胜舟，名为"弱水"。古籍中所载弱水甚多，不知此处所指。

[132]《五杂俎》：笔记，明谢肇淛撰，十六卷。内容多涉及明代政治、经济、社会、文化，并有关于草木鸟兽虫鱼和药用植物的记述。分为天、地、人、物、事五部，故名《五杂俎》。谢肇淛，明代文学家，字在杭，福建长乐人。

阿勃参香[133]

出拂林国[134]，皮色青白，叶细、两两相对，花似蔓青、正黄，子如胡椒、赤色。研其脂汁极香，又治癞[135]。

(《本草》)

[133] 阿勃参香：阿勃参应是叙利亚地方语言"apursāmā"的译音。阿勃参树，文献记载原产阿拉伯麦加、麦地那及叙利亚、埃塞俄比亚等地。有人认为即是圣经中所说的基列香膏（Balm of Gilead），在犹太、阿拉伯和基督教文化中是历史悠久的一种香膏。关于此香膏的所指，西方有不同说法，一般认为是麦加香脂树（Commiphora gileadensis）的树脂，也有学者认为是黄连木属（Pistacia）植物的树脂。此处段成式的记载（此文出《酉阳杂俎》，《本草纲目》是转引）显然更支持后一种观点。

[134] 拂林国：见前"拂林"条。从产地和后面的功能描述来看，也支持阿勃参香是基列香膏的观点。

[135] 癞：一般指麻风病，也可指癣疥等皮肤病。

兜纳香 [136]

《广志》云：生南海剽国 [137]。《魏略》云：出大秦国。兜纳，香草类也。

[136] 兜纳香：此香见于《魏略》《本草拾遗》《海药本草》等处，且屡见于宋代香方，但所指不详。《魏略》所载大秦十二种香药之一，有学者认为是没药，但没有充分的依据。也有学者认为与兜

娄或艾纳是一种，但这些香在香方中都同时出现过，当然不是一种。此处所引的《广志》来源于《海药本草》的引用，其所说的剽国"兜纳"和《魏略》所说是否一种，有待研究。

[137] 剽国：国名。故地在今缅甸伊洛瓦底江流域。都城卑谬，故亦称卑谬王国；卑谬的梵文称室利差呾罗，故又称室利差呾罗国。公元4世纪时，即见于中国史籍记载。8世纪时，国势强盛，版图几乎包括全部伊洛瓦底江流域。9世纪转衰。832年，都城被南诏攻陷，国亡。

兜娄香 [138]

《异物志》云：兜娄香出海边国，如都梁香，亦合香用。茎叶似水苏。

愚按此香与今之兜娄香不同。[139]

[138] 兜娄香：所指不详，兜娄香见于早期香方，后面可能和兜娄婆（藿香）混淆，从这里记载来看和兜娄婆香不是一种，也和早期兜娄婆（苏合香类树脂香）明显不同。从形态描述来看的确和都梁香有些类似。

[139] 作者时代兜娄香大概是指兜娄婆（藿香），所以作者说不同。

红兜娄香

按此香即麝檀香[140]之别名也。

[140]麝檀香：参见前文麝香部分"麝香檀"条。

艾纳香[141] 考证三则

出西国，似细艾[142]。又有松树皮上绿衣亦名艾蒳[143]，可以和合诸香，烧之能聚其烟，青白不散，而与此不同。（《广志》）

艾蒳出剽国，此香烧之敛香气，能令不散、烟直上，似细艾也。（《北户录》）

《异物志》[144]云：叶如枇榈[145]而小，子似槟榔可食。有云：松上寄生草，合香烟不散。所谓松上寄生，即松上绿衣也，叶如枇榈者是。[146]

[141]艾纳香：现在所说的艾纳香为菊科植物艾纳香 Blumea balsamifera（L.） DC.的嫩枝叶、根或全草；也可指这种植物。从古代典籍记载来看，除了特殊情况（如松上地衣或苔藓类植物、槟榔属植物等），一般和现在的艾纳香应该是一种植物。

[142]细艾：又名矮蒿、青蒿。指菊科植物细叶艾（Artemisia feddei levl et Van.）。

[143] 艾蒳：三本作艾纳，依《陈氏香谱》和其他文献，应作"艾蒳"，和"艾纳"不同，古文献中"艾蒳"一般指松树皮上的苔藓或地衣类植物。关于艾蒳所指，一说为松萝科松萝属植物松萝（Usnea diffracta Vain.），不过松萝之名古已有之且可入药，文献中并没有二者为一物的介绍，基本可以排除。同时也不大可能是其他树花之类的枝状地衣植物。文献提到似细艾的艾纳与松身上之艾蒳也并非一种。从《墨娥小录》所记"松树上成窠苔藓如圆钱者"来看，更像是丛藓科、地钱科苔藓植物或壳状地衣、叶状地衣类植物。具体情况需要进一步实验验证。从文献提到的情况来看，艾蒳有时不限于松树之上。宋张沄《咏苔梅》："老龙全身著艾蒳。"

[144]《异物志》：此段文字部分见于《昭明文选》，可能是指万震所撰《南州异物志》。

[145] 栟榈：指棕榈树，也可指棕毛。

[146] 此处所指为蒳，蒳子，可能为棕榈科槟榔属的一种，和上文艾蒳香不同。这里认为虽然松上绿衣也称艾蒳，但并非是一种，而以前者为是。《异物志》："蒳，草树也，叶如栟榈而小，三月采其叶细破阴干之，味近苦而有甘。"

不过从称呼的习惯来看，谈不到对错，香方中的艾蒳很多都是指松上绿衣。

迷迭香[147]

《广志》云：出西域。《魏略》云：出大秦国，可佩服，令人衣香，烧之拒鬼。魏文帝[148]时自西域移植庭中，帝曰："余植迷迭于中庭[149]，喜其扬条吐秀，馥郁芬芳。"[150]

[147] 迷迭香：虽然很多人认为此迷迭香即是今日所说的唇形科、迷迭香属植物迷迭香（Rosmarinus officinalis）。不过迷迭香在后来的本草文献中都是一笔带过，并未描述其形态特征，而且似乎也一直没有在后来香方中出现过。所以此迷迭香究竟是引入后中断，还是与现在所称迷迭香不同而另有所指，还不太清楚。应该说与现在迷迭香所指相同的可能性并不大。

[148] 魏文帝：曹丕（187—226），字子桓，三国时期魏国的开国皇帝，著名的政治家、文学家，220—226年在位。

[149] 中庭：庭院；庭院之中。

[150] 曹丕有《迷迭香赋》，诗前有序："余种迷迭于中庭，嘉其扬条吐香，馥有令芳，乃为此赋曰"云云。参见后面"迷迭香赋"条。

蕗车香[151]

《尔雅》[152]曰："蕗车，芞舆[153]"，香草也。

生海南山谷，又出彭城[154]，高数尺，黄叶白花。《楚词》[155]云："畦[156]留夷[157]与藒车"，则昔人常栽莳[158]之，与今兰草、零陵[159]相类也。《齐民要术》云：凡诸树木虫蛀者，煎此香，冷淋之即辟去。

[151] 藒车香：藒（qì）车香虽然早在《楚辞》中即有记载，是上古常见的香草，但其所指却众说纷纭，至中古时期已不能确定。据近人考证，很可能是指菊科苍术属苍术[Atractylodes Lancea（Thunb.）DC.]。其他说法因相去甚远此处不录。

[152]《尔雅》：我国古代第一部系统解释词义和名物的词典，也是世界上最早的词典之一。成书于约公元前2世纪。由汉初学者缀辑周汉诸书旧文，递相增益而成。今本共3卷，19篇。

[153] 芞舆：芞，音qì。藒车即芞舆。

[154] 彭城：春秋宋邑。即今江苏徐州市。秦设彭城县。两汉、魏、晋、南北朝均为彭城郡治所。三国以后为徐州、北徐州治所。

[155]《楚词》：即《楚辞》，本为屈原创造的一种诗体。汉代时，刘向把屈原的作品及宋玉等人"承袭屈赋"的作品编辑成集，名为《楚辞》。

[156] 畦：分畦种植。

[157] 留夷：香草名，一说即芍药。

[158] 栽莳：栽种，移栽。莳，音shì。

[159] 零陵：指零陵香，见下文"零陵香"条。

都梁香[160]　考证三则

都梁香：曰兰草，曰蕳[161]，曰水香，曰香水兰，曰女兰，曰香草，曰燕尾香，曰大泽兰，曰兰泽草，曰煎泽草，曰雀头草，曰孩儿菊，曰千金草，均别名也。

都梁县[162]有山，山下有水清浅，其中生兰草，因名都梁香。[163]（盛弘之《荆州记》[164]）

蕳，兰也。《诗》[165]："方秉蕳兮。"[166]《尔雅翼》[167]云："茎叶似泽兰，广而长节，节赤，高四五尺，汉诸池馆[168]及许昌[169]宫中皆种之，可着粉藏衣书中，辟蠹鱼[170]，今都梁香也。"（《埤雅广要》[171]）

都梁香，兰草也。《本草纲目》引诸家辩证叠叠千百余言，一皆浮剽[172]之论。盖兰类有别，古之所谓可佩可纫[173]者是兰草泽兰也。兰草即今之孩儿菊，泽兰俗呼为奶孩儿，又名香草，其味更酷烈，江淮间人夏月采嫩茎以香发。今之兰者，幽兰花也。兰草、兰花自是两类。兰草泽兰又亦异种，兰草叶光润，根小紫，夏月采，阴干即都梁香也。[174]古今采用自殊，其类各别，何烦冗绪。而蘹车、艾纳、都梁俱小草，每见重于标咏，所谓"氍毹氊㲪五木香，迷迭艾纳及都梁[175]"是也。

[160]都梁香：都梁香是上古即有记载的香草，有的文
　　献记载为泽兰，今日中药中的泽兰乃是唇形科
　　植物毛叶地瓜儿苗Lycopus lucidus Turcz.vat.hirtus

Regel的干燥地上部分，故有人认为其即是都梁香。但古时兰草类植物名称（兰、兰草、佩兰、泽兰等，皆非今日兰花）繁复，混用现象非常多，需要详加审辨。

陈藏器认为都梁香是"兰草"也就是今日所说佩兰（Eupatorium fortunei Turcz.），所以也有人认为都梁香应为佩兰。综合来看，显然佩兰说更为合理。

虽然陶弘景《本草经集注》以泽兰为都梁香，那是因为其时泽兰的称谓与后来不同。古时其实有两种泽兰，一种是香草，作为香汤沐浴之用，即今日佩兰之类。另一种是作为中药的泽兰。从各方面描述来看，尽管具体所指尚不能完全确定，但那时所说为都梁香的泽兰应为菊科泽兰属植物（佩兰同属植物），和佩兰相似或相同，而与后来中药的泽兰相去甚远。

另外今日佩兰所属称为泽兰属（Eupatorium），而泽兰反而属于地笋属（Lycopus Linn.），以及今日还以泽兰称呼毛茛科乌头属植物露蕊乌头（Aconitum gymnandrum Maxim.）都让问题更为复杂，需要加以注意。

另外古文献中（如《雷公炮炙论》《本草纲目》等）泽兰还有大小之称。一般以兰草（佩兰）为大泽兰，以中药泽兰为小泽兰。从下文都梁别称

"大泽兰"来看，也佐证了佩兰说更为有力。

[161] 蕳：音jiān。

[162] 都梁县：古县名。西汉置，治今湖南省武冈市东北。

[163] 这里所记有误。《荆州记》原文为："都梁县有小山，其中生兰草，俗谓兰为都梁，即以号县。"是说县以都梁得名。《水经注》："因兰有都梁之号，故谓山为都梁，而县名因之……"指县由都梁山得名，都梁山由植物都梁而得名。都梁之地名出现，远在秦汉之前，汉时为都梁侯国，后东汉改为都梁县。综上所述都梁香应该不是因都梁县而得名。

[164]《荆州记》：南朝宋盛弘之所作的一部人文地理著作。

[165]《诗》：指《诗经》，我国最早的诗歌总集。

[166] 此句出《国风·郑风·溱洧》："溱与洧，方涣涣兮。士与女，方秉蕳兮。"

[167]《尔雅翼》：解释名物的训诂著作，三十二卷，宋罗愿撰。解释《尔雅》各种物名，以为《尔雅》辅翼，所以名为《尔雅翼》。罗愿（1136—1185），字端良，号存斋，徽州歙县（今安徽歙县）人。

[168] 池馆：亦作"池舘"，池苑馆舍。

[169] 许昌：今河南许昌，为汉朝末年都城（曹操迎汉献帝改许县置），亦为曹魏五都之一。所以后文

称"宫中"。

[170] 蠹鱼：虫名，即蟫，又称衣鱼。蛀蚀书籍衣服。体小，有银白色细鳞，尾分二歧，形稍如鱼，故名。

[171]《埤雅广要》：汉和本、四库本作《稗雅广要》，误。《埤雅广要》，明牛衷撰，四十卷，又称《增修埤雅广要》，由宋代陆佃《埤雅》增广而成。见前"陆佃《埤雅广要》"条。

[172] 浮剽：虚浮。

[173] 纫：捻缀。

[174] 作者的观点是都梁香就是兰草（也就是今日所说的佩兰），和中药的泽兰不是一种。应该说是符合实际的。

[175] 此句出汉乐府。前有"行胡从何方？列国持何来？"二句。

零陵香[176]　考证五则

熏草，麻叶而方茎，赤花而黑实，气如靡芜[177]，可以止疠[178]，即零陵香。（《山海经》[179]）

东方君子之国熏草朝朝生香。（《博物志》[180]）

零陵香，曰熏草，曰蕙草，曰香草，曰燕草，曰黄零草，皆别名也。生零陵[181]山谷，今湖岭诸州[182]皆有之，多生下湿地，常以七月中旬开花，至香，古所谓熏草是也。或云蕙草亦此也。又云其茎叶谓之蕙，其根谓之熏，三月采，脱节者良。今岭南收之，皆作窖灶以火炭焙干，令黄色乃佳。江淮间亦有土生者，作香亦可用，但不及岭南者芬熏耳。古方但用熏草而不用零陵香，今合香家及面膏[183]皆用之。（《本草》）

古者烧香草以降神故曰薰[184]，曰蕙。薰者，熏也；蕙者，和也。《汉书》云："熏以香自烧"[185]，是矣。或云：古人祓除[186]以此草熏之故谓之熏。《虞衡志》言："零陵即今之永州[187]，不出此香，惟融宜等州[188]甚多，土人以编席荐[189]，性暖宜人。"按，零陵旧治在今全州[190]，全乃湘之源[191]，多生此香，今人呼为广零陵香[192]者，乃真熏草也。若永州、道州[193]、武冈州[194]，皆零陵属地。今镇江[195]、丹阳[196]皆莳而刈[197]之，以酒洒制货之，芬香更烈，谓之香草，与兰草同称零陵香，至枯干犹香，入药绝可用，为浸油饰发至佳。（同上）

零陵香，江湘[198]生处香闻十步。（《一统志》）

[176] 零陵香：又名熏草、陵草、熏衣草、满山香。现在所称零陵香即是报春花科珍珠菜属植物灵香草 Lysimachia foenum-graecum Hance 的带根全草，不过在古代文献中零陵香所指的情况十分复杂，不同时期、不同文献所指可能不同，可能为佩兰、罗勒，也有可能为藿香，难以具述。其名称演变过程还没有特别透彻的研究。

[177] 蘪芜：指蘪芜。三国魏吴普《吴氏本草》云："蘪芜一名芎䓖。"现在一般理解，古文献蘪芜指芎䓖，即伞形科藁本属植物川芎（Ligusticum chuanxiong hort）。但实际上古文献中情况较为复杂，也可能为白芷、当归、藁本、蛇床等，也可能是在分类没那么细致的情况下，类似的伞形科植物的泛称。

[178] 疠：指瘟疫。

[179]《山海经》：《山海经·西山经第二》原文为："有草焉，名曰薰草，麻叶而方茎，赤华而黑实，臭如蘪芜，佩之可以已疠。"

[180]《博物志》：志怪小说集。西晋张华（232—300）编撰，分类记载异境奇物、古代琐闻杂事及神仙方术等。

[181] 零陵：作为郡名，西汉置，治所在零陵县（今广西全州县西南），辖境相当今湖南邵阳市、衡阳县以南，永州市、宁远县以西，武冈市和广西桂林市以东，阳朔县和湖南道县以北地，后辖境渐小，隋唐时数次改为永州，唐以后称永州。作为县名，秦置，在今广西全州县西南。

[182] 湖岭诸州：湖南岭北一带。

[183] 面膏：面部美容保养的美妆用品。

[184] 三本皆作"熏"，误。此处引自《本草纲目》，原作"薰"。

［185］出《汉书·龚胜传》："薰以香自烧，膏以明自销。"原文是说蕙草因香气而招致焚烧之祸，感叹龚胜之死。后喻人因怀才而致灾。

［186］祓除：除灾去邪之祭。《周礼·春官·女巫》："掌岁时祓除衅俗。"

［187］永州：隋开皇九年（589）置，治所在零陵县（今湖南永州市）。辖境相当今湖南永州、东安、祁阳和广西全州、灌阳等市县地。元称永州路，明称永州府。

［188］融宜等州：融州，隋开皇十八年（598）改东宁州置，治所在义熙县（今广西融水苗族自治县）。辖境相当今广西融水苗族自治县、罗城仫佬族自治县、融安县及三江侗族自治县地。宜州，唐乾封中改粤州置，治所在龙水县（今广西河池市宜州区）。辖境相当今广西宜山县大部及罗城仫佬族自治县西南部地。

［189］荐：草垫子。

［190］全州：五代晋天福四年（939）分永州置，治所在清湘县（今广西全州县西）。宋辖境相当今广西全州、灌阳二县地。明代全州属湖广永州府。零陵县旧治确实在全州。

［191］湘之源：指湘江源头，湘江（干流）自兴安县流入全州县，属于湘江上游地区。

［192］广零陵香：广零陵香可基本确定指报春花科珍

珠菜属植物灵香草（Lysimachia foenum-graecum Hance）。

[193] 道州：唐贞观八年（634）改南营州置，治所在营道县（今湖南道县西）。辖境相当今湖南道县、新田、宁远、江永及江华瑶族自治县地。元为道州路，明为道州府。

[194] 武冈州：明洪武九年（1376）改武冈府置，属宝庆府。治所即今湖南武冈市。辖境相当今湖南武冈、新宁、绥宁、洞口等县及城步苗族自治县地。

[195] 镇江：北宋政和三年（1113）升镇江军置，属两浙路。治所在丹徒县（今江苏镇江市）。辖境相当今江苏镇江、丹阳、金坛三地市。

[196] 丹阳：丹阳历史上作为地名所指甚多，且互相重叠。作为泛指，指丹阳湖区及其附近包括今皖、苏、浙三省间湖河丘陵地带的统称。作为县名，唐天宝元年（742）改曲阿县置，治所即今江苏丹阳市。

[197] 刈：音yì，割草。

[198] 江湘：指长江和湘江流域。

芳香　考证四则

芳香即白芷[199]也。许慎云：晋谓之虈[200]，齐谓之茝[201]，楚谓之蓠[202]。又谓之药[203]，又名莞叶，名蒿麻[204]，生于下泽，芬芳，与兰同德，故骚人以兰茝为咏。而《本草》有芳香泽芬之名，古人谓之香白芷云。

徐锴[205]云：初生根干为芷，则白芷之义取乎此也。

王安石[206]云：茝，香可以养鼻，又可养体，故茝字从臣，臣音怡，怡养也。[207]

陶弘景曰：今处处有之，东南间甚多叶，可合香，道家以此香浴去尸虫。[208]

苏颂云：所在有之，吴地尤多，根长尺余，粗细不等，白色，枝干去地五寸以上。春生叶相对婆娑[209]，紫色，阔三指许，花白微黄，入伏后结子，立秋后苗枯，二八月采曝，以黄泽者为佳。（以上集《本草》）

[199] 白芷：又名香白芷。指伞形科植物白芷Angelica dahurica（Fisch.exHoffm.）Benth.et Hook.f.或杭白芷A.dahurica（Fisch.ex Hoffm.）Benth.et Hook.f.var.formosana（Boiss.）Shan et Yuan。还有台湾独活和祁白芷等变种。作为中药指白芷或杭白芷的干燥根。

[200] 蘺：音xiāo。

[201] 茝：音chǎi。一音zhǐ。《楚辞·九歌·湘夫人》："沅有茝兮澧有兰。"《玉篇·艸部》："茝，香草也。"《广雅》："山茝，藁本也。"《汉书·礼乐志》："茝兰芳。注：'即今白芷。'"一般认为，茝即白芷。

[202] 蘺：音lí。

[203] 蒪：原文作"蒻"，与药的繁体字"藥"不是一个字。《博雅》：白芷，其叶谓之蒪。

[204] 蒿麻：蒿：音lí。蒿麻，指白芷的叶。

[205] 徐锴：920—974，中国五代宋初时期文字训诂学家，扬州广陵（今江苏扬州）人，著有《说文解字系传》。今本《说文解字系传》中未见此句。但其他书也有引用这句话，并且说是来自《说文解字》的注。

[206] 王安石：1021—1086，字介甫，号半山，封荆国公。临川人（今江西省抚州市），北宋政治家、思想家、文学家。

[207] 此句出王安石《字说》。《字说》：字书名，宋王安石著，24卷（或作20卷）。解字多不从《说文解字》。原书已佚，有后人辑本。

[208] 此句出《本草经集注》。尸虫：道家谓人体内有尸虫，伺人失误，凡庚申日向上帝进谗以求飨。

[209] 婆娑：枝叶纷披的样子。

蜘蛛香[210]

出蜀西茂州[211]、松潘[212]山中，草根也，黑色有粗须，状如蜘蛛，故名。气味芳香，彼土亦重之。（《本草》）

[210] 蜘蛛香：别名：养血莲，九转香，鬼见愁，马

蹄香，连香草。一般指败酱科缬草属植物蜘蛛香（又称心叶缬草，Valeriana jatamansii Jones），也可指阔叶缬草（Valeriana of ficinalis L. var. latifolia Miq.），根茎入药入香。

[211] 茂州：唐贞观八年（634）改南会州置，治所在汶山县（今四川茂县）。辖境相当今四川茂县、汶川、北川等县地。

[212] 松潘：明洪武十二年（1379）以原松州地改置松州卫，又于潘州置潘州卫，二十年改置松潘卫。治今松潘县。辖境相当今四川松潘、若尔盖、九寨沟、红原、黑水、马尔康等县和甘肃舟曲、迭部二县的部分地区。

甘松香[213] 考证三则

《金光明经》谓之苦弥哆[214]香。

出姑臧[215]、凉州[216]诸山，细叶引蔓丛生，可合诸香及裹衣[217]。今黔蜀州郡及辽州[218]亦有之，丛生山野，叶细如茅草，根极繁密，八月作汤浴，令人身香。

甘松芳香能开脾郁，产于川西松州[219]，其味甘故名。（以上集《本草》）

[213] 甘松香：我国所产甘松通常指败酱科甘松香属植物甘松（Nardostachys jatamansi DC.）干燥的根及根茎

入药。印度及南亚地区甘松指同属植物匙叶甘松[Nardostachys jatamansi（D. Don）DC.]，又称穗甘松。

[214] 苦弭哆：《金光明经》作"苦弭哆"。在梵文中，印度的匙叶甘松一般称为nalada，也即是英语nard一词的来源（希腊语、希伯来语、波斯语的发音应该都是来自于梵文）。今存《金光明经》梵文本中亦称其为"nalada"，与苦弭哆发音相去甚远，不知何故当时译者翻其音为苦弭哆，也可能所据版本不同。

[215] 姑臧：姑臧县，西汉元狩二年（前121）置，为武威郡治。治所即今甘肃武威市。

[216] 凉州：西汉元封五年（前106）置，为十三州刺史部之一。东汉时治所在陇县（今甘肃张家川回族自治县）。辖境相当今甘肃、宁夏，青海湟水流域，陕西定边、吴旗、凤县、略阳和内蒙古额济纳旗一带。魏、晋以后辖境缩小，有时改称武威，唐武德二年（619）复曰凉州，辖境仅及今甘肃永昌县以东、天祝藏族自治县以西一带。

[217] 裛衣：用香熏衣。裛，音yì。

[218] 辽州：隋开皇十六年（596）置，治所在乐平县（今山西昔阳县）。唐移治辽山县（今山西左权县）。辖境相当今山西左权、榆社、和顺等县地。

[219] 松州：唐武德元年（618）置，治所在嘉诚县

（今四川松潘县）。盛时辖境相当今四川阿坝藏族自治州大部分地区及青海久治、玛曲一带。《新唐书·地理志》松州："以地产甘松名。"认为地名来源于甘松。

藿香[220] 考证六则

《法华经》[221]谓之多摩罗跋[222]香。《楞严经》谓之兜娄婆香[223]。《金光明经》谓之钵怛罗[224]香。《涅槃经》[225]谓之迦算香[226]。

藿香出海辽国[227]，形如都梁，可着衣服中。（《南州异物志》）

藿香出交址、九真[228]、武平[229]、兴古[230]诸国[231]，民自种之，榛生[232]，五六月采，日晒干乃芬香。（《南方草木状》[233]）

《吴时外国传》曰：都昆[234]在扶南南三千余里，出藿香。

刘欣期[235]言：藿香似苏合，谓其香味相似也。

顿逊国[236]出藿香，插枝便生，叶如都梁，以裹衣。国有区拨[237]等花十余种，冬夏不衰，日载数十车货之。其花燥，更芬馥，亦末为粉以傅身焉。（《华夷草木考》）

[220]藿香：中药中的藿香为唇形科草本植物广藿香［Pogostemin cablin（Blanco）Benth.］或藿香

[Agastache rugosus（Fisch.etMey）O.Ktze.]的地上部分。一般来说早期文献中所说的藿香都是原产于东南亚后被引入我国的广藿香，后来本草文献中入药的也大多是指广藿香。具体情况需加以辨析。

[221]《法华经》：《妙法莲华经》之略称，今通用为鸠摩罗什大师译本。佛教最重要经典之一，历代注疏甚多。

[222] 多摩罗跋：梵文tamālapattra。玄应《一切经音义》："多摩罗跋香，此云霍叶香。"慧琳《一切经音义》："多摩罗跋，香名也。唐云藿香，古云根香，讹也。"一般认为，古梵文或马拉地语中tamalpatra指的是Cinnamomum tamala（樟科植物柴桂）。并不是藿香。

[223] 兜娄婆香：亦作兜楼婆，梵文turuṣka。这个词本来并没有认为是藿香，大日经疏七：妒路婆草，是西方苜蓿香，与此间苜蓿香稍异也。婆是娑之讹。但这里并不是今日所说的苜蓿或者苜蓿香。这个词的本义在梵文中是指突厥，也有借指乳香（olibanum），而中国古人则一般认为是指苏合香，从产地和性状来看，都和藿香不搭边。但不知何故，在李时珍之前的时代，已经有称呼广藿香为兜娄婆的叫法，与兜娄婆本义相差较大，并且这种叫法一直流传下来。

[224] 钵怛罗：从梵文来源pātra来说，钵怛罗可以指容器

（比如钵的翻译就是从此而来）、信等。此处可能是supatrā的讹略，supatrā是Rudrajaṭā的另外一个名称，指的是印度马兜铃（aristolochia indica），历史悠久的一种印度草药。虽然在印度古代有时也作为长刺天门冬（Asparagus racemosus）的一种称呼，从佛教中的使用来看，大概指的是前者。

[225]《涅槃经》：有小乘、大乘之二部，多种译本，内容为释迦如来涅槃事迹及最后教诲。

[226] 迦算香：梵语，《翻译名义集》释为藿香。

[227] 藿香出海辽国：此句《南州异物志》原作："藿香出典逊海边国也，属扶南香。"三种版本皆误记为"海辽国"。典逊，又作典孙，或误为典游。典逊即下文"顿逊"的异译，故地应在今马来半岛，一般认为指缅甸东南岸的丹那沙林（Tenasserim）一带。一说在泰国的洛坤（Nakhon Srithamarat）附近，即童颂（Tung Song）一名的译音。也有的认为泛指马来半岛的北部。此外尚有马来西亚的马六甲（Malacca）、柔佛（Johore）及新加坡等说。

[228] 九真：九真郡，两汉时辖境约包括今越南的清化、义静二省。西汉时郡治在胥浦县，即今清化市西北。其后辖境范围渐小，明代的九真州只包括清化省的东南岸地区。

[229] 武平：武平郡在今越南北部，其辖境随时代不

同而变，大致包括北太（Bac Thai）省以及永富（Vinh Phu）省的东部。其郡治或在今永安（Vinh An）附近。

[230] 兴古：三国蜀置。治所在宛温县（今云南砚山县西北）。辖境约当今云南东南部通海、华宁、弥勒、丘北、罗平等县以南地区，广西西部及贵州兴义地市。后辖境渐小。南朝梁废。

[231] 诸国：三本皆作"诸国"，但此处称诸国显然是不合适的，其他版本《南方草木状》的原文作"诸地"。

[232] 榛生：丛生。

[233] 《南方草木状》：我国古代一部植物专著，全书三卷。晋人嵇含所著（或以为东晋至刘宋初的徐衷所撰）。

[234] 见前"都昆国"条注释。

[235] 刘欣期：晋朝人，著有《交州志》，此引文即出自此书。

[236] 顿逊国：即上面《南州异物志》引文注释中提到的典逊国，马来半岛古国，详见上面"藿香出海辽国"注释中对典逊的解释。

[237] 区拨：古籍中记载产于顿逊国的一种花。《北户录》引《扶南传》曰："顿逊国有区拨花……"又《法苑珠林》："顿逊国人。常以香华事天神。香有多种。区拨叶华……"《陈氏香谱》有"区拨香"条，言区拨花可制香粉。但区拨具体所指不详。

芸香[238]

《说文》云：芸，香草也。似苜蓿。《尔雅翼》云：仲春[239]之月芸始生。《礼图》[240]云：叶似雅蒿[241]，又谓之芸蒿，香美可食。《淮南》[242]说：芸草，死可复生，采之着于衣书，可辟蠹。《老子》云"芸芸，各归其根"[243]者，盖物众多之谓。沈括云："芸类豌豆，作丛生，其叶极芳香，秋复生，叶间微白如粉。"[244]郑玄曰："芸，香草[245]。"世人种之中庭。（《本草》）

[238] 芸香：一般指芸香科芸香属多年生木质草本植物芸香（Ruta graveolens）。作为中药，指芸香的全草。有时也可能指为禾本科香茅属多年生草本芸香草 [Cymbopogon distans（Nees）Wats.]。或者别称芸香的山矾科山矾属植物山矾（Symplocos sumuntia）或华山矾（Symplocos chinensis）。因芸香又有七里香、香草、芸香草、小香茅草、野芸香草、石灰草、臭草等别名，所以具体所指需要加以辨别。

金缕梅科植物枫香树（Liquidambar formosana Hance）的树脂也可称白胶香或白云香，有时也被写作白芸香。

值得一提的是现在龙脑香科龙脑香属（Dipterocarpus）植物的树脂也被称为古芸香脂

(gurjun balsam)或古云香脂,但这似乎是近代以来翻译的用法。

[239] 仲春:《尔雅翼》原文作"仲冬",且《礼记月令》及其他转引文献皆作"仲冬",此处《香乘》为误记。

[240] 《礼图》:一般指《三礼图》,《三礼》即《周礼》《仪礼》《礼记》。《三礼图》是附有图像解释中国古代礼制的书,旧有郑玄、阮谌、夏侯伏朗、张镒、梁正及开皇官撰六本。皆不传。现存有宋太常博士聂崇义撰《三礼图》,20卷,明刘绩(生卒年不详)撰四卷,两种版本。亦有清马国翰辑汉郑玄、阮谌本。

但此条引文出处依《香要抄》,为《承集礼图》,引文原文为:"《承集礼图》曰:蒿也,叶似邪蒿,香美可食。"依《陈氏香谱》为《杂礼图》,原文为:"《杂礼图》曰:芸即蒿也,香美可食。"依《太平御览》作:"《礼图》曰:芸蒿,其叶似蒿,香美可食也。"《纬略》作:"《杂礼图》曰:芸即蒿也,叶似邪蒿,香美可食。"

[241] 雅蒿:三本皆作"雅蒿",误。依《尔雅翼》《艺文类聚》《纬略》等,应作"邪蒿"。为伞形科植物多年生草本邪蒿Seseli seseloides(Fisch. et Mey. ex Turcz.)Hiroe。

[242] 《淮南》:《淮南子》,又名《淮南鸿烈》《刘

安子》,是西汉淮南王刘安及其门客集体编写的一部哲学著作,属于黄老学派杂家作品。

[243]《老子》原文:"夫物芸芸,各复归其根。"

[244]《尔雅翼》作:"秋后叶间微白如粉污。"

[245]依《艺文类聚》《全晋文》等书所引,应作:"芸,香草也。"

宫殿植芸香

汉种之兰台石室[246]藏书之府。(《典略》[247])

显阳殿前芸香一株,徽音殿前芸香二株,含英殿前云香二株。(《洛阳宫殿簿》[248])

太极殿前芸香四畦[249],式干殿前芸香八畦。(《晋宫殿名》[250])

[246]兰台石室:兰台和石室都是宫廷藏书籍和档案的地方。芸香有辟书虫的作用,故种于兰台石室。

[247]《典略》:三国时期魏国郎中鱼豢所著,是一部久已失传的中国古代野史著作。今有元陶宗仪辑本一卷,题为《三国典略》,收入《说郛》。鱼豢,参考"《魏略》"条。

[248]《洛阳宫殿簿》:西晋时书,作者不详。

[249]畦:五十亩田地为一畦。

[250]《晋宫殿名》:晋代书籍,介绍宫殿情况,作者不详。

芸香室

祖钦仁[251]检校秘书郎[252]持三寸[253]笔,终入芸香之室。(《陈子昂[254]集》)

[251] 祖钦仁:此段话出陈子昂《故宣议郎骑都尉行曹州离狐县丞高府君墓志铭》,这里的"祖钦仁"指的是"高府君"的祖父高钦仁,原文:"祖钦仁,隋左亲卫大都督检校秘书郎。带七尺剑,始游天子之阶;持三寸笔,终入芸香之阁。"

[252] 检校秘书郎:这里说的是隋的检校秘书郎,隋唐置秘书郎四员,分掌经、史、子、集四部经籍图书,分判校写。检校是指一种非正式的任用。

[253] 三寸:四库、汉和本无"寸"字,无碍庵本作"年"字,皆误。无寸字,今据《陈子昂集》补。

[254] 陈子昂:约661—702,唐代文学家,字伯玉,梓州射洪(今属四川)人。因曾任右拾遗,后世称为陈拾遗。

芸香去虱

采芸香叶置席下,能去蚤、虱子。(《续博物志》)

"殿前植芸香一株、二株",疑是木本;又云"殿前芸香四畦、八畦",则又草本;岂草木本俱有此香名也？[255]今香药所用芸香，如枫脂、乳香之类，即其木本膏液为香者。[256]

[255] 芸香或芸香草为草本无疑，可能为木本的是山矾（灌木）或枫香树（乔木）。此种木本植物为何，并不清楚。尤其是同时代的两本书对其为木本草本的记述并不一致，也是疑点。

[256] 从作者描述来看，这里他所说的香脂应该是指枫香树的树脂，即白胶香。

櫰香[257]

江淮湖岭山中有之，木大者近丈许，小者多被樵采[258]，叶青而长，有锯齿状，如小蓟叶而香，对节生。其根状如枸杞根而大，煨之甚香。（《本草》）

[257] 櫰香：汉和本、四库本作"藬香"，今据《本草纲目·木一·櫰香》及无碍庵本正之。櫰香这一名字开始似乎仅见于《本草纲目》（后被《广群芳谱》等书所引），在《本草纲目》还称其为"兜娄婆"，这种用法也未在他处见到。故其所指难以考证。根据其描述，应为木本，所以无碍庵本的用字是准确的，也和《本草纲目》原文相符。而且下文草本的藬香有多种古籍记载，可以确定与此木本不同。

[258] 樵采：亦作"樵採"，指打柴。

蘹香[259]

蘹香，即杜蘅[260]，香人衣体，生山谷，叶似葵[261]形，如马蹄，俗名马蹄香[262]，药中少用。陶隐居云：惟道家服之，令人身衣香。[263]嵇康、卞敬[264]俱有《蘹香赞》[265]。

右二香音同而本有草木之殊。

[259] 蘹香：汉和本、四库本皆作"檃香"，误，依无碍庵本及宋洪刍《香谱》《说郛》引《本草》，应为"蘹香"。《政类本草》引《本草图经》："蘹香子亦名茴香"，指蘹香、茴香为一类，宋后多沿此说。古代文献中的茴香，一般指伞形科茴香属草本植物茴香（Foeniculum vulgare Mill.），也被称为小茴香；或木兰科八角属植物八角茴香（Illicium verum），又称八角、八角珠等。《本草纲目》将后者作为舶上茴香的基源植物，现代学者也大多沿袭此说。但实际情况并非如此简单，元代《瑞竹堂经验方》在同一方中出现八角茴香与舶上茴香，说明元代舶上茴香可能并非八角茴香，又说舶上茴香"状如葵花子真也，味如茴香"，元代向日葵尚未传入我国，这里的葵花子应指蜀葵之类的种子，这个描述又像在说八角茴香瓣开之后的形态。宋代《本草图经》提到本土茴香与舶来茴香，从上下文来看，似乎从外

观上没有明显区别需要强调。南宋杨士瀛《仁斋直指方》中，八角茴香与舶上茴香的名称并用，似乎也说明二者并非一种。南宋周去非《岭外代答》中说八角茴香："角八出，不类茴香，而气味酷似，但辛烈，只可合汤，不宜入药。中州士夫以为荐酒，咀嚼少许，甚是芳香。"与八角茴香的特征吻合，既然此八角茴香在当时不宜入药，说明宋代在药方中使用的舶上茴香很可能并非八角茴香。《五灯会元》记载，在宋初谷隐蕴聪禅师参大阳禅师的公案中，已提到舶上茴香，说明宋初民间已有使用，在北宋王衮《博济方》中也与茴香皆有提及，且制法类似。而宋代各种药方香方都没有对其与国产茴香的外观进行辨识，提到八角茴香的时候也没有和舶上茴香进行对比，可能当时的舶上茴香与茴香的外观差别并不很大，且与八角茴香并不类似。具体所指仍有待于进一步辨析，有可能就是国外所产茴香或其近缘植物。至于明代之后，舶上茴香为八角茴香逐渐成为共识，文献提及甚多，是没有什么疑问的。其中明代又有一种所谓宁夏茴香，被称为大茴香，可能是自新疆传入的茴芹（Pimpinella anisum L.），至清代在内地市场逐渐销声匿迹，之后皆以八角茴香为大茴香。

也有学者依据《唐本草》中的描述认为其中

所说的蘹香与茴香不同，可能为伞形科、茴芹属一年生草本植物茴芹（Pimpinella anisum L.）。无论怎样，宋以后的蘹香已经和茴香混用了。

这条引文中所说的蘹香又与前面这些都不相同，而指的是杜衡（马蹄香），这种用法仅见于这条引文，最早出现于洪刍《香谱》，并被转引（《陈氏香谱》称其为"懐香"），蘹香和马蹄香相去甚远且皆常见于本草文献，其他文献并没有这种叫法。

[260] 杜蘅：亦称"杜衡"，中药上杜衡指马兜铃科植物杜衡Asarum forbesii Maxim.和小叶马蹄香Asarum ichangense C. Y. Cheng et C. S. Yang的全草。以蘹香为杜衡的说法，见于宋洪刍《香谱》（《陈氏香谱》亦引此条，但写作"懐香"）及《说郛》所引《本草》。

[261] 葵：古代葵的所指比较复杂，所谓"古人于菜之滑者多曰葵"（《植物名实图考》）。可能包括蜀葵、锦葵、黄蜀葵、黄葵、龙葵、菟葵、冬葵、水葵（莼菜）等，较早文献所称葵，较大可能为落葵科落葵属植物落葵（Basella alba L.），今日俗称木耳菜、豆腐菜、紫葵等。

[262] 马蹄香：马蹄香除了前面所指的沉香之一种，在本草文献中主要指马兜铃科细辛属植物杜衡（Asarum forbesii Maxim.）或小叶马蹄香（A. ichangense C. Y.

Cheng et C. S. Yang），有时部分地区也可指败酱科缬草属植物蜘蛛香（又称心叶缬草，Valeriana jatamansii Jones）。

[263] 陶隐居的这句话见于《本草经集注》，但只是作为"杜衡"的说明，原文并没有提到蘪香。

[264] 卞敬：应为卞敬宗，南朝宋、齐时文学家。

[265]《蘪香赞》：依《艺文类聚》，嵇含做过《怀香赋》："余以太蔟之月，登于歷山之阳，仰眺崇峦，俯察幽坂，及睹怀香，生蒙楚之间，曾见斯草，植于广厦之庭。或被帝王之圃，怪其遐弃，遂迁而树于中唐，华丽则珠采婀娜，芳实则可以藏书。又感其弃本高崖，委身阶庭，似傅说显殷，四叟归汉，故因事义赋之。"后来《全三国文》等书收录时误入嵇康名下。

《艺文类聚》中记录卞敬宗写过"怀香赞"："有卉惟翠，因实制名，濛濛菉叶，茬茬弱茎，寄芬微风，寓秀闲庭，怀而芳之，为玩于情。"

香茸[266] 考证二则

汀州[267]地多香茸，闽人呼为香莸[268]。客曰：孰是？余曰：《左传》言：一薰[269]一莸[270]，十年尚有臭。[271]杜预曰：莸，臭草也。《汉书》：薰以香自烧。

颜籀[272]曰：薰，香草也。左氏以薰对莸，是不得为香草。今香茸自甲拆[273]至花时，投䵢[274]，俎[275]中馥然，谓之臭草可乎？按《本草》香薷：薷，香菜。注云：家家有之，主霍乱。今医家用香茸正疗此疾，味亦辛温，淮南呼为香茸[276]。闽中呼为香荴，此非当。以《本草》为是。客曰：信然。（《孙氏谈圃》[277]）

香茸又呼为薷香菜，蜜蜂草，其气香，其叶柔，故又名香菜。香薷，香菜一物也，但随所生地而名尔：生平地者叶大，生岩石者叶细，可通用之。[278]（《本草》）

[266]香茸：在古本草文献中亦称香薷、香菜、香荽、香绒等，一般指唇形科香薷属植物香薷（土香薷，Elsholtzia ciliata（Thunb.）Hyland.），或唇形科石荠苎属植物石香薷（Mosla chinensis Maxim.）及其变种江香薷（江西香薷，Mosla chinensis Maxim. cv. Jiangxiangru），或唇形科香薷属植物海州香薷（Elsholtzia splendens Nakai），以及以上植物其他变种。作为中药指其全草或干燥地上部分。另有菌类香茸亦可称香茸，这里说的是前者。

一般来说，较早文献中的香薷是指香薷属（Elsholtzia）植物，较大可能为香薷[土香薷，Elsholtzia ciliata（Thunb.）Hyland.]，也可能为唇形科植物牛至（Origanum vulgare L.），或海州香薷。宋代虽然也有石香薷（Mosla chinensis Maxim.）记载，但都是单列，并未和香薷混用。

由宋至明，石香薷的使用大量增加，并且也被直接称为香薷。明代以后本草文献中的香薷多是指石香薷或江香薷。

[267] 汀州：唐开元二十四年（736）分福州、抚州置。治所在长汀县（今福建长汀县）。辖境相当今福建武夷山脉以东，三明、永安、漳平、龙岩、永定等市县以西地区。大历后辖境东北部缩小。

[268] 莜：音yóu。莜是另外一种植物，这里只是取其音。

[269] 薰：此处的薰可能指零陵香，参见前面零陵香解释。

[270] 莸：这里的"莸"为马鞭草科植物莸属植物莸[Caryopteris nepetaefolia（Benth.）Maxim.]，又名叉枝莸。在其他本草文献中，莸也可能指禾本科马唐属植物马唐[Digitaria sanguinalis（L.）Scop.]。

[271] 此句出《左传·僖公四年》，指香草臭草放在一起，香气会被臭气掩盖。后常用"一薰一莸"或"薰莸"比喻善常被恶所掩盖、牵连。

[272] 颜籀：指颜师古（581—645），唐代文字训诂学家。字籀。万年（今陕西西安市）人。著有《汉书注》《匡谬正俗》《安兴贵家传》《大业拾遗》《正会图》《吴兴集》《庐陵集》等。

[273] 甲拆：亦作甲坼，谓草木发芽时种子外皮裂开。

[274] 殽：同肴，做熟的鱼、肉等。

[275] 俎：本指盛祭品的礼器，通常盛牛羊肉等。这里

指盛香的容器。

[276] 淮南呼为香草：四库本、汉和本脱"呼"字。

[277]《孙氏谈圃》：即《孙升谈圃》，见前"《孙升谈圃》"条。

[278] 关于这里所说的大叶和细叶的两个品种，大叶的可能是香薷 [土香薷，Elsholtzia ciliata（Thunb.）Hyland.]，细叶可能是海州香薷（Elsholtzia splendens Nakai）。

茅香[279]　考证二则

茅香花苗叶可煮作浴汤，辟邪气，令人身香。生剑南道[280]诸州，其茎叶黑褐色，花白，即非白茅香[281]也，根如茅，但明洁而长，用同藁本[282]，尤佳。仍入印香[283]中合香附子[284]用。（《本草》）

茅香凡有二，此是一种茅香也，其白茅香别是南番一种香草。（同上）

[279] 茅香：古代本草文献中的茅香，一般多指禾本科茅香属植物茅香（Hierochloe odorata），马王堆一号及三号汉墓出土茅香即此种。有时也指禾本科香茅属植物香茅（柠檬草，Cymbopogon citratus），或还可能为其他植物，需具体辨析。本书中的香方，如非特别说明，应该指前者。

[280] 剑南道：唐贞观元年（627）置，为全国十五道之一。以在剑阁之南得名。治所在益州（后升为成都府，今四川成都市）。辖境相当今四川涪江流域以西，大渡河流域和雅砻江下游以东；云南澜沧江、哀牢山以东、曲江、南盘江以北，及贵州水城、普安以西和甘肃文县一带。

[281] 白茅香：此处白茅香指原产于热带地区的禾本科须芒草属植物岩兰草（Andropogon muricatus）。因为此句出《证类本草》，后面有："臣禹锡等谨按陈藏器云：茅香，味甘，平。生安南，如茅根。"明确指出是越南所产。白茅香用来称呼禾本科白茅属植物白茅 [Imperata cylindrica (L.) Beauv.] 是较晚出现的。

[282] 藁（gǎo）本：现在中药中的藁本指伞形科植物藁本Ligusticum sinense Oliv.或辽藁本Ligusticum jeholense Nakai et Kitag.但历史上本草文献中的藁本除了以上两种，也可能指其他植物，需加以辨析。

[283] 印香：用多种香料捣末和匀以模压制的香。

[284] 香附子：指莎草科莎草属植物香附子（莎草，Cyperus rotundus L.），块茎可供药用。

香茅南掷

谌姆[285]取香茅一根，南望掷之，谓许真君[286]曰：

子归茅落处，立吾祠。（《仙佛奇踪》[287]）

[285] 谌姆：又称"婴姆"，姓谌，字婴，三国时吴人，修道法有成，被后人尊为神仙。

[286] 许真君：晋代道士许逊，字敬之，南昌（今属江西）人。传说他曾镇蛟斩蛇，道法高妙，被后来道教净明派奉为教祖。

[287] 《仙佛奇踪》：八卷，明洪自诚撰。内容为一些佛道传说。洪应明，字自诚，号还初道人。

白茅香[288]

白茅香生广南山谷及安南，如茅根[289]，亦今排草[290]之类，非近代之白茅[291]，及北土茅香花[292]也。道家用作浴汤，合诸名香，甚奇妙，尤胜舶上来者。（《本草》）

[288] 白茅香：据产地来看，此处概指禾本科须芒草属植物岩兰草（Andropogon muricatus）。若是我国北方所产，则可能是禾本科白茅属植物白茅［Imperata cylindrica（L.）Beauv.］。

[289] 茅根：一般是禾本科茅根属植物茅根［Perotis indica（L.）Kuntze］。

[290] 排草：指唇形科异唇花属植物排草（Anisochilus carnosus Wall）。

[291] 白茅：这里的白茅指禾本科白茅属植物白茅

[Imperata cylindrica（L.）Beauv.），在李时珍所在时代，通称为白茅，但和白茅香（禾本科须芒草属植物岩兰草（Andropogon muricatus）]不同。

[292] 茅香花：禾本科茅香属植物茅香[Hierochloe odorata（L.）Beauv.]的花序。这个茅香即是前面"茅香"条所说茅香。

排草香[293]

排草香出交址，今岭南亦或莳[294]之，草根也白色，状如细柳根，人多伪杂之。《桂海志》[295]云：排草香，状如白茅香，芬烈如麝，人亦用之合香，诸香无及之者。（《本草》）

[293] 排草香：排草香被认为是《本草纲目》首载的本草植物之一，之前中国已有舶来和引种，但多是作为香料。大量进入香方大概也是在明代（见《猎香新谱》部分）。此处的排草香即是唇形科异唇花属植物排草香（Anisochilus carnosus Wall），又称香根异唇花。但在近现代本草文献中（如民国《岭南采药录》），排草香、排香草或香排草多指报春花科珍珠菜属植物细梗香草（排草香 Lysimachia capillipes Hemsl.）。一般而言前者用其根及根茎；后者用其全草。在下文中言"排草"者，一般皆指前者[异唇花属植物排草香

（Anisochilus carnosus Wall）]。

[294] 蒔：这里是引种的意思。

[295]《桂海志》：汉和本、四库本作《淮海志》，无碍庵本作《桂海志》，这段文字出范成大《桂海虞衡志》，以无碍庵本为是。

瓶香[296]

瓶香生南海山谷，草之状也。（《本草》）

[296] 瓶香：古籍所载"瓶香"有两类，一类是这里所说的香草类的植物，出陈藏器："生南海山谷，草之状也。味寒，无毒，主天行时气，鬼魅邪精等，宜烧之。又于水煮，善洗水肿浮气。与土姜、芥子等煎浴汤，治风疟甚验也。"后被《海药本草》《政类本草》等所引，只是沿用陈说。亦见于《普济方》等宋代药方中，但所指为何种植物不得其详。此处也是截取陈藏器的说法。另一种是指乳香的一种等级，香方中的"瓶香"基本都是后者。

耕香[297]

耕香茎生细叶，出乌浒国[298]。（《本草》）

茅香、白茅香、排草香、瓶香、耕香当是一类。

[297] 耕香：耕香的名字最早出现于《南方草木状》，但除了"茎生细叶"，没有过多描述。《本草拾遗》："味辛温，无毒，主臭鬼气，调中，生乌浒国。"后面的文献如《陈氏香谱》等只是引述这两条记载，并未有新的内容。而且后面也不再进入本草文献的药方之中，所以具体所指并不清楚。

[298] 乌浒国：这里指乌浒人生活的地方，乌浒蛮是东汉对岭南部分少数民族的称呼，为古代越人的一支。东汉建宁三年（170），郁林太守谷永招乌浒人十余万内附，开置七县。其地约当今广西贵港、横县、邕宁、来宾、玉林、桂平一带。魏、晋、南北朝时称俚人或俚僚，唐时称黄峒蛮或乌武僚。为今部分壮族的先民。

雀头香

雀头香即香附子[299]，叶茎都作三棱，根若附子[300]，周匝多毛，多生下湿地，故有水三棱、水巴戟之名。出交州者最胜，大如枣核，近道者如杏仁许，荆湘人谓之莎草根，和香用之。（《本草》）

[299] 香附子：指莎草科莎草属植物莎草（Cyperus rotundus L.），又称香附子、香附。古代本草文献中关于香附子记载比较一致，基本没有混用的情

况，多以其根茎入药。

[300] 根若附子：汉和本、四库本脱"子"字。

玄台香[301]

陶隐居[302]云：近道有之，根黑而香，道家用以合香。

[301] 在陶弘景《名医别录》里，"玄台"是元参（玄参）的别名。作者可能未见原文，录在此处。

[302] 陶隐居：汉和本、四库本作"陶隐君"，依无碍庵本作"陶隐居"。

荔枝香

取其壳合香，最清馥。（《香谱》[303]）

[303]《香谱》：《陈氏香谱》作"取其壳合香，甚清馥"。

孩儿香[304]

一名孩儿土，一名孩儿泥，一名乌爹泥。按，此香乃乌爹国[305]蔷薇树下土也，本国人呼曰"海儿"，今讹传为"孩儿"。盖蔷薇开花时，雨露滋沐，香滴于上。凝结如菱角块者佳。

[304] 孩儿香：关于孩儿香，一般认为即是孩儿茶，又称儿茶。为豆科植物儿茶Acacia catechu（L.f.）Willci.的去皮枝、干的干燥煎膏。儿茶在宋代已见于香方和药方，元代亦不乏记载，明代更被收入于本草纲目之中。

"孩儿"或"海儿"一词的来源，有学者认为是来自梵语khaira，在其他语言中也有不同的叫法。值得注意的是，除了豆科儿茶之外，在南亚和东南亚地区，也有用其他植物熬制膏块的做法，这些东西有时也被称为儿茶。

不过这里的孩儿香的描述和孩儿茶（儿茶）有所出入，究竟是当时贸易者为了抬高价格而编造的故事还是另有其他情况，不得而知。

[305] 乌爹国：又作乌叠、乌丁，或讹作乌爷。《岛夷志略》乌爹，"国因伽里之旧名也。……气候男女与朋加剌略同"。一说乌爹即Udra（即乌茶国）译音，印度古国，在今印度东部奥里萨（Orissa）邦东北；一说为孟语Ussa的音转，指缅甸孟族所建的白古（Pegu）国，乌土则指缅族所建之国，都于阿瓦（Ava）。

藁本香 [306]

藁本香，古人用之和香，故名。（《本草》）

[306] 藁本香：这里的藁本香，指的即是藁本，参见前"藁本"条。藁本在古本草文献以及现代中药应用中是药源较为复杂的中药，除了《中国药典》所确定的伞形科植物藁本Ligusticum sinense Oliv.或辽藁本Ligusticum jeholense Nakai et Kitag.之外，还有可能为其他的藁本属植物如川芎类植物，也可能为同科当归属或泽芹属植物，需要根据具体时地加以辨别。

香品（五）

随品附事实

卷五

龙涎香[1]　考证九则

龙涎香屿，望之独峙[2]南巫里洋之中，离苏门答剌西去一昼夜程，此屿浮滟[3]海面，波激云腾，每至春间，群龙来集，于上交戏而遗涎沫[4]，番人挐[5]驾独木舟登此屿，采取而归。或风波，则人俱下海，一手附舟旁，一手揖[6]水，而得至岸。其龙涎初若脂胶[7]，黑黄色，颇有鱼腥气，久则成大块，或大鱼腹中剌出，若斗大，亦觉鱼腥，和香焚之可爱。货于苏门答剌之市，官秤一两[8]用彼国金钱十二个，一斤该金钱一百九十二个，准中国钱九千个，价亦匪轻矣。（《星槎胜览》）

锡兰山国[9]、卜剌哇国[10]、竹步国[11]、木骨都束国[12]、剌撒国[13]、佐法儿国[14]、忽鲁谟斯国[15]、溜山洋国[16]俱产龙涎香。（同上）

诸香中龙涎最贵重，广州市值每两不下百千，次等亦五六十千，系番中禁榷[17]之物。出大食国近海旁，常有云气罩住山间，即知有龙睡其下。或半年，或二三年，土人更相守候，视云气散，则知龙已去矣，往观之必得龙涎。或五七两，或十余两，视所守之人多寡均给之；或不平，更相仇杀。或云龙多蟠于洋中大石，龙时吐涎，亦有鱼聚而潜食之，土人惟见没处取焉。（《稗史汇编》）

大洋海中有涡旋处，龙在下涌出，其涎为太阳所烁[18]，则成片，为风飘至岸，人则取之纳于官府。（同上）

香白者如百药煎[19]而腻理[20]极细；黑者亚之，如五灵脂[21]而光泽。其气近于燥，似浮石[22]而轻。香本无损益，但能聚烟耳，和香而用真龙涎，焚之则翠烟浮空，结而不散。坐客可用一剪以分烟缕，所以然者，入蜃气楼台[23]之余烈也。（同上）

龙出没于海上，吐出涎沫有三品：一曰泛水，二曰渗沙，三曰鱼食。泛水轻浮水面，善水者伺龙出没，随而取之。渗沙乃被波浪漂泊洲屿，凝积多年，风雨浸淫，气味尽渗于沙土中。鱼食乃因龙吐涎，鱼竞食之，复作粪散于沙碛，其气虽有腥燥，而香尚存。惟泛水者入香最妙。（同上）

泉广合香人云：龙涎入香能收敛脑麝[24]气，虽经数十年香味仍存。（同上）

所谓龙涎出大食国。西海多龙，枕石而卧，涎沫浮水，积而能坚，鲛人[25]采之以为至宝。新者色白，稍久则紫，其久则黑。（《岭外杂记》[26]）

岭南人有云：非龙涎也，乃雌雄交合，其精液浮水上结之而成。[27]

　　龙涎自番舶转入中国,炎经职方[28],初不著[29]其用,彼贾胡殊自珍秘,价以香品高下分低昂。向南粤[30]友人贻余少许,珍比木难[31],状如沙块,厥[32]色青黎[33],厥香鳞腥,和香焚之,乃交酝其妙,袅烟蜒蜿,拥闭缇室[34],经时不散,旁置盂水,烟径投扑其内,斯神龙之灵,涎沫之遗,犹徵异乃尔。[35]

[1] 龙涎香:为抹香鲸科动物抹香鲸(Physeter catodon L.)的肠内异物如乌贼口器和其他食物残渣等刺激肠道而成的分泌物的干燥品。

[2] 峙:耸立。

[3] 浮艳:指在海面上凸起。

[4] 涎沫:唾液。

[5] 挐:这里通"桡",船桨之意。

[6] 捭:推、拨(打水)。

[7] 脂胶:油脂胶漆一类黏合剂。

[8] 一两:明代一两合37.3克。一斤为十六两。

[9] 锡兰山国:亦作细兰、锡兰。明代史籍对今斯里兰卡的称呼。

[10] 卜剌哇国:亦作不剌哇、比喇。故地在今索马里南部布拉瓦(Brava),原为黑人地。公元前后有阿拉伯人、波斯人移居。11世纪末、12世纪发展为伊斯兰城邦国。

[11] 竹步国：故地位于今索马里南部朱巴河口的准博（Giumbo）。原为黑人地。公元前后有阿拉伯人、波斯人移居，11世纪末、12世纪发展为伊斯兰城邦国。

[12] 木骨都束国：故地在今非洲东岸索马里的摩加迪沙一带。以上三国为郑和下西洋到过的东非国家，互相接壤。

[13] 剌撒国：故地旧说或以为在今索马里西北部的泽拉一带，或以为在今波斯湾南岸沙特阿拉伯的哈萨一带，近人根据《郑和航海图》考证，以为应在今也门国穆卡拉附近，一说也门亚丁附近。

[14] 佐法儿国：即祖法儿国，见前面"祖法儿国"注释。

[15] 忽鲁谟斯国：即霍尔木兹（Hormuz），又译作和尔木斯，亦译作忽里模子、忽鲁谟厮。在今伊朗东南米纳布（Minab）附近。扼波斯湾出口处，为古代交通贸易要冲，今为对岸阿巴斯港所取代。

[16] 溜山洋国：又称溜山国、溜洋国，元代称北溜国，故地在今马尔代夫。

[17] 禁榷：禁止民间私自贸易盐铁茶酒等物资而由政府专卖。

[18] 烁：烤灼。

[19] 百药煎：中药名。为五倍子同茶叶等经发酵制成的块状物，为灰褐色小方块，表面间有黄白色斑点，微具香气。

[20] 腻理：指（物体的）纹理。

[21] 五灵脂：中药名，又名灵脂、寒雀粪。为鼯鼠科动物橙足鼯鼠Trogopter-us xanthipes Milne-Edwards的干燥粪便。

[22] 浮石：岩浆凝成的海绵状的岩石。很轻，能浮于水面，故名。可入药。

[23] 蜃气楼台：古人认为海市蜃楼是海中蛟龙之类蜃气所化。这里是说龙涎香仍然带有这类属性。

[24] 脑麝：指龙脑、麝香。

[25] 鲛人：捕鱼者。

[26] 《岭外杂记》：此段文字出《岭外代答》，与原文稍有出入。《五杂俎》误记为《岭外杂记》。《岭外代答》是一部记载岭南（今两广）兼及南海、印度洋和地中海各国的地理著作。宋周去非撰，全书10卷。周去非，字直夫，永嘉（今浙江温州）人，于宋孝宗乾道、淳熙间通判桂林，常随事笔录耳目闻见，归来加以整理，有问岭外事者，以此示答，故名。

[27] 这段文字出明谢肇淛《五杂俎 卷十·物部二》，记录的是谢肇淛的听闻。在《五杂俎》中与上面《岭外代答》的引文是连在一起的。

[28] 这里指负责接纳朝贡的官员。

[29] 著：显示、显扬。

[30] 南粤：粤，又作越。指今广东。

[31] 木难：宝珠名。又写作"莫难"。

[32]厥：其，它的。

[33]青黎：青黑色。

[34]缇室：古代察候节气之室。该室门户紧闭，密布缇缦，故名。

[35]这里是说龙涎香焚烧的烟气会投入水中，是因为龙的涎沫有灵气，才会有这样的现象。

古龙涎香[36]

宋奉宸库[37]得龙涎香二琉璃缶[38]，玻璃母[39]二大筐[40]，玻璃母者若今之铁滓[41]，然块大小犹儿拳，人莫知其用，又岁久无籍[42]，且不知其所从来。或云：柴世宗[43]显德间大食国所贡；又谓：真庙朝[44]物也。玻璃母诸珰[45]以意用火煅[46]而融泻之，但能作珂子[47]状，青红黄白随其色而不克自必[48]也。香则多分锡[49]大臣近侍，其模制甚大而外视不甚佳，每以一豆大爇之，辄作异花香气，芬郁满座，终日略不歇。于是太上[50]大奇之，命籍[51]被赐者随数多寡复收取以归禁中，因号古龙涎，为贵也。诸大珰争取一饼，可值百缗[52]金玉，为穴而以青丝贯之，佩于颈，时于衣领间摩婆[53]以相示，舐[54]此遂作佩香焉，今佩香盖因古龙涎始也。（《铁围山丛谈》[55]）

[36]古龙涎香：古龙涎香本义是指五代后周宫廷内的一种极品香材，相较于宋代，称"古龙涎"。因为来

源的神奇广为传播，当时市场上有各种香方来制作模仿其香调，是宋代常见的一类成品合香。古龙涎除了指成品合香外，也指由此发展出的一种形制。

[37] 奉宸库：宋库名。宋仁宗康定元年（1040），合宣圣殿库、穆清殿库、崇圣殿库、受纳真珍库与乐器库为奉宸库，属太府寺。掌收存金玉、珠宝及其他珍贵物品，以供宫廷享用。

[38] 缶：一种腹大口小的盛器，多为瓦器，这里为琉璃器。

[39] 玻璃母：又称琉璃母，古法琉璃使用琉璃石和琉璃母混合烧制而成，琉璃石就是带颜色的水晶，琉璃母是人工炼制的配方材料，可以改变琉璃的结构、通透度、颜色和特性。琉璃的等级很大程度上取决于琉璃母的原料与配制方法。

[40] 篚：音fěi，古代盛物的竹器。

[41] 铁滓：炼铁过程中形成的渣滓，包含金属杂质、燃料灰和熔剂等。

[42] 籍：登记，记录。

[43] 柴世宗：后周世宗柴荣（921—959），是五代时期后周第二位皇帝，954—959年在位，邢州尧山柴家庄（今河北省邢台市隆尧县）人。

[44] 庙朝：宗庙和朝廷，亦专指朝廷。

[45] 珰：本义是古代妇女戴在耳垂上的装饰品。中国汉代武职宦官帽子亦用以装饰，后借指宦官。此处指

宦官。
[46] 煅：在火里烧。
[47] 珂子：疑即诃子，使君子科植物诃子Terminalia chebula Retz.或绒毛诃子Terminalia chebula Retz.var. tomentella Kurt.的干燥成熟果实。珂，可指贝类，可指玉石，可指女子内衣，可指马勒装饰，似与此处不合，除了女子内衣，亦不称"珂子"。
[48] 自必：必然。不克自必是说并不一定是什么颜色。
[49] 分锡：分别赏赐。《铁围山丛谈》原作"分赐"。"锡""赐"相通，都是赏赐的意思。
[50] 太上：这里指皇帝。
[51] 籍：征收。
[52] 缗：mín，成串的铜钱，每串一千文。
[53] 摩婆：《铁围山丛谈》作"摩抄"，《说郛》作"摩挲"，摩擦之义。
[54] 繇：这里同"由"。
[55] 《铁围山丛谈》：见"《蔡绦丛谈》"条。

龙涎香烛

宋代宫烛以龙涎香贯其中，而以红罗[56]缠烃，烧烛则飞而香散，又有令香烟成五彩楼阁、龙凤文者。（《华夷草木考》）

[56] 红罗：红色的轻软丝织品。

龙涎香恶湿

琴、墨、龙涎香、乐器皆恶湿,常近人气[57]则不然。(《山居四要》[58])

[57] 人气:人的气息。常近人气就是经常使用,或经常贴近人身。

[58] 《山居四要》:元汪汝懋(1308—1369)所撰。汪汝懋,元代医家。字以敬,号遯斋,桐江野客。安徽歙县人,曾任国史编修,后来弃官讲学,成为著名的农学家。至正庚子年(1360)写成《山居四要》,全书共五卷。所谓"四要"就是摄生、养生、卫生、治生之要。

广购龙涎香

成化[59]、嘉靖[60]间,僧继晓、陶仲文[61]等竞奏方伎,广购龙涎香,香价腾溢[62],以远物之尤[63],供尚方[64]之媚。

[59] 成化:是明宪宗的年号(1465—1487)。

[60] 嘉靖:是明世宗的年号(1522—1566)。

[61] 僧继晓、陶仲文:前者明宪宗时僧人,后者明世宗时道家大师,皆以方术得到当时帝王的宠用。

[62] 腾溢:翻腾漫溢。指快速增长。

[63] 尤:特殊,特异。

[64]尚方：本指古代制造帝王所用器物的官署。这里代指皇家之用。

进龙涎香

嘉靖四十二年[65]，广东进龙涎香计七十二两有奇[66]。（《嘉靖闻见录》[67]）

[65]嘉靖四十二年：公元1563年。
[66]有奇：有余。
[67]《明实录·世宗实录》有此段记载，但数量有所不同："嘉靖四十二年……广东进龙涎香计六十二两有奇。"《香乘》或为误记。

甲香　考证二则

甲香[68]，蠡[69]类。大者[70]如瓯[71]，面前一边直挼[72]长数寸，犷壳岨峿[73]有刺。共掩杂香烧之使益芳，独烧则味不佳。一名流螺[74]，诸螺之中，流最厚味是也。生云南者大如掌，青黄色，长四五寸，取厣[75]烧灰用之，南人亦煮其肉啖。今各香多用，谓能发香，复聚香烟，须酒蜜煮制去腥及涎[76]方可，用法见后。（《本草》）

甲香惟广东来者佳，河中府[77]者惟阔寸许，嘉州[78]

亦有，如钱样大，于木上磨令热，即投酽酒中，自然相趣[79]是也。若合香偶无甲香，则以鲎壳代之，其势力[80]与甲香均，尾尤好。（同上）[81]

[68] 甲香：一般指蝾螺科动物蝾螺Turbo cornutus Solander或其近缘动物的掩屑（位于介壳口的圆片状的盖子），分布浙江以南沿海地区，可做中药或香材。有时（如下文"大者"）指节肢动物鲎的壳。有时也指淡水螺类（如下文嘉州产的甲香）。

[69] 蠡：此处读luó，即螺。特指螺壳、螺号。

[70] 这里的"大者"指的是鲎，肢口纲（Merostomata）剑尾目（Xiphosura）的海生节肢动物。鲎壳古代也作为甲香的一种来源，尤其是尾部。

[71] 瓯：小盆。

[72] 挼：刺。

[73] 岨峿：音qū yǔ，本指山交错不平貌，这里指壳的外貌。

[74] 流螺之名见于《证类本草》等宋代本草典籍。《证类本草》："（甲香）一名流螺。诸螺之中，流最浓味是也。其蠡大如小拳，青黄色，长四五寸。人亦啖其肉。今医方稀用，但合香家所须。用时先以酒煮去腥及涎，云可聚香，使不散也。"

[75] 屑：汉和本、四库本作"屦"，误。螺类介壳口圆片状的盖。

[76] 涎：这里指粘液。

[77] 河中府：唐开元八年（720）升蒲州置，治所在河东县（今山西永济市西南二十四里蒲州镇）。同年改蒲州。乾元三年（760）复置河中府。辖境相当今山西西南部龙门山以南，稷山、芮城县及运城市以西，陕西大荔县东南部地。其后屡有减缩。

[78] 嘉州：北周大成元年（579）改青州置，治所在平羌郡平羌县（今四川乐山市）。辖境相当今四川乐山、峨眉山、峨边等市县地。后辖境有增减。

[79]《陈氏香谱》原作："自然相近。"意思类似。

[80] 势力：指香的力道。

[81] 这段文字出自《陈氏香谱》，并非出自《本草纲目》。

酴醿香露即蔷薇露[82] 考证四则

酴醿[83]，海国[84]所产为胜。出大西洋国[85]者，花如中州[86]之牡丹[87]，蛮中遇天气凄寒，零露凝结着地，他木乃冰澌木稼[88]，殊无香韵，惟酴醿花上琼瑶[89]晶莹，芳芬袭人，若甘露焉，夷女以泽体发，腻香[90]经月不灭。国人贮以铅瓶，行贩他国，暹罗尤特爱重，竞买略不论值。随舶至广，价亦腾贵，大抵用资香奁[91]之饰耳。五代时与猛火油[92]俱充贡，谓蔷薇水云。（《华夷续考》）

西域蔷薇花气馨烈非常，故大食国蔷薇水虽贮琉璃瓶中，蜡蜜封固，其外犹香透彻，闻数十余步，着人衣袂[93]经数十日香气不散。外国造香则不能得蔷薇，第取素馨[94]、茉莉花为之，亦足袭人[95]鼻观，但视大食国真蔷薇水犹奴婢耳。（《稗史汇编》）

蔷薇水即蔷薇花上露，花与中国蔷薇不同。土人多取其花浸水以代露，故伪者多。以琉璃瓶试之，翻摇数四，其泡周上下者真。三佛齐出者佳。（《一统志》）

番商云："蔷薇露一名'大食水'，本土人每晓起，以爪甲于花上取露一滴，置耳轮中，则口眼耳鼻皆有香气，终日不散。"[96]

[82] 蔷薇露：古代香水，第一次见于我国古籍记载即是前文五代时期后周显德五年由占城国进贡蔷薇水十五瓶。蔷薇水原产阿拉伯地区，系用蒸馏技术制取。《铁围山丛谈》："旧说蔷薇水乃外国采蔷薇花上露水，殆不然，实用白金为甑，采蔷薇花蒸气成水，则屡采屡蒸，积而为香，此所以不败。"蔷薇水所用植物概为蔷薇科蔷薇属大马士革玫瑰（Rosa Dmaascena），原产于波斯地区，后传入叙利亚，香气浓郁，自古以来被制成玫瑰水使用。大马士革玫瑰因为浓郁的香气被广泛引种于世界各地。

[83] 酴醾：亦称"荼蘼""酴釄""酴醿"。一般认为是蔷薇科、蔷薇属植物悬钩子蔷薇（学名：Rosa rubus Lévl. et Vant.t），也可能是其他近缘植物。

酴醿一词来源于酒名，唐宋时以其花色（花蕊）似酒，以此名花。

[84] 海国：泛指海外之国。

[85] 大西洋国：明代大西洋国可指今阿拉伯半岛一带国家，亦可指葡萄牙。从蔷薇露的历史来源看，此处大概还是指阿拉伯地区。

[86] 中州：一般指中土、中原。狭义的中州指今河南省一带，因其地在古九州之中得名。这里取其狭义。

[87] 牡丹：指毛茛科芍药属植物牡丹（Paeonia suffruticosa Andrews）。牡丹是我国传统观赏花卉，栽培历史悠久，有众多变种。

[88] 冰澌木稼：雨雪霜沾附于树木遇寒而凝结成冰。澌，解冻时流动的冰；木稼，指木冰，树木上凝结的冰。

[89] 琼瑶：指冰雪。

[90] 腻香：浓香。

[91] 香奁：妇女妆具。盛放香粉、镜子等物的匣子。

[92] 猛火油：由石油蒸馏分离出来的轻质煤油等物，用于战争中的火攻。

[93] 衣袂：本指衣袖，借指衣衫。

[94] 素馨：一般指木犀科素馨属植物素馨（Jasminum Linn.），素馨之名始自五代，《龟山志》："昔刘王有侍女名素馨，冢上生此花因以得名。"素馨在古籍中有"那悉茗""野悉蜜"之称，来自帕拉维

语（古波斯语）、阿拉伯语yās（a）mīn与波斯语yāsamīn，包括今日英语的Jasmine也是如此。
［95］袭人：侵袭到人；薰人。
［96］此段描述出《陈氏香谱》。

贡蔷薇露

五代时番将蒲诃散[97]以蔷薇露五十瓶效贡，厥后罕有至者，今则采茉莉花蒸取其液以代之。

后周显德五年[98]，昆明国[99]献蔷薇水十五瓶，云得自西域，以之洒衣，衣敝[100]而香不减。（二者或即一事）

［97］蒲诃散：占城国大臣，五代时受国王派遣来中国朝贡。
［98］显德五年：公元958年。
［99］此处为误记，详见香品部分"昆明国"条注释。
［100］敝：破旧。

饮蔷薇香露

榜葛剌国[101]不饮酒，恐乱性。以蔷薇露和香蜜水饮之。（《星槎胜览》）

［101］榜葛剌国：亦作鹏茄罗（啰）国、明呀喇。在今孟加拉国和印度西孟加拉邦一带。

野悉蜜香[102]

出拂林国,亦出波斯国。苗长七八尺,叶似梅叶,四时敷荣[103],其花五出,白色不结实,花开时遍野皆香,与岭南詹糖相类。西域人常采其花,压以为油,甚香滑。唐人以此和香,仿佛蔷薇水云。[104]

[102] 野悉蜜香:野悉蜜,又作耶悉弭,《南方草木状》作"耶悉茗":"耶悉茗花、末利花,皆胡人自西国移植于南海。南人怜其芳香,竞植之。"关于此花所指,有认为即是木犀科素馨属茉莉(Jasminum sambac),也有人认为是素馨(jasminum grandiflorum)。《中国伊朗编》认为是素方花(Jasminum officinale L.)。野悉蜜与茉莉虽然同为素馨属植物(Jasminum),但常并称,所以基本可以排除野悉蜜为茉莉的情况。从后来的古籍看,倾向于是素馨(jasminum grandiflorum),但也可能素馨和素方花通称此名。

《龟山志》:"素馨旧名耶悉茗,一名野悉蜜。昔刘王有侍女名素馨,其冢上生此花,因名。"指素馨花名字来源于人名,也有文献认为来源于花的特征。

[103] 敷荣:开花。

[104] 此段文字《香乘》未标注出处,出自《酉阳杂俎》。

橄榄香[105]　考证二则

橄榄香出广海之北[106]，橄榄木之节，因结成，状如胶饴而清烈，无俗旖旎[107]气，烟清味严，宛有真馥生香，惟此品如素馨、茉莉、橘柚。（《稗史汇编》）

橄榄木脂也，状如黑胶饴，江东人取黄连木及枫木脂[108]以为橄榄香，盖其类也。出于橄榄故独有清烈出尘之气，品格在黄连枫香之上。桂林东江[109]有此果，居人采香卖之，不能多得，以纯脂不杂木皮者为佳。（《虞衡志》[110]）

[105] 橄榄香：又称榄香，橄榄科橄榄属植物橄榄［Canarium album（Lour.）Raeusch.］的树脂。

[106] 此段记述最早出《岭外代答》。原文作"出广州及北海"。我国古籍中北海指的是渤海或北方的大湖，与此不合。又今广西北海市清康熙之前在行政区划上并不称北海，这里的北海可能是非正式的称呼或借用东南亚地区对我国广西北海沿海一带的称呼。

[107] 旖旎：柔媚。

[108] 黄连木及枫木脂：黄连木属植物及枫香树的树脂，都可以作为香材。

[109] 桂林东江：在今广西桂林市境内。

[110] 《虞衡志》：即《桂海虞衡志》，参见前文注释。

榄子香[111]

出占城国。盖占城香树为虫蛇镂，香之英华结于木心，虫所不能蚀者，形如橄榄核，故名焉。（《本草》）

[111] 榄子香：这里的榄子香从结香方式看，应该是类似沉香一类的香材，和上面的橄榄香没有关系。

思劳香

出日南[112]，如乳香沥青[113]，黄褐色，气如枫香。交址人用以合和诸香（《桂海虞衡志》）

[112] 日南：汉代日南郡，西汉元鼎六年（前111）置，治所在西捲县（今越南平治天省广治西北广治河与甘露河合流处）。辖境相当今越南中部北起横山南抵大岭地区。隋唐日南郡，隋大业三年（607）改驩州置，治所九德县（今越南义静省荣市）。辖境相当今越南中部地区。这里沿用唐代的称呼。

[113] 沥青：这里指树脂。

熏华香[114]

按，此香盖海南降真劈作薄片，用大食蔷薇水渍透，于甑内蒸干，慢火爇之，最为清绝，樟镇所售尤佳。

[114] 此段文字出《陈氏香谱》，是陈敬的按语，并非本文作者的按语。

紫茸香[115]

此香亦出于沉速之中，至薄而腻理，色正紫黑，焚之虽数十步犹闻其香。或云沉之至精者。近时有得此香回，祷祀爇于山上，而山下数里皆闻其芬溢。

[115] 此段文字亦出《陈氏香谱》。另外宋代有名茶称"紫茸香"，与此无关。

珠子散香[116]

滴乳香[117]中至莹净者。

[116] 此段文字亦出《陈氏香谱》。

[117] 滴乳香：乳香中色泽透明，垂滴如乳头者，属乳香上品。

胆八香[118]

胆八香树生交址南番诸国。树如稚木榠；叶鲜红色，类霜枫，其实压油和诸香爇之，辟恶气。

[118] 此段文字出《本草纲目》，清代《续通志》认为胆八香和后文的"唵叭香"是一种，方以智《通

雅》认为胆八香即是宋代香方中的"亚悉香"。具体所指不详,这里说其果实榨的油可制香。

白胶香[119]　考证四则

白胶香一名枫香脂。《金光明经》谓其香为须萨析罗婆香[120]。

枫香树似白杨,叶圆而岐分,有脂而香,子大如鸭卵,二月花发乃结实,八九月熟,曝干可烧。(《南中异物志》[121])

枫实惟九真[122]有之,用之有神,乃难得之物。其脂为白胶香。[123](《南方草木状》)

枫香树有脂而香者谓之香枫,其脂名枫香。(《华夷草木考》)

枫香、松脂皆可乱乳香,但枫香微白黄色,烧之可见真伪。其功虽次于乳香,而亦可仿佛[124]。

[119] 白胶香:即枫香、枫香脂、枫脂。金缕梅科植物枫香树(Liquidambar formosana Hance)的树脂,现在仍然可称白胶香。亦可称白云香。

[120] 须萨析罗婆香:应作萨折罗婆(婆),为梵语sarjarasa音译。本意为娑罗树"sarja"的树脂"rasa",义净大师在多种译本中翻译为白胶香。这里娑罗树应为娑罗双属植物Shorea robusta Gaertn.,一说为天竺

香属植物天竺香（Vateria indica）。其树脂和我国古代所称的白胶香（枫香）并非一物。

[121] 这段文字出自《南方草木状》，这里所谓《南中异物志》可能是误记。此段文字和下一段文字在《南方草木状》中是在一起的。

[122] 九真：指九真郡。西汉初南越赵佗置。西汉元鼎六年（前111）归汉。辖境相当今越南清化、河静两省及义安省东部地区。东汉属交州。三国末以后辖境逐渐缩小。隋移治九真县（今越南清化省清化）。

[123] 这段文字出《本草图经》，《本草图经》原文指"枫实惟九真有之"，这句引自《南方草木状》，此处误以为后面的都是出自《南方草木状》。

[124] 仿佛：指功效差不太多。

饦鏈香

江南山谷间有一种奇木曰麝香树，其老根焚之亦清烈，号饦鏈香。（《清异录》）

排香[125]

《安南志》云：好事者种之，五六年便有香也。按，此香亦占香之大片者，又谓之寿香，盖献寿者用之。（《香谱》[126]）

[125] 排香：这里指的是占城所产的一种大片香，具体所指不详。

[126]《香谱》：这里指《陈氏香谱》。

乌里香[127]

出占城地，名乌里。土人伐其树，劈之以为香，以火焙干令香脂见于外，以输贩夫商人。刳[128]其木而出其香，故品次于他香。（同上）

[127] 乌里香：这段文字出《陈氏香谱》引叶廷珪的文字。

[128] 刳：指上文的劈、砍。

豆蔻香[129]　考证二则

豆蔻树大如李，二月花[130]仍连着，实子相连[131]累其核根，芬芳成壳，七八月熟，曝干剥食，核味辛香。（《南方草木状》[132]）

豆蔻生交址，其根似姜而大，核如石榴，辛且香。（《异物志》[133]）

熏衣豆蔻香霍小玉故事。[134]余按，豆蔻非焚爇，香具其核。其根味辛烈，止可用以和香；而小玉以之熏衣，应是别有香剂如豆蔻状者名之耳。亦犹鸡舌、马蹄之谓。

至如都梁、郁金本非名香，直一小草而，操觚者[135]每借以敷藻资华[136]，因迹典名雅，递相祖述[137]，不复证非究是也。[138]

[129] 豆蔻香：我国古代豆蔻的所指植物有多种。古代本草文献中提到较多的产于我国南方的豆蔻，可能是姜科山姜属植物艳山姜（Alpinia zerumbet）或其他近缘植物；另一种产于我国广东、广西、海南等地的"豆蔻"可能是指姜科山姜属植物草豆蔻（Alpinia katsumadai Hayata）、草果（Amomum tsaoko Grevost et Lemaire）或豆蔻属其他植物。作为舶来品的香料豆蔻可能指的是豆蔻属植物白豆蔻（Amomum kravanh）或爪哇白豆蔻（Amomum compactum Soland ex Moton.）。

宋以后单称豆蔻多指草豆蔻，或作为豆蔻类泛称。红豆蔻（大高良姜Alpinia galanga Willd.），肉豆蔻（Myristica fragrans）、白豆蔻等多单称其名而不称豆蔻。当然在不同时代，不同地区，也有一定混用的情况。

[130]《齐民要术》引《南方草木状》作"二月花色"。

[131] 连：无碍庵本作"累"，依四库本、汉和本。

[132] 此段文字可见于《齐民要术》引《南方草木状》。

[133] 此段文字见于《昭明文选》卷五引《异物志》。这里的《异物志》一般认为是东汉杨孚所撰《异物志》。

[134] 这里指的是唐传奇小说《霍小玉传》中的故事。《霍小玉传》讲的是陇西李益与霍小玉的爱情悲剧，今存本中未见豆蔻熏衣的描写。唐李惟《霍小玉歌 其一》中有："衣飘豆蔻减浓香，脸射芙蓉失娇色。"李惟《霍小玉歌》诗句多与故事有对应关系，可能别的版本霍小玉故事中有豆蔻熏衣的记载。

作者这里认为，豆蔻气味浓烈，不可能用来焚爇熏衣，熏衣的豆蔻香应该指的是外形像豆蔻的香丸。

[135] 操觚者：操觚意为执简，引申为写作，操觚者指写作者。

[136] 敷藻资华：指铺陈辞藻。

[137] 祖述：效法遵循前人的说法或行为。

[138] 这里作者是说前面霍小玉故事中所写香料，只是文学描述，并不一定确有其事，也无需过于认真的考证。

奇蓝香[139] 考证四则

占城奇南出在一山，酋长禁民，不得采取，犯者断其手。彼亦自贵重。（《星槎胜览》）

乌木降香，樵之为薪。[140]（同上）

宾童龙[141]国亦产奇南香。（同上）

奇南香品杂出海上诸山，盖香木枝柯[142]窍露者，木立死而本存者，气性皆温，故为大蚁所穴，蚁食蜜归而遗溃于香中，岁久渐浸，木受蜜香结而坚润，则香成矣。其香木未死，蜜气未老者谓之生结，上也。木死本存，蜜气凝于枯根，润若饧片[143]，谓之糖结，次也。其称虎皮结、金丝结者，岁月既浅，木蜜之气尚未融化，木性多而香味少，斯为下耳。有以制带胯[144]，率多凑合，颇若天成纯全者难得。（《华夷续考》）

奇南香、降真香为木[145]黑润。奇南香所出产，天下皆无，其价甚高，出占城国。（同上）

奇蓝香上古无闻，近入中国[146]，故命字有作奇南、茄蓝、伽南、奇南、棋璃等，不一而用，皆无的据。其香有绿结、糖结、蜜结、生结、金丝结、虎皮结。大略以黑绿色，用指掐有油出，柔韧者为最。佩之能提气，令不思溺[147]，真者价倍黄金，然绝不可得。倘佩少许，才一登座，满堂馥郁，佩者去后，香犹不散。今世所有，皆彼酋长禁山之外产者。如广东端溪砚，举世给用，未尝非端，价等常石。然必宋坑下岩水底，如苏文忠[148]所谓"千夫挽绠，百夫运斤[149]"之所出者乃为真端溪，可宝也。奇南亦然。[150]

倘得真奇蓝香者，必须慎护。如作扇坠、念珠等用，遇燥风霉湿时不可出，出数日便藏，防耗香气。藏法用锡匣，内实[151]以本体香末，匣外再套一匣，置少蜜，以蜜滋末，以末养香，香匣方则蜜匣圆，香匣圆则蜜匣方，香匣不用盖，蜜匣以盖总之[152]，斯得藏香三昧[153]矣。

奇南见水则香气尽散，俗用热水蒸香，大误谬也！

[139] 奇蓝香：又称伽南、奇南、奇楠等。是一种自然形成的质地柔软、油脂丰富的高等级的特殊沉香。我国古籍中奇南最早是指占城（今属越南）所产的一种沉香，但后来其他产地其他植物来源的类似高等级沉香也可称奇南。

奇南最早见于我国史籍是在宋代，称加南或迦阑（伽阑），元代亦称茄蓝，明代较多称奇南、迦南等。其来源应该是越南古代本地称呼，也有人认为来源于梵文。

其实梵文中伽罗或多伽罗（梵文tagara）所指为印度的缅草香，我国古代佛教界开始翻为根香，隋文帝独孤皇后之名伽罗应来源于此。后来亦有认为指黑沉香（应该是将gara误为黑色kāla）。这是元代以后的误解，今人以此来解独孤皇后之名并不合适，在玄应和慧琳的《音义》中，虽然记述有所不同，但一致认为伽罗是草本植物，和沉香并无关系。其名称来源很早，南北朝翻译的佛经中即有此称。没有发现证据说明与占城所产加南有何关系。而占城所产加南之名传到我国是宋元时代，之前对沉香并没有这种称呼。

在日本香道传统中的"六国五味"六国中有"伽罗"或"伽南"，指越南中南部所产沉香。具体所指与我国所产奇南并不完全一致。

现代科技文献中有以奇楠作为柯拉斯那沉香（Aquilaria crassna）的他称，这是源于柯拉斯那沉香命名者法国植物学家皮埃尔（Pierre），实际上我国历史上和现在所称的"奇楠"和柯拉斯那沉香并无对应关系。

[140] 这句话在原文中是与上面一句话形成对比的。意思是奇南在当地十分珍贵，老百姓不准采。而普通的黑降香（降真香）则并不珍贵，被砍来烧火。

[141] 宾童龙：见前"宾瞳胧"条。

[142] 枝柯：枝条。

[143] 饧片：指软的片状饴糖。

[144] 带銙：亦作"带銙"。佩带上衔躞蹀之环，用以挂弓矢刀剑。

[145] 无碍庵本作"为末"，汉和、四库本作"为木"，今依汉和、四库本。"为木"是指其外观，说得通。很多沉香外表颜色深，但末颜色浅，所以单独提出"为末"黑润以区别于其他沉香亦说得通。另外，依今日奇南的特性，有的奇南黏性较大，不易成末，但下文说到以奇南末养奇南扇坠、念珠，说明当时奇南末还是常见的。

[146] 上古无闻，近入中国：奇南香宋代称"加南"（如《宋会要辑稿·蕃夷七》和《宋史·食货志下八·互市舶法》）或迦阑（如《陈氏香谱》），元代称伽蓝木（如《岛夷志略》）。明初也有称茄蓝的，后来渐渐多称奇南、伽南等等，并不是明代才进入中国的。

[147] 令不思溺：不想小便。小便多是肾精不足的表现。明代医家认为：沉香属牝，阴体阳用；奇南属牡，阳体阴用。佩戴奇南可以提升精气，改善精气不足的状况。《物理小识》："伽糖结末作膏，贴会阴穴，则溺不出。"

[148] 苏文忠：苏轼（1037—1101），字子瞻，又字和仲，号"东坡居士"，眉州（今四川眉山，北宋时为眉山城）人，北宋著名文学家、书画家、词人、诗人。文忠为南宋时封苏轼的谥号。

[149] 千夫挽绠，百夫运斤：出苏轼《端砚铭》："千夫挽绠，百夫运斤。篝火下缒，以出斯珍。"参见《苏东坡全集·卷九十六·铭五十七首》。

[150] 这里是说真奇南稀少罕遇。就像端砚一样，一般的虽然也叫端砚，但只有宋坑下岩水底的才是真正的极品。一般虽也称奇南，但都是禁采之地外围的，并非最正宗原产地的极品。

[151] 实：填满。

[152] 总之：指香匣、蜜匣共用一个盖。

[153] 三昧：佛教用语，梵文 samādhi 的音律，意思是止息杂念，使心神平静，是佛教的重要修行方法。借指事物的要领、真谛。

俺叭香 [154]

俺叭香出俺叭国 [155]，色黑有红润者至佳，爇之不甚香，而气味可取，用和诸香，又能辟邪魅，以软净色明者为上。（《星槎胜览》）

[154] 俺叭香：从古籍中俺叭香的描述可以看出是一种红黑色质地柔软的香材。但不同文献描述不太一致。有的认为香气浓郁，如明文震亨《长物志·香茗》："俺叭香腻甚，着衣袂，可经日不散……一名'黑香'。"也有人认为不是很香，如本文或《五杂俎》中的描述。从作者放于此处来看，他可能倾向于认为俺叭香是类似油性较大的奇南一类的香材。《物理小识》："金颜、笃耨、亚湿、俺叭，皆木脂炼收者。"指明俺叭香是树脂类香材，应该更符合事实。在下文《益部谈资》"国朝贡俺叭香"和清代文献如《西藏奏疏》中也用俺叭香来指称一种产自西藏，由树脂之类煎成黑色制成的香材。后者认为俺叭与国名无关，来源于佛教的六字大明咒。明代《蜀中广记》也以俺叭为乌斯藏所贡特产。但《滇略》："俺叭香不知何物所制，以其

国名,气味稍似阿魏,可和诸香爇之。"也认为是唵叭国所产,且气味接近阿魏。《五杂俎》和《通雅》认为唵叭就是宋代的亚悉香,又称乌香。综上所述,不同时期唵叭香所指或许并非一物,从产地来看,西藏所产因为多有朝贡记录可以确定,所谓唵叭国或东南亚所产究竟是否是误记还不清楚,文献中具体所指需结合其他信息来判定。

[155] 唵叭国:唵叭国的说法似乎仅见于此香的说明,所指不详。在《五杂俎》中有此条。

唵叭香辟邪

燕都[156]有空房一处,中有鬼怪,无敢居者。有人偶宿其中,焚唵叭香,夜闻有声云:"是谁焚此香,令我等头痛不可居?"后怪遂绝。(《五杂俎》)

[156] 燕都:指燕京,即今之北京。

国朝贡唵叭香[157]

西番[158]与蜀相通,贡道必由锦城[159],有三年一至者,有一年一至者。其贡诸物有唵叭香。(《益部谈资》[160])

唵叭香前亦未闻,《五杂俎》《益部谈资》二书近出。

[157] 国朝贡唵叭香：这里指的是西藏进贡的"唵叭香"，如上文注释所述，这个唵叭香是松脂一类加热制成的一种藏香。后来清代文献中所称来自西藏的"唵叭香"都是指这类。

[158] 西番：又称西蕃，有两种用法，一种泛指西部边境地区，一种特指西藏地区，这里是后者。

[159] 锦城：指成都，因蜀锦得名，又称锦官城。

[160]《益部谈资》：无碍庵本作《益都谈资》，依四库本、汉和本作《益部谈资》。《益部谈资》，地理杂志，明何宇度撰，三卷。宇度，字仁仲，曾在四川任夔州通判、华阳县令等职。该书约作于万历中。因体例不属图经，故曰"谈资"。四川人文地理、历史掌故之书。

撒馥香 [161]

撒馥兰，出夷方，如广东兰。子香味清淑，和香最胜。吴恭顺寿字香饼[162]惟增此品，遂为诸香之冠。

[161] 撒馥香：无碍庵本作"撒馥香"，四库本、汉和本作"撒馥"，今依无碍庵本。撒馥兰，有认为即藏红花。来源于阿拉伯语（zefiraṇ或zafaran）或波斯语，今日英语saffron也源于此。

[162] 吴恭顺寿字香饼：参见下文恭顺寿字香饼的香方。四库汉和本香方中缺少"撒馥兰"，无碍庵

本保存了此香材。吴恭顺，指恭顺侯（伯）吴氏。恭顺伯吴允诚，归顺明朝的蒙古人，名字为朱棣所赐。允诚子克忠（追封邠国公）袭爵，洪熙朝进封恭顺侯，任副总兵。吴氏后代承袭恭顺侯爵位，是明代的制香名门。下文《猎香新谱》中的"黄香饼""黑香饼"都以恭顺侯府所制为顶级。

乾岛香

出滇中，树类檀[163]，取根皮研末作印香，味极清远，幽窗静夜，每一闻之，令兴出尘之想。

[163] 树类檀：汉和本、四库本作"树类榆"，今依无碍庵本。

佛藏[1]诸香　　卷六

[1]这里指佛所说的大乘经典。

象藏香　考证二则

南方有鬻香长者[2]，善别诸香，能知一切香。王所出之处有香名曰象藏[3]，因龙斗生，若烧一丸，即起大香云，众生嗅者诸病不相侵害。（《华严经》[4]）

又云：若烧一丸，兴大光明，细云覆上，味如甘灵，七昼夜降其甘雨。（《释氏会要》[5]）

[2] 鬻香长者：鬻：音yù，卖，出售。鬻香长者，华严经中提到的一位善能分别诸香的菩萨，善财童子向其求教。《大方广佛华严经·入不思议解脱境界普贤行愿品》："其中有一鬻香长者。名曰具足优钵罗华。"又："善男子。我善别知一切诸香。"

[3] 象藏：《华严经》中提到的一种神奇的香。《大方广佛华严经·入法界品》："善男子，人间有香，名曰象藏，因龙斗生。若烧一丸，即起大香云弥覆王都，于七日中雨细香雨……众生嗅者，七日七夜欢喜充满，身心快乐，无有诸病，不相侵害，离诸忧苦，不惊不怖，不乱不恚，慈心相向，志意清净。"

[4]《华严经》：这里引用的是大意，并非原文，而且两句话出于不同章节，应该分为两段比较合适。这里依《香乘》原文放在一起。

《华严经》，具名《大方广佛华严经》，是佛成道后在菩提场等处，借普贤、文殊诸大菩萨显示佛陀的因行果德如杂华庄严，广大圆满、无尽无碍妙旨的要典。此经汉译本有三种：一、东晋佛驮跋陀罗的译本，题名《大方广佛华严经》，六十卷，为区别于后来的唐译本，又称为"旧译《华严》"，或称为《六十华严》；二、唐武周时实叉难陀的译本，题名《大方广佛华严经》，八十卷，又称为"新译《华严》"，或称为《八十华严》；三、唐贞元中般若的译本，也题名《大方广佛华严经》，四十卷，它的全名是《大方广佛华严经入不思议解脱境界普贤行愿品》，简称为《普贤行愿品》，或称为《四十华严》。

[5]《释氏会要》：这里是转述《华严经》关于象藏香的文字。《释氏会要》：宋沙门仁赞著，四十卷。

无胜香

海中有无胜香。若以涂鼓及诸螺贝，其声发时，一切敌军皆自退散。[6]（《华严经》）

[6]《大方广佛华严经·入法界品》："善男子，海中有香，名无能胜，若以涂鼓及诸螺贝，其声发时，

一切故军悉皆退散。"应该称为"无能胜香",此处讹略为"无胜香"。

净庄严香

善法天中有香名净庄严,若烧一圆,普使诸天心念于佛。[7]（《华严经》）

[7]《大方广佛华严经·入法界品》:"善男子,善法天中有香,名净庄严;若烧一丸而以熏之,普使诸天心念于佛。"

牛头栴檀香

从离垢出,若以涂身,火不能烧。[8]（《华严经》）

[8]《大方广佛华严经·入法界品》:"善男子,复有香,名牛头栴檀,从离垢山王生,若以涂身火不能烧。"《入法界品》中还提到了很多其他的香,这里只记录了其中的三种。

兜娄婆香[9]

坛前别安一小炉,以此香煎取香水,沐浴其炭然令猛炽。[10]（《楞严经》）

[9]兜娄婆香:参见前"兜娄婆香"条,从经文中描述来

看，这里指的是树脂类香料，也即是佛教文献中所认为的苏合香的音译。并非是明代以后所指的藿香。

[10]《大佛顶如来密因修证了义诸菩萨万行首楞严经卷第七》："每以食时，若在中夜，取蜜半升，用酥三合，坛前别安一小火炉，以兜楼婆香，煎取香水，沐浴其炭，燃令猛炽，投是酥蜜于炎炉内，烧令烟尽，享佛菩萨。"

香严童子

香严童子即从座起，顶礼佛足，而白佛言：我闻如来教我谛观诸有为相。我时辞佛，宴晦清斋，见诸比丘烧沉水香，香气寂然来入鼻中。我观此气：非木、非空、非烟、非火，去无所著，来无所从，由此意销，发明无漏。如来印我得香严号，尘气倏灭，妙香密圆。我从香严，得阿罗汉。佛问圆通，如我所证，香严为上。[11]（《楞严经》）

[11]见《大佛顶如来密因修证了义诸菩萨万行首楞严经卷第五》，这里是原文。

烧沉水

纯烧沉水，无令见火。[12]（《楞严经》）

[12]出《大佛顶如来密因修证了义诸菩萨万行首楞严经卷第七》。

三种香

　　三种香，所谓根香、花香、子香。此三种香，遍一切处，有风而闻，无风亦闻。[13]（《戒香经》[14]）

[13]《佛说戒香经》："我见世间有三种香。所谓根香花香子香。此三种香遍一切处。有风而闻。无风亦闻。"

[14]《戒香经》：《佛说戒香经》，一卷，宋法贤译。

世有三香

　　世有三香：一曰根香，二曰枝香，三曰华香。是三品香唯随风香，不能逆风。宁有雅香随风逆风者乎？（《戒德香经》[15]）

[15]《戒德香经》：东晋天竺三藏竺昙无兰译。此经与《戒香经》内容类似，都是称赞持戒功德殊胜。

栴檀香树

　　神言：树名旃檀，根茎枝叶治人百病，其香远闻，世之奇异，人所贪求，不须道也。（《旃檀树经》[16]）

[16]《旃檀树经》：《佛说旃檀树经》，一卷，失译人。讲穷人依旃檀树神得活，后报王伐此树，身死树下。佛微笑放光，说其凤缘。

栴檀香身

尔时世尊告阿难言。有陀罗尼名栴檀香身。(《陀罗尼经》[17])

[17]《陀罗尼经》：佛经题中含"陀罗尼经"四字的甚多，略称《陀罗尼经》易致混淆，故此处的略称不合规范。查诸经文此乃《佛说栴檀香身陀罗尼经》，宋法贤译。 诵者得见观自在菩萨，消除宿业，亦治恶癫疮癣。

持香诣佛

于时难头、和难龙王[18]各舍本居，皆持泽香[19]、旃檀、杂香，往诣佛所。至新岁[20]场归命于佛及与圣众，稽首足下，以旃檀杂香供养佛及比丘僧。(《新岁经》[21])

[18]难头、和难龙王：难头、和难，俱是龙王的名字。二龙之因缘可参看《龙王兄弟经》，三国吴支谦译。

[19]泽香：树脂类香、涂地之香。《摩诃般若波罗蜜经·萨陀波仑品第八十八》："烧众名香，泽香涂地，供养恭敬般若波罗蜜故。"《佛说菩萨行五十缘身经》："菩萨世世为佛治道径持泽香涂地。用是故。佛行道时诸好杂华行列散地上。"

[20]新岁：(佛教术语)谓夏安居竟之翌日，即七月

十六日（旧律），是比丘之新年元旦也。

[21]《新岁经》：《佛说新岁经》，东晋天竺三藏昙无兰译。

传香罪福响应

佛言：乃昔摩诃文佛时普达王为大姓家子。其父供养三尊，父命子传香。时有一侍使，意中轻之，不与其香，罪福响应故获其殃。虽暂为驱使，奉法不忘，今得为王，典领人民。当知是趣其所施设，慎勿不平。道人本是侍使，时不得香，虽不得香，其意无恨，即誓言：若我得道。当度此人福愿果合。今来度王并及人民。（《普达王经》[22]）

[22]《普达王经》：《佛说普达王经》，失译人名，大藏经附于西晋著录部分。

多伽罗香[23]

多伽罗香，此云根香；多摩罗跋香，此云藿香旃檀。[24]释云：与乐[25]。即白檀也，能治热病。赤檀能治风肿。（《释氏会要》）

[23] 多伽罗香：参见前文"多伽罗香"条解释。
[24] 这里是把多摩罗跋香和多摩罗跋旃檀香中的"多摩罗跋"搞混了。多摩罗跋香，梵文"tamālapattra"，从梵文来看应该是指柴桂（cinnamomum tamala，分布

于我国云南和南亚地区的樟科樟属植物）的叶子。慧琳《一切经音义》："多摩罗跋，香名也。唐云藿香，古云根香，讹也。理解为一种植物香。

而多摩罗跋旃檀香里面的"多摩罗跋"梵文"tamāla-bhadra"，意为"性无垢贤"，梵文和上面的"多摩罗跋"不同，不能翻译为"藿香旃檀"。

[25]与乐：栴檀的梵文意思就是"与乐"。

法华[26]诸香

须曼那华香、闍提华香、末利华香、瞻卜华香、波罗罗华香、赤莲华香、青莲华香、白莲华香、华树香、果树香、栴檀香、沉水香、多摩罗跋香、多伽罗香、拘鞞陀罗树香、曼陀罗华香、殊沙华香、曼殊沙华香。

[26]法华：指《法华经》，见前"法华经"条。

殊特妙香

净饭王[27]令蜜多罗[28]传太子书，太子郎初就学，将最妙牛头栴檀作手版，纯用七宝庄严四缘，以天种种殊特妙香涂其背上。[29]

[27]净饭王：迦毗罗卫国之王，释迦牟尼佛的父王。

《翻译名义集》："首图驮那Śuddhodana，此云净饭，或云白净。"

[28] 蜜多罗：应为"毗奢婆蜜多罗"，此处是讹略。毗奢婆蜜多罗是净饭王为太子（佛年幼在宫中时称太子）找的老师。
[29] 此段文字来自《佛本行集经·习学技艺品第十一》，是大概意思，不是原文。

石上余香

帝释、梵王摩牛头栴檀[30]涂饰如来，今其石上余香郁烈。[31]（《大唐西域记》）

[30] 牛头栴檀：又称赤栴檀。栴檀为香树名，出自牛头山，故曰牛头栴檀。《翻译名义集》："正法会经云：此洲有山名曰高山，高山之峰多有牛头栴檀，以此山峰状如牛头于此峰中生栴檀树，故名牛头。《华严经》："摩罗耶山出栴檀香名曰牛头，若以涂身，设入火坑火不能烧。"
[31] 此段文字出《大唐西域记·卷九》佛陀伐那山峰一节，讲此山峰旁边的石室（山洞）佛曾降临。旁边有一个大石头，帝释天和大梵天王曾涂香供养。

香灌佛牙

僧伽罗国[32]王宫侧有佛牙精舍，王以佛牙日三灌洗[33]，香水、香末或濯、或焚，务极珍奇，式修供

养。[34]（同上）

[32] 僧伽罗国：又作僧加剌、僧加那、僧伽那、僧伽剌、僧伽、僧家。即梵文 siṃhala 译音，意即执狮子，故又称师（狮）子国、执师子国。即今之斯里兰卡（Sri Lanka）。

[33] 灌洗：指洗浴佛像。

[34] 此段文字出《大唐西域记·卷十一》僧伽罗国一节，讲述僧伽罗国国王供养佛牙舍利的情形。

譬香

佛以乳香、枫香为泽香，椒、兰、蕙、芷为天末香。又云：天末香莫若牛头旃檀，天泽香莫若詹糖、熏陆，天华香莫若馨兰、伊蒲，后汉所谓伊蒲之供[35]是也。

[35] 伊蒲之供：所谓"伊蒲之供"指的是佛教的素斋，又称"伊蒲馔""伊蒲斋"。这个是来源于佛教东汉时期汉译把男居士翻译为伊蒲塞，也就是后来翻译的"优婆塞"。《后汉书·光武十王列传》载："楚王（英）诵黄老之微言，尚浮屠之仁祠……其还赎，从助伊蒲塞桑门之盛馔。"这里的伊蒲塞就是居士"优婆塞"，桑门就是"沙门"。大概西晋时，男居士逐渐翻译为"优婆塞"，"伊蒲塞"的译法就渐渐不用了。这里作者把伊蒲当作一种植物，应该是误解。

青棘香[36]

佛书云：终南[37]长老入定，梦天帝赐以青棘之香。（《鹤林玉露》[38]）

[36] 青棘香：《鹤林玉露》此条是转引好友所见佛书，并且说《过庭录》也有这个说法。但佛教典籍中目前没有看到青棘香的用法。唐诗中提及"青棘"多是指荆棘灌木之类，并不作为一种香。

《宋高僧传卷第十四·唐京兆西明寺道宣传》："复次庭除有一天来礼谒。谓宣曰。律师当生睹史天宫。持物一苞云。是棘林香。"棘林香在唐诗中还是颇有提及的。如唐皎然诗《春日和卢使君幼平开元寺听妙奘上人讲（时上人将游五台）》："春生雪山草，香下棘林天。"但佛教中棘林多是指荆棘丛生之地。如《正法念处经·观天品第六》："如蜜在棘林，亦如杂毒饭。"此处棘林香所指何物，不太清楚。

[37] 终南：终南山，位于陕西长安县西约二十九公里。东起蓝田，西至郿县，绵亘八百余里，为秦岭山脉之一部分。古来高僧云集之地。

[38]《鹤林玉露》：笔记集。宋罗大经撰。罗大经（1196—1242），字景纶，号儒林，又号鹤林，南宋吉水人。此段出《鹤林玉露乙篇·卷四》。

风与香等

佛书云：凡诸所嗅，风与香等。[39]（同上）

[39] 出《鹤林玉露乙篇·卷五》，是作者解释杜甫诗句时猜测其所用的典故，但只说是佛书上这样说。来源不清。

香从顶穴中出

僧伽[40]者，西域人。唐时居京师之荐福寺，尝独处一室，其顶上有一穴，恒以絮室之。夜则去絮，香从顶穴中出，烟气满房，非常芬馥。及晓，香还入顶穴中，仍以絮室之。（《本传》[41]）

[40] 僧伽：一般而言"僧伽"是指僧人，"僧"即是"僧伽"的略称。但是这里"僧伽"是人名。《太平广记卷第九十六·异僧十》："僧伽大师，西域人也，俗姓何氏……寻出居荐福寺。常独处一室。而其顶有一穴，恒以絮塞之，夜则去絮。香从顶穴中出，烟气满房，非常芬馥。及晓，香还入顶穴中，又以絮塞之。"

[41]《本传》：此段文字出自《神僧传》，《神僧传》是明太宗时御制，未录编纂者。此书是以后汉至元初民间各方神僧流传事迹采辑成书，上面已经说过，《太平广记》就有这条记载。

结愿香

有郎官梦谒老僧于松林中,前有香炉,烟甚微。僧曰:此是檀越[42]结愿香,香烟尚存,檀越已三生三荣朱紫[43]矣。陈去非[44]诗云:再烧结愿香。[45]

[42] 檀越:施主,梵文音译。
[43] 朱紫:古代高级官员的服色或服饰。此处指做官富贵。
[44] 陈去非:陈与义(1090—1138),字去非,号简斋,南宋大臣,诗人。
[45] 此句出陈与义的《早起》诗:"再烧结愿香,稍洗三生勤。"陈与义还有《游道林岳麓》:"恍然结愿香,独会三生心。"《陈氏香谱》和《事林广记续集》里面都有结愿香的记载,和此文略有出入,应该是宋代普遍流传的故事。

所拈之香芳烟直上

会稽山阴[46]灵宝寺[47]木像,戴逵[48]所制。郗嘉宾[49]撮香咒曰:"若使有常,将复睹圣颜;如其无常,愿会弥勒之前。"所拈之香于手自然芳烟直上,极目云际,余芬徘徊,馨闻一寺。于时道俗,莫不感厉[50]。像今在越州[51]嘉祥寺[52]。(《法苑珠林》[53])

[46] 会稽山阴:指会稽郡山阴县,今浙江绍兴一带。

[47] 灵宝寺：西晋永康元年（300）建，为绍兴城区最早的寺院。《嘉泰会稽志》："西晋永康元年，有诸葛姥日投钱井中，一日钱溢井外。遂置灵宝寺。"

[48] 戴逵：东晋画家及雕塑家。谯国铚县（安徽亳县）人，字安道。

[49] 郗嘉宾：郗超（336—378），字景兴，一字嘉宾，高平金乡（今山东）人，东晋大臣。他是桓温最重要的谋臣，信佛好施。

[50] 感厉：亦作"感励"。犹言感奋激励。

[51] 越州：隋大业元年（605）改吴州置，治所在会稽县（今浙江绍兴市）。辖境相当今浙江浦阳江（浦江县除外）、曹娥江、甬江流域。大业三年（607）改为会稽郡。唐武德四年（621）复改越州，天宝、至德间又改会稽郡。乾元元年（758）复改越州。南宋绍兴元年（1131）改绍兴府。

[52] 嘉祥寺：位于浙江省绍兴市。系东晋孝武帝太元年间（376—396），郡守琅玡王荟因仰慕竺道壹之风范而建立之寺宇，并请其居之。隋代时，三论宗祖师吉藏曾于此寺讲经八年，听者常达千余人，该寺遂名闻天下，世乃称吉藏为嘉祥大师。

[53]《法苑珠林》：一百卷（嘉兴藏作一百二十卷），唐总章元年（668）道世（？—683）所著。佛教类书（百科全书）。

香似茅根

永徽[54]中，南山龙池寺[55]沙门智积[56]至一谷[57]，闻香莫知何所，深讶香从涧内沙出。即拨沙看，形似茅根，里甲沙土，然极芳馥，就水抖拨洗之，一涧皆香，将[58]返龙池佛堂中，堂皆香，极深美。（《神州塔寺三宝感应录》[59]）

[54] 永徽：是唐高宗李治的第一个年号（650—655）。
[55] 龙池寺：指终南山天池寺。此寺在隋代时称龙池寺，唐初改为普光寺，在今西安太乙宫东隅蛟峪山上，今称天池寺。
[56] 智积：三本皆作"智稜"。《集神州三宝感通录》《法苑珠林》皆作"智积"，故改为智积。
[57] 一谷：依原文，这个山谷指的是"渭南县南山倒豺谷"。书中记载曾有梵僧说过去七佛曾来此说法。所以智积想去朝拜此地。
[58] 将：携带。
[59] 《神州塔寺三宝感应录》：《集神州三宝感通录》，唐代道宣大师所集的感应故事集。

香熏诸世界

莲花藏香[60]如沉水，出阿那婆达多池[61]边，其香一丸如麻子大，香熏阎浮提界。亦云：白旃檀能使众欲清凉，黑沉香能熏法界。又云：天上黑旃檀香若烧一铢普熏小千世界，三千世界珍宝价直所不能及。赤土国[62]香闻百里，名一国香。[63]（《绀林》[64]）

[60] 莲花藏香：莲花藏香出《华严经·入法界品》："善男子，阿那婆达多池边出沉水香，名莲华藏，其香一九如麻子大；若以烧之，香气普熏阎浮提界，众生闻者，离一切罪，戒品清净。"

[61] 阿那婆达多池：即阿耨达池，梵名Anavatapta，巴利名Anotatta。相传为阎浮提四大河之发源地。又作阿耨大泉、阿那达池、阿那婆踏池，略称阿耨。意译清凉池、无热恼池。

[62] 赤土国：多数学者倾向于认为在今马来西亚马来半岛马来西亚的吉打至泰国的宋卡、北大年一带。在《隋书·南蛮传》："赤土国，扶南之别种也。在南海中，水行百余日而达其都。土色多赤，因以为号。"

[63] 此"一国香"记载见于《陈氏香谱》，其中转引《诸蕃记》："赤土国在海南，出异香，每一烧一九闻数百里，号一国香。"

[64] 所指不详。莲花藏香部分出自《华严经》，一国香见于《陈氏香谱》。

香印顶骨

印度七宝小窣堵波[65]置如来顶骨，骨周一尺二寸，发孔分明，其色黄白，盛以实函，置窣堵波中。欲知善恶相者，香末和泥，以印顶骨，随其福感，其文焕然。又有婴疾病，欲祈康愈者，涂香散花，至诚归命，多蒙瘳瘥[66]。（《大唐西域记》[67]）

[65] 窣堵波：佛塔。又作牢都婆、窣睹波、素睹波、薮斗婆，旧称薮偷婆、私鍮簸、数斗波、鍮婆、塔婆、兜婆、塔、浮图等。奉安佛物或经文，又为标帜死者生存者之德，埋舍利、牙、发等，以金石土木筑造，使瞻仰者。

[66] 瘳瘥：音 chōu chài，二字皆病愈之意。

[67]《大唐西域记》：此段出《大唐西域记·卷二》"那揭罗曷国"条。那揭罗曷国，故址当在今阿富汗贾拉拉巴德一带，是当时重要的佛教圣地。

买香弟子

西域佛图澄常遣弟子向西域中市[68]香。既行，澄告余弟子：掌中见买香弟子在某处被劫，垂死，因烧香咒愿，遥救护之。弟子复还云：某月某日某处，为盗所劫，垂当见杀，忽闻香气，贼无故自惊曰："救兵已至"，弃之而走。（《高僧传》）

[68] 市：买。

以香薪身

圣帝[69]崩时，以劫波育[70]氎千张缠身，香泽灌上，令泽下彻，以香積身，上下四面使其齐同，放火阇维[71]检骨香汁洗盛以金瓮。石为甀瓯[72]。(《佛灭度后棺敛葬送经》[73])

[69] 圣帝：此处指佛陀释迦牟尼。
[70] 劫波育：树名（译曰时分树）。又，白氎名，即以劫贝树之絮织之者。此处为后者。氎，细毛布，细棉布。
[71] 阇维：即荼毗，火葬。
[72] 甀瓯：大方砖。
[73] 《佛灭度后棺敛葬送经》：一名《比丘师经》，失译人名，大藏经附于西晋著录部分。

戒香[74]

烧此戒香，令熏佛慧。又：戒香恒馥，法轮常转。(《龙藏寺碑》[75])

[74] 戒香：戒德熏于四方，譬之以香。《戒香经》："世间所有诸华香，乃至沉檀龙麝香，如是等香。非遍闻，唯闻戒香遍一切。"
[75] 《龙藏寺碑》：隋开皇六年（586）刻。藏河北正定隆兴寺。无撰书人姓名。《龙藏寺碑》是著名隋

戒定香

释氏有定香[76]、戒香。韩侍郎[77]赠僧诗："一灵今用戒香熏。[78]"

[76] 定香：五分香之一。密教以香比喻如来之法身，即戒香、定香、慧香、解脱香、解脱知见香等五种香。其中之定香，即比喻如来之真心常住寂静，不起妄念，不为惑乱所动摇。

[77] 韩侍郎：韩偓（842—923），唐代诗人。字致尧，一作致光，小名冬郎，号玉山樵人。京兆万年（今陕西西安附近）人。曾任兵部侍郎，故称韩侍郎。文中诗句出自其《赠僧》诗。

[78] 韩偓《赠僧》"三接旧承前席遇，一灵今用戒香熏。相逢莫话金銮事，触拨伤心不愿闻。"

多天香[79]

波利质多天树，其香则逆风而闻。（《成实论》）

[79] 多天香：波利质多罗是忉利天的树名，梵语

paricitra，又曰波利质罗，波疑质姤。具名波利耶怛罗拘陀罗，译言香遍树，又称曰天树王。这里讹略成多天香，是不解原意之故。

如来香

愿此香烟云，遍满十方界，无边佛土中，无量香庄严，具足菩萨道，成就如来香。（《内典》[80]）

[80]《内典》：内典是对佛教典籍的通称，这几句是佛教供香仪轨中常见的祝赞文字，在很多法本中燃香供养的部分都有。

浴佛香

牛头旃檀、芎藭[81]、郁金、龙脑、沉香、丁香等以为汤，置净器中，次第浴之。（《浴佛功德经》[82]）

[81] 芎藭：古代所指不一。唐宋以来主流品种为伞形科藁本属植物川芎（Ligusticum chuanxiong hort）。所谓川芎本来即指产地位于四川的芎藭，唐代芎藭以甘肃所产为上，宋代四川成为主要道地产区，且成为上品。后来芎藭逐渐被川芎之名替代。川芎有香气，但佛经原植物所指是什么还需进一步考证。

[82]《浴佛功德经》：关于浴佛方规功德的佛经有唐迦湿蜜罗国沙门宝思惟译《佛说浴像功德经》、唐三

藏法师义净译《浴佛功德经》，这两种译本大意相同而略有差别。从这里所引的文字来看，应该是前者，但是和原文有所出入。

异香成穗

二十二祖摩拏罗[83]至西印度，焚香遥语月氏国，王忽睹异香成穗。[84]（《传灯录》[85]）

[83] 二十二祖摩拏罗：二十二祖指禅宗从释迦牟尼付法藏于初祖摩诃迦叶后代代相传第二十二代祖师（来中国的达摩大师为第二十八代），摩拏罗，那提国常自在王之子。三十岁时，遇婆修盘头尊者，遂出家，嗣其法，行化于西印度。后至大月氏国，传法予鹤勒那而后示寂。

[84] 此段引文不详，易生误解。原文是说摩拏罗焚香遥语月氏的鹤勒那，鹤勒那为彼国王宝印说修多罗偈，忽睹异香成穗。王问鹤勒那是何故，鹤勒那说是西印度祖师摩拏罗将要到来，先降信香耳。

[85] 《传灯录》：即《景德传灯录》，凡三十卷，宋道原撰，略称《传灯录》，为我国禅宗史书。

古殿炉香

问："如何是古寺一炉香？"海晏禅师[86]曰："历

代勿人嗅。"曰："嗅者如何？"师曰："六根俱不到。"（同上）

[86] 海晏禅师：三本皆作"宝盖约"，这是和原书中上一条宝盖约禅师的公案混淆了，这段公案原书是归于"越州云门山拯迷寺海晏禅师"，今据《景德传灯录》《五灯会元》改为"海晏禅师"。

买佛香

问："'动容[87]沉古路，身没乃方知。'此意如何？"师[88]曰："偷佛钱买佛香。"曰："学人不会。"师曰："不会即烧香供养本爹娘。"

[87] 动容：三本皆作"动貌"，据大正藏《传灯录》为"动容"。

[88] 师：指九峰道虔禅师。

万种为香

永明寿公[89]云：如捣万种而为香，蓺一尘而已具足众气。（《无生论》[90]）

[89] 永明寿公：杭州慧日山永明寺智觉禅师，名延寿。五代宋初人，佛教史上里程碑式的大师之一。著《宗镜录》百卷，《万善同归集》六卷。师嗣天台韶国师，韶嗣法眼益禅师。又被后人尊为净土宗祖

师之一。

[90]《无生论》：此处文字出于《宗镜录》卷二，原文作"如捣万种而为香丸。蓺一尘而具足众气"。

合境异香

杯渡[91]和尚至广陵，寓村舍李家，合境闻有异香。（《仙佛奇踪》）

[91] 杯渡：即杯度，南北朝时神僧，示现种种神通，度化一方。事迹见《高僧传》卷十、《神僧传》卷三。

烧香咒莲

佛图澄取盆水，烧香咒之，顷刻青莲涌起。[92]

[92] 此段文字见于《晋书·列传第六十五》："勒召澄，试以道术。澄即取钵盛水，烧香咒之，须臾钵中生青莲花，光色曜日，勒由此信之。"亦见于《高僧传》卷九等。讲的是佛图澄以神通令石勒生信的事迹。

香光

鸟窠禅师[93]，母朱氏梦日光入口，因而有娠。及

诞，异香满室，遂名香光焉。(《仙佛奇踪》)

[93] 鸟窠禅师：即鸟窠（一作鸟窾）道林禅师（741—824），俗姓潘，名香光，杭州富阳人，唐代禅师。事见《释氏稽古略》《释氏通鉴》等书。

自然香洁

伽耶舍多[94]尊者，其母感娠，七日而诞，未尝沐浴，自然香洁。(同上)

[94] 伽耶舍多：公元前1世纪印度摩提国人，又称僧佉耶舍。事见禅宗付法藏第十八祖（《景德传灯录》卷二），或称第十七祖（《佛祖统纪》卷五）。

临化异香

惠能[95]大师跏趺而化，异香袭人，白虹属地。(同上)

又，智感禅师[96]临化，室有异香，经旬不散。

[95] 惠能：一作慧能（638—713），我国禅宗第六祖。号六祖大师、大鉴禅师。祖籍范阳（河北），俗姓卢，生于南海新兴（广东）。禅宗自惠能而局面大开。其讲法录于《坛经》之中。

[96] 智感禅师：或为智岩禅师之误。《五灯会元》记其圆寂时"室有异香，经旬不歇"。其事亦见于《续

高僧传》卷第二十一及《祖堂集》《景德传灯录》等书。智岩禅师,牛头山法融禅师法嗣,唐代江苏曲阿人。

宫掖[1]诸香 卷七

[1] 宫掖：指皇宫。掖，掖庭，宫中的旁舍，嫔妃居住的地方。

熏香　考证二则

庄公束缚管仲[2]以予齐使，受而退[3]，比至[4]，三衅三沐[5]之。注云：以身涂香曰衅，衅或为熏[6]。（《齐语》[7]）

魏武令云：天下初定，吾便禁家内不得熏香[8]。（《三国志》[9]）

[2] 庄公束缚管仲：此段的故事背景是：鲁庄公听从谋臣建议欲杀管仲，齐桓公让使臣对庄公说要带管仲回齐国当众杀之，以报他之前刺杀自己之仇，实则恭敬地迎请管仲为相。庄公：指鲁庄公。管仲（约前725—前645），姬姓，管氏，名夷吾，谥曰"敬仲"，齐国颍上（今安徽颍上）人，史称管子。春秋时期齐国著名的政治家、军事家。

[3] 受而退：汉和本、四库本作："受而以退"，无碍庵本作"受而退"，《齐语》原文作："受之而退。"因此处非原文，而是大意，故今依无碍庵本不做调整。

[4] 比至：等到（返回齐国）。

[5] 三衅三沐：三次沐浴和涂香，以示恭敬。

[6] 衅或为熏：以熏解衅的说法，见于《说文解字》的注。

[7] 《齐语》：《国语·齐语》，《国语》是中国最早的一部国别史著作。记录了周朝王室和鲁、齐、晋、郑、楚、吴、越等诸侯国的历史。

[8] 曹操认为烧香过于奢靡，因此曾多次禁止烧香及以香薰衣。

[9] 《三国志》：西晋陈寿编写的一部主要记载魏、蜀、吴三国鼎立时期的纪传体国别史。陈寿（233—297），字承祚，西晋巴西安汉（今四川南充北）人。

西施[10]异香

西施举体异香。沐浴竟，宫人争取其水积之罂瓮，用洒帷幄[11]，满室皆香。瓮中积久，下有浊滓，凝结如膏，宫人取以晒干，锦囊盛之，佩于宝[12]，香踰[13]于水。（《采兰杂志》[14]）

[10] 西施：原名施夷光，春秋末期出生于浙江诸暨苎萝村。中国古代四大美女之首。

[11] 帷幄：这里指室内悬挂的帐幕，帷幔。帷幄的本意。

[12] 宝：此处读mò，指抹胸，肚兜。

[13] 踰：同"逾"，超过。这里是说收集的香膏香气超

过沐浴的香水。

[14]《采兰杂志》：宋代（一说元代）笔记作品，作者不详。

迫驾香[15]

戚夫人[16]有迫驾香。

[15] 据晁公武《读书志》，洪刍《香谱》曾记载此香，但此条记载现已不存，具体情况不详。

[16] 戚夫人：？—前194，一称戚姬，名懿，下邳（今江苏邳州）人，祖籍秦末汉初定陶（今山东定陶），是汉高帝刘邦的宠妃，后被吕后折磨致死。

烧香礼神

昆邪王杀休屠王[17]来降，得金人之神[18]，置之甘泉宫[19]。金人者皆长丈余，其祭不用牛羊，惟烧香礼拜。（《汉武故事》[20]）

金人即佛，武帝时已崇事之，不始于成帝[21]也。

[17] 昆邪王杀休屠王：昆邪王、休屠王，皆是汉武时代匈奴在陇西一带的部落首领。

[18] 金人之神：此故事见于《汉书·地理志》《汉书音义》等史籍，有学者认为"金人"即佛像，则此乃有记载佛像传入中国之始。也有学者有不同看法。

[19] 甘泉宫：故址在今陕西淳化西北甘泉山。秦始皇时所建，汉武帝又加以增修。西汉皇室避暑行宫。

[20]《汉武故事》：又名《汉武帝故事》，共一卷。此书是一篇杂史杂传类志怪小说。记载与《史记》《汉书》等正史多有出入。关于作者和成书年代说法不一，亦无定论。

[21] 成帝：汉成帝刘骜（前51—前7），西汉第十二位皇帝。关于佛教传入中国，历来有多种说法，这句话提到汉成帝，指的是西汉成帝时刘向检阅藏书时发现佛经的说法。

龙华香

汉武帝时海国献龙华香。（同上）

百蕴香

赵后[22]浴五蕴七香汤，婕妤[23]浴豆蔻汤。帝曰：后不如婕妤体自香。后乃燎百蕴香，婕妤傅[24]露华百英粉[25]。（《赵后外传》[26]）

[22] 赵后：指赵飞燕（前45—前1），汉成帝皇后，原名宜主，精通音乐，吴县（今江苏省苏州市）人。

[23] 婕妤：汉代宫廷嫔妃分为多重等级，婕妤是较高的一种。汉成帝时婕妤常指贤能的才女班婕妤，不过

考察《赵后外传》的记载，此处应为赵飞燕之妹赵合德（在其他书中多称昭仪），亦以美色得宠于成帝。赵合德与赵飞燕对外结成联盟，保持在宫廷斗争中的优势，二人之间则互相争宠。后文的婕妤亦指赵合德。

[24] 傅：附着。

[25] 百英粉：这里百英粉应该指的是百花制成的香粉，和后世化妆所用的"英粉"没有关系。

[26] 《赵后外传》：亦称《飞燕外传》，讲赵飞燕姐妹的传闻逸事，旧题汉江东都尉伶玄撰，伶玄字子于，潞水（今山西长治）人，据说也是成帝时人。此书一般认为不是汉代的作品，可能是唐人所作。

九回香

婕妤又以九回香膏发[27]；为薄眉，号远山黛；施小朱，号慵来妆。（同上）

[27] 婕妤又以九回香膏发：汉和本、四库本作："婕妤又沐以九回香膏发"，无碍庵本无"沐"字，有的版本引《赵飞燕外传》作："合德新沐，膏九曲沈水香"，此处是说赵合德用九回香来涂抹头发，汉和本、四库本两句合为一句，亦无不可。今依无碍庵本。

坐处余香不歇

赵飞燕杂熏诸香，坐处则余香百日不歇（同上）

昭仪[28]上飞燕香物

飞燕为皇后，其女弟[29]在昭阳殿[30]，遗飞燕书曰：今日嘉辰，贵姊懋膺[31]洪册[32]，谨上襚[33]三十五条以陈踊跃之心。中有五层金博山炉[34]，青木香，沉水香，香螺卮[35]，九真[36]雄麝香等物。（《西京杂记》[37]）

[28] 昭仪：指赵合德。

[29] 女弟：妹妹。

[30] 昭阳殿：汉代宫殿名，昭阳殿为后宫诸殿之一。汉武帝时分后宫为八区，昭阳殿位列第一。汉成帝时皇后赵飞燕居昭阳殿，后泛指后妃所住的宫殿。《文选·张衡〈西京赋〉》："后宫则昭阳、飞翔、增成、合欢、兰林、披香、凤皇、鸳鸾，群窈窕之华丽，嗟内顾之所观。"

[31] 懋膺：荣膺。

[32] 洪册：这里指册封皇后的册书。

[33] 襚：赠送衣物。

[34] 博山炉：古香炉名。因炉盖上的造型似传闻中的海中名山博山而得名。一说象华山，因秦昭王与天神博于是，故名。后作为名贵香炉的代称。

[35] 香螺卮：指香螺壳制的酒杯。卮，同"卮"，酒器。
[36] 九真：指九真郡。西汉初南越赵佗置。西汉元鼎六年（前111）归汉。治所在胥浦县（在今越南清化省东山县杨舍村）。辖境相当今越南清化、河静两省及义安省东部地区。
[37]《西京杂记》：笔记小说集，其中的"西京"指的是西汉的首都长安。该书写的是西汉的杂史。作者有以为刘歆所作，亦有人认为葛洪所作，还有其他说法，未成定论。

绿熊席^[38]熏香

飞燕女弟昭阳殿卧内有绿熊席，其中杂熏诸香，一坐此席，余香百日不歇。（同上）

[38] 绿熊席：《西京杂记》一："绿熊席，毛长二尺余，人眠而拥毛而蔽，望之者不能见，坐则没膝其中。"

余香可分

魏王操《临终遗令》曰：余香可分与诸夫人，诸舍中无所为，学作履组[39]卖也。[40]（《三国志》）

[39] 履组：鞋带，或鞋和鞋带。
[40] 此段即是曹操遗嘱中"分香卖履"的典故。曹操力倡节俭，希望诸位姬妾在他死后能自力更生，做手

工补贴家用。

香闻十里

隋炀帝自大梁至淮口[41],锦帆过处,香闻十里。(《炀帝开河记》[42])

[41] 自大梁至淮口:隋唐时,大梁指开封,淮口指通济渠入淮河之口,今江苏盱眙一带。
[42] 《炀帝开河记》:宋代传奇小说。又名《开河记》,旧题唐韩偓著,但一般认为是宋代作品。叙述麻叔谋奉隋炀帝命开河的故事。

夜酣香

炀帝建迷楼[43],楼上设四宝帐,有夜酣香,皆杂宝所成。(《南部烟花记》[44])

[43] 迷楼:虽然《南部烟花记》是野史小说,但迷楼的典故在中晚唐已广为人知,其最初来源不可考,故址在扬州。
[44] 《南部烟花记》:又名《南部烟花录》《大业拾遗记》《隋遗录》,唐代笔记,记录炀帝幸广陵江都时宫中秘事。作者或以为唐冯贽所著,或以为唐颜师古所著,内容与正史记载颇有出入,也有人认为不是唐人的作品。

五方香床

隋炀帝观文殿前两厢[45]为堂[46],各十二间,于十二间堂每间十二宝橱,前设五方香床,缀贴金玉珠翠,每驾[47]至则宫人擎香炉在辇[48]前行。(《锦绣万花谷》[49])

[45] 厢:在正房前面两旁的房屋。
[46] 堂:这里指建于高台基之上的厅房。
[47] 驾:这里指皇帝的车驾。
[48] 辇:古代用人拉着走的车子,后多指天子或王室坐的车子。
[49] 《锦绣万花谷》:中国宋代所编大型类书之一,分前集、后集、续集,各四十卷,共计一百二十卷。作者姓名不详,书前有自序,题淳熙十五年,知为南宋孝宗时人。

拘物头[50]花香

大唐贞观[51]十一年,罽宾国献拘物头花,丹紫相间,其香远闻。(《唐太宗实录》[52])

[50] 拘物头:又作俱物头华、究牟地华、矩母那华、究牟地华、句文罗华。梵文kumuda,巴利语同,红色睡莲属植物,或即Nymphaea rubra。慧琳《一切经音义·卷三》:"拘物头华即赤莲华,呈深朱色,

甚具香味，非人间所有。"
[51] 贞观：唐太宗年号（627—649）。贞观十一年即637年。
[52]《唐太宗实录》：记录贞观历史和李世民事迹最详的史籍，原书亡佚，但《旧唐书》和《新唐书》中的太宗本纪，基本上就是据之成篇的。《唐太宗实录》部分来源于房玄龄、许敬宗撰《今上实录》，起自太宗即位，至贞观十四年止。永徽五年长孙无忌与史臣续编，合四十卷。因为太宗曾经亲自阅览过此书的前半部分，故某些历史事件的真实性受到影响。

敕贡杜若[53]

唐贞观敕下度支[54]求杜若，省郎以谢玄晖[55]诗云："芳洲生杜若[56]"，乃责坊州贡之[57]。（《通志》[58]）

[53] 杜若：古代所称杜若，并非今日鸭跖草科杜若属植物杜若（Pollia japonica Thunb.）。可以确定为山姜属（Alpinia）植物，可能即为高良姜（Alpinia officinarum Hance）。而古代的高良姜，可能是今日的大高良姜（Alpinia galanga）。有学者认为，今日杜若属植物杜若，恰恰是古代文献记载的杜若伪品"鸭喋草"。

[54] 度支：官署名，掌管财政收支。

[55] 谢玄晖：三本皆作谢晖，或因避讳脱"玄"字。谢朓（464—499），字玄晖，陈郡夏阳（今河南太康）人，南齐诗人，著有《谢宣城集》。

[56] 此句出谢朓《怀故人诗》："芳洲有杜若，可以赠佳期。"

[57] 责坊州贡之：此处讲度支的官员不学无术，因为听说谢朓的诗"芳洲生杜若"，以为杜若出产在坊州（今陕西黄陵县），令坊州贡之，闹了笑话，后来此官被太宗免职。其实，谢朓此诗也不过是沿用屈原《九歌·湘君》中"采芳洲兮杜若，将以遗兮下女。"的句子罢了。

[58]《通志》：纪传体中国通史，亦是百科全书，作者郑樵（1103—1162），字渔仲，兴化军莆田（今福建莆田）人，宋代著名学者，无心于仕进，深居夹漈山读书、讲学三十年，世称夹漈先生。

助情香

唐明皇正宠妃子，不视朝政。安禄山初承圣眷[59]，因进助情花香百粒，大小如粳米而色红，每当寝之际则含香一粒，助情发兴，筋力不倦。帝秘之曰：此亦汉之慎恤胶[60]也。（《天宝遗事》）

[59] 眷：通"眷"，器重。

[60]慎恤胶：文献记载汉代的春药，有一丸一幸的功效。汉成帝幸赵合德，一夜连吃七丸，泄精不止而死。

叠香为山

华清温泉汤[61]中叠香为方丈、瀛洲[62]。(《明皇杂录》[63])

[61]华清温泉汤：即华清池，玄宗开元时扩建温泉宫为华清宫，遂将温泉池改名华清池。在陕西省临潼县骊山西北麓。
[62]方丈、瀛洲：传说海中的仙山。《史记·秦始皇本纪》："齐人徐市等上书，言海中有三神山，名蓬莱、方丈、瀛洲，仙人居之。"
[63]《明皇杂录》：唐代笔记，郑处诲撰，记录玄宗一代的杂事。郑处诲，字延美，荥阳人，太和八年（834）进士。是书于大中九年（855）编成。

碧芬香裘

玄宗与贵妃避暑于兴庆宫[64]，饮宴于灵阴树下，寒甚，玄宗命进碧芬之裘。碧芬出林氏国[65]，乃驺虞[66]与豹交而生，此兽大如犬，毛碧于黛，香闻数里。太宗时国人致贡，上名之曰："鲜渠上沮。"鲜渠：华言碧；上沮：华言芬芳也。(《明皇杂录》)

[64] 兴庆宫：在陕西西安市和平门外咸宁路北侧，原是唐玄宗李隆基称帝前在兴庆坊的藩邸。李隆基即位后，于开元二年（714）将此旧宅改建为皇宫。因旧坊名而称"兴庆宫"。

[65] 林氏国：《山海经》作"林氏国"。《山海经·海内北经》："林氏国，有珍兽，大若虎，五采毕具，尾长于身，名曰驺吾，乘之日行千里。"

[66] 驺虞：传说中的义兽。即上面注释《山海经》中提到的驺吾。《毛传》："驺虞，义兽也。白虎，黑文，不食生物，有至信之德则应之。"

浓香触体

宝历中，帝[67]造纸箭、竹皮弓。纸间密贮龙麝末香，每宫嫔群聚，帝躬射之，中者浓香触体，了无痛楚，宫中名：风流箭。为之语曰："风流箭中人人愿。"（《清异录》）

[67] 帝：指唐敬宗，宝历（825—827）是唐敬宗的年号。

月麟香

玄宗为太子时爱妾号鸾儿，多从中贵[68]董逍遥微行[69]，以轻罗造梨花散蕊，裹以月麟香，号袖里春，所至暗遗之。（《史讳录》[70]）

[68] 中贵：有权势的太监。

[69] 微行：帝王或有权势者隐匿身份，易服出行或私访。

[70]《史讳录》：唐笔记，原书已佚，作者不详。此条见于《云仙杂记》（引《史讳录》）及《开元天宝遗事》。

凤脑香

穆宗[71]思玄解[72]，每诘旦[73]于藏真岛焚凤脑香以崇礼敬。后旬日，青州奏云：玄解乘黄马过海矣。（《杜阳杂编》）

[71] 穆宗：唐穆宗李恒（795—824），原名宥，820—824年在位。此处引文有误，《杜阳杂编》里面说的是唐宪宗李纯。

[72] 玄解：此处指处士伊祁玄解。《杜阳杂编》："时有处士伊祁玄解，缜发童颜，气息香洁。常乘一黄牝马，才高三尺，不啗刍粟，但饮醇酎；不施缰勒，唯以青毡借其背。常游历青兖间，若与人欷曲语，话千百年事，皆如目击。"又"过宫中刻木作海上三山，彩绘华丽，间以珠玉。上因元日，与玄解观之，指蓬莱曰：'若非上仙，无由得及此境。'玄解笑曰：'三岛咫尺，谁曰难及？臣虽无能，试为陛下一游，以探物象妍丑。'即踊体于空中，渐觉微小，俄而入于金银阙内，左右连声呼

之，竟不复有所见。上追思叹恨，仅成羸瘵。因号其山为藏真岛，每诘旦于岛前焚凤脑香以崇礼敬。后旬日，青州奏云：玄解乘黄牝马过海矣。"说的是伊祁玄解在宫中缩小身体进入木刻的仙山游览，宪宗多日不见其出来，每日焚香礼敬，旬日之后青州那边报告，看见玄解已乘马渡海。

此事洪刍的《香谱》《太平广记》《历世真仙通鉴》亦有记载。

[73] 诘旦：清晨。

百品香

上[74]崇奉释氏，每春百品香，和银粉以涂佛室，又置万佛山[75]，则雕沉檀珠玉以成之。（同上）

[74] 上：依据《杜阳杂编》，这里指的是唐代宗。
[75] 万佛山：依《杜阳杂编》，这里的万佛山是新罗国进献的宝物："万佛山则雕沉檀珠玉以成之。其佛之形，大者或逾寸，小者七八分。其佛之首，有如黍米者，有如半菽者。其眉目口耳螺髻毫相无不悉具。而更镂金玉水精为幡盖流苏，菴罗蘑卜等树，构百宝为楼阁台殿。其状虽微，而势若飞动。又前有行道僧徒，不啻千数。下有紫金钟，径阔三寸，上以龟口衔之。每击其钟，则行道之僧礼首至地，其中隐隐谓之梵音，盖关戾在乎钟也。其山虽以万佛为

名，其数则不可胜纪。"

龙火香

武宗[76]好神仙术，起望仙台以崇朝礼。复修降真台，焚龙火香，荐无忧酒。[77]（同上）

[76]武宗：唐武宗（814—846），本名李瀍，因病改名李炎，840—846年在位。

[77]《杜阳杂编》："上好神仙术，遂起望仙台以崇朝礼。复修降真台，舂百宝屑以涂其地，瑶楹金栱，银槛玉砌，晶荧炫燿，看之不定。内设玳瑁帐、火齐牀，焚龙火香，荐无忧酒。"

焚香读章奏

唐宣宗[78]每得大臣章奏，必盥[79]手焚香，然后读之。（《本传》[80]）

[78]宣宗：唐宣宗李忱（810—859），847—859年在位，初名李怡，初封光王。

[79]盥：浇水洗手，泛指洗。

[80]《本传》：正史传记皆可称"本传"，不知所指，《资治通鉴》等史书对宣宗的这个习惯有记载。

步辇[81]缀五色香囊

咸通[82]九年同昌公主[83]出降[84],宅于广化里[85],公主乘七宝步辇,四面缀五色玉香囊,囊中贮辟寒香、辟邪香、瑞麟香、金凤香,此香异国所献也。仍杂以龙脑、金屑,刻镂水晶、玛瑙、辟尘犀[86]为龙凤花,其上仍络以真珠、玳瑁,又金丝为流苏,雕轻玉为浮动,每一出游,则芬馥满路,晶荧昭灼,观者眩惑其目。是时中贵人买酒于广化旗亭[87],忽相谓曰:"坐来香气何太异也?"同席曰:"岂非龙脑耶?"曰:"非也,余幼给事于嫔御宫故常闻此香,未知由何而致?"因顾问当垆[88]者,遂云"宫主步辇夫[89]以锦衣换酒于此也",中贵人共视之,益叹其异。(《杜阳杂编》)

[81]步辇:古代一种用人抬的代步工具,类似轿子。

[82]咸通:是唐懿宗李漼的年号(860—874)。

[83]同昌公主:?—870,唐懿宗之女,极受唐懿宗宠爱,下嫁时的陪嫁极为丰厚,倍列奇珍。后同昌病死,懿宗大怒,受驸马韦保衡蛊惑,杀御医,流放大臣,酿成同昌之案。

[84]出降:皇帝之女出嫁。

[85]广化里:长安外郭城坊里之一。位于朱雀门街东第四街(皇城东第二街)街东从北第三坊。本名安兴坊,后改广化坊。

[86]辟尘犀:传说中的海兽。其角可去尘,故名。又名

却尘犀。唐刘恂《岭表录异》卷中:"又有骇鸡犀、辟尘犀、辟水犀、光明犀,此数犀,但闻其说,不可得而见之。"这里指的是犀角。
[87] 旗亭:旗亭本来是古代的市楼,用以指挥集市。隋唐已演变为指酒楼。这里就是酒楼的意思。
[88] 当垆:垆,旧时酒店里安放酒瓮的土台子。当垆指卖酒。
[89] 步辇夫:指抬步辇的人。

玉髓香

上[90]迎佛骨,焚玉髓之香,香乃诃陵国[91]所贡献也。(同上)

[90] 上:指唐懿宗,后面两条亦指懿宗。
[91] 诃陵国:又作诃陵洲,或误为阿陵、波凌。一般认为诃陵一名源自梵文名Kalinga(《大唐西域记》作羯陵伽),本指今印度的奥里萨(Orissa)邦一带,后移用于东南亚地区。其故地则众说纷纭:一说在今印度尼西亚的爪哇岛中部,或指谏义里(Kediri)一带;一说在马来半岛,位马来西亚的吉打(Kedah),或巴生(Klang),不一而足。此外尚有苏门答腊岛、加里曼丹岛乃至菲律宾的苏禄(Sulu)岛等说。

沉檀为座

上敬天竺教[92]，制二高座赐新安国寺[93]。一为讲座，一为唱经座，各高二丈，砑[94]沉檀为骨，以漆涂之。（同上）

[92] 天竺教：指佛教。
[93] 新安国寺：安国寺是唐代著名的佛教寺院，建址在今西安市东北隅。安国寺始建于唐睿宗景云元年（710），后在武宗灭佛时被毁。唐懿宗咸通七年（867）重建。所以这里称"新安国寺"。1958年在安国寺旧址出土了密宗造像，是研究唐代密宗造像的重要资料。
[94] 砑：碾磨物体，使紧密光亮。

刻香檀为飞帘

诏迎佛骨，以金银为宝刹[95]，以珠玉为宝帐香舁[96]，刻香檀为飞帘、花槛、瓦木、阶砌之类。（同上）
[95] 宝刹：这里指（装佛骨的）宝塔。
[96] 舁：（迎佛骨的）轿子。

含嚼沉麝

宁王[97]骄贵，极于奢侈，每与宾客议论，先含嚼沉

麝，方启口发谈，香气喷于席上。(《天宝遗事》)

[97] 宁王：李宪，唐睿宗长子，封宁王，李隆基之兄，善音律，让皇位于李隆基，死后玄宗封为让皇帝。

升霄灵香

公主[98]薨，帝哀痛，令赐紫[99]尼及女道冠焚升霄灵之香[100]，击归天紫金之磬，以导灵升。(同上[101])

[98] 公主：指同昌公主。
[99] 赐紫：我国古代朝廷敕赐臣下服章以朱紫为贵，及于唐朝，乃仿此制，由朝廷敕赐紫袈裟予有功德之僧，以表荣贵。
[100] 升霄灵之香：无碍庵本作"升霄灵芝之香"，汉和本、四库本作"升霄灵之香"。《艳异编》作"升霄灵芝香"。《陈氏香谱》作"升霄灵香"。洪刍《香谱》作"升霄灵之香"。今依汉和、四库本。
[101] 此段文字为懿宗朝事，不出于《天宝遗事》，《杜阳杂编》有载。

灵芳国

后唐[102]龙辉殿安假山水一铺[103]，沉香为山阜[104]，蔷薇水[105]、苏合油为江池，苓、藿、丁香为林树，熏陆为城郭，黄紫檀为屋宇，白檀为人物，方围一丈三尺，城

门小牌曰:"灵芳国"。或云:平蜀[106]得之者。(《清异录》)

[102] 后唐:后唐(923—936)是五代十国时期由沙陀族建立的封建王朝,定都洛阳(今河南洛阳),传二世四帝,历时一十四年。
[103] 铺:在这里是量词,用于陈设品。
[104] 山阜:土山,泛指山岭。
[105] 蘅薇水:依《清异录》,此处应作"蔷薇水",《香乘》可能是误记,蘅薇一般指杜衡,用在这里不太合适。
[106] 平蜀:指同光三年(925)后唐平灭前蜀。

香宴

李璟[107]保大七年召大臣宗室赴内香宴,凡中国外夷所出,以至和合煎饮、佩带粉囊共九十二种,江南素所无也。(同上)

[107] 李璟:南唐元宗(916—961),字伯玉,原名李景通,943—961年在位,好读书,多才艺。保大为其年号,见前文注释。

爇诸香昼夜不绝

蜀主王衍[108]奢纵无度,常列锦步障[109],击球[110]

其中，往往远适而外人不知。爇诸香昼夜不绝，久而厌之，更爇皂荚以乱香气[111]，结缯[112]为山及宫观楼殿于其上。（《续世说》）

[108] 王衍：899—926，字化源，王建第十一子，许州舞阳（今属河南）人，前蜀后主，918—925年在位，共七年。

[109] 锦步障：遮蔽风尘或视线的锦制屏幕，古时是豪奢的代表。

[110] 击球：这里指的是马球运动，由此可见锦步障之大。

[111] 皂荚烧起来味道难闻，王衍这么做是闻名贵香料久了，穷极无聊的做法。

[112] 缯：丝织品的通称。

鹅梨[113]香

江南李后主[114]帐中香法，以鹅梨蒸沉香用之，号鹅梨香。（洪刍《香谱》[115]）

[113] 鹅梨：鹅梨是制中药和香中常见的材料。宋苏颂《本草图经》："鹅梨出近京州郡及北都，皮薄而浆多。味差短于乳梨。"明李时珍《本草纲目》认为"鹅梨即绵梨"。从历史文献中来看鹅梨南北皆产，但以河北所产为佳。今日称鹅梨者，香气较淡，与古书制香所用鹅梨或有不同。经今日制香师反复实践，和古书描述类似，表现

较好，适合制香的是河北的秋月梨。

[114] 李后主：五代十国时南唐国君李煜（937—978），961—975年在位，字重光，初名从嘉，号钟隐、莲峰居士，精于书画，以词的成就为高。

[115] 洪刍《香谱》：洪刍，字驹父，南昌（今属江西）人。宋哲宗绍圣元年（1094）进士。但放浪江湖，不求闻达。靖康中，官至谏议大夫。后因金人破城时表现流放沙门岛（今山东蓬莱海中孤岛），死于岛上。其所作《香谱》是北宋较早、也是保存比较完整的香药谱录类著作，可以窥见我国香文化高峰时期的香学状况。也有学者认为今存所谓洪刍《香谱》（最早版本为《百川学海》本）并非洪刍的作品，是南宋时人辑录的香谱，而洪刍的《香谱》已不传。洪刍另著有《老圃集》一卷及《豫章职方乘》《后乘》等，今存《老圃集》辑本。

焚香祝天

后唐明宗[116]每夕于宫焚香祝天曰：某为众所推戴，愿早生圣人为生民主。[117]（《五代史》[118]）

[116] 后唐明宗：李嗣源（866或867—933），五代后唐皇帝，公元926—933年在位，沙陀部人，原名邈吉烈，李克用养子。

[117] 这里是说后唐明宗觉得自己当皇帝只是时势使然，德行能力不足，祈愿有真正的圣主出现。这个记载出于宋人，颇为可疑。

[118]《五代史》：《五代史》有新旧二种，《旧五代史》为宋太祖时薛居正监修的官修史书，欧阳修《新五代史》流传之后，《旧五代史》渐不被重视。此条出自欧阳修《新五代史·十国世家》。

香孩儿营

宋太祖匡胤[119]生于夹马营[120]，赤光满室，营中异香，人谓之香孩儿营。（《埤雅》[121]）

[119] 匡胤：宋太祖赵匡胤（927—976），北宋开国皇帝，960年登基。

[120] 夹马营：位于五代梁西都城内，故址在今河南洛阳市东北二十里。

[121]《埤雅》：原文作《稗雅》，误，应作《埤雅》，见"《埤雅广要》"条。

降香岳渎

国朝[122]每岁分遣驿使[123]斋御香[124]，有事于五岳四渎[125]，名山大川，循旧典也。岁二月朝廷遣使驰驿[126]，有事于海神，香用沈檀，具牲币[127]，主者

以祝文告于神前，礼毕，使以余香回福于朝。(《清异录》[128])

[122] 国朝：当时所在的朝代，指的是宋朝。

[123] 驿使：古代驿站传送朝廷文书者。

[124] 御香：指皇帝或宫中使用的香。

[125] 四渎：长江、黄河、淮河、济水（今不存）的合称。《尔雅·释水》："江、河、淮、济为四渎。"

[126] 驰驿：驾乘驿马疾行。

[127] 牲币：牺牲和币帛。古代用以祀日月星辰、社稷、五岳等，后泛指一般祭祀供品。

[128] 《清异录》：今本《清异录》未见此条记载。

雕香看果

显德元年，周祖[129]创造供荐之物，世祖[130]以外姓继统，凡百物从厚，灵前看果[131]雕香为之。（同上）

[129] 周祖：后周太祖郭威（904—954），951—954年在位。

[130] 世祖：后周世宗柴荣（921—959），954—959年在位。

[131] 看果：以木、土、蜡等制作的果品。供祭祀或观赏用。柴荣以异姓继承郭家的基业，所以对祭祀特别重视，看果用香雕刻而成。

香药库[132]

宋内香药库在谹门[133]外，凡二十八库。真宗御赐诗一首为库额[134]，曰："每岁沉檀来远裔，累朝珠玉实皇居。今辰御库初开处，充物尤宜史笔书。"（《石林燕语》[135]）

[132] 香药库：宋官署名，属太府寺。掌出纳外来香药、宝石等物。

[133] 谹门：宫之侧门。宋沈括《梦溪笔谈·辩证》："历代宫室中有谹门，盖取张衡《东京赋》，谹门曲榭，也。说者谓，冰室门，按《字训》，谹，别也。"《宋史·地理志一》："（东京）西面门曰东华、西华，旧名宽仁、神兽，开宝三年改今名，熙宁十年又改东华门北曰谹门。"

[134] 库额：（香药库的）门额、匾额。

[135] 《石林燕语》：见前"《燕语》"条。

诸品名香

宣政[136]间有西主贵妃金香[137]，乃蜜剂者，若今之安南香也。光宗[138]万机之暇留意香品，合和奇香，号"东阁云头香[139]"。其次则"中兴复古香[140]"，以占腊沉香为本，杂以龙脑、麝香、薝葡[141]之类，香味氤氲，极有清韵。又有刘贵妃[142]"瑶英香"，元总管[143]"胜古香"，韩钤辖[144]"正德香"，韩御带[145]"清观香"，陈司门[146]"木片香"，皆绍兴乾淳[147]间一时之胜耳，庆元[148]韩平原[149]制"阅古堂[150]香"，气味不减云头。番禺[151]有吴监税[152]"菱角香"，乃不假印，手捏而成，当盛夏烈日中，一日而干，亦一时之绝品，今好事之家有之。（《稗史汇编》）

[136] 宣政：此处为宋徽宗年号政和、宣和的并称。

[137] 西主贵妃金香：汉和本、四库本后西主贵妃金香后有"得名"二字，疑衍字，今依无碍庵本。

[138] 光宗：宋光宗赵惇（1147—1200），南宋第三位皇帝，1190—1194年在位。

[139] 东阁云头香：东阁指北宋内府睿思东阁，云头言其形制。关于此香，可见下文"宣和香"条引《癸辛杂识外集》的内容。

[140] 中兴复古香：常州博物馆藏有武进南宋墓出土的"中兴复古"香模。（有些文献误为香篆）。其中"中"字有小孔，一般理解为悬挂之用，恐怕更大可能是为了易于脱模。

[141] 薝蔔：即薝蔔，又称薝卜、瞻卜伽、旃波迦、瞻波。这个词本来自梵语campaka音译，关于其所指，古来有很多学者以为即是栀子（Gardenia jasminoides Ellis），如唐段成式《酉阳杂俎·十八·广动植木》："栀子……相传即西域薝蔔花也。"宋

苏颂《图经本草》："栀子……俗说即西域薝卜也。"后很多人沿用此说。但从其来源看似乎并非如此。玄应《一切经音义》："薝卜：树形高大，花小而香，烂然金色，其气逐风弥远，西域多此林耳。"又（卷八）："瞻蔔：正言瞻博迦。《大论》（指《大智度论》）云：黄花树。其树高大，花小而香，花气远闻。"乔木大树的描述和栀子并不相符。因此也有很多学者提出怀疑。

综合佛教典籍和其他文献记载，现在一般认为应是木兰科含笑属植物黄兰（Michelia champaca Linn.），广泛分布于南亚以及我国云南等地。在云南被称为"黄缅桂"。

[142] 刘贵妃：指宋高宗宠妃刘氏，临安（今浙江杭州）人，倾城艳名盛于天下，绍兴二十四年（1154）被封贤妃（一说封为贵妃），恃宠而骄侈。

[143] 总管：地方高级军政长官。北宋时马步军都总管（或兵马总管）由各级地方长官兼任，掌管路、府、州的兵马。南宋高宗建炎元年（1127），于沿河沿淮沿江要郡帅府置马步军都总管，以文臣充任，带安抚使衔。绍兴五年（1135），两浙、江南、荆湖、福建、广东路亦置。七年，又置于淮东。

[144] 钤辖：亦称兵马钤辖。北宋前期临时委任的军区

统兵官，位都部署、部署下，都监、监押上。又有路分钤辖、州钤辖，其辖区分别以路和州为单位。掌军旅戍屯、攻防等事务。北宋末至南宋，多成虚衔和闲职。

[145] 御带：官名。宋初，选三班使臣以上亲信武臣佩橐、御剑，为皇帝护卫，称御带，或以宦官充任。真宗咸平元年（998），改称带御器械。南宋初，诸将在外，多以带御器械作为荣誉性的带职，无实际职掌。

[146] 司门：指判司门事，官名。司门为官署名。属刑部。北宋前期，设判司门事一员，元丰改制，始以郎中、员外郎主管司门事，并掌门关，桥梁、道路之禁令，稽察官吏、军民、商贩出入违法者。建炎以后，司门事常由比部（刑部比部司）兼领，隆兴初，改由都官所兼。

[147] 绍兴乾淳：泛指宋高宗和宋孝宗的时代。绍兴（1131—1162），南宋高宗赵构年号；隆兴（1163—1164），乾道（1165—1173），淳熙（1174—1189），南宋孝宗年号。

[148] 庆元：南宋宁宗的第一个年号（1195—1201）。

[149] 韩平原：韩侂胄（1152—1207），字节夫，相州安阳（今河南安阳）人，南宋权相。力主北伐失败，后被杀函首献金国。因为被封"平原郡王"，故称"韩平原"。

[150]阅古堂：阅古堂原为韩琦出任相州时在定州治署所建。韩侂胄在世时，沿用了其先祖的堂名用以藏书，在杭州建立了自己的阅古堂藏书楼。并由南宋书画图书收藏鉴赏家向若水为其搜罗鉴定图书，数量可观。

[151]番禺：指番禺县，秦代即已置县，北宋开宝五年（972）废入南海县。皇祐三年（1051）复置，仍为广州治。宋代开始时治所在今广州番禺区，后有所变迁。

[152]吴监税：监税，官名，监某州、府商税务省称。掌征收商税。关于广州吴家制香，参见后面"广州吴家软香"条中关于广州吴家的注释。

宣和[153]香

宣和时常造香于睿思东阁，南渡后，如其法制之，所谓东阁云头香也。冯当世[154]在两府[155]使潘谷[156]作墨，名曰"福庭东阁"，然则墨亦有东阁云。（《癸辛杂识外集》[157]）

宣和间宫中所焚异香有亚悉香[158]、雪香、褐香、软香、瓠香、猊眼香等（同上）

[153]宣和：宋徽宗年号（1119—1125）。

[154]冯当世：冯京（1021—1094），字当世，鄂州江夏（今湖北武昌）人，北宋大臣。

[155] 两府：宋朝指掌管军事的枢密院和掌管政务的中书省。
[156] 潘谷：宋代制墨名家，歙县人，所制之墨当时即为文人所重，世称墨仙。
[157] 《癸辛杂识外集》：《癸辛杂识》六卷，周密寓居癸辛街时所作。主要记载宋元之际的琐事杂言。周密，南宋人，见"周公谨""《云烟过眼录》""《澄怀录》"等条。
[158] 亚悉香：关于亚悉香的考证，见后面"辛押陀罗亚悉香"部分。

行香[159]

国初[160]行香，本非旧制。祥符[161]二年九月丁亥诏曰：宣祖昭武皇帝、昭宪皇后[162]自今忌前一日不坐朝，群臣进名[163]，奉慰寺观，行香、禁屠，废务。累朝[164]因之，今惟存行香而已。（王栐《燕翼贻谋录》[165]）

[159] 行香：古代拜佛礼神的一种仪式。始于南北朝。初，每燃香熏手，或以香末散行。唐以后则斋主持香炉巡行道场，或仪导以出街。
[160] 国初：指宋初。
[161] 祥符：大中祥符（1008—1016），是宋真宗年号。
[162] 宣祖昭武皇帝、昭宪皇后：指宋太祖、太宗的父亲赵弘殷、母亲杜氏。这些都是所加的谥号。

[163] 进名：特指将荐用或晋谒人员的姓名禀报皇帝。

[164] 累朝：历代。

[165] 王栐《燕翼贻谋录》：南宋史料笔记，王栐撰，王栐，字叔永，濡须（今安徽无为东北）人。四库、汉和本作王梾，误。

斋降御香

元祐[166]癸酉[167]九月一日夜，开宝寺塔[168]，表里通明彻旦[169]，禁中夜遣中使[170]斋降御香。（《行营杂录》[171]）

[166] 元祐：宋哲宗赵煦年号（1086—1094）。

[167] 癸酉：指元祐八年（1093）。

[168] 开宝寺塔：开宝寺在北宋东京城（今河南开封市）东北安远门里上方寺西。旧名独居寺。北齐天保十年（559）建。唐开元十七年（729）改曰封禅寺。北宋开宝三年（970）改名开宝寺。北宋政府曾在该寺开设礼部贡院，更使其名声大振。又因供奉佛舍利，在寺西院福胜禅院内增建一座八角十三层、高360尺的木塔，定名福胜塔，规模极其宏丽。据传后因塔顶放光，更名为"灵感塔"。宋庆历四年（1044）塔毁于雷火，皇祐元年（1049）重建，即今铁塔。

[169] 彻旦：达旦，直至天明。

[170] 中使：宫中派出的使者。多指宦官。
[171]《行营杂录》：宋代笔记，赵葵撰。赵葵（1186—1266），字南仲，号信庵，一号庸斋，衡山（今属湖南）人。

僧吐御香

艺祖[172]微行至一小院，旁见一髡[173]大醉，吐秽于地。艺祖密召小珰[174]往某所觇[175]此髡在否，且以其所吐物状来至御前，视之悉御香也。（《铁围山丛谈》）

[172] 艺祖：有文德之祖，此处指宋太祖。
[173] 髡：剃发曰髡，此处指僧人。
[174] 小珰：小宦官。
[175] 觇：音chān，窥视。

麝香小龙团

金章宗[176]宫中以张遇[177]麝香小龙团为画眉墨。
[176] 金章宗：金章宗完颜璟（1168—1208），女真名麻达葛。金朝第六位皇帝（1189—1208年在位）。在位时为金朝最繁盛时期，开创明昌之治。其人对汉文化有极为深厚的修养，性风雅奢靡，喜书法、精绘画，知音律，善属文，诗词多有可称者。

[177] 张遇：五代宋初人，制墨名家。"麝香小龙团"为其所制名墨。

祈雨香

太祖高皇帝[178]欲戮僧三千余人[179]，吴僧永隆[180]请焚身以救免，帝允之，令武士卫其龛[181]。隆书偈一首，取香一瓣，书："风调雨顺"四字。语中侍[182]曰："烦语阶下[183]，遇旱以此香祈雨必验。"乃秉炬自焚，骸骨不倒，异香逼人，群鹤舞于龛顶，上乃宥[184]僧众。时大旱，上命以所遗香至天禧寺[185]祷雨，夜降大雨。上喜曰："此真永隆雨。"上制诗美之。永隆：苏州尹山寺僧也。（《翦胜野闻》[186]）

[178] 太祖高皇帝：指明太祖朱元璋（1328—1398），1368年登基。

[179]《翦胜野闻》载："洪武二十五年下度僧之令，天下诸寺沙弥求度者三千余人，有冒名代请者甚众，帝大怒，悉命锦衣卫将僇（通戮）之。"

[180] 永隆：元末明初姑苏（今江苏苏州）人。俗姓施。年逾冠，入尹山崇福寺为僧，师天泉泽法师孙永定。洪武十七年（1384）受具戒，血书《华严经》《法华经》，发愿重修寺院。洪武二十五年焚身以救在京三千僧人免被杀。

[181] 龛：这里指放置尸体之棺，又称龛棺、龛子、龛

柩、龛船、灵龛。和一般的棺不同。《释氏要览》卷下："其形如塔，故名龛。"永隆入龛端坐后自焚。

[182] 中侍：指宫中的侍从官。

[183] 阶下：这里指皇帝，类似"陛下"的用法。

[184] 宥：宽恕。

[185] 天禧寺：指大报恩寺。在今江苏南京市城南中华门外长干桥东南。始建于三国吴赤乌间，名长干寺。南朝梁为阿育王寺。宋为天禧寺。元为慈恩旌忠寺。明永乐十年（1412）重建，赐额"大报恩寺"。该寺毁于太平天国时期。

[186]《翦胜野闻》：一卷，记载明太祖事迹，明徐祯卿撰。徐祯卿（1479—1511），字昌谷，吴县（今江苏苏州）人，明代文学家，所谓吴中四才子之一。

子休氏[187]曰：汉武好道，遐邦慕德，贡献多珍，奇香叠至，乃有辟瘟回生之异。香云起处，百里资灵。然不经史载，或谓非真。固当事秉笔者不欲以怪异使闻于后世人君耳。但汉制贡香不满斤不收，似希多而不冀精，遗笑外使，故使者愤愤[188]，不再陈异，怀香而返，仅留香豆许，示异一国。[189]明皇风流天子，笃爱助情香。至创作香篆，尤更标新。宣政诸香，极意制造，芳郁昭胜，大都珍异之品，充贡尚方者。应上清、大雄[190]受供之余，自非万乘之尊,曷[191]能享其熏烈?草野潜夫[192],犹得于颖楮[193]间挹[194]其芬馥,殊为幸矣!

[187] 子休氏:这里应该是作者自称。嘉胄号江左,斋号鼎足,有"叔休"之印(疑为其字)。古有庄子字子休,周氏这里自称子休氏不知来由,本书中仅出现一次。

[188] 愤愤:烦闷貌,忧愁貌。

[189] 这里指的是后面"西国献香"条的内容。

[190] 上清、大雄:大雄指佛,上清是道家仙境,合起来泛指佛道二家尊崇的对象。

[191] 曷:怎么。

[192] 草野潜夫:民间的隐士,指作者及同好此道者。

[193] 颖楮:笔和纸。亦指文字、书画。此处指书籍、记载。

[194] 挹:这里指吸收。

香异

卷八

沉榆香

黄帝[1]使百辟[2]群臣受德教者皆列珪玉[3]于兰蒲席上，燃沉榆之香，舂杂宝为屑，以沉榆之胶和之为泥以涂地，分别尊卑、华戎[4]之位也。(《封禅记》[5])

[1] 黄帝：古帝名。传说是中原各族的共同祖先。少典之子，姓公孙，居轩辕之丘，故号轩辕氏。又居姬水，因改姓姬。国于有熊，亦称有熊氏。以土德王，土色黄，故曰黄帝。

[2] 百辟：诸侯，或指百官。

[3] 珪玉：即玉圭，亦作"玉珪"。古代帝王、诸侯朝聘或祭祀时所持的玉器。

[4] 华戎：华夏和戎狄。

[5] 《封禅记》：原书不可考，历代都有讲封禅的文章，如司马迁《史记》中就有《封禅书》。这条文字记录于《拾遗记》中，并被标注引自《封禅记》。

荼芜香

燕昭王[6]二年，波弋国贡荼芜香，焚之着衣则弥月[7]不绝，浸地则土石皆香，着朽木腐草莫不茂蔚[8]，以熏枯骨则肌肉立生。时广延国贡二舞女[9]，帝以荼芜香屑铺地四五寸，使舞女立其上，弥日无迹。（《王子年拾遗记》[10]）

[6] 燕昭王：前335—前279，战国时期燕国第三十九任君主，名职，在位时礼贤下士，燕国成为当时强国之一。在《拾遗记》中，燕昭王是有神话色彩的神仙人物。

[7] 弥月：整月、终月。

[8] 蔚：茂盛。

[9] 广延国贡二舞女：《拾遗记》卷四："王即位二年，广延国来献善舞者二人：一名旋娟，一名提谟，并玉质凝肤，体轻气馥，绰约而窈窕，绝古无伦。或行无迹影，或积年不饥。昭王处以单绡华幄，饮以瑌锒之膏，饴以丹泉之粟。王登崇霞之台，乃召二人，徘徊翔舞，殆不自支。"

[10] 《王子年拾遗记》：见"《拾遗记》"条。

恒春香

方丈山[11]有恒春之树，叶如莲花，芬芳若桂花，随四时之色。昭王[12]之末,仙人贡焉,列国咸贺。王曰:"寡人得恒春矣,何忧太清[13]不一?"恒春,一名沉生,如今之沉香也。

[11] 方丈山:又名方壶。古代传说中三神山之一。《史记·封禅书》:"自威、宣、燕昭使人入海求蓬莱、方丈、瀛洲。此三神山者,其傅在勃海中。"

[12] 昭王:指燕昭王,此段文字亦出《拾遗记》。

[13] 太清:天空、天道。

遐草香

齐桓公[14]伐山戎[15],得闻遐草香,带者耳聪[16],香如桂,茎如兰。[17]

[14] 齐桓公:?—前643,春秋时代齐国第十五位国君,前685—前643年在位。姜姓,名小白,春秋五霸之首。

[15] 山戎:亦名北戎。春秋时夷国之一,分布在今河北北部。公元前7世纪颇强大,常为郑、齐、燕之患。

[16] 耳聪:听觉灵敏。

[17] 据《拾遗记》,此条为汉宣帝时事,先言:"宣帝地节元年,乐浪之东,有背明之国,来贡其方物……其北有草,名虹草,枝长一丈,叶如车轮,根大如毂,花似朝虹之色。昔齐桓公伐山戎,国人献其种,乃植于庭,云霸者之瑞也。"后又言:

"又有闻遐草,服者耳聪,香如桂,茎如兰。其国献之,多不生实,叶多萎黄,诏并除焉。"

从原文来看,此草应该名为"闻遐草",和齐桓公无关,是汉宣帝时,"背明之国"进贡的宝物。

西国献香

汉武帝时弱水西国[18]有人乘毛车以渡弱水来献香者,帝谓是常香,非中国之所乏,不礼,其使留久之。帝幸上林苑[19],西使千乘舆闻[20],并奏其香。帝取之看,大如燕卵三枚,与枣相似。帝不悦,以付外库[21]。后长安中大疫,宫中皆疫病,卒不举乐[22]。西使乞见,请烧所贡香一枚,以辟疫气。帝不得已听之,宫中病者登日并瘥[23],长安百里咸闻香气,芳积九十余日[24],香犹不歇。帝乃厚礼发遣饯送[25]。(张华《博物志》)

[18] 弱水西国:所谓"弱水",古代是指水道水浅,或不通舟者,人们往往认为是弱水不能胜舟,所以名为"弱水"。古籍中的弱水有很多,有内蒙古、甘肃、青海、新疆、西藏以及国外种种之说。这里指的是极远的弱水。《汉书·西域传》:大秦"西有弱水流沙"。所以有学者认为此弱水西国是中亚或欧洲地区。

[19] 上林苑:古代著名皇家园林,位于今陕西省长安、蓝田、户县、周至等县境内。原为秦始皇所建,在

都城咸阳，后废。汉武帝重建，在旧有规模上更加增广，范围四百余里，将世界各地进贡、贩运到长安的珍奇动物和植物牧养栽植起来，内有离宫别馆七十余所，名花异卉三千余种，豢养禽兽数百种之多。

[20] 无碍庵本作"西使至乘舆间"，参照今存《博物志》，依汉和本、四库本："西使千乘舆闻。"乘舆：古代特指天子和诸侯所乘坐的车子。

[21] 外库：宫外的仓库，与内库相对。汉武帝放在外库里，说明很不重视这个香。

[22] 举乐：奏乐。碰到大疫，不宜举行娱乐活动。

[23] 登日并瘥：当天就都病愈了。登日：即日，当天。

[24] 芳积九十余日：四库本、汉和本作"九月余日"，误。

[25] 饯送：设酒送别。

返魂香

聚窟州[26]有大山，形如人鸟之象，因名为人鸟山。山多大树，与枫木相类而花叶香闻数百里，名为返魂树。扣其树亦能自作声，声如群牛吼，闻之者皆心震神骇。伐其木根心，于玉釜中煮取汁，更微火煎，如黑饧[27]状，令可丸之，名曰惊精香，或名震灵香，或名返生香，或名震檀香，或名人鸟精，或名却死香，一种六名。斯灵物也，香气闻数百里，死者在地，闻香气即活，不复亡也。以香熏死人，更加神验。延和[28]三年，武帝幸安定[29]，西胡月支[30]国王遣使献香四两，[31]大如雀卵，黑如桑椹。帝以香非中国所有，以付外库。使者曰：臣国去此三十万里，国有常占[32]：东风入律[33]，百旬不休；青云[34]干吕[35]，连月不散者，当知中国时有好道之君。我王固将贱百家而好道儒，薄金玉而厚灵物[36]也，故搜奇蕴[37]而贡神香，步天林而请猛兽，乘毚车[38]而济[39]弱渊[40]，策骥[41]足以度飞沙，契阔[42]途遥，辛劳蹊路[43]，于今已十三年矣，神香起夭残之死疾，猛兽却百邪之魅鬼[44]。又曰：灵香虽少，斯更生[45]之，神丸疫病灾，死者将能起之，及闻气者即活也。芳又特甚，故难歇也。后建元[46]元年，长安城内病者数百，亡者大半。帝试取月支神香烧于城内，其死未三月者皆活，芳气经三月不歇，于是信知其神物也。乃更秘录[47]余香，后一旦[48]又失，捡函封印如故，无复香也。（《十州记》[49]）

永乐[50]初，传闻太仓刘家河[51]天妃宫[52]有鹤[53]卵，为寺沙弥窃烹。将熟，老僧见鹤哀鸣不已，急令取还。经时雏出，僧异之，探其巢，得香木尺许，五彩若锦，持以供佛。后有外国使者见之，以数百金易去，云是神香也，焚之死人可生，即返魂香木也。盖太仓近海，鹤自海外负至者。

[26]聚窟州：《十州记》载：在西海中未申地，地方

三千里，北接昆仑二十六万里，离东岸二十四万里。上多真仙灵官，宫第比门，不可胜数。

[27] 饧：用麦芽或谷芽熬成的饴糖。

[28] 延和：前92—前89，此处指汉武帝年号，又作征和。

[29] 安定：安定郡，西汉元鼎三年（前114）置，治所在高平县（今宁夏固原县）。辖境相当今甘肃景泰、靖远、会宁、平凉、泾川、镇原及宁夏中宁、中卫、同心、固原、彭阳等县地。

[30] 月支：见"月氏"条。

[31] 这里说的就是上文"西国献香"的故事。

[32] 占：占卜、观察。

[33] 入律：古代以律管候气。节候至，则律管中的葭灰飞动。"入律"犹言节气已到。

[34] 青云：指青色的云。这里是用五行的观点来解释的，青色代表东方，和上面的"东风"，都是用来印证东方有圣君出世。

[35] 干吕：犹入吕。古称律为阳，吕为阴，故以"干吕"谓阴气调和。

[36] 灵物：祥瑞之物。

[37] 奇蕴：奇异的蕴藏。

[38] 毳车：即"西国献香"中所说的"毛车"。毳：鸟兽的细毛。

[39] 济：渡，过河。

[40] 弱渊：即上文的弱水。

[41] 骥：好马。
[42] 契阔：相交；相约。
[43] 蹊路：狭路；小路。
[44] 古时帝王收集猛兽并不只是猎奇，更多的是有祥瑞的意义。
[45] 更生：重新得到生命；复兴。
[46] 建元：此处指汉武帝年号（前140—前135），共使用6年。
[47] 秘录：秘密收藏。
[48] 一旦：某一天。
[49] 《十州记》：四库本作《陆佃埤雅》。《十州记》又名《海内十洲记》《十州三岛记》《十州三岛》等，志怪小说集，传汉东方朔作。
[50] 永乐：1403—1424，明成祖年号。
[51] 太仓刘家河：亦名刘家港、浏家港。即今江苏太仓市东北浏河镇。为娄江入海处。元明时代由于东江（一名上江）淤塞，吴淞江仅存一线，遂为长江三角洲唯一良港。番商云集，外通琉球、日本等国，号称"六国码头"。明永乐三年（1405）郑和下西洋，亦由此出发。
[52] 天妃宫：位于浏河镇，又称娘娘庙。始建于元至正二年（1342）。明宣德五年（1430），郑和曾修葺。清乾隆五年（1740）重建，道光十四年（1834）林则徐重修，太平天国时曾遭战争破坏，

今又重修。天妃宫是出海人祈祷平安的庙宇。郑和
下西洋时，曾在此行香立碑。现辟为郑和纪念馆。
[53] 鹤：无碍庵本作"鹤"，四库、汉和本作"鹳"。
鹤与鹳都可以长距离迁徙，此处暂依无碍庵本。

庄姬藏返魂香

袁运字子先，尝以奇香一丸与庄姬，藏于筲[54]，终岁润泽，香达于外。其冬阁中诸虫不死，冒寒而鸣。姬以告袁，袁曰：此香制自宫中，岂返魂乎？[55]

[54] 筲：一种装饭食或衣物的竹器。
[55] 原文未属出处，据《琅嬛记》载此段文字出于《真
率斋笔记》。《琅嬛记》，文言志怪小说集，旧题
元伊世珍辑集，三卷。因书首载"琅嬛福地"的传
说故事，即以命名。

返魂香引见先灵

司天主簿[56]徐肇遇苏氏子德哥者，自言善为返魂香。手持香炉怀中，以一帖如白檀香末撮于炉中，烟气袅袅直上，甚于龙脑。德哥微吟曰："东海徐肇欲见先灵，愿此香烟用为引导。"尽见其父母、曾、高[57]。德哥曰：但死经八十年以上者则不可返矣。（洪刍《香谱》[58]）

[56] 司天主簿：无碍庵本作"大同主簿"。四库、汉和本作"同天主簿"，皆误。今依《陈氏香谱》改为"司天主簿"。"司天"指司天监，掌观测记录天文现象及考定历法的机构，元丰后改名太史局。主簿，官名，汉代以后普遍设置在中央和地方各官署，其职任为掌管文书簿籍及监守印信，在掾史中居于首席的地位。司天主簿就是司天监的主簿。

[57] 曾、高：指曾祖、高祖，死去的祖先。

[58] 洪刍《香谱》：此条见于《陈氏香谱》引洪刍《香谱》。

明天发日[59]香

汉武帝尝夕望，东边有云起，俄见双白鹄[60]集台上，化为幻女，舞于台，握凤管[61]之箫，抚落霞之琴[62]，歌清吴春波[63]之曲。帝开暗海[64]玄落之席，散明天发日之香。香出胥池寒国，有发日树，日从云出，云来掩日，风吹树枝，即拂云开日光。（《汉武洞冥记》[65]）

[59] 明天发日：这里的"明天发日"是日显天明之意。

[60] 鹄：一般认为，古时的鹄指天鹅。

[61] 凤管：笙箫或笙箫之乐的美称。

[62] 落霞之琴：古琴有"落霞"式，相传来源于此。

[63] 清吴春波：三本皆作"青吴春波"，《文献通考》作"清娱春波"。《初学记》《古琴疏》《说郛》

《太平御览》作"清吴春波"。因为较古版本多作"清吴春波",今从改。
[64] 暗海:传说中的海名。《拾遗记》有"暗海刻石"的典故,说的是汉武帝思念李夫人,听李少君之言,在暗海求得潜英石,刻为李夫人像,如目真人。
[65]《汉武洞冥记》:原书作"《汉武内传》",今查诸原文,不见此记载,恐误。此条实出《汉武洞冥记》。《汉武洞冥记》,志怪小说集,简称《洞冥记》,又称《汉武他国洞冥记》,共四卷六十则故事,旧题后汉郭宪撰。郭宪,字子横,汝南宋(今安徽太和县)人。

百和香

武帝修除[66]宫掖,燔百和之香,张云锦[67]之帷,燃九光[68]之灯,列玉门之枣[69],酌葡萄之酒,以候王母[70]降。(《汉武外传》[71])

[66] 修除:设置。《管子·四时》:"其事号令,修除神位,谨祷獘梗。"
[67] 云锦:织有云纹图案的丝织品。
[68] 九光:四射的光芒;绚烂的光芒。
[69] 玉门之枣:玉门,古地名。见《汉书·西域传》。为古代内地与西域连接的门户之一。昆仑山玉石由

此输入中原，故名。西汉武帝置玉门关，遗址在今甘肃敦煌县西北小方盘城，为丝绸之路枢纽，"北道"起点。置玉门县，属酒泉郡。

玉门枣在古代颇有盛名，且与神仙有关。《武帝内传》："七月七日，西王母下，为帝设玉门之枣。"《艺文类聚》："《真人关令尹喜内传》曰：'尹喜共老子西游，省太真王母，共食玉门之枣，其实如瓶。'"

[70] 王母：指西王母，先秦以来广为流传的神话人物。也以金母、王母娘娘、西姥、瑶池阿母等名称出现在各类文献中。不同文献中展示的形象和特点多有不同，参见《山海经》《竹书记年》《大戴礼记·少简篇》《尔雅·释地》《西王母传》《风俗通义·声音篇》《尚书大传》《焦氏易林》《晋书·律历志》《宋书·符瑞志》《太平广记》《穆天子传》《贾子新书》等书。

[71]《汉武外传》：内容为汉武故事，和《汉武内传》类似，大概魏晋时成书，作者不详。

乾陀罗耶香[72]

西国使献香，名"乾陀罗耶香"。汉制，不满斤不得受，使乃私去，着香如大豆许，涂宫门上，香自长安四面十里经月乃歇。

[72] 乾陀罗耶香：《翻译名义集·众香篇三十四》："乾陀罗耶。正言健达。此云香。"并且后面引了《博物志》"西国献香"条来佐证。从这里的翻译来看，指的是梵文Gandhāra，同时也是国名，即犍陀罗国，可以译为：香行、香遍、香净、香洁等。但"乾陀罗耶"在佛教中另有所指，梵文应作"Gandhāraya"，译作"香积"，佛经记载的佛国之一。参见玄应《一切经音义》。

兜木香[73]

兜木香，烧之去恶气、除病疫，汉武帝时，西王母降，上烧兜木香末。兜木香，兜渠国所献，如豆大，涂宫门上，香闻百里。关中大疾疫，死者相枕，借烧此香，疫则止。《内传》云：死者皆起，此则灵香。非中国所致，标其功用，为众草之首焉。（《本草》[74]）

西国献香、返魂香、乾陀罗耶香、兜木香，其论形似，功效神异略同，或即一香，诸家载录有异耳，姑并录之，以俟博采。

[73] 兜木香：兜木香与其来源兜渠国，似乎仅见于此与汉武帝相关的故事。
[74]《本草》：此条本出《汉武故事》，为《法苑珠林》等书所引。

龙文香

龙文香，武帝时所献，忘其国名。（《杜阳杂编》）

方山馆烧诸异香

武帝元封[75]中，起方山馆招诸灵异，乃烧天下异香。有沉光香、祇精香、明庭香、金磾香、涂魂香。帝张青檀之灯，青檀有膏如淳[76]漆，削置器中，以蜡和之，香燃数里。（《汉武内传》[77]）

沉光香，涂魂国贡，暗中烧之有光，故名。性坚实难碎，以铁杵舂如粉而烧之。[78]祇精香亦出涂魂国，烧之魑魅畏避。[79]明庭香出胥池寒国。[80]金磾香，金日磾[81]所制，见下。涂魂香以所出国名之。

[75] 元封：汉武帝年号（前110—前105）。
[76] 淳：浓厚。
[77] 《汉武内传》：一卷，亦名《汉武帝内传》，传为班固或葛洪所作，无确据，大概魏晋间成书，讲述汉武一生事迹，侧重于求仙问道，后收入道藏。此处汉和本、四库本未写出处，依无碍庵本。
[78] 洪刍《香谱》引《洞冥记》："涂魂国贡门中，烧之有光，而坚实难碎，太医以铁杵舂如粉而烧之。"
[79] 此条亦见于洪刍《香谱》引《洞冥记》。

[80]《洞冥记》并未有"明庭香出胥池寒国"的记录,出胥池寒国的是前面说的"明天发日之香"。

[81]金日䃅(jīn mì dī)(前134—前86),字翁叔。本为匈奴休屠王太子,休屠王被昆邪王杀,金日䃅及其家人沦为汉室官奴,因其忠义持重为汉武帝所重,后为西汉名臣。

金䃅香

金日䃅既入侍,欲衣服香洁,变胡虏之气[82],特合此香,帝果悦之。日䃅尝以自熏,宫人见之,益增其媚。(《洞冥记》[83])

[82]胡虏之气:指匈奴游牧民族身上的气味。

[83]《洞冥记》:见"《汉武洞冥记》"条。

熏肌香

熏人肌骨,至老不病。(同上)[84]

[84]洪刍《香谱》引此条出《洞冥记》。

天仙椒香彻数里

虏苏割剌在苍鲁之右大泽中,高百寻[85],然无草木,石皆赭[86]色。山产椒,椒大如弹丸,然之香彻数里。每然椒，则有鸟自云际蹁跹[87]而下，五色辉映，名赭尔鸟[88]，盖凤凰种也。昔汉武帝遣将军赵破奴[89]逐匈奴，得其椒，不能解。诏问东方朔[90]，朔曰："此天仙椒也。塞外千里有之，能致[91]凤。"武帝植之太液池[92]。至元帝[93]时，椒生，果有异鸟翔集。(《敦煌新录》[94])

[85] 寻：古代的长度单位（一寻等于八尺）。

[86] 赭：红褐色。

[87] 蹁跹：旋转的舞姿。

[88] 名赭尔鸟：无碍庵本无"名赭尔"三字。

[89] 赵破奴：？—公元前91年，西汉将领，原籍太原（今山西太原市附近，一说九原）。幼时流浪于匈奴地区，后归汉从军，在对匈奴战争中屡立战功被封侯。后因巫蛊案被灭族。

[90] 东方朔：前161—前93年以后，字曼倩，平原厌次（今山东陵县东北）人，西汉文学家、大臣。性诙谐滑稽，善辞赋，常以正道讽谏武帝。

[91] 致：招引、招致。

[92] 太液池：西汉元封元年（前110）于建章宫北开凿。在今陕西西安市西北，汉长安城内。《史记·封禅书》：建章宫"北治大池，渐台高二十余丈，命曰太液池，中有蓬莱、方丈、瀛洲、壶梁，象海中神山龟鱼之属"。

[93] 元帝：汉元帝刘奭（前74年—前33年7月8日），前

48年—前33年在位，西汉第十一位皇帝。
[94]《敦煌新录》：后唐李延范著，叙张义潮本末及彼土风物，一卷。原书已佚，有后人辑本。

神精香

光和[95]元年波岐国[96]献神精香，一名荃蘼草，亦名春芜草。[97]一根而百条，其枝间如竹节柔软，其皮如丝可为布，所谓"春芜布"，又名"白香荃"。布坚密如冰纨[98]也，握之一片，满宫皆香，妇人带之，弥年芬馥也。[99]（《鸡跖集》[100]）

[95]光和：178—184，东汉皇帝汉灵帝刘宏年号。
[96]波岐国：《洞冥记》作："波祇国，亦名波弋国。"
[97]《拾遗记》卷四"燕昭王"："王即位二年，广延国来献善舞者二人，……乃设鳞文之席，散荃芜之香。"可备参考。
[98]冰纨：洁白的细绢。
[99]此条见于《初学记·卷二十》引《洞冥记》。
[100]《鸡跖集》：宋庠撰，一作王子韶撰；二者俱北宋时人。古人以鸡跖（鸡足踵）为美味。

辟寒香

丹丹国[101]所出，汉武帝时入贡。每至大寒，于室

焚之，暖气歘然[102]自外而入，人皆减衣。（任昉《述异记》）

[101] 丹丹国：古国名。故地或以为在今马来西亚马来东北岸的吉兰丹，或以为在其西岸的天定，或以为在今新加坡附近。但这里丹丹国是否即是《梁书》等文献提到的丹丹国，还不能确定。

[102] 歘然：忽然；突然。

寄辟寒香

齐凌波以藕丝连螭锦[103]作囊，四角以凤毛金[104]饰之，实以辟寒香，为寄钟观玉。观玉方寒夜读书，一佩而遍室俱暖，芳香袭人。[105]（《琅嬛记》[106]）

[103] 螭锦：螭龙纹锦。

[104] 凤毛金：《琅嬛记》原文中有关于"凤毛金"的解释："凤毛金者，凤凰颈下有毛若绶，光明与金无二，而细软如丝，遇春必落，山下人拾取，织为金锦，名凤毛金。明皇时国人奉贡，宫中多以饰衣，夜中有光。惟贵妃所赐最多，裁衣为帐，灿若白日，上笑曰：'胜于飞燕、合德明珠多矣。'"

[105] 《琅嬛记》后面有观玉谢凌波诗："锦囊寄赠可消魂，解道缝时独掩门。不敢唤人收堕珥，兰膏留得指头痕。"

[106]《瑯嬛记》：即《琅嬛记》，元代文言志怪小说集，旧题元人伊世珍辑集，参见前"庄姬藏返魂香"注释。《琅嬛记》原文说这条是引自《林下诗谈》。

飞气香

飞气之香，玄脂[107]朱陵[108]返生[109]之香，真檀之香，皆真人所烧之香。[110]（《三洞珠囊隐诀》[111]）

[107]玄脂：这里有脱字，洪刍《香谱》作"夜泉玄脂"。夜泉指阴间。

[108]朱陵：朱陵洞天。道家所称三十六洞天之一，在湖南衡山县。借指神仙居所。

[109]返生：起死回生。

[110]关于这一条几个词语的解释只是就一般意义而言，对于道家很可能是另有所指的秘语。

[111]《三洞珠囊隐诀》：此书不详，今本《三洞珠囊》并没有这些内容。从书名来看《三洞珠囊隐诀》应该是《三洞珠囊》的一些（原书未写出的）秘诀。宋洪刍《香谱》和《陈氏香谱》都有引用，应该不晚于北宋。除了这几本香学书引用之外，没有看到其他书引用的记录。

蘅薇[112]香

汉光武[113]建武[114]十年，张道陵[115]生于天目山[116]。其母初梦大人自北魁星[117]中降至地，长丈余，衣绣衣，以蘅薇香授之。既觉，衣服居室皆有异香，经月不散，感而有孕。及生日，黄云笼室，紫气盈庭，室中光气如日月，复闻昔日之香，浃[118]日方散。（《列仙传》）

[112] 蘅薇：杜衡亦称蘅薇，或即杜衡，参见"杜蘅"条。

[113] 汉光武：刘秀（前6—57），南阳蔡阳人（今湖北枣阳西南）人，公元25年登基，东汉开国之君。

[114] 建武：汉光武帝刘秀年号（25—56）。

[115] 张道陵：张道陵（34—156），原名张陵，字辅汉，东汉沛国丰（今江苏丰县）人。道教祖师，世称张天师，正一盟威道（天师道）创始人。

[116] 天目山：在浙江省杭州市西北部临安区境内。分东西两峰，相传峰顶各有一池宛若相望，故名天目。

[117] 北魁星：北斗七星中的天枢、天璇、天玑、天权组成为斗身，古曰魁。也有把北斗七星之第一星，即天枢称为魁星的。

[118] 浃：整整，浃日，整整一天。

蘅芜香[119]

汉武帝息延凉室,梦李夫人授帝蘅芜香。帝梦中惊起,香气犹着衣枕间,历月不歇,帝谓为"遗芳梦[120]"。(《拾遗记》)

[119] 蘅芜香:蘅芜,有人认为是杜衡。
[120] 遗芳梦:《拾遗记》后面说汉武帝因此改延凉室为遗芳梦室。

平露金香[121]

右司命君[122]王易度[123]游于东板广昌之城长乐之乡[124],天女灌以平露金香、八会之汤[125]、琼凤玄脯[126]。(《三洞珠囊》)

[121] 平露金香:平露,瑞木名。汉班固《白虎通·封禅》:"贤不肖位不相踰则平露生于庭。平露者,树名也,官位得其人则生,失其人则死。"《宋书·符瑞志下》:"平露,如盖,以察四方之政。"此香或与此树有关。
[122] 右司命君:司命,可为星名,亦可为对应星的神仙名。《云笈七签·卷二十四·日月星辰部二》:"次司命法老君曰:……右司命姓张,名获邑,字子良,广阳人也。司录、司非等属焉。右司命亦有三十六大员官。"又:"天师曰:

韩、张二司命，皆是汉高帝之臣也。"

[123] 王易度：神仙。《云笈七签·卷一百二·纪传部·纪三》引《洞真变化七十四方经》："上清总真主录南极长生司命君，姓王，讳改生，字易度。乃太虚元年，岁洛西番，孟商启运，硃明谢迁，天元冥遁，三晖翳昏，晨风迅虚，六日明焉，君诞于东林广昌之城长乐之乡。"这里说的是"南极长生司命君"，并没有说是"右司命"。

[124] 东板广昌之城长乐之乡：依前注引《云笈七签》，或应作："东林广昌之城长乐之乡。"

[125] 八会之汤：八会，三才称为三元，三元既立，以五行为五位，三五相合叫八会，道教常以八会之书指最高教义之书。也可指人体内腑、脏、筋、髓、血、骨、脉、气八个气血会合的穴位。也可以指以干支厌对阴阳交会占卜吉凶的一种方术。这里较大可能是第一种意思。

[126] 玄脯：《述异记》："鹿千年化为苍，又五百年化为白，又五百年化为玄。……仙者说玄鹿为脯，食之寿二千岁。"

诃黎勒香[127]

高仙芝[128]伐大树，得诃黎勒香五六寸，置抹肚中，觉腹痛。仙芝以为祟，欲弃之，问大食长老，长老云：此香人带，一切病消，其作痛者，吐故纳新也。

[127] 诃黎勒香：即诃梨勒，梵语haritaki，又作诃利勒、呵利勒、呵梨勒、诃梨怛鸡、呵梨得枳、贺唎怛系、诃罗勒等，果名，译曰天主将来。五药之一，又曰诃子。使君子科榄仁树属植物诃子（Terminalia chebula Retz.），产于印度、尼泊尔、东南亚及我国云南等地。诃子的果实在南亚是历史悠久、应用众多的食材和药材，我国《本草》文献亦以其作为药材，在佛教中亦用于制香。

依我国本草，诃梨勒有止咳利咽、涩肠止泻的功效。这里所说治腹痛的传说或与此相关。依印度传统，则应用更加广泛，治疗各类疾病药方很多都用到诃子。

一般来说，诃子治病需要食用，这里佩戴治病，且来自于大食，并非诃子产地，只能作传说来看。

[128] 高仙芝：？—755，唐玄宗时期高句丽族名将，在西域屡立战功，但处理民族关系不当，对唐朝失去对西域诸国的控制有重大责任，后在安史之乱守卫潼关时因被诬陷赐死。

李少君[129]奇香

帝[130]事仙灵惟谨[131]，甲帐[132]前置灵珑十宝紫金之炉，李少君取彩蜃[133]之血，丹虹[134]之涎，灵龟之膏[135]，阿紫[136]之丹[137]，捣幅罗香草，和成奇香。每帝至坛前，辄烧一颗，烟绕梁栋间，久之不散。其形渐如水纹，顷之，蛟龙鱼鳖百怪出没其间，仰视股栗[138]。又然灵音之烛，众乐迭奏于火光中，不知何术。幅罗香草，出贾超山[139]。（《奚囊橘柚》[140]）

[129] 李少君：汉武帝时著名方士，有种种法术，为汉武帝所信敬。传说死后尸解成仙。

[130] 帝：指汉武帝。

[131] 惟谨：谨慎小心。

[132] 甲帐：汉武帝所造奉神的帐幕。《北堂书钞》卷一三二引《汉武帝故事》："上以琉璃珠玉，明月夜光杂错天下珍宝为甲帐，次为乙帐。甲以居神，乙以自居。"

[133] 蜃：大蛤。《周礼·掌蜃》注："蜃，大蛤也。"

[134] 虹：古人看来，虹是一种动物。《说文》："虹，螮蝀也，状似虫。"

[135] 灵龟之膏：神龟的油脂。

[136] 阿紫：狐狸的别称。晋干宝《搜神记》卷十八："羡（陈羡）使人扶孝（王灵孝）以归，其形颇象狐矣，略不复与人相应，但啼呼'阿紫'。阿紫，狐字也。"《名山记》曰："狐者，先古之淫妇也，其名曰阿紫，化而为狐。故其怪多自称阿紫。"

[137] 丹：传说狐狸会炼丹，仙药。

[138] 股栗：亦作"股慄"，大腿发抖，形容恐惧之甚。

[139] 贾超山：神山。《山海经·中山经第五》："又东一百七十里，曰贾超之山，其阳多黄垩，其阴多美赭，其木多柤、栗、橘、櫾，其中多龙脩。"

[140] 《奚囊橘柚》：宋笔记，作者不详。原书早佚，现存内容主要辑录于《说郛》中。书的内容主要是神仙怪异之事。所谓"奚囊"，唐李商隐《李长吉小传》："（李贺）每旦日出，与诸公游，恒从小奚奴，骑距驴，背一古破锦囊，遇有所得，即书投囊中。"后因称诗囊为"奚囊"。

女香草[141]

女香草出繁缋[142]，妇女佩之则香闻数里，男子佩之则臭。海上有奇丈夫拾得此香，嫌其臭弃之。有女子拾去，其人迹[143]之香甚，欲夺之，女子疾走，其人逐之不及，乃止。故语曰：欲知女子强，转臭得成香。《吕氏春秋》云"海上有逐臭之夫"[144]，疑即此事。（《奚囊橘柚》）

[141] 女香草：无碍庵本作"如草香"，四库本、汉和本作"如香草"。依《说郛》引《奚囊橘柚》，应作"女香草"。

[142] 繁缋：神山名。《山海经·中山经第五》："又

西南五十里曰繁缋之山。其木多楢杻，其草多枝勾。"

[143] 迹：追寻，迹察。

[144]《吕氏春秋·遇合》："人有大臭者，其亲戚兄弟妻妾知识无能与居者，自苦而居海上。海上人有说其臭者，昼夜随之而弗能去。"和此条并不是一回事。

石叶香[145]

魏文帝以文车[146]十乘迎薛灵芸[147]，道侧烧石叶之香。其香重叠，状如云母。其香气辟恶厉之疾，此香腹题国所进也。（《拾遗记》）

[145] 石叶香：文献中提到石叶香，都是引用下面《拾遗记》的这条文字，并没有其他说明，所指不详。

[146] 文车：彩绘马车。

[147] 薛灵芸：三国魏人，常山真定人（今河北正定人）。魏文帝曹丕妃子，妙于针工，宫中号为针神。参见《拾遗记》卷七。

都夷香[148]

香如枣核，食一颗历月不饥，以粟许投水中，俄满大盂[149]也。[150]（《洞冥记》）

[148] 都夷香：文献中提到都夷香，都是引用下面《洞冥记》的这条文字，并没有其他说明，所指不详。

[149] 盂：盛饮食或其他液体的圆口器皿。《说文》："盂，饮器也。"

[150] 此处所引不全，《太平御览·卷九百八十一·香部一》引《洞冥记》："跋途阇者，胡人也，剪发裸形，不食谷，惟饮清水，食都夷香，如枣核。食一斤，则历月不饥。以一粒如粟大投清水中，俄而满大盂也。"

茵墀香[151]

汉灵帝[152]熹平[153]三年，西域国献茵墀香。煮为汤，辟疠。宫人以之沐浴，余汁入渠，名曰流香渠。[154]（《拾遗记》）

[151] 茵墀香：文献中提到茵墀香，都是引用下面《拾遗记》的这条文字，并没有其他说明，所指不详。

[152] 汉灵帝：刘宏（156—189），东汉第十一位皇帝，168—189年在位。

[153] 熹平：东汉灵帝第二个年号（172—178）。

[154] 依《云仙杂记》引《拾遗记》："灵帝起裸游馆千间，渠水绕砌，莲大如盖，长一丈，其叶夜舒昼卷，名夜舒荷。宫人靓妆，解上衣，著内服，或共裸浴。西域贡茵墀香，煮汤，余汁入渠，号

流香渠。"这是关于灵帝奢靡的描述。

九和香

天人玉女[155]捣和天香，持擎玉炉，烧九和之香。[156]（《三洞珠囊》）

[155] 天人玉女：天人，仙人。玉女，仙女。
[156] 依《正统道藏》本《三洞珠囊》，此条出《大劫上经》。原书作："《大劫上经》云：天人玉女持罗天香案，擎治玉之炉，烧九和之香也。"

五色香烟

许远游[157]烧香皆五色香烟。（同上）

[157] 许远游：许迈，东晋丹阳句容（今属江苏）人，字叔玄，小名映。出身士族，采药修道时改名玄，字远游。与王羲之交好，王羲之为他做传。死后被道教奉为地仙。参见《晋书·许迈传》。

千步香

南海山出千步香，佩之香闻千步。今海隅[158]有千步草，是其种也，叶似杜若而红碧间杂。《贡借》：日南郡[159]贡千步香。（《述异记》）

[158] 海隅：亦作"海嵎"。海角；海边。常指僻远的地方。
[159] 日南郡：三本皆作"贡借曰南郡"，今据《述异记》改为日南郡，解释见"日南"条。

百濯香

孙亮[160]作绿琉璃屏风，甚薄而莹彻，每于月下清夜舒之。常宠四姬，皆振古绝色，一名朝姝，二名丽居，三名洛珍，四名洁华。使四人坐屏风内，而外望之了无隔碍，惟香气不通于外。为四人合四气香，殊方异国所出，凡经践蹑[161]、宴息[162]之处，香气沾衣，历年弥盛，百浣不歇，因名曰百濯香[163]。或以人名香，故有朝姝香、丽居香、洛珍香、洁华香。亮每游，此四人皆同与席来侍，皆以香名前后为次，不得乱之，所居室名"思香媚寝"。（《拾遗记》）

[160] 孙亮：三国吴废帝孙亮（243—260）。孙权少子。孙权死后继位。在位七年。为臣下孙琳废黜，自杀身亡，终年十八岁。
[161] 践蹑：踩踏，行走。
[162] 宴息：休息。
[163] 百濯香：这里的意思是说洗了百次还有香味，所以称"百濯香"。

西域奇香

韩寿[164]为贾充[165]司空掾[166],充女窥见寿而悦焉,因婢通殷勤,寿踰垣[167]而至。时西域有贡奇香,一着人经月不歇,帝以赐充。其女密盗以遗寿。后充与寿宴,闻其芬馥,意知女与寿通,遂秘[168]之,以女妻寿。(《晋书·贾充传》)

[164]韩寿:西晋南阳堵阳(今河南方城东)人,字德真。官至散骑常侍、河南尹。元康初卒。生的儿子名"谧",后来过继给了贾家。

[165]贾充:217—282,字公闾,魏晋时平阳郡襄陵(今山西襄汾)人,参与镇压淮南二叛和弑杀魏帝曹髦,因此深得司马氏信任,是西晋王朝的开国元勋。这里嫁给韩寿的是他的小女儿贾午。他的大女儿贾褒嫁给齐王司马攸;他另外一个女儿嫁给晋惠帝司马衷,就是西晋历史上著名的皇后贾南风。

[166]司空掾:这里指的是司空府的属官,贾充后来曾任司空。

[167]踰垣:跳墙。

[168]秘:秘而不宣。

韩寿余香

唐晅[169]妻亡,悼念殊甚,一夕复来相接如平生,欢

至天明。诀别整衣，闻香郁然，不与世同。晅问：此香何方得？答言：韩寿余香。（《广艳异编》[170]）

[169] 唐晅：唐朝晋昌（今甘肃安西）人。此事为开元年间事。《全唐诗》附有《唐晅悼妻诗》。

[170] 《广艳异编》：此事见于《太平广记·卷第三百三十二·鬼十七》。

罽宾国香

咸通中，崔安潜[171]以清德峻望[172]为镇时风[173]，宰相杨收[174]师重焉。杨召崔饮宴，见厅馆铺陈华焕，左右执事皆双环珠翠。前置香一炉，烟出成楼台之状。崔别闻一香气，似非炉烟及珠翠所有者。心异之，时时四顾，终不谕[175]。香气移时，杨曰："相公意似别有所瞩。"崔公曰："某觉一香气异常酷烈。"杨顾左右，令于厅东间阁子内缕金案上取一白角碟子盛一漆球子呈崔曰："此是罽宾国香。"崔大奇之。（《卢氏杂记》[176]）

[171] 崔安潜：晚唐大臣，字进之，清河郡东武城（今河北清河县东北）人。历忠武、西川二镇节度使。乾符中，迁河南尹、剑南西川节度使。黄巢起义时，从僖宗至蜀，以功加检校侍中。还京，辛于太子太傅任上。

[172] 峻望：崇高的声望。

[173] 时风：当时的社会风气。

[174] 杨收：字藏之，祖籍冯翊（治所在今陕西大荔），出生于姑苏（今江苏苏州）。会昌元年（841）进士。唐懿宗咸通四年（863），以中书侍郎同平章事拜相。

[175] 谕：明白。

[176]《卢氏杂记》：唐笔记，卢言撰。原书早佚，部分存于《太平广记》等书中。卢言，晚唐时洛阳人，曾任大理卿。

西国异香

僧守亮[177]通周易，李衡公[178]礼敬之。亮终时，卫国[179]率宾客致祭。适有南海使送西国异香，公于龛前焚之。其烟如弦，穿屋而上，观者悲敬。（《语林》[180]）

[177] 守亮：唐代上元瓦官寺僧，因为《周易》方面的精深研究而被李德裕所信敬并从学。

[178] 李衡公：《唐语林》原作"李卫公"，指唐代名相李德裕。李德裕曾被封卫国公，故称"李卫公"。故事发生当时李德裕在浙西节度使任上。李德裕（787—850），字文饶，小字台郎，赵郡赞皇（今河北赞皇县）人，唐代著名的政治家。

[179] 卫国：这里还是指李德裕，李德裕率宾客去寺院致祭，李德裕虽被封卫国公，但不宜称"卫国"，或有脱字。

[180]《语林》：我国古籍中称《语林》的不止一种。这里说的是《唐语林》。《唐语林》，宋代文言轶事小说。北宋王谠撰。此书仿《世说新语》体例编次辑录唐人遗事逸闻，故名。

香玉辟邪[181]

唐肃宗[182]赐李辅国[183]香玉辟邪二，各高一尺五寸，奇巧殆非人间所有。其玉之香可闻于数百步，虽锁于金函石匮[184]，终不能掩其气。或以衣裾[185]误拂，则芬馥经年，纵浣濯数四，亦不消歇。辅国尝置于座侧，一日方巾栉[186]，而辟邪忽一大笑一悲号。辅国惊愕失据，而𪙢[187]然者不已，悲号者更涕泗交下。辅国恶其怪，碎之如粉。其辅国所居里巷酷烈[188]，弥月犹在，盖春之为粉而愈香故也。不周岁而辅国死焉。初碎辟邪时，辅国嬖孥[189]慕容宫人知异常香，尝私隐屑二合，鱼朝恩[190]以钱三十万买之。及朝恩将伏诛，其香化为白蝶，升天而去。（《唐书》[191]）

[181] 辟邪：古代传说中的神兽。似鹿而长尾，有两角。
[182] 唐肃宗：李亨（711—762）。玄宗第三子，安史之乱后继位，在位五年（756—762）。
[183] 李辅国：704—762，本名静忠，少为阉，入宫侍皇太子李亨（即唐肃宗），因辅佐太子李亨继位之功，擢为太子家令、判元帅府行司马，掌握兵

权，遂改名辅国，唐肃宗、代宗时权倾一时，后遇刺身亡。

[184] 金函石匮：金匣石柜。

[185] 裾：衣服的前后襟。

[186] 巾栉：巾和梳篦。泛指盥洗用具，引申指盥洗。

[187] 囅：音chǎn，笑。

[188] 酷烈：指香气特别浓烈。

[189] 嬖孥：宠爱的奴婢。

[190] 鱼朝恩：722—770年，泸州泸川（今四川泸县）人。天宝末年净身入宫，颇得唐肃宗李亨信用，不断升迁，永泰年间，封为郑国公，权倾朝野，后被代宗处死。

[191] 分为新旧唐书，五代后晋时官修的《旧唐书》，是现存最早的系统记录唐代历史的一部史籍，共二百卷，包括本纪二十卷，志三十卷，列传一百五十卷。

宋代欧阳修、宋祁等编写的为《新唐书》，共二百二十五卷，包括本纪十卷，志五十卷，表十五卷，列传一百五十卷。

此段文字不见于新旧唐书，见于《太平广记》卷第四百一。

刀圭[192]第一香

唐昭宗[193]尝赐崔允[194]香一黄绫角[195]，约二两，御题曰："刀圭第一香。"酷烈清妙，焚豆大许，亦终日旖旎。盖咸通中所制赐同昌公主者。[196]（《清异录》）

[192] 刀圭：中药的量器，引申指药物。作为一种度量单位，刀圭是很小的，大约是0.5毫升（有不同说法，但最大不超过2毫升）。称"刀圭第一香"，大概是说，用很少量就会有浓郁的香气。对道家内丹修行体系而言，刀圭另有所指，详细阐释比较复杂，大致可理解为人体内先天元精所化的长生之药。

[193] 唐昭宗：李晔（867—904），原名杰，又名敏，889—904年在位，在位十六年，后为朱温所杀。

[194] 崔允：唐昭宗时宰相。

[195] 角：角也是一种量词，但大小并不一定，根据具体容器来看。

[196] 关于同昌公主用香，见前"步辇缀五色香囊"条。

一国香[197]

赤土国[198]在海南，出异香。每烧一丸，香闻数百里，号一国香。（《诸番记》[199]）

[197] 一国香：此条在前"佛藏诸香"部分"香熏诸世界"条有提及。

[198] 赤土国：参见前"赤土国"条注释。古国名，故地说法有多种，多数主张在马来半岛。一说即羯荼的同名异译，在马来西亚的吉打（Kedah）州一带，该地四世纪梵文碑铭有Raktamritika一名，意为赤色，赤土与吉打音义双关。一说在泰国的宋卡（Songkhla）、北大年（Patani）一带，其地土多赤色。一说在泰国的万伦（Ban Don）府，或位班纳（Ban Na）县的废址池城（Wieng Sri）及其附近；一说在马来半岛中、南部，位马来西亚的吉兰丹（Kelantan）、丁加奴（Trengganu）或彭亨（Pahang）州。除此以外还有巨港、加里曼丹乃至新加坡等说法，并无确证。

[199]《诸番记》：《陈氏香谱》作"《诸番记》"，但一般称《诸蕃志》，南宋海外地理著作。赵汝适撰。书成于宝庆元年（1225）。原作已佚，今本系从《永乐大典》辑出。赵汝适（1170—1231），宋朝宗室，此书是他根据提举泉州市舶司时的采访所撰。共2卷。

鹰嘴香（一名吉罗香）

番禺牙侩[200]徐审与舶主何吉罗洽密，不忍分判[201]，临岐[202]出如鸟嘴尖者三枚赠审曰："此鹰嘴香也，价不可言。当时疫，于中夜焚一颗，则举家无恙。"后八年，番禺大疫，审焚香，阖户独免。余者供事[203]之，呼为

"吉罗香"。(《清异录》)

[200] 牙侩：牙人，旧时居于买卖双方之间，从中撮合，以获取佣金的人。有时泛指商人市侩。牙人、牙行最基本的功能是沟通海商与内地商贾之间的联系，使交易得以顺利进行。宋代海外贸易更加勃兴，给牙人的活动创造了良好的条件，牙人的势力不断发展，逐渐形成了牙行，其职能亦不断扩充，实际上成为海外贸易中一个拥有特权的商人团体。

[201] 分判：分别。

[202] 临岐：亦作临歧，本义为面临歧路，引申为赠别。

[203] 供事：汉和本、四库本作"共事"，依无碍庵本作"供事"，指的是供奉在那里。

特迦香[204]

马愈[205]云：余谒西域使臣，乃西域钵露郉国[206]人也。坐卧尊严，言语不苟，饮食精洁，遇人有礼。茶叙毕，余以天蚕丝[207]所缝折叠葵叶扇奉之，彼把玩再四，拱手笑谢。因命侍者，移熏炉在地中，枕内取出一黑小盒，启香爇之。香虽不多，芬芳满室，即以小盒盛香一枚见酬。云：此特迦香也，所爇者即是，佩服之，身体常香，神鬼畏服。其香经百年不坏，今以相酬，祇宜收藏护体，勿轻焚爇。国语特迦，唐言辟邪香也。余缔视之，香细腻淡白，形如雀卵，嗅之甚香，连盒受之，拜手相谢。辞退间，使臣复降床蹑履[208]，再揖而出。归家爇香米许，其香闻于邻屋，经四五日不歇。连盒奉于先母。先母纳箧中，衣服皆香。十余年后，余尚见之。先母即世[209]，箧中惟盒存，而香已失矣。（《马氏日抄》[210]）

[204] 这就是前面《五杂俎》所引的"特遐香"，这个是明代马愈得到的一种海外之香，马愈后面说怀疑和汉武帝时西国献香是一类，但《五杂俎》误认为西国献香就是特迦香，且误写为"特遐香"。见前"特遐香"条。

[205] 马愈：字抑之。号华发仙人，人号马清痴，嘉定（今属上海市）人，明代书画家、诗人。著有《马氏日抄》一卷。

[206] 钵露邮国：概指钵露罗国，即大勃律。印度河上游古国，《大唐西域记》作钵露罗国，亦称布露。是古代中国和印度之间陆上交通的咽喉要地，在今巴基斯坦北部巴尔蒂斯坦一带。但钵露罗国是唐代的称呼，这里具体所指尚存疑。

[207] 天蚕丝：天蚕是指鳞翅目（Lepidoptera）大蚕蛾科（Saturniidae）的中国天蚕。又名山蚕。天蚕丝光泽、颜色十分华丽，有丝中"钻石"的美称，是十分稀有和昂贵的纤维原料。

[208] 降床蹑履：下床（坐具）穿鞋。

[209] 即世：去世。
[210]《马氏日抄》：明代笔记，马愈撰。记录当时的一些奇闻轶事、风土人情。

香事分类（上）

卷九

天文香

香风

瀛洲时有香风,冷然[1]而起,张袖受之则历年不歇,着肌肤必软滑。(《拾遗记》)

[1]冷然:形容凉爽;寒凉。

香云

员峤[2]山西有星池[3],池有烂石常浮于水边。其色红,质虚似肺,烧之有烟,香闻数百里。烟气升天则成香云,遍润则成香雨。(《物类相感志》[4])

[2]员峤:神话中的仙山名。《列子·汤问》:"渤海之东不知几亿万里,有大壑焉……其中有五山焉:一曰岱舆,二曰员峤,三曰方壶,四曰瀛洲,五曰蓬莱。"

[3]星池:《拾遗记·员峤山》:"(员峤之山)西有

星池千里，池中有神龟，八足六眼，背负七星、日、月、八方之图。腹有五岳、四渎之象，时出石上，望之煌煌如列星矣。"

[4]《物类相感志》：此条见于《拾遗记》，《物类相感志》应该是引《拾遗记》的。《物类相感志》一卷，主要记述自然界物质相互作用转化现象的书籍，旧题苏轼撰。另有《物类相感志》十八卷，是类书，和物类相感相关内容不多，伪托宋东坡先生撰、僧赞宁编次。

香雨

萧总[5]遇神女。后逢雨，认得香气曰："此从巫山来。"（《穷怪录》[6]）

[5]萧总：据《穷怪录》所载，萧总是南朝宋齐间人，字彦先。他是南朝齐太祖萧道成哥哥萧道环之子，为人率直坦荡，书中记载其艳遇巫山神女的故事。

[6]《穷怪录》：又称《八朝穷怪录》，成书于隋，志怪笔记，记述南北朝神鬼故事，一卷。作者不详。

香露

炎帝[7]时百谷滋阜[8]，神芝[9]发其异色，灵苗[10]擢[11]其嘉颖[12]，陆地丹藻[13]骈生[14]如盖，香露[15]

滴沥下流成池。(《拾遗记》)

[7] 炎帝：又称赤帝，传说中的五帝之一，姜姓部落的首领，一说炎帝即神农氏，又号魁隗氏、连山氏、列山氏，别号朱襄。炎帝和黄帝部落结盟，共同击败了蚩尤，与黄帝共为华夏始祖。

[8] 滋阜：繁盛。

[9] 神芝：即灵芝。晋张华《博物志》卷一："名山生神芝不死之草，上芝为车马之形，中芝为人形，下芝为六畜形。"

[10] 灵苗：指传说中的仙草。

[11] 擢：发出，抽出。

[12] 嘉颖：嘉禾之穗。

[13] 丹蕖：古代传说中的一种红莲，为祥瑞之物。

[14] 骈生：并列而生。

[15] 香露：犹指花草上的露水。

神女擎香露

孔子当生之夜，二苍龙亘天[16]而下，来附徵在[17]之房，因而生夫子。有二神女擎香，灵空中而来，以沐浴徵在。(同上)

[16] 亘天：漫天；连天。

[17] 徵在：颜徵在，孔子的母亲。

地理香

香山

广东德庆州[18]有香山[19],上多香草。(《一统志》)

[18] 德庆州:明洪武九年(1376)降德庆府置,属肇庆府。治所即今广东德庆县。辖境相当今广东德庆、封开二县地。

[19] 香山:在今广东德庆县北。香山产香草早有记载。《舆地纪胜·卷一〇一·德庆府》:香山"即利人山,在端溪。《吴录》云,端溪山有五色石,石上多香草"。

香水

香水在并州[20],其水香洁,浴之去病。吴故宫亦有香水溪,俗云西施浴处,呼为脂粉塘。吴王宫人濯妆于此溪,上源至今馨香。古诗云:"安得香水泉,濯郎衣上尘。"俗说魏武帝陵中亦有泉,谓之香水。(《述异记》)

[20] 并州:并州是古九州之一,在历史上有不同所指,此处具体所指不详。古籍中较多指山西太原或阳曲,南朝亦可指四川宣汉。

香溪

归州[21]有昭君村[22],下有香溪。俗传因昭君[23]草木皆香。(《唐书》[24])

明妃[25],秭归人。临水而居,恒于溪中盥手,溪水尽香,今名香溪。(《下帷短牒》[26])

[21] 归州:唐武德二年(619)置,治所在秭归县(即今湖北秭归县西北归州镇)。天宝元年(742)改为巴东郡。乾元元年(758)复为归州。辖境相当今湖北秭归、巴东、兴山三县地。

[22] 昭君村:在今湖北兴山县宝坪村。

[23] 昭君:王昭君,名嫱,字昭君,汉元帝时期宫女,西汉南郡秭归(今湖北省兴山县)人。嫁匈奴呼韩邪单于,号宁胡阏氏。后病逝于匈奴。

[24] 查新旧唐书,未见此段文字。昭君故事最早记录的正史应为《后汉书》。

[25] 明妃:即王昭君,晋朝时为避司马昭讳,故称"明妃"。

[26] 《下帷短牒》:笔记,一卷,作者不详,收入于《说郛》卷三十一中。

曹溪香

梁天监[27]元年有僧智药[28]泛舶至韶州[29]曹溪[30]

水口，闻其香，尝其味，曰：此水上流有胜水。遂开山立名宝林[31]。乃云：此去百七十年当有无上法宝在此演法。今六祖南华[32]是也。(《五车韵瑞》[33])

[27] 天监：是梁武帝萧衍的第一个年号（502—519）。

[28] 智药：三本皆作"知药"，依《曹溪大师别传》应作"智药"："婆罗门三藏。字智药。是中天竺国那烂陀寺大德。"

[29] 韶州：隋开皇九年（589）改东衡州置，治所在曲江县（今广东韶关市南十里武水之西）。《元和志》卷34韶州："取州北韶石为名。"开皇十一年（591）废。唐贞观元年（627）复改东衡州置，治所在曲江县（在今广东韶关市西一里武水之西）。天宝元年（742）改为始兴郡，乾元元年（758）复为韶州。辖境相当今广东乳源、曲江、翁源以北地区。

[30] 曹溪：在广东省曲江县东南双峰山下。

[31] 宝林：就是后来的南华寺，位于今广东省韶关市曲江区马坝镇东南7公里。

[32] 六祖南华：六祖指禅宗六祖惠能大师，见前"惠能"条。在这里六祖将禅宗光大。不过南华寺之名是从宋朝开始的。南华寺是"南宗禅法"的发源地，禅宗重要祖庭。

[33] 《五车韵瑞》：韵书，一百六十卷，资料繁杂，明代经学家、文字学家凌稚隆著。关于宝林寺缘起，较早见于唐代《曹溪大师别传》。

香井

卓文君[34]闺中一井，文君手自汲则甘香，沐浴则滑泽鲜好；他人汲之则与常井等。（《采兰杂志》）

泰山有上中下三庙，庙前有大井，水极香冷，异于凡井，不知何代所掘。（《从征记》[35]）

[34] 卓文君：西汉临邛（今四川邛崃）人。富商卓王孙之女。貌美，喜音乐。十七而寡。司马相如落魄归蜀，赴王孙宴，奏琴曲，卓文君知音，遂夜奔相如，双双逃往成都。

[35] 《从征记》：南朝宋伍缉之撰。山川地理人文风物之书。伍缉之，刘宋时任奉朝请。著有《伍缉之集》，早佚。旧说《从征记》即戴延之《从刘武王西征记》，恐非是。此书早佚，《水经注》多有引述，亦常见于唐宋笔记之中。

浴汤泉异香

利州平疴镇[36]汤泉胜他处，云是朱砂汤，他则硫黄也。昔有两美人来浴，既去，异香馥郁，累日不散。[37]

[36] 利州平疴镇：利州应为"和州"。历史上利州多指四川广元一带，但据《墨庄漫录》等书，此处温泉在褒禅山附近，褒禅山在安徽含山县。所谓"平疴"，说明此泉可以治病。据褒禅山不远的

和县（古和州）自古就有香泉地名。且自晋经宋至明历代记述的文献诗文不少。《江南通志》十八卷："香泉，在（和州）州北三十五里。其水色深碧沸白，香气袭人，故名。有患疮疥者浴之，即愈，名平疴泉。梁昭明尝浴此，一名太子汤。"说明其"平疴"名字来由。南宋龚颐正《修汤泉浴院记》："历阳之平疴由治平以易镇名。"此地宋代治平年间已有"平疴镇"之名。故此利州应为"和州"之误。

此地今名香泉镇，属和县，距褒禅山直线距离20公里左右。

[37] 三本皆未属出处，言及香泉和平疴镇的文献甚多，与此较接近为《墨庄漫录》："唯利州褒禅山相近，地名平疴镇，汤泉温温可探而不作火气，云是朱砂汤也。人传昔有两美人来浴，既去，异香郁郁，累日不散。"

香石

卞山[38]在湖州，山下有无价香，有老母拾得一文石[39]，光彩可爱，偶堕火中，异香闻于远近，收而宝之。每投火中，异香如初。（《洪谱》[40]）

[38] 卞山：一作弁山。在今浙江省湖州市西北9公里。《隋书·地理志》："长城县有卞山。"据晋周处

《风土记》,当作冠弁之弁。今日仍名弁山,是风景名胜。

[39]文石:有纹理的石头,即此处所说的香石。

[40]《洪谱》:指洪刍《香谱》,参见前"洪刍《香谱》"条。

湖石炷香

观州倅[41]武伯英[42]尝得宣和湖石一窾[43],窍穿漏,殆若神劙[44]鬼凿。炷香[45]其下,则烟气四起散布,盘旋石上,浓淡霏[46]拂,有烟江叠嶂之韵。(《元遗山集》[47])

[41]观州倅:倅,指州郡长官的副职。观州,唐武德四年(621)置,治弓高县(今阜城县东北)。辖境相当今河北阜城、景县、吴桥、东光等县地。贞观十七年(643)废。唐贞元二年(786)置景州,治所在弓高县(今河北阜城县东北)。辖境相当今河北阜城、东光县地。后代经置废。金初复置,仍治东光县。辖境相当今河北东光、阜城、景县、吴桥等县及山东德州市、宁津县地。金大安年间曾改景州为观州,以避金章宗讳。

[42]武伯英:金代山西崞县人。少举进士,以诗名。仕观州倅。精于书画,同时也是藏书家。

[43]窾:同"窾",通"款"。

［44］劙：用锐利的器具凿或铲。
［45］炷香：烧香。
［46］霏：飘扬。
［47］《元遗山集》：四十卷，金元好问撰。元好问（1190—1257），字裕之，号遗山，太原秀容（今山西忻县）人，鲜卑后裔，诗词成就皆高，亦可称史学家。编撰有唐诗选集《唐诗鼓吹》、金代诗词总集《中州集》、《中州乐府》及志怪小说《续夷坚志》等。

灵壁石[48]收香

灵壁石能收香，斋阁之中置之，香云终日不散。（《格古要论》）[49]

［48］灵壁石：我国传统观赏名石，产安徽灵壁县渔沟镇磬云山。造型别致，可供园林观赏、案头清供等等。
［49］《格古要论》：文物鉴赏专著，三卷，明曹昭撰。成书于明洪武二十年（1387）。曹昭，字明仲，生卒年不详，约活动于明初，松江（今属上海市）人。明舒敏《格古要论序》称其"吴下簪缨旧族，博雅好古"。

张香桥[50]

张香桥，昔有女子名香，与所欢会此，故名。一曰：女子姓张，名香。（《荻楼杂抄》[51]）。

[50] 张香桥：在今苏州石板街北端，始建于唐，现存为清代单孔条石平桥。

[51] 《荻楼杂抄》：一卷，宋（一说元）笔记，作者不详。

香木梁

拂林国[52]王都城八十里，门高二十丈，以香木为梁，黄金为地。[53]

[52] 拂林国：见前"拂林"条。

[53] 此条三本皆未属出处。《咸宾录·西夷志卷三·佛菻》："其王都城广八十里，门高二十丈……香木梁，黄金为地。"

香城

香城[54]金简[55]，龙宫[56]玉牒[57]。（《二教论》[58]）

[54] 香城：《般若经》法涌菩萨住处，常啼菩萨于此舍身求《般若经》。

［55］金简：金质的简册。尊贵的宗教或帝王典籍。
［56］龙宫：龙树菩萨自视阅尽阎浮提佛经，后入龙宫见到龙宫所藏《华严经》如此广大，自己所读过的不过只是皮毛。此上两句言天上世间佛经之浩繁。
［57］玉牒：最早指古代帝王封禅、郊祀的玉简文书。这里指佛道之书。
［58］《二教论》：四库本作"三教论"，误。北周道安（非东晋佛教中国化之道安大师）所作，其二教是以形神、内外而论，不是指具体的两种宗教。此文章缘起于北周佛道辩论，录于唐代道宣大师的佛教丛书《广弘明集》之内。

香柏城

孟养[59]之地名香柏城。（《一统志》）

［59］孟养：又作云远、猛养、香柏城、香栢城、迤西、迤水等名，明朝时期是中国领土一部分。孟养宣慰司，驻地在今缅甸西北克钦邦境内莫宁。

沉香洞

新都[60]白岳山[61]有沉香洞。（《本志》[62]）

［60］新都：新都郡，东汉建安十三年（208）孙吴置，属扬州。治所在始新县（今浙江淳安县西北新安江

北岸,现已没入千岛湖)。辖境相当今安徽歙县、休宁、黟县、祁门、绩溪、黄山市大部及江西婺源、浙江淳安等县地。西晋太康元年(280)改为新安郡。这里是沿用古地名。

[61] 白岳山:今安徽省黄山市休宁县齐云山,古称白岳山,风景名胜,道教名山之一。

[62]《本志》:概指《大明一统志》。

香洲

香洲在朱崖郡[63],洲中出诸异香,往往不知名焉。(《述异记》)

[63] 朱崖郡:亦作珠崖郡、朱厓郡。西汉元封元年(前110)置,治所在瞫都县(今海南省琼山市东南十五公里)。辖境相当今海南岛东北部地。三国吴朱崖郡治所在徐闻县(今广东徐闻县南)。辖境相当今广东遂溪县、湛江市以南雷州半岛。

香林

日南郡[64]有千亩香林,名香往往出其中。(同上)

[64] 见前"日南"条注释。

香户

南海郡[65]有采香户。(同上)

[65] 南海郡:秦始皇三十三年（前214）置，治所在番禺县（今广东广州市）。秦、汉之际地入南越国，西汉元鼎六年（前111）灭南越国复置。辖境相当今广东滃江、大罗山以南，珠江三角洲及绥江流域以东。其后渐缩小。唐代有时称广州，有时称南海。

香市

日南有香市，商人交易诸香处。(同上)

海南俗以贸香为业。(《东坡集》)

成都府[66]十二月中皆有市，六月为香市。(《成都记》[67])

[66] 成都府:唐至德二载（757）以蜀郡为玄宗"驻跸"之地，升为成都府，建号南京。上元元年（760）撤销京号，为剑南四川节度使治。治成都县、蜀县（后改华阳县，今四川成都市）。

[67]《成都记》:唐卢求撰，记成都风物，今已佚。

香界

佛寺曰香界，亦曰香阜，因香所生，以香为界。

(《楞严经》[68])

[68]《楞严经》：此句显然非出于《楞严经》，应该是出于注疏一类的书籍。

众香国[69]

米元章[70]临逝，端坐合掌曰：众香国里来，众香国里去。(《米襄阳志林》[71])

[69] 众香国：在佛教中"众香国"出《维摩诘经》。《维摩诘经·香积佛品》："上方界分去此刹度如四十二江河沙佛土。有佛名香积如来至真等正觉。世界曰众香。一切弟子及诸菩萨皆见其国。香气普薰十方佛国诸天人民。比诸佛土其香最胜。"

另外犍陀罗国梵语"Gandhāra"亦可意译为"众香国"。

[70] 米元章：米芾（1051—1107），初名黻，元祐六年（1091）改名芾，字元章，号鹿门居士、襄阳漫士、海岳外史、无碍居士，世居太原，迁襄阳，后定居润州。宋代书法家、画家、收藏家。

[71]《米襄阳志林》：十七卷，明范明泰辑，收集记录米芾作品及生平逸事。

草木香

遥香草

岱舆山[72]有遥香草，其花如丹，光耀如月，叶细长而白，如忘忧之草[73]。其花叶俱香，扇馥数里，故名曰遥香草。（《拾遗记》）

[72] 岱舆山：传说中的海上仙山。《列子·汤问》："渤海之东不知几亿万里，有大壑焉……其中有五山焉：一曰岱舆，二曰员峤，三曰方壶，四曰瀛洲，五曰蓬莱。"

[73] 忘忧之草：指百合科萱草属植物萱草（Hemerocallis fulva）。《诗经·卫风·伯兮》："焉得谖草，言树之背。"《毛传》："谖草令人忘忧。背，北堂也。"谖草即萱草。《述异记》卷下："萱草一名紫萱，又呼为'忘忧草'。"《博物志》："萱草，食之令人好欢乐，忘忧思，故曰忘忧草。"

家蘖[74]香

家蘖叶大而长，开红花，作穗，俗呼草豆蔻[75]。其叶甚香，俗以蒸米粿[76]。（《本草》）

[74] 家蘖：所指不详，各类本草书籍中未见记载，或文字不确。

[75] 草豆蔻：古籍称草豆蔻，即指姜科山姜属植物草豆蔻（Alpinia katsumadai Hayata），但这里应该是当地一种叫法，未必与草豆蔻有关。

[76] 米粿：一种米食。

兰香[77]

一名水香，生大吴池泽[78]。叶似兰，尖长有岐[79]，花红白而香，俗呼为鼠尾香。煮水浴以治风。（《香谱》[80]）

[77] 兰香：一般而言，兰香指唇形科罗勒属植物罗勒（Ocimum basilicum）。北魏贾思勰《齐民要术》："兰香者，罗勒也；中国为石勒讳，故改，今人因以名焉。且兰香之目，美于罗勒之名，故即而用之。"指出罗勒之称兰香自后赵起。当时后赵控制地区内多称兰香，南方则沿用罗勒之名。

但此处从描述来看，应该所指不同。其实本条更早的来源《千金翼方》里面原作"兰草"，并非"兰香"："（兰草）一名水香，生大吴池泽，四月五月采。"《新修本草》等同样归在"兰草"条下。据此则此处应指佩兰一类的植物，洪刍《香谱》和《陈氏香谱》称其为"兰香"或为误抄，或为混用。参见前"都梁香"条。

[78] 生大吴池泽：所谓"大吴"应指吴国，《新修本

草·卷七·兰草》:"大吴即应是吴国尔,太伯所居,故呼大吴。"

[79] 岐:分叉。

[80] 《香谱》:此条洪刍《香谱》与《陈氏香谱》皆载。

葱香

《广志》云:葱花紫茎绿叶,魏文帝以为香,烧之。

右兰香、蕙香乃都梁之属,非幽兰芳蕙也。[81]

[81] 作者说这里提到的兰香、家莩等香是都梁一类的香草,并非兰花之类。幽兰芳蕙,作者的时代兰蕙并称,所指的就是今日的"兰花"。

兰[82]为香祖

兰虽吐一花室中,亦馥郁袭人,弥旬不歇,故江南人以兰为香祖[83]。(《清异录》)

[82] 兰:这里说的"兰"指的是兰科兰属植物兰花(Cymbidium ssp.)。兰花唯有花香,茎叶不香,和唐及以前所说的"兰"不同。《清异录》是较早称"兰花"为"兰"的文献,之后宋代这种叫法为更多的人所用,加重了对于之前"兰"所指植物的歧解。唐及以前的"兰"也有不同所指,大体都是泽

兰、佩兰一类的香草，和兰花不同。

[83] 香祖：这说明在五代江南已有称"兰花"为"兰"的习惯，之后"香祖"也成为兰花的别称。

兰汤[84]

五月五日以兰汤沐浴。（《大戴礼》[85]）

浴兰汤兮沐芳。（《楚辞》[86]）

[84] 兰汤：用香草浸煮而制成的洗浴用水。这里的"兰"是泛指香草，而非专指某种植物。浴兰汤是历史非常悠久的传统。《初学记·卷十三·礼部上》引刘义庆《幽明录》："庙方四丈不墉，壁道广四尺，夹树兰香。斋者煮以沐浴，然后亲祭，所谓浴兰汤。"

[85]《大戴礼》：《大戴礼记·夏小正》："五月……五日……蓄兰，为沐浴也。"《大戴礼》，《大戴礼记》，多谓其书成于西汉礼学家戴德（世称大戴）之手，战国至汉初儒家学者有关仪礼的论文选集，八十五篇，今存三十九篇。《大戴礼记》与《小戴礼记》（相传西汉礼学家戴圣编）并行传世。大戴是小戴叔父。

[86]《楚辞》：《楚辞·九歌·云中君》："浴兰汤兮沐芳，华采衣兮若英。"《楚辞》，见前"《楚词》"条。

兰佩

纫秋兰以为佩。[87]《楚辞》《记》[88]曰：佩帨[89]茝兰。

[87]《离骚》："扈江离与辟芷兮，纫秋兰以为佩。"

[88]《记》：指《礼记》，《礼记·内则》："妇或赐之饮食、衣服、布帛、佩帨、茝兰，则受而献诸舅姑，舅姑受之则喜，如新受赐，若反赐之则辞，不得命，如更受赐，藏以待乏。"

朱熹在《楚辞集注》中说："《记》曰：'佩帨茝兰'，则兰芷之类，古人皆以为佩也。"把"茝兰"当作"佩"的对象。现在一般解释"佩帨、茝兰"和前面的"饮食、衣服"一样，是"赐之"的物品。但朱熹的注解影响深远，后来很多人都以此作为古人佩戴兰草之类的例证，本书所引此条即是一例。

从另一个角度来看，朱熹的注解或有偏差，但古人佩戴兰草的习俗却并非臆想，尤其是楚地佩戴香草的历史非常久远，不乏文献和考古的例证。

[89]佩帨：佩帨指佩巾。帨：音shuì，佩巾。《诗经·召南·野有死麕》："舒而脱脱兮，无感我帨兮。"《毛传》："帨，佩巾也。"

兰畹

既滋兰之九畹[90]兮，又树蕙[91]之百亩。(《楚辞》)

[90] 九畹：畹，古代地积单位。说法不一，一说三十亩为一畹，一说十二亩为一畹。后世也以"九畹"代指兰花。（尽管这里的"兰"并非兰花，而是兰草一类。）

[91] 蕙：和前面注释明代的"蕙"不同，唐及以前的"蕙"同样指香草，与兰常并称。《南方草木状》："蕙，一名薰草。"而零陵香又称"薰草"。因此古代学者有以为蕙即零陵香。北宋邵博《闻见后录》曰："楚人曰蕙，今零陵香也。唐人但言铃铃香，亦名铃子香，取其花倒悬栋间如小铃也。"如果接受蕙即零陵香，那情况无疑十分复杂，因为零陵香本身即是古代所指最为复杂的植物之一。

如果不考虑后世的理解，而从早期文献的植物学描述入手，有学者考证，"蕙"可能就是今日的唇形科藿香属植物藿香（Agastache rugosa），注意并非中药中常被称为藿香的唇形科刺蕊草属植物广藿香 [Pogostemon cablin（Blanco）Benth.]。

兰操[92]

孔子自卫反鲁,隐谷之中,见香兰独茂,喟然叹曰:"夫兰当为王者香,今乃独茂,与众草为伍。"乃止车援琴[93]鼓之,自伤不逢时,托辞于幽兰云。(《〈琴操〉[94]序》)

[92] 兰操:操指琴曲,《兰操》又称《猗兰操》《幽兰操》,相传是孔子所作的琴曲,现在一般认为是汉代的作品。

[93] 援琴:持琴;弹琴。

[94] 《琴操》:二卷(有的传本不分卷),琴曲著录。传为东汉蔡邕撰(亦有他说)。叙述琴的形制、作用,通过四十七个传闻的琴曲故事,为琴曲解题。

蘪芜香[95]

蘪芜香草,一名薇芜,似蛇床[96]而香,骚人[97]借以为譬[98]。魏武以藏衣中。[99]

[95] 蘪芜香:参见前"蘪芜"条,难以考证其确指,有川芎(芎䓖)、白芷、当归、藁本等不同说法,大概可以确定的是伞形科植物。

[96] 蛇床:亦称别名蛇粟、蛇米、虺床、马床、墙蘪等。一般指伞形科蛇床属植物蛇床[Cnidium monnieri (L) Cuss.],以果实入药,称蛇床子。

[97]骚人：诗人、文士。
[98]譬：比喻。
[99]《昭明文选》："《本草经》曰：'蘪芜一名薇芜。'陶隐居注曰：'蕙叶，似蛇床而香。'"《楚辞芳草谱》："芎藭之苗叶为蘪芜，似蛇床而香。魏文帝以蕙草兰香杂之以蘪芜藏衣中。"此处称"魏武"或为误记。

三花香

三花香，嵩山[100]仙花也。一年三花，色白美，道士所植也。[101]

[100]嵩山：五岳中之中岳，在河南西部。
[101]唐《嵩山会善寺戒坛记》："汉晋间高僧，植贝多子于西峰，一年三花。"此事亦为其他诗文所引。"贝多"，指贝多罗树，梵语"pattra"，棕榈科木本植物。但现在的贝多罗树并没有一年三花的特征。

依此文献及《太平御览》《初学记》等，这里的道士，应该是"汉晋间高僧"。

五色香草

济阴园客[102]种五色香草，服其实，忽有五色蛾集，

生华蚕，蚕食香草，得茧，大如瓮，有女来助缫[103]，缫讫女与客俱仙。(《述异记》)

[102] 济阴园客：一位仙人。《列仙传》："园客者，济阴人也。常种五色香草，积数十年，食其实。一旦，有五色神蛾止香树末。客收而荐之以布，生桑蚕焉。时有好女夜至，自称'我与君作妻'。道蚕状，客与俱蚕。得百头茧，皆如瓮。缫茧六十日乃尽。讫，则俱去，莫知所如。"济阴这里指济阴国，西汉景帝中元六年（前144）分梁国置，治所在定陶县（今山东定陶县西北四里）。封孝王子不识为济阴王。辖境相当今山东菏泽市及定陶、东明等县地。建元二年（前139）改为济阴郡。

[103] 缫：抽茧出丝。

八芳草

宋艮岳[104]八芳草，曰金娥，曰玉蝉，曰虎耳，曰凤尾，曰素馨，曰渠邮，曰茉莉，曰含笑。(《艮岳记》)[105]

[104] 艮岳：宋徽宗时一处皇家园林，集天下奇花美石，在今河南开封城内东北隅。依《易经》，东北为艮，主子嗣，艮岳修建的缘起正是依堪舆家的建议，希望皇嗣繁衍。

[105]《艮岳记》：宣和四年（1122）艮岳建成，徽宗亲作《艮岳记》；靖康元年（1126）汴京陷时，僧人祖秀随都人避兵艮岳，亦详记其花石景物之胜，以艮岳之正门为"华阳宫"，因名《华阳宫记》。张淏据上述二记，删去浮词，保留实景原文，而成《艮岳记》，以存艮岳概貌。此八芳草首见于宋徽宗《艮岳记》，为张淏《艮岳记》所引用。

聚香草

独角仙人[106]居渝州[107]仙池，池边起楼，聚香草植楼下。(《渝州图经》[108])

[106]独角仙人：《蜀中广记·卷七十五》："独角者，巴郡人也。年可数百岁，俗失其名，顶上生一角，故谓之独角。"并引《渝州图经》："古老传闻，有仙人姓然名独角，自扬州来，居此池边，起楼，聚香草置楼下。"

[107]渝州：隋开皇元年（581）改楚州置，治所在巴县（今重庆市）。《元和志》卷33：渝州"因渝水为名"。大业三年（607）改为巴郡。唐武德元年（618）复改为渝州，天宝元年（742）改为南平郡，乾元元年（758）复为渝州。辖境相当今重庆市区、江津、璧山、永川等地。

[108]《渝州图经》：方志，作者不详。

芸薇香

芸薇一名芸芝，宫人采带其茎叶，香气历月不散。[109]（《拾遗记》）

[109]《拾遗记》卷九："咸宁四年，立芳蔬园于金墉城东，多种异菜。有菜名曰'芸薇'，类有三种，紫色者最繁，味辛，其根烂熳，春夏叶密，秋蕊冬馥，其实若珠，五色，随时而盛，一名'芸芝'。其色紫者为上蔬，其味辛；色黄者为中蔬，其味甘；色青者为下蔬，其味咸。常以三蔬充御膳。其叶可以借饮食，以供宗庙祭祀，亦止人渴饥。宫人采带其茎叶，香气历日不歇。"

古代文献提到芸薇的，基本都是从这一条记载衍生出来的，所指植物不详。

钟火山香草

钟火山[110]有香草，汉武思李夫人，东方朔献之，帝怀之梦见，因名怀梦草。[111]

[110] 钟火山：记载中之仙山。《洞冥记》："东方朔游北极钟火山，日月不照，有青龙烛，照山四极。"

[111] 三本皆未载出处，《云仙杂记》引《洞冥记》："钟火山有香草，武帝思李夫人，东方朔献，帝怀之，即梦见。名怀梦草。"

蜜香花

生天台山[112],一名土常香。苗茎甚甘,人用为药,香甜如蜜。[113]

[112] 天台山:盖指浙江台州天台县之天台山,其他地方亦有称天台山的。
[113] 此条三本皆未记出处,与周嘉胄同时代吴从先辑录的《香艳丛书》有此条,亦未载出处。

百草皆香

于阗[114]国其地百草皆香。

[114] 于阗:西域古国,早期文献亦作"于寘",自两汉至宋各代,均称于阗国。于阗文作Khotana。故址包括今新疆和田、洛浦、墨玉、于田等市县。信仰佛教。西汉通西域后,属西域都护。唐置于阗镇,属安西四镇之一。北宋时被喀喇汗王朝攻破灭国,改宗伊斯兰教。后于阗地名保留下来,明清史籍亦称于阗。

葳香

葳香,瑞草。一名葳蕤[115]。王者礼备则生于殿前。又云王者爱人命则生。(《孙氏瑞应图》[116])

[115] 葳蕤：今日中药所谓"葳蕤"，是指百合科黄精属植物玉竹（Polygonatum odoratum），亦称萎蕤、马薰、女萎、委萎、丽草、葳香等。但历史上黄精作为后出植物，沿袭了之前葳蕤和玉竹的功效。所以也有人认为，之前的葳蕤本来就包括黄精，只是黄精之名出现后才逐渐区分。玉竹一般不作为香材，这里称葳香，大概是就其祥瑞意义而言。

[116]《孙氏瑞应图》：南朝梁孙柔之撰，专记述各种祥瑞，并附有图画。原书早佚。

真香茗[117]

巴东[118]有真香茗。其花白，色如蔷薇，煎服令人不眠，能诵无忘。（《述异记》）

[117] 真香茗：从描述来看，指的就是茶。香茗指煎服有香味，并非香材。

[118] 巴东：巴东郡，东汉建安六年（201）改固陵郡置，属益州。治所在鱼复县（今四川奉节县东十里白帝城）。二十一年（216）复改固陵郡。三国蜀汉章武元年（221）复为巴东郡。辖境相当今四川开县、万县市以东，大宁河中上游流域一带。

人参香

邵化及[119]为高丽[120]国王[121]治药云：人参极坚，用斧断之，香馥一殿。[122]（《孔平仲谈苑》）

[119] 邵化及：宋代医官，受朝廷派遣去高丽国为国王王徽治病。

[120] 高丽：高丽国有二，一为唐之前的高丽，后为唐所灭。一为唐以后的高丽，这里指后者，即王氏高丽。公元918年，后三国（即朝鲜新罗、后百济、泰封）之一泰封国武将王建（太祖）推翻其统治者弓裔，称王，改国号高丽，都开京（今开城）。后统一朝鲜半岛，1392年，恭让王为大将李成桂所废，高丽亡。

[121] 国王：国王，指高丽国王王徽（1019—1083），高丽国第11代君主（1047—1083年在位）。庙号文宗。在位期间积极发展对宋关系，是高丽较为繁荣兴盛的时期。

[122] 邵化及为高丽国王治病之事，除见于《谈苑》，亦见于《续资治通鉴长编》。

睡香

庐山[123]瑞香花[124]，始缘一比丘昼寝盘石上，梦中闻香气酷烈，不可名。既觉，寻香求之，因名睡香。四方

奇之，谓乃花中祥瑞，遂以瑞易睡。(《清异录》)

[123] 庐山：即今江西九江庐山。我国著名的历史文化名山和旅游胜地。

[124] 瑞香花：四库本、汉和本无"瑞香"二字，今据无碍庵本和《清异录》作"瑞香花"。这里的瑞香花即是瑞香科瑞香属植物瑞香（Daphne odora Thunb.），又称睡香、蓬莱紫、风流树等，是我国传统的芳香花木。

牡丹香名[125]

庆天香　西天香　丁香紫　莲香玉　玉兔天香

[125] 牡丹香名：下面芍药香名与此类似。关于这类牡丹和芍药的品种名，可参看《亳州牡丹谱》、《扬州芍药谱》等花卉品种著作。

芍药香名

蘸金香　叠英香　掬香琼　拟香英　聚香丝

御蝉香[126]

御蝉香，瓜名。

[126] 御蝉香：《清异录·卷上·御蝉香》："洛南会

昌中瓜圃结五六实，长几尺，而极大者类蛾绿，其上皱文酷似蝉形。圃中人连蔓移土槛贡，上命之曰'御蝉香''挹腰绿'。"

万岁枣木香[127]

三佛齐产万岁枣、木香树，类丝瓜，冬取根晒干则香。(《一统志》)

[127] 万岁枣木香：这里是把两种东西误为一种东西。万岁枣是指一种果树，后面说的是木香树。古书无句读，作者不查，把原书木香前面的"万岁枣"和"木香"合为一种东西了。三佛齐产"万岁枣"早在《宋史·卷四百八十九·列传第二百四十八·外国五》即有记录。

金荆榴木香

隋炀帝令朱宽[128]等征[129]琉球[130]，得金荆榴木数十斤，色如真金，密致而文彩盘蹙[131]如美锦，甚香，极细，可以为枕及案面，虽沉檀不能及。(《朝野佥载》)

[128] 朱宽：隋将领。任羽骑尉。大业三年、四年（607—608），奉炀帝命和何蛮两次到琉球访俗归化。

[129] 朱宽第一次访琉球，是试探性的访异问俗，并不是"征"，语言不通，只带回一人。隋炀帝很不

满意，第二次去琉球带有征讨性质，"虏其男女千馀人而归"。
[130] 琉球：《朝野佥载》原作"留仇"，也即"琉球"。琉球在古籍中可指今台湾岛本岛，也可以指今琉球群岛。此处所指为台湾还是琉球群岛，有不同看法，二者在很长时间内文化风俗相近，也不妨二者兼有。
[131] 盘虋：卷曲。

素松香

密县[132]有白松树一株，神物也。松枯枝极香，名素松香。然不敢妄取，取则不利。县令每祭祷取之，制带甚香。（《密县志》）

[132] 密县：西汉置，属河南郡。治所在今河南新密市东南十五公里。《尔雅》"山如堂者曰密"，因以为名。历代治所稍有变迁，都在今新密市一带。

水松香

水松[133]叶如桧而细长，出南海。土产众香而此木不大香，故彼人无佩服者。岭北人极爱之。然爱其香殊胜在南方时。植物，无情者也，不香于彼而香于此，岂屈于不知己而伸于知己者欤？物类之难穷者如此。[134]（《南方

草木状》)

[133] 水松:古代所谓"水松"可以指为松藻科植物刺松藻Codium fragile (Sur.) Har. 的藻体,但这里言"此木",应该还是指乔木之类。现在一般言"水松"指杉科,水松属植物水松 [Glyptostrobus pensilis (Staunton) Koch],与此描述有些接近,但此处具体所指不详。

[134] 这里说水松在原产地不被重视,但深受岭北人的喜爱,令人感叹植物在不同地域也有知遇的差异。

女香树

影娥池[135]有女香树,细枝叶。妇人戴之,香终年不减;男子戴之则不香。[136]（《华夷草木考》）

水香,异地则香。女香,因人而馥。草木无情之物,乃征异如此。八卷内"如香草"亦然。

[135] 影娥池:汉代苑池,在上林苑中。位于汉长安故城外太液池之西,即今陕西西安市西十公里处。《三辅黄图》卷四《池沼》:"武帝凿池以玩月,其旁起望鹄台以眺月,影入池中,使宫人乘舟弄月影。名影娥池,亦曰眺蟾台。"《汉武洞冥记》卷三:"帝于望鹄台西起俯月台。台下穿池,广千尺。登台以眺月,影入池中,使仙（宫）人乘舟弄月影,

因名影娥池，亦曰眺蟾台。"

[136]《洞冥记》："有女香树，细枝叶，妇人带之，香终年不减。"

七里香[137]

树婆娑，略似紫薇，蕊如碎珠，红色，花开如蜜，色清香袭人，置发间，久而益馥。其叶捣可染甲，色颇鲜红。(《仙游县志》)

[137] 七里香：古代称"七里香"的植物甚多，按《八闽通志·卷二十六》及《安溪县志》等书，这里"七里香"是其别名，本名"指甲花"。现在所谓"指甲花"一般指凤仙花科凤仙花属植物凤仙花（Impatiens balsamina L.），很多古籍上的"指甲花"也指此类，但这里说："树婆娑"，应该不是草本植物。

古籍中还有一种"指甲花"，指的是千屈菜科散沫花属植物散沫花（Lawsonia inermis L.），《南方草木状》等书中的指甲花即是此类，比较符合"蕊如碎珠"的描述，同时其叶也可以染指甲。所以综合判断，这里说的"七里香"很可能是散沫花。

君迁香

君迁子[138]生海南，树高丈余，其实中有乳汁，甘美香好。

[138] 君迁子：指柿科柿属植物君迁子（Diospyros lotus L.）。君迁子又称牛奶柿、黑枣柿等，果实符合这里"实中有乳汁"的描述。君迁子多地皆有出产，并不独出于海南。

香艳各异

明皇沉香亭[139]前牡丹一枝二头，朝深碧、暮深黄，夜粉白，香艳各异。帝曰："此花木之妖。"赐杨国忠，以百宝为栏。[140]（《华夷花木考》）

[139] 沉香亭：唐长安兴庆宫内的亭阁。在兴庆池东北，今陕西西安兴庆公园内。徐松《唐两京城坊考》卷一："开元中，禁中初种木芍药，得四本，上因移于兴庆池东沉香殿前。"沉香亭遂以芍药闻名。李白《清平调》曰："名花倾国两相欢，常得君王带笑看。解释春风无限恨，沉香亭北倚阑干。"

参见前"沉香亭子材"条，后"沉香亭"条。

[140] 此条本出《开元天宝遗事》。《开元天宝遗事》卷上："初有木芍药，植于沉香亭前。其花一日

忽开一枝两头，朝则深红，午则深碧，暮则深黄，夜则粉白。昼夜之内，香艳各异。帝谓左右曰：'此花木之妖，不足讶也。'"

木犀[141]香

采花阴干以合香，甚奇。（方载十八卷内）

[141] 木犀：木犀科木犀属（Osmanthus Lour.）植物，代表物种木犀［桂花，Osmanthus fragrans（Thunb.）Lour.］。桂花同时也是木犀属多种植物的习称，同属其他植物也有香用价值。

木兰[142]香

生零陵山谷及泰山，一名林兰，一名杜兰。状如楠，皮似桂而甚薄，味辛香，道家用以合香。

[142] 木兰：现在指木兰科木兰属植物木兰（Magnolia liliflora Desr），但在古书中所指复杂。晚近学者有以为是木兰科其他植物木莲（Manglietia fordiana Oliv.）、玉兰（Magnolia denudata）等。但其对树皮的描述似乎更像是樟科樟属植物，有学者认为很可能是樟科樟属植物天竺桂（Cinnamomum japonicum Sieb.）或阴香［Cinnamomum burmanni（Nees et T.Nees）Blume］。在道家传统中，也可

能指山栀（Gardenia jasminoides）。

月桂子[143]香

月桂子，今江东诸处至四五月后每于衢路得[144]之。大如狸豆[145]，破之辛香，古老相传，是月中下也。[146]（《本草》）

[143] 月桂子：指樟科月桂属植物月桂（Laurus nobilis）的果实。
[144] 衢路：道路。
[145] 狸豆：又称黎豆、虎豆、鼠豆。豆科植物头花黎豆 Stizolobium capitatum（Sweet）O.Kuntze的种子。
[146] 此条《证类本草》卷十三有载。

海棠香国

海棠[147]故无香，独昌州[148]地产者香，乃号海棠香国。有香霏亭[149]。

[147] 海棠：海棠在我国古代所指极为复杂，及至今日蔷薇科苹果属和木瓜属的众多植物都可以称为海棠。从其香气明显这一特点来看，这里说的昌州海棠，可能接近苹果属西府海棠（Malus micromalus），但即便西府海棠，香气也不算浓郁，达不到海棠香国的程度。综合历代文献记载

以及原产地的情况变迁，很多学者认为这里言及的昌州海棠应该今日已绝种。

[148] 昌州：唐乾元元年（758）割泸、普、渝、合、资、荣等六州界置，治所在静南县（今四川大足县西南）。辖境相当今重庆大足、荣昌、永川等市县地。寻废。大历十年（775）复置，治所在昌元县（今荣昌县西北）。光启元年（885）徙治大足县（今大足县）。除此之外，还有文献记载古"嘉州"（今四川乐山、峨眉山等地）亦称"海棠香国"。所以除了永川、大足、荣昌都以棠城自称，乐山也以"海棠香国"自称。

[149] 香霏亭：《山堂肆考》卷一百七十二"香霏"："重庆府大足县，有地名曰海棠香国。海棠无香，惟此地产者有香，故旧郡治前有香霏亭。"则位置在大足县。《续茶经》卷上之三："《雪蕉馆记》谈明玉珍子升在重庆取涪江青石为茶磨，令宫人以武隆雪锦茶碾，焙以大足县香霏亭海棠花，味倍于常。海棠无香，独此地有香，焙茶尤妙。"

桑椹甘香

张天锡[150]云：北方桑椹甘香，鸱鸮革响[151]，醇酪[152]养性，人无妒心。（《世说新语》）

[150] 张天锡：338—398，字纯嘏，是十六国时期前凉政权的最后一位君主。前凉为前秦灭，天锡降前秦，淝水之战后又附东晋，因健谈为孝武帝所重。《世说新语》载：孝武于坐间问张北方何物可贵。张遂有此番回答，借以回击那些嫉妒自己的人。

[151] 桑葚甘香，鸱鸮革响：典出《诗经·鲁颂·泮水》："翩彼飞鸮，集于泮林。食我桑葚，怀我好音。"鸱鸮，亦作"鸱枭"，指猫头鹰一类的鸟。常用以比喻贪恶之人。革响，谓变更声音。这里借用《诗经》之典，是说连鸱鸮这样的恶鸟都受到感化（讽刺有些人还不如鸱鸮）。

[152] 酪：当时的酪指的是由乳发酵而成的一种类似酸奶的饮料。

栗有异香

殷七七[153]游行天下，人言久见之不测其年寿。偶于酒间以二栗为令[154]，接者皆闻异香。[155]（《续仙传》[156]）

[153] 殷七七：唐代道士，名天祥，又名道筌，自称七七，以善幻术著名。

[154] 令：指酒令，唐时酒令有三种：律令、骰盘令和抛打令。这里具体所指见下条注释。

[155] 这里语焉不详，故事原委是这样的：殷七七到一处官僚家里做客，助兴的倡优轻慢嘲笑他，他就说我拿两个栗子来做酒令，大家传看，纷纷闻见异香，传到那两个倡优面前时，变成石子，一下子粘在鼻子下面，他们两个闻到的却是恶臭，而且怎么也弄不掉，这两个倡优想尽办法想弄掉栗子，伴奏的趁势奏乐，这两个倡优就好像在表演舞蹈一样，把大家逗得哈哈大笑。后来七七收回法术，大家都非常敬佩他。

[156]《续仙传》：道教神仙传记，题溧水县令沈汾撰，上中下三卷。成书于五代时期，入《正统道藏》洞真部记传类。

必栗香[157]

内典云：必栗香为花木香，又名詹香，生高山中。叶如老椿，叶落水中，鱼暴死。木取为书轴，辟蠹鱼[158]，不损书。[159]（《本草》）

[157] 必栗香：亦称"花木香""詹香"。可能为胡桃科化香树属植物化香树（Platycarya strobilacea Sieb. et Zucc.）。

[158] 蠹鱼：虫名，即蟫。又称衣鱼，蛀蚀书籍衣服。

[159] 此条见于《本草纲目》引陈藏器的记述。

桃香

史论[160]出猎至一县界，憩兰若[161]中，觉香气异常，访其僧。僧云：是桃香。因出桃啖。论仍共至一处，奇泉怪石，非人境也。有桃数百株，枝干拂地，高二三尺，异于常桃，其香破鼻。（《酉阳杂俎》）

[160] 史论：唐代人，故事里说他是御史中丞，当时在齐州。

[161] 兰若：梵语"阿兰若"（araṇya）的省称，意为离于愦闹处、闲静处，一般指寺院。

桧香蜜[162]

亳州[163]太清宫[164]桧至多，桧花开时蜂飞集其间，作蜜极香，谓之桧香蜜。欧阳公[165]守亳州时有诗云："蜂采桧花村落香[166]。"（《老学庵笔记》[167]）

[162] 桧香蜜：桧，指柏科圆柏属植物桧树［Sabina chinensis（L.）Antoine］，也称圆柏。桧树所指古今基本没有歧义，其球花是雌雄孢子体，一般不大可能以花蜜见称，陆游此条颇为特别。从柏树的习性来看，也可能是甘露或蜜露一类的东西（在蜂蜜领域，甘露是指蚜虫等昆虫分泌的含糖汁液，蜜露是由于外界气温变化植物本身分泌的含糖汁液，这些汁液被蜜蜂收集，便成了特殊的

蜂蜜）。陆游还有诗"三分带苦桧花蜜，一点无尘柏子香"（《龟堂杂兴十首 其四》）为证，称其香中带苦。从蜜露的口感来看，比较符合"三分带苦"的特点，也有柏树的天然香气，所以这里的"桧香蜜"大概就是桧树分泌的含糖汁液被蜜蜂收集产生的"蜜露"。

[163] 亳州：北周末改南兖州置，治所在谯县（今安徽亳州市）。据《续通典》称："遥取古南亳之名以名州。"隋大业三年（607）改为谯郡。唐武德四年（621）复为亳州。天宝元年（742）改为谯郡。乾元元年（758）又曰亳州。辖境相当今安徽亳州、涡阳、蒙城及河南鹿邑、永城等市县地。

[164] 太清宫：这里指今鹿邑县太清宫，此太清宫现属河南鹿邑县，但过去是亳州范围内。太清宫位于鹿邑县城东十里的太清宫镇，东汉延熹年间（158—167）建，历代屡加修葺。太清指神仙居处，中国有很多太清宫，但鹿邑县此太清宫因为是老子故里所以尤为重要，名胜古迹众多，历代也有很多典故。旧传宫内有八株老桧，为老子手植。

[165] 欧阳公：欧阳修（1007—1073），字永叔，号醉翁，又号六一居士。庐陵永丰（今江西吉安永丰）人。谥号文忠，世称欧阳文忠公，北宋文学家、史学家。欧阳修兴平四年（1067）被贬为亳州知州，在任不到一年。

[166] 出欧阳修《戏书示黎教授》:"乌衔枣实园林熟,蜂采桧花村落香。"

[167]《老学庵笔记》:见前"《老学庵日记》"条。

三名香[168]

千年松香闻十里,谓之十里香,亦谓之三名香。(《述异记》)

[168] 三名香:依《太平广记·卷四百一十四》,这里的三名香是松香与前面两种香的合称,不宜独称"三名香"。

杉香

宋淳熙[169]年间,古杉生花在九座山[170],其香如兰。(《华夷草木考》)

[169] 淳熙:是南宋孝宗赵昚的第三个也是最后一个年号(1174—1189)。

[170] 九座山:一名仙游山,在今福建仙游县西北。《元和志》卷二十九福州仙游县:仙游山"在县西二十里,县因以为名"。《明一统志》卷七十七兴化府:九座山"在仙游县西北。山有九峰,故名"。

槟榔苔[171]宜合香

西南海岛生槟榔木上，如松身之艾蒳[172]，单爇不佳，交址人用以合泥香[173]，则能成温馞[174]之气。功用如甲香。（《桂海虞衡志》）

[171] 槟榔苔：这里指槟榔树上的一种寄生植物。
[172] 艾蒳：指松树上的寄生植物，参见前"艾蒳"条注释。
[173] 泥香：泥香是《桂海虞衡志》记载的古代交趾一带所合的软香。参见后"交趾香珠"条。
[174] 温馞：温暖芳香。馞，音nún。

苔香

太和初改葬基法师[175]。初开冢，香气袭人，侧卧砖台上，形如生。砖上苔厚二寸余，作金色，气如旃檀。（《酉阳杂俎》）

[175] 基法师：窥基大师，中国唯识宗（慈恩宗）二祖，唐代京兆长安（今陕西西安）人，俗姓尉迟，字洪道，又称慈恩大师。师从玄奘大师并得其印可，著作很多。

鸟兽香

闻香倒挂鸟

爪哇国[176]有倒挂鸟,形如雀而羽五色。日间焚好香则收而藏之羽翼,夜间则张翼尾而倒挂以放香。(《星槎胜览》)

[176] 爪哇国:旧称阇婆或诃陵,即今印度尼西亚爪哇岛,元时始称爪哇国。

越王鸟粪香

越王鸟[177]状似鸢[178],口勾末可受二升许,南人以为酒器,珍于文螺。此鸟不践地,不饮江湖,不唼[179]百草,不饵虫鱼,惟啖木叶,粪似熏陆香。南人遇之既以为香,又治杂疮。(竺法真《登罗山疏》[180])

[177] 越王鸟:在古籍中又称鹲鹧、鹤顶、鹲鹏等,根据其外观描述,可能为犀鸟之类。

[178] 鸢:鸢鸟,老鹰之类。

[179] 唼:shà,水鸟或鱼吃食。

[180] 竺法真《登罗山疏》:亦作《登罗浮山疏》,罗浮山是罗山和浮山二山的合称。此书记录了一些当地动植物的知识,原文已佚。竺法真为南朝时人,生卒不可考。

香象[181]

百丈禅师[182]曰："如香象渡河，截流而过，无有滞疑。[183]"慧忠国师[184]云："如世大匠斤斧，不伤其手，香象所负，非驴能堪。"

[181] 香象：梵语gandha-hastin，或gandha-gaja。古谓色青而有香气的巨象，力大无比。今人或以为指发情期的大象，恐非是，发情期大象佛教一般称狂象。

[182] 百丈禅师：百丈怀海（720—814），唐代禅宗大师。福州长乐人，俗姓王（一说姓黄）。马祖坐下三大士之一。制订《百丈清规》，天下丛林无不奉行，为宋儒书院所仿效。弟子有黄檗希运、沩山灵祐等等，皆禅宗大德祖师。百丈为地名，指百丈山，在今江西奉新县。

[183] 香象渡河，彻底截流；譬喻听闻教法，所证甚深。诸经论每以兔、马、香象三兽之渡河，譬喻听闻教法所证深浅之别，谓兔渡河则浮，马渡则及半，香象之渡河则彻底截流。

[184] 慧忠国师：？—775，唐代禅师，浙江诸暨人，俗姓冉。参六祖而得心印，入南阳白崖山党子谷四十余年，四方慕仰，受玄宗、肃宗、代宗三朝礼遇，世称南阳慧忠国师。

牛脂香

《周礼》[185]云：春膳膏香[186]。注：牛脂香。

[185]《周礼》：又名《周官》《周官经》，重要儒家经典，三礼之首。一般认为是搜集周王室官制和战国时代各国制度，并附添有儒家政治理想的著作。各种版本卷数不一。传为周公所作，成书年代尚无定论。

[186]春膳膏香：《周礼·天官·庖人》："凡用禽献，春行羔豚，膳膏香。"郑玄注："用禽献，谓煎和之以献王。郑司农云：'膏香，牛脂也，以牛脂和之。'"把膏解释成"牛脂"，是郑司农（郑众）注中的观点。这段文字讲的是春天加工羔豚美食以献王。

骨咄犀[187]香

骨咄犀以手摸之，作岩桂[188]香。若摩之无香者，为伪物也。（《云烟过眼录》）

骨咄犀，碧犀也。色如淡碧玉，稍有黄色，其文理似角，扣之，声清越如玉，磨刮嗅之有香。（《格古论》）

[187]骨咄犀：咄通读duō。亦作"骨突犀""骨睹犀""蛊毒犀""骨笃犀"，亦称"碧犀"。古籍中兽角名。一说为蛇角。可制器物，亦可制

药,能辨毒解毒。

　　经学者考证,所谓"骨咄"可能来源于阿拉伯一波斯语中"khutū"一词的音写。其来源可能为海象牙、犀角、猛犸象牙、鸟喙、牛角等。不同时期,不同来源,所指可能不同,或者是这一类动物骨制品的通称。

[188] 岩桂:今日岩桂指樟科樟属植物少花桂(Cinnamomum pauciflorum Nees)。宋代一般说岩桂其实指的是木犀(桂花)之类,和今日岩桂无关。《墨庄漫录》:"湖南呼九里香,江东曰岩桂,浙人曰木犀,以木纹理如犀也。"参见前"木犀"条注释。

灵犀香

　　通天犀角[189]镑[190]少末与沉香爇,烟气袅袅直上,能抉[191]阴云而睹青天。故《抱朴子》[192]云:通天犀角有白理如线,置米中,群鸡往啄米,见犀则惊却,故南人呼为骇鸡犀[193]也。

[189] 通天犀角:一种名贵的犀牛角。犀牛鼻上有一或二角,间亦有三角者。其一角中有孔上下贯通(一说有白纹贯通上下),故名。晋葛洪《抱朴子·登涉》:"通天犀,得其角一尺以上,刻为鱼而衔以入水,水常为开。"

[190] 锊：削。

[191] 抉：拨开。

[192]《抱朴子》：东晋道家理论著作，整理晋之前道家神仙体系，集魏晋炼丹术之大成。葛洪撰。葛洪（284—364），字稚川，自号抱朴子，两晋时道教学者，著名炼丹家、医药学家、文学家。丹阳句容（今属江苏句容）人。

[193] 骇鸡犀：意指让鸡惊骇的犀角。东晋之前骇鸡犀即见于史籍。《战国策·楚策》："（楚王）乃遣使车百乘，献鸡骇之犀、夜光之璧于秦王。"又《后汉书·西域传》载大秦国："土多金银奇宝，有夜光璧、明月珠、骇鸡犀……"

香猪

香猪，建昌[194]、松潘俱出，小而肥，其肉香。（《益部谈资》）

[194] 建昌：建昌府，唐南诏改巂州置，治所在今四川西昌市。元至元十二年（1275）改为建昌路。明洪武十五年（1382）复为建昌府，属云南布政司，寻属四川布政司。辖境相当今四川西昌市及德昌、米易等县地。

香猫

契丹国[195]产香猫[196],似土豹,粪溺皆香如麝。(《西使记》[197])

[195] 契丹国：此处的契丹国为西辽（1132—1218），是契丹人建立的国家，亦称黑契丹、哈剌契丹，由辽代贵族耶律大石在1123年率部西迁建立，后扩张到中亚，首都虎思斡鲁朵，并非是辽国前身的契丹国。

[196] 香猫：具体所指不详，可能为大小灵猫之类的有芳香腺囊的灵猫科动物。

[197] 《西使记》：一卷，元刘郁作，成书于中统四年（1263）三月。西使记实分两部分，前半部记述常德西使的行程，后半部记述被旭烈兀攻陷、征伐或自行归降的几个中亚国家。

香狸

香狸[198]一名灵狸，一名灵猫，生南海山谷。状如狸，自为牝牡[199]，其阴如麝[200]，功亦相似。

灵狸一体，自为阴阳，剖其水道，连囊以酒洒，阴干，其气如麝。若入麝香中，罕能分别。用之亦如麝焉。（《异物志》）

[198] 香狸：指灵猫科动物（Viverridae），如大灵猫（Viverra zibetha）、小灵猫（Viverricula indica）、

[199] 自为牝牡：牝为雌，牡为雄，自为牝牡，指雌雄同体。这是源于误解。灵猫类无论雌雄都有香腺，可以分泌灵猫香（雄性比雌性分泌多）。

[200] 其阴如麝：指和麝类似，阴部附近有香囊。

狐足香囊

习凿齿[201]从桓温[202]出猎。时大雪，于江陵[203]城西，见草上有气出，向一物射之，应弦而毙。往取之，乃老雄狐，足上带绛缯[204]香囊。（《渚宫故事》[205]）

[201] 习凿齿：？—383，字彦威，东晋著名文学家，史学家，襄阳（今湖北襄阳）人。初为荆州刺史桓温的别驾，桓温北伐时，也随从参与机要。后桓温企图称帝，习凿齿著《汉晋春秋》以制桓温野心。

[202] 桓温：312—373，字元子，谯国龙亢（今安徽省怀远县西龙亢镇）人。东晋明帝时任荆州刺史，剿灭成汉，三次北伐，颇有军功，欲废帝自立，未果而死。

[203] 江陵：江陵县，秦置，为南郡治。西晋为荆州治。治所在今湖北荆沙市荆州区。

[204] 绛缯：红色缯帛。

[205] 《渚宫故事》：唐余知古撰，记荆楚史事，上起鬻熊，下迄唐代。成书于文宗朝。渚宫为楚国旧宫之名。

狐以名香自防

胡道洽[206]体有臊气，恒以名香自防。临绝，戒弟子曰："勿令犬见。"敛[207]毕棺空，时人咸谓狐也。（《异苑》）

[206] 胡道洽：南北朝南朝宋医家、道士。或作胡洽。广陵（今江苏扬州）人。好音乐，精通医术，以拯救为事，以医术名于时。撰有《胡洽百病方》（一作《胡洽方》），今佚。

[207] 敛：入殓。

猿穴名香数斛

梁大同[208]末，欧阳纥[209]探一猿穴，得名香数斛，宝剑一双，美妇人三十辈[210]，皆绝色，凡世所珍，靡不充备。（《续江氏传》[211]）

[208] 大同：南朝梁武帝萧衍的年号，由535年至546年，共计11年。

[209] 欧阳纥：南朝人，字奉圣，长沙临湘（今湖南长沙）人，书法家欧阳询的父亲。初为黄门侍郎、员外散骑常侍，累迁衡州、广州刺史，后因谋反被诛。

[210] 辈：量词，批。

[211]《续江氏传》：又名《补江总白猿传》，唐初传

奇，未署作者（按此书为调侃欧阳询貌丑，诬其乃白猿所生，故不敢署作者）。

獭掬鸡舌香

宋[212]永兴县[213]吏钟道得重疾，初瘥，情欲倍常。先悦白鹤墟中女子，至是犹存想焉。忽见此女振衣而来，即与燕好[214]。后数至，道曰："吾甚欲鸡舌香。"女曰："何难。"乃掬满手以授道。道邀女同含咀之，女曰："我气素芳，不假此。"女子出户，犬忽见随，咋[215]杀之，乃是老獭。[216]（《广艳异编》）

[212] 这里指南朝宋。
[213] 永兴县：历史上永兴县很多，这里说的是南朝宋的永兴县，南朝宋孝建元年（454）置，属建昌郡。治所在今湖北襄阳县境。梁废。
[214] 燕好：男女欢合。
[215] 咋：啮咬。
[216] 此段文字本出南朝宋刘义庆《幽冥录》，《广艳异编》是引用。

香鼠[217]

中州产香鼠，身小而极香。

香鼠至小，仅如擘指[218]大，穴于柱中，行地上，疾

如激箭[219]。(《桂海虞衡志》)

密县[220]间出香鼠,阴干为末,合香甚妙。乡人捕得,售制香者。(《蜜县志》[221])

[217] 香鼠:一种珍稀动物,依文献记载,明清年间已很少见,今日在很多产地已绝迹。有学者认为可能为鼬科鼬属动物香鼬(Mustela altaica)。也可能所指并不唯一,有数种文献记录的大小比香鼬还要小得多,更不可能为麝鼠,可能已经绝种。

[218] 擘指:大拇指。

[219] 激箭:疾飞的箭。比喻急速,急疾。

[220] 密县:三本皆作"蜜县",应作"密县"。西汉置,属河南郡。治所在今河南新密市东南十五公里。《尔雅》:"山如堂者曰密。"因以为名。后治所稍有变迁。

[221] 《蜜县志》:三本皆作"蜜县志",应作"密县志"。

蚯蚓一夜香

孟州[222]王双,宋文帝[223]元嘉[224]初忽不欲见明。常取水沃地[225],以菰蒲[226]覆上,眠息饮食悉入其中。云:恒有女着青裙白帮来就其寝。每听荐[227]下历历有声,发之,见一青色白缨[228]蚯蚓,长二尺许。云:此女常以一夜香见遗,气甚清芬,夜乃螺壳,

香则菖蒲根[229]。于时咸以双渐同阜螽[230]矣。(《异苑》)

[222] 孟州：南朝孟州所指不详。唐时孟州在今河南孟州市一带。
[223] 宋文帝：宋文帝刘义隆（407年—453年3月16日），字车儿，彭城郡彭城县（今江苏徐州）人。是南北朝南朝刘宋第三位皇帝（424—453年在位）。
[224] 元嘉：南朝宋文帝刘义隆的年号（424—453）。
[225] 水沃地：水浸透的土地。
[226] 菰蒲：菰和蒲，皆水生植物。
[227] 荐：草席、垫子。
[228] 缨：彩带。这里指白色的环纹，对应上文的"白帮"。
[229] 菖蒲根：在较早古籍中又称"昌本""昌阳（昌羊）"，指天南星科菖蒲属植物石菖蒲（Acorus tatarinowii，亦称九节菖蒲）或菖蒲（Acorus calamus L.亦称水菖蒲）。本草文献中，二者根茎皆可入药，历史上以石菖蒲为多。作为香材，多用石菖蒲根。
[230] 阜螽：蝗的幼虫。

香事分类（下）

卷十

宫室香

采香径

吴王阖闾[1]起响屟廊[2]、采香径[3]。(《郡国志》[4])

[1] 阖闾：?—前496，又作阖庐，姬姓，吴氏，名光，春秋末期吴国国君，前514—前496年在位，在位期间吴国逐渐强大。曾灭亡徐国，攻破楚国国都，后与越国作战受伤而死。

[2] 响屟廊：故址在今江苏省苏州市灵岩山上。北宋朱长文《吴郡图经续记》卷中：砚石山（即灵岩山）"又有响屟廊，或曰鸣屐廊，以楩梓籍其地，西子行则有声，故以名"。

[3] 采香径：故址在江苏省苏州市灵岩山前。宋范成大《吴郡志》："采香径，在香山之傍，小溪也。吴王种香于香山，使美人泛舟于溪以采香。今自灵岩山望之，一水直如矢，故俗又名箭泾。"也有说法

是指西施采香草的小路。采香径、响屦廊这些都是吴馆娃宫的遗迹。
[4]《郡国志》：概指晋司马彪所撰《续汉书·郡国志》，后被补入《后汉书》，亦称作《后汉书·郡国志》。司马彪，西晋史学家，字绍统，河内温县（今河南温县西）人。

披香殿[5]

汉宫阙名，长安有合欢殿[6]、披香殿。（同上）

[5] 披香殿：汉未央宫殿名，故址在今陕西西安西北。班固《西都赋》与张衡《西京赋》中所列未央宫"后妃之室"中有披香殿。位于前殿之北，为汉武帝时后宫八区之一。
[6] 合欢殿：汉未央宫殿名，故址在今陕西西安西北。班固《西都赋》有"后妃之室，合欢增成"之句，张衡《西京赋》亦有"后宫则昭阳飞翔，增成合欢"之句。李善注引《汉宫阁名》："长安有合欢殿。"合欢殿位于前殿之北，属后妃的居室，为汉武帝时后宫八区之一。

柏梁台[7]

汉武帝作柏梁台，以柏为之，香闻数里。[8]

[7] 柏梁台：汉未央宫台名。汉武帝元鼎二年（前115）春建。《三辅黄图》卷五说柏梁台"在长安城中北阙内"。《长安志》卷十二："柏梁台在未央宫北。" 柏梁台铸铜为柱，是一座高达二十丈（合今约47米）的高台建筑。因此台建筑以香柏木为梁架，"香闻数十里"，故名。又因台顶之上置有铜凤凰，故亦称为凤阙。

[8] 三本未注出处，言及柏梁台资料众多。

桂柱

武帝时昆明池[9]中有灵波殿[10]七间，皆以桂为柱，风来自香。（《洞冥记》）

[9] 昆明池：在今陕西长安县西丰水与潏水之间。即斗门镇东南洼地。汉武帝元狩三年开凿，以习水战。宋以后湮没。《后汉书·颜师古》注："臣瓒曰：《西南夷传》有越嶲、昆明国，有滇池，方三百里。汉使求身毒国，而为昆明所闭。今欲伐之，故作昆明池象之，以习水战。在长安西南，周回四十里。"

[10] 灵波殿：汉上林苑昆明池殿名。《述异记》："甘泉宫南昆明池中，有灵波殿七间，皆以桂为柱，风来自香。"

兰室

黄帝传岐伯[11]之术,书于玉版,藏诸灵兰之室[12]。

[11] 岐伯: 相传为上古黄帝之大臣、太医,兼司日月、星辰、阴阳、历数,被尊称为"天师"。黄帝曾使岐伯遍尝百草,主持医病;并与之谈医论药。所以后世岐黄并称,尊为医学始祖。

[12] 灵兰之室: 灵台与兰室,黄帝藏书处也。《素问·灵兰秘典论》: "黄帝乃择吉日良兆,而藏灵兰之室,以传保焉。"后代指藏书之地。

兰台

楚襄王[13]游于兰台[14]之宫。(《风赋》[15])
龙朔[16]中改秘书省[17]曰兰台[18]。

[13] 楚襄王: 楚顷襄王(前329—前263),出生于湖北宜城东南,芈姓,熊氏,名横,楚怀王之子,战国时期楚国国君。公元前298年—公元前263年在位。

[14] 兰台: 战国时楚国台名。在今湖北省钟祥市市东。《舆地纪胜·卷八十四·郢州》: 兰台"在州城龙兴寺西北。旧传楚襄王与宋玉游于兰台之上,清风飒然而至,王披襟当之。即其地。"也有其他文献认为不过是附会而已。

[15] 《风赋》: 宋玉《风赋》: "楚襄王游于兰台之

宫，宋玉、景差侍，有风飒然而至。"《风赋》：战国时楚国宋玉所作。宋玉，又名子渊，战国时鄢（今襄樊宜城）人，辞赋家，传为屈原学生。

[16] 龙朔：唐高宗李治年号（661—663）。

[17] 秘书省：官署名。东汉恒帝时始设秘书监一官，掌宫中图籍。晋设秘书寺，后改秘书省，始成为掌管国家图书秘籍的机构。唐代秘书省为中央六省（尚书、门下、中书、秘书、殿中、内侍）之一，长官为监，副职为少监，领太史、著作二局，职掌观察记载天文、刊正图籍、撰写碑志等事。高宗时曾一度改省名为兰台，武则天时改称麟台，不久均复旧名。

[18] 关于兰台的所指，汉代以宫中藏经籍图书之殿阁为兰台，以御史中丞掌理其事，故后世多以兰台为御史台的代称。又因班固曾为兰台令，受诏敕而撰史，故后世又以兰台代称史官。唐高宗龙朔二年（662）改秘书省为兰台，尽管很快改回，但因此又可称秘书省为兰台。

兰亭

王右军[19]诸贤修禊[20]，会于会稽山阴之兰亭[21]。

[19] 王右军：王羲之（303—361，有不同说法），东晋书法家。字逸少，号澹斋，祖籍琅琊临沂（今属山东），后迁会稽（今浙江绍兴），曾为会稽内史，

领右将军,人称"王右军""王会稽"。王羲之对中国书法影响巨大,被尊为书圣。

[20] 修禊:古代民俗于农历三月上旬的巳日(三国魏以后始固定为三月初三)到水边嬉戏,以祓除不祥,称为修禊。

[21] 兰亭:在浙江省绍兴市西南14公里的兰渚山下。《水经·渐江水注》:"(西陵湖)湖口有亭,号曰兰亭,亦曰兰上里,太守王羲之、谢安兄弟数往造焉。吴郡太守谢勖封兰亭侯,盖取此亭以为封号也。"《晋书·王羲之传》:东晋永和九年(353)春,"尝与同志宴集于会稽山阴之兰亭"。

温室

温室[22]以椒[23]涂壁,被之文绣[24],香桂为柱,设火齐[25]屏风,鸿羽[26]帐,规地以罽宾氍毹[27]。(《西京杂记》)

[22] 温室:汉代宫殿名,建于汉武帝时。《三辅黄图》卷三:"温室殿,按《汉宫阙疏》,'在长乐宫',又《汉宫阁记》在'未央宫'。"两宫皆有温室,这里说的是未央宫的温室。温室殿是皇帝冬天居住的暖殿,殿内有各种防寒保温的特殊设备。《汉宫阁记》:"温室殿,武帝建,冬处之温暖也。"未央宫温室殿是公卿朝臣议政的重要殿所。

[23] 椒：指芸香科花椒属植物花椒（Zanthoxylum bungeanum Maxim.）或同属近缘植物的干燥成熟果实。汉代后宫以椒涂壁，除了有香料的意义，也取其多子多福的寓意。《汉宫仪》："皇后称椒房，取其蕃实之义也。"

[24] 文绣：刺绣华美的丝织品。

[25] 火齐：宝珠之名。

[26] 鸿羽：大雁羽毛。

[27] 氍毹：一种毛织或毛与其他材料混织的毯子。可用作地毯、壁毯、床毯、帘幕等。汉代产于罽宾的毛织品，以细好著称，最为汉宫室喜用。

温香渠

石虎为四时浴室，用瑜石珷玞[28]为堤岸，或以琥珀为瓶杓[29]。夏则引渠水以为池，池中皆以纱縠[30]为囊，盛百杂香药，渍于水中。严冰之时作铜屈龙数十枚，各重数十斤，烧如火色，投于水中，则池水恒温，名曰焦龙温池。引凤文锦步障萦蔽浴所，共宫人宠嬖[31]者解媟服[32]宴戏[33]弥于日夜，名曰清娱浴室。浴罢泄水于宫外，水流之所，名曰温香渠。渠外之人争来汲取，得升合以归其家，人莫不怡悦。（《拾遗记》）

[28] 瑜石珷玞：瑜，美玉，珷玞，音wǔ fū，像玉的美石。

[29] 瓶杓：这里指沐浴用具。

[30]纱縠：精细、轻薄的丝织品的通称。

[31]宠嬖：宠幸、宠爱。

[32]媟服：媟，侮狎；轻慢。媟服，即"亵服"，内衣。

[33]宴戏：宴嬉；宴饮戏乐。

宫殿皆香

西域有报达国[34]，其国俗富庶，为西域冠。宫殿皆以沉檀、乌木、降真为之，四壁皆饰以黑白玉、金珠、珍贝，不可胜计。（《西使记》）

[34]报达国：报达可指城名，也可指国名。作为城名，又作"八哈塔""八吉打"，即今伊拉克巴格达。作为国名，指建都于报达的伊斯兰哈里发政权，这里指阿拉伯帝国瓦解阶段中央政府所能控制的首都巴格达及其周围地区。旭烈兀西征，击灭其国，后为伊儿汗国境域。

大殿用沉檀香贴遍

隋开皇[35]十五年，黔州[36]刺史田宗显[37]造大殿一十三间，以沉香贴遍。中安十三宝帐，并以金宝庄严。又东西二殿，瑞像所居，并用檀贴，中有宝帐花距[38]，并用真金贴成。穷极宏丽，天下第一。（《三宝感通录》[39]）

[35] 开皇：隋文帝杨坚的年号（581—600）。

[36] 黔州：北周建德四年（575）改奉州置，治所在今四川彭水苗族土家族自治县东北郁山镇。隋开皇十三年（593）置彭水县为附郭县。大业三年（607）改为黔安郡。辖境相当今四川彭水、黔江等县，酉阳及贵州沿河、务川等县部分地。

[37] 田宗显：562—633，字辉先，号跃华，京兆蓝田人，隋朝被授黔中刺史。为贵州田氏土司入黔始祖。

[38] 花距：三本皆作"花距"，误。据《集神州三宝感通录·卷中》，应作"花炬"，指花灯。

[39] 《三宝感通录》：见"《神州塔寺三宝感应录》"条。

沉香堂

杨素[40]东都[41]起宅，穷极奢巧，中起沉香堂。（《隋书》[42]）

[40] 杨素：544—606，字处道，弘农郡华阴县（今陕西华阴市）人。隋朝开国权臣、诗人、军事家。军功卓著，拜尚书令、太师、司徒，封越国公、楚国公。

[41] 东都：隋大业初营建洛阳新城（即隋唐故城，今洛阳市），称东京。大业五年（609）改为东都。

[42] 《隋书》：唐魏徵等撰。八十五卷。纪传体隋代史。纪、传部分为魏徵、颜师古、孔颖达、许敬宗

等撰，成于贞观十年（636）。志为于志宁、李淳风等撰，成于显庆元年（656）。

香涂粉壁

秦王俊[43]盛治宫室，穷极侈丽。又为水殿，香涂粉壁，玉砌金阶，梁柱楣栋[44]之间周以明镜，间以宝珠，极荣饰之矣。每与宾客妓女弦歌于其上。（《隋书》）

[43] 秦王俊：杨俊（571—600），字阿祇，弘农华阴（今陕西华阴市）人。隋文帝杨坚第三子，隋炀帝杨广同母弟。开皇元年（581）被封为秦王。

[44] 楣栋：屋的正梁和次梁。《尸子》卷下："羊不任驾盐车，橡不可为楣栋。"

沉香亭[45]

唐明皇与杨贵妃于沉香亭赏木芍药[46]，不用旧乐府[47]，召李白[48]为新词，白献《清平调》三章[49]。（《天宝遗事》）

[45] 沉香亭：见前"香艳各异"中"沉香亭"条，参见"沉香亭子材"条。

[46] 木芍药：这里指牡丹。旧题唐李濬《松窗杂录》："开元中，禁中初重木芍药，即今牡丹也。"自注："《开元天宝花木记》云：禁中呼木芍药为

牡丹。"
[47] 旧乐府：诗体名。初指乐府官署所采制的诗歌，后将魏晋至唐可以入乐的诗歌，以及仿乐府古题的作品统称乐府。乐府有古乐府、新乐府之分。古乐府指汉魏两晋南北朝的乐府诗，新乐府指用新题写时事的乐府体诗。虽辞为乐府，已不被声律。此类新歌，创始于初唐，发展于李白、杜甫，至元稹、白居易更得到发扬光大，并确定了新乐府的名称。这里不用旧乐府即不用过去的古乐府，让李白重新创作新词。
[48] 李白：701—762，字太白，号青莲居士，又号"谪仙人"。中国唐朝诗人，有"诗仙""诗侠"之称。有《李太白集》。
[49]《清平调》三章：即"云想衣裳花想容，春风拂槛露华浓。若非群玉山头见，会向瑶台月下逢。""一枝红艳露凝香，云雨巫山枉断肠。借问汉宫谁得似，可怜飞燕倚新妆。""名花倾国两相欢，常得君王带笑看。解释春风无限恨，沉香亭北倚阑干。"

四香[50]阁

杨国忠用沉香为阁，檀香为栏，以麝香乳香筛土和为泥饰壁。每于春时木芍药盛开之际，聚宾友于此阁上赏花

焉，禁中沉香亭远不侔此壮丽也。（《天宝遗事》）

[50]四香：指下文的沉香、檀香、麝香、乳香。

四香亭[51]

四香亭在州治[52]，淳熙间赵公[53]建。自题云：永嘉[54]何希深[55]之言曰：荼蘼香春，芙蕖[56]香夏，木犀香秋，梅花香冬。（《华夷续考》）

[51]此处四香，指下文春夏秋冬四时皆有不同香气。

[52]州治：据《蜀中广记》，此条归于"泸州"下，泸州，南朝梁大同中置，治所在江阳县（今四川泸州市）。辖境相当今四川沱江下游及长宁河、永宁河、赤水河流域。南宋淳祐三年（1243）迁治州东长江北岸神臂崖城（今四川合江县西北焦滩乡南老泸）。这里说的州治应为后者。

[53]赵公：《蜀中广记》作"郡守赵公"。

[54]永嘉：永嘉郡，东晋太宁元年（323）分临海郡置，属扬州。治所在永宁县（今浙江温州市）。辖境相当今浙江温州市，永嘉县、乐清市，飞云江流域及其以南地区。永嘉县，隋开皇九年（589）改永宁县置，属处州。治所即今浙江温州市。唐高宗上元二年（675）为温州治。南宋咸淳元年（1265）为瑞安府治。

[55]何希深：何逢原（1106—1168），字希深，永嘉

人，南宋大臣，理学家，永嘉学派代表人物之一。
[56] 芙蕖：亦作"芙渠""扶渠"，即荷花（Nelumbo SP.）。《诗经·郑风·山有扶苏》："隰有荷华。"郑玄笺："未开曰菡萏，已发曰芙蕖。"《绮谈市语·花木门》："莲花：芙蕖，菡萏。"

含熏阁

王元宝[57]起高楼，以银镂三棱屏风代篱落[58]，密置香槽，香自花镂中出，号含熏阁。（《清异录》）
[57] 王元宝：唐玄宗时长安富商。《南部新书》："王元宝富厚，人以钱上元宝字，因呼钱为'王老'。"《通俗编》："玄宗问元宝家财多少？对曰：'臣请以一缣系南山树，南山树尽，臣缣未穷。'时人谓钱为'王老'，以有元宝字也。"说因为"开元通宝"上有"元宝"二字，所以把钱也叫"王老"。
[58] 篱落：篱笆。

芸辉堂

元载[59]末年[60]造芸辉堂于私第。芸辉[61]者，草名也，出于阗国。其香洁白如玉，入土不朽烂，舂之为屑，以涂其壁，故号芸辉焉。而更构[62]沉檀为梁栋，饰金银

为户牖[63]。(《杜阳杂编》)

[59] 元载：713—777，本姓景，字公辅，凤翔府岐山县（今陕西省岐山县）人。唐朝中期宰相，协助皇帝铲除李辅国和鱼朝恩两大权宦，深得宠信，后因贪腐过甚，被赐自尽抄家。

[60] 末年：这里指晚年、老年。

[61] 芸辉：除见于元载之事，未见其他出处，不知所指。

[62] 构：架木造屋（构的本义）。

[63] 户牖：门窗。

起宅刷酒散香

莲花巷王珊起宅毕，其门刷以醇酒，更散香末，盖礼神之至。(《宣武盛事》[64])

[64]《宣武盛事》：唐笔记，原书已佚，作者不详。

礼佛寺香壁

天方[65]，古筠冲[66]地，一名天堂国。内有礼佛寺，遍寺墙壁皆蔷薇露、龙涎香和水为之，馨香不绝。(《方舆胜览》[67])

[65] 天方：在中国古籍中指麦加，亦泛指阿拉伯，此处指麦加。元朝刘郁所著《西使记》意译建于麦加城中穆斯林朝拜中心的圣殿（即克尔白）为天房，

天方之名概出于此。《明史·西域列传四》："天方，古筠冲之地，一名天堂，又曰默伽。"

[66] 筠冲：古籍中作为天方、天堂的释名，具体来源未见考证。

[67] 《方舆胜览》：南宋后期总志体方志。七十卷，南宋祝穆撰。成书于理宗嘉熙三年（1239）。祝穆，字和甫。歙（今安徽省歙县）人，后迁居福建建阳。该书所记分十七路，各系所属府、州、军于下，而以行在所临安府为首，涉及地域范围限于南宋的疆域。

三清[68]台焚香

王审知[69]之孙昶[70]袭为闽王，起三清台三层，以黄金铸像，日焚龙脑、熏陆诸香数斤。（《五代史》[71]）

[68] 三清：道教所指玉清、上清、太清三清境。又指玉清境洞真教主元始天尊，上清境洞玄教主灵宝天尊，太清境洞神教主道德天尊的合称。

[69] 王审知：862—925，字信通，一字详卿，光州固始（今河南固始）人，唐威武军节度使王潮之弟，五代十国时闽国开国国君。因对福建发展贡献很大，被尊为"开闽尊王"。

[70] 昶：王昶（？—939），原名王继鹏，闽惠宗王延钧长子，弑父篡位，荒淫腐败，后被堂兄王继业所杀。

[71]《五代史》：指《新五代史》，见前"《五代史》"条。此处为《五代史》原文的概括节略。

绣香堂

汴[72]废宫有绣香堂、清香堂[73]。（《汴故宫记》[74]）

[72]汴：开封。

[73]此二建筑，实出于陈随应《南度行宫记》，说的是南宋杭州宫殿的情况。因为陈此文被引用常附于杨奂《汴故宫记》后，故被作者误记为《汴故宫记》名下。

[74]《汴故宫记》：元杨奂著，记载宋都汴京宫殿的著作。杨奂（1186—1255），又名知章，字焕然，乾州奉天人。元代诗人，著名学者，著述颇丰，世称紫阳先生。

郁金屋

戴延之《西征记》[75]云：雒阳[76]城有郁金屋[77]。

[75]戴延之《西征记》：地理书。《隋书·经籍志》著录二卷，今已佚。戴祚，字延之，生平不详，东晋末人。曾随刘裕北征。《西征记》为行军沿途见闻风物之书。参见前"《从征记》"条。

[76] 雒阳：洛阳，三国时改称雒阳。
[77] 郁金屋：郁金屋在南北朝诗歌多以形容女子住处，如庾信《奉和示内人》："然香郁金屋，吹管凤凰台。"此条具体所指不详。

饮香亭[78]

保大二年，国主[79]幸饮香亭，赏新兰，诏苑令[80]取沪溪美土为馨烈侯[81]拥培之具。（《清异录》）

[78] 饮香亭：南唐皇宫内的园林建筑。
[79] 国主：南唐元宗李璟，见前"李璟"条注释。
[80] 苑令：官名。汉置。掌苑囿之官。
[81] 馨烈侯：指一种兰花，被李璟封为"馨烈侯"。后来也成为兰花的美称。

沉香暖阁

沉香连三暖阁[82]，窗楇[83]皆镂花，其下替板亦然。下用抽替[84]打篆香[85]在内则气芬郁，终日不散。前后皆施锦绣[86]，帘后挂屏[87]皆官窑，其妆饰侈靡，举世未有，后归之福邸[88]。（《烟云过眼录》）

[82] 暖阁：一般指与大屋子隔开而又相通连的小房间，可设炉取暖。这里可能指沉香制的用来烧香的（可移动的）缩小版的暖阁模型。

[83] 窗槅：亦作"窗格""窗隔"，窗上的格子。古时在上面糊纸或纱以挡风。亦指窗扇。

[84] 抽替：抽屉。

[85] 篆香：又称"香篆"，或省称"篆"，指制成形似篆文的香。宋洪刍《香谱》"香篆"条："镂木以为之，以范香尘为篆文，燃于饮席或佛像前。往往有至二三尺径者。"参见后文相关内容。

[86] 锦绣：花纹色彩精美鲜艳的丝织品。

[87] 挂屏：贴在有框的木板上或镶嵌在镜框里供悬挂用的屏条。

[88] 福邸：这里指度宗的生父赵与芮。理宗无子，以弟与芮之子为皇子，是为度宗。度宗继位后，封其父为福王。

迷香洞

史凤[89]，宣城[90]美妓也。待客以等差[91]。甚异者，有迷香洞、神鸡枕、钻莲灯；次则交红被、传香枕、八分羊；下列不相见，以闭门羹[92]待之。使人致语曰：请公梦中来。冯垂客于凤[93]，罄囊[94]有铜钱三十万，尽纳得至迷香洞，题九迷诗于照春屏而归。（《常新录》）

[89] 史凤：史凤事迹见《云仙杂记》卷一引《常新录》《名媛诗归》卷一四。《全唐诗》卷八〇二收诗七

首。下文"香诗汇"部分有其诗作。
[90] 宣城：宣城郡，西晋太康二年（281）分丹阳郡置，属扬州。治所在宛陵县（今安徽宣州市）。辖境相当今安徽长江以南以东，宣州、广德、太平、石台以西以北地区。宣城县，隋开皇九年（589）改宛陵县置，为宣州治。治所即今安徽宣州市。
[91] 等差：等级次序；等级差别（指对不同客人待遇不同）。
[92] 闭门羹：此即闭门羹这一俗语的来源。
[93] 冯垂客于凤：指一个叫冯垂的人来做客。
[94] 罄囊：竭尽囊中所有，掏光钱包。

厨香

唐驸马宠于太后，所赐厨料[95]甚盛，乃开回仙厨。厨极馨香，使仙人闻之亦当驻也，故名回仙。（《解酲录》）
[95] 厨料：狭义的厨料主要指用于烹饪用的香料调味品。古时很多香来自国外，比较珍贵，是一笔较大的开销。有时会作为专门的赏赐或俸禄的一部分。广义的厨料除了包括上面这些，还有各种食材，尤其指干货等非蔬菜、生鲜类食材。

厕香

刘寔[96]诣石崇[97],如厕见有绛纱帐、茵褥[98]甚丽,两婢持锦香囊。寔遽走即谓崇曰:"向误入卿室内。"崇曰:"是厕耳。[99]"(《世说》[100])

又王敦[101]至石季伦厕,十余婢侍列,皆丽服藻饰[102],置甲煎粉、沉香汁之属,无不毕备。(《癸辛杂识外集》)

[96] 刘寔:220—310,字子真。平原郡高唐县(今山东高唐)人。三国至西晋时期重臣、学者。

[97] 石崇:见前"石季伦"条。

[98] 茵褥:亦作"茵蓐"。褥垫、床垫子。

[99] 这里说刘寔拜访石崇,去上厕所,看见装饰十分华丽,以为误入居室。石崇跟他说,那就是厕所。

[100] 《世说》:指《世说新语》,参见前"《世说新语》"条。

[101] 王敦:266—324,字处仲,琅琊郡临沂县(今山东临沂)人,东晋权臣,后在叛乱时病死。

[102] 藻饰:修饰;装饰。

身体香

肌香

旋波、移光,越之美女,与西施、郑旦[103]同进于吴王,肌香体轻,饰以珠幌[104],若双鸾[105]之在烟雾。

[103] 郑旦:春秋越国美女。与西施皆为越王勾践所得,后共进于吴王夫差。《吴越春秋·勾践阴谋外传》:"吴王淫而好色……(越王)乃使相者国中得苎萝山鬻薪之女,曰西施、郑旦,饰以罗谷,教以容步,习于土城,临于都巷,三年学服而献于吴。"

[104] 珠幌:珠帘。

[105] 鸾:凤凰一类的神鸟。

涂肌拂手香

二香俱出真腊、占城国,土人以脑麝诸香捣和成,或以涂肌,或以拂手,其香经数宿不歇,惟五羊[106]至今用之,他国不尚焉。(《叶谱》[107])

[106] 五羊:借指广州。裴渊《广州记》:"州厅事梁上画五羊,又作五谷囊,随羊悬之。云昔高固为楚相,五羊衔谷,萃于楚庭,故图其像为瑞。六国时广州属楚。"《太平寰宇记》卷一五七:"按《续南越志》

旧说,有五仙人乘五色羊,持六穗秬而至,至今呼五羊城是也。"

[107]《叶谱》:指叶廷珪所作《香录》,见前"叶廷珪《南番香录》"条。

口气莲花香

颍州[108]一异僧能知人宿命。时欧阳永叔[109]领郡事[110],见一妓口气常作青莲花香,心颇异之,举以问僧。僧曰:"此妓前生为尼,好转《妙法莲华经》,三十年不废,以一念之差失身至此。"后公命取经令妓读,一阅如流,宛如素习。(《乐善录》)

[108]颍州:北魏孝昌四年(528)置,治所在汝阴县(今安徽阜阳市)。北齐废。唐武德六年(623)改信州复置。天宝初改为汝阴郡。乾元初复为颍州。辖境相当今安徽阜阳、阜南、颍上、太和、凤台、界首、临泉等市县地。

[109]欧阳永叔:即欧阳修,见"欧阳公"条。

[110]领郡事:指欧阳修被贬知颍州。

口香七日

白居易[111]在翰林[112],赐防风粥[113]一瓯,剔取防风,得五合[114]余,食之口香七日。(《金銮密记》[115])

[111] 白居易：772—846，字乐天，晚年又号香山居士，祖籍山西太原，生于河南新郑（今郑州新郑），唐代大诗人、文学家。

[112] 翰林：翰林院的官名。翰林之名始于唐代，称为翰林待诏、翰林供奉等，都非正式官职。唐玄宗开元二十六年（738）设翰林学士，成为皇帝的机要秘书，竟至号为内相，但也无官职可言。白居易在元和二年（807）授翰林学士。

[113] 防风粥：防风，即伞形科防风属植物防风 [Saposhnikovia divaricata (Trucz.) Schischk.]，作为中药，指其干燥根。在各地历来也有一些功能相似的伞形科其他植物当作防风。防风粥为唐代药膳方。

[114] 合：容量单位，市制十合为一升。

[115]《金銮密记》：一卷（一作三卷，一作五卷），唐笔记，韩偓撰。韩偓，唐代诗人，见"韩侍郎"条。

橄榄香口

橄榄子[116]香口，绝胜鸡舌香。疏梅[117]含而香口，广州廉姜[118]亦可香口。（《北户录》）

[116] 橄榄子：橄榄科橄榄属植物橄榄 [Canarium album (Lour.) Raeusch.] 的果实。

[117] 疏梅：汉和本、四库本作"疏梅"，疏同疏。古时疏梅指梅花（蔷薇科杏属植物Armeniaca mume Sieb.），这里指其果实梅子。

[118] 廉姜：载于《本草经集注》《本草拾遗》等书。根据古籍中的描述，廉姜很可能为姜科山姜属植物华山姜[Alpinia chinensis（Retz.）Rosc.]，在文献中有蜜煮盐渍等多种吃法。

汗香

贵妃[119]每有汗出，红腻而多香，或拭之于巾帕之上，其色如桃花。（《杨妃外传》）

[119] 贵妃：指杨贵妃，参见前"贵妃"条。

身出名香

印度有妇人身婴[120]恶癞，窃至窣堵波，责躬[121]礼忏[122]，见其庭宇有诸秽集，掬除洒扫，涂香散花，更采青莲，重布其地，恶疾除愈，形貌增妍，身出名香，青莲同馥。[123]（《大唐西域记》）

[120] 婴：遭受。

[121] 责躬：反躬自责。

[122] 礼忏：礼拜佛菩萨，诵念经文，以忏悔所造之罪恶。

[123] 此条出《大唐西域记·卷三·呾叉始罗国》：

"城北十二三里有窣堵波。无忧王之建也。"指的是呾叉始罗国（今巴基斯坦塔克希拉遗址）国都城北阿育王所建的一处佛塔，是为纪念佛陀往昔为菩萨国王时于此舍头布施而建。

椒兰养鼻

椒兰芬苾，所以养鼻也[124]。又前有兰芷以养鼻[125]，兰槐之根为芷[126]。注云：兰槐，香草也，其根名芷[127]。

[124] 此句出《荀子·礼论篇第十九》。
[125] 指前"芳香"条。
[126] 此句出《荀子·劝学篇第一》。
[127] 这句是杨惊为荀子做的注。杨惊，唐宪宗年间弘农（今河南灵宝县南）人，著《荀子注》一书，是现今流传《荀子》的最早注本。

饮食香

五香饮

隋仁寿[128]间，筹禅师[129]常在内供养，造五香饮。第一沉香饮，次檀香饮，次泽兰香饮，次丁香饮，次甘松香饮，皆有别法，以香为主。

又隋大业[130]五年，吴郡[131]进扶芳[132]二树。其叶蔓生，缠绕他树，叶圆而厚，凌冬不凋。夏月取叶微火炙使香，煮以饮，深碧色，香甚美，令人不渴。筹禅师造五色香饮，以扶芳叶为青饮[133]。（《大业杂记》[134]）

[128] 仁寿：隋文帝杨坚年号（601—604）。

[129] 筹禅师：隋朝方士，精于医术，善法术。

[130] 大业：隋炀帝杨广年号（605—617）。

[131] 吴郡：东汉永建四年（129）分会稽郡置，治所在吴县（今江苏苏州市）。辖境相当今江苏省、上海市长江以南，大茅山以东，浙江长兴、吴兴、天目山以东，与建德市以下的钱塘江两岸。三国以后逐渐缩小。隋开皇九年（589）移治今苏州市西南横山东五里，改为苏州。大业初复为吴州，寻复为吴郡。

[132] 扶芳：古籍中所说"扶芳"一般指卫矛科卫矛属植物扶芳藤[Euonymus fortunei（Turcz.）Hand.-Mazz]。《本草纲目》在"扶芳藤"条的"集解"中引陈藏器曰："生吴郡。藤苗小时如络石，蔓延树木。山人取枫树上者用，亦如桑上寄生之意。隋朝稠禅师（即筹禅师）作青饮进炀帝止渴者，即此。"指出即是此条所称"扶芳"，此条描述也与扶芳藤特点比较相符。

[133] 这里指五色饮中的"青饮"。《大业杂记》："（筹禅师）造五色饮，以扶芳叶为青饮，拔楔

根为酪赤饮，浆为白饮，乌梅浆为玄饮，江桂为黄饮。"

[134]《大业杂记》：一作《大业拾遗》《大业杂志》。唐杜宝撰。原十卷，今本一卷。作者预修《隋书》，嫌其缺漏，因作此编。

名香杂茶

宋初团茶[135]多用名香杂之，蒸以成饼，至大观宣和[136]间始制三色芽茶[137]。漕臣郑可间[138]制银丝冰茶[139]，始不用香[140]，名为胜雪[141]，茶品之精绝也。

[135] 团茶：宋代用圆模制成的茶饼。
[136] 大观、宣和：皆是宋徽宗赵佶年号。大观（1107—1110）。宣和，见前面"宣和"条。
[137] 三色芽茶：指"三色细芽"，又作"三色细茶"，宋代顶级贡茶品名。《宣和北苑贡茶录》："既又制三色细芽，及试新銙、贡新銙，自三色细芽出，而瑞云翔龙顾居下矣。"
[138] 漕臣郑可间：应作"郑可简"，郑可简（生卒不详），又作可闻。北宋宣和初（1119）为福建路转运使，创银线水芽，制龙团胜雪，把北苑贡茶带到一个新的高峰。转运使执掌漕运钱粮，宋代常以"漕"指代转运使职能，故称转运使为"漕臣"。

[139] 银丝冰茶：指"银线水芽"，白色水芽极纤细，如同银线，故称。是宋代贡茶中选料最精的制法。

[140] 贡茶不用香的情况在宋早期（蔡襄负责贡茶的时代）即有，并非始于郑可简。

[141] 胜雪：指"龙园胜雪"，宋代顶级贡茶品名，以上面的"银线水芽"为原料，贡茶中工艺极为繁复精制的巅峰之作。参见《宣和北苑贡茶录》《北苑别录》等书。

酒香山仙酒

岳阳[142]有酒香山[143]，相传古有仙酒，饮者不死。汉武帝得之，东方朔窃饮焉，帝怒欲诛之。方朔曰："陛下杀臣，臣亦不死；臣死，酒亦不验。"遂得免。（《鹤林玉露》）

[142] 岳阳：岳阳郡，南朝梁置，属罗州。治所在岳阳县（今湖南汨罗市东北长乐镇）。辖境相当今湖南湘阴、汨罗、平江等县地市。岳阳县，南朝梁置，为岳阳郡治。治所在今湖南汨罗市东北长乐镇。

[143] 酒香山：即今湖南岳阳市西南之君山。宋范致明《岳阳风土记》引《湘州记》："君山上有美酒数斗，得饮之即不死，为神仙。汉武帝闻之，斋居七日，遣栾巴将童男女数十人来求之，果得酒。进御未饮，东方朔在旁窃之，帝大怒，将杀

之。朔曰：'使酒有验，杀臣亦不死，无验安用酒为？'帝笑而释之。寺僧云，春时往往闻酒香，寻之莫知其处。"

酒令骨香

会昌[144]元年扶余国[145]贡三宝，曰火玉[146]，曰风松石[147]，及澄明酒。酒色紫，如膏，饮之令人骨香。（《宣室志》[148]）

[144] 会昌：唐武宗李炎的年号（841—846）。

[145] 扶余国：即夫余国，亦作凫余、不与、符娄。扶余是中国古代东北部族，西汉时分布于今吉林农安县为中心的松花江中游平原。南北朝时居地为勿吉人所占，这里说的扶余国是其部族后代。

[146] 火玉：《杜阳杂编》卷下："武宗皇帝会昌元年，夫余国贡火玉三斗……火玉色赤，长半寸，上尖下圆，光照数十步，积之可以燃鼎，置之室内，则不复挟纩。"

[147] 风松石：应作"松风石"，《杜阳杂编》卷下："松风石方一丈，莹彻如玉，其中有树，形古松偃盖，飒飒焉而有凉飙生于其间。至盛夏，上令置诸殿内。稍秋风飔飔，即令撤去。"可能即是今日东北的松风石，又称松屏石、松枝石，产于吉林省四平市、长春市农安县等地。松风石是一种呈半

透明状的石头，石中有许多黑色的树状纹理，似古松、枝条、水草等形态，无规则成簇丛生。

[148]《宣室志》：志怪小说集，十卷，补遗一卷，唐张读撰。内容多为鬼神灵异，以劝善戒杀。张读，字圣用，一作圣朋。深州陆泽（今河北深县西）人，累官至中书舍人，礼部侍郎。以汉文帝在宣室召见贾谊问鬼神之事，故名为《宣室志》。

流香酒

周必大[149]以待制侍讲[150]，赐流香酒四斗。（《玉堂杂记》[151]）

[149]周必大：1126—1204，字子充，一字洪道，自号平园老叟。庐陵（今江西吉安）人。南宋政治家、文学家。系南宋名相。

[150]待制侍讲：待制，唐高宗永徽年间，命弘文馆学士一人日待制于武德殿西门，以备顾问之用；唐代宗永泰时勋臣罢制无职事者都待制于集贤门。以后成为定制，以文官六品以上更直待制，备顾问。宋朝各殿阁皆设待制官，位在直学士下。

侍讲，官名，掌管给皇帝讲学，东汉和帝时"诏长乐少府桓郁侍讲禁中"，但未名官。见《后汉书·和帝纪》。唐朝置侍讲学士，宋朝置侍讲学士，也置侍讲官。

[151]《玉堂杂记》：宋代笔记，三卷，周必大著。宋时称翰林院为玉堂。周必大在宋孝宗时两入翰林院，历任权直院至学士承旨等职。此书记载翰林故事、制度沿革及一时宣召奏对之事。

糜钦香酒

真陵山[152]有糜钦枣，食其一，大醉经年。东方朔游其地，以一斤归进上[153]。上和诸香作丸，大如芥子，每集群臣，取一丸入水一石[154]，顷刻成酒，味逾醇醪[155]，谓之糜饮酒，又谓真陵酒。饮者香经月不散。（《清赏录》[156]）

[152] 真陵山：《山海经》中的神山。《山海经·卷五·中山经》："又东二百里，曰真陵之山，其上多黄金，其下多玉，其木多榖、柞、柳、杻，其草多荣草。"

[153] 上：指汉武帝。

[154] 一石：（今读dàn），计算容量的单位，十斗为一石，一石约相当于今四十升。

[155] 醇醪：味厚的美酒。

[156]《清赏录》：十二卷，明张翼、包衡同撰，二者生卒年俱不详。张翼，字二星，余杭（今浙江省余杭县）人。包衡，字彦平，秀水（今浙江省秀水县）人。二人皆失意于科场，于是乃弃去

制义，共同购阅古书，从中采摭隽语僻事，积而成帙。这个故事见于《奚囊橘柚》等书，《清赏录》是转引。

椒浆

桂醑[157]兮椒浆[158]。（《楚词》[159]）

[157] 桂醑：一般理解为桂花酿制的美酒。醑：音xǔ，美酒。唐苏鹗《杜阳杂编》卷下："上每赐御馔汤物……凝露浆、桂花醑。"《谈苑》："桂浆，殆今之桂花酿酒法。"

[158] 椒浆：用椒浸泡的酒，多用于祭祀。

[159]《楚词》：三本原作"《离骚》"，此句原作"奠桂酒兮椒浆"，出《楚词·九歌·东皇太一》，《离骚》无此句。

椒酒

元日上椒酒于家长，举觞称寿。椒，玉衡[160]之精，服之令人却老。（崔寔《月令》[161]）

[160] 玉衡：北斗星中第五星，泛指北斗。

[161] 崔寔《月令》：即《四民月令》，后汉大尚书崔寔所著，按月令体裁指导农村生产生活活动的农业著作，宋代以后原书失传，后人从《齐民要

术》以及隋朝杜长卿《玉烛宝典》中辑出部分内容。崔寔（约103—170），东汉后期政论家、农学家。字子真，又名台，字元始，涿郡安平（今河北衡水市安平县）人。

聚香团

扬州[162]太守仲端啖客[163]以聚香团[164]。（《扬州事迹》[165]）

[162] 扬州：隋开皇九年（589）改吴州置，治所在江都县（今江苏扬州市）。大业初改为江都郡，天宝元年（742）改为广陵郡，乾元元年（758）复为扬州。

[163] 啖客：给客人吃。

[164] 聚香团：此段文字原委是，仲端因为惧内不敢宴请客人，看客人坐着实在饿得慌，就去厨房偷偷拿了几个点心"聚香团"给客人吃。

[165] 《扬州事迹》：唐代笔记，记扬州风物逸闻，今已佚失，作者不详。

赤明香

赤明香，世传仇士良[166]家脯[167]名也[168]。（《清异录》）

[166] 仇士良：781—843，字匡美，循州兴宁（今广东兴

宁）人，唐朝宦官。擅权二十余年，前后共杀二王、一妃、四宰相。文宗本欲除之，甘露之变败露，仇士良反而权力更加强大，武宗朝才有所抑制。
[167] 脯：干肉，又指熟肉。
[168] 《清异录》卷下："赤明香，世传仇士良家脯名也。轻薄甘香，殷红浮脆，后世莫及。"

玉角香

松子有数等，惟玉角香最奇。[169]（同上）

[169] 《清异录》卷上："新罗使者每来多鬻松子，有数等，玉角香、重堂枣、御家长、龙牙子。惟玉角香最奇，使者亦自珍之。"

香葱

天门山[170]上有葱，奇异辛香。所畦陇[171]悉成行，人拔取者悉绝，若请神而求，即不拔自出。（《春秋元命苞》[172]）

[170] 天门山：指今安徽省芜湖市北郊长江东岸的东梁山，和对岸和县的西梁山两山夹江对峙，宛为天门，故又称天门山。
[171] 所畦陇：此处原作"所种畦陇"。畦陇，田垄。
[172] 《春秋元命苞》：全称当为《春秋纬元命苞》，

"苞"也作"包"。"春秋纬"之一,历史上有众多版本。纬书:依托儒家经义宣扬符箓瑞应占验之书。

香盐

天竺有水,其名恒源,一号新陶。水特甘香,下有石盐[173],状如石英,白如水精[174],味过香卤[175],万国毕仰。(《南州异物志》)

[173] 石盐:即岩盐,也称矿盐。一种天然盐。

[174] 水精:水晶,石英结晶体。

[175] 卤:天然生成的盐称为"卤"。

香酱

十二香酱,以沉香等油煎成服之。(《神仙食经》[176])

[176] 宋代叶廷珪在《海录碎事》曾提到"十二香酱",说是出自《仙食经》。明代《五杂俎》《遵生八笺》等书也引用此条,说是出自《神仙食经》。南北朝时期陶弘景曾作《神仙药食经》或即此书,此书早佚。

黑香油

伽蓝北岭傍有窣堵坡,高百余尺,石隙间流出黑香油[177]。(《大唐西域记》)

[177] 此条出《大唐西域记》迦毕试国下。应为"大城东南三十余里至曷逻怙罗僧伽蓝,傍有窣堵波",摘录者和前文另一处伽蓝弄混了。

丁香竹汤

荆南[178]判官[179]刘彧弃官游秦陇闽粤,箧中收大竹十余颗,每有客,则斫取少许煎饮,其辛香如鸡舌汤[180],人坚叩[181]其名,曰:"丁香竹,非中国所产也。"(《清异录》)

[178] 荆南:唐、五代方镇名。至德二年(757)置,治所在荆州(后升为江陵府,今湖北荆沙市荆州区故江陵县城)。辖境相当今湖北石首、荆沙市以西,四川垫江、丰都以东的长江流域及湖南洞庭湖以西的澧、沅二水下游一带。

[179] 判官:唐代特遣大臣担任临时职务者,均得自选中级官员奏请充任判官,以资佐理。中期以后,节度、观察、防御诸使均有判官,亦由本使选任,佐理政事,然均非正官。

[180] 鸡舌汤:指丁香煮成的汤水。参见前"鸡舌香即

丁香"部分。

[181] 叩：询问。

米香

淡洋[182]与阿鲁[183]山地连接，去满剌加[184]三日程，田肥禾盛，米粒尖小，炊饭甚香，其地产诸香。（《星槎胜览》）

[182] 淡洋：古地名。故址在今印度尼西亚苏门答腊岛塔米昂（Tamiang）一带。同花面国接界。其地有淡水港，古时东西方船舶过境时，在此汲取淡水，故称淡洋。

[183] 阿鲁：又作哑鲁、亚路、亚鲁、哑路，另尚有阿鲁国港、亚路港口、亚屿港口等称。即印度尼西亚苏门答腊岛古国Aru（古爪哇文名Haru）一名的译音，故地在今日里（Deli）河流域，或以日里、棉兰（Medan）为中心，其淡水港即今勿拉湾（Belawan）一带。

[184] 满剌加：又作满剌迦、满喇加、满剌、满喇咖、满腊伽、瞒喇咖、麻六甲、么六甲、磨六甲、麻喇甲、嘛六甲、蕨六甲、麻六呷、麻剌甲，或另称文鲁古。即今马来西亚的马六甲（Malacca）州一带，在十四至十六世纪，为马来半岛上的一大强国，其首府和港口同名。其港口在新加坡开埠

前，为东西方船舶在马六甲海峡中的主要泊所。

香饭

香积如来[185]以众香钵盛香饭。

又

西域长者[186]子施尊者香饭而归，其饭香气遍王舍城[187]。（《大唐西域记》）

又

时化菩萨以满钵香饭[188]与维摩诘[189]，饭香普熏毗耶离城[190]及三千大千世界。时维摩诘语舍利佛[191]诸大声闻：仁者可食如来甘露味饭，大悲所熏，无以限意食之使不消。（《维摩诘经》[192]）

[185] 香积如来：住上方众香世界之佛。《维摩诘所说经·香积佛品》："上方界分，过四十二恒河沙佛土，有国名众香，佛号香积，今现在。其国香气，比于十方诸佛世界人天之香，最为第一。彼土无有声闻、辟支佛名，唯有清净大菩萨众，佛为说法。其界一切，皆以香作楼阁，经行香地，苑园皆香。其食香气，周流十方无量世界。"

[186] 长者：为家主、居士之意。一般则通称富豪或年高德劭者为长者。

[187] 此条出《大唐西域记》卷十"伊烂拏钵伐多国"[在今印度比哈尔邦孟吉尔（Monghyr）一带]

条，讲的是世尊度化室缕多频设底拘胝（意为闻二百亿）苾刍的故事。这里的长者子就是后来的守笼那（二百亿）比丘。

[188] 香饭：三本皆漏"饭"字。

[189] 维摩诘：梵语Vimalakīrti，维摩罗诘，毗摩罗诘，略称维摩或维摩诘。旧译曰净名。新译曰无垢称。佛在世毗耶离城的大居士。自妙喜国化生于此。委身在俗。辅助释迦教化的法身大士。《维摩诘经》的主要说法者。

[190] 毗耶离城：梵语Vaiśāli，又作毗耶离，鞞舍离，维耶，维耶离，鞞舍隶夜，新云吠舍厘，国名，译曰广严，位于今印度比哈尔邦巴特那北面的Vaishali。

[191] 舍利佛：一般作"舍利弗"，梵语Śāriputra，又作舍利弗多，舍利弗罗，舍利子，新作舍利弗多罗，舍利富多罗，舍利补怛罗。佛陀上首弟子，十大弟子之一，佛弟子中智慧第一。

[192] 《维摩诘经》：大乘佛教重要经典，对我国佛教文化有深远影响。有三译，此处为三藏法师鸠摩罗什所译《维摩诘所说经》。

器具香

沉香降真钵　木香匙箸

后唐福庆公主[193]下降[194]孟知祥[195]。长兴[196]四年明宗[197]晏驾[198]，唐室[199]避乱，庄宗诸儿削发为苾刍[200]，间道走蜀。时知祥新称帝，为公主厚待犹子，赐予千计。敕器用局以沉香降真为钵，木香为匙箸锡[201]之。常食堂展钵[202]，众僧私相谓曰："我辈谓渠顶相衣服均是金轮王[203]孙，但面前四奇寒具[204]有无不等耳"[205]。（《清异录》）

[193] 福庆公主：琼华长公主，后封福庆长公主，晋王李克用的长女（一说为李克让之女），嫁给孟知祥。

[194] 下降：公主下嫁。

[195] 孟知祥：874—934，字保胤，邢州龙冈（今河北邢台西南）人，原为后唐重臣，后为五代十国时期后蜀开国皇帝。934年开始于蜀地称帝，半年后去世。

[196] 长兴：是后唐明宗李嗣源的年号（930年2月—933年）。

[197] 明宗：后唐明宗李嗣源（867—933），代北沙陀人，生于应州金城（今山西应县），李克用养子，五代十国时期后唐第二位皇帝。原名邈佶烈，称帝后更名李亶。

[198] 晏驾：宫中车驾晚出，帝王去世的讳辞。

[199] 唐室：汉和本、四库本无"室"字，无碍庵本作"唐室"，《清异录》原作"唐裔"。
[200] 苾刍：即比丘，原指佛教受比丘戒之出家人，亦泛指僧人。
[201] 锡：通"赐"。
[202] 展钵：以钵盂进食。
[203] 金轮王：古印度传说中圣王，以金轮宝统摄四洲，为四种轮王中最尊贵者。
[204] 寒具：今本《清异录》作"家具"，寒具指御寒的衣物。
[205] 这里是众僧人评价出家的"庄宗诸儿"的话。唐代民间有称佛（尤其指未出家前）为金轮王孙（严格说不合佛教）的说法。在"顶相衣服"方面，所有出家人都是仿照佛陀剃除须发穿袈裟，所以都可以说是金轮王孙。但是众僧人感到惊讶的是，除了这两点，他们的日常用具也是如此华美，也可以说达到金轮王孙的水平了。

杯香

关关赠俞本明以青华酒杯，酌酒有异香，或桂花、或梅、或兰，视之宛然，取之若影，[206]酒干不见矣。[207]（《清赏录》）

[206] 这里是说看起来好像是（那些花），但是想要取出

就发现只是影像。

[207] 这段故事出于《琅嬛记》引《真率斋笔记》。关关与俞本明二人具体故事不详。

藤实杯[208]香

藤实杯出西域,味如豆蔻,香美消酒[209],国人宝之,不传于中土。张骞[210]入宛[211]得之。(《炙毂子》[212])

[208] 藤实杯:《太平广记·卷第四百七·草木二》引《炙毂子》:"藤实杯出西域。藤大如臂。叶似葛花实如梧桐。实成坚固,皆可酌酒。自有文章,映澈可爱。"说这杯是一种藤类植物果实做成的。

[209] 消酒:解酒。

[210] 张骞:?—前114,字子文,汉中郡城固(今陕西省汉中市城固县)人,为联通汉朝通往西域的南北道路(即"丝绸之路")做出重要贡献,促进了东西方文明的交流,汉武帝以军功封其为博望侯。

[211] 宛:音yuān。大宛,古代中亚国名,位于帕米尔西麓,锡尔河上、中游,在今乌兹别克斯坦费尔干纳盆地。都贵山城(今乌兹别克斯坦卡散赛)。自张骞通西域后,与汉朝往来逐渐频繁。

[212]《炙毂子》:唐笔记,王叡著。三卷,今已佚。

王叡，号炙毂子。《全唐诗》谓其为"元和（806—820）后诗人"，有《聊珠集》《炙毂子诗格》等书传世。

雪香扇

孟昶[213]夏日水调龙脑末涂白扇上，用以挥风。一夜与花蕊夫人[214]登楼望月，坠其扇，为人所得，外有效者，名雪香扇。（《清异录》）

[213]孟昶：919—965，初名孟仁赞，字保元，祖籍邢州龙岗（今河北省邢台市），生于太原（今山西太原西南）。五代十国时期后蜀高祖孟知祥第三子，后蜀末代（二代）皇帝。

[214]花蕊夫人：后蜀主孟昶的费贵妃（一说姓徐），青城（今都江堰市东南）人，幼能文，尤长于宫词。得幸蜀主孟昶，赐号花蕊夫人，后入宋太祖宫中。有很多孟昶与花蕊夫人奢靡浪漫故事流传。

香奁[215]

孙仲奇妹[216]临终授书云：镜与粉盘与郎，香奁与若[217]，欲其行身如明镜，纯如粉，誉如香。（《太平御览》）

又

韩偓[218]《香奁序》云：咀五色之灵芝，香生九窍；饮三危[219]之瑞露，美动七情。古诗云：开奁集香苏。[220]

[215] 香奁：放梳妆用品的器具。

[216] 孙仲奇妹：或云三国吴时人，此临终授书，简短而显其贤德，因以传世。

[217] 若：你。

[218] 韩偓：见"韩侍郎"条。

[219] 三危：指三危山，位于西部的仙山。《尚书·虞书·舜典》："窜三苗于三危。"旧题汉·孔安国传："三危，西裔。"又《山海经·西山经》："又西二百二十里曰三危之山，三青鸟居之。"郭璞注："三青鸟，主为西王母取食者，别自栖息于此山也。"

[220] 这里指南朝宋鲍照《梦归乡诗》："开奁夺香苏，探袖解缨徽。"

香如意

僧继颙[221]住五台山。手执香如意，紫檀镂成，芬馨满室，名为握君[222]。（《清异录》）

[221] 继颙：《新五代史卷七十·东汉世家第十》："继颙，故燕王刘守光之子，守光之死，以孽子

得不杀，削发为浮图，后居五台山，为人多智，善商财利，自旻世颇以赖之。"说他是五代十国大燕国（桀燕）国主刘守光的儿子，因为很有经济和外交能力，被北汉皇帝汉睿宗刘钧拜为鸿胪卿，后以老病卒，追封定王。

[222] 握君：后来也以"握君"为如意的别名。

名香礼笔

郤诜[223]射策第一[224]，拜笔为龙须友，云：犹当令子孙以名香礼之[225]。（《龙须志》[226]）

[223] 郤诜：音qi shēn，字广基，晋代济阴单父人，官至尚书左丞、雍州刺史。

[224] 射策第一：射策是汉代选士的一种考试方法。主考人将若干考题写在策上，复置于案头，受试人探取其一，称"射"，按所射策上的题目作答。射策的题目都和经义有关，答题大抵是一篇议论文章。

关于郤诜射策第一，《晋书·郤诜传》："累迁雍州刺史。武帝于东堂会送，问诜曰：'卿自以为何如？'诜对曰：'臣举贤良对策，为天下第一，犹桂林之一枝，昆山之片玉。'"晋武帝任命郤诜为雍州刺史，送行时问他对自己怎样评价，郤诜说自己当年射策第一，如桂林一枝，昆山片玉。这段话看似自负，其实从郤诜的政绩来看，还是名副其实的。

[225]《云仙杂记》引《龙须志》："郄诜射策第一，再拜其笔曰：'龙须友，使我至此。'后有贵人遗金龟并拔蕊石簪，咸与弟子，曰：'可市笔三百管。'退而藏之，贮以文锦，一千年后，犹当令子孙以名香礼之。"指郄诜感谢毛笔使他得以因射策入仕，称其为"龙须友"。

[226]《龙须志》：笔记，与笔相关的各种故事。

香璧

蜀人景焕[227]志尚静隐[228]，卜筑[229]玉垒山[230]下，茅堂花圃足以自娱。常得墨材，甚精，止造五十团，曰：以此终身。墨印文曰"香璧"，阴篆曰"副墨子[231]"。

[227] 景焕：北宋成都人，生卒不详，著有《野人寒语》《牧竖闲谈》等。

[228] 静隐：犹言隐居不仕。景焕做过一些官职，但志不在此。

[229] 卜筑：择地建筑住宅。

[230] 玉垒山：在今四川都江堰市西北隅。

[231] 副墨子：三本皆作"墨副子"，据《清异录》卷下，应为"副墨子"。副墨子，指文字，诗文。《庄子·大宗师》："闻诸副墨之子。"王先谦《集解》引宣颖云："文字是翰墨为之，然文字

非道，不过传道之助，故谓之副墨。"

龙香剂

元宗[232]御案墨曰龙香剂[233]。（《陶家瓶余事》[234]）

[232] 元宗：指唐玄宗。无碍庵本玄字皆作元字，四库本其他处并无避讳，唯此处作元宗。

[233] 《云仙杂记》引《陶家瓶余事》："玄宗御案墨，曰'龙香剂'。一日，见墨上有小道士如蝇而行。上叱之，即呼万岁曰：'臣即墨之精，黑松使者也。凡世人有文者，其墨上皆有龙宾十二。'上神之，乃以墨分赐掌文官。"

[234] 《陶家瓶余事》：唐笔记，汉和本、四库本作《陶家饼余事》，误。

墨用香

制墨香用甘松、藿香、零陵香、白檀、丁香、龙脑、麝香。（李孝美《墨谱》[235]）

[235] 李孝美《墨谱》：见前"《李孝美墨谱》"条。

香皮纸[236]

广管罗州[237]多栈香树,其叶如橘皮,堪作纸,名为香皮纸,灰白色有纹,如鱼子笺[238]。(刘恂《岭表异录》[239])

[236] 香皮纸:参见前"蜜香纸"条,这条与蜜香纸记载有类似之处,但产地不同。这里明确说明是我国南方栈香(见前沉香部分对栈香的描述)树皮所制。

[237] 罗州:南朝梁置,治所在石龙县(今广东化州市)。辖境相当今广东化州地市。隋大业初废。唐武德五年(622)复置,六年(623)治所在石城县(今广东廉江市东北)。天宝元年(742)改为招义郡,乾元元年(758)复为罗州。辖境相当今广东廉江、吴川二地市。

[238] 鱼子笺:唐时产于四川的一种砑花水纹纸。唐李肇《唐国史补》:"蜀之麻面、屑末……鱼子、十色笺。"宋苏易简《文房四谱》:"以细布先以面浆胶令劲挺,隐出其文者,谓之鱼子笺。又谓之罗笺。"

[239] 刘恂《岭表异录》:唐代地理著作,异名有《岭表记》《岭表录》《岭南录异》等,刘恂撰。作者于昭宗时曾任广州司马,官满留居南海,就其闻见,著成此编。书中记岭南各地的风土、物产、地理以

及虫鱼草木禽兽等。原书已佚，今本自《永乐大典》辑出。

枕中道士持香

海外一国贡重明枕[240]，长一尺二寸，高六寸，洁白类水晶，中有楼台之形，四面有十道士持香执简，循环无已。

[240] 重明枕：此条见于《杜阳杂编》卷上："八年，大轸国贡重明枕、神锦衾、碧麦、紫米。"又："重明枕，长一尺二寸，高六寸，洁白逾于水精，中有楼台之状，四方有十道士，持香执简，循环无已，谓之行道真人。其楼台瓦木丹青、真人衣服簪帔，无不悉具，通莹焉如水睹物。"

飞云履染四选香

白乐天[241]作飞云履[242]，染以四选香，振履则如烟雾。曰：吾足下生云，计不久上升朱府[243]矣。（《樵人直说》）

[241] 白乐天：见"白居易"条。
[242] 飞云履：传说白居易在庐山草堂炼丹时所做的鞋子。《云仙杂记》卷一引《樵人直说》："白乐天烧丹于庐山草堂，作飞云履，玄绫为质，四面

以素绢作云朵，染以四选香，振履则如烟雾。乐天著示山中道友曰：'吾足下生云，计不久上升朱府矣。'"

[243] 朱府：道教里面指神仙的住所。

香囊

帏谓之縢[244]，即香囊也[245]。（《楚词注》[246]）

[244] 縢：téng，香囊。

[245] 这是对屈原《离骚》："苏粪壤以充帏兮，谓申椒其不芳。"做的注释。在有的版本中"帏"也作"祎"。

[246]《楚词注》：《楚辞章句》，现存《楚辞》最早的完整注本，也是楚辞较权威的注释本，王逸注。王逸，字叔师，南郡宜城（今湖北宜城）人，东汉文学家。

白玉香囊

元先生赠韦丹尚书[247]绞绡[248]缕白玉香囊。（《松窗杂录》[249]）

[247] 韦丹尚书：或为唐代名臣韦丹。韦丹（753—810），字文明，京兆郡万年县（今陕西省西安市长安区）人，唐代循吏、水利专家。

[248] 绞绡：亦作"鲛绡"，相传为鲛人所织之绡，泛指细薄的纱。

[249]《松窗杂录》：唐代笔记小说集。又名《松窗录》《松窗小录》《松窗杂记》《摭异记》等，一卷，记唐代异闻故事，玄宗朝居多，李浚（一作韦浚）撰。

五色香囊

后蜀文澹，生五岁谓母曰：有五色香囊在吾床下。往取得之，乃澹前生五岁失足落井，今再生也[250]。（《本传》）

[250] 此条见于《太平广记·卷第三百八十八·悟前生二》引《野人闲语》。讲的是文澹记得前生之事。文澹的父母之前有一个男孩，五岁时意外夭折，后来又生了文澹，文澹对父母说还记得前生之事，父母才知道文澹就是之前夭折的孩子又来投生。

紫罗香囊

谢遏[251]年少时好佩紫罗香囊垂里子，叔父安石[252]患之[253]，而不欲伤其意，乃谲[254]与赌棋，赌得烧之。[255]（《小名录》[256]）

[251] 谢遏：即东晋名将谢玄。谢玄（343—388），字幼

度，小字遏，陈郡阳夏（今河南太康）人。宰相谢安侄子。拜建武将军，组建北府兵，在淝水之战中立下奇功。

[252] 安石：谢安（320—385），字安石。陈郡阳夏（今河南太康）人。东晋宰相，政治家、大名士，文韬武略，雅量非凡。指挥淝水之战，为东晋赢得数十年的和平。

[253] 谢安认为谢玄年少就染上这些奢侈的生活习惯不好。

[254] 谲：假意。

[255] 此事见于《晋书》列传第四十九。

[256]《小名录》：唐陆龟蒙撰，记载自秦至南北朝间知名人物的小名。陆龟蒙（？—881），长洲（今江苏吴县）人，唐代农学家、文学家，字鲁望，别号天随子、江湖散人、甫里先生，著有农具专著《耒耜经》及作品集《甫里先生文集》传世。

贵妃香囊

明皇还蜀，过贵妃葬所，乃密遣棺椁葬焉。启瘗[257]，故香囊犹在，帝视流涕。[258]

[257] 瘗：坟墓。

[258] 此段故事出《新唐书·列传第一·后妃上》："帝至自蜀，道过其所，使祭之，且诏改葬。礼部侍郎李揆曰：'龙武将士以国忠负上速乱，为

天下杀之。今葬妃，恐反反自疑。'帝乃止。密遣中使者具棺椁它葬焉。启瘗，故香囊犹在，中人以献，帝视之，凄感流涕，命工貌妃於别殿，朝夕往，必为鲠欷。"

连蝉锦香囊

武公崇爱妾步非烟[259]，贻赵象连蝉锦[260]香囊。附诗云：无力妍妆倚绣栊，暗题蝉锦思难穷，近来赢得伤春病，柳弱花欹怯晓风。（《非烟传》[261]）

[259] 步非烟：唐传奇《非烟传》的主人公，据书中描述，步非烟为唐懿宗时洛阳人，因与邻人赵象私通被武公发现，拷打致死。

[260] 连蝉锦：一种织有连理花纹而薄如蝉翼之锦。

[261] 《非烟传》：唐代传奇，皇甫枚著。皇甫枚，字遵美，安定三水人，晚唐文学家。

绣香袋

腊日[262]赐银合子、驻颜膏[263]、牙香筹[264]、绣香袋。（《韩偓集》）

[262] 腊日：古时腊祭之日。农历十二月初八。应劭《风俗通·祀典·灶神》引汉荀悦《汉纪》："南阳阴子方积恩好施，喜祀灶，腊日晨炊而灶

神见。"南朝梁宗懔《荆楚岁时记》："十二月八日为腊日。"

[263] 驻颜膏：一种美妆用品。

[264] 牙香筹：象牙或骨、角制的计数之筹。可用于赌博、行酒令等等。

香缨

《诗》[265]："亲结其缡[266]"。注曰：香缨[267]也，女将嫁，母结缡而戒之。

[265] 《诗》：《诗经》，我国第一部诗歌总集，收入自西周初年至春秋中叶500多年的诗歌311篇（其中6篇为笙诗，只有标题，没有内容）。此句出《诗经·东山》。

[266] 缡：亦作"褵"，古时妇女系在身前的大佩巾，女子出嫁，母亲结缡告诫她婚后为人妻的责任。

[267] 香缨：香缨是古代未成年者或妇女所系的饰物。这句出自晋代郭璞对"缡"的解释，他用晋代常见的香缨来解"缡"字。但古代也有学者不认同这种理解。

玉盒香膏

"章台柳[268]"以轻素[269]结玉盒，实以香膏，投韩

君平[270]。(《柳氏传》[271])

[268] 章台柳：本为韩翃的诗作，讲述与妻子柳氏失散，想来妻子应该改嫁，心情怅惘。"章台柳，章台柳，昔日青青今在否，纵使长条似旧垂，也应攀折他人手。"柳氏亦有《章台柳》和之。章台柳在这里代指柳氏。《柳氏传》又名《章台柳传》。

[269] 轻素：轻而薄的白色丝织品。

[270] 韩君平：韩翃，字君平，南阳（今河南南阳）人，唐代诗人，大历十才子之一。著有《韩君平诗集》。

[271] 《柳氏传》：唐传奇，许尧佐著，许尧佐，德宗朝进士，官至谏议大夫。

香兽

香兽，以涂金为狻猊[272]、麒麟、凫鸭[273]之状，空中[274]以燃香，使烟自口出，以为玩好[275]，复有雕木埏[276]土为之者。

又

故都[277]紫宸殿[278]有二金狻猊，盖香兽也。晏公[279]《冬宴诗》云："狻猊对立香烟度，鹭鹭交飞组绣明。"(《老学庵笔记》)

[272] 狻猊：suān ní，狮子。

[273] 凫鸭：水鸭。

[274] 空中：指内部是空的。

[275] 玩好：玩赏与爱好、供玩赏的宝物。

[276] 埏：音shān，用水和土（制作陶器）。

[277] 故都：指长安，宋人称故都。

[278] 紫宸殿：宫殿名。唐长安大明宫的内朝正殿。位于大明宫的中部，在宣政殿以北紫宸门内约60米处，处于龙首原的高岗地段。皇帝日常听政议事，多在此殿。

[279] 晏公：指晏殊，晏殊（991—1055），字同叔，抚州临川（治所在今江西抚州）人，著名词人、诗人、散文家，官至宰相，有《珠玉词》等存世，此诗见于《全宋诗》。

香炭

杨国忠家以炭屑用蜜捏塑成双凤，至冬月燃炉，乃先以白檀[280]末铺于炉底，余炭不能参杂也。（《天宝遗事》）

[280] 白檀：四库本、汉和本作"白檀香"，无碍庵本作"白檀"。

香蜡烛

公主[281]始有疾，召术士米賽[282]为灯法[283]，乃以香蜡烛遗之。米氏之邻人觉香气异常，或诣门诘[284]其故，賔具以事对。其烛方二寸，上被五色文，卷而爇之，竟夕不尽，郁烈之气可闻于百步。余烟出其上，即成楼阁台殿之状。或云：蜡中有蜃脂[285]故也。（《杜阳杂编》）

又

秦桧[286]当国，四方馈遗日至。方滋德帅广东[287]，为蜡炬，以众香实其中，遣驶卒[288]持诣相府，厚遗主藏吏[289]，期必达，吏使俟命[290]。一日宴客，吏曰：烛尽，适广东方经略送烛一奁，未敢启。乃取而用之。俄而异香满座，察之则自烛中出也，亟[291]命藏其余枚，数之适得四十九。呼驶问故，则曰：经略专造此烛供献，仅五十条，既成恐不佳，试其一，不敢以他烛充数。秦大喜，以为奉己之专也，待方益厚。（《群谈采余》[292]）

又

宋宣政宫中用龙涎沉脑和蜡为烛，两行列数百枝，艳明而香溢，钧天[293]所无也。（《闻见录》）

又

桦桃[294]皮可为烛而香，唐人所谓朝天[295]桦烛香[296]是也。

[281] 公主：指同昌公主，懿宗李漼女。见前"同昌公主"条。

[282] 米賔：汉和本、四库本、《杜阳杂编》作"米賔"。无碍庵本及《太平广记》《同昌公主外传》

作"米宾",米賓是当时的术士。

[283] 灯法:《太平广记》《同昌公主外传》作"禳法"。灯法是指燃点香烛,使其烟氛现出楼台殿阁等幻象的一种法术,用以祛病。

[284] 诘:问。

[285] 䐀脂:大概指龙涎之类。

[286] 秦桧:1090—1155,字会之,生于黄州,籍贯江宁(今江苏南京)。南宋初年宰相,主和派的代表人物。

[287] 帅:指方滋德为广东经略。

[288] 驶卒:急递的役卒。

[289] 主藏吏:负责府库的官吏。

[290] 俟命:待命。

[291] 亟:赶紧。

[292]《群谈采余》:十卷,明倪绾辑。

[293] 钧天:天的中央,古代神话传说中天帝住的地方,引申指帝王。

[294] 桦桃:一般指桦木科桦木属植物西桦(又称西南桦Betula alnoides Buch.-Ham. ex D. Don),树皮和叶入药。

[295] 朝天:这里指朝见天子。

[296] 桦烛香:桦烛在唐代较为常见,桦树皮卷蜡为烛。但是否如作者所说是用的桦桃则未必。桦桃是南方所产,也有记载桦烛用北方白桦皮。《玉

篇·木部》："桦，木皮可以为烛。"《开宝本草》："桦木皮堪为烛者，木似山桃。"《本草纲目》："藏器曰：'桦木似山桃，皮堪为烛。'时珍曰：'木桦生辽东及临洮、河川西北诸地。'"《浙江通志》："桦桃，万历《温州府志》：'其皮土人用以为烛'"也有可能古时白桦及其他桦树也被称为桦桃。

香灯

《援神契》[297]曰：古者祭祀有燔燎[298]，至汉武帝祀太乙[299]始用香灯。

[297]《援神契》：道家的经典，见《正统道藏》正一部。释道士服类、醮祭名词。

[298] 燔燎：亦作"燔寮"，烧柴祭天。参见前"燔柴事天，萧焫供祭"条。

[299] 太乙：亦作太一、泰乙等。北辰神名。《易纬·乾凿度》："太乙取其数以行九宫。"郑玄注："太乙，北辰神名也。"《史记·封禅书》："天神贵者太一。"司马贞索隐引宋均云："天一，太一，北极神之别名。"《史记·天官书》："中宫天极星，其一明者，太一常居也。"太乙在古籍中可指天帝、天神、星官等等。在这里汉武帝祭祀太一，是将太一视为

至上的天神或天帝，太一祭祀成为最高国家祭祀之一，国家对其非常重视。事迹可见于《史记》《汉书》《资治通鉴》等史书。

烧香器

张伯雨[300]有金铜舍利匣，上刻云："维梁贞明[301]二年，岁次丙子，八月癸未朔二十日壬寅，随使都教练使、右厢马步都虞侯，亲军左卫营都知兵马使，检校尚书右仆射、守崖州刺史、御史大夫、上柱国谢崇勋舍[302]灵寿禅院。"盖有四窍出烟，有环若含锁者，是烧香器。李商隐[303]诗云"金蟾啮锁烧香入[304]"，又云"锁香金屈戍[305]"。是则烧香为验，此盖烧香器之有锁者。（《研北杂志》[306]）

[300] 张伯雨：张雨，原名泽之，字伯雨，一字天雨，内名嗣真，号句曲外史、幻仙、贞居子、山泽臞者、登善庵主、灵石山人，人称贞居真人，钱塘（今浙江杭州）人，元代道士、诗人、书画家。

[301] 贞明：后梁末帝朱友贞的年号（915年11月—921年4月）。

[302] 舍：布施、供养。

[303] 李商隐：约813—858，字义山，号玉溪生、樊南生，晚唐著名诗人、文学家。祖籍怀州河内（今河南沁阳市），生于河南荥阳（今郑州荥阳）。

[304] 金蟾啮锁烧香入：李商隐《无题》："金蟾啮锁烧香入，玉虎牵丝汲井回。"

[305] 锁香金屈戍：屈戍，亦作"屈戌"。指门窗、屏风、橱柜等的环纽、搭扣。李商隐《魏侯第东北楼堂郢叔言别，聊用书所见成篇》："锁香金屈戍，䴉酒玉昆仑。"

[306]《研北杂志》：二卷，元陆友撰，内容为一些轶文琐事，精于考证。陆友，元代诗文家、文物鉴赏家。字友仁，号砚北生（一作研北生）。吴郡（江苏苏州）人。学问广博，精于古器物鉴定。著有《砚史》《印史》《墨史》等。

香事别录（上） — 卷十一

（事有不附品不分类者于香为别录焉）

香尉

汉雍仲子进南海香物，拜涪阳[1]尉，人谓之香尉。（《述异记》）

[1] 涪阳：二本皆作雒阳。今据《述异录》《太平广记》改为涪阳。也有一些文献作"洛阳"。

含嚼荷香

昭帝[2]始元[3]元年，穿淋池[4]，植分枝荷。一茎四叶，状如骈盖[5]，日照则叶低荫根茎，若葵之卫足[6]，名"低光荷"。实如玄珠[7]，可以饰佩。芬馥之气，彻十余里。食之令人口气常香，益人肌理。宫人贵之，每游宴出入必皆含嚼。（《拾遗记》）

[2] 昭帝：指汉昭帝（前94—前74），原名刘弗陵，即位后以难避讳的缘故更名刘弗。在位十三年，因病驾崩，年仅二十一岁。

[3] 始元：三本皆作元始，误。始元，汉昭帝年号（前

86—前80）。元始为汉平帝刘衎的年号（公元前1年—公元6年）。

[4] 淋池：汉池名，汉昭帝所凿。《三辅黄图·四·池沼》："昭帝元始元年，穿淋池，广千步。池南起桂台以望远。东引太液之水。池中植分枝荷。"遗址在今陕西西安市附近。

[5] 骈盖：两马共驾一车的车盖。

[6] 典故出《左传·成公十七年》："仲尼曰：'鲍庄子之知不如葵，葵犹能卫其足。'"晋杜预注："葵倾叶向日，以蔽其根。""葵能卫足"原指葵草之叶可以为根须蔽阳，春秋时，孔子借以衬托鲍庄子不善于自我保护。

[7] 玄珠：黑色明珠。

含异香行

石季伦使数十艳姬各含异香而行，笑语之际，则口气从风而飏。（同上）

好香四种

秦嘉[8]贻妻好香四种，泊[9]宝钗、素琴[10]、明镜。云：明镜可以鉴形，宝钗可以耀首，芳香可以馥身，素琴可以娱耳。妻答云：素琴之作当须君归，明镜之鉴当

待君还，未睹光仪[11]则宝钗不列也，未侍帷帐[12]则芳香不发也。(《书记洞筌》[13])

[8] 秦嘉：字士会，陇西（治今甘肃通渭）人。东汉诗人。桓帝时为郡上计吏，离开家乡陇西远赴洛阳，和妻子徐淑互以诗文赠答，诗文皆传世。本文中故事见于诗第三首，徐淑亦答诗一首以白心迹。此中故事来源可参看敦煌写本秦嘉《重报妻书》和妻子徐淑的《又报嘉书》。

[9] 洎：及。

[10] 素琴：不加装饰的琴。

[11] 光仪：光彩的仪容。这里是称您（丈夫）的尊颜。

[12] 帷帐：帷幕床帐。侍帷帐指同床共枕。

[13]《书记洞筌》：应作《书记洞诠》，一百六十卷。唐之前的书牍总集。明梅鼎祚编，内容丰富庞杂。秦嘉故事最早应见于南朝陈徐陵所编《玉台新咏》卷一。此书较完整的传本，则见于唐初欧阳询所编《艺文类聚》卷三十二的征引。

芳尘

石虎于大武殿前造楼高四十丈。以珠为帘，五色玉为佩，每风至即惊触，似音乐高空中，过者皆仰视爱之。又屑诸异香如粉，撒楼上，风吹四散，谓之芳尘。(《独异记》[14])

[14]《独异记》：亦称《独异志》，唐笔记，十卷，李冗（一作李冘、一作李元）撰，今据《新唐书》《宋史·艺文志》为李冗，曾任明州刺史。内容大多为神怪异闻之类。

逆风香

竺法深[15]、孙兴公[16]共听北来道人与支道林[17]瓦官寺[18]讲《小品》[19]，北道屡设问疑，林辩答俱爽，北道每屈[20]。孙问深公："上人当是逆风家，何以都不言？"深笑而不答。林曰："白旃檀非不馥，焉能逆风？"深夷然[21]不屑。[22]波利质国多香树[23]，其香逆风而闻。今反之云：白旃檀非不香，岂能逆风？言深非不能难之，正不必难也[24]。（《世说新语》）

[15]竺法深：应为竺法琛（286—374），《世说新语》作"竺法深"，东晋僧人。又称竺道潜。琅琊（山东临沂）人，俗姓王。字法琛。丞相王敦之弟，善解玄义，为东晋王臣所重。立本无异宗义，为般若学六家七宗之一。

[16]孙兴公：东晋名士孙绰（314—371），字兴公，中都（今山西平遥）人，为廷尉卿，领著作，善书博学。

[17]支道林：支遁（314—366），东晋学僧。陈留（河南开封）人，或谓河东林虑（河南彰德）人，俗姓关，字道林，后从师改姓，世称支道人、支道林。

善讲般若，为名士所激赏。立即色本空宗义，为般若学六家七宗之一。
[18] 瓦官寺：一作瓦棺寺，佛教著名讲寺。东晋兴宁二年（364）建。在今江苏南京市西南秦淮河畔凤凰台西花露岗上。
[19]《小品》：《小品般若波罗蜜经》，即八千颂般若，当时的译本有：（一）《道行般若经》，十卷，后汉支娄迦谶译。（二）《大明度无极经》，六卷，吴支谦译。
[20] 屈：屈服，词穷。
[21] 夷然：鄙视貌。
[22] 后面评论文字不见于《世说新语》，未知出处，或为作者评论。
[23] 波利质国多香树："波利质多"乃香树名，非是"波利质国"之多香树，此处为误。参见前"波利质多天树"条。
[24] 当时人有"浅人见林公，罕见深公"的说法。后来逆风家借指赞誉德才超卓的人，谓其名声逆风远播。

夜中香尽

宗超尝露坛[25]祷神，夜中香尽，自然溢满香烟，炉中无火烟自出。（《洪刍香谱》）

[25]露坛：在平地上用土、石筑起的高台。

令公香

荀彧[26]为中书令[27]，好熏香。其坐处常三日香，人称令公[28]香，亦曰令君香。(《襄阳记》[29])

[26]荀彧：163—212，字文若，颍川郡颍阴县（今河南许昌）人，东汉末年曹操帐下最重要的谋臣之一。
[27]中书令：荀彧长期任尚书令，这里应该是尚书令之误。

  东汉时成立尚书台，国家政务，悉归尚书。尚书令为尚书台的长官，秩千石，领诸曹，主赞奏，总典纪纲，但名义上仍隶属于少府。魏晋以后地位提高，成为三省长官之一。

  另附，中书令，西汉为"中书谒者令"简称，武帝时置，由宦者担任，掌收纳尚书奏事、传达皇帝诏令，成帝时改中谒者令。魏晋南北朝为中书省长官之一。三国魏文帝初年分秘书置中书省，掌收纳章奏、草拟及发布皇帝诏令之机要政务。

[28]令公：因为荀彧任尚书令，故称"荀令公"。
[29]《襄阳记》：本名《襄阳耆旧记》，五卷，记载襄阳有关的人文典故，习凿齿撰。习凿齿，东晋史学家，见前"习凿齿"条。

刘季和[30]爱香

刘季和性爱香，尝如厕还，辄过香炉上熏。主簿[31]张坦曰："人言名公[32]作俗人，不虚也。"季和曰："荀令君[33]至人家坐，席三日香。"坦曰："丑妇效颦[34]，见者必走，公欲坦遁去邪？"季和大笑。（同上）

[30] 刘季和：应为刘和季（参见《太平御览》引《襄阳记》）之误。刘弘（236—306），字和季（一作叔和）。沛国相县（今安徽濉溪）人。西晋名将，大臣，深受百姓爱戴。
[31] 主簿：官名。汉代以后普遍设置在中央和地方各官署，其职任为掌管文书簿籍及监守印信，在掾史中居于首席的地位。这里是刘弘的下属。
[32] 名公：有名望的贵族或达官。
[33] 荀令君：指荀彧，见前"荀彧"条。
[34] 丑妇效颦：丑妇见西施皱眉之态甚美而模仿，结果人们看见了都赶忙躲避。这里张坦是说刘弘模仿荀彧熏香，不过是东施效颦之举。

媚香

张说[35]携丽正[36]文章谒友生[37]，时正行宫中媚香号"化楼台"，友生焚以待说，说出文置香上曰：吾文享是香无忝[38]。（《征文玉井》[39]）

[35] 张说：667—730，唐代文学家，诗人，政治家，字道济，一字说之。原籍范阳（今河北涿县），世居河东（今山西永济），徙家洛阳。

[36] 丽正：绚丽雅正。

[37] 友生：朋友，亦用作师长对门生自称的谦词，此处为朋友之义。

[38] 无忝：无愧。

[39]《征文玉井》：唐笔记，作者不详，征文即验证文才之义，故所记多为文才典故。

玉蕤[40]香

柳宗元[41]得韩愈[42]所寄诗，先以蔷薇露灌手，熏玉蕤香，后发读曰："大雅之文，正当如是。"（《好事集》）[43]

[40] 玉蕤：玉的精华。道家谓食之可以成仙。

[41] 柳宗元：773—819，字子厚，世称"柳河东"，因官终柳州刺史，又称"柳柳州"，祖籍河东（今山西省永济市），出生于长安，唐代文学家、思想家，唐宋八大家之一。

[42] 韩愈：768—824，字退之，唐内河阳（今河南孟县）人。自谓郡望昌黎，世称韩昌黎。唐代诗人、文学家、思想家，宪宗、穆宗朝大臣，古文运动的倡导者，唐宋八大家之一。

[43]《好事集》：唐笔记，作者不详。

桂蠹香

温庭筠[44]有丹瘤枕、桂蠹香[45]。

[44] 温庭筠：唐代诗人、词人，本名岐，字飞卿，太原祁（今山西祁县）人，才思敏悟，被尊为花间派之祖。

[45] 桂蠹香：桂蠹，汉代南方的一种特产。蠹为寄生在桂树上的虫，味辛，可蜜渍作为食物。汉文帝时，南粤王赵陀曾派使者至长安，所献物品中包括桂蠹一器。《汉书》注曰："此虫食桂，故味辛，而渍之以蠹食之也。"《大业拾遗录》："隋时始安献桂蠹四瓶，以蜜渍之，紫色，辛得有味，啖之去痰饮之疾。则此物自汉、隋以来，用充珍味矣。"则隋唐之时还有这种做法。

九和握香[46]

郭元振[47]落梅妆阁[48]有婢数十人，客至则拖鸳鸯撷[49]裙衫，一曲终则赏以糖鸡卵，取明其声也。[50]宴罢散九和握香。（《叙闻录》[51]）

[46] 九和握香：握香犹言手握制成的香。九和犹言加工过程。

[47] 郭元振：656—713，名震，字元振，魏州贵乡（今

河北大名北）人，唐朝名将、宰相。

[48] 落梅妆阁：梅妆，相传南朝宋武帝女儿寿阳公主有梅花落其额上，拂之不去。后有梅妆。可称梅花妆、落梅妆。

[49] 撷：衣襟掖在腰带上以兜东西。

[50] 这里似乎是说糖鸡蛋对嗓子比较好。

[51] 《叙闻录》：唐笔记，作者不详。

四和香

有侈盛[52]家月给焙笙炭[53]五十斤，用锦熏笼，借[54]笙于上，复以四和香熏之。（《癸辛杂识》[55]）

[52] 侈盛：非常骄纵。

[53] 焙笙炭：古代熏焙笙簧的炭（熏焙是为了防止乐器受潮，让乐器声音更好听）。

[54] 借：衬垫。

[55] 《癸辛杂识》：参见前"《癸辛杂识外集》"条。

千和香

峨嵋山[56]孙真人[57]然千和之香。（《三洞珠囊》）

[56] 峨嵋山：即今四川峨眉山，中国佛教四大名山之一，有"峨眉天下秀"之称。孙思邈曾两次在峨眉

山隐居采药，今山上尚有其遗迹。

[57] 孙真人：指唐代医学大师孙思邈，见"《千金方》"条。

百蕴香[58]

远条馆[59]祈子焚以降神。

[58] 百蕴香：参见前"百蕴香"条。
[59] 远条馆：赵飞燕所居后宫，飞燕祈子心切。

香童

元载好宾客，务于华侈，器玩服用[60]僭[61]于王公，而四方之士尽仰归焉。常于寝帐前雕矮童二人，捧七宝博山炉，自暝[62]焚香彻曙[63]，其骄贵如此。（《天宝遗事》）

[60] 服用：穿着服饰，使用物品。
[61] 僭：超越身份。
[62] 暝：日落，天黑。
[63] 彻曙：彻旦。

曝衣焚香

元载妻韫秀[64]安置闲院，忽因天晴之景以青紫丝绦[65]四十条,各长三十丈,皆施罗纨绮绣[66]之服,每条绦下排金银炉二十枚,皆焚异香,香至其服。乃命诸亲戚西院闲步,韫秀问:"是何物?"侍婢对曰:"今日相公与夫人晒曝衣服。"[67](《杜阳杂编》)

[64] 韫秀:王韫秀(约741—777),唐代名媛诗人,祖籍祁县,后移居华州郑县(今陕西华县)。她是河西节度使王忠嗣女,宰相元载之妻。元载有罪赐死,王韫秀和孩子也都被处死。

[65] 丝绦:丝编的带子或绳子。

[66] 罗纨绮绣:泛指精美的丝织品。

[67] 此段故事原委,元载未出仕时,甚为贫穷,王韫秀的亲戚都很瞧不起他们夫妻,后元载权势日盛,用度奢侈,韫秀此夸富之举意欲使亲戚们羞愧。

瑶英啖香

元载宠姬薛瑶英攻诗书,善歌舞,仙姿玉质,肌香体轻,虽旋波、摇光[68]、飞燕[69]、绿珠[70]不能过也。瑶英之母赵娟亦本岐王[71]之爱妾,后出为薛氏之妻,生瑶英而幼以香啖之,故肌香也。元载处以金丝之帐、却尘之褥。[72](同上)

[68] 旋波、摇光:越国美女,与西施、郑旦同进于吴王。参见前"肌香"条。

[69] 飞燕:指赵飞燕,参见前"赵后"条。

[70]绿珠：西晋著名舞伎。姓梁，白州博白（今广西钦州地区博白县）人。石崇以珍珠三斛买去为妾。赵王司马伦欲夺为己有，派手下人孙秀前去索要不得，遂派兵查抄，绿珠堕楼自杀。能歌善舞。喜吹笛，尤善舞《明君》。

[71]岐王：李范（686—726），本名李隆范，陇西成纪（今甘肃秦安县）人。唐睿宗第四子，唐玄宗弟。好学工书，礼贤下士。

[72]"金丝帐""却尘褥"后来都作为奢侈品的典故。

蜂蝶慕香

都下[73]名妓楚莲者，国色[74]无及，每出则蜂蝶相随慕其香。（《天宝遗事》）

[73]都下：京都、京城。

[74]国色：有绝顶出众的美貌、冠绝一国。

佩香非世所闻

萧总遇巫山神女，谓所衣之服非世所有，所佩之香非世所闻。（《八朝穷怪录》[75]）

[75]《八朝穷怪录》：见"《穷怪录》"条。

贵香

牛僧孺[76]作《周秦行记》[77],云:忽闻有异气如贵香,又云:衣上香经十余日不散。

[76] 牛僧孺:779—847,唐穆宗、唐文宗时宰相,字思黯,安定鹑觚(今甘肃灵台)人,在牛李党争中是牛党的领袖,著有《玄怪录》等。

[77] 《周秦行记》:唐传奇,一卷,以自述的方式写牛僧孺误入汉文帝母薄太后庙,与历史上诸位皇后美女饮酒作乐之事。虽署名为牛僧孺,但应为党争构陷之作,不可能为牛所作。一说为李党韦瓘所撰。瓘字茂弘,杜陵(今陕西西安东南)人。韦瓘为李德裕门生。

降仙香

上都[78]安业坊[79]唐昌观[80]有玉蕊花[81]甚繁,每发若瑶林琼树[82]。元和[83]中有女仙降,以白角扇[84]障面[85],直造花前,异香芬馥,闻于数十步之外,余香不散者月余。(《华夷花木考》)

[78] 上都:古代对京都的统称,此处指长安。

[79] 安业坊:长安外郭城坊里之一。位于朱雀门街之西从北第四坊,长安县领。在皇城正南,东界朱雀门大街。

[80]唐昌观：唐道观名。位于唐长安城安业坊横街之北。以玄宗女唐昌公主而得名。观内有玉蕊花，花每发，若琼林玉树。唐宋诗人多有吟咏。

[81]玉蕊花：玉蕊花是唐代名花，当时文人吟咏甚多。但是后来此名渐渐不知所指，宋代已经产生争议，有琼花、山矾等说，至明清更加雾里看花，莫衷一是。现代学者考证，认为很可能是山矾科山矾属植物白檀 [Symplocos paniculata（Thunb.）Miq.]，但终无确据。无论如何，唐代所称玉蕊与今日玉蕊科玉蕊属植物玉蕊 [Barringtonia racemosa（L.）Spreng] 不是一种，这是需要了解的。

[82]瑶林琼树：喻仙境，犹指白色花树。

[83]元和：唐宪宗李纯的年号（806—820）。

[84]白角扇：一种以白牛角作柄的扇子。

[85]障面：遮住面庞。

仙有遗香

吴兴[86]沈彬[87]少而好道，及致仕，恒以朝修服饵为事。尝游郁木洞[88]观，忽闻空中乐声，仰视云际，见女仙数十冉冉而下，径之观中，遍至像前，焚香良久乃去。彬匿室中不敢出。仙既去，彬入殿视之，几案上有遗香，悉取置炉中。已而自悔曰：吾平生好道，今见神仙而不能礼谒，得仙香而不能食之，是其无分欤？（《稽

神录》)

[86] 吴兴：吴兴郡，三国吴宝鼎元年（266）分吴、丹阳二郡置，属扬州。治所在乌程县（今浙江湖州市南十五里）。辖境相当今浙江北部苕溪流域全境及江苏宜兴市。东晋义熙元年（405）移治今湖州市城区。

[87] 沈彬：字子文，唐末诗人，筠州高安（今江西高安）人。

[88]《方舆纪要》卷87临江府峡江县"玉笥山"条下：郁木山，"《志》云，在县（治今巴邱镇）东南二十里。有郁木洞，即道书第八福地，盖玉笥之支山也。"《云笈七签》："郁木洞在玉笥山南，是萧子云隐处。阴雨犹闻丝竹之音，樵人往往遇之。"

山水香

道士谈紫霄[89]有异术，闽王昶奉之为师，月给山水香焚之。香用精沉，上火半炽则沃以苏合香油。（《清异录》）

[89] 谈紫霄：一作谭紫霄，五代至宋初人，字子霄。先世北海（今属山东省）人，一说泉州人，生于金陵。著名道士，在闽国和南唐赐号"洞玄天师""左街道门威仪贞一先生""金门羽客正一先生"。后世言天心正法者，皆祖紫霄。卒于北宋开宝六年。

三勺煎

长安宋清[90]以鬻药致富。尝以香剂遗中朝[91]缙绅[92]，题识器曰三勺煎，焚之富贵清妙，其法止龙脑、麝末、精沉等耳。[93]（同上）

[90] 宋清：唐代京城医生、药商，很有信誉。当时长安流传"人有义声，卖药宋清"。因为善于经营而致大富，柳宗元有《宋清传》，称赞其诚信大度。

[91] 中朝：朝廷，朝中。

[92] 缙绅：插笏于绅带间，旧时官宦的装束。亦借指士大夫。

[93] 明张应文《清密藏》录有"三勺煎"方："每料用龙脑五两三钱、麝香五两三钱、精沉五两三钱，右细剉为末散用为丸俱可。"

从通常的香方配比来说，麝香和龙脑相较于沉香似乎比例过大；但既然名为三勺煎，似乎暗指三者含量均匀，具体情况有待考证。

异香剂

林邑、占城、阇婆[94]、交趾以杂出异香剂，和而焚之气韵不凡，谓中国三勺四绝[95]为乞儿香。（同上）

[94] 阇婆：又作阇婆洲、社婆、蛇婆，或误为耆婆、阇黎、阇沙。一般均认为宋代及宋以后即印度尼西亚

爪哇岛的专称。但宋以前因史籍记载颇不一致，一说阇婆与诸薄、社薄、杜薄、叶调、耶婆提、阎摩那洲等均为梵文名Yava或Yava-dvipa的译音，指今印度尼西亚的爪哇岛或苏门答腊岛，或兼指此二岛。一说唐代的诃陵，阇婆应在马来半岛，但有的认为新旧《唐书》骠国传中的阇婆即朱波或瞻波，在缅甸、印度等处，一说《宋书》中的阇婆洲、阇婆婆达等均为占婆的异译，在越南的中南部，唐代的阇婆在马来半岛，宋代以后方专指爪哇岛。

[95]"三匀"疑指上面的"三匀煎"。四绝所指不详，下文韩熙载称"兰宜四绝"。三匀四绝应该是当时国内常见的合香。

灵香膏

南海奇女卢眉娘[96]煎灵香膏。[97]（《杜阳杂编》）

[96] 卢眉娘：女，唐代南海人，幼而慧悟，工刺绣，灵巧无比。

[97] 依《杜阳杂编》，卢眉娘煎灵香膏是用来涂在极品刺绣"飞仙盖"上的："自煎灵香膏傅之，则虬硬不断。"

暗香

陈郡[98]庄氏女精于女红[99]。好弄琴，每弄梅花曲[100]，闻者皆云有暗香，人遂称女曰"庄暗香"，女因以暗香名琴。(《清赏录》)

[98] 陈郡：秦置，治所在陈县（今河南淮阳县）。西汉改为淮阳国。东汉章和二年（88）改为陈国。建安初又改为陈郡。三国魏黄初六年（225）改为陈国，七年（226）又改为陈郡。西晋咸宁中并入梁国。永康二年（301）复置。辖境相当今河南淮阳、沈丘、鹿邑等县及西华县一部分地。

[99] 女红：女子所做的针线、纺织、刺绣、缝纫等工作。同"女功"。《汉书·景帝纪》："雕文刻镂，伤农事者也；锦绣纂组，害女红者也。"颜师古注："红读曰功。"

[100] 梅花曲：或以为即名曲《梅花落》。庄氏女大抵金元时人。

花宜香

韩熙载云："花宜香，故，对花焚香风味相和，其妙不可言者：木犀宜龙脑；酴醾宜沉水；兰宜四绝；含笑[101]宜麝；薝卜[102]宜檀。"

[101] 含笑：木兰科含笑属（Michelia）植物，在我国多

种含笑都有悠久的历史，如含笑花、乐昌含笑、灰毛含笑、深山含笑、金叶含笑等等。具体所指需看地域及具体描述。

[102] 蘑卜：见前"蘑蔔"条。

透云香

陈茂为尚书郎[103]，每书信，印记曰玄山典记，又曰玄山印。捣朱矾[104]，浇麝酒，闲则匣以镇犀[105]，养以透云香。印书达数十里，香不断。印刻胭脂木[106]为之。（《玄山记》[107]）

[103] 或为隋朝之陈茂，曾拜给事黄门侍郎，可称为尚书郎。《隋书·卷六十四·列传第二十九》有"陈茂传"。

[104] 朱矾：铁矾土。因其含氧化铁而呈红色。可入药，或作颜料。

[105] 镇犀：一种用犀牛角制的用具，用于拉伸镇压帷幔等物，也用于文房，镇压纸帛等。

[106] 胭脂木：一般指红木科红木属植物红木（Bixa orellana L.）。根皮、叶、果肉、种子可入药。

[107] 《玄山记》：原书不详，《云仙杂记》引《玄山记》四条，除了此条，都是唐代的逸闻。

暖香

宝云溪有僧舍,盛冬若客至,则不燃[108]薪火,暖香一炷[109],满室如春。人归更取余烬。(《云林异景志》[110])

[108] 则不燃:三本皆作"则然",《云仙杂记》作"则不燃"。从上下文来看,"不燃"更为合理。

[109] 一炷:早期一炷香并非专指线香,而是一份香,比如一个香饼。

[110] 《云林异景志》:唐笔记,作者不详。《云仙杂记》引三条。

伴月香

徐铉[111]每遇月夜,露坐中庭,但爇佳香一炷,其所亲[112]私别号"伴月香"。(《清异录》)

[111] 徐铉:916—991,字鼎臣,原籍会稽(今浙江绍兴),迁居广陵(今江苏扬州)。五代宋初文学家、书法家,曾校订《说文解字》(世称大徐本),又参与编纂《文苑英华》,有多种文字传世,见前"《稽神录》"条。

[112] 所亲:亲人,亲近的朋友。

平等香

清泰[113]中，荆南[114]有僧货平等香，贫富不二价，不见市香和合[115]。疑其仙者。（同上）

[113] 清泰：后唐末帝李从珂的年号（934—936）。
[114] 荆南：924—963，又称南平、北楚，是五代时十国之一。高季兴所建，在今湖北荆州、宜昌、秭归一带。荆南文献王高从诲亦用后唐年号清泰。
[115] 市香和合：指买香材制作。

烧异香被草负笈而进

宋景公[116]烧异香于台上，有野人[117]被草负笈[118]扣门而进，是为子韦[119]，世司天都[120]。（《洪谱》）

[116] 宋景公：？—前453，子姓，宋氏，名栾（一作头曼），宋国第二十八任国君。以三句善言令荧惑移位，延寿二十一年。
[117] 野人：上古谓居国城之郊野的人。
[118] 被草负笈：穿草衣背书箱。
[119] 子韦：又名司星子韦。春秋时期宋国人，名韦，星相家。宋景公时为太史兼司星之官。说这段话的时候，子韦还不是司星官，是以"野人"的身份见景公。后来因为解决了景公"荧惑守心"的忧虑，景公赐姓"子"，成为司星官。

[120] 天都：天空、星象。

魏公香

张邦基[121]云：余在扬州游石塔寺[122]，见一高僧坐小室中，于骨董袋取香如芡实[123]许，注之，觉香韵不凡，似道家婴香[124]而清烈过之。僧笑曰：此魏公香也，韩魏公[125]喜焚此香，乃传其法。（《墨庄漫录》）

[121] 张邦基：宋高邮（今江苏高邮）人，字子贤，《墨庄漫录》的作者，见前"《墨庄漫录》"条。
[122] 石塔寺：在今扬州市中心主干道石塔路上，距文昌楼约一百余米。晋代僧人建蒙因显庆禅院，以后数易寺名。唐乾元中（758—760）定名为木兰院。开成三年（838）得古佛舍利，建塔藏之，通称石塔寺。
[123] 芡实：睡莲科芡属植物芡（Euryale ferox Salisb.）的干燥成熟种仁。今日有刺芡、苏芡等差别，植物学上都属于此种。
[124] 婴香：参见后面"婴香"方。
[125] 韩魏公：韩琦（1008—1075），字稚圭，自号赣叟，泉州（后迁安阳）人，北宋名臣，封魏国公，故称韩魏公。"相三朝，立二帝"，称"社稷之臣"。有《安阳集》《谏垣存稿》等传世。

汉宫香

其法传自郑康成[126]，魏道辅[127]于相国寺[128]庭中得之。（同上）

[126] 郑康成：即东汉经学家郑玄。见前"郑玄"条。
[127] 魏道辅：魏泰，字道辅，北宋襄阳人，诗人。出身世族，不思仕进，性诙谐善辩，著有《临汉隐居集》《临汉隐居诗话》《东轩笔录》。
[128] 相国寺：开封相国寺，中国最为古老和著名的寺院之一。战国时为魏公子信陵君的故宅。北齐天保六年（555）在此始修建国寺。唐延和元年（712）睿宗为纪念他以相王即位，乃赐名大相国寺，并御书题额。北宋达到最鼎盛时期，是重要的佛教中心和皇室进行很多活动的皇家寺院。

僧作笑兰香

吴僧罄宜作笑兰香，即韩魏公所谓浓梅，山谷[129]所谓藏春香也，其法以沉为君，鸡舌为臣，北苑之鹿[130]柜邑[131]、十二叶之英[132]、铅华之粉[133]、柏麝[134]之脐为佐，以百花之液[135]为使，一炷如芡子许，焚之油然、郁然，若嗅九畹之兰、百亩之蕙也。[136]

[129] 山谷：黄庭坚，见"黄山谷"条。
[130] 鹿：《陈氏香谱》作"臣"，《类说》卷五十九

作"尘",三种皆不知所指,或有脱字。
[131] 秬鬯:古代以黑黍和郁金香草酿造的酒,用于祭祀降神及赏赐有功的诸侯。关于所用香草,参见前"郁金香"部分相关注释与考证。
[132] 十二叶之英:指郁金香。《魏略》:"生大秦国,二、三月花如红蓝,四、五月采之。其香十二叶,为百草之英。"此条其后为《抱朴子》《陈氏香谱》等很多其他文献所引用。参见前"郁金香"条。当然这里郁金香从描述看大概指的是番红花。
[133] 铅华之粉:妇女化妆用的铅粉。
[134] 柏麝:因为嵇康的《养生论》有"麝食柏而香"的说法,所以麝也常称"柏麝"。虽然古代早已有人对这种误解做出澄清,但这种叫法还是流传下来了。
[135] 百花之液:无碍庵本作"百花之叶",误。依《陈氏香谱》、汉和本、四库本作"百花之液"。
[136]《楚辞·离骚》:"予既滋兰之九畹,又树蕙之百亩。"

斗香会

《中宗朝宗纪》[137]:韦武[138]间为雅会,各携名香,比试优劣,曰"斗香会"。惟韦温[139]挟椒涂[140]所赐，常获魁。

[137]《中宗朝宗纪》："纪"指史书中的帝王本纪，中宗的传记可称"中宗纪"，《中宗朝宗纪》从名字看，似不合理。且新旧唐书都没有这条记载，这条记载见于《清异录》。

[138]韦武：中宗朝，韦、武两大家族是朝中最有势力的家族。

[139]韦温：？—710，京兆万年（今陕西西安市）人，唐朝外戚大臣、宰相，韦皇后堂兄。

[140]椒涂：指皇后居住的宫室。因用椒和泥涂壁，故称。此处指香为韦后所赐。

闻思香

黄涪翁[141]所取有"闻思香"，盖指内典[142]中"从闻思修[143]"之义。

[141]黄涪翁：涪翁为黄庭坚晚年之号，见"黄山谷"条。

[142]内典：佛经，黄庭坚信仰佛教，多所研修。

[143]闻思修：闻、思、修为佛家"三慧"。闻，指听闻教法；思，指思惟义理；修，指修行。闻慧、思慧、修慧等三慧，即为经由闻、思、修而成之智慧。《楞严经》："彼佛教我从闻思修，入三摩地。"

狄香[144]

狄香，外国之香，谓以香熏履也。张衡[145]《同声歌》[146]："鞮芬以狄香"[147]，鞮，履也。

[144]狄香：指西域出产的香。这是以产地来称香，并非是某一种香。

[145]张衡：78—139，东汉科学家、文学家，字平子，南阳西鄂（今河南南阳）人。天文学方面著有《灵宪》《浑仪图注》等，数学著作有《算罔论》，文学作品有《二京赋》《归田赋》等。

[146]《同声歌》：张衡所作五言诗，生动描绘了一个新婚女子对丈夫的表白。

[147]《同声歌》："洒扫清枕席，鞮芬以狄香。"这句话意思是用狄香来熏鞋子。

香钱

三班[148]院所使臣八千余人莅事[149]于外，其罢而在院者常数百人，每岁乾元节[150]醵[151]钱饭僧进香以祝圣寿，谓之香钱。京师语曰："三班吃香。"[152]（《归田录》[153]）

[148]三班：宋代官制，以供奉官、左右班殿直为三班，后亦以东西供奉，左右侍禁及承旨借职为三班。

[149]莅事：视事，处理公务。

[150] 乾元节：宋圣节（皇帝生日）之一。乾兴元年（1022）二月乙丑，宋仁宗诏，以其生日（四月十四日）为乾元节。此后宋代其他皇帝的生日也多立为节日，但是名称不同。

[151] 醵：jù，凑钱，集资。

[152] 这里所引不全。《归田录》记载："判院官常利其余以为餐钱。"意思是，判院官常留下一些香钱作为餐钱，所以叫"三班吃香"。

[153] 《归田录》：宋笔记，二卷，欧阳修著，多记朝廷旧事和士大夫琐事，大多系亲身经历、见闻。欧阳修，见"欧阳公"条。

衙香

苏文忠云：今日于叔静[154]家饮官法酒[155]，烹团茶，烧衙香[156]，皆北归喜事。（《苏集》[157]）

[154] 叔静：孙鼛，字叔静，本钱塘（今浙江杭州）人，随父徙江都（今江苏扬州）。孙叔静是苏轼好友，苏轼有很多诗词作品和叔静相关。苏轼谪居惠州时，孙叔静提举广东常平，对苏轼多有照顾。

[155] 官法酒：朝廷正式宴饮之酒，亦称"法酒"。也可指官府酒库酿制的酒，或指按官方酒法酿造的酒，亦称"内法酒"。

[156] 衙香：在五代及宋指高等级的合香，犹言官家用

香。从现存衙香的香方来看，除了个别仿衙香香调的香方，大部分用料都是比较贵重的。而且从时人的评价来看，也是指很好的合香。《侯鲭录》："上阁衙香、仪鸾司椽烛、京师妇人梳妆与脚，天下所不及。"即是此例。这里面苏轼把衙香与官法酒、团茶并列。官法酒、团茶都是宫中所用的高等级的酒和茶，部分进入士大夫阶层，则衙香所指也大略可知。苏轼被贬蛮荒之地，久未领略这些高等级香、茶、酒，所以从海南北归时能够享受到这些东西，是一大乐事。

在《百川学海》本洪刍《香谱》、《说郛》等宋代文献中，这种合香衙香也被称为"牙香"。在花蕊夫人（一作王建）所作《宫词》中"帐中长是炷衙香"，也有写作"牙香"。后来少有"牙香"的写法，而多写作"衙香"。包括《宋会要》等官方文献，也是写作"衙香"。而诗词中的牙香一般指茶芽香或牙齿香。

关于"牙"、"衙"互通的来源，《陔余丛考》："衙门，本牙门之讹，《周礼》谓之旌门，郑氏'司常'注所云，巡狩兵车之会，皆建太常是也，其旗两边刻绘如牙状，故亦曰牙旗，后时因谓营门曰牙门。《后汉书·袁绍传》：拔其牙门。牙门之名始此。《封氏闻见记》云：军中听令，必至牙门之下，与府廷无异。近俗尚武，故称公府为公牙，府门为牙门……"

《新唐书·仪卫志上》："唐制：天子居曰'衙'，行曰'驾'，皆有卫有严。""衙"除了公府的意思，还有皇家的意味。从这个角度看，似乎称"衙香"更显来源高贵，代表皇家或宫廷用香。或许以"衙香"替代"牙香"也有这方面的考虑。

明代文震亨《长物志》、屠隆《考槃馀事》等理解的衙香（牙香）指的是一种像牙一样尖状的沉香香材（也称角香），与宋代的合香不同。现在很多书受此影响来解释宋代衙香，是不合适的。

[157]《苏集》：指《苏东坡集》，此条出《苏轼文集》卷七十的《书赠孙叔静》，是元符三年（1100）苏轼从海南北归后经过孙叔静家时发生的事情。

异香自内出

客来赴张功甫[158]牡丹会[159]。云众宾既集，坐一虚室[160]，寂无所闻。有顷，问左右云："香已发未？"答曰："已发。"命卷帘，则异香自内出，郁然满座。（《癸辛杂识外集》）

[158] 张功甫：张镃（1153—？），原字时可，因慕郭功甫，故易字功甫，号约斋。南宋临安（今浙江杭州）人，词人，能诗善画。

[159] 牡丹会：张功甫家世豪贵，又喜与文人雅士交游，当时他的牡丹会很有名。

[160] 虚室：空室。

小鬟持香球

京师[161]承平[162]时，宗室戚里[163]岁时[164]入禁中，妇女上犊车[165]皆用二小鬟[166]持香球[167]在傍，而车中又自持两小香球，车驰过香烟如云，数里不绝，尘土皆香。（《老学庵笔记》）

[161] 京师：这里指北宋的都城开封。

[162] 承平：治平相承；太平。指北宋被灭之前。

[163] 戚里：帝王外戚聚居的地方，借指外戚。

[164] 岁时：每年一定的季节或时间。

[165] 犊车：牛车。汉诸侯贫者乘之，后转为贵者乘用。

[166] 小鬟：小婢。

[167] 香球：金属制的镂空圆球。内安一能转动的金属碗，无论球体如何转动，碗口均向上，焚香于碗中，香烟由镂空处溢出。

香有气势

蔡京[168]每焚香，先令小鬟密闭户牖，以数十香炉烧之，俟香烟满室，即卷正北一帘，其香蓬勃，如雾缭绕庭际。京语客曰：香须如此烧，方有气势。

[168] 蔡京：1047—1126，字元长，兴华军仙游（今属福建仙游县）人。北宋权臣。先后四次任宰相，以贪渎闻名，政治上倾向于王安石的新法。艺术天分很高，在书法、诗词、散文等各个艺术领域均有作为。

留神香事

长安大兴善寺[169]徐理男楚琳，平生留神香事。庄严饼子，供佛之品也；峭儿，延宾[170]之用也；旖旎丸，自奉之等也。檀那[171]概[172]之曰："琳和尚品字香[173]。"（《清异录》）

[169] 大兴善寺：中国佛教密宗的祖庭。在今陕西西安市南五里。始建于晋武帝时，初名遵善寺。隋开皇二年（582）建大兴城，寺占城内靖善坊一坊之地，改名大兴善寺。唐代"三朝帝师"不空大师在大兴善寺译经传法，中国密宗发源于此，故视之为祖庭。

[170] 延宾：请客。

[171] 檀那：指施主，檀那是梵语dānapati的略译。全称是陀那钵底，单称檀那（dāna），是布施的意思，但一般以檀那作为施主的略称。

[172] 概：同"慨"，感慨。

[173] 字香：一般指香篆。

癖于焚香

袁象先[174]判衢州[175]，时幕客谢平子癖于焚香，至忘形废事。同僚苏收戏刺一札[176]，伺其忘也而投之，云："鼎炷郎守馥州百和参军谢平子。[177]"（同上）

[174] 袁象先：864—924，宋州下邑（今安徽砀山）人，后梁重臣，领四州节度使，后投降李存勖。

[175] 衢州：唐武德四年（621）分婺州置，治所在信安县（今浙江衢州市）。《元和志》卷二十六：衢州"以州有三衢山，因取为名"。辖境相当今浙江衢州、江山二市和衢县、开化、常山、江西玉山四县地。

　　袁象先未至衢州任过职，衢州当时也不是后梁的势力范围，应该是误记。

[176] 札：古人写字的小木片，引申为公文、书信。此处为本义。

[177] 这些都是假以香事来命名的官职，用来调侃谢平子。

性喜焚香

梅学士询[178]在真宗时已为名臣，至庆历[179]中为翰林侍读以卒。性喜焚香。其在官所，每晨起，将视事，必焚香两炉，以公服罩之，撮[180]其袖以出，坐定撒开两袖，郁然满室浓香。（《归田录》）

[178] 梅学士询：梅询（964—1041），字昌言，北宋宣州宣城（今安徽宣州）人，太宗、真宗、仁宗朝大臣，诗人。

[179] 庆历：北宋仁宗赵祯年号（1041—1048）。

[180] 撮：捏住（袖口），防止香跑出。

燕集[181]焚香

今人燕集，往往焚香以娱客，不惟相悦，然亦有谓也。《黄帝》[182]云：五气各有所主，惟香气凑脾。汉以前无烧香者，自佛入中国，然后有之。《楞严经》云，所谓：纯烧沉水，无令见火。此佛烧香法也。（《癸辛杂识外集》）

[181] 燕集：宴饮聚会。

[182] 《黄帝》：指《黄帝内经》，我国中医学最为重要的奠基经典，中医的理论源泉。香气入脾的说法出自《素问·金匮真言论篇》。

焚香读《孝经》

岑之敬[183]淳谨有[184]孝行，五岁读《孝经》，必

焚香正坐。（《南史》[185]）

[183] 岑之敬：四库本作"岑文敬"，无碍庵本作"岑文忱"，皆误。今据《南史·文学·岑之敬传》改正。岑之敬（519—579），字思礼，南阳棘阳（今河南南阳市南）人，南朝梁、陈时学者、大臣。

[184] 淳谨：敦厚谨慎。

[185] 《南史》：唐朝李大师、李延寿撰，中国历代官修正史"二十四史"之一，纪传体，共八十卷，含本纪十卷，列传七十卷，记载南朝宋、齐、梁、陈四国一百七十年史事。

烧香读道书

《江表传》[186]：有道士于吉[187]来吴会[188]立精舍，烧香读道书，制作符水[189]以疗病。（《三国志注》[190]）

[186] 《江表传》：作者西晋人虞溥，内容为三国时故事，原书已佚。虞溥，字允源，高平昌邑人。

[187] 于吉：东汉末期的道士，符咒治病，极富声望，琅琊（今山东胶南）人，或以为其是道教经典《太平经》的作者，《三国志》记载为孙策所杀。

[188] 吴会：古地区名，指今江浙一带。南宋范成大《吴郡志》卷四十八："吴本秦会稽郡，后汉分为吴、会稽二郡。后世指两浙之地，通称吴会。"

[189] 符水：以符箓焚化于水中，或直接向水画符诵咒，此水用于辟邪治病。
[190]《三国志注》：南朝刘宋裴松之注，旁征博引，史料丰富，是史书注中的精品。裴松之（372—451），字世期，南朝宋河东闻喜（今山西闻喜）人，后移居江南，史学家。

焚香告天

赵清献[191]公平生日所为事，夜必焚香告天。其不敢告者，不敢为也。（《言行录》[192]）

[191] 赵清献：赵抃（1008—1084），字阅道（一作悦道），号知非子，衢州西安（今浙江衢州）人，北宋时期大臣，为人正直无私，号"铁面御史"，以太子少保致仕，谥号清献。工诗善书，有《赵清献公集》。
[192]《言行录》：《宋八朝名臣言行录》之略称，亦称《名臣言行录》，朱熹编著，记录宋朝大臣的言行，前五朝五十五人，后三朝四十二人。朱熹（1130—1200），字元晦，一字仲晦，号晦庵、晦翁、考亭先生、云谷老人、沧洲病叟、遁翁，谥文，世称朱文公。南宋江南东路徽州府婺源县（今江西婺源）人，儒学大师，理学家，思想家，教育家，文学家。有《四书章句集注》《太

极图说解》《通书解说》《周易读本》《楚辞集注》等传世。

焚香熏衣

清献[193]好焚香，尤喜熏衣，所取既去，辄数日香不灭。尝置笼设熏炉，其下不绝烟，多解衣投其上。公既清端，妙解禅理，宜其熏习如此也。[194]（《淑清录》[195]）

[193] 清献：指上一条的赵清献：赵抃。
[194] 赵抃佛教修养很高，为宋代著名居士。这里是说他把佛教"熏习"的理念应用于日常生活中。《大乘起信论》："熏习义者，如世间衣服实无有香，若人以香而熏习故，则有香气。"吾人身口所作的善恶业，或是意所作的善恶思想，其气分都留在阿赖耶识里，叫做"种子"或"习气"，这种种子或习气在阿赖耶识中存留其作用，即叫作"熏习"。以善法不断熏陶染习是佛教的修行方法之一，就如同用香经常熏染衣服一样。
[195] 《淑清录》：明丁明登辑，丁明登为明代医家，曾任衢州知府。佛教居士，师从莲池大师。著有《疴言》《小康济》《苏意方》等。

烧香左右

屡烧香左右，令人魄正。(《真诰》[196])

[196]《真诰》：道教洞玄部经书，二十卷，内容繁杂，为南朝陶弘景所著。见前"陶弘景"条。内容来自东晋哀帝兴宁时（363—365）杨羲、许谧等人记录的神仙口授，真人诰谕，故称"真诰"。

夏月烧香

陶隐居[197]云：沉香、熏陆，夏月常烧此二物。[198]

[197] 陶隐居：即陶弘景，见前"陶弘景"条。

[198] 此条三本未注出处。

焚香勿返顾

南岳夫人[199]云：烧香勿返顾[200]，忤[201]真气，致邪应也。(《真诰》)

[199] 南岳夫人：道家所称女仙名。姓魏，名华存，字贤安，自幼好道，至晋成帝咸和九年卒，享年八十三岁。道家谓之飞升成仙，位为紫虚元君，称"南岳夫人"。见《太平广记》卷五八引《集仙录》。

[200] 返顾：回头；回头看。

[201]忤：逆。

焚香静坐

人在家及外行，卒遇飘风[202]、暴雨、震电、昏暗、大雾，皆诸龙经过，入室闭户，焚香静坐，避之不尔损人。（同上）

[202]飘风：旋风；暴风。

焚香告祖

戴弘正每得密友一人则书于简编，焚香告祖，号为"金兰簿[203]"。（《宣武盛事》）

[203]此为"金兰簿"这一典故之来源。

烧香拒邪

地上魔邪之气直上冲天四十里，人烧青木香、熏陆、安息胶香于寝所，拒浊臭之气，却邪秽之雾，故天人、玉女、太乙随香气而来。（《洪谱》）

买香浴仙公[204]

葛尚书[205]年八十始有仙公一子。时有天竺僧于市大买香。市人怪问，僧曰："我昨夜梦见善思菩萨下生葛尚书家，吾将此香浴之。"到生时，僧至，烧香右绕七匝[206]，礼拜恭敬，沐浴而止。（《仙公起居注》[207]）

[204] 仙公：葛玄（164—244），字孝先，丹阳郡句容（今江苏句容）人，三国著名高道，道教祖师。道教尊为"葛仙公""太极左仙公"。后又称太极仙翁。

[205] 葛尚书：葛玄的父亲葛焉曾任散骑常侍，大尚书，所以称葛尚书。

[206] 匝：周，绕一圈。

[207] 《仙公起居注》：道教之书，著者不详。此书见于唐初法琳所著《破邪论》、道世所辑《法苑珠林》等书，成书年代概在唐以前，又从内容来看，或因佛道争论而托作，亦未可知。

仙诞异香

吕洞宾[208]初母就蓐[209]时，异香满室，天乐浮空。（《仙佛奇踪》）

[208] 吕洞宾：著名的道教仙人，八仙之一、全真派北五祖之一、全真道祖师、钟吕内丹派代表人物。原名吕岩（另说本名吕煜），字洞宾，号纯阳子。唐德宗丙子年（796）生于永乐县招贤里（今山西省芮城县永乐镇）。另说他是唐末京兆（今

[209] 就蓐：临蓐，分娩。

升天异香

许真君白日拔宅升天[210]，百里之内异香芬馥，经月不散。（同上）

[210] 拔宅升天：全家飞升成仙。据《太平广记》载，许真君全家四十二口一同升天成仙，参见前"许真君"条。

空中有异香之气

李泌[211]少时能屏风上立，熏笼[212]上行。道者云：十五岁必白日升天。一旦，空中有异香之气，音乐之声，李氏之亲爱[213]以巨杓扬浓蒜泼之，香乐遂散。[214]（《邺侯外传》[215]）

[211] 李泌：722—789，字长源，唐陕西京兆（今陕西西安市）人。历仕玄宗、肃宗、代宗、德宗四朝，德宗时，官至宰相，封邺县侯，信奉道家思想，数度辞官归隐。唐朝中期著名学者、政治家、谋臣。有《李泌集》二十卷，今已佚。

[212] 熏笼：亦作"燻笼"。一种覆盖于火炉上供熏香、烘物和取暖用的器物。

[213] 亲爱：至亲好友。
[214] 这里说仙人来接李泌升天，李泌的家人泼浓蒜汁，蒜为荤辛，仙人所不喜，以此达到阻止李泌升天的目的。
[215]《邺侯外传》：唐笔记小说，一说李繁撰。李繁为李泌之子。李泌被封"邺县侯"，所以称"邺侯"。

市香媚[216]妇

昔玉池国[217]有民面奇丑，妇国色鼻齆[218]。婿[219]乃求媚此妇，终不肯迎顾，遂往西域市无价名香而熏之，还入其室，妇既齆，岂知分香臭哉？（《金楼子》[220]）

[216] 媚：取悦。
[217] 玉池国：三本皆作"王池国"，今据四库全书《金楼子》改为玉池国。其国不详，或以为乃作者假托的国名。
[218] 齆：wèng，鼻道阻塞。
[219] 婿：古时女子称丈夫为婿。
[220]《金楼子》：南北朝时期一部重要的杂家著作。内容十分丰富庞杂，记事志奇，品评论议皆有。作者为梁元帝萧绎（508—555），是南朝梁武帝萧衍的第七子，字世诚，小字七符，自号金楼子，南兰陵（即今江苏常州市）人。萧绎博学多才，

涉猎广泛，但治国乏术，被俘身死，又因迁怒毁掉大量藏书，是文化史上的灾难。

张俊[221]上高宗[222]香食香物

香圆、香莲、木香、丁香、水龙脑、镂金香药一行[223]、香药木瓜、香药藤花、砌香樱桃、砌香萱草拂儿[224]、紫苏奈香、砌香葡萄、香莲事件念珠、甘蔗奈香、砌香果子、香螺煤肚[225]、玉香鼎二（盖全）、香炉一、香盒二、香球一、出香一对。[226]（《武林旧事》[227]）

[221] 张俊：1086—1154，字伯英，凤翔府成纪（今甘肃天水）人。南宋中兴四将之一，首请纳兵权，封清河郡王。后依附秦桧，陷害岳飞。

[222] 高宗：1107—1187，名赵构，字德基，南宋开国皇帝，北宋皇帝宋徽宗第九子，宋钦宗之弟。赵构政治上少雄才，然精于书法，著有《翰墨志》。

[223] 镂金香药一行：所谓"镂金香药一行"，"镂金香药"指的是门类，"一行"指的是摆放或上菜的次序。原文后面列出了具体的香药名称。这里作者大概是误把"镂金香药一行"当作一个菜名了。作为摘抄，这样容易引起误解。

[224] 砌香萱草拂儿：《武林旧事》作"砌香萱、花柳儿"。

[225] 香螺煠肚：《武林旧事》作"香螺炸肚"。

[226] 据《武林旧事》卷九记载，张俊在自己家进献高宗的这次宴席是中国历史上最盛大的宴席之一，共七轮，菜二百五十余种，都是当时极品的食材，由杭州最好名厨制作。这里只列出小部分带"香"字的点心、水果和菜名。较为繁琐，不一一详细考证。

[227]《武林旧事》：武林即南宋临安（今杭州），全面介绍临安宫廷和城市生活的笔记全书，史料十分丰富。作者周密，宋末人，见前"周公谨"条。

贡奉香物

忠懿钱尚甫[228]自国初至归朝[229]，其贡奉之物有：乳香、金器、香龙、香象、香囊、酒瓮、诸什器[230]等物。（《春明退朝录》[231]）

[228] 忠懿钱尚甫：指钱俶，五代吴越国末代君主，后归于宋室，谥号忠懿。尚甫，亦作尚父，原指周朝吕望（姜子牙），后来为极重要大臣的尊号。钱俶（929—988），原名弘俶，小字虎子，改字文德，临安人。

[229] 归朝：归附朝廷，指归于宋室。

[230] 什器：各种器物。

[231]《春明退朝录》：北宋宋敏求著，三卷。宋敏求

每退朝，观唐宋名人撰著，补记其所闻所见，纂辑成书，因其寓居春明里，故取书名为《春明退朝录》。所记多为唐宋典章制度，兼及杂说琐事。宋敏求（1019—1079），字次道，赵州平棘（今河北省赵县）人。北宋大臣。编著有《唐大诏令集》，地方志《长安志》等。

香价踊贵[232]

元城先生[233]在宋，杜门屏迹，不妄交游，人罕见其面。及没[234]，耆老士庶妇人持香诵佛经而哭。父老日数千人至，填塞不得其门而入，家人因设数大炉于厅下，争以香炷之，香价踊贵。（《自警编》[235]）

[232] 踊贵：指物价上涨。
[233] 元城先生：刘安世（1048—1125），字器之，号元城、读易老人，学者称元城先生。北宋后期大臣，直言敢谏，宋孝宗时赐谥"忠定"。有《尽言集》等传世。
[234] 没：去世。
[235] 《自警编》：五卷，南宋赵善璙撰，内容为北宋名臣大儒之嘉言懿行。赵善璙，字德纯，南海（一作歙县）人。

卒时香气

陶弘景卒时颜色不变,屈伸如常,香气累日,氤氲满山。(《仙佛奇踪》)

烧香辟瘟

枢密王博文[236]每于正旦[237]四更烧丁香以辟瘟气。(《琐碎录》)

[236] 王博文:字仲明,祖籍曹州济阴(今山东菏泽),生于西辅郡荥阳(今河南郑州荥阳)。北宋初期名臣。累官给事中、同知枢密院,故称枢密。

[237] 正旦:农历正月初一。

烧香引鼠

印香五文,狼粪少许,为细末,同和匀,于净室内以炉烧之,其鼠自至,不得杀,杀则不验。[238]

[238] 此条见于《陈氏香谱》。

茶墨俱香

司马温公[239]与苏子瞻[240]论奇茶妙墨俱香,是其德同也。(《高斋漫录》[241])

[239] 司马温公：司马光（1019—1086），字君实，号迂叟，陕州夏县涑水乡（今山西夏县）人，世称涑水先生。北宋时期著名大臣、史学家，封温国公，故称"司马温公"。主政期间尽废新法，成元祐更化之局，时望甚隆，编著史学经典《资治通鉴》，一生著述甚丰，有《温国文正司马公文集》《稽古录》《涑水记闻》《潜虚》等。

[240] 苏子瞻：苏轼，字子瞻，见"苏文忠"条。

[241]《高斋漫录》：宋代笔记，杂记朝廷典章、士大夫事迹，以至文评诗语、诙谐嘲笑之属。曾慥撰。曾慥，南宋初道教学者，字端伯，号至游子，晋江（今福建泉州）人，有《道枢》《类说》等著作传世。

香与墨同关纽[242]

邵安与朱万初[243]帖云："深山高居，炉香不可缺。退休[244]之久，佳品乏绝，野人惟取老松柏之根枝叶实共捣治之，斫枫肪[245]羼和[246]之，每焚一丸亦足以助清苦。今年大雨时行，土润溽暑[247]特甚。万初至，石鼎清昼[248]然香，空斋萧寒，遂为一日之乐，良可喜也。"万初本墨妙，又兼香癖，盖墨之于香同一关纽，亦犹书之与画，谜之与禅也。[249]

[242] 关纽：关键、枢纽。

[243] 朱万初：元代制墨名家，豫章（江西南昌）人。

[244] 退休：辞职休息。
[245] 枫肪：枫脂，枫树上分泌的胶状液体，有香味，可入药。参见前"白胶香"条。
[246] 靡和：把不同的东西混合在一起。
[247] 大雨时行，土润溽暑：时行，应时而下；溽暑，潮湿闷热。此句出《礼记·月令》："〔季夏之月〕是月也，土润溽暑，大雨时行。" 孔颖达疏："大雨应时行也。行，降也。"
[248] 清昼：白天。
[249] 此段文字见于元虞集《道园学古录》，亦为其他书所引。

水炙香

吴茱萸[250]、艾叶[251]、川椒[252]、杜仲[253]、干木瓜[254]、木鳖肉[255]、瓦上松花[256]，仙家谓之水炙香。[257]

[250] 吴茱萸：古籍中所称吴茱萸，一般指芸香科吴茱萸属植物吴茱萸［Euodia rutaecarpa（Juss.）Benth］。也称食茱萸、茱萸。作为中药除了其果实，也可指同属近缘植物石虎［Euodia rutaecarpa（Juss.）Benth. var. officinalis（Dode）Huang］或疏毛吴茱萸［Euodia rutaecarpa（Juss.）Benth.var. bodinieri（Dode）Huang］的果实。

[251] 艾叶：一般为菊科蒿属植物艾（Artemisia argyi

Levl.et Vant.）的干燥叶。也包括蒿属艾组其他几十种植物。

［252］川椒：古代花椒依产地不同有不同称呼，产于四川的称蜀椒，有时称川椒。即芸香科、花椒属植物花椒（学名：Zanthoxylum bungeanum Maxim.）的干燥成熟果实。也可能来自同属近缘植物如青椒（Z. schini folium Sieb. et Zucc）。

［253］杜仲：杜仲科杜仲属植物杜仲（Eucommia ulmoides Oliver），药用杜仲，即为其干燥树皮。杜仲是比较特别的植物，古来基本没有混淆的现象。

［254］干木瓜：药用木瓜以蔷薇科木瓜属植物贴梗海棠［Chaenomeles speciosa（Sweet）Nakai］的干燥近成熟果实为正品，也称皱皮木瓜。少数情况混用同属植物榠楂［Chaenomeles sinensis（Thouin）Koehne］，也称光皮木瓜，日常食用的木瓜属此种，古来认为药用不如前者。

［255］木鳖肉：指葫芦科苦瓜属植物木鳖［Momordica cochinchinensis（Lour.）Spreng.］的干燥果实。木鳖通常以干燥种子入药，称木鳖子。

［256］瓦上松花：指的是景天科瓦松属植物瓦松［Orostachys fimbriata（Turcz.）Berg.］或其同属植物如晚红瓦松、狼爪瓦松等的干燥地上部分。

［257］此条见于《清异录》："潜山老黄冠，年一百一岁。扈长官好修摄，赂黄冠仆窃药而来，乃吴茱萸、

艾叶、川椒、杜仲、干木瓜、木鳖肉、瓦上松花。扈信之，名曰'炼骨汤'。此仙家谓之'水炙香'。"

山林穷四和香[258]

以荔枝壳、甘蔗滓、干柏叶、黄连[259]和焚，又或加松球、枣核、梨，皆妙。

[258] 山林穷四和香：香材皆为便宜的原料，故称"穷四和香"。穷四和在宋代是常见的廉价香方，陆游《闲中颇自适戏书示客》："烹野八珍邀父老，烧穷四和伴儿童。"自注："世又有穷四和香法。"香方见于《杨升庵集》等书。

[259] 黄连：指毛茛科黄连属植物黄连（Coptis chinensis Franch.）或其近缘植物三角叶黄连、峨眉黄连、云连、短萼黄连等。药用为其根状茎。

焚香写图

至正辛卯[260]九月三日，与陈征君同宿愚庵师房，焚香烹茗，图石梁秋瀑，翛然[261]有出尘之趣，黄鹤山人[262]写其逸态云。（《王蒙[263]题画》）

[260] 至正辛卯：至正（1341—1370）是元惠宗的第三个年号，也是元朝的最后一个年号。辛卯年为至正十一年，即1351年。

[261] 翛然：无拘无束、自由自在的样子。
[262] 黄鹤山人：王蒙之号，见下"王蒙"条。
[263] 王蒙：1301—1385，元代画家，元四家之一。字叔明，号黄鹤山樵，一号香光居士。吴兴（今浙江省湖州市）人。工诗文、书法，善画山水。

香乘
xiang sheng

珍藏版
下

[明]
周嘉胄
著

明洲
注

九州出版社

香事别录(下)

卷十二

南方产香

凡香品皆产自南方，南离位[1]，离主火，火为土母，火盛则土得养，故沉水、旃檀、熏陆之类多产自岭南海表，土气所钟也。内典[2]云香气凑脾，火阳也，故气芬烈。（《清暑笔谈》[3]）

[1] 南离位：八卦（后天八卦）的离卦位于南方。所以称"南离位"。
[2] 内典：此处指《黄帝内经》。见前"《黄帝》"条。
[3] 《清暑笔谈》：明代文言笔记小说集，一卷，陆树声撰。陆树声（1509—1605），字与吉，别号平泉，华亭朱家角（今上海市朱家角镇）人，明代大臣，文学家，官至礼部尚书，死后赠太子太保，谥文定。著有《平泉题跋》《耄余杂识》《长水日记》《陆文定书》等。

南蛮香

诃陵国亦曰阇婆,在南海。贞观时遣使献婆律膏[4]。

又

骠[5],古朱波[6]也,有川名思利毗离芮[7],土多异香,王宫设金银二钟,寇[8]至焚香击之以占吉凶。有巨白象,高百尺,讼者焚香自跽[9]象前,自思是非而退。有灾疫,王亦焚香对象跽自咎[10],无膏油以蜡杂香代炷。

又

真腊国客至,屑[11]槟榔、龙脑、香蛤以进,不饮酒。(《唐书南蛮传》[12])

[4] 婆律膏:关于婆律膏与龙脑香之关系,见前"婆律膏"条。

[5] 骠:骠(Pyu)系缅甸一带古民族的名称。骠国即骠人所建的国家,至少在3世纪时业已存在。8世纪时其疆域包括缅甸整个伊洛瓦底(Irrawaddy)江流域,都于卑谬(Prome)亦即室利差呾罗(Sriksetra)。9世纪初期,骠国为南诏所败,自此渐趋衰落,而为缅人所建的蒲甘王国所取代,骠人也逐渐同化于缅人。

[6] 朱波:朱波一名始见于宋人编修的《新唐书》,《隋书》卷八二:"(真腊国)西有朱江国。"朱江为骠国之别称,朱波概即朱江之讹。也有的认为

朱波是阇婆或占婆、瞻波等的异称或讹写。
[7] 思利毗离芮：此处所引有误，《新唐书》中思利毗离芮川是在佛代国，而非骠国。"繇昆仑小王所居，半日行至磨地勃栅，海行五月至佛代国。有江，支流三百六十。其王名思利些弥他。有川名思利毗离芮。"其中"磨地勃"是骠国所属，之后海行五月的"佛代国"显然不在骠国范围内。佛代国一说在今印度尼西亚的苏门答腊岛北部，即亚齐（Aceh）古名Udyana的译音，一说指该岛东南部的巨港（Palembang）。也有的认为在恒河（Ganges R.）河口，位今印度的塔姆卢克（Tamluk）一带。此河名所指不详，依佛代国所指不同，有在爪哇岛、马来半岛、恒河等说。
[8] 宼：同"寇"。
[9] 跽：长跪。
[10] 自咎：自责；归罪于己。
[11] 屑：研成碎末。
[12] 《唐书南蛮传》：指欧阳修等编的《新唐书·南蛮传》，此文节选自"卷二百二十二下·列传第一百四十七下"。

香槎

番禺民忽于海傍得古槎[13]，长丈余，阔六七尺，木理甚坚，取为溪桥。数年后有僧识之，谓众曰："此非久计，愿舍衣钵资，易为石桥。"即求枯槎为薪。众许之。得栈[14]数千两。（《洪谱》）

[13] 槎可指木筏，也可指树枝或枯木，这里两者皆可说通。

[14] 栈：此处指栈香。参见前"沉水香"部分栈香的描述。

天竺产香

獠人[15]古称天竺[16]，地产沉水、龙涎。（《炎徼纪闻》[17]）

[15] 獠人：中国古族名，分布在今广东、广西、湖南、四川、云南、贵州等地区，亦泛指南方各少数民族。

[16] 原文为："獠人古称天竺、咳首、僬侥、跛踵、穿胸、儋耳、狗轵、旁脊，谓之八蛮。"獠人和天竺人种不同，地域相距亦远，这里的天竺应该不是古印度之天竺。

[17] 《炎徼纪闻》：四卷，明田汝成著。《炎徼纪闻》是记录我国古代西南地区各民族风土人情及明朝土司制度的著作，"炎徼"指南方边地，田汝成（1503—1557），字叔禾，别号豫阳，钱塘（今浙江杭州）人。田汝成在明嘉靖年间到贵州、广西任

官，辑录见闻和前代资料而成书。除此书之外，还著有《辽记》《田叔禾集》《武夷游咏》。

九州山[18]采香

其山与满剌加近，产沉香、黄熟香[19]，林木蘩[20]生，枝叶茂翠。永乐七年[21]，郑和[22]等差官兵入山采香，得径，有香树，长六七丈者株六[23]，香味清远，黑花细纹，山中人张目吐舌言：我天朝之兵，威力若神。（《星槎胜览》）

[18] 九州山：三本作"九里山"，今据四库本《星槎胜览》改为"九州山"。按原文后面有九州山之诗，《香乘》下面"阿鲁国"条也说"九州山"，故以九州山为合理。

[19] 黄熟香：参见前"沉水香"部分黄熟香的说明。

[20] 蘩：古同"丛"。

[21] 永乐七年：1409年。

[22] 郑和：1371—1433，原姓马，小字三宝，赐姓郑，云南昆阳州（今昆明市晋宁县）人，回族，中国明代航海家、外交家、钦封为三保太监。郑和七下西洋为中外文化交流做出重要贡献。

[23] 此段《星槎胜览》作"得茎有八九尺、长六七丈者六株"。如按原文，则"径"作"树干直径"解。

阿鲁国[24]采香为生

其国与九州山相望,自满剌加顺风三昼夜可至。国人常驾独木舟入海捕鱼,入山采冰脑香[25]物为生。(同上)

[24] 阿鲁国:参见前"阿鲁"条。
[25] 冰脑香:即龙脑香。

喃哑哩[26]香

喃哑哩国名所产之降真香也。(同上)

[26] 喃哑哩:见"南巫里"条。

旧港产香

旧港,古名三佛齐国,地产沉香、降香[27]、黄熟香、速香[28]。(同上)

[27] 降香:即降真香,参见前"降真香"条及相关说明。
[28] 速香:沉香中相对较轻虚的一种,见前"沉水香"部分对速香的说明。虽然《本草纲目》说速香指黄熟香,不过宋代和明代都常见黄熟香与速香并列的情况,所以也不尽然,与黄熟香具体区分标准不明。又有黄速香、沉速香等名,不过皆列于沉香之后,总的来说是较低等级的沉香。速香又分生熟,

大体与沉香分法类似。

万佛山香[29]

新罗国[30]献万佛山，雕沉檀珠玉以为之。

[29] 万佛山香：见前"万佛山香"条。
[30] 新罗国：国名。在今朝鲜半岛东南部。初称徐罗伐、徐那伐、徐伐；后称斯罗、斯卢、新卢或鸡林。公元3—4世纪时兴起。都城庆州。4世纪后征服周围部落，与百济、高句丽形成鼎足之势。6世纪领土扩大到半岛中部汉城一带，7世纪灭百济、高句丽，统一朝鲜半岛。935年为王氏高丽（王建）所灭。

瓦矢实香草

撒马儿罕产瓦矢实[31]香草，可辟蠹。

[31] 瓦矢实：《大明一统志》"瓦矢实"条："类野蒿，实甚香，可辟蠹。"

刻香木为人

彭坑[32]在暹罗之西石崖，周匝崎岖，远望山平，四寨田沃，米谷丰足，气候温和。风俗尚怪，刻香木为人，

杀人血祭祷，求福禳灾。地产黄熟、沉香、片脑、降香。（《星槎胜览》）

[32] 彭坑：彭亨，又作朋丰、蓬丰、朋亨、湓亨、彭杭、彭坊、邦项等。在今马来半岛东部，即今马来西亚的彭亨（Pahang）州一带。其古代港口一说为今彭亨河口的北干（Pekan），一说指关丹（Kuantan）。

龙牙加貌[33]产香

龙牙加貌其地离麻逸冻[34]顺风三昼夜程，地产沉、速、降香。（同上）

[33] 龙牙加貌：《星槎胜览》原作"龙牙加貌"，龙牙加兒港，在今印度尼西亚苏门答腊岛西岸的实武牙。这一条本来在《岛夷志略》里面说的是"龙牙犀角"，《星槎胜览》的摘录可能来自不同版本。

[34] 麻逸冻：又作麻叶瓮、麻叶冻。一般均认为麻逸冻、麻叶瓮等指印度尼西亚的勿里洞（Billiton）岛，即"麻里东"。也有人认为指邦加（Bangka）岛或该岛西北岸上的文岛（Muntok）。一说指宾坦（Bintan）岛。麻逸冻与麻逸不同，麻逸应在菲律宾群岛，但《星槎胜览》中有混淆。

安南产香

安南国产苏合油、都梁香、沉香、鸡舌香,及酿花而成香者。(《方舆胜略》)

敏真诚国[35]产香

敏真诚国,其俗日中为市,产诸异香。(同上)

[35] 敏真诚国:三本皆作"民真诚国",依《明史·列传第二百二十·西域四》作"敏真城":"永乐中来贡。其国地广,多高山。日中为市,诸货骈集,贵中国磁、漆器。产异香、驼、马。"

回鹘[36]产香

回鹘产乳香、安息香。(《松漠纪闻》[37])

[36] 回鹘:中国古代北方及西北民族。原称回纥,唐德宗时改称回鹘。9世纪初疆域达到鼎峰,开成五年(840)被所属部黠戛斯所亡。南逃的回鹘为唐朝收编。东奔的回鹘融合于契丹。西奔的回鹘后来分别建立了甘州回鹘、西州回鹘、龟兹回鹘、于阗新复州回鹘、喀喇汗王朝等汗国。回鹘曾经长期统治丝绸之路中段进行贸易,这里所谓产乳香、安息香,指经由回鹘传入。

[37]《松漠纪闻》：南宋洪皓著，作者出使金国被扣，此书系对金国历史、政治以至杂事的追记。洪皓（1088—1155），字光弼，饶州鄱阳（今江西鄱阳）人，宋代名臣、词人，以礼部尚书出使，被金国扣留，十五年后返回，赠太师魏国公，辛谥"忠宣"。除此书外，著有《鄱阳集》《金国文具录》等。松漠，唐置松漠都督府于今内蒙古西拉木伦河、老哈河流域契丹部族地，洪皓流放并非此地，盖借松漠之名泛指北土松林广漠。

安南贡香

安南贡熏衣香、降真香、沉香、速香、木香、黑线香[38]。（《一统志》）

[38]黑线香：这里黑线香是就木质花纹而论，不是现在的所谓"线香"。

瓜哇国贡香

瓜哇国贡香有：蔷薇露、琪楠香[39]、檀香、麻藤香、速香、降香、木香、乳香、龙脑香、乌香[40]、黄熟香、安息香。（同上）

[39]琪楠香：参见前"奇蓝香"条。
[40]乌香：不同时代所指有所差别，明代有人以为即是

宋代亚悉香、当时的腌叭香。《通雅·植物》："笃耨、亚悉、龙涎、迷迭、艾纳，西国香也……亚悉，或曰乌香，盖今之腌叭也。"明代所指"腌叭"参见前"亚悉""腌叭"条解释。后来乌香又用来称呼鸦片，导致晚近学者以为明代乌香皆为鸦片，明代鸦片确已传入我国，但多依外来语称合甫融、阿芙蓉等，或有以乌香称鸦片者，但是大多情况下，乌香仍然指的是一种香材而非鸦片。这里是明代文献所载，关于宋代"乌香"，参见后面宋代香方中"乌香"的解释。

和香饮

卜哇剌国[41]戒饮酒，恐乱性。以诸花露和香蜜为饮。（同上）

[41] 卜哇剌国：伊斯兰城邦国。故地在今索马里南部布拉瓦。原为黑人地，公元前后有阿拉伯人、波斯人移居。11世纪末、12世纪发展为伊斯兰城邦国。明初即与中国有交通、贸易直接往来。戒饮酒是因为伊斯兰教要求。

香味若莲

花面国[42]产香，味若青莲花。（同上）

[42] 花面国：见于中国元朝史籍。宋朝史籍作拔沓，清

朝史籍作那孤儿。故地在今印度尼西亚苏门答腊岛北部，同苏木都剌国接界，因其民有面上刺花的风俗，故名，是东西方海上交通线所经之地。

香代爨[43]

黎洞[44]之人以香代爨。（同上）

[43] 爨：烧火做饭。
[44] 黎洞：见"黎峒"条注释。

涂香礼寺

祖法儿国其民如遇礼拜日，必先沐浴，用蔷薇露或沉香油涂其面。（《方舆胜览》）

脑麝[45]涂体

占城祭天地以脑麝涂体。（同上）
[45] 指龙脑和麝香。

身上涂香

真腊国或称占腊，其国自称曰甘孛智[46]，男女身上常涂香药，以檀麝等香合成，家家皆修佛事。（《真腊风

土记》[47]）

[46] 甘孛智：即柬埔寨（Cambodia）之音，亦译澉浦只，明张燮《东西洋考》始用今译名柬埔寨。

[47] 见前"《真腊记》"条注释。

涂香为奇[48]

缅甸[49]为古西南夷，不知何种。男女皆和白檀、麝香、当归[50]、姜黄[51]末涂于身及头面以为奇。[52]（《一统志》）

[48] 奇：佳、妙。

[49] 缅甸：中国史书中，汉称掸国，唐称骠国，宋称蒲甘，元称缅国，后置缅中行省，明初始称缅甸，后多称缅甸。

[50] 当归：当归以伞形科当归属植物当归（Angelica sinensis）为正品，以其根入药。但历史上不同地域也有以其他植物如土当归、杜当归、紫花前胡、鸭儿芹、隔山香的根来作为当归的。

[51] 姜黄：今日指姜科姜黄属植物姜黄（Curcuma longa L.），历史上也可能指郁金、温郁金、莪术、桂莪术等。参见前"郁金香"条。

[52] 今日缅甸人也有涂面护肤的习俗，涂面的粉末称为塔纳卡。关于其成分，有的资料显示来自芸香科九里香属（Murraya）一些植物的茎皮或根皮。虽然成分

有多种，一般认为起关键作用的是芸香科植物柑果子［Hesperethusa crenulata（Roxb.）M. Roem.］或木苹果（Limonia acidissima Groff）。前者还有（Limonia crenulata Roxb.）的异名，中文有时会俗称黄香楝。

偷香

僰[53]人偶意者奔[54]之，谓之偷香。（《炎徼纪闻》）

[53] 僰：音bó，西南地区古族名。出自氐羌族系。滇国主体民族之一。秦汉时期是"西南夷"各族中经济文化发展水平最高者，元明清有"僰人""僰夷""僰蛮"等称。不同时期所指可能有所不同，明代僰人曾遭大规模屠杀，亦有部分融入今白族之说。亦有傣族之说，不过傣族说乃明人移用概念，与古僰人无关。从《炎徼纪闻》来看，说的是"南诏之东"的"僰人"，应是与古僰人一脉相承的僰人，即南北朝时之爨。

[54] 奔：私奔，中国古代女子没有通过正当礼仪而私自与男子结合。

寻香人[55]

西域称娼妓曰寻香人。（《均藻》[56]）

[55] 这里对寻香人的理解来自于佛教中的乾闼婆。乾闼婆,梵语gandharva的译音,意译为食香、寻香等。为天界的乐神,据称不食酒肉,只食香,与紧那罗于帝释天的面前,一同弹奏音乐。八部众之一。印度教中乾闼婆形象与此类似。后来以歌舞音乐娱人者常比附于乾闼婆,称娼妓为寻香人亦属此类。

[56]《均藻》:类书,四卷,明杨慎撰。因许慎《说文》无韵字,小学家以均字代之。杨慎即取于此名"均藻"。杨慎(1488—1559),字用修,初号月溪、升庵,又号逸史氏、博南山人、洞天真逸、滇南戍史、金马碧鸡老兵等。四川新都(今成都市新都区)人,祖籍江西庐陵。明代大臣、文学家、思想家。著述颇丰,后人辑为《升庵集》。

香婆[57]

宋都杭[58]时,诸酒楼歌妓阗集[59],必有老姬以小炉柱香为供者,谓之香婆。(《武林旧事》)

[57] 这里指的是市井流动贩香的老姬。
[58] 杭:指今杭州。
[59] 阗集:很多人聚集。

白香

化州[60]产白香。(《一统志》)

[60] 化州：见前"高州、化州"条。

红香

前辈戏笔云：有西湖风月不如东华软红香土[61]。

[61] 东华软红香土：宫廷内泥土的美称。苏轼《薄薄酒》诗之二："本不计较东华尘土北窗风。"王文诰辑注引宋施元之注："前辈戏语，有西湖风月不如东华软红香土。"东华指东华门，百官入朝所从出入之门。所谓"香土"，指代入朝当官，苏轼前有"隐居求志义之从"句，指并不慕求官场之事。

碧香

碧香，王晋卿[62]家酒名。(《诗注》[63])

[62] 王晋卿：王诜，字晋卿，以字行，太原（今属山西）人，后迁汴京（今河南开封），北宋画家，书法家，词人，娶宋英宗次女宝安公主（后进蜀国大长公主，还改封过多次），官左卫将军、驸马都尉，与苏轼、黄庭坚、米芾等有往来。存世画作有

《渔村小雪图》《烟江叠嶂图》《溪山秋霁图》（作者有争议）等。

[63]《诗注》：未知所详指。碧香，指酒，如黄庭坚《便糱王丞送碧香酒用子瞻韵戏赠郑彦能》："大农部丞送新酒，碧香窃比主家酿。"这里大概是某一首宋诗提到了碧香，注中加以说明。

玄香

薛稷[64]封墨为"玄香太守"。（《纂异记》[65]）

[64] 薛稷：649—713，唐代画家，书法家，字嗣通，蒲州汾阴（今山西万荣）人，官至工礼二部尚书，册封晋国公，后被赐死狱中。书法有《信行禅师碑》传世。

[65]《纂异记》：唐代传奇小说集，一卷，李玫著，原书早佚，内容见于《太平广记》等书中。古代小说之精品，亦有对了解中晚唐民俗有史料价值。李玫，大中（847—859）时人，其他不详。

观香

王子乔[66]妹名观香。（《小名录》）

[66] 王子乔：姬姓，名晋，字子乔，又称王子晋、太子乔，是周灵王（姬泄心）太子。记载太子晋的先秦

文献主要有《逸周书·太子晋解》和春秋战国时期的《国语·周语下》《左传》《楚辞·远游》等。《列仙传》记载其成仙之事，对道家影响深远。

闻香

入芝兰之室，久而不闻其香。(《国语》[67])

[67]三本皆作《国语》，恐误，《国语》未见此条。此文最早出《孔子家语·六本》："与善人居，如入芝兰之室，久闻而不知其香，即与之化矣。"《孔子家语》，最早著录于《汉书·艺文志》，凡二十七卷，孔门人所撰。

馨香

其德足以昭其馨香。(《国语》[68])

至治馨香，感于神明。(《尚书》[69])

[68]《国语》：此文出《国语·周语》。《国语》解释，见"《国语·齐语》"条。

[69]《尚书》：此文出《尚书·周书·君陈》。《尚书》又称《书》《书经》，为一部多体裁文献汇编，是中国现存最早的史书，儒家五经之一。

馝香

有馝[70]其香,邦家之光。(《诗经》[71])

[70] 馝:食物的香气。

[71] 《诗经》:此文出《诗经·周颂·载芟》。

国香

兰有国香,人服媚[72]之。(《左传》[73])

[72] 服媚:喜爱佩带。

[73] 《左传》:此文出《左传·宣公三年》。《左传》原名为《左氏春秋》,左丘明著。汉代改称《春秋左氏传》,简称《左传》。旧时相传是春秋末年左丘明为解释孔子的《春秋》而作的史书。

夕香

同琼佩[74]之晨照,共金炉之夕香。(《江淹集》[75])

[74] 琼佩:玉制的佩饰。《楚辞·离骚》:"何琼佩之偃蹇兮,众薆然而蔽之。"

[75] 《江淹集》:江淹(444—505),字文通,宋州济阳考城(今河南省商丘市民权县)人,南朝政治家、文学家,历仕宋、齐、梁三朝。自辑《江淹前集》十卷,《江淹后集》十卷。此句出江淹的《别赋》。

熏烬

香烟也,熏歇烬灭。(《卓氏藻林》[76])

[76]《卓氏藻林》:类书,八卷。旧题卓明卿辑。明末史学家谈迁认为是剽窃嘉靖间吴兴王良枢《藻林》,经各方考证,基本可以确定剽窃成立。但《卓氏藻林》流通较多,后世多沿袭此名和作者。

芬熏

花香也,花芬熏而媚秀。(同上)

宝熏[77]

宝熏,帐中香也。(同上)

[77]以宝熏为帐中香,大概是出自黄庭坚《有惠江南帐中香戏答六言》:"百炼香螺沉水,宝熏近出江南。"见后文香诗部分。

桂烟[78]

桂烟起而清溢。(同上)

[78]桂烟:用桂制的熏烟。燃烧时香气四溢。南朝梁江淹《丽色赋》:"锦幔垂而杳寂,桂烟起而

兰烟

麝火埋珠,兰烟[79]致熏[80]。(《初学记》[81])

[79] 兰烟:芳香的烟气。
[80] 此文出《初学记·二十五·器物部》,原文作"麝火埋朱,兰烟毁黑"。《初学记》中所载乃辑自南朝陈代傅縡的《博山香炉赋》:"麝火埋朱,兰烟毁黑。"
[81] 《初学记》:唐玄宗时官修的类书,共三十卷,分二十三部,徐坚等奉敕撰。取材于群经诸子、历代诗赋及唐初诸家作品,保存了很多古代典籍的零篇单句。

兰苏香

兰苏香,美人香带也。兰苏盼蠻[82]云。(《藻林》[83])

[82] 兰苏盼蠻:据《艺文类聚》卷四"岁时中","兰苏盼蠻"出后汉杜笃《祓禊赋》。
[83] 《藻林》:明代类书。参见前"《卓氏藻林》"条注释,本为王良枢所撰,但因为卓明卿剽窃,后世多以为是卓明卿所撰。

绘馨

绘花者不能绘其馨。(《鹤林玉露》)

旃檀片片香

琼枝[84]寸寸是玉,旃檀片片皆香。(同上)

[84] 琼枝:传说中的玉树。

前人不及花香

木犀、山矾[85]、素馨、茉莉,其花之清婉皆不出兰芷下,而自唐以前墨客桀人[86]曾未有一话及之者何也?[87](《鹤林玉露》)

[85] 山矾:指山矾科山矾属(Symplocos Jacq)植物,可能为白檀、华山矾、山矾等。山矾是宋以后的名字。宋黄庭坚《戏咏高节亭边山矾花诗序》:"江湖南野中有一种小白花,木高数尺,春开极香,野人号为郑花。王荆公尝欲求此花栽,欲作诗而陋其名,予请名曰山矾。野人采郑花叶以染黄,不借矾而成色,故名山矾。"《容斋随笔·玉蘂杜鹃》:"长安唐昌观玉蕊,乃今玚花,又名米囊,黄鲁直易为山矾者。"

[86] 桀人:谓读书而有见识之人。

[87] 罗大经在这里提出一个问题，为什么这些花在唐以前没有被提及，这里面有多种情况。

木犀类植物在中国古已有之，虽然《楚辞》中桂花和肉桂类植物难以区分确指，但至少在汉代桂花已作为园林植物（见《西京杂记》）。木犀之名较晚出，所以给作者的印象之前没有提及。古人不识木犀这个误解很多宋人都有，李清照咏木犀即有"骚人可煞无情思，何事当年不见收。"（《鹧鸪天·暗淡轻黄体性柔》）

山矾本身是黄庭坚命名的，之前名玉蕊，当然唐之前不见山矾之名。

素馨之名自五代出（之前称"耶悉茗花""野悉蜜"等），所以自然唐之前无此名。有说陆贾《南越行记》记录素馨，但之后数百年无记录，且原书早佚，此段文字是否经过加工，需存疑。

关于茉莉，其实早有记录，不过名字写作"末利"之类，是作者没有见到或没有注意到。晋嵇含《南方草木状》："耶悉茗花、末利花皆胡人自西国移植于南海，南人怜其芳香竞植之。"《北户录》："耶悉弭花、白末利花（红者不香），皆波斯移植中夏。"

另外传入植物从传入区域引种到在我国不同区域广泛栽培，并为文人雅士所注意，可能经历或长或短的时间，也是需要考虑的因素。

参见之前这几种花的单独解释。

焫萧[88]无香

古人之祭焫萧，酌郁鬯[89]，取其香，而今之萧与焫何尝有香？盖离骚已指萧艾为恶草矣。[90]（同上）

[88] 焫萧：见前"燔柴事天，萧焫供祭"条。

[89] 郁鬯：香酒。用鬯酒调和郁金之汁而成。

[90] 在《楚辞》传统里，萧艾为恶草。《离骚》："何昔日之芳草兮，今直为此萧艾也？"《九歌》《七谏》都有类似的用法。

香令松枯

朝真观九星院有三贤松三株，如古君子。梁阁老[91]妓英奴以丽水囊贮香游之，不数日松皆半枯。（《事略》[92]）

[91] 阁老：唐代对中书舍人中年资深久者及中书省、门下省属官的敬称。五代、宋以后亦用为对宰相的称呼。明代用来称宰辅，明清又用为对翰林中掌诰敕的学士的称呼。此条出唐代笔记，故为第一种意思。

[92]《事略》：唐代笔记，未知详指，此条出冯贽《云仙散记》所引《事略》。

辩一木五香

异国所传言，皆无根柢[93]。如云：一木五香，根旃檀，节沉香，花鸡舌，叶藿香，胶熏陆。此甚谬！旃檀与沉水两木无异。[94]鸡舌即今丁香耳。今药品中所用者亦非藿香，自是草叶，南方有之。熏陆小木而大叶，海南亦有熏陆，乃其谬也，今谓之乳头香。五物互殊，元非同类也。（《墨客挥犀》[95]）

又

梁元帝《金楼子》谓一木五香，根檀，节沉，花鸡舌，胶熏陆，叶藿香，并误也。五香各自有种。所谓五香一木，即沉香部所列沉、栈、鸡骨、青桂、马蹄是矣。[96]

[93] 根柢：草木的根，代指根基、来由。古代很多关于香料的外国传言是往来贸易的商人为了隐藏真实来源或抬高价格而编造的故事，另外也有一些以讹传讹造成误会的。

[94] 旃檀与沉水所指当然有差别，参见前面相关章节。

[95] 《墨客挥犀》：见前"彭乘《墨客挥犀》"条。

[96] 参见前"沉水香"部分。

辩烧香

昔人于祭前焚柴升烟，今世烧香，于迎神之前用炉炭爇之。近人多崇释氏，盖西方出香。释氏动辄烧香，取其清净，故作法事则焚香诵咒。道家亦烧香解秽，与吾教[97]极不同。今人祀夫子祭社稷，于迎神之后，奠帛[98]之前，三上香，家礼[99]无此，郡邑或用之。(《云麓漫钞》[100])

[97] 吾教：指儒。
[98] 奠帛：儒家祭祀之礼，以帛奠献于神位之前。
[99] 家礼可以指一般士大夫之家的礼仪，也可以指朱熹所作的《家礼》一书。《家礼》，五卷，附录一卷。卷一言通礼，卷二言冠礼，卷三言婚礼，卷四言丧礼，卷五言祭礼。虽然《家礼》作者在清代产生争议，但现在经过多方考证，还是认为应该是朱熹所作。此处两种解释都可说通。
[100]《云麓漫钞》：宋代笔记，十五卷，南宋赵彦卫著。主要内容为宋时杂事和考证名物典故。赵彦卫，字景安，浚仪（今河南开封）人，生卒年不详，宋宗室。

意和香有富贵气

贾天锡[101]宣事[102]作意和香[103]，清丽闲远，自然有富贵气，觉诸人家香殊寒[104]。乞天锡屡惠此香，惟要作诗，因以"兵卫森画戟，燕寝凝清香"韵作十小诗[105]赠之，犹恨诗语未工，未称此香尔。然余甚宝此香，未尝妄以与人。城西张仲谋[106]为我作寒计[107]，惠骐骥院[108]马通薪[109]二百,因以香二十饼报之。或笑曰:"不与公诗为地耶?[110]"应之曰:"诗[111]或能为人作祟[112],岂若马通薪,使冰雪之辰铃下马走[113]皆有挟纩[114]之温耶?"学诗三十年,今乃大觉,然见事[115]亦太晚也。(《山谷集》)

[101] 贾天锡:黄庭坚的好友,精于香事。

[102] 宣事:通事舍人避讳称。宋真宗刘皇后父名通,因特为之避讳,改通事舍人为宣事舍人,至仁宗明道年间复旧。这里因袭旧称。

[103] 意和香:黄庭坚亦有意和香,参见本书后面香方。

[104] 寒:这里指卑微。形容无法和贾天锡的香相比。

[105] 十小诗:指黄庭坚《贾天锡惠宝薰乞诗予以兵卫森画戟燕寝凝清香十字作诗报之》,见本书后面香诗部分。所谓"兵卫森画戟,燕寝凝清香"本是唐韦应物《郡斋雨中与诸文士燕集》诗的头两句,这里黄庭坚用这十个字分别做了十首小诗,韦应物的这两句诗非常经典,除了黄庭坚,也有其他宋人依此作诗。

[106] 张仲谋:黄庭坚好友,山谷很多诗作和他有关。

[107] 寒计:御寒之准备。

[108] 惠骐骥院:原作"惠送骐骥院",骐骥院,官署名,宋朝置,分左右,掌管养国马,并区分好马坏马以待军国之用。

[109] 马通薪:马通,指马粪。《后汉书·独行传·戴

就》:"主者穷竭酷惨,无复余方,乃卧就覆船下,以马通薰之。"李贤注:"《本草经》曰:'马通,马矢也。'"马粪在古代早就被用来代薪,如桂,还宜火作煤,故称"马通薪"。骐骥院产生大量的马通,是优质燃料,卖马粪是群牧司(骐骥院属群牧司)重要收入。故除了前面提到的"三班吃香",当时还有一句"群牧吃粪"的俗语。

[110] 意思说,你怎么不用写诗来酬答,而用你那么宝贝的香来回赠呢?

[111] 三本此处作"诗人",今据《山谷集》等删去"人"字。

[112] 作祟:谓鬼怪妖物害人。这里是黄庭坚调侃之语,指诗不过是调动人的情绪而已,没什么大不了的。哪里像马通薪那样能解决御寒的实际问题呢?

[113] 铃下马走:铃下,指侍卫、门卒或仆役。马走,指马夫;马卒。泛指仆役走卒。

[114] 挟纩:披着棉衣。

[115] 见事:识别事势。指学诗三十年才终于明白此事理,虽是戏谑之语,亦足见山谷真旷达之士也。

绝尘香

沉檀脑麝四合,加以栈楠[116]、苏合、滴乳[117]、蠲

甲，数味相合，分两相[118]匀炼，蔗浆合之，其香绝尘境，而助清逸之兴。（《洞天清录》[119]）

[116] 棋楠：见前"奇蓝香"条注释及说明。

[117] 滴乳：指乳香。

[118] 两相：指分为两组，沉、檀、脑、麝一组，棋楠、苏合、乳香、蠡甲一组，分别匀炼。

[119] 《洞天清录》：亦作《洞天清禄集》，宋赵希鹄撰。一卷，为书画文物辨识鉴赏之书。赵希鹄，南宋袁州宜春人，宗室。其著作尚有《调燮类编》四卷。

心字香[120]

番禺人作心字香。用素馨、茉莉半开者，着净器，薄劈沉水香，层层相间，封日一易，不待花萎，花过香成。[121]（范石湖《骖鸾录》[122]）

蒋捷[123]词云："银字筝调[124]，心字香烧。"[125]

[120] 心字香：指一种香饼或香丸，从记载来看，心字香得名并不是因为香篆为心形，那是明人的误会。很可能是因为手捏的香饼本身的形状接近心字（草书）。

[121] 这里说的是，每天换一次花封好，不要让花萎掉，等花期过了香就制成了。心字香在宋人诗词中常见，主要是因为香调与香氛的迷人。

[122] 范石湖《骖鸾录》：范石湖，南宋诗人范成大，号石湖居士，故又称"范石湖"，见前"范成大《桂海虞衡志》"条。

《骖鸾录》，笔记，一卷，为范成大自中书舍人出知静江府时所作，记沿途山川名胜，古迹人文，有时连带作些考证。"骖鸾"取自韩愈诗"远胜登仙去，飞鸾不暇骖"。

[123] 蒋捷：生卒年不详，字胜欲，号竹山，宋末元初阳羡（今江苏宜兴）人。咸淳十年（1274）进士。南宋亡，隐居不仕，人称"竹山先生""樱桃进士"，其气节为时人所重。长于词，与周密、王沂孙、张炎并称"宋末四大家"。有《竹山词》传世。

[124] 银字筝调：三本皆作"银字筝调"，误，应作"银字笙调"。所谓"银字"，指笙上用银作字嵌入以表示音色的高低。唐人即用此典，如白居易《秋夜听高调凉州》："楼上金风声渐紧，月中银字韵初调。"和凝《山花子》其二："银字笙寒调正长，水文簟冷画屏凉。"

[125] 末后一句蒋捷词为作者旁引以说明心字香，并非范成大《骖鸾录》原书中的句子。范成大去世时，蒋捷尚未出生。作者误附于《骖鸾录》书名之前，今改为附在书名后。

清泉香饼

蔡君谟[126]既为余书《集古录》[127]序刻石，其字尤精劲，为世所珍。余以鼠须栗尾笔[128]、铜丝笔格[129]、大小龙茶[130]、惠山泉[131]等物为润笔。君谟大笑，以为太清而不俗。后月余有人遗余以清泉香饼[132]一箧者，君谟闻之叹曰："香饼来迟，使我润笔，独无此一种佳物。"兹又可笑也。清泉，地名。香饼，石炭[133]也，用以焚香一饼，火可终日不绝。（《欧阳文忠[134]集》）

[126] 蔡君谟：蔡襄（1012—1067），字君谟。兴化军仙游（今福建仙游）人，后迁居莆田。北宋名臣，书法家、文学家、茶学家。蔡襄为官清正，所到皆有政绩，主持北苑贡茶并著《茶录》，为中国茶文化做出贡献。又有《荔枝谱》，为世界第一部果树分类专著。有《蔡忠惠公全集》传世。

[127]《集古录》：金石专著。十卷。宋欧阳修撰。欧阳修平生收集周秦至五代的金石铭文拓本，并装裱成轴，积至千卷。本书收嘉祐、治平年间在卷轴上自作的跋尾，凡四百余篇。

[128] 鼠须栗尾笔：宋代诸葛高所制的鼠须笔为黄鼠狼尾毛加兔毫制作而成。欧阳修称之为鼠须栗尾笔。所谓鼠须并非如很多书籍所说是老鼠胡须。《广雅》："'鼠狼，鼬是也……'今栗鼠似之，苍黑而小，取其毫于尾，可以制笔，世所谓

鼠须栗尾者也。"所谓"鼠须栗尾"就是类似今日"狼毫"之类的毛笔。

[129] 笔格：笔架。

[130] 大小龙茶：指大小龙团。宋代贡茶名。饼状，上有龙纹，故称。欧阳修《归田录》："茶之品，莫贵於龙、凤，谓之团茶，凡八饼重一斤。庆历中蔡君谟为福建路转运使，始造小片龙茶以进，其品绝精（一作精绝），谓之小团，凡二十饼重一斤，其价直金二两。然金可有而茶不可得，每因南郊致斋，中书、枢密院各赐一饼，四人分之。"前面说的是大龙团，后面说的是小龙团。都是很珍贵的茶。

[131] 惠山泉：古来泡茶的名泉。在江苏无锡惠山山麓。依陆羽排名而称"天下第二泉"，但实际影响几乎为首屈一指。不仅唐代李德裕嗜此泉，置水递，南宋时惠泉还充贡品。历代题咏极多。

[132] 香饼：此处的香饼指炭饼。

[133] 石炭：指煤炭。

[134] 欧阳文忠：指欧阳修，谥号文忠，见前"欧阳公"条。此条见于《归田录》卷二。

苏文忠论香

古者以芸为香，以兰为芬，[135] 以郁鬯为祼[136]，以脂萧[137]为焚，以椒为涂[138]，以蕙为熏[139]，杜蘅带屈[140]，菖蒲荐文[141]，麝多忌而本膻[142]，苏合若芎而实荤[143]。(《本集》[144])

右与范蔚宗[145]《和香序》[146]意同。

[135] 此二句古籍中涉及较多，不能确指出典。如本书中即有，《说文》："芸，香草也。"《荀子》："椒兰芬苾，所以养鼻也。"类似的说法比较多。

[136] 祼：三本皆作"裸"，误，依《苏东坡全集》应作"祼"。"祼"，本指古代酌酒灌地的祭礼，引申指酌酒敬客。此典出《周礼·春官·宗伯第三·郁人》："郁人掌祼器。凡祭祀、宾客之祼事，和郁鬯以实彝而陈之。"

[137] 脂萧：三本皆作"萧脂"，苏轼原文应作"脂萧"。此典出《诗经·大雅·生民》："载谋载惟，取萧祭脂。"祭脂，即牛肠脂。祭祀用香蒿和牛肠脂合烧，取其香气。

[138] 以椒为涂：指汉代后宫以椒涂壁之事，参见前"温室"条。

[139] 以蕙为熏：古代"蕙""薰"常互称。如晋嵇含《南方草木状》"蕙，一名薰草"，陶弘景《本草经集注》"薰草，一名蕙草"等。参见前"零陵香"部分，以及"蕙"和"薰"的注释。

[140] 杜蘅带屈：原作"杜衡带屈"，三本作"杜蘅带

屈"。《楚辞·九歌·山鬼》："被石兰兮带杜衡，折芳馨兮遗所思。"

[141] 菖蒲荐文：相传周文王喜欢吃菖蒲。《吕氏春秋》："文王嗜菖蒲菹。"菖蒲菹是指菖蒲做成的腌菜。荐，指进献。

[142] 麝多忌而本膻：范晔《和香方·序》："麝本多忌，过分必害。沉实易和，盈斤无伤。"指麝香加入要适量，过量会带来弊端。

[143] 苏合若芗而实荤：此句意为苏合虽然香气上类似香草（芗），但实际上是荤辛之物。颇有难解之处，虽然有陶隐居等人的"狮子粪"之说，但古来认为来自植物的也很多，以苏子之博学，似不应搞错。另外"荤"指动物应该是很晚时候的事，宋代一般来说还是指有刺激性味道的植物。所以应该和"狮子粪"之说无关。所出何典不知。

[144]《本集》：此段文字出自《苏轼集》中《沉香山子赋·子由生日作》，见本书后面香文部分。

[145] 范蔚宗：范晔（398—445），字蔚宗，顺阳（今河南淅川）人，生于山阴（现浙江省绍兴），南朝宋官员、史学家、文学家。著有《后汉书》。因密谋政变失败被杀。

[146]《和香序》：指《和香方》一书的序，范晔在此序中借香比喻时事，影射当朝权贵，因此遭人嫉恨。《和香方》，今已佚。

香药

坡公[147]与张质夫[148]札云：公会[149]用香药皆珍物，极为行商坐贾[150]之苦，盖近造此例，若奏免之，于阴德[151]非小补。予考绍圣[152]元年广东舶出香药，时好事[153]创例[154]，他处未必然也。[155]（同上）

[147] 坡公：指苏轼，见"苏文忠"条。
[148] 张质夫：应作章质夫，即章楶。章楶（1027—1102），字质夫。建宁军浦城县（今属福建南平市浦城县）人。北宋名将、诗人。章楶是苏轼好友，二人多有唱和，以写杨花的《水龙吟》最为著名。
[149] 公会：公事集会。
[150] 行商坐贾："行商"指外出经营的流动商人，"坐贾"指固定的坐商。行商坐贾泛指各类商贩。
[151] 阴德：为善而人不知，则为阴德。
[152] 绍圣：宋哲宗赵煦的第二个年号（1094—1098）。
[153] 好事：好事者。
[154] 创例：首创之事例。
[155] 这里苏轼说公事集会用珍贵香药的做法，对于商人来说是很大的负担。而且也不过是近来才有的做法，如果能上奏取消是很好的。

香秉[156]

沉檀罗縠[157]，脑麝之香，郁烈芬芳，苾茀[158]絪缊[159]。螺甲龙涎，腥极反馨。豆蔻胡椒，荜拨[160]丁香，杀恶诛臊。（《郁离子》[161]）

[156] 香秉：指不同香的特质，秉，（受于自然的）秉质、资质。

[157] 罗縠：一种疏细的丝织品。

[158] 苾茀：苾，芳香；茀，草茂盛。

[159] 絪缊：亦作氤氲。烟气、烟云弥漫的样子；气或光混合动荡的样子。

[160] 荜拨：又名毕勃、荜芨、荜菝、荜拨，胡椒科胡椒属植物（Piper longum Linn.），果穗入药。

[161] 《郁离子》：杂文集，元末刘基著。刘基（1311—1375），字伯温，浙江青田（今浙江省文成县）人，元末进士，朱元璋开国功臣之一，封诚意伯，谥文成。诗文皆可观，有多部著作，收入于《诚意伯文集》。

求名如烧香

人随俗求名，譬如烧香，众人皆闻其芳，不知熏以自焚，焚尽则气灭，名立则身绝。（《夏诗》[162]）

[162] 《夏诗》：未知所指。此比喻最早见于《四十二

章经》："贪世常名。而不学道。枉功劳形。譬如烧香。虽人闻香。香之烬矣。危身之火。而在其后。"此段文字则见于《真诰》，入于正统道藏洞玄部《上清众真教戒德行经》。

香鹤喻

鹤为媒而香为饵也。鹤之贵，香之重，其宝于世以高洁清远，舍是为媒饵于人间，鹤与香奚宝焉？（《王百谷集》[163]）

[163]《王百谷集》：王百谷，指王穉登（1535—1612），字伯谷、百谷，号半偈长者、青羊君、松坛道士等，苏州长洲（今江苏省江阴）人。明朝后期文学家、书法家。此段文字出其《黄翁传》。

四戒香

不乱财手香，不淫色体香，不诳讼口香，不嫉害心香，常奉四香戒，于世得安乐。（《玉茗堂集》[164]）

[164]《玉茗堂集》：汤显祖作品集，共二十九卷，诗十三卷，文十卷，尺牍六卷。汤显祖去世后五年，韩敬辑录而成。汤显祖（1550—1616），字义仍，号海若、若士、清远道人。江西临川（今江西抚州）人，明末戏曲剧作家、文学家。

五名香

梁萧撝[165]诗云:"烟霞四照叶,风月五名香。[166]"不知五名为何香?

[165] 萧撝:515—573,字智遐,南兰陵(治今江苏常州)人,南北朝时期文学家、诗人、书法家,梁武帝萧衍侄。后降魏,又入周。
[166] 此句出《和梁武陵王遥望道馆诗》,《艺文类聚》原作:"烟霞四照燊,风月五名香。"是萧撝入周之后所作。

解脱知见香

解脱知见香[167]即西天芯刍草,体性柔软,引蔓傍布,馨香远闻。黄山谷诗云:"不念真富贵,自熏知见香[168]。"

[167] 解脱知见香:本出北魏菩提达摩禅师《少室六门》:"五者解脱知见香。所谓观照常明。通达无碍。"佛教以"戒、定、慧、解脱、解脱知见"为五分法身,《少室六门》以五种正法香配五分法身,用以显法身功德。这种用法后世禅师时有引用。显然这里解脱知见香并非是指什么植物,这里比附西天芯刍草,出于误会,这种说法亦见于与周嘉胄同时的吴从先的《香艳丛书》。

[168] 此句出黄庭坚《贾天锡惠宝薰乞诗予以兵卫森画戟燕寝凝清香十字作诗报之》，原诗为："当念真富贵，自薰知见香。"薰、熏互通无妨，"当""不"则差别甚大。参见本书后面香诗部分。

太乙香

香为冷谦[169]真人所制，制甚虔甚严。择日炼香，按向和剂，配天合地，四气五行各有所属。鸡犬妇女不经闻见，[170]厥功甚大。焚之助清气、益神明，万善攸归[171]，百邪远遁，盖道成后[172]，升举秘妙，匪寻常焚爇具也。其方藏金陵[173]一家，前有真人自序，后有罗文恭洪先[174]跋。余屡虔求，秘不肯出，聊纪其功用如此，以待后之有仙缘者采访得之。

[169] 冷谦：元朝人，生卒年不详，字启敬，或曰起敬，道号龙阳子，武林（今浙江杭州）人。出入儒释，晚年入道家，音乐丹青俱佳，修道有成，据说从元初活到明永乐年间（约200），大概与张三丰同时，二人为好友。
[170] 道家制药合香常见此说。
[171] 攸归：所归。
[172] 后：四库本、汉和本作"翊"，无碍庵本作"后"，都是一个意思。

[173] 金陵：今南京。
[174] 罗文恭洪先：罗洪先（1504—1564），字达夫，号念庵，谥文恭。江西吉安府吉水（今江西吉水）人。明代学者、大臣。著有《念庵集》二十二卷，《冬游记》一卷。罗洪先还绘成《广舆图》，创编成地图集，可称地理制图学家。

香愈弱疾

玄参[175]一斤，甘松六两，为末；炼蜜[176]一斤，和匀入瓶封闭。地中埋窨[177]十日取出，更用炭末六两、炼蜜六两同和入瓶，更窨五日。取出烧之，常令闻香，弱疾自愈。又曰：初入瓶中封固煮一伏时[178]，破瓶取捣入蜜，别以瓶盛埋地中窨过用，亦可熏衣。[179]（《本草纲目》）

[175] 玄参：玄参科玄参属植物玄参（Scrophularia ningpoensis Hemsl.），以干燥根入药入香。
[176] 炼蜜：系蜂蜜加热处理得到的制品。蜂蜜中含有较多的水分和死蜂、蜡质等杂质，故应用前需加热熬炼，其目的是除去杂质，破坏酶类，杀死微生物，降低水分含量，增加黏合力。由于炼制程度不同，炼蜜分成嫩蜜、中蜜和老蜜三种规格。一般炼蜜均指中蜜。
[177] 窨：藏于地下。

[178] 一伏时：一昼夜。

[179] 此处未说治疗何种疾病。此方出《证类本草》经验方："治患劳人烧香法。"劳人，指肺痨病人。

香治异病

孙兆[180]治一人，满面黑色，相者断其死。孙诊之曰：非病也，乃因登溷[181]感非常臭气而得，治臭，无如至香，今用沉檀碎劈，焚于炉中，安帐内以熏之。明日面色渐别，旬日如故。（《证治准绳》[182]）

[180] 孙兆：11世纪北宋医家，卫州（今河南汲县）人。尚药奉御孙尚（字用和）次子。与兄孙奇皆登进士第。父子三人俱以医闻名。曾任殿中丞、尚药奉御等职。著有《伤寒方》《伤寒脉诀》，修订林亿、高保衡等校补的《黄帝内经素问》，名为《重广补注黄帝内经素问》。

[181] 溷：音hùn，厕所。

[182] 《证治准绳》：又名《六科证治准绳》或《六科准绳》，明王肯堂著，这是一部具有医学全书性质的巨著，共四十四卷，记载各种疾病的症候和治法。王肯堂（约1552—1638），字宇泰，一字损仲，号损庵，自号念西居士，江苏金坛（今属江苏常州）人，明代著名医家。

卖香好施受报

凌途卖香好施。一日旦，有僧负布囊、携木杖至，谓曰："龙钟[183]步多蹇[184]，寄店憩歇可否？"途乃设榻。僧寝移时起曰："略到近郊，权寄囊杖。"僧去月余不来取，途潜启囊，有异香末二包，氛氲扑鼻。其杖三尺，本是黄金。途得其香，和众香而货人，不远千里来售[185]，乃致家富。（《葆光录》[186]）

[183] 龙钟：身体衰老、行动不灵便的样子。

[184] 蹇：跛，行走困难。

[185] 售：售有买卖二义，此处为买的意思。

[186] 《葆光录》：三卷，陈纂撰。陈纂自号袭明子，颍川（今河南许昌）人，五代末宋初人。此书所载多为唐末五代吴越一带奇闻异事。

卖假香受报

华亭[187]黄翁徙居东湖[188]，世以卖香为生。每往临安江[189]下，收买甜头。甜头，香行俚语，乃海南贩到柏皮及藤头是也，归家修治为香，货卖。黄翁一日驾舟欲归，夜泊湖口。湖口有金山庙，灵感，人敬畏之。是夜，忽一人扯起黄翁，连拳殴之曰："汝何作业[190]造假香？"时许得苏，月余而毙。（《闲窗括异志》[191]）

又

海盐[192]倪生每用杂木屑伪作印香货卖，一夜熏蚊虫，移火入印香内，傍及诸物，遍室烟迷，而不能出，人屋俱为灰烬。（同上）

又

嘉兴府[193]周大郎每卖香时，才与人评值，或疑其不中，周即誓曰："此香如不佳，出门当为恶神扑死。"淳祐[194]间，一日过府后桥，如逢一物绊倒，即扶持，气已绝矣。（同上）

[187] 华亭：古地名，又名华亭谷，在今上海市松江西。

[188] 东湖：指今浙江省嘉兴市平湖市区的东湖。

[189] 临安江：指钱塘江。此处有入海口，概海南运来由此进入，故到此处贩香。《宋会要辑稿·食货四三》："就元押人由海道直赴临安江下。"

[190] 作业：指所从事的工作。

[191] 《闲窗括异志》：三本作"《闲窗搜异》"。《闲窗括异志》，宋笔记，鲁应龙撰。一卷。书中皆言神怪之事，借以阐明因果。鲁应龙，字子谦，海盐（今属浙江）人，理宗时布衣。

[192] 海盐：海盐县，秦置，属会稽郡。治所在今上海市金山区，后范围和治所多次变动，开元以后在吴御城（即今海盐县）。这里南宋海盐，指的就是浙江海盐县。

[193] 嘉兴府：南宋庆元元年（1195）升秀州置，属两浙西路。治所在嘉兴县（今浙江嘉兴市）。辖境

当今浙江省的杭州湾以北（海宁市除外）、桐乡市以东地区及上海市所属吴淞江以南诸地。

[194]淳祐：是宋理宗赵昀的年号（1241—1252）。

阿香

有人宿道傍一女子家，一更时有人唤"阿香"，忽骤雷雨。明日视之，乃一新冢。（《韵府群玉》[195]）

[195]《韵府群玉》：类书，也是韵书，二十卷。所辑资料广博，成书于元初。作者阴幼遇，一作时遇，字时夫，又字行，别字劲弦。奉新县人，入元不仕。在其父工作基础上多年编成此书，并由其兄阴中夫（名幼达）做注。所辑资料广博，在音韵学史上有重要意义。

埋香

孟蜀[196]时筑城获瓦棺[197]，有石刻隋刺史张崇妻王氏铭曰：深深瘗[198]玉，郁郁埋香。（同上）

[196]孟蜀：孟知祥所建之后蜀（934—965），五代十国之一。

[197]瓦棺：古代陶制的葬具。《礼记·檀弓上》："有虞氏瓦棺。"郑玄注："始不用薪也，有虞氏上陶。"

[198]瘗：通"瘗"，埋葬。

墓中有非常香气

陈金少为军士[199]，私与其徒[200]发一大冢，见一白髯老人，面如生，通身白罗衣[201]，衣皆如新开棺，即有白气冲天，墓中有非常香气。金视棺盖上有物如粉，微作硫黄气，金掬取怀，归至营中。人皆惊云：今日那得有香气？金知硫黄之异，且辄汲水服之[202]，至尽后，复视棺中，惟衣尚存，如蝉蜕之状。（《稽神录》）

[199]军士：尉官和士兵之间的军衔。

[200]徒：兵卒。

[201]罗衣：轻软丝织品制成的衣服。

[202]服之：道家尤其是外丹传统有服食硫黄的做法，也有用来治病的，但有一定风险。

死者燔香

堕波登国[203]人死者乃以金缸贯于四肢，然后加以波律膏[204]及沉檀、龙脑积薪燔之。（《神异记》[205]）

[203]堕波登国：即堕婆登，又作婆登、堕波登，或略为堕婆。故地有今印度尼西亚苏门答腊岛东岸外的巴塔姆（Batam）岛或巴东（Padang）岛、苏门答腊岛东南岸Betong、爪哇岛西部万丹

（Banten）以及马来半岛克拉（Kra）地峡等说。
［204］波律膏：即"婆律膏"，指龙脑，参见前"婆律膏"条。
［205］《神异记》：《太平广记·卷第四百八十二·蛮夷三》此条作"出《神异经》"。无论西晋道士王浮所撰之《神异记》还是托名汉代东方朔的《神异经》都无有此文。堕波登国之名见于我国史籍是在唐代，此文概出于唐代或之后。

香起卒殓

嘉靖戊午[206]，倭寇闽中死亡无数，林龙江[207]先生鬻田得若千金，办棺取葬。时夏月，秽气逆鼻，役从难前[208]，请命龙江。龙江云："汝到尸前高唱：'三教先生来了'。"如语往，香风四起，一时卒殓[209]。亦异事也。

［206］嘉靖戊午：1558年，嘉靖年号见前文"嘉靖"条。
［207］林龙江：林兆恩（1517—1598），字懋勋，号龙江，世称"三教先生"，莆田（今福建莆田）人。提倡三教合一的学说和理念，被尊为三一教主。在倭寇为患之时，以个人的家产为赈济灾民，安葬死者，为救治瘟疫做出很大贡献，可称一代慈善先贤。
［208］役从难前：役从们难以靠近。
［209］卒殓：入殓完毕。

香绪余

卷十三

香字义

　　《说文》曰："气芬芳也，篆从黍从甘。[1]"徐铉曰："稼穑作甘，黍甘作香。[2]"隶作香，又薌与香同。《春秋传》曰："黍稷馨香[3]。"凡香之属皆从香。

　　香之远闻曰馨[4]，香之美曰馜（音使）。

　　香之气曰馦（火兼反），曰馣（音淹），曰馧（于云反），曰馥（扶福反），曰馤（音爱），曰馞（方灭反），曰馪（音宾），曰馢（音笺），曰馛（步末反），曰馝（音弼），曰馡（上同），曰馡（音悖），曰馠（天含反），曰馩（音焚），曰馚（上同），曰馪（奴昆反），曰馣（音彭，大香），曰馣（他胡反），曰馟（音倚），曰馜（音你），曰馞（普没反），曰馡（满结反），曰馟（普灭反），曰馧（乌孔反），曰馩（音瓢），曰馡（甫微切），曰馣（音饺），曰馠（音含，香也），曰馪（毗招切），曰馨（鱼胃切）。

[1]《说文·禾部》："香，芳也，从黍从甘。"香字的小篆上面从黍，下面从甘。实际上从甲骨文开

始，香的基本字形即是如此。
[2] 这里是徐铉来解释《说文解字》的文字，参见前"《稽神录》"条、"徐铉"条。"稼穑作甘"出自《尚书·周书·洪范》，徐铉用来解"甘"之义。
[3] 黍稷馨香：原始出处不详，春秋三传原文中都没有此句。《左传·僖公五年》中有"黍稷非馨，明德惟馨"的说法，《左传》本义是借《尚书》来说明"明德"的重要性。
[4] 香之远闻曰馨：《春秋左传正义》卷十二："馨，香之远闻。"

十二香名义

吴门[5]于永锡专好梅花，吟十二香诗，今录香名。（《清异录》）

万选香　拔枝剪折，遴拣繁种

水玉香　清水玉缸，参差如雪

二色香　帷幔深置，脂粉[6]同妍

自得香　帘幕窥蔽，独享馥然

扑凸[7]香　巧插鸦鬓[8]，妙丽无比

第[9]来香　采折[10]凑然，计多受赏

富贵香　簪组[11]共赏，金玉辉映

混沌香　夜室映灯，暗中拂鼻

盗跖[12]香　就树临瓶，至诚窃取

君子香　不假风力，芳誉远闻
　　一寸香　醉藏怀袖，馨闻断续
　　使者香　专使贡持，临门远送
［5］吴门：古吴县城（今江苏苏州市）的别称。
［6］脂粉：胭脂香粉颜色深浅有别，以对应"二色"之意。
［7］扑凸：象声词。
［8］鸦鬓：妇女的黑色鬓发。
［9］筭：同"算"。
［10］采折：采摘。
［11］簪组：冠簪和冠带。戴花与簪组共赏，故显其富贵。
［12］盗跖：古大盗之名，言偷香之意。

十八香喻士

王十朋[13]有《十八香词》，广其义以喻士。
异香牡丹称国士
温香芍药称冶士
国香兰称芳士
天香桂称名士
暗香梅称高士
冷香菊[14]称傲士
韵香荼蘼[15]称逸士
妙香薝卜[16]称开士
雪香梨称爽士

细香竹称旷士

嘉香海棠称隽士

清香莲称洁士

梵香茉莉称贞士

和香含笑称粲士

奇香腊梅[17]称异士

寒香水仙[18]称奇士

柔香丁香称佳士

阐香瑞香称胜士

[13] 王十朋：1112—1171，字龟龄，号梅溪。生于温州乐清（今浙江省乐清市）。南宋名臣、学者、诗人，谥"忠文"。有《梅溪集》等传世。

[14] 菊：菊科菊属植物菊花［Dendranthema morifolium（Ramat.）Tzvel.］极其变种。菊花在我国栽培历史悠久，各地有不同的品种，除了观赏，茶药皆可用。

[15] 荼蘼：见前"酴醾"条。

[16] 蘡卜：见前"蘡蔔"条。

[17] 腊梅：正名应作"蜡梅"，蜡取其黄色之意。蜡梅科蜡梅属植物蜡梅［Chimonanthus praecox（Linn.）Link］，根、叶可药用。

[18] 水仙：指石蒜科水仙属植物水仙（Narcissus tazetta L. var. chinensis Roem.），亦称中国水仙。唐之前史籍不载水仙，大概是唐时由海外传入，宋代已广泛栽培，文人多有吟咏，逐渐成为我国传统名花。

南方花香

南方花皆可合香。如茉莉、阇提[19]、佛桑[20]、渠那花[21]本出西域,佛书所载,其后传本来闽岭[22],至今遂盛。又有大含笑花、素馨花,就中小含笑花,香尤酷烈,其花常若菡萏[23]之未放者,故有含笑之名。又有麝香花[24],夏开与真麝香无异。又有麝香木,亦类麝香气。此等皆畏寒,故北地莫能植也。或传美家香用此诸花合香。

温子皮[25]云:素馨、茉莉,摘下花蕊,香才过,即以酒噀[26]之,复香。凡是生香,蒸过为佳。每四时遇花之香者,皆以次[27]蒸之,如梅花、瑞香、酴醾、栀子[28]、茉莉、木犀,及橙[29]、橘花之类,皆可蒸。他日爇之,则群花之香毕备。

[19] 阇提:木犀科素馨属植物,应该指的就是素馨（jasminum grandiflorum）。阇提是梵语jātī之音译,梵语应该是来源于古波斯语,参见前"素馨"条解释。在我国古籍中,阇提与素馨有时会并称,或为品种细微差别,或因来源不同产生误会。现在印度仍然以jātī称呼素馨。《翻译名义集》:"阇提,此云金钱花。"

[20] 佛桑:一般指锦葵科木槿属植物朱瑾（Hibiscus rosa-sinensis Linn.）,亦称扶桑。朱瑾中国原产,晋《南方草木状》即有记载,称佛桑出西域,或因

名字中有"佛"字，产生误解，或早期另有所指。至少在宋代，佛桑从描述看应指的就是扶桑花。或者颜色深的称朱槿，颜色浅的称佛桑。《祖庭事苑》："干叶如桑，花房如桐，长寸余，似重台莲，其色浅红，故得佛桑之名。"但也不尽然，苏轼有诗句"焰焰烧空红佛桑"。

[21] 渠那花：此处有误，应作"渠那异"花。此段话来自曾师建《闽中记》："南方花有北地所无者，阇提、茉莉、渠那异（一作俱那异），皆出西域。"《闽中记》为记闽中风物之书。《八闽通志》："半年红。曾师建《闽中记》云，谓之'渠那异。'其种来自西域。木高丈余，叶长而狭，花红色，自春徂夏，相继开不绝。又名夹竹桃，谓其花似桃而叶似竹也。夜合叶似皂荚、槐等极细而繁密，至暮而合。花发红、白色，瓣上若丝茸然，至秋而实，作荚，子极细薄。"则所谓渠那异即是夹竹桃科夹竹桃属植物夹竹桃（Nerium oleander L.）。

[22] 传本来闽岭：汉和本、四库本作"本来自闽岭"。今据无碍庵本。

[23] 菡萏：荷花的别称。

[24] 麝香花：所指不详，一说为透骨草科沟酸浆属植物麝香猴面花（Erythranthe moschata）。

[25] 温子皮：指此条引自温子皮《温氏杂录》。温子皮其人生平不详，《温氏杂录》今已佚，部分保存在

《陈氏香谱》中。

[26] 噀：音xùn，（液体含在口中）喷。

[27] 以次：按次序。

[28] 栀子：早期文献称"卮子"，古代本草文献中栀子多指茜草科栀子属植物栀子（Gardenia jasminoides Ellis），观赏花也指此种极其近缘品种。作为药材也可指其变种长果栀子（古代亦称伏尸栀子，现在亦称水栀子G. jasminoides Ellis f. longicarpa. z. w. xie et okada）。栀子根、叶、果实均可入药，果实亦可做颜料。

[29] 橙：橙花，指芸香科柑橘属植物橙（亦称甜橙，Citurs sinensis L.Osbeck）或酸橙（亦称苦橙，Citrus aurantium L.）的花。橙是我国原产水果，甜橙作为水果，酸橙作为药材，在我国都有悠久的历史。

花熏香诀

用好降真香结实者，截断约一寸许，利刀劈作薄片，以豆腐浆煮之，俟水香去水，又以水煮至香味去尽，取出，再以末茶或叶茶煮百沸，滤出阴干，[30]随意用诸花熏之。其法，用净瓦缶一个，先铺花一层，铺香片一层，又铺花片及香片，如此重重铺盖，了以油纸[31]封口，饭甑上蒸少时取起，不可解开。待过数日烧之，则香气全美。或以旧竹壁簪[32]依上煮制代降真，采橘叶捣烂代诸花熏之，其香清古，若春时晓行山径，所谓草木真天香者，殆此之谓与？

[30] 这里是用降真香片作为花香的载体，所以要把其本来的味道去掉。即下一条的"以降香为骨，去其凤性，而重入焉"。

[31] 油纸：涂油加工制成的纸，用作防水防湿的包装。用油纸较一般纸更能起到密封的作用。

[32] 箦：音zé，竹席。

橙柚蒸香

橙柚[33]为蒸香，皆以降香为骨，去其凤性，而重入焉。[34]各有法，而素馨之熏最佳。（《稗史汇编》）

[33] 橙柚：柚为芸香科柑橘属植物柚 [Citrus maxima (Burm) Merr.]，也是我国历史悠久的果类。橙、橘见前面注释，这里泛指橙柚类植物。

[34] 即指用类似上一条的方法把降真香本来味道去掉，然后吸入其他的香味。

香草名释[35]

《遁斋闲览》[36]云：《楚辞》所咏香草，曰兰、曰荪[37]、曰茝、曰药[38]、曰蘪[39]、曰芷、曰荃[40]。曰蕙、曰蘪芜、曰茳蓠[41]、曰杜若、曰杜蘅、曰藒车[42]、曰蔷蕿[43]，其类不一，不能尽识其名状，识者但一谓之香草而已。其间亦有一物而备数名，亦有举今人所呼不同者。如兰一物，传谓其有国香，而诸家之说但各以己见自相非毁，莫辨其真。或以为都梁，或以为泽兰，或以为兰草，今当以泽兰为正。[44]山中又有一种叶大如麦门冬，春开花极香，此别名幽兰[45]也。荪则溪涧中所生。今人所谓石菖蒲者，然实非菖蒲，叶柔脆易折，不若兰、荪叶坚韧。杂小石、清水植之盆中，久而愈郁茂可爱。茞、药、蘺、芷，虽有四名，止是一物，今所谓白芷是也。蕙即零陵草也。蘪芜即芎藭苗也，一名茳蓠。杜若即山姜也。杜蘅今人呼为马蹄香。惟荃与荔车、薔蕿终莫穷识。骚人类以香草比君子耳，他日求田问舍，当遍求其本，刈[46]植栏槛[47]，以为焚香亭，欲使芬芳满前，终日幽对，想见骚人之雅趣，以寓意耳。

　　《通志·草木略》[48]云：兰即蕙，蕙即熏，熏即零陵香。《楚辞》云：滋兰九畹，植蕙百亩。互言也。古方谓之熏草，故《名医别录》[49]出熏草条；近方谓之零陵香，故《开宝本草》出零陵香条；《神农本经》[50]谓之兰。余昔修之《本草》以二条贯于兰后，明一物也。且兰旧名煎泽草[51]，妇人和油泽头故名焉。《南越志》云：零陵香，一名燕草，又名熏草，即香草。生零陵山谷，今湖岭诸州皆有。又《别录》云：熏草，一名蕙草，一名熏。蕙之为兰也。以其质香，故可以为膏泽，可以涂宫室。近世一种草如茅香而嫩，其根谓之土续断[52]，其花馥郁故得名，误为人所赋咏泽芬[53]。曰白芷，曰白苣，曰蘺，曰茝[54]，曰符蓠[55]，楚人谓之药，其叶谓之蒿，与兰同德，俱生下湿。

泽兰，曰虎兰，曰龙枣兰[56]，曰虎蒲，曰水香，曰都梁香[57]。如兰而茎方，叶不润，生于水中，名曰水香。

茝胡[58]，曰地熏，曰山菜，曰葰草，叶曰芸蒿，味辛可食，生于银夏[59]者，芬馨之气射于云霄间，多白鹤青鸾[60]翔其上。[61]

《琐碎录》云：古人藏书辟蠹用芸。芸，香草也，今七里香是也。南人采置席下，能去蚤虱。香草之类，大率异名。所谓兰荪即菖蒲也。蕙，今零陵香也。茝，白芷也。朱文公[62]《离骚注》云：兰、蕙二物，《本草》言之甚详，大抵古之所谓香草，必其花叶皆香而燥湿不变故，可刈而为佩。今之所谓兰蕙，则其花虽香，而叶乃无气，其香虽美，而质弱易萎，非可刈佩也。[63]

四卷"都梁香"内，兰草、泽兰余辩之审矣，今复捃拾[64]诸论似赘，而欲其该备[65]自不避其繁琐也。

[35] 香草名释：此段名词众多，之前注释过的不再注释，请查看注释索引。

[36]《遁斋闲览》：宋笔记，十四卷，宋陈正敏撰。书的内容涉及广泛，包括作者见闻的人事、掌故、诗评、动植物等。原书久佚，《说郛》收四十四条，亦散见于他书。陈正敏（生卒年不

详），自号遁翁，延平（今福建南平）人，北宋末年曾任福州长溪县令。

[37] 荪：一般认为指菖蒲。宋沈括《梦溪笔谈·卷三·辨证一》："所谓兰荪，荪，即今菖蒲是也。"不过很难确定。

[38] 药：这里原书用的是简体"药"字，与通常繁体的"藥"字不同。这个药在古代有特指，一种理解为白芷，《广韵》："药，白芷也。"

[39] 虈：音xiāo，也是指白芷。《说文》："楚谓之蘺。晋谓之虈。齐谓之茝。"

[40] 荃：可能即是"荪"，古代荃、荪互用或并用称"荃荪"，指的也是菖蒲。

[41] 茳蓠：亦作"江蓠"，指蘼芜，参见前"蘼芜"条，《说文》："江蓠：蘼芜。"《证类本草·卷七·蘼芜》："一名薇芜，一名茳蓠，芎䕒苗也。"

[42] 藁车：有学者考证应指苍术，参见前"藁车香"条。

[43] 茛荑：亦作"留夷"，古时有学者认为指芍药。《楚辞·离骚》："畦留夷与揭车兮，杂杜衡与芳芷。"王逸注："留夷，香草也。"游国恩纂义："留夷即芍药……王引之所说甚详，可据。"

[44] 关于上古"兰"之所指，请参考前面相关各条尤其是都梁香部分的注释，实际情况非常复杂，不是"泽兰为正"所能涵盖。

[45] 幽兰：这里指兰花。

[46] 刈：音yì，割草。

[47] 栏槛：栏杆。

[48]《通志·草木略》：见前"《通志》"条。

[49]《名医别录》：作者不详，约成书于汉末，是秦汉医家在对《神农本草经》一书药物的药性功用主治等内容有所补充之外，又补记三百六十五种新药物，原书早佚。梁代陶弘景撰注《本草经集注》时辑入，故得以保存。

[50]《神农本经》：指《神农本草经》。又称《本草经》或《本经》，托名"神农"所作，实成书于汉代，是中医四大经典著作之一，是现存最早的中药学著作。

[51] 煎泽草：指佩兰（兰草、大泽兰），见前"都梁香"部分的讨论。《本草经集注》："今东间有煎泽草名兰香。"

[52] 土续断：指建兰根。兰科兰属植物建兰［亦称兰花 Cymbidium ensifolium (L.) Sw.］的根。

[53] 在明代，已有很多人误以为上古的"兰"指的是兰花而加以赋咏，作者为此感到遗憾。

[54] 莞：一般认为是莎草科藨草属植物水葱（Scirpus tabernaemontani）一名"小蒲"。可用来织席。

[55] 苻蓠：即是莞，可用来织席。《尔雅·释草》："莞，苻蓠，其上蒚。"郭璞注："今西方人呼蒲

为莞蒲；蒚谓其头台首也。今江东谓之符蓠。西方亦名蒲。中茎为蒚，用之为席。"

但在古代也有和前面的蒚、茳蓠混用，以为是白芷。使得作者误会莞、符蓠都是白芷。

[56] 虎兰、龙枣都是泽兰别名。《神农本草经·中经·泽兰》："一名虎兰，一名龙枣。生大泽傍。"

[57] 曰虎蒲，曰水香，曰都梁香：这段文字见于《陈氏香谱》，这些别称也见于宋代其他文献如《证类本草》《普济方》等。

[58] 茈胡：是我国重要的传统药材，一般以为与柴胡是一物，但实际情况较为复杂。经学者考证，早期所谓茈胡，可能是今日前胡属植物白花前胡（Peucedanum praeruptorum Dunn）。柴胡今日以柴胡（Bupleurum chinense DC）和狭叶柴胡（B. scorzonerifolium Willd.）入药，但历史上不同时期，不同地域所指也不相同。也可能是竹叶柴胡（B. marginatum Wall. ex DC.）银州柴胡（Bupleurum yinchowense）、石竹科银柴胡（Stellaria dichotoma L. var. lanceolata Bge）等。明代以后以狭叶柴胡和石竹科银柴胡为主流。

[59] 银夏：指银州、夏州。银州，北周保定三年（563）置，治所在今陕西横山县东党岔镇，辖境相当今陕西横山、米脂、佳县以北地。夏州，北魏太和十一年（487）升统万镇置，治所在化政郡岩

绿县（唐改名朔方，今陕西靖边县北白城子）。辖境相当今陕西靖边县北红柳河流域和内蒙古杭锦旗、乌审旗等地。宋代银州、夏州都在西夏统治范围内，后来也有部分地区被收复。

[60] 青鸾：古代传说中凤凰一类的神鸟。赤色多者为凤，青色多者为鸾。多为神仙坐骑。

[61] 此句出《陈氏香谱》。

[62] 朱文公：即朱熹，参见"《言行录》"条注释。

[63] 最后一句是《陈氏香谱》中陈敬的感慨。这里可以看出，宋代已经有以兰花为"兰"的理解，陈敬认为这并非是"可刈而为佩"的上古之兰。

[64] 捃拾：拾取，收集。

[65] 该备：全备；完备。

修制诸香[66]

飞[67]樟脑

樟脑一两，两盏合之，以湿纸糊缝，文武火[68]炒半时[69]取起，候冷用之。次将樟脑，不拘多少，研细筛过，细擘拌匀。按[70]薄荷汁、少许酒，土上以净碗相合定，湿纸条固四缝，甑上蒸之，脑子尽飞，上碗底皆成冰片。

樟脑石灰[71]等分，共研极细，用无油铫子[72]贮之，磁[73]碗盖定，四面以纸封固如法，勿令透气，底下用木炭火煅。少时取开，其脑子已飞在碗盖上。用鸡翎[74]扫下，称，再与石灰等分，如前煅之，凡六七次。至第七次可用慢火煅一日而止。扫下脑用[75]杉木盒子铺在内，以乳汁浸二宿，封固口不令透气，掘地四五尺，窨一月，不可入药。又朝脑[76]一两，滑石[77]二两，一处同研，入新铫子内，文武火煅之，上用一瓷器皿盖之，自然飞在盖上，其味夺真。（同上）

[66] 此部分内容，如无特殊说明，《香乘》都是引自《陈氏香谱》，或《陈氏香谱》所引宋代其他香谱，主要代表的是宋代的制法。

[67] 飞：指通过加热，药物中某些成分升华至上盖锅的过程。

[68] 文武火：小而缓的火是文火；大而猛的火是武火。文武火指介于文火与武火之间的火力，即中火。

[69] 半时：半个时辰，一小时。

[70] 挼：扭转（使薄荷出汁）。

[71] 石灰：石灰石或其他碳酸钙含量较高的原料经煅烧分解出二氧化碳后的产物，主要成分为氧化钙，将初出窑的白色或灰白色石灰块取出后，除去杂质，即生石灰。加水发热崩坏为粉末，或久暴露在空气中吸收水分后也能崩坏为粉末，即为熟石灰。

[72] 铫子：铫，音diào，煎药或烧水用的器具，形状像

比较高的壶，口大有盖，旁边有柄，用沙土或金属制成。

[73] 磁：同"瓷"。

[74] 鸡翎：鸟翅和尾上的长而硬的羽毛。

[75] 用：汉和本、四库本作"又"。

[76] 朝脑：樟脑的别称，又称潮脑、韶脑等，别称开始多与产地有关，但后来都作为通称。

[77] 滑石：硅酸盐类滑石族滑石，主含含水硅酸镁$[Mg_3(Si_4O_{10})(OH)_2]$。入中药。

制笃耨[78]

笃耨白黑相杂者用盏盛，上饭甑蒸之，白浮于面，黑沉于下。（《琐碎录》）

[78] 笃耨：见前"笃耨香"条。

制乳香

乳香寻常用指甲、灯草[79]、糯米之类同研，及水浸钵研之，皆费力。惟纸裹置壁隙中，良久取研，即粉碎矣。又法，于乳钵[80]下着水轻研，自然成末。或于火上纸裹略烘。（同上）

[79] 灯草：剥去外皮的灯心草的茎。白色多孔，质轻。可供点灯，亦可入药。灯芯草指灯芯草科灯芯草属

植物灯芯草（Juncus effusus L.）。

[80] 乳钵：研细药物的器具，形如白而小。

制麝香

研麝香须着少水，自然细，不必罗[81]也，入香不宜多用，及供神佛者去之[82]。

[81] 罗：用罗筛东西。

[82] 这里是说，动物制香，不宜供神佛。不过从历史来看，供神佛的香方中也有用麝香的。

制龙脑

龙脑须别器研细，不可多用，多则掩夺众香。（《沈谱》[83]）

[83] 《沈谱》：沈立所作之《香谱》，一卷，今已佚，部分被《陈氏香谱》引用。沈立（1007—1078），字立之，历阳（今安徽和县）人，北宋大臣，藏书家、水利学家。著有水利学专著《河防通议》。以及《名山水记》《茶法要览》等多种著作，大多散佚。

制檀香[84]

须拣真者剉[85]如米粒许，慢火炒，令烟出，紫色断腥气即止。每紫檀一斤[86]，薄作片子，好酒二升，以慢火煮干，略炒。檀香劈作小片，腊茶清[87]浸一宿，控出焙干，以蜜酒[88]同拌令匀，再浸，慢火炙干。

檀香细剉，水一升[89]，白蜜[90]半斤，同入锅内，煮五七十[91]沸，控出焙干。檀香砍作薄片子，入蜜拌之，净器炒如干，旋旋[92]入蜜，不住手搅动，勿令炒焦，以黑褐色为度。（俱《沈谱》）

[84] 制檀香：制檀香可去除檀香的燥性。

[85] 剉：这里指铡切。

[86] 关于古代"斤""两""钱"，加以简要说明，后不重复。根据当时文献记载与古秤考校、出土衡权及出土银锭综合判断，给出一个大致平均值。汉代一两约14~15克，南北朝时期，南朝和汉类似，北朝较复杂，一两28~37克。隋及唐代前期一两（大两）重约43克，后期重约40克，北宋一两重约40克，南宋一两重约38克。元代一两重约38克。明代一两重约37克。清代一两重约37克。其他单位，可据一斤合16两，一两合24铢，一分合6铢，一两合10钱（唐代开始），一钱合10分（宋代以后），可推算答案。

[87] 腊茶清：腊茶又称蜡面茶，是晚唐开始出现的一种

精致茶。本作"蜡面",关于其得名,一说是早期制作时以膏油涂面,故称蜡面;也有说因点茶时,乳泛汤面,如融蜡,故称蜡面。后来传为腊面或腊茶,又有人因此解释为早春之茶。

宋代蜡茶后来基本上可以等同于精致团茶,未必加香料或以膏油涂面。其中精品多充为贡茶,从采摘到工艺有着严格的要求。宋以后不再采用原来的制作方法,只是用普通茶加一些药材香料制成的紧压茶就可称为腊茶。尤其明代以降,受废团兴散风气的影响,腊茶已较为少见,即使作为药品之类出现,茶叶本身工艺与宋代已差异较大,只能作为一般加料紧压茶看待。腊茶清指腊茶经过点茶之后,去除茶粉渣滓的茶汤溶液。常用于檀香或降真的制备,以除木质的燥性。

[88] 蜜酒:古代酒的品种之一。以蜂蜜为原料酿制而成。唐《新修本草》:"蒲桃、蜜等(酒),独不用曲。"宋苏轼《蜜酒歌·引》:"西蜀道士杨世昌善作蜜酒,绝醇酽。"因为古文无标点,所以,也可以解为"蜜、酒",后面有"同"字,增加了这种可能;但未说蜜和酒的比例,姑且作蜜酒理解。下文中亦有三处提到蜜酒,也作蜜酒理解。

[89] 一升:关于此书香方的容量单位:唐代一升约600毫升,北宋一升约700毫升,南宋一升约600毫升,元代一升约1000毫升,明清一升约1035毫升。一升为

十合，一斗为十升。如无特殊情况，后不再重复。
[90] 白蜜：白色的蜂蜜。从中医的角度看，不同颜色的蜜特点和药性不同。
[91] 五七十：概数，五到十次。
[92] 旋旋：慢慢，逐渐。

制沉香[93]

沉香细剉，以绢袋盛，悬于铫子当中，勿令着底，蜜水浸，慢火煮一日，水尽更添。今多生用[94]。

[93] 制沉香：制沉香可去除沉香中的杂味和麻味，但也会带来一定损失，需根据实际情况选择。
[94] 今多生用：指当时沉香多不经过这种制法，直接使用。

制藿香

凡藿香、甘草[95]、零陵之类，须拣去枝梗杂草，曝令干燥，揉碎扬去尘土，不可用水煎，损香。

[95] 甘草：我国古代甘草主要指豆科甘草属植物甘草（亦称乌拉尔甘草，Glycyrrhiza uralensis），干燥的根和根状茎入药。现在甘草也包括其他品种，比如光果甘草（Glycyrrhiza glabra L.）、胀果甘草（Glycyrrhiza inflata Batalin）等。

制茅香[96]

茅香须拣好者剉细，以酒蜜水润[97]一夜，炒令黄燥为度。

[96] 茅香：这里的茅香指禾本科茅香属植物茅香（Hierochloe odorata）。

[97] 以酒蜜水润：以酒和蜜水来浸泡润泽。

制甲香

甲香如龙耳[98]者好，其余小者次也。取一二两，先用炭汁一碗煮尽，后用泥水煮[99]，方同好酒一盏煮尽，入蜜半匙，炒如金色。

黄泥水煮令透明，遂片净洗焙干。

炭灰煮两日净洗，以蜜汤煮干。

甲香以米泔水浸三宿后，煮煎至赤沫频沸，令尽，泔清为度。入好酒一盏，同煎良久，取出，用火炮[100]色赤，更以好酒一盏泼地，安香于泼地上，盆盖一宿，取出用之。

甲香以浆水[101]、泥一块同浸三日，取出候干，刷去泥，更入浆水一碗，煮干为度。入好酒一盏煮干。于银器内炒，令黄色。

甲香以水煮去膜，好酒煮干。

甲香磨去龃龉[102]，以胡麻膏[103]熬之，色正黄，则用蜜汤洗净。入香宜少用。

［98］龙耳：龙耳一般指器物上面龙形的耳（把手），这里只是形容耳凹凸的形状。唐宋多以"昆仑耳"称甲香，昆仑肤色为黑，所以就是黑色耳状。唐韩鄂《四时纂要》春令卷二："取大甲香如昆仑耳者水煮。"

［99］后用泥水煮：汉和本、四库本作"后用沉煮"，无碍庵本作"后用泥水煮"，《陈氏香谱》作"后用泥煮"。

［100］炮：在高温容器里旺火急炒。

［101］浆水：古代的一种饮料，粟米之类经加工发酵而成的白色浆液。

［102］龃龉：指表面凹凸不平的地方。

［103］胡麻膏：以胡麻油为主要原料制成的膏，不同膏方配料有所不同。参见《圣济总录》《太平圣惠方》等。

胡麻在古代指胡麻科胡麻属植物胡麻（Sesamum indicum Linn.），即今日日常食用的芝麻。在早期又称巨胜，后来又称脂麻，由此发音又渐被转称为芝麻。

今日亚麻科亚麻属植物亚麻（Linum usitatissimum L.）也被称为胡麻，这种叫法是在芝麻已很少被称为胡麻的明代以后才逐渐出现的。故而明清之前的胡麻可以直接视为芝麻。明代权威的本草文献，仍然以芝麻为胡麻。清代开始出现混淆,到民国以降更需加以辨别。

合香里面的胡麻如无特殊说明,都是芝麻。胡麻油即芝麻油。

炼蜜

白沙蜜[104]若干,绵滤入磁罐,油纸重叠密封罐口,大釜内重汤[105]煮一日,取出。就罐于炭火上煨煎数沸,使出尽水气,则经年不变。若每斤加苏合油二两更妙,或少入朴硝[106],除去蜜气尤佳。不可太过[107],过即浓厚,和香多不匀。

[104] 白沙蜜:白色沙粒状结晶的蜂蜜。

[105] 重汤:于锅等容器的水中,再以小一点的容器盛水而煮。共两重水,故谓重汤。

[106] 朴硝:为硫酸盐类芒硝族矿物芒硝或人工制品芒硝的粗制结晶。主要成分是硫酸钠。入中药,亦作为炼丹材料。

[107] 不可太过:指炼蜜的火候不能太过,让蜜太浓。

煅炭[108]

凡治香用炭,不拘黑白[109],熏煅作火,罨[110]于密器令定,一则去炭中生薪,二则去炭中杂秽之物。

[108] 煅炭：目的是让炭在蒸香时气息更加纯净，更宜于蒸香。此段出《陈氏香谱》。
[109] 黑白：关于黑炭与白炭的差别。当薪材于窖内炭化后，并不即刻出炉，而是将炭在窖内隔绝空气冷却，如此所得的炭称为黑炭。将炽热的木炭自窖内取出与空气接触，利用热解生成的挥发物燃烧时产生的高温进行精炼后，再行覆盖冷却，此时的炭不仅硬度较高，而且表面附有残留的白色灰分，故称之为白炭。
[110] 罨：覆盖，掩盖。

炒香

炒香宜慢火，如火紧[111]则焦气。（俱《沈谱》）
[111] 火紧：火急。

合香

合香之法，贵于使众香咸为一体。麝滋而散，挠[112]之使匀。沉实而腴[113]，碎之使和。檀坚而燥，揉之使腻[114]。比其性，等其物，而高下之。如医者之用药，使气味各不相掩。（《香史》[115]）
[112] 挠：搅动。
[113] 腴：指油性比较大。

[114]腻：细腻。
[115]《香史》：颜博文著，今已佚，这段文字收录在《陈氏香谱》中。颜博文（生卒年不详），字持约，德州（今山东德州）人，北宋著名诗人、书法家和画家，画迹有《罗汉图》《听经罗汉图》《雪岭图》《闲云出岫图》等。

捣香

香不用罗，量其精粗，捣之使匀。太细则烟不永，太粗则气不和，若冰麝[116]、波律[117]、硝[118]，别器研之[119]。（同上）

[116]冰麝：冰片和麝香。
[117]波律：指龙脑，参见前"婆律膏"条。
[118]硝：是硝石、硭硝、火硝等矿物盐的统称。一般来说，朴硝为芒硝族矿物经加工而得的粗制结晶。芒硝是朴硝再煮炼后而得的精制结晶。
[119]别器研之：这几种不要和其他香料混研，要单独研。

收香

冰麝忌暑[120]，波律忌湿，尤宜护持。香虽多，须置之一器，贵时得开阇，可以诊视[121]。（同上）

[120]暑：暑热。

[121]诊视：察看。

窨香

香非一体，湿者易和，燥者难调；轻软者然[122]速，重实者化迟。火炼结之，则走泄其气[123]，故必用净器拭极干贮窨，令密，掘地藏之，则香性相入，不复离群。新和香必须入窨，贵其燥湿得宜也。每约香多少，贮以不津[124]磁器，蜡纸密封，于净室中掘地窨[125]，深三五尺[126]，瘗月余逐旋[127]取出，其香尤錡馣[128]也。（《沈谱》）

[122]然：同"燃"。

[123]火炼结之，则走泄其气：指如果用火加热的方法来调和会带来香气物质的损失。

[124]不津：没有湿气。

[125]窨：dàn，深坑。

[126]无碍庵本作"三五尺"，汉和本、四库本作"三五寸"，《陈氏香谱》为"三五寸"。宋代一寸约今31毫米左右。不过后面有两处香方皆作"三尺""三尺余"，似乎应以三五尺为宜。《陈氏香谱》此处可能有误，暂依无碍庵本。

[127]逐旋：逐渐；渐渐。

[128]馣：香气浓烈醇厚。

焚香

焚香必于深房曲室[129]，用矮桌置炉，与人膝平，火上设银叶，或云母，[130]制如盘形，以之衬香，香不及火，自然舒慢，无烟燥气。（《香史》）

[129] 曲室：犹密室。
[130] "银叶""云母"都是用来隔火熏香的。

熏香

凡欲熏衣，置热汤[131]于笼下，衣覆其上，使之沾润，取去，则以炉爇香熏毕，叠衣入笥箧[132]隔宿，衣之余香，数日不歇。（《洪谱》）

[131] 热汤：热水。
[132] 笥箧：竹箱，这里是竹衣箱。

烧香器[133]

香炉

香炉不拘金、银、铜、玉、锡、瓦[134]、石，各取其便用[135]。或作獬豸[136]、凫鸭之类，随其人之意。作顶贵穹窿[137]，可泄火气，置窍不用太多，使香气回薄[138]，则能耐久。

[133] 如无特殊注明，此部分内容皆出自《陈氏香谱》。
[134] 瓦：指陶器。
[135] 便用：方便使用。
[136] 獬豸：音xiè zhì，古代传说中的异兽，能辨曲直，见有人争斗就用角去顶坏人。三本皆作"獬象"，误，据《陈氏香谱》改。
[137] 穹窿：中间隆起，四周下垂貌。
[138] 回薄：盘旋回绕。

香盛

盛即盒也，其所盛之物与炉等，以不生涩枯燥者皆可，仍不用生铜之器，易腥溃[139]。

[139] 腥溃：三本皆作"腥溃"，误。依《陈氏香谱》应作"腥渍"，指沾染腥气。

香盘[140]

用深中者，以沸汤泻中，令其蓊郁，然后置炉其上，使香易着物。

[140] 宋时香盘是熏香时常用的器物，在盘中倒入沸水，热气蒸腾中再放上香炉，香烟与蒸气同时升

腾，无论视觉效果还是闻香的效果，都很有特色。同时香烟因为水蒸气的作用，发散性减弱，附着性加强，即文中所说"易着物"。

香匕[141]

平灰置火，则必用圆者，取香抄末则必用锐者。

[141] 匕：指勺、匙之类。《陈氏香谱》作"匙"。

香箸[142]

拨火取香[143]，总宜用箸。

[142] 箸：亦作"筋"，指筷子。

[143] 取香：《陈氏香谱》作"和香取香"。无碍庵本作"拨火和香"，四库本、汉和本作"拨火取香"。皆无不可。

香壶

或范金[144]，或埏土[145]为之，用藏匕箸。

[144] 范金：用模子浇注的金属制品。

[145] 埏土：用水和泥所制陶器。

香罌[146]

窨香用之，深中而掩上。

[146] 罌：大腹小口的陶器。

香范[147]

镂木以为之，以范[148]香尘为篆文，燃于饮席或佛像前。往往有至二三尺者。

右《颜史》[149]所载，当时尚自草草，若国朝[150]宣炉[151]、厂盒[152]、倭筯[153]等器，精妙绝伦，惜不令云龛居士[154]赏之。[155]

古人茶用香料，印作龙凤团。香炉制狻猊、凫鸭形，以口出香。古今去取若此之不侔也。[156]

[147] 香范：今日此类器物多称为香篆。与前面各种器物不同，这段文字是《香乘》作者所加，代表明代的情况。

[148] 范：模子，规范形状。

[149] 《颜史》：指颜博文所作《香史》。见前"《香史》"条。

[150] 国朝：这是周嘉胄的评语，国朝指的是他所在的明朝。

[151] 宣炉：指宣德炉，明代宣德年间铸造的一批宫廷

专用香炉。胎料为南洋进口，加入多种金属反复烧炼4～12次之后制成。因其华美的造型、精湛的工艺、显赫的收藏地位而著称于世。

[152] 厂盒：四库本、汉和本作"敞盒"，误。依无碍庵本应为"厰盒"，即"厂盒"。厂盒指明代"果园厂"制作的雕漆盒，承袭了宋元漆器的风格。明高濂《遵生八笺》："永乐年果园厂制漆盒，漆朱三十六遍为足，时用锡、木胎，雕以细锦者多，底用墨漆针刻永乐年制，宣德时制同永乐而红，则鲜妍过之。"

[153] 倭筯：四库本、汉和本作"矮筯"，误。依无碍庵本应为"倭筯"。指日本工艺的香箸。在明代冠以"倭"字，除了指产于日本的器物，也可以指日本的工艺流入我国后，由我国工匠按照该工艺制作的器物。在明代，日本的泥金漆器工艺非常著名，为文人雅士所称颂，称为"倭漆"，我国很多工匠也进行学习仿制。此处"倭筯"从单纯的金属工艺来说，必要性不大，有可能指日本髹漆彩绘工艺的金属香箸。

[154] 云龛居士：一般指李郛（1085—1146），字汉老，号云龛居士。济州任城（今山东济宁）人。本书最后收录的颜氏《香史》序，署名云龛居士。周嘉胄大概以云龛居士为颜氏之号。虽然文献中称云龛居士一般都是指李郛，不过从序文中口气来

看，很像是作者的自序，所以周氏的观点也不无道理。

[155] 作者的心情可以理解，但说宋时尚自草草，可能并不符合事实，从香文化的角度，宋代是无可争议的高峰。

[156] 这里是说宋代与明代在茶加香料和香炉形制两方面是颇有差异的。

法和众妙香[1]（一） ——— 卷十四

[1] 法和众妙香：此章及其后各章所有香方中的香材名皆有注释，若不在本章，则在之前已有注释，请查阅书后的索引。

此章及其后各章香方有很多来自《陈氏香谱》或《陈氏香谱》所引宋代香谱。香方内容与《陈氏香谱》不同的一般都加以注明，有些不影响意思，也不影响用法用量的细微词句差异不一一注明。

汉建宁[2]宫中香(沈)[3]

黄熟香四斤　白附子[4]二斤　丁香皮[5]五两　藿香叶四两　零陵香四两　檀香四两　白芷四两　茅香二斤[6]　茴香[7]二两　甘松半斤　乳香一两(另研)　生结香[8]四两　枣半斤焙干　又方入苏合油一两

右为细末,炼蜜和匀,窨月余,作丸或饼爇之。

[2] 建宁:东汉汉灵帝刘宏的第一个年号(168—172)。

[3] (沈):指从沈立《香谱》中所辑录。

[4] 白附子:古代"白附子"一般指天南星科犁头莲属植物独角莲(Typhonium giganteum Engl.)的干燥块茎。中药称禹白附,又称牛奶白附,鸡心白附,南星白附等。也可能为毛茛科乌头属植物黄花乌头[Aconitum coreanum (H. Lév.) Rapaics]的块根。中药称关白附、竹节白附等。汉魏时期从记载产地看,前者可能性较大。

[5] 丁香皮:桃金娘科蒲桃属植物丁香Syzygium aromaticum (L.) Merr.et Perry的树皮。参见前丁香部

分注释与说明。

[6] 茅香二斤：无碍庵本作"一斤"。《陈氏香谱》、汉和本、四库本作"二斤"。

[7] 茴香：指伞形科茴香属植物小茴香（Foeniculum vuLgare Mill.），古代药方香方中"茴香"基本都指小茴香。参见前"藿香"条注释。

[8] 生结香：亦省作"生结"。沉香之以刀斫枝杆，逐渐形成的香材，因为是人工之力，所以称"生结"，区别于纯自然形成的"熟结"参见前"沉水香"部分相关文献说明。

唐开元宫中香

沉香二两（细剉，以绢袋盛，悬于铫子当中，勿令着底，蜜水浸，慢火煮一日。） 檀香二两（清茶[9]浸一宿，炒令无檀香气） 龙脑二钱（另研） 麝香二钱 甲香一钱 马牙硝[10]一钱

右为细末，炼蜜和匀，窨月余取出，旋入脑麝，丸之[11]，爇如常法。

[9] 清茶：如果是唐代原方，则所用为唐代蒸青茶，工艺参见陆羽《茶经》。

[10] 马牙硝：结晶后晶体较大的含有结晶水的芒硝。朴硝的一种。在香方中，马牙硝可以用来消除炼蜜的焦糖味（焦糖味会掩盖其他味道）。

[11]丸之：窨香是用大丸或大块，入脑麝后爇香用小丸。

宫中香二[12]

宫中香一

檀香八两（劈作小片，腊茶清浸一宿，取出焙干，再以酒蜜浸一宿，慢火炙干。）　沉香三两　生结香四两　甲香一两　龙、麝各半两（另研）

右为细末，生蜜和匀，贮磁器，地窨一月，旋[13]丸爇之。

[12]此二香方在《陈氏香谱》中位于"唐开元宫中方"后，"江南李主帐中香"前，从时间来看，大概应该为唐或五代时香方。

[13]旋：临时（做）。也就是说爇香的时候再临时搓成小丸。临爇临做。

宫中香二

檀香十二两（细剉，水一升，白蜜半斤，同煮，五七十沸，控出焙干。）　零陵香三两　藿香三两　甘松三两　茅香三两　生结香四两　甲香三两（法制[14]）黄熟香五两（炼蜜一两，拌浸一宿焙干）　龙、麝各一钱

右为细末，炼蜜和匀，磁器封，窨二十日，旋爇之。

[14]法制：指按甲香通常制法制作，参见前"制甲香"条。

江南李主[15]帐中香

沉香一两（剉如炷[16]大）　苏合油（以不津磁器盛）
右以香投油，封浸百日爇之，入蔷薇水更佳。

又方一
沉香一两（剉如炷大）　鹅梨一个[17]（切碎取汁）
右用银器盛蒸三次，梨汁干即可爇。

又方二
沉香四两　檀香一两　麝香一两　苍龙脑[18]半两
马牙香一分[19]研
右细剉，不用罗，炼蜜拌和烧之。

又方补遗
沉香末一两　檀香末一钱　鹅梨十枚
右以鹅梨刻去瓤核如瓮子状，入香末，仍将梨顶签盖[20]，蒸三溜[21]，去梨皮，研和令匀，久窨可爇。

[15] 江南李主：指南唐皇帝李氏，李主可指元宗（中主）也可指后主，此处不详。
[16] 炷：灯芯。
[17] 《陈氏香谱》作"十枚"。
[18] 苍龙脑：龙脑的一种。和木屑混杂的碎龙脑。《诸蕃志》卷下："与木屑相杂者谓之苍脑。"

[19] 马牙香可以指沉香之一种,也可以指马牙硝,这里从用量来说应该是马牙硝。《陈氏香谱》作"马牙硝一钱"。
[20] 签盖:盖以竹签固定。
[21] 蒸三溜:指沸腾后加冷水煮沸的过程重复三次。

宣和御制香

沉香七钱(剉如麻豆[22]大)　檀香三钱(剉如麻豆大,炒黄色)　金颜香二钱(另研)　背阴草[23](不近土者,如无则用浮萍[24])　朱砂[25]各二钱半(飞[26])　龙脑一钱(另研)　麝香(另研)　丁香各半钱　甲香一钱(制)

右用皂儿白[27]水浸软,以定碗[28]一只慢火熬令极软,和香得所,次入金颜脑麝研匀,用香脱[29]印,以朱砂为衣[30],置于不见风日处窨干,烧如常法。

[22] 麻豆:麻豆这里指的是大麻子,大戟科植物蓖麻(Castor bean Latin)的种子,五谷之一。古药方常以麻豆大来形容颗粒的大小。麻豆在古籍中还有一种用法指麻和豆,但根据香方和药方的描述,显然没有豆子那样大。另外麻豆也可以指麻疹之类的病症。
[23] 背阴草:指凤尾蕨科凤尾蕨属植物凤尾草(Pteris multifida Poir)。又称金鸡尾、鸡脚草、井栏边草

等。常长于阴湿或半阴湿的石缝、井边和墙根等处。这里说不近土者,指的即是此类。

［24］浮萍:现在指浮萍科浮萍属植物浮萍（Lemna minor L.）,在古代本草文献和香方中"浮萍"主要指同属植物紫萍［Spirodela polyrrhiza（L.）Schleid.］。前者古代称为青萍,无论入药还是入香都被认为不如紫萍。

［25］朱砂:又名丹砂、辰砂。系硫化物类矿石辰砂族辰砂Cinnabar,主含硫化汞（HgS）。采挖后,选取纯净者,用磁铁吸净含铁的杂质,再用水淘去杂石和泥沙。

［26］飞:中药炮制法之一。是取得药材极细粉末的方法。将不溶于水的药材与水共研细,加入多量的水,搅拌,较粗粉粒即下沉,细粉混悬于水中,倾出的混悬液沉淀后,分出,干燥,即成极细的粉末。朱砂可用这种方法得到细粉末。注意与前面"飞樟脑"的飞法不同,制樟脑用的是加热升华的方法,而此处用的是"水飞"或"研飞"的方法。同名为"飞",而做法不同。

［27］皂儿白:又称皂角米、皂儿,皂角子、皂角核等。指豆科皂荚属植物皂荚（皂角树）（Gleditsia sinensis Lam.）的种子,种子去皮后为白色胶质微透明,故称皂儿白,可食用。皂角米煮软具有黏性,可作黏合剂。

［28］定碗:定窑所烧制之瓷碗。

[29] 香脱：香脱是一种印香的模具。有人把脱解释为"托"，以为是一种托盘，不确。《西湖老人繁胜录》作"印香脱"，显然是用来印香的。《武林旧事·卷七·乾淳奉亲》："碾玉香脱儿一套六个"，指的是一套共六个不同形状的光滑玉制香模具。这里先成形，再裹朱砂显然是更合理的。《陈氏香谱》此处作"香蜡脱"。

[30] 朱砂为衣：表面包裹朱砂。

御炉香

沉香二两（剉细，以绢袋盛之，悬于铫中，勿着底，蜜水浸一碗，慢火煮一日，水尽更添。） 檀香一两（切片，以腊茶清浸一宿，稍焙干） 甲香一两（制） 生梅花龙脑[31]二钱（另研） 麝香一钱（另研） 马牙硝一钱[32]

右捣罗取细末，以苏合油拌和令匀，磁盒封窨一月许，入脑麝作饼爇之。

[31] 梅花龙脑：龙脑的一种，形状如梅花，是龙脑之上品。

[32] 《陈氏香谱》麝香、马牙硝未属用量。

李次公[33]香（武）[34]

栈香不拘多少（剉如米粒大） 脑、麝各少许[35]

右用酒蜜同和，入磁罐蜜封，重汤煮一日，窨一月[36]。

[33] 李次公：所指不详，可能为宋代大臣李周。
[34] （武）：指从武冈公库《香谱》中辑录。武冈公库：武冈地方公使库，为香药储销立此谱。武冈，为荆湖南路邵州之武冈县（即今之湖南武冈）。
[35] 《陈氏香谱》作"龙脑各少许"，疑有脱字，"脑麝各少许"较为合理。
[36] 《陈氏香谱》作"窨半月可烧"。

赵清献公[37]香

白檀香四两（劈碎） 乳香缠末[38]半两（研细）玄参[39]六两（温汤浸洗，慢火煮软，薄切作片焙干[40]）

右碾取细末以熟蜜[41]拌匀，令入新磁罐内，封窨十日，爇如常法。

[37] 赵清献公：见前"焚香告天"条及"赵清献"条注释。
[38] 乳香缠末：指乳香的粉末。宋赵汝适《诸蕃志》卷下："品杂而碎者曰斫削、簸扬为尘者曰缠末，皆乳香之别也。"

[39] 玄参：无碍庵本作"元参"，可能是为了避康熙皇帝（玄烨）的讳。一般来说，无碍庵本多作"元参"，四库本、汉和本多为元参，而两种写法皆有。所指皆为玄参，后面不再一一注明。
[40] 薄切作片焙干：从制香家通常的做法来看，此处不能用金属，需用竹刀。
[41] 熟蜜：即炼过之后的蜂蜜。

苏州王氏帏中香[42]

檀香一两（直剉如米豆[43]大，不可斜剉，以蜡茶清浸令没，过一日[44]取出窨干，慢火炒紫） 沉香二钱（直剉） 乳香一钱（另研） 龙脑、麝香各一字[45]（另研，清茶化开）

右为末，净蜜六两，同浸檀茶清[46]，更入水半盏，熬百沸[47]，复秤如蜜数为度[48]，候冷入麸炭[49]末三两，与脑麝和匀，贮磁器，封窨如常法，旋丸爇之。

[42] 帏中香：汉和本、四库本作"帐中香"，依无碍庵本、《陈氏香谱》，应作"帏中香"，帏在这里指的是香囊。
[43] 米豆：红小豆。
[44] 《陈氏香谱》作"二日"。
[45] 一字：中药量词，出现于唐朝，唐代用开元通宝钱匕抄取药末，将药末填满钱面的一字之量，便叫

"一字",大约在宋代,一字已成为明确的计量单位。依元代《伤寒活人指掌图》:"字秤以四字为一钱,十钱为一两。"则宋元时期一字为四分之一钱,约为1克。后世以唐代钱匕取末把宋元时期"一字"看成估量单位,是一种误解。

[46] 指上文浸入檀香的茶清。

[47] 百沸:久沸。

[48] 复秤如蜜数为度:达到和前面的蜜一样重,六两。

[49] 麸炭:质轻易燃的木炭。

唐化度寺[50]衙香(洪谱[51])

沉香一两半 白檀香五两 苏合香一两 甲香一两(煮) 龙脑半两 麝香半两

右香细剉,捣为末,用马尾筛[52]罗,炼蜜搜和[53],得所用之。

[50] 化度寺:寺院名。位于唐长安城义宁坊南门之东。本真寂寺,此地原为隋尚书左射仆射齐国公高颎宅地,开皇三年(583),颎舍宅奏立为寺。三阶教之祖信行禅师自山东来,高颎乃于寺内为之建院。唐武德二年(619),改名化度寺。寺中有无尽藏院,为三阶教中心。武宗灭佛时被废,后逐渐恢复,大中六年(852),改为崇福寺。

[51] 洪谱:指从洪刍《香谱》中辑录。后面注

"(洪)"者亦如是。见前"洪刍《香谱》"条。
[52] 马尾筛：传统香筛，因马尾有弹性，可用压筛之法。现在日本还有马尾筛在使用。
[53] 搜和：无碍庵本作"拌匀"，搜和、拌匀意思相近，搜和在拌匀同时，更有如和面一样使之成形的意思，以搜和为恰当。

杨贵妃帏中衙香[54]

沉香七两二钱　栈香五两　鸡舌香四两　檀香二两　麝香八钱另研　藿香六钱　零陵香四钱　甲香二钱（法制）　龙脑香少许

右捣罗细末，炼蜜和匀，丸如豆大[55]，爇之。
[54]《陈氏香谱》作"开元帷中衙香"。
[55]《陈氏香谱》作"大豆"。

花蕊夫人衙香[56]

沉香三两　栈香三两[57]　檀香一两　乳香一两　龙脑半钱（另研，香成旋入[58]）　甲香一两（法制）　麝香一钱（另研，香成旋入）

右除脑、麝[59]外同捣末，入炭皮末、朴硝各一钱，生蜜拌匀，入磁盒，重汤煮十数沸，取出，窨七日，作饼爇之。
[56]《陈氏香谱》作"后蜀孟主衙香"。

[57]《陈氏香谱》作"一两"。
[58]香成旋入：（其他部分）香一做好就加入。旋：随即。
[59]《陈氏香谱》作"龙、麝"，无碍庵本作"脑、麝"，四库汉和本作"龙脑"。龙脑、麝香通常都要另研，以《陈氏香谱》和无碍庵本为是。

雍文徹郎中[60]衙香（洪谱）

沉香、檀香、甲香、栈香各一两　黄熟香一两半　龙脑、麝香各半两。

右件捣罗为末，炼蜜拌和匀，入新磁器中，贮之密封地中，一月取出用。

[60]郎中：西汉武帝以郎官供尚书署差遣，后成定制。北宋前期为五品寄禄官，不预部司公务，元丰改制后，始成为职事官，左、右司正六品，六部诸司从六品。

苏内翰[61]贫衙香（沈）

白檀四两（砍作薄片，以蜜拌之，净器内炒如干，旋旋入蜜，不住手搅，黑褐色止，勿焦。）　乳香五两（皂子[62]大，以生绢[63]裹之，用好酒一盏同煮，候酒干至五七分取出。）　麝香一字　玄参一钱[64]

右先将檀香杵粗末，次将麝香细研入檀，又入麸炭细末一两借色[65]，与玄乳同研，合和令匀，炼蜜作剂[66]，入磁器实按密封，地埋一月用。

[61] 苏内翰：苏轼，曾任翰林学士，唐宋称翰林学士为内翰。因其居禁内掌内制，故称。见前苏文忠条。
[62] 皂子：皂荚的籽粒，即皂角米。
[63] 生绢：未漂煮过的绢。
[64] 玄参一钱：《陈氏香谱》后有"玄参一钱"，三本《香乘》无玄参。后面有"与玄乳同研"句，可知原方应该有玄参，三本《香乘》有误。
[65] 借色：指借用（麸炭）来产生颜色。
[66] 作剂："剂"指多味原料合成的香或药，"作剂"就是完成合香。这里指用炼蜜来完成合香。

钱塘[67]僧日休笥香

紫檀[68]四两　沉水香一两　滴乳香一两　麝香一钱

右捣罗细末，炼蜜拌和令匀，丸如豆大，入磁器，久窨可爇。

[67] 钱塘：指今浙江杭州。
[68] 紫檀：香方中紫檀，有多种情况，可能指豆科紫檀属植物，如檀香紫檀、青龙木等，也可能指檀香中沉化较久，颜色较深者，还可能指制过的檀香。参见前面"制檀香"部分。如无特殊说明，多是指后两种情况，颜色深的檀香。

金粟[69]衙香（洪）

梅腊香[70]一两　檀香一两（腊茶煮五七沸，二香同取末）　黄丹[71]一两　乳香三钱　片脑[72]一钱　麝香一字（研）　杉木炭[73]五钱[74]（为末）　净蜜二两半[75]

右将蜜于磁器密封，重汤煮，滴水中成珠[76]方可用。与香末拌匀，入臼杵百余，作剂窨一月，分爇之。

[69] 金粟：金粟在古文中有多意，这里是取其黄色。桂花或黄色的香花亦可称金粟。

[70] 梅腊香：《陈氏香谱》作"梅蜡香"，所指不详。从香方来看，不大可能是蜡梅。古文中，梅蜡可以指梅实干制成的果饵。《诗·召南·摽有梅》"摽有梅"三国吴陆玑疏："梅，杏类也……曝干为腊置羹臐臛中，又可含以香口。"

[71] 黄丹：铅的氧化物，可由纯铅或纯铅加其他原料加热得到，为古代炼丹原料。又称"铅丹"。

[72] 片脑：即龙脑香，见前"龙脑香"部分。

[73] 杉木炭：合香常用，无烟气。

[74] 《陈氏香谱》作"二两"。

[75] 《陈氏香谱》作"二斤半"。

[76] 滴水中成珠：将热的炼蜜滴入水中，检验蜜炼的程度。

衙香八

衙香一

沉香半两　白檀香半两　乳香半两　青桂香[77]半两　降真香半两　甲香半两（制过）　龙脑香一钱（另研）　麝香一钱（另研）[78]

右捣罗细末，炼蜜拌匀，次入龙脑麝香溲[79]和得所，如常爇之。

[77] 青桂香：沉香之傍木皮而结之紧实细枝，不朽烂而香气尤烈者。晋嵇含《南方草木状》卷中："案此八物（指蜜香、沉香、鸡骨香、黄熟香等）同出于一树也……细枝紧实未烂者为青桂香。"参见前"沉水香"部分。

[78] 《陈氏香谱》龙脑香、麝香皆作"半两（另研）"。

[79] 溲：《陈氏香谱》作"搜"，"搜""溲"相通。指用水（或其他液体）调和搅拌至适度的状态。比如溲面就是和面的意思。

衙香二

黄熟香五两　栈香五两　沉香五两　檀香三两　藿香三两　零陵香三两　甘松三两　丁皮[80]三两　丁香一两半　甲香二两[81]（制）　乳香半两　硝石三分　龙脑三钱[82]　麝香一两

右除硝石[83]、龙脑、乳、麝同研细外，将诸香捣罗为散，先量用苏合香油并炼过好蜜二斤和匀，贮磁器，埋地中一月取爇。

[80] 丁皮：桃金娘科蒲桃属植物丁香 [Syzygium aromaticum (L.) Merr. & L. M. Perry] 的树皮，可入药。在丁香较稀缺的时代常作为丁香替代品。也被称为丁香皮，见前"丁香皮"条注释。

[81] 《陈氏香谱》作"三两"。

[82] 《陈氏香谱》作"三分"。

[83] 硝石：为硝酸盐类硝石族矿物硝石，或其经加工精制而成的结晶体。主要成分为硝酸钾。

衙香三

檀香五两　沉香四两　结香[84]四两　藿香四两　零陵香四两　甘松四两　丁香皮一两[85]　甲香二钱　茅香四两（烧灰）　龙脑五分　麝香五分[86]

右为细末，炼蜜和匀，烧如常法。

[84] 结香：这里应指生结香而非瑞香科植物结香，见前"生结香"条注释。

[85] 《陈氏香谱》作"二钱"。

[86] 《陈氏香谱》作"脑、麝各三分"。

衙香四

生结香三两　栈香三两　零陵香三两　甘松三两　藿香叶一两　丁香皮一两　甲香一两（制过）　麝香一钱

右为粗末,炼蜜放冷和匀,依常法窨过爇之。

衙香五

檀香三两　玄参三两　甘松二两　乳香半斤[87]（另研）　龙脑半两（另研）　麝香半两（另研）

右先将檀、参剉细,盛银器[88]内水浸火煎,水尽取出焙干,与甘松同捣罗为末,次入乳香末等,一处用生蜜和匀,久窨然后爇之。

[87]《陈氏香谱》作"半两"。半两、半斤,从香方来说都是可以的,但呈现效果有很大不同。

[88]银器：从中医的角度,炮制玄参,不用铜铁,需银器或瓷器。

衙香六

檀香十二两（剉,茶浸炒）　沉香六两　栈香六两　马牙硝六钱　龙脑三钱　麝香一钱　甲香六钱（用炭灰煮两日,净洗,再以蜜汤煮干）　蜜脾[89]香（片子量用）

右为末研,入龙麝蜜溲令匀,爇之。

[89]蜜脾：汉和本、四库本作"蜜比",今据无碍庵本。蜜蜂营造的酿蜜的房,其形如脾。合香用蜜脾主要是用其中的蜂蜡。

衙香七

紫檀香[90]四两（酒浸一昼夜,焙干）　零陵香半两川大黄[91]一两（切片，以甘松酒浸煮焙）　甘草半两　玄参半两（以甘松同酒焙）　白檀二钱半　栈香二钱半　酸枣仁[92]五枚

 右为细末，白蜜十两微炼和匀，入不津磁盆封窨半月，取出旋丸[93]爇之。

[90] 紫檀香：无碍庵本作"檀香"。香方中的紫檀香可能指沉化时久、颜色较深的檀香，也可能是制过的檀香。

[91] 大黄：古籍中大黄可指蓼科大黄属植物掌叶大黄（Rheum palmatum L.）。这里所说的川大黄，从产地来看，可能属此类。本草文献中大黄同时也可能为同属掌叶组其他植物如唐古特大黄（鸡爪大黄 Rheum tanguticum Maxim. ex Balf.），药用大黄（Rheum officinale Baill.）等。

[92] 酸枣仁：为鼠李科枣属植物酸枣［Ziziphus jujuba Mill. var. spinosa（Bunge）Hu ex H. F. Chow］的种子（核仁）。是常用药材。

[93] 旋丸：现搓制丸。

衙香八

 白檀香八两（细劈作片子，以腊茶清浸一宿，控出焙令干，置蜜酒中拌，令得所，再浸一宿慢火焙干）　沉香三两　生结香四两　龙脑半两　甲香一两（先用灰煮，次用一生土[94]煮，次用酒蜜煮，沥出用。）　麝香半两

right将龙麝另研外，诸香同捣罗，入生蜜拌匀，以磁礶贮窨地中月余取出用。

[94] 生土：未经过耕作的土。

笴香（武）

茅香二两（去杂草尘土）　玄参二两（蓢根[95]大者）　黄丹四两[96]（细研，以上三味和捣，筛拣过，炭末半斤[97]，令用油纸包裹，窨一两宿用[98]）　夹沉栈香[99]四两　紫檀香四两　丁香一两五钱[100]（去梗，已上三味捣末）　滴乳香一钱半（细研）　真麝香一钱半（细研）

蜜二斤[101]春夏煮炼十五沸，秋冬煮炼十沸，取出候冷，方入栈香等五味搅和，次以硬炭末[102]二斤拌溲，入臼杵匀，久窨方爇。

[95] 蓢根：这里指玄参的根。

[96]《陈氏香谱》作"十两"。

[97]《陈氏香谱》作"二斤"。

[98]《陈氏香谱》作"用油纸包裹三宿"。

[99] 夹沉栈香：半沉的栈香，就是栈香。

[100]《陈氏香谱》作"五分"。

[101]《陈氏香谱》作"四斤"。

[102]《陈氏香谱》作"蔄炭末"。

延安郡公[103]蕊香（洪谱）

玄参半斤（净洗去尘土，于银器中水煮令熟，控干，切入铫中，慢火炒，令微烟出）　甘松四两（细剉，拣去杂草尘土秤）　白檀香二两[104]（剉）　麝香二钱（颗者别研成末方入药）　滴乳香二钱（细研，同麝入）

右并用新好者杵罗为末，炼蜜和匀，丸如鸡头[105]，每香末一两入熟蜜一两，未丸前再入臼杵百余下，油纸封贮磁器中，旋取烧之，作花香[106]。

[103] 延安郡公：可能为宋朝宗室大臣赵允升（983—1035），本名赵元中，字吉先，宋太宗赵炅之孙。累迁澶州观察使，封延安郡公，谥号懿恭。

[104]《陈氏香谱》作"二钱"，疑太少。

[105] 鸡头：宋代市语"芡实"叫"鸡头"。苏轼《南歌子·湖景》："佳节连梅雨，余生寄叶舟。只将菱角与鸡头，更有月明千顷、一时留。"《陈氏香谱》此处作"鸡豆"。鸡豆、鸡头，都是指芡实。

[106]《陈氏香谱》作"花气"。

婴香[107]（武）

沉水香三两　丁香四钱　制甲香一钱（各末之）　龙脑七钱（研）　麝香三钱（去皮毛研）　旃檀香[108]半两（一方无）

右五味[109]相和令匀,入炼白蜜六两,去沫[110],入马牙硝末半两,绵滤过[111],极冷乃和诸香,令稍硬,丸如芡子[112],扁之[113],磁盒密封窨半月。

《香谱补遗》[114]云:昔沈推官[115]者,因岭南押香药纲[116],覆舟于江上,几丧官香之半,因刮治脱落之余[117],合为此香,而鬻于京师。豪家贵族争而市之,遂偿值而归,故又名曰偿值香。本出《汉武内传》[118]。

[107] 婴香:为宋代名香方,婴香之名出道家经典《真诰·运象篇》:"神女及侍者,颜容莹朗,鲜彻如玉,五香馥芬,如烧香婴气者也。"陶弘景小字注曰:"香婴者,婴香也,出外国。"其香气如妙龄玉女之香也。婴香也因此常被视为道家之香。此处给出了两种说法,一种认为出自《汉武内传》,一种认为来自沈推官。前者传说难以考证,后者又过于晚出,显然不是婴香的来源,可能是沈推官根据婴香方来调配剩下的香药。

除了此处和《陈氏香谱》(香方与此处同)的记载外,台北故宫博物院还藏有黄庭坚《制婴香方》册页一帧,与此大体相同(为二种婴香方中无旃檀香者)。

[108] 旃檀香:檀香在佛教中的称呼,参见前"檀香"部分相关解释。

[109] 右五味:前面虽然有六味,但作了说明有一种配方没有旃檀香。

[110] 去沫：四库、汉和本作"去末"，《陈氏香谱》、无碍庵本作"去沫"，今依后者。

[111] 绵滤过：这里绵指丝绵，用下脚茧和茧壳表面的浮丝为原料，经过精练，溶去丝胶，扯松纤维而成。过滤效果好。

[112] 《陈氏香谱》作"梧子"，指梧桐子。

[113] 扁之：压成小圆饼。

[114] 《陈氏香谱》作"《香谱拾遗》"，指宋潜斋所作《香谱拾遗》，已佚。潜斋应为作者之号，因号潜斋之人甚多，如宋即有晁补之、陈德浚、王野、何梦桂等，具体不可考。

[115] 推官：唐代节度使、观察使、团练使、防御史所属有推官，掌勘问刑狱。宋代于三司各部置推官一人，主管各案公事；府、州亦置此职。

[116] 香药纲：纲，唐、宋时成批运输货物的组织方式。运香药的称为"香药纲"。

[117] 刮治脱落之余：搜集剩下的香药。

[118] 《汉武内传》曾记载："西王母降，爇婴香。"

道香（出《神仙传》）

香附子四两（去须）　藿香一两

右二味用酒一升同煮，候酒干至一半为度，取出阴干为细末，以查子[119]绞汁拌和令匀，调作膏子，或为薄饼烧之。

[119] 查子：一说为蔷薇科木瓜属植物榠楂（光皮木瓜）[Chaenomeles sinensis (Thouin) Koehne]。一说为蔷薇科木瓜属植物樝子（毛叶木瓜）（Chaenomeles cathayensis Schneid.）。据宋孟元老《东京梦华录·饮食果子》："河阳查子、查条。"来看，是一种可口的水果，看来更可能是前者。

韵香

沉香末一两　麝香末二钱[120]

稀糊[121]脱成饼子，窨干烧之。

[120]《陈氏香谱》作"一两"。

[121] 稀糊：从描述看，研磨时要加水。

不下阁新香

栈香一两　丁香一钱　檀香一钱　降真香一钱　甲香一字　零陵香一字　苏合油半字

右为细末，白芨末[122]四钱，加减水和作饼，如此"○"[123]大作一炷[124]。

[122] 白芨末：指兰科白芨属植物白芨[Bletilla striata (Thunb. ex murray) Rh]，白芨在合香中可作为

黏合剂，多用于线香。

[123] 原书圆圈大概约合书中一字大。直径约6毫米。

[124] 作一炷：这里指的是一个香饼。

宣和贵妃王氏[125]金香（售用录[126]）

占腊[127]沉香八两　檀香二两　牙硝[128]半两　甲香半两（制）　金颜香半两　丁香半两　麝香一两　片白脑子[129]四两

右为细末，炼蜜先和前香。后入脑麝，为丸，大小任意，以金箔为衣[130]，爇如常法。

[125] 宣和贵妃王氏：据《宋史》《宋会要》，徽宗有两位贵妃王氏，都于政和七年九月去世。一位曾被封寿昌郡君，为徽宗生五子三女；一位曾被封平昌郡君，为徽宗生二子五女，此处所指不详。《陈氏香谱》作"宣和贵妃黄氏"，徽宗贵妃中没有黄姓者，恐误。

[126] 售用录：指《是斋售用录》，原书早佚，该书收录的一些香方被作者所摘录。宋代有多人号是斋，其中最为可能的是王璆。王璆，南宋医家。字孟玉，号是斋，山阴（今浙江绍兴）人，历任淮南幕官、汉阳太守。撰有《是斋百一选方》二十卷。该书亦多次提到"冯仲柔"，与《是斋售用录》中的"冯仲柔"应该是一人，与王璆是同乡，参见下文"冯仲柔假笃耨香"。

[127] 占腊：三本皆作"古腊"，误。依《陈氏香谱》应作"占腊"，即指"真腊"，参见前"真腊"条。

[128] 牙硝：见前"马牙硝"条。

[129] 脑子：虽然前面飞樟脑部分，脑子指的是樟脑，但在香方里，如无特殊说明，脑子一般指的是龙脑香。

[130] 金箔为衣：以金箔包裹香丸表面，故称为"金香"。

压香[131]（补）[132]

沉香二钱半　脑子二钱（与沉香同研）　麝香一钱（另研）

右为细末，皂儿[133]煎汤和剂，捻[134]饼如常法，玉钱[135]衬烧。

[131] 压香：并非常见的香类，有可能是"衙香"的另一种写法。

[132] （补）：《新纂香谱》（即《陈氏香谱》）在收集前人其他香谱之外所补入者。

[133] 皂儿：三本皆作"枣儿"，误。据《陈氏香谱》应作"皂儿"，即皂角米，参见前"皂儿白"条。

[134] 捻：捏，揉塑。

[135] 玉钱：文献记载上古时曾有玉币作为贵重的流通货币，汉代及以后以玉刻制的仿行用钱或以玉刻制的吉语钱，非流通币，多用来把玩或做厌胜。

古人认为古玉属阴，调和火性，是隔火空薰中用来衬香的顶级材质。《陈氏香谱》此处作"银衬烧"，可能指银叶。

古香

柏子仁[136]二两（每个分作四片，去仁[137]，腊茶二钱[138]，沸汤半[139]盏浸一宿，重汤煮焙令干） 甘松蕊[140]一两　檀香半两　金颜香三两[141]　龙脑二钱

右为末，入枫香脂[142]少许，蜜和，如常法窨烧。

[136] 柏子仁：一般指柏科侧柏属植物侧柏［Platycladus orientalis（L.）Franco］的干燥成熟种仁，这里指的是球果，后面恰恰要去掉种仁，保留外壳。

[137] 去仁：前面的柏子仁是带外壳的（非果仁的壳，而是球果的外皮，成熟时会开裂），这里去掉仁，只保留柏子球果的外壳。即后面所说的柏铃。

[138] 《陈氏香谱》作"二两"。

[139] 《陈氏香谱》无"半"字。

[140] 甘松蕊：蕊一般指花苞或花蕊，若为甘松花蕊则难以收集，可能是指甘松的花苞。

[141] 《陈氏香谱》作"二两"。

[142] 枫香脂：见前"白胶香"条及注释。

神仙合香（沈谱）

玄参十两　甘松十两（去土）　白蜜（加减用[143]）

右为细末，白蜜和令匀，入磁罐内密封，汤釜煮一伏时[144]，取出放冷，杵数百，如干加蜜和匀，窨地中，旋取入麝香少许焚之。

[143] 加减用：指根据情况增减。

[144]《陈氏香谱》作"重汤煮一宿"。

僧惠深湿香[145]

地榆[146]一斤　玄参一斤（米泔[147]浸二宿）　甘松半斤　白茅[148]、白芷俱一两（蜜四两，河水一碗同煮，水尽为度，切片焙干。）

右为细末，入麝香一分[149]，炼蜜和剂，地窨一月，旋丸爇之。

[145] 湿香：合香的一种，一般用炼蜜调和，保证一定的湿度，用来焚爇。

[146] 地榆：指蔷薇科地榆属植物地榆（Sanguisorba officinalis L.）或长叶地榆（Sanguisorba officinalis var. longifolia）。以干燥根入药（入香）。也可能为同属其他植物，比如腺地榆、粉花地榆、长蕊地榆。

[147] 米泔：淘米水。

[148] 白茅：关于"白茅""白茅香""茅香""茅根""茅香花"所指的辨析，请参考前面注释，此章不再一一辨析。

[149] 一分：古代一分所指有两种，早期是一两的四分之一，后来是一钱的十分之一。宋代正处于两种衡制交替之时，古制仍然在使用，文献中两种情况皆可见到。在后面的香方之中，也是两种情况皆有，大体以前者为多，需要根据情况具体分析。此处应该是指一两的四分之一，后面的香方不再一一分析。

供佛湿香[150]

檀香二两[151]　栈香一两　藿香一两　白芷一两　丁香皮一两　甜参[152]一两　零陵香一两　甘松半两　乳香半两　硝石一分

右件依常法治，碎剉焙干，捣为细末。别用白茅香八两碎劈，去泥焙干，火烧之，焰将绝，急以盆盖手巾围盆口，勿令泄气，放冷。取茅香灰捣末，与前香一处，逐旋入，经炼好蜜相和，重入臼，捣软硬得所，贮不津器中，旋取烧之。

[150]《陈氏香谱》作"温香"，恐误。

[151]《陈氏香谱》作"一两"。

[152] 甜参：甜参在本草文献中出现很少，说明很可能另

有常用名。称参而有甜味者，西洋参传入太晚，桔梗科沙参、荠苨之类与上下文似不太相符。今之党参口感甜，但古今党参不同，古党参有多种文献记载已绝迹，今日之党参入药较晚，之前是否用于香方还需存疑。玄参苦甜皆有，此处也有可能是玄参。具体所指如何有待进一步研究。

久窨湿香[153]（武）

栈香四两（生）　乳香七两（拣净）　甘松二两半　茅香六两（剉）　香附一两（拣净）　檀香一两　丁香皮一两　黄熟香一两（剉）　藿香二两　零陵香二两　玄参二两（拣净）

右为粗末，炼蜜和匀，焚如常法。[154]

[153]《陈氏香谱》此香方与此不同，无有藿香、零陵香、玄参三种，且每种用量皆为此方十倍。

[154]《陈氏香谱》此部分作："右细末，用大丁香二个槌碎，水一盏煎汁，浮萍草一掬拣洗净，去须，研细滤汁，同丁香汁和匀，搜拌诸香，候匀，入臼杵数百下为度，捻作小饼子阴干如常法烧之。"

湿香（沈）

檀香一两一钱　乳香一两一钱　沉香半两　龙脑一钱　麝香一钱　桑柴灰[155]二两

右为末，铜筒[156]盛蜜，于水锅内煮至赤色，与香末和匀，石板上槌三五十下，以熟麻油[157]少许作丸或饼爇之。

[155] 桑柴灰：为桑科桑属植物桑树（Morus alba L.）的木材所烧成的灰。细粉末状，灰白色，入中药。参见《新修本草》《本草纲目》等。《陈氏香谱》作"桑炭灰"。

[156] 《陈氏香谱》作"竹筒"，似更合理。

[157] 熟麻油：熟芝麻油。关于生熟，《本草纲目》引寇宗奭："炒熟乘热压出油，谓之生油，但可点照；须再煎炼，乃为熟油，始可食，不中点照，亦一异也。"似与今日不同。今日一般食用的都是炒熟后榨油，都称为熟麻油，只有生榨才称生麻油。加入熟麻油可以防止黏连。

清神湿香（补）

芎䓖[158]半两　藁本半两　羌活[159]半两　独活[160]半两　甘菊[161]半两　麝香少许

右同为末，炼蜜和剂，作饼爇之。可愈头风[162]。

[158] 芎须：指川芎（Ligusticum chuanxiong Hort.）的根须。参见前"芎藭"条。《陈氏香谱》作"苔芎须"，苔芎是川芎的别称，多写作"台芎"。

[159] 羌活：一般指伞形科羌活属植物羌活（Notopterygium incisum Ting ex H. T. Chang），或宽叶羌活（Notopterygium franchetii H.Boissieu），以干燥根茎入药。古代本草中，指后者的情况更多。另外有些地方也有用其他植物代替。

[160] 独活：今日独活指伞形科当归属植物重齿毛当归（Angelica pubescens Maxim.f. biserrata Shan et Yuan）的干燥根。但历史上的独活的所指较为复杂，很多时候指的是羌活，即伞形科羌活属植物宽叶羌活（Notopterygium franchetii H.Boissieu）或羌活（Notopterygium incisum Ting ex H. T. Chang），尤其是早期本草文献，独活和羌活所指是重叠的。除了羌活和现代独活，独活的所指还可能包括独活属其他近缘植物如牛尾独活、九眼独活等，甚至他属植物。后来，相对而言形细而多节，气息猛烈者多称羌活；而形虚大，色微白等品种多称独活。

[161] 甘菊：今日甘菊指菊科菊属植物甘菊[Dendranthema lavandulifolium（Fisch. ex Trautv.）Lin]。但古代本草所称甘菊，多指菊科菊属植物菊花（Chrysanthemum morifolium）中的一些品种，可入药者有杭菊、滁

菊等。今日甘菊古代多视为野菊，不作为甘菊的正品。欧阳修《辨甘菊说》："《本草》所载菊花者，世所谓甘菊，俗又谓之家菊，其苗泽美，味甘香可食。今市人所卖菊苗，其味苦烈，乃是野菊，其实蒿艾之类，强名为菊尔。"

[162] 头风：头痛，尤指经久难愈者。《医林绳墨·头痛》："浅而近者，名曰头痛；深而远者，名曰头风。《陈氏香谱》此处作"头痛"。

清远湿香

甘松二两（去枝）　茅香二两（枣肉研为膏浸焙）　玄参半两（黑细者炒）　降真香半两　三柰子[163]半两　白檀香半两[164]　龙脑半两　丁香一两　香附子半两（去须微炒）　麝香二钱[165]

右为细末，炼蜜和匀，磁器封，窨一月取出，捻饼爇之。

[163] 三柰子：即山柰，一般指姜科山柰属植物山柰（Kaempferia galanga L.），根茎入药入香。有些地区有以同属植物苦山柰（K.marginata Y.H.Chen）充山柰。参见"三赖子"条。

[164] 半两：无碍庵本作"一钱"。

[165] 二钱：《陈氏香谱》作"三百文"，似乎指的是花费的价钱。

日用供神湿香（新）[166]

乳香一两（研） 蜜一斤（炼） 干杉木（烧麸炭细研[167]）

右同和，窨半月许取出，切作小块子，日用无大费，其清芬胜市货者。

[166]（新）：指陈敬所撰之《新纂香谱》，本为《陈氏香谱》，相较于宋代洪刍、沈立之谱为后，故称新纂。陈敬，河南人，字子中，生卒不详，大概为宋末元初人。《陈氏香谱》集宋代香谱之大成。参见本书末《陈氏香谱序》。

[167]《陈氏香谱》作"细筛"。

法和众妙香（二）

卷十五

丁晋公清真香[1]（武）

歌曰[2]：四两玄参二两松[3]，麝香半分蜜和同，圆如弹子[4]金炉爇，还似千花喷晓风。

又清室香，减去玄参三两。

[1] 清真香：清真为道家用语，自然率真。丁谓自称是神仙丁令威（神话人物）的后裔，颇好神仙之道。清真香是香谱中一类，有很多香方，有清雅自然的意蕴。
[2] 歌曰：香方的歌诀。
[3] 松：指甘松。
[4] 弹子：也作弹丸，指用于弹弓发射的泥丸、石丸、铁丸等。

清真香（新）

麝香檀[5]一两　乳香一两　干竹炭四两（带性烧[6]）

右为细末，炼蜜溲成厚片，切作小片子，磁盒封贮土中窨十日,慢火爇之。

［5］麝香檀:关于麝香檀与麝香木的考证,见前相关部分。

［6］带性烧:又称存性烧。中药炮制法中的存性烧指的是把植物药烧至外部枯黑,里面焦黄为度,使药物一部分炭化,另一部分还能尝出原有的气味,即存性。这里指的是竹炭不要烧透,外部炭化而内部保留一部分竹性。

清真香(沈)

沉香二两　栈香三两　檀香三两[7]　零陵香三两　藿香三两　玄参一两　甘草一两　黄熟香四两　甘松一两半　脑、麝各一钱　甲香二两半[8](泔浸二宿同煮,油尽以清为度,后以酒浇地上,置盖一宿。)

右为末,入脑麝拌匀,白蜜六两炼去沫,入焰硝[9]少许,搅和诸香,丸如鸡头子[10]大,烧如常法,久窨更佳。

［7］《陈氏香谱》此方无檀香。

［8］《陈氏香谱》作一两半。

［9］焰硝:即硝石,见前"硝石"条。

［10］鸡头子:芡实,见前"鸡头"条。《陈氏香谱》作"鸡头实"。

黄太史[11]清真香

柏子仁二两　甘松蕊[12]一两　白檀香半两　桑木麸炭末三两

右细末，炼蜜和丸，磁器窨一月，烧如常法。

[11] 黄太史：黄庭坚，元祐中为太史，故称。见"黄山谷"条。

[12] 关于甘松蕊的所指，一种观点认为指甘松花蕊，但花蕊在甘松中所占比重非常小，相当难得。另一种观点认为，甘松蕊可能就是甘松根去除杂质和外皮后里面的心部，这种相当于是拣选损耗较大、纯净度高的甘松。后者可能性更大一些。

清妙香（沈）

沉香二两（剉）　檀香二两（剉）　龙脑一分　麝香一分（另研）

右细末，次入脑麝拌匀，白蜜五两重汤煮熟放温，更入焰硝半两同和，磁器窨一月取出爇之。

清神香

玄参一斤　腊茶四胯[13]

右为末，以糖水溲之，地下久窨可爇。

[13]胯：是茶的单位，片。銙，本意为玉带上的一节、腰带上的扣板。宋代借用銙字指北苑贡茶制作过程中的棬、模，即《茶经·二之具》中的规，是指造团饼贡茶的模具，以其形状像玉带上的銙而得名，成为宋代贡茶的专有名词，在宋代文献中亦写作胯、夸。宋赵汝砺《北苑别录·造茶》云："造茶旧分四局……茶堂有东局、西局之名，茶銙有东作、西作之号。"銙因此也指这种贡茶的形态，代指这种贡茶饼。熊蕃《宣和北苑贡茶录》曰："既又制三色细芽，及试新銙、贡新銙（注云：大观二年、政和二年造）……兴国岩銙、香口焙銙（注云绍圣二年造）。"宋祝穆《方舆胜览》卷一一《建宁府·土产》："贡龙凤等茶"下注引《建宁郡志》："其品大概有四，曰銙、曰截、曰铤，而最粗为末。"是说銙是茶的最高级的形态。同时銙也是茶的计量单位，也就是一饼、一片。姚宽《西溪丛语》卷上云："龙园胜雪，白茶也；茶之极精好者，无出于此，每胯计工价近三十千。"周密《乾淳岁时记·进茶》："仲春上旬，福建漕使进第一纲茶，名北苑试新，方寸小夸，进御止百夸。……乃雀舌水芽所造，一夸之值四十万，仅可供数瓯之啜耳。"宋代銙茶大小不一，有八饼一斤，有二十饼一斤，合今日30克至80克不等，一些稀有的品种还要更小。小胯一般用于特定贡

茶，如无特殊说明，香方里的"胯"有可能是大饼（约几十克）。

清神香（武）

青木香[14]半两（生切，蜜浸）　降真香一两　白檀香一两　香白芷[15]一两[16]

右为细末，用大丁香[17]二个，槌碎，水一盏煎汁，浮萍草[18]一掬[19]，择洗净，去须，研碎沥汁，同丁香汁和匀，溲拌诸香候匀，入臼杵数百下为度，捻作小饼子阴干，如常法爇之。[20]

[14] 青木香：参见前"木香"条注释及相关内容。
[15] 香白芷：即白芷，参见前"白芷"条。
[16] 《陈氏香谱》后面有"龙、麝各少许"。
[17] 大丁香：可能指母丁香。
[18] 浮萍草：参见前"浮萍"条。
[19] 一掬：一把。
[20] 制法部分《陈氏香谱》作："右为细末，热汤化雪，糕和作小饼，晚风烧如常法。"与《香乘》差异甚大，可能是二者之一和其他香方有混淆。

清远香（局方）[21]

甘松十两　零陵香六两　茅香七两（局方六两）　麝

香木半两[22]　玄参五两（拣净）　丁香皮五两　降真香五两[23]（系紫藤香[24]，以上三味局方六两）　藿香三两　香附子三两（拣净，局方十两）　香白芷三两

右为细末，炼蜜溲和令匀，捻饼或末爇之。

[21]（局方）：指出自《太平惠民和剂局方》，宋代官医局颁行公布成药处方配本。十卷。宋太医局编。初刊于1078年以后。宋代曾多次增补修订刊行。载方788首，是世界第一部由官方主持编撰的成药标准。

　　这里面实际是两个香方，其中一个是局方，配比略有不同，香方中已加以说明。

[22]《陈氏香谱》作"麝香末半斤"。麝香末是可能的，但半斤未免太多了。

[23]《香乘》脱用量，依《陈氏香谱》及上下文应为"五两"。

[24]紫藤香：晋嵇含《南方草木状》："紫藤，叶细，长茎如竹，根极坚实，重重有皮，花白子黑。置于酒中，历二三十年亦不腐败。其茎截置烟炱中，经时成紫香，可以降神。"南宋郑樵《通志（一）》："降真香曰紫藤香，主天时气，家舍怪异，和诸香烧烟直上天，召鹤盘旋于其上。"以降真香为紫藤香。明《本草纲目》沿用了这个说法，以紫藤香为降真香的异名。因为降真香的基源植物较为复杂，单从描述来看很难确定。似乎两粤黄檀、斜叶黄檀、藤黄檀都有可能，也有某些番降称

为紫藤香的,《本草丛新》则以紫藤香为降真香的上品。不同文献所指本来也不尽相同。

清远香(沈)

零陵香、藿香、甘松、茴香、沉香、檀香、丁香各等分[25]

右为末,炼蜜丸如龙眼核大,加龙脑、麝香各少许尤妙,爇如常法。

[25] 各等分:相同的分量。

清远香(补)

甘松一两　丁香半两　玄参半两　番降香[26]半两　麝香木八钱[27]　茅香七钱　零陵香六钱　香附子三钱　藿香三钱　白芷三分[28]

右为末,蜜和作饼,烧窨如常法。

[26] 番降香:《陈氏香谱》作"番降真",降真、降香皆指降真香。番说明来自国外,番降真具体所指见前"降真香"条讨论。
[27] 《陈氏香谱》作"麝香末半钱"。
[28] 《陈氏香谱》作"三钱",更合理一些。

清远香(新)

甘松四两　玄参二两

右为细末,入麝香一钱,炼蜜和匀,如常爇之。

汴梁太一宫[29]清远香

柏铃[30]一斤　茅香四两　甘松半两[31]　沥青[32]二两

右为细末,以肥枣半斤,蒸熟研如泥,拌和令匀,丸如芡实大爇之,或炼蜜[33]和剂亦可。

[29] 太一宫:又称太乙宫,历史上有多处太乙宫,这里指北宋开封的太一宫。太一宫仅北宋开封就有四处,分别为"太宗朝建东太一宫","仁宗朝建西太一宫","神宗朝建中太一宫","徽宗朝建北太一宫"。南宋临安亦有两处太一宫。太一宫是皇家奉祀太一神的地方。太一的祭祀在宋代不是一般的道家祭祀,而是具有国家礼仪的性质。此香给人庄严肃穆之感。

[30] 柏铃:指柏子球果的外壳,《本草纲目》:"其花细琐,其实成球,状如小铃,霜后四裂,中有数子……子为柏仁,外壳状如小铃,故谓柏铃。"一般入香都是指球果的外壳,而非种仁的外壳。

[31]《陈氏香谱》作"半斤"。

[32] 沥青：松脂的别名。《本草纲目·木一·松》："松脂，别名：松膏、松肪、松胶、松香、沥青。"
[33] 或炼蜜：指用炼蜜或者枣合剂都是可以的。

清远膏子香[34]

甘松一两（去土）　茅香一两（去土，炒黄[35]）　藿香半两　香附子半两　零陵香半两　玄参半两　麝香半两（另研）　白芷七钱半　丁皮三钱　麝香檀四两（即红兜娄）　大黄二钱　乳香二钱（另研）　栈香三钱　米脑[36]二钱[37]（另研）

右为细末，炼蜜和匀散烧，或捻小饼亦可。

[34] 膏子香：香膏。
[35] 《陈氏香谱》作"蜜水炒黄"。
[36] 米脑：龙脑之一种，细碎如米。《香谱》："其碎者谓之米脑。"参见前"龙脑香"部分相关说明。
[37] 《陈氏香谱》作"二分"。

刑太尉[38]韵胜清远香（沈）

沉香半两　檀香二钱　麝香半钱[39]　脑子三字

右先将沉檀为末，次入脑、麝，钵内研极细，别研入金颜香一钱，次加苏合油少许，仍以皂儿仁[40]二三十个、水二盏熬皂儿水[41]，候粘入白芨末一钱[42]，同上拌香料和成剂，再入茶碾[43]，贵得其剂和熟[44]，随意脱[45]造花子香[46]，先用苏合香油或面刷过花脱[47]，然后印剂则易出。

[38] 邢太尉：邢孝扬，南宋高宗朝太尉，高宗原配邢秉懿皇后的弟弟。见《宋史·本纪第三十·高宗七》。

[39] 麝香半钱：《陈氏香谱》作"麝香五钱"。

[40] 皂儿仁：即皂角米，皂角的种仁，见前"皂儿白"条。

[41] 皂儿水：指用皂儿（皂角仁）熬成的黏性液体。

[42] 入白芨末一钱：此香塑形脱花，对黏性要求较高，所用香材缺乏黏性，单靠皂角米做黏合剂尚显不足，故加以白芨。

[43] 《陈氏香谱》作"再入茶清研"。四库本、汉和本作"同上件香料加成剂再入茶碾"，误，今依无碍庵本。

[44] 和熟：指经过茶碾碾过，香料更加细腻，混合充分。

[45] 脱：指印香，参见前"香脱"条解释。

[46] 花子香："花子"本来指妇女的面饰，于颊部或额间贴以花钿。段成式《酉阳杂俎前集·黥》："今妇人面饰用花子，起自昭容上官氏所制，以掩点迹。"这里指是用香脱（香模）印的花子形的香。

[47] 防止香剂与香脱黏连。

内府[48]龙涎香[49]（补）

沉香、檀香、乳香、丁香、甘松、零陵香、丁香皮、白芷各等分　龙脑、麝香各少许[50]

右为细末，热汤化[51]雪梨膏[52]和作小饼[53]脱花，烧如常法。[54]

[48] 内府：皇家的仓库，泛指宫廷；同时内府也是管理皇家仓库的官名。本书中的内府一般指皇家或皇家库藏。

[49] 龙涎香：这里是指模拟龙涎香香调的合香。龙涎香数量十分有限，这些合香则可以增量。

[50]《陈氏香谱》此方无龙脑、麝香，有"藿香二斤玄参二斤（拣净）"。

[51] 热汤化：这里是指以盛有雪梨膏的容器坐在热水里。

[52] 雪梨膏：四库本、汉和本作"雪梨糕"，依无碍庵本。雪梨膏是常见的中药膏方，以雪梨为主，加以其他药材，熬制而成。不同方略有不同，也有纯用雪梨加炼蜜制成，这里应该用的是后者。

[53] 小饼：四库本、汉和本作"小销"。依无碍庵本作"小饼"。

[54]《陈氏香谱》制法作："右共为粗末，炼蜜和匀，爇如常法。"

王将明^[55]太宰^[56]龙涎香（沈）

金颜香一两（另研^[57]）　石脂^[58]一两（为末，须西出者，食之口涩生津者是）　龙脑半钱（生）　沉、檀各一两半（为末，用水磨细，再研^[59]）　麝香半钱（绝好者）

右为末，皂儿膏^[60]和入模子脱花样，阴干爇之。

[55] 王将明：王黼（1079—1126），原名王甫，字将明，开封祥符（今属河南开封）人，北宋末年大臣。王黼由通议大夫超升八阶，被任命为宰相，极受恩宠，但贪腐无识，后被杀身亡。

[56] 宋徽宗崇宁年间，曾改尚书左仆射（相当于宰相）为太宰，右仆射为少宰。王黼先超晋八阶升为少宰，后又升为太宰。

[57] 《陈氏香谱》作"乳细如面"。

[58] 石脂：矿物类，古籍中记载有青、黑、黄、白、赤五色石脂，成分各有不同。此处未提及颜色。可能为白石脂，为硅酸盐类矿物高岭土；或赤石脂，含有高价铁氧化物（或其他导致赤色的氧化物）的硅酸盐类矿物多水高岭土。相对而言，以上两种较常见。

[59] 《陈氏香谱》作"令干"。

[60] 皂儿膏：指皂角子煮成黏稠膏状物，参见前"皂儿白""皂儿水"注释。

杨吉老[61]龙涎香（武）

沉香一两　紫檀[62]（即白檀中紫色者）半两　甘松一两（去土拣净）　脑、麝各二分[63]

右先以沉檀为细末，甘松别碾罗，候研脑麝极细入甘松内，三味[64]再同研分作三分：将一分半入沉香末中和合匀，入磁瓶密封窨一宿；又以一分用白蜜一两半重汤煮干至一半，放冷入药，亦窨一宿；留半分至调合时掺入溲匀。更用苏合油、蔷薇水、龙涎别研，再溲为饼子。或溲匀入磁盒内，掘地坑深三尺余，窨一月取出，方作饼子。若更少入制过甲香[65]，尤清绝。

[61] 杨吉老：北宋名医杨介，字吉老，生卒年不详，泗州（江苏盱眙）人。出身于世医家庭，曾为太医生。编绘《存真环中图》（人体解剖及经络图，已佚），著有《四时伤寒从病论》六卷（已佚）。《陈氏香谱》作"杨古老"，误。

[62] 紫檀：古代入药入香紫檀可指豆科紫檀属植物如檀香紫檀、青龙木等。这里根据说明指的还是檀香科檀香属植物，即前面说的"紫檀香"，大概指的是檀香陈化时间较长者。

[63] 《陈氏香谱》作"少许"。

[64] 三味：指龙脑、麝香、甘松。

[65] 甲香：入甲香有融合诸香之功。

亚里木吃兰牌[66]龙涎香

蜡沉二两（蔷薇水浸一宿，研细）　龙脑二钱（另研）　龙涎香半钱

共为末，入沉香泥[67]，捻饼子窨干爇。

[66]亚里木吃兰牌：应为外文音译，所指不详。

[67]入沉香泥：指后两种研末后入研过的蜡沉中，蜡沉油脂丰富柔软，研后成泥。参见前"蜡沉"条解释。

龙涎香五

龙涎香一
沉香十两　檀香三两　金颜香二两　麝香一两　龙脑二两

右为细末，皂子胶[68]脱作饼子，尤宜作带香[69]。

[68]皂子胶：煮至粘稠的皂角米水。

[69]带香：日常佩带之香。

龙涎香二
檀香二两（紫色好者剉碎，用鹅梨汁并好酒半盏浸三日，取出焙干）　甲香八十粒（用黄泥煮二三沸[70]，洗净油煎赤[71]，为末）　沉香半两（切片）　生梅花脑子[72]一钱　麝香一钱（另研）[73]

右为细末以浸沉梨汁，入好蜜少许拌和得所，用瓶盛

窨数日。于密室无风处,厚灰盖火烧一炷[74],妙甚。

[70]《陈氏香谱》作"二三十沸"。

[71]油煎赤:此种制法制成之甲香称朱甲。《陈氏香谱》此处作"油煎亦为末"。

[72]梅花脑子:龙脑香之状如梅花者,为最上品。参见前龙脑香部分。《陈氏香谱》:"大者成斤,谓之梅花脑。"

[73]《陈氏香谱》此方还有丁香八十粒,《香乘》无。

[74]指的是隔火熏香。即在燃烧的炭上覆盖香灰,再在上面放香饼或香材。

龙涎香三

沉香一两　金颜香一两　笃耨皮[75]一钱半　龙脑一钱　麝香半钱(研)

右为细末,和白芨末糊作剂,同模范脱成花阴干,以齿刷子[76]去不平处,爇之。

[75]笃耨皮:低等级的笃耨香,参见前"笃耨香"部分注释,有详细讨论。

[76]齿刷子:三本皆作"牙齿子",误,依《陈氏香谱》应作"齿刷子"。齿刷子即牙刷,亦被称为"刷牙""刷牙子"。在宋代,植毛牙刷已经普遍使用,用马尾等材质。

龙涎香四

沉香一斤　麝香五钱　龙脑二钱

右以沉香为末，用水[77]碾成膏，麝用汤细研化汁入膏内，次入龙脑研匀，捻作饼子烧之。

[77] 用水：四库本、汉和本作"用"，无碍庵本作"同"。依《陈氏香谱》应作"用水"。沉香需加水才能成膏状，三本《香乘》有脱字。

龙涎香五

丁香半两　木香半两　肉豆蔻半两　官桂[78]七钱　甘松七钱　当归七钱　零陵香三分　藿香三分[79]　麝香一钱　龙脑少许

右为细末，炼蜜和丸如梧桐子[80]大，磁器收贮，捻扁亦可。

[78] 官桂：《本草纲目·木一·桂》引苏颂："牡桂皮薄色黄少脂肉者，则今之官桂也。曰官桂者，乃上等供官之桂也。"官桂指的是上等"牡桂"，但古代桂类植物称呼复杂，牡桂所指较难确定，有以为即是樟科樟属植物肉桂（Cinnamomum cassia Presl），《新修本草》中有此说，也有认为并非肉桂，而是钝叶桂之类，甚至也有认为可能是木犀。今日所称官桂则和历史又有不同，很多书籍或商品市场上以银叶桂（Cinnamomum mairei Levl.）等其他樟属植物作为官桂来源。历史上桂、牡桂与菌桂

所指范畴一直未有定论。

综合来看，宋代药方、香方中的官桂，使用极为广泛。金刘完素《伤寒直格》："桂枝（一两 削去皴皮，官桂是也）。"官桂可能指的是肉桂细嫩枝条的外皮，也就是上文所说皮薄少脂者。

今日入香之桂类有气味浓烈的国产紫皮肉桂，即明代卢之颐："牡桂，木皮紫赤，坚厚臭香，气烈味重者为最。"也有用南亚地区所产肉桂，香气更加柔和。

[79]《陈氏香谱》零陵香和藿香作"三钱"。

[80] 梧桐子：指梧桐科梧桐树植物梧桐 [Firmiana platanifolia (L. f.) Marsili] 的种子。用作丸药剂量单位。梧桐子直径约5~7毫米，重约0.3~0.4克。

南蕃[81]龙涎香（又名胜芬积）

木香半两　丁香半两　藿香七钱半（晒干）　零陵香七钱半　香附二钱半（盐水浸一宿焙）　槟榔[82]二钱半　白芷二钱半　官桂二钱半　肉豆蔻二个　麝香三钱　别本有甘松七钱

右为末，以蜜或皂儿水和剂，丸如芡实大，爇之。

又方（与前颇小异，两存之）

木香二钱半　丁香二钱半　藿香半两　零陵香半两　槟榔二钱半　香附子一钱半　白芷一钱半　官桂一钱　肉

豆蔻一个　麝香一钱　沉香一钱　当归一钱　甘松半两

右为末，炼蜜和匀，用模子脱花，或捻饼子，慢火焙，稍干带润入磁盒，久窨绝妙。兼[83]可服饼三钱[84]，茶酒任下，大治心腹痛，理气宽中[85]。

[81] 南蕃：亦作"南藩"。南蕃本来是指南部边疆，这里是指从南部边疆而来。比如称南蕃回回、南蕃海舶，南蕃都是指从广州等南部沿海地区进入中国。

[82] 槟榔：棕榈科槟榔属植物槟榔（Areca catechu L.）的果实。

[83] 兼：四库本、汉和本作"煎"，误。

[84]《陈氏香谱》作"服三两饼"。

[85] 理气宽中：治疗因情志抑郁而引起的气滞。

龙涎香（补）

沉香一两　檀香半两（腊茶煮）　金颜香半两　笃耨香一钱[86]　白芨末三钱　脑、麝各三字[87]

右为细末拌匀，皂儿胶[88]鞭和[89]脱花爇之。

[86]《陈氏香谱》作"半钱"。

[87]《陈氏香谱》作"一字"。

[88] 皂儿胶：指皂角仁熬成的糊状物。参见前"皂儿白""皂儿水""皂儿膏"等注释。

[89] 鞭和：一种加工方式，通过类似甩鞭子的摔打来和香。《陈氏香谱》此处作"捣和"。

龙涎香（沈）

丁香半两　木香半两　官桂二钱半　白芷二钱半　香附二钱半（盐水浸一宿焙）　槟榔二钱半　当归二钱半　甘松七钱　藿香七钱　零陵香七钱

右加豆蔻[90]一枚，同为细末，炼蜜丸如绿豆大，兼可服。

[90] 豆蔻：香方中单言豆蔻，一般指的是姜科山姜属植物草豆蔻（Alpinia katsumadai Hayata）。《本草衍义》："豆蔻，草豆蔻也。此是对肉豆蔻而名之。"参见前"豆蔻"条。《陈氏香谱》此处作"肉豆蔻"，从香方来说，肉豆蔻的可能性更大。《香乘》可能有脱字。

智月[91]龙涎香（补）

沉香一两　麝香一钱（研）　米脑一钱半　金颜香半钱　丁香一钱[92]　木香半钱　苏合油一钱　白芨末一钱半

右为细末，皂儿胶[93]鞭和[94]入臼杵千下，花印脱之，窨干，新刷出光[95]，慢火玉片[96]衬烧。

[91] 智月：所指不详，或为出家人法名。名智月之人甚多。

[92]《陈氏香谱》作"半钱"。

[93] 皂儿胶：无碍庵本作"皂儿水"。

［94］《陈氏香谱》作"捣和"。

［95］新刷出光：《陈氏香谱》作"刷出光"，指刷出光泽，下面其他香方也有类似做法。

［96］《陈氏香谱》作"云母"。二者皆可。

龙涎香（新）

速香十两　注漏子香[97]十两　沉香十两　龙脑五钱　麝香五钱　蔷薇花[98]不拘多少（阴干）

右为细末，以白芨、琼厄[99]煎汤煮糊为丸，如常烧法。

［97］注漏子香：三本皆作"泾漏子香"，误。依《陈氏香谱》，应作"注漏子香"。所谓"注漏子"，概应为古时常见语"注漏厄"之俗语。漏厄为有破洞的酒器，注漏厄自然泄漏不能满。这里用这个俗语，概指形如中空无底的酒杯状的沉香，此类沉香今日亦比较常见。

［98］蔷薇花：香方中若提到蔷薇水，一般指大食（阿拉伯）地区的蔷薇水，所用为大马士革玫瑰之类的浓香玫瑰。中国古代称蔷薇花，较大可能指蔷薇科蔷薇属植物野蔷薇（Rosa multiflora Thunb.）或其变种粉团蔷薇、七姐妹等。也有可能是我国原产玫瑰（Rosa rugosa Thunb.）中的一些品种。

［99］琼厄：三本皆作"琼栀"，依《陈氏香谱》应作

"琼厄",本指玉制的酒器。这里如果指酒器,似乎不太合适;指酒又不明所指。从香方中所处的位置来看,可能是作为黏合剂,那有可能是指琼枝、指石花菜类的海藻,以海藻类提取物作为合香黏合剂的做法现在日本香道中仍有延续。参见后面"琼枝条"注释。

古龙涎香一[100][101]

沉香六钱　白檀三钱[102]　金颜香二钱　苏合油二钱　麝香半钱(另研)　龙脑三字　浮萍半字(阴干)　青苔[103]半字(阴干,去土)

右为细末拌匀,入苏合油,仍以白芨末二钱冷水调如稠粥,重汤煮成糊,放温,和香入臼杵百余下[104],模范脱花,用刷子出光,如常法焚之,若供佛则去麝香。

[100] 古龙涎香一:此处四种古龙涎香香方,无碍庵本与汉和本、四库本名字次序有所不同,暂依无碍庵本。关于"古龙涎香"的所指与背景资料,参见卷五"古龙涎香"条注释。

[101]《陈氏香谱》此香方作"龙涎香"而非"古龙涎香"。

[102]《陈氏香谱》作"二钱"。

[103] 青苔:去香艳甜腻之气。

[104]《陈氏香谱》作"千下"。

古龙涎香二

沉香一两　丁香一两　甘松二两　麝香一钱　甲香一钱（制过）

右为细末，炼蜜和剂，脱作花样，窨一月或百日。

古龙涎香（补）

沉香半两　檀香半两　丁香半两　金颜香半两　素馨花[105]半两（广南有之，最清奇）　木香三分[106]　黑笃耨[107]三分[108]　麝香一分　龙脑二钱　苏合油一匙许[109]

右各为细末，以皂儿白浓煎成膏[110]，和匀，任意造作花子[111]、佩香及香环[112]之类。如要黑者，入杉木麸炭少许，拌沉檀同研，却以白芨极细末少许热汤调得所，将笃耨、苏合油同研。如要作软香，只以败蜡[113]同白胶香少许熬，放冷，以手搓成铤[114]，煮酒蜡[115]尤妙。

[105] 素馨花：三本皆作"素簪花"，依《陈氏香谱》作"素馨花"，古代文献有"玉簪花"即今日之玉簪花，虽然白色，但未见称"素簪花"。此处应以"素馨花"为是。

[106]《陈氏香谱》作"一分"。

[107] 黑笃耨：三本皆作"思笃耨"，误。依《陈氏香谱》应作"黑笃耨"，笃耨中等级较低者。见前"笃耨香"条有详细解释。

[108]《陈氏香谱》作"一分"。

[109]《陈氏香谱》作"一字许"。

[110] 皂儿白浓煎成膏：即前文"皂儿膏""皂儿胶"。

[111] 花子：见前"花子香"注释。

[112] 香环：这里指环形的佩香。环，本指中央有孔的圆形佩玉，称"环佩"。制佩香时亦可根据这种传统制作类似形制的佩香，即为香环。

[113] 败蜡：犹言用过残余的蜡。宋代蜂蜡较多，后来白蜡越来越多，明代成为主流。

[114] 铤：长条状、条块状。古时金银做成长条状，称铤（dìng）。

[115] 过去酿酒封坛之前，要加入蜡，重汤煮开，达到杀菌的效果，这个蜡就称为"煮酒蜡"。如果不方便获取此种煮酒蜡，也可以直接用酒来煮蜡，去掉剩余酒，只取蜡用即可。《证治准绳》："别取好黄蜡三钱，酒煮三二十沸，取出，去酒令净，再熔入药和之，如有煮酒蜡亦堪用。"

古龙涎香（沈）

占腊沉[116]十两　拂手香[117]十两[118]　金颜香三两　番栀子[119]二两　龙涎一两[120]　梅花脑[121]一两半（另研）

右为细末，入麝香二两，炼蜜和匀，捻饼子爇之。

[116] 占腊沉：三本皆作"古腊沉"，误，应作"占腊沉"。指占腊（真腊）沉香。
[117] 拂手香：汉和本、四库本作"拂手香"，无碍庵本作"拂手柑"，误。依《陈氏香谱》应为"拂手香"，这里的拂手香指的是真腊、占城等地所制的一种合香，参见前"涂肌拂手香"条。
[118] 《陈氏香谱》作"三两"。
[119] 番栀子：指鸢尾科番红花属植物藏红花（番红花 Crocus sativus L.）。因为栀子在我国古代作为黄色颜料染色的来源，番红花也有同样的作用，故称为番栀子，或称番栀子蕊（因番红花取其蕊用）。此称呼见于《回回药方》等书。从本书香方看，可能宋代即有此称呼。另有一种植物称番栀子，但较晚出，与合香无关，不录。
[120] 《陈氏香谱》作"二两"。
[121] 梅花脑：高等级龙脑，见前"梅花脑子"条注释。

白龙涎香

檀香一两　乳香五钱

右以寒水石[122]四两（煅过[123]）同为细末，梨汁和为饼子。

[122] 寒水石：不同历史时期寒水石的所指有所差别。在魏晋时期寒水石又称凝水石，主要指朴硝（见

前文朴硝解释)。南本朝寒水石指透石膏,与凝水石不同。唐代寒水石除了指透石膏,又有以方解石充石膏的情况,故寒水石可能指方解石,日本正仓院所藏唐寒水石即是此例。宋代也有以方解石为寒水石的情况。宋以后,虽然石膏之名更多为大家所接受,寒水石所指仍然长期是石膏和方解石并存,又有南北方称呼不同的情况。今日寒水石分为两类,南方多以碳酸盐类矿物方解石(Calcitum Calcite.Cal cspar主要成分碳酸钙)作寒水石药用,称为南寒水石。北方习用硫酸盐类矿物红石膏(Gypsum Rubrum主要成分硫酸钙),称为北方寒水石。

这里的寒水石应该还是指石膏(硫酸钙)。

[123] 煅过:石膏加热后变酥松,易成粉末。

小龙涎香二

小龙涎香一

沉香半两　栈香半两　檀香半两　白芨二钱半　白蔹[124]二钱半　龙脑二钱　丁香二钱[125]

右为细末,以皂儿水和作饼子窨干,刷光,窨土中十日,以锡盒[126]贮之。

[124] 白蔹:唐代以来,白蔹一般指葡萄科蛇葡萄属植物白蔹 [Ampelopsis japonica (Thunb.)

Makino〕，以其块根入药。在不同时代不同地域也有一些其他植物混入的情况。如早期有可能指同科植物乌蔹莓的块根，西南地区可能指萝藦科植物青阳参的根等。

[125]《陈氏香谱》作"一钱"。

[126] 锡盒：三本皆作"锡盆"，误，依《陈氏香谱》应作"锡盒"。锡盒藏香能起到密闭防潮、不泄香气的作用。

小龙涎香二

沉香二两　龙脑五分[127]

右为细末，以鹅梨汁和作饼子，烧之。

[127]《陈氏香谱》作"沉香一两 龙脑半钱"。

小龙涎香（新）

锦纹大黄[128]一两　檀香五钱　乳香五钱　丁香五钱
玄参五钱　甘松五钱

右以寒水石二钱同为细末，梨汁和作饼子，爇之。

[128] 锦纹大黄：参见前"大黄条"。锦文指药材平整横切面的异型维管束与周围的薄壁组织交互排列形成的织锦状纹理。古来以锦文大黄为大黄中之上品。

小龙涎香（补）

沉香一两　乳香一钱　龙脑五分　麝香五分（腊茶清研）

右同为细末，以生麦门冬去心[129]研泥和丸如梧桐子大，入冷石模中脱花，候干，磁器收贮，如常法烧之。

[129] 去心：参见前"麦门冬"条。中医认为麦门冬去心不去心功效有所差别，大体上讲，清养肺胃之阴多去心用，滋阴清心多连心用。若是干燥根，很难去心，需热水泡，不过这里说是"生麦门冬"，应该指的是新鲜的麦冬根去心使用。因为用生麦门冬，所以才方便研泥。

吴侍中[130]龙津香（沈）

白檀五两（细剉，以腊茶清浸半月后，用蜜炒）　沉香四两　苦参[131]半两　甘松一两（洗净）　丁香二两　木麝[132]二两　甘草半两（炙）　焰硝三分[133]　甲香半两（洗净，先以黄泥水煮，次以蜜水煮，复以酒煮，各一伏时，更以蜜少许炒）　龙脑五钱[134]　樟脑一两　麝香五钱[135]（并焰硝四味[136]各另研）

右为细末，拌和令匀，炼蜜作剂，掘地窖一月取烧。

[130] 吴侍中：《陈氏香谱》作"吴侍郎"，若为侍郎，则所指较多。下文有吴顾道侍郎，与此可能

为一人。吴顾道即北宋大臣吴栻，字顾道。参见后面"吴顾道侍郎"条注释。

前已释汉代侍中。此处释宋侍中以备参考。宋代以侍中为门下省长官，掌辅佐皇帝参议大政，审察中外出纳，但极少任命，有时以他官兼领而不参与政事。元丰改制，以尚书左仆射兼门下侍郎执行侍中职务，另设侍郎为副职。南宋置左右丞相，废侍中不设。

[131] 苦参：豆科苦参属植物苦参（Sophora flavescens），以干燥根入药。历代所指基本没有变化。另有木蓝属植物敏感木蓝可称小苦参，但基本没有与苦参相混的情况。《陈氏香谱》此处作"玄参"。从香方的角度，苦参极少用，一般用玄参。

[132] 木麝：无碍庵本作"水麝"。《陈氏香谱》、汉和本、四库本作"木麝"，概指前面说的"麝香木"，参见前"麝香木"注释。

[133]《陈氏香谱》作"三钱"，更合理。

[134]《陈氏香谱》作"一两"。

[135]《陈氏香谱》作"一两"。

[136] 焰硝四味：指焰硝、甲香、龙脑、樟脑四味。这四味和麝香都需要另研。

龙泉香（新）

甘松四两　玄参二两　大黄一两半　丁皮一两半[137]
麝香半钱　龙脑二钱

右捣罗细末，炼蜜为饼子，如常法爇之。

[137]《陈氏香谱》此方无丁皮。

法和众妙香（三）

卷十六

清心降真香（局方）

紫润降真香[1]四十两（剉碎） 栈香三十两 黄熟香三十两 丁香皮十两 紫檀香三十两（剉碎，以建茶末一两汤调两碗[2]拌香令湿，炒三时辰，勿焦黑） 麝香木十五两 焰硝半斤（汤化开，淘去滓，熬成霜[3]） 白茅香三十两（细剉，以青州枣[4]三十两[5]、新汲水三斗同煮过后，炒令色变，去枣及黑者，用十五两） 拣甘草[6]五两 甘松十两 藿香十两 龙脑一两（香成旋入）

右为细末，炼蜜溲和令匀，作饼爇之。

[1] 紫润降真香：降真香以紫润者为良，油性较大。参见前"降真香"部分及"降真香"条注释。

[2] 指建茶末一两，加热水调成两碗茶汤。

[3] 《陈氏香谱》作"熬成霜秤"，指的是净重，应以《陈氏香谱》为是。

[4] 青州枣：青州枣在南北朝时期即为名品，唐宋时期负有盛名。

[5] 《陈氏香谱》作"三十个"。

[6]拣甘草：挑拣过的甘草。

宣和内府降真香

番降真香[7]（三十两）

右剉作小片子，以腊茶半两末之沸汤同浸一日，汤高香一指为约，来朝[8]取出风干，更以好酒半碗，蜜四两，青州枣五十个，于磁器内同煮，至干为度，取出于不津磁盒内收贮密封，徐徐取烧，其香最清远。

[7]番降真香：指海上舶来的降真香。具体所指参见前"降真香""番降香"条。

[8]来朝：第二天早晨。

降真香二

降真香一
番降真香（切作片子）

右以冬青树[9]子布单内绞汁浸香蒸过，窨半月烧。

[9]冬青树：一般指冬青科冬青属植物冬青（Ilex chinensis Sims）的果实。但早期文献中也可指木犀科女贞属植物女贞（Fructus Ligustri Lucidi）的果实。

降真香二
番降真香一两（劈作平片）　藁本[10]一两（水二

碗，银石器内与香同煮）

右二味同煮干，去藁本不用，慢火衬[11]筠州[12]枫香烧。

[10] 藁本：藁本煮汤炮制木本药材，有去油去燥的效果。
[11] 衬：指枫香置于降真片之上。
[12] 筠州：唐武德七年（624）改米州置，治所在高安县（今江西高安）。以地产筠筜得名。辖境相当今江西高安、宜丰、上高、万载、清江等地。

胜笃耨香

栈香半两　黄连香[13]三钱　檀香一钱[14]　降真香五分[15]　龙脑一字半[16]　麝香一钱

右以蜜和粗末爇之。

[13] 黄连香：这里指黄连木属植物的树脂，有类似笃耨的香气，常与白胶香并称。不是药用草本植物黄连。
[14]《陈氏香谱》作"三分"。
[15]《陈氏香谱》作"三分"。
[16]《陈氏香谱》作"一字"。

假笃耨香四[17]

假笃耨香一

老柏根七钱　黄连[18]七钱（研置别器）　丁香半两

降真香一两（腊茶煮半日）　紫檀香一两　栈香一两

右为细末，入米脑少许，炼蜜和剂，爇之。

[17] 假笃耨香四：从这些模拟笃耨香的香方来看，假笃耨是当时一大类合香，有可能是由于高品质笃耨在当时比较难得，也可能是取其韵致。

[18] 黄连：这里指的也是黄连香，黄连属植物树脂。

假笃耨香二

檀香一两　黄连香二两

右为末，拌匀，以橄榄汁[19]和，湿入磁器收，旋取爇之。

[19] 橄榄汁：应该指生橄榄捣汁。

假笃耨香三

黄连香或白胶香

以极高煮酒[20]与香同煮，至干为度。

[20] 极高煮酒：所指不详，或以为指蒸馏酒，但学术界一般认为蒸馏酒元代始进入中国，或有脱字，姑且存疑。

假笃耨香四

枫香乳一两　栈香二两[21]　檀香一两　生香[22]一两　官桂三钱[23]　丁香随意入

右为粗末，蜜和令湿，磁盒封窨月余可烧。

[21]《陈氏香谱》作"一两"。

[22]生香：生香在不同情况下，可以有多种所指，这里可能指沉香中的一种生结香。参见前"黄熟香"部分。这类生香在沉香类香材中相对便宜。

[23]《陈氏香谱》作"随意入"。

冯仲柔[24]假笃耨香（售）[25]

枫香二两[26]（火上镕开）　桂末[27]一两（入香内搅匀）　白蜜三两（匙入香内）

右以蜜入香搅和令匀，泻于水中冷便可烧，或欲作饼子，乘其热捻成置水中。[28]

[24]冯仲柔：南宋山阴（今浙江绍兴）人，《是斋售用录》里有些方子与他相关。

[25]（售）：出自《是斋售用录》，略称，见前"售用录"条。

[26]《陈氏香谱》作"通明枫香三两"。

[27]桂末：宋代本草文献中桂末一般指官桂末，关于官桂的考释，见前"官桂"条。

[28]这段是利用水来让枫香冷凝定型。

江南李主煎沉香（沈）

沉香（㕮咀[29]）　苏合香油各不拘多少

右每以沉香一两用鹅梨十枚细研，取汁，银石器盛之，入甑[30]蒸数次，以稀为度。或削沉香作屑，长半寸许，锐其一端，丛刺梨中[31]，炊一饭时[32]，梨熟乃出之。

[29] 㕮咀：指中药的一种破碎方式。本义是用嘴嚼，但后来不限于此，而只是用来形容捣碎或切碎为较小的颗粒。关于颗粒大小，陶弘景《别录·合药分剂法则》曰："㕮咀：古之制也。古人无铁刀，以口咬细令如麻豆，为粗药煎之，使药水易清，饮于肠中肠易升易清。"又《本草经集注》："旧方皆云㕮咀者，谓称毕捣之如大豆。"

[30] 甑：四库本、汉和本作"甗（yǎn）"，无碍庵本、《陈氏香谱》作"甑"，无论甑还是甗，都是蒸煮食物的炊具，类似现在的蒸锅。

[31] 丛刺梨中：密集地插到梨中。

[32]《陈氏香谱》作"一饮时"。"一饭时"较符合实际。

李主花浸沉香

沉香不拘多少剉碎，取有香花：若酴醾、木犀、橘花（或橘叶亦可）、福建茉莉花之类，带露水摘花一碗，以磁盒盛之，纸封盖，入甑蒸食顷取出，去花留汁浸沉香，日中曝干，如是者数次，以沉香透烂[33]为度。或云皆不若蔷薇水[34]浸之最妙。

[33]《陈氏香谱》作"透润",更准确一些。

[34]蔷薇水:现在仍有用玫瑰纯露制沉香的做法。

华盖香[35]（补）

歌曰：沉檀香附兼山麝[36]，艾蒳[37]酸仁[38]分两同[39]，炼蜜拌匀磁器窨，翠烟如盖[40]可中庭。

[35]华盖香：指香烟形状如华盖一般，后面的华盖香与此类似。

[36]山麝：即麝香，参见前麝香部分及相关注释。

[37]艾蒳：这里指松树上的寄生植物，即下文的"松上青衣"。

[38]酸仁：指酸枣仁，为鼠李科枣属植物酸枣［Ziziphus jujuba Mill. var. spinosa（Bunge）Hu ex H. F. Chow］的种子（核仁）。

[39]分两同：指前面沉香、檀香、香附、艾蒳、酸枣仁的重量都是相同的。《陈氏香谱》作"分两停"。

[40]翠烟如盖：艾蒳和酸枣仁都易于发烟，此香有较高观赏价值。

宝球香[41]（洪）

艾蒳一两（松上青衣是） 酸枣一升（入水少许，研汁煎成[42]）　丁香皮半两　檀香半两　茅香半两　香附子半两　白芷半两　栈香半两　草豆蔻一枚（去皮）　梅花龙脑、麝香各少许

右除脑、麝别研外，余者皆炒过，捣取细末，以酸枣膏更加少许熟枣，同脑麝合和得中，入臼杵令不粘即止，丸如梧桐子大，每烧一丸，其烟袅袅直上，如线结为球状，经时不散。

[41] 宝球香：从下文看，这里是因此香香烟易结为球状而得名。

[42]《陈氏香谱》作"捣成膏"。

香球（新）

石芝[43]一两　艾蒳一两　酸枣肉半两　沉香五钱[44]　梅花龙脑半钱（另研）　甲香半钱（制）　麝香少许（另研）

右除脑、麝，同捣细末研，枣肉为膏，入熟蜜少许和匀，捻作饼子，烧如常法。

[43] 石芝：灵芝的一类，长于石上，故名。石芝有多种，葛洪《抱朴子内篇·仙药》列出石象芝、玉脂芝、七明九光芝、石密芝、石桂芝、石脑芝、石硫黄芝等数种。大体为长在石头上的灵芝属或与其相近的大型真菌。从道家的角度，石芝有使人长生不老的功效。

[44]《陈氏香谱》作"一分"。

芬积香

丁香皮二两　硬木炭二两（为末）　韶脑[45]半两（另研）　檀香五钱[46]（末）　麝香一钱（另研）

右拌匀，炼蜜和剂，实在罐器中，如常法烧之。

[45] 韶脑：樟脑的别称。韶州（今广东韶关）出高品质樟脑，故称韶脑。

[46]《陈氏香谱》作"一分"。

芬积香（沈）

沉香一两　栈香一两　藿香叶一两　零陵香一两　丁香三钱[47]　芸香[48]四分半　甲香五分[49]（灰煮[50]去膜，再以好酒煮至干，捣）

右为细末，重汤煮蜜放温，入香末及龙脑、麝香各二钱，拌和令匀，磁盒密封，地坑埋窖一月，取爇之。

[47]《陈氏香谱》作"一分"，此处一分为二钱半，与三钱相差不大。一分在不同时代，不同场合所指不同，参见前"一分"的解释。

[48] 芸香：即白胶香，金缕梅科植物枫香树（Liquidambar formosana Hance）的树脂。除非特别说明，香方中出现芸香，基本都是此类。《陈氏香谱》此处作"木香"。

[49]《陈氏香谱》作"一分"。

[50] 灰煮：指用炭灰或草木灰煮，即相当于"制甲香"部分说的炭汁。

小芬积香（武）

栈香一两　檀香半两　樟脑半两（飞过）　降真香一钱[51]　麸炭三两

右以生蜜或熟蜜和匀，磁盒盛，地埋一月，取烧之。

[51]《陈氏香谱》作"一分"。

芬馥香[52]（补）

沉香二两　紫檀一两　丁香一两　甘松三钱　零陵香三钱　制甲香三分[53]　龙脑香一钱　麝香一钱

右为末拌匀，生蜜和作饼剂，磁器窨干爇之。

[52]《陈氏香谱》仍作"芬积香"。

[53]《陈氏香谱》作"一分"。

藏春香[54]（武）

沉香二两　檀香二两（酒浸一宿）　乳香二两　丁香二两　降真一两（制过者）　榄油[55]三钱　龙脑一分　麝香一分

右各为细末，将蜜入黄甘菊[56]一两四钱、玄参三分（剉），同入瓶内，重汤煮半日，滤去菊与玄参不用[57]，以白梅[58]二十个水煮令浮，去核取肉，研入熟蜜，匀拌众香于瓶内，久窨可爇。

[54] 藏春香：此香方无碍庵本未注"（武）"，且乳香、丁香各为三两。

《陈氏香谱》此方有多处出入，录于此：沉香　檀香 丁香　真腊香　占城香各二两 脑麝各一分　右为细末，将蜜入甘黄菊一两四钱、参三分（剉），同入饼内重汤煮半日，滤去菊与参不用。以白梅二十个水煮令冷浮，去核取肉，研入熟蜜，拌匀众香于瓶内，久窨可爇。

[55] 榄油：我国古籍最早出现"榄油"，大概是在明代中后期的文献。这里的香方在《陈氏香谱》原方中是没有榄油的，可能是明代时后加的。现在一般指木犀科木樨榄属植物木樨榄（Olea europaea）果实榨的油。我国古籍称此类植物为齐墩果，且都是外国出产，一般认为现代方引入中国，直到清代，此榄油还作为欧洲特产记录，似乎尚未引入我国。明代所称"榄油"从用法来看，并非珍稀的舶来品，可能是指橄榄科橄榄属植物乌榄（Canarium pimela Leenh.），其中某些品种可用来榨油。我国古代通常所称的橄榄为青橄榄（Canarium album Raeusch.），难以榨油。

[56] 黄甘菊：现在一般指菊科菊属植物甘菊

［Dendranthema lavandulifolium（Fisch. ex Trautv.）Ling & Shih］中黄色的品种。甘菊又称野菊花、甘野菊等，入药。在我国古籍中菊属植物菊花［Dendranthema morifolium（Ramat.）Tzvel.］在入药时也可称甘菊。比如杭黄菊常被称为黄甘菊。

［57］用菊和玄参炮制蜜，取清甜。

［58］白梅：加工过的梅子，为蔷薇科植物梅［Prunus mume（Sieb.）Sieb. et Zucc.］的未成熟果实，经盐渍晒干而成，可入药。

藏春香[59]

降真香四两（腊茶清浸三日，次以汤煮[60]十余沸，取出为末） 丁香十余粒 龙脑一钱 麝香一钱

右为细末，炼蜜和匀，烧如常法。

［59］此处无碍庵本注"（武）"。

［60］三本《香乘》作"以香煮"，依《陈氏香谱》作"以汤煮"，指用前面的茶汤来煮。

出尘香二

出尘香一

沉香四两 金颜香四钱 檀香三钱 龙涎香二钱 龙脑香一钱 麝香五分

右先以白芨煎水，捣沉香万杵，别研余品，同拌令匀，微入煎成皂子胶水[61]，再捣万杵，入石模脱作古龙涎花子[62]。

[61]煎成皂子胶水：指已经煮好的皂角米胶水。

[62]古龙涎花子：这里按指照古龙涎花子的形制，参见前"花子"条注释。

出尘香二
沉香一两　栈香半两（酒煮）　麝香一钱
右为末，蜜拌焚之。

四和[63]香

沉、檀各一两　脑、麝各一钱如常法烧
香枨[64]皮、荔枝壳、楔楂[65]核或梨滓、甘蔗滓，等分为末，名小四和。

[63]四和：又称四合，指四种香材合成的香，有多种不同香方。有人以沉檀龙麝（沉香、檀香、龙涎、麝香）合香，称为大四和。亦有以沉香、檀香、龙脑、麝香为大四和，如前"绝尘香"条。这里是后者。除此之外，还有下文所说的小四和、穷四和等多种。

[64]香枨：枨指橙。这里所用的是香橙有香味的果皮。

[65]楔楂：即楔楂，参见前"楔楂"条，指的即是蔷

蔷科木瓜属植物光皮木瓜［Chaenomeles sinensis（Thouin）Koehne］，也就是水果木瓜。此条所引皆是有香气的水果皮核或残渣。

四和香（补）

檀香二两（剉碎，蜜炒褐色，勿焦）　滴乳香一两（绢袋盛，酒煮，取出研）　麝香一钱　腊茶一两（与麝同研）　松木麸炭末半两

右为末，炼蜜和匀，磁器收贮，地窖半月，取出焚之。

冯仲柔[66]四和香

锦纹大黄一两　玄参一两　藿香叶一两　蜜一两

右用水和，慢火煮数时辰许，剉为粗末[67]，入檀香三钱、麝香一钱，更以蜜两匙拌匀，窖过爇之。

[66] 冯仲柔：四库本、汉和本作"冯仲和"，误。前处有"冯仲柔假笃耨香"，《陈氏香谱》亦作"冯仲柔"。参见前"冯仲柔"条。

[67] 粗末：无碍庵本作"细末"。

加减[68]四和香（武）[69]

沉香一两　木香五钱（沸汤浸）　檀香五钱（各为

末） 丁皮一两　麝香一分（另研）　龙脑一分（另研）

右以余香别为细末，木香水和[70]，捻成饼子，如常爇。

[68] 加减：用于中药方和香方中的说法。指在原方基础上根据情况增加减少材料。

[69]《陈氏香谱》此香方作："沉香一分　丁香皮一分　檀香半分（各别为末）　龙脑半分（另研）　麝香半分　木香不拘多少（杵末沸汤浸水）。"

[70] 这里是说，除了木香之外都是弄成细末，然后用木香浸的水来和。依《陈氏香谱》，木香是杵末以后再浸沸水的，显然更合理。如果木香不先杵末，后面无法和其他香混合。

夹栈香[71]（沈）

夹栈香半两　甘松半两　甘草半两　沉香半两　白茅香[72]二两　栈香二两　梅花片脑二钱（另研）　藿香三钱　麝香一钱[73]　甲香二钱（制）[74]

右为细末，炼蜜拌和令匀，贮磁器密封，地窨半月，逐旋取出，捻作饼子，如常法烧。

[71] 夹栈香：夹栈香可指夹有栈香的黄熟香，即上文的黄熟夹栈香，和黄熟香比颜色更黑，品级也更高。此一称呼多见于北宋时期香方，如《沈谱》《洪谱》，后代很少见到，可能在当时有所特指。

［72］白茅香：白茅香在宋代香谱中应指禾本科须芒草属植物岩兰草（Andropogon muricatus），参见前"白茅香"条解释。

［73］《陈氏香谱》作"藿香一分、麝香四钱"。

［74］《陈氏香谱》此香方还有"檀香二两"，三本《香乘》无。

闻思香[75]（武）[76]

玄参、荔枝皮、松子仁、檀香、香附子、丁香各二钱 甘草三钱[77]

右同为末，楂子汁和剂，窨、爇如常法。

［75］闻思香：见前"闻思香"条，此类香相传是黄庭坚所创。

［76］此处无碍庵本未注"（武）"。

［77］《陈氏香谱》作"丁香 甘草各一钱"，其他与《香乘》同。

闻思香[78]

紫檀半两（蜜水浸三日，慢火焙） 枺皮[79]一两（晒干） 甘松半两（酒浸一宿，火焙） 苦练花[80]一两 榠查[81]核一两 紫荔枝皮一两 龙脑少许

右为末，炼蜜和剂，窨月余焚之。别一方无紫檀、甘

松，用香附子半两、零陵香一两，余皆同。

[78] 此处无碍庵本注"（武）"。

[79] 《陈氏香谱》作"橙皮"，都是一个意思。

[80] 苦练花：《陈氏香谱》、无碍庵本作"苦楝花"。二者皆可，皆指楝科楝属植物楝（Melia azedarach L.）的花。楝又称苦楝。

[81] 楔查：即楔櫨，见前"楔櫨"条。

百里香

荔枝皮千颗（须闽中未开[82]用盐梅者[83]）　甘松三两　栈香三两　檀香半两[84]　制甲香半两　麝香一钱

右为末，炼蜜和令稀稠得所，盛以不津磁器，坎[85]埋半月取出爇之。再捉少许蜜捻作饼子亦可。此盖裁损闻思香[86]也。

[82] 《陈氏香谱》作"须闽中来"。

[83] 须闽中未开用盐梅者："盐梅"指荔枝果干的一种制法。宋蔡襄《荔枝谱》："红盐之法：民间以盐梅卤浸佛桑花为红浆，投荔枝渍之，曝干色红而甘酸，可三四年不虫。"这里这句话是说选取闽地用来做盐梅荔枝的那种荔枝。

[84] 《陈氏香谱》作"檀香半两（蜜拌，炒黄色）"。

[85] 坎：坑。

[86] 裁损闻思香：裁损，消减。这里指低配版的闻思香。

洪驹父[87]百步香（又名万斛香）[88]

沉香一两半　栈香半两　檀香半两（以蜜酒汤另炒极干）　零陵叶三钱（用杵，罗过）　制甲香半两（另研）脑、麝各三钱

右和匀，熟蜜溲剂，窨，爇如常法。

[87] 洪驹父：即洪刍，字驹父。参见前"洪刍《香谱》"条。

[88]《陈氏香谱》此香方零陵叶、脑、麝三味用量作"三分"。

五真香

沉香二两　乳香一两　蕃降真香一两（制过[89]）旃檀香一两　藿香一两

右各为末，白芨糊调作剂，脱饼，焚供世尊[90]上圣[91]，不可亵用。

[89] 制过：常规制法。

[90] 世尊：佛的称号之一。

[91] 上圣：对神佛的敬称，也可指前代的圣人。

禅悦香

檀香二两（制）　柏子[92]（未开者酒煮阴干）三两

乳香一两

右为末,白芨糊和匀脱饼用。

[92]柏子:指前面说的柏铃,参见前"柏铃"条。

篱落[93]香

玄参　甘松　枫香　白芷　荔枝壳　辛夷[94]　茅香　零陵香　栈香　石脂　蜘蛛香　白芨面

各等分,生蜜捣成剂,或作饼用。

[93]篱落:指篱笆。

[94]辛夷:我国现在所称辛夷,多指望春玉兰(Magnolia biondii Pamp.),古代所称辛夷,可能为木兰属其他植物如玉兰(M. denudata)、紫花玉兰(M. liliflora)、武当玉兰(M. sprengeri)等。

春宵百媚香

母丁香二两(极大者)　白笃耨八钱　詹糖香八钱　龙脑二钱　麝香一钱五分　榄油三钱　甲香(制过)一钱五分　广排草[95]须一两　花露[96]一两　茴香(制过)一钱五分　梨汁　玫瑰[97]花五钱(去蒂取瓣)　干木香花[98]五钱(收紫心者[99],用花瓣)

各香制过为末,脑麝另研,苏合油入炼过蜜少许,同花露调和得法,捣数百下,用不津器封口固,入土窨(春秋十日、夏五日、冬十五日）取出，玉片隔火[100]焚之，旖旎非常。

[95] 广排草：这里指唇形科异唇花属植物排草（Anisochilus carnosus Wall）的根和根茎，所谓"广排草"，一方面是指舶来的比如交趾所产者，另外广州一带也是最早引种此种植物的地区。参见前"排草香"条。

[96] 花露：花露在古代可以指花上的露水，也可以指一种酒。这里指的是以花瓣入甑加工而成的液汁。早期的蔷薇露之类由大食传入，明清时期的花露如李渔《闲情偶寄·声容·修容》所言："富贵之家，则需花露。花露者，摘取花瓣入甑，酝酿而成者也。"

[97] 玫瑰：蔷薇科蔷薇属植物玫瑰（Rosa rugosa Thunb.）。玫瑰之名古已有之，用来指称蔷薇属植物并和蔷薇、木香、月季等区分也有很长的历史，至少在唐代已是大众熟知的花朵，诗人多有吟咏，但因罕入本草具体品种尚待考证。明代开始多以玫瑰花之名入香方。

[98] 木香花：一般指蔷薇科蔷薇属植物木香花（Rosa banksiae W.T. Aiton）。

[99] 紫心者：指花蕊紫色。可能为单瓣种。

[100] 隔火：这里指的是用玉片作隔火来焚香。隔火是放置于炭火香灰之上的片状物，之上再放合香或沉香等，这样比直接加热温度低一些，也更好

控制。隔火材质有云母、砂片、玉片、银叶等。隔火不仅指器物，也可以指用隔火来加热香的方式。隔火熏香在古代熏香中较为常见，今日日本香道品鉴沉香也多用此方式。

亚四和[101]香

黑笃耨[102] 白芸香[103] 榄油[104] 金颜香

右四香体皆粘湿合宜作剂，重汤融化，结块分焚之。

[101] 亚四和：所谓"亚四和"，是指亚于沉檀龙麝之四和。

[102] 黑笃耨：不同文献对于黑笃耨所指有不同说法，参见前笃耨香条解释中关于黑笃耨的说明。

[103] 白芸香：这里指的白云香，即白胶香，金缕梅科植物枫香树（Liquidambar formosana Hance）的树脂。参见前"芸香"条解释。

[104] 榄油：这里所用的其他三类皆为树脂类香料，而且还说这四种皆"粘湿"。有人认为这里的榄油除了前面的理解，也可能为榄香脂，橄榄科树种的软树脂。

三胜香

龙鳞香[105]（梨汁浸隔宿，微火隔汤煮，阴干） 柏子

（酒浸，制同上[106]）荔枝壳（蜜水浸，制同上）

右皆末之，用白蜜六两熬，去沫，取五两和香末匀，置磁盒，如常法爇之。

[105] 龙鳞香：见前"叶子香"条："一名龙鳞香。盖栈香之薄者，其香尤胜于栈。"指的是一种比较薄的优质栈香，大概是根据外形取象而命名。

[106] 制同上：指"微火隔汤煮，阴干"。

逗情香

牡丹　玫瑰　素馨　茉莉　莲花[107]　辛夷　桂花　木香[108]　梅花　兰花

采十种花，俱阴干，去心、蒂，用花瓣；惟辛夷用蕊尖。为末，用真苏合油调和作剂，焚之，与诸香有异。

[107] 莲花：是睡莲科莲属和睡莲属植物的统称。古代我国所产的莲花多指莲属植物荷花（Nelumbo SP.）

[108] 木香：这里指木香花，不是中药木香。参见前"木香花"条。

远湿香[109]

苍术[110]十两（茅山出者佳）　龙鳞香四两　芸香[111]一两（白净者佳）　藿香（净末）四两　金颜香四两　柏

子（净末）八两

　　各为末，酒调白芨末为糊，或脱饼、或作长条。此香燥烈，宜霉雨溽湿[112]时焚之妙。

[109] 三本《香乘》皆作"远湿香"，湿香为香之形态种类，单言"远"字，可能有脱字。

[110] 苍术：指菊科苍术属植物苍术[Atractylodes Lancea（Thunb.）DC.]。古来以茅山所产苍术为佳，称为茅苍术。今日茅山野生苍术已很难见到，没有商品流通，但仍以茅苍术作为[Atractylodes Lancea（Thunb.）DC.]的习用名。

[111] 芸香：指白胶香。

[112] 溽湿：闷热潮湿。

法和众妙香（四） 卷十七

黄太史四香[1]

意和香

沉檀为主。每沉一两半[2]，檀一两。斫小博骰[3]体，取楛榹液渍之，液过指许，浸三日乃煮[4]，沥其液，温水沐之[5]。紫檀为屑，取小龙[6]茗末一钱，沃汤[7]和之，渍晬时[8]包以濡[9]竹纸[10]数重炰[11]之。螺甲半两，磨去龃龉，以胡麻[12]熬之，色正黄[13]则以蜜汤邊[14]洗，无膏气[15]乃已[16]。青木香末[17]以意和四物[18]，稍入婆律膏[19]及麝二物，惟少以枣肉合之，作模如龙涎香样，日暵[20]之。

[1] 黄太史四香：此四香并非黄庭坚首创，但黄庭坚详细研究记录并加以发挥，对后世影响深远，故称为"黄太史四香"。

[2]《陈氏香谱》作"二两半"。

[3] 博骰：赌博用的骰子。这里指切的大小。

[4]《陈氏香谱》作"乃煮沥"，四库本、汉和本作

"及煮泣"，无碍庵本作"及煮干"。

[5] 三本《香乘》作"湿水浴之"，《陈氏香谱》作"温水沐之"。应以《陈氏香谱》为是。

[6] 小龙：指宋代建茶"小龙团"。

[7] 沃汤：倒入热水。沃，浇。

[8] 渍晬时：三本皆作"渍碎时"，误。据《陈氏香谱》应为"渍晬时"，指浸泡一昼夜。渍，浸泡；晬时，一昼夜。

[9] 濡：沾湿的。

[10] 竹纸：以嫩竹的茎干为原料制造的纸。约发明于唐时，宋代经过改进，成为主要用纸品种之一。

[11] 炰：炰可以指烤，读páo；也可以指蒸煮，读fǒu。其本义指把带毛的肉用泥包好放在火上烧烤，这里是借用这个意思，指把用湿竹纸包裹的香材烤干，所以应读páo。当然这个烤是要掌握度的，香材大致干即可，不能燃烧。

[12] 胡麻：指胡麻油，即芝麻油，参见前"胡麻膏"条。《陈氏香谱》此处作"胡麻膏"。

[13] 色正黄：从制甲香的方式来看，正黄是熬得火候较轻的时候，继续熬会变红。

[14] 遽：jù，立刻、马上。

[15] 无膏气：指去除胡麻油的味道。

[16] 乃已：三本皆作"乃以"，《陈氏香谱》作"乃已"。

[17]青木香末：三本皆作"青木香为末"，《陈氏香谱》作"青木香末"。青木香：这里指菊科植物木香，参见前"木香"条解释。

[18]指根据意愿（的量）加入青木香末，和之前四种香材混合。

[19]婆律膏：四库本、汉和本作"婆津膏"，误。《陈氏香谱》、无碍庵本作"婆律膏"，见前"婆律膏"条。

[20]暵：日晒。三本皆作"熏"，误。《陈氏香谱》作"暵"，这里指香成型后干燥。

意可香

海南沉水香三两（得火不作柴桂[21]烟气者[22]），麝香檀一两（切焙，衡山亦有之，宛不及海南来者[23]），木香四钱（极新者，不焙），玄参半两（剉、炒），炙甘草末二钱[24]，焰硝末一钱，甲香一分[25]（浮油煎令黄色，以蜜洗去油，复以汤洗去蜜，如前治法而末之[26]），入婆律膏[27]及麝各三钱（另研），香成旋入。

右皆末之。用白蜜六两熬，去沫，取五两和香末匀，置磁盒窨如常法。

山谷道人[28]得之于东溪老[29]，东溪老得之于历阳公[30]。其方初不知得其所自，始名宜爱。或云此江南宫中香，有美人曰宜娘，甚爱此香，故名宜爱，不知其在中主、后主[31]时耶？香殊不凡，故易名意可，使众业力无度量之意。[32]鼻孔绕二十五有[33]，求觅增上，必以此香为可。何沉酒欤[34]？玄参茗熬紫檀，鼻端已以需然平直，是得无主意者观此香，[35]其处处穿透[36]，亦必为可耳。

[21] 柴桂：三本皆作"柴柱"，依《陈氏香谱》应作"柴桂"。

[22] 指沉香燃时没有柴桂那种木质烟气。

[23] 宛不及海南来者：参见前"麝香檀"条解释，海南所出可能为降真之类，衡山所出不详。

[24]《陈氏香谱》作"二两"。

[25]《陈氏香谱》作"一钱"。

[26] 而末之：三本皆作"为末"，依《陈氏香谱》作"而末之"。

[27] 婆律膏：四库本、汉和本作"婆津膏"，误。依无碍庵本、《陈氏香谱》应作"婆律膏"，参见前"婆律膏"条。

[28] 山谷道人：指黄庭坚，见前"黄山谷"条解释。这里的"道人"是指修道（佛法）之人，在佛教中修习佛法之人或有所证悟之人都可称道人。

[29] 东溪老：指庐山开先寺行瑛长老。黄庭坚《答郭英发书》："东溪老，庐山开先长老行瑛。"开先指开先寺，开先寺为庐山五大丛林之一，康熙时改名秀峰寺，沿用至今。

[30] 历阳公：指王安上。王安上，字纯甫（父），北宋临川人。王安石同母弟。黄庭坚《答郭英发书》："历阳公，王安上纯父，是时为和州。"指王安上当时正在和州知州任上。王安上有文名，与苏轼、黄庭坚皆有交游。

[31] 中主、后主：指南唐中主李璟、后主李煜。

[32] 三本皆作"众不业力无度量之意"，误。依《陈氏香谱》，无"不"字。这句话大意是说，"意可"令求觅之心止息，业力无从攀援而合于道妙。

[33] 二十五有：佛教指三界依据果报划分为二十五种生命形态。其中欲界十四有，即四恶趣四洲六欲天。色界七有，即四禅天为四有，另大梵天五净居天无想天为三有。无色界四有，即四空处。

[34] 何沉酒欤：三本皆作"何况酒欤"，误，依《陈氏香谱》应作"何沉酒欤"。意思是，何必沉溺于酒呢？

[35] 三本误字颇多，"霈然"皆作"濡然"。依《陈氏香谱》应作"霈然"。霈然，指自得的样子。无主意者：指没有确定意见、确定主张的人。

[36] 其处处穿透：四库本、汉和本、《陈氏香谱》作"莫处处穿透"。这里是说此香从各个方面皆能贯通，即使是没有特别主见之人，也都会认为"意可"，达到满意的状态。"其处处穿透"去掉更合理。

深静香

海南沉水香二两,羊胫炭[37]四两。沉水剉如小博骰,入白蜜五两,水解其胶,重汤慢火煮半日,浴以温水,同炭杵捣为末,马尾筛[38]下之,以煮蜜为剂[39],窨四十九日出之。入婆律膏三钱、麝一钱,以安息香一分和做饼子,以磁盒贮之。

荆州欧阳元老[40]为予制此香,而以一斤许赠别。元老者,其从师也能受匠石之斤[41],其为吏也不剉庖丁之刃[42],天下可人也!此香恬澹寂寞[43],非世所尚[44],时[45]下帷[46]一炷,如见其人。

[37] 羊胫炭:炭中圆细紧实如羊胫骨(小腿骨)者。
[38] 马尾筛:三本作"马尾罗筛",依《陈氏香谱》作"马尾筛",见前"马尾筛"解释。
[39] 以煮蜜为剂:指用煮蜜来把前面制好的粉末合成香。
[40] 欧阳元老:生平不详,北宋时人,现存北宋诗文中有数篇提到此人,从这些文字来看,欧阳元老应该是当时一位隐居的高士,与苏轼、黄庭坚等人皆有书信往来。
[41] 匠石之斤:匠石,古代名叫石的工匠;斤,斧子。《庄子·徐无鬼》:"郢人垩慢其鼻端,若蝇翼,使匠石斲之。匠石运斤成风,听而斲之,尽垩而鼻不伤,郢人立不失容。"后亦用以泛称能工巧匠。

这里是说欧阳元老工艺高超。
- [42] 不钅刂庖丁之刃：《庄子·养生主》中庖丁为文惠君解牛，说自己解牛"十九年而刀刃若新发于硎"。因为合于道妙，而不伤刀刃。这里指欧阳元老为吏合乎道。
- [43] 恬澹寂寞：安然淡泊，清寂宁静。
- [44] 非世所尚：三本皆作"非其所尚"，误，依《陈氏香谱》应作"非世所尚"。指这款香格调高雅，世间一般人难以欣赏，与欧阳元老为人之风相合。
- [45] 时：《陈氏香谱》作"时时"。
- [46] 下帷：放下帷幕，可指授课，也可指读书。这里指深居读书，不闻外事。

小宗香

海南沉水一两（钅刂），栈香半两（钅刂），紫檀二两半[47]（用银石器炒，令紫色），三物俱令如锯屑。苏合油二钱，制甲香一钱（末之），麝一钱半（研），玄参五分[48]（末之），鹅梨二枚（取汁），青枣二十枚，水二碗煮取小半盏[49]。同[50]梨汁浸沉、檀、栈，煮一伏时，缓火煮令干。和入四物[51]，炼蜜令少冷，溲和得所，入磁盒埋窨一月[52]用。

南阳宗少文[53]，嘉遁[54]江湖之间，援琴作《金石弄》[55]，远山皆与之同响。其文献[56]足以追配古人。孙茂深[57]亦有祖风，当时贵人欲与之游，不可得，乃使陆探微[58]画其像挂壁间观之。茂深惟喜闭阁焚香，遂作此香饼，时谓少文大宗，茂深小宗，故名小宗香云。大宗、小宗，《南史》有传。

[47]《陈氏香谱》作"三分半"。

[48]《陈氏香谱》作"半钱"。

[49] 水二碗煮取小半盏：指同青枣一起煮。

[50] 同：三本皆作"用"，依《陈氏香谱》应作"同"。指青枣煮的水与梨汁一同。

[51] 四物：指苏合油、制甲香、麝香和玄参。

[52]《陈氏香谱》作"一日"。

[53] 宗少文：宗炳（375—443），南朝宋画家。字少文，南阳（今河南南阳市镇平）人，家居江陵（今属湖北），士族。东晋末至宋元嘉中，朝廷屡次征他做官，俱不就。擅长书法、绘画和弹琴。信仰佛教，作有《明佛论》《画山水序》。

[54] 嘉遁：亦作"嘉遯"。旧时谓合乎正道的退隐，合乎时宜的隐遁。

[55]《金石弄》是古琴曲，格调高雅。《宋书·宗炳传》："古有金石弄，为诸桓所重，桓氏亡，其声遂绝。唯南阳宗炳传焉，文帝遣乐师杨观就炳受之。"

[56] 文献：本指典籍和熟知文化掌故的贤人。这里指宗炳传承古代文化。

[57] 孙茂深：指宗炳的孙子宗测。字敬微，一字茂深。南朝画家。其绘画风格承续宗炳，亦不慕仕进，品性高雅，故称其有"祖风"。

[58] 陆探微：南朝画家，吴县（今苏州）人，后世画论者对其极为推崇，对后世影响较大。

蓝成叔知府[59]韵胜香（售）

沉香一钱　檀香一钱　白梅肉[60]半钱（焙干）　丁香半钱[61]　木香一字　朴硝半两（另研）　麝香一钱（另研）

右为细末，与别研二味入乳钵拌匀，密器收贮。每用薄银叶如龙涎法烧少歇[62]，即是硝融，隔火气[63]以水匀浇之[64]，即复气通氤氲矣。乃郑康道御带[65]传于蓝。蓝尝括[66]为歌曰："沉檀为末各一钱，丁皮梅肉减其半，拣丁五粒木一字，半两朴硝柏麝拌。"此香韵胜，以为名。银叶烧之，火宜缓。苏韬光[67]云："每五料[68]用丁皮、梅肉三钱，麝香半钱，重余皆同。"且云："以水滴之，一炷可留三日。"

[59] 知府：地方行政机构府之长官。宋代始置，称"知某府事"，简称"知府"。掌教化百姓，劝课农桑，旌别孝悌，奉行法令条制，宣读赦书，举行祀典，考察属官，赈济灾伤，安集流亡，以及赋役、钱谷、狱讼等事。视本府地望高下，或兼留守司公

事，或兼安抚使、都总管、兵马铃辖、巡检等职务，总理本府兵民之政。以朝官及刺史以上官充任。

［60］白梅肉：指腌渍梅子的果肉，详见前"白梅"条。

［61］《陈氏香谱》作"丁香皮半钱"，另有"拣丁香五粒"。三本《香乘》无"拣丁香五粒"。从下文的歌诀来看，应以《陈氏香谱》为是。

［62］少歇：一小会儿。

［63］隔火气：四库本、汉和本作"隔火器"，依无碍庵本、《陈氏香谱》作"隔火气"，指的是在银叶上面。参见前"隔火"条注释。

［64］以水匀浇之：这里指的是在加热的银叶上滴水，水随之挥发，达到水蒸气与香气结合的效果。

［65］御带：官名。宋初，选三班使臣以上亲信武臣佩櫜、御剑，为皇帝护卫，称御带，或以宦官充任。真宗咸平元年（998），改称带御器械。

［66］括：概括、总结。

［67］苏韬光：概为南宋苏韬光，曾任节度推官，陆游曾为其作挽歌。

［68］料：量词，用于中药配制丸药，处方剂量的全份。这里指完整的一份合香。

元御带清观香

沉香四两（末）　金颜香二钱半（另研）　石芝二

钱半　檀香二钱半（末）　龙脑[69]二钱　麝香一钱半

　　右用井花水[70]和匀，硋石硋细[71]脱花爇之。

[69]《陈氏香谱》作"龙涎"。

[70] 井花水：亦作"井华水"。清晨初汲的水。明李时珍《本草纲目·水二·井泉水》〔集解〕引汪颖曰："井水新汲，疗病利人。平旦第一汲，为井华水，其功极广，又与诸水不同。"

[71]《陈氏香谱》作"硋石硋细"，三本皆作"石硋细"。硋石指水中表面光滑的石头。

脱俗香（武）

香附子半两（蜜浸三日，慢火焙干）　枨皮一两（焙干）　零陵香半两（酒浸一宿，慢焙干）　楝花[72]一两（晒干）　槵榈核一两　荔枝壳一两[73]

　　右并精细拣择，为末，加龙脑少许，炼蜜拌匀，入磁盒封窨十余日，旋取烧之。

[72] 楝花：指楝科楝属植物楝（Melia azedarach L.）的花。楝又称苦楝。参见前"苦练花"条。

[73] 无碍庵本无荔枝壳。

文英香[74]

甘松　藿香　茅香　白芷　麝檀香[75]　零陵香[76]

丁香皮　玄参　降真香　以上各二两　白檀半两

右为末，炼蜜半斤，少入朴硝，和香焚之。

[74] 文英香：文英通常指文才出众的人。

[75] 麝檀香：《陈氏香谱》作"麝、檀香"，是二味，麝香用量很大，有可能是传抄过程的误记。若为"麝檀香"，可能指麝香檀，见前"麝香檀"条。

[76] 无碍庵本无零陵香。

心清香

沉、檀各一拇指大　丁香母一分　丁香皮三分[77]　樟脑一两　麝香少许　无缝炭四两

右同为末，拌匀，重汤煮蜜，去浮泡，和剂，磁器中窨。

[77]《陈氏香谱》作"三钱"。

琼心香

栈香半两　丁香三十枚　檀香一分（腊茶清浸煮）　麝香五分[78]　黄丹一分

右为末，炼蜜和匀作膏，爇之[79]。

[78]《陈氏香谱》作"半钱"，根据这一点，其他的"一分"可能指的是一钱的十分之一，如果这样檀香用量又太少，存疑。

[79] 爇之：三本皆作"焚之"，《陈氏香谱》作"爇之"。《陈氏香谱》后还有"又一方用龙脑少许"。

太真[80]香

沉香一两[81]　栈香二两　龙脑一钱　麝香一钱　白檀一两（细剉，白蜜半盏相和蒸干）　甲香一两[82]

右为细末，和匀，重汤煮蜜为膏，作饼子窨一月，焚之。

[80] 太真：太真在道教中有多种解释，可指原始的元气，可指黄金，也可指仙女名。杨贵妃的号也称太真。这里具体所指不详。《陈氏香谱》作"大真"。

[81]《陈氏香谱》作"一两半"。

[82]《陈氏香谱》作"一两（制）"。

大洞真[83]香

乳香一两　白檀一两　栈香一两　丁皮一两　沉香一两　甘松半两[84]　零陵香二两[85]　藿香叶二两[86]

右为末，炼蜜和膏爇之。

[83] 洞真：洞真在道教中有多种解释。可以指得道的仙人，也可指道教经书分类中三洞的第一部，也可以作为道观名或道号。

[84] 汉和本、四库本、《陈氏香谱》皆作"半两"，无

碍庵本作二两。

[85]《陈氏香谱》无重量。

[86]《陈氏香谱》无藿香叶。

天真[87]香

沉香三两（剉）　丁香一两（新好者）　麝檀[88]一两（剉、炒）　玄参半两（洗切，微焙）　生龙脑半两（另研）　麝香三钱（另研）　甘草末二钱（另研）　焰硝少许　甲香一钱[89]（制）

右为末，与脑、麝和匀，白蜜六两炼去泡沫，入焰硝及香末，丸如鸡头大，爇之，熏衣最妙。

[87] 天真：可以指自然天性，也可以指先天真气，在道教和中医中依上下文，也可以有其他多种解释。

[88] 麝檀：《陈氏香谱》作"麝香木"，见前"麝香檀"条。

[89]《陈氏香谱》作"一分"。

玉蕊香[90]三

[90] 玉蕊香：可指玉蕊花，道家也可以指玉中之精。这里大概是前者，参见前"玉蕊花"条。

玉蕊香一（一名百花新香[91]）

白檀香一两　丁香一两　栈香一两　玄参二两[92]　黄熟香二两　甘松半两（净）　麝香三分[93]

右炼蜜为膏和，窨如常法。

[91]《陈氏香谱》作"百花香"。

[92]《陈氏香谱》作"一两"。

[93]《陈氏香谱》作"一分"。

玉蕊香二

玄参半两[94]（银器煮干，再炒令微烟出）　甘松四两　白檀二钱（剉）

右为末，真麝香、乳香二钱研入，炼蜜丸如芡子大。

[94]《陈氏香谱》作"半斤"。

玉蕊香三

白檀香四钱[95]　丁香皮八钱　龙脑四钱　安息香一钱　桐木麸炭四钱　脑、麝少许

右为末，炼蜜剂[96]，油纸裹磁盒贮之，窨半月。

[95]《陈氏香谱》作"四两"。

[96] 炼蜜剂：三本皆作"蜜剂和"，《陈氏香谱》作"炼蜜剂"。这里"剂"作动词，指将粉末合成香。

庐陵[97]香

紫檀七十二铢[98]即三两（屑之，熬[99]一两半） 栈香十二铢即半两 甲香二铢半即一钱（制） 苏合油五铢即二钱二分（无亦可） 麝香三铢即一钱一字 沉香六铢一分 玄参一铢半即半钱

右用沙梨[100]十枚切片研绞，取汁。青州枣二十枚，水二碗熬浓，浸紫檀一夕，微火煮干。入炼蜜及焰硝各半两，与诸药研和，窨一月爇之。

[97] 庐陵：作为地名，历史上有庐陵郡，庐陵指今江西吉安一带。

[98] 这里的铢指的是一两的二十四分之一。

[99] 《陈氏香谱》作"蒸"。

[100] 沙梨：现在所称沙梨指蔷薇科梨属植物沙梨 [Pyrus pyrifolia（Burm. f.）Nakai]。中国长江流域和珠江流域各地栽培的梨品种，多属于该种。宋代具体所指不详。

康漕[101]紫瑞香

白檀一两（为末） 羊胫骨炭[102]（半秤捣罗[103]）

右用九两蜜，磁器重汤煮热，先将炭煤与蜜溲和匀，次入檀末，更用麝半钱或一钱，别器研细，以好酒化开，洒入前件。香剂入磁罐，封窨一月旋取爇之[104]，

久窨尤佳。

[101] 康漕:"漕"在宋时可作为漕司的简称,代称转运司。康漕或指康姓的漕臣(转运使或转运副使)。

[102] 羊胫骨炭:见前"羊胫炭"条。

[103] 半秤捣罗:宋代以十五斤为"一秤"。半秤合当时七斤半,约合现在4.6~4.8公斤。

[104] 旋取爇之:三本皆脱"旋"字,据《陈氏香谱》正之。

灵犀香[105]

鸡舌香[106]八钱　甘松三钱　零陵香一两半　藿香[107]一两半

右为末,炼蜜和剂,窨烧如常法。

[105] 灵犀香:相传犀牛是一种神奇异兽,犀角有如线般的白纹,可相通两端感应灵异。故称"灵犀"。也有因为犀牛角有众多功用而称"灵犀"。在前文中提到"通天犀角镑少末与沉香爇"有神奇感应,故称灵犀香,这里可能与此相关。参见前"灵犀香"条内容。

[106] 鸡舌香:丁香。见前"鸡舌香即丁香"部分。

[107] 《陈氏香谱》无藿香。但零陵香作"各一两半",可能遗漏了一味香材。

仙萸[108]香

甘菊蕊[109]一两　檀香一两　零陵香一两　白芷一两　脑、麝各少许（乳钵研）

右为末，以梨汁和剂，捻作饼子曝干。

[108] 仙萸：《陈氏香谱》作"萸"，同"萸"。仙萸一般指茱萸，刘筠《九日赴宴不及简馆中同僚》："绛囊为佩仙萸密，绿醅飞觞寿菊新。"指的是重阳节佩戴茱萸香囊。这里仙萸香概言其香调韵致。

[109] 甘菊蕊：古今甘菊所指不同，见前"甘菊"条。

降仙香

檀香末四两（蜜少许和为膏）　玄参二两　甘松二两　川零陵香一两　麝香少许

右为末，以檀香膏子和之，如常法爇。

可人香[110]

歌曰："丁香沉檀各两半，脑麝三钱中半[111]良，二两乌香[112]杉炭是，蜜丸爇处可人香。"

[110]《陈氏香谱》香方与三本《香乘》不同，录于此："丁香一分沉檀半，脑麝二钱中半良，二两

乌香杉炭是，蜜丸爇处储可人香。"
[111] 中半：对半，一样一半。
[112] 乌香在不同时代所指或有不同。宋代所指应为原产于东南亚地区的一种香材，以颜色命名。乌香在明代所指参见后面"乌香末"条注释。

禁中非烟香[113] 一

歌曰："脑麝沉檀俱半两，丁香一分桂[114]三钱，蜜和细捣为圆饼，得自宣和禁闼[115]传。"
[113] 非烟香：这里指不发烟之香。关于非烟香的呈现方式，清代董若雨有《非烟香法》，不过董氏所谓蒸香的非烟香法与宋代未必相符。这里的非烟香应该还是隔火薰香的方式，只不过香灰火力有所控制，不让香发烟。
[114] 三本《香乘》作"重"，不合理。依《陈氏香谱》此处作"桂"，宋代一般指官桂。
[115] 禁闼：宫廷门户。亦指宫廷、朝廷。

禁中非烟香二

沉香半两　白檀四两（劈作十块，胯茶清浸少时）
丁香二两　降真香二两　郁金[116]二两　甲香三两[117]（制）

右细末，入麝少许，以白芨末滴水和，捻饼子窨爇之。

［116］郁金：这里从香方时代和香方配伍来看，不太好确定是姜科郁金还是藏红花，如果是藏红花则用量偏大。参见前"郁金香"条。

［117］《陈氏香谱》作"二两"。

复古东阁[118]云头香[119]（售）

真腊沉香十两　金颜香三两　拂手香三两[120]　番栀子一两　梅花片脑二两半[121]　龙涎二两　麝香二两[122]　石芝一两　制甲香半两

右为细末，蔷薇水和匀，用碪石碪之脱花，如常法爇之。如无蔷薇水，以淡水和之亦可。

［118］东阁：本指东向小门。汉武帝时，公孙弘任宰相，起客馆，开东阁，以招贤人，后遂成为宰相招贤客馆之代称。在宋代，一般称宰相为东阁。不过这里指的是宣和年间的宫中香。《癸辛杂识外集》载："宣和时常造香于睿思东阁，南渡后如其法制之，所谓东阁云头香也。"又《稗史汇编》："南宋光宗万机之暇留意香品，合和奇香，号东阁云头香。"这里称复古，即是南宋复北宋旧制。参见前"宣和香"条内容。

［119］云头香：古代以云头称云或云朵形的装饰物。云头盖指其形制为云朵之形。

［120］此二种《陈氏香谱》皆作"二两"。

[121]《陈氏香谱》作"一两半"。

[122]此二种《陈氏香谱》作"一两"。

崔贤妃[123]瑶英胜[124]

沉香四两　拂手香半两　麝香半两　金颜香三两半[125]　石芝半两

右为细末同和，碓作饼子，[126]排银盆或盘内，盛夏烈日晒干，以新软刷子出其光[127]，贮于锡盆内，如常爇之。

[123]崔贤妃：在宋代可能指宋徽宗贵妃崔氏。由于没有在刘贵妃去世时表现出悲痛，崔贵妃被徽宗废为庶人，后随徽宗北迁五国城。不过前面"诸品名香"写的是"刘贵妃瑶英香"。如所指相同，徽宗贵妃刘氏的可能性更大一些，崔贤妃可能是误记。如果是不同香方，那可能表达的是崔氏的香方比刘氏更胜一筹。参见前"刘贵妃"条。

[124]瑶英胜：《陈氏香谱》作"瑶英香"。

[125]《陈氏香谱》作"二两半"。

[126]右为细末同和，碓作饼子：《陈氏香谱》作："右为细末，上石和碓捻饼子。"

[127]出其光：用刷子不停地刷，可以让表面呈现光泽。这种做法在宋代制茶和制香中常用。

元若虚总管[128]瑶英胜

龙涎一两　大食栀子[129]二两　沉香十两（上等者）　梅花龙脑七钱（雪白者）　麝香当门子[130]半两

右先将沉香细剉，碾令极细，方用蔷薇水浸一宿，次日再上碾三五次。别用石碾一次[131]龙脑等四味极细，方与沉香相合，和匀，再上石碾一次。如水脉稍多，用纸渗[132]，令干湿得所。

[128] 元若虚总管：大概宋高宗时人。总管作为官职参见前"总管"条。

[129] 大食栀子：此处指番栀子，即藏红花。参见"番栀子"条。

[130] 当门子：当门子指麝香仁中不规则圆形或颗粒状者。也可以用于指代熟结的麝香。

[131] 一次：《陈氏香谱》无"一次"二字。

[132] 渗：《陈氏香谱》此处作："如水多，用纸渗，令干湿得所。"三本作："如水脉稍多，用纸糁，令干湿得所。"这里是说如果水多了，就用纸吸干。

韩钤辖正德香

上等沉香十两（末）　梅花片脑一两　番栀子一两　龙涎半两　石芝半两　金颜香半两　麝香肉[133]半两

右用蔷薇水和匀，令干湿得中，上碾石细碾脱花子爇之，或作数珠[134]佩带。

[133] 麝香肉：麝香入药时去香囊外壳，称麝香肉。

[134] 数珠：佛教修行时用来计数的珠串，也称念珠。数珠有多种材质，这里是用合香来做数珠。

滁州[135]公库[136]天花[137]香

玄参四两　甘松二两　檀香一两　麝香五分[138]

右除麝香别研外，余三味细剉如米粒许，白蜜六两拌匀，贮磁罐内，久窨乃佳。

[135] 滁州：隋开皇初改南谯州置，治所在新昌县（后改为清流县，即今安徽滁州市）。《寰宇记》卷一百二十八滁州："因水为名。"辖境相当今安徽滁州市和来安、全椒二县地。大业初废。唐武德三年（620）复置，天宝元年（742）改为永阳郡，乾元元年（758）复为滁州。

[136] 公库：指公使库，公使库是宋代州府军监一级地方政府主要存储公使钱、公使物的仓库。公使库最初是为了招待来往官吏，后来逐渐发展成为管理地方政府公务经费的机构，其经营功能逐渐增强，公使物品也可贩卖物品以补充公费。

[137] 天花：这里指天上之花，天人之花。

[138]《陈氏香谱》作"半钱"。

玉春新料香（补）

沉香五两　栈香二两半　紫檀香二两半　米脑一两　梅花脑二钱半　麝香七钱半　木香一钱半　金颜香一两半　丁香一钱半　石脂半两（好者）　白芨二两半　胯茶新者一胯半[139]

右为细末，次入脑、麝研，皂儿仁半斤浓煎膏和，杵千百下，脱花阴干刷光，磁器收贮，如常法爇之。

[139] 胯茶新者一胯半：这里面，前一个胯是指茶之形制，后一个指单位，片、饼。具体参见"清神香"部分"胯"的解释。

辛押陀罗[140]亚悉香[141]（沈）

沉香五两　兜娄香[142]五两　檀香三两　甲香三两（制）　丁香半两　大石芎[143]半两　降真香半两　安息香三钱　米脑二钱（白者）　麝香二钱　鉴临二钱（另研，未详，或异名[144]）

右为细末，以蔷薇水、苏合油和剂，作丸或饼爇之。

[140] 辛押陀罗：11世纪在中国居留的来自大食勿巡国（阿曼地区）的一位蕃长富商，因为"开导种落，岁致梯航"有功，被封为怀化将军。他还曾捐资卖田，大力协助复兴郡学。

[141] 亚悉香：宋代亚悉香所指现在已不详。不过从记

录来看，应该指的是一种香材而非合香。这里称辛押陀螺亚悉香，大概是指此香方模仿辛押陀螺所贡亚悉香的味道。

考察关于亚悉香的文献，《癸辛杂识外集》："宣和间宫中所焚异香有亚悉香、雪香、褐香、软香、瓯香、猊眼香等。"《宋稗类钞》："宫中重异香。广南所进笃耨、龙涎、亚悉、金颜、雪香、褐香、软香之类。"说明亚悉香是广南所进，可能是由海外舶来。与此处所说辛押陀螺亚悉香相合，辛押陀螺长期居住在广州。

明谢肇淛《五杂俎·物部二》："宋宣和间，宫中所焚异香有笃耨、龙涎、亚悉……之类。"《通雅·植物》："笃耨、亚悉、龙涎、迷迭、艾纳，西国香也……亚悉，或曰乌香、盖今之俺叭也。《本草》作'胆八香'。"参阅明文震亨《长物志·器具·俺叭香》。明人认为即是乌香，也就是后来的俺叭香。未必符合事实。

[142] 兜娄香：关于兜娄香的所指，比较复杂，见前"兜娄婆""兜娄香"注释。这里从在香方中所处的位置来看，不可能是上古所指类似都梁的香草，也不是明代以后所称的藿香，是乳香之类的树脂香料的可能性也不是太大，可能指红兜娄（麝香檀）或者某一类沉香。

[143] 大石芎：芎，一般指川芎，即芎䓖。大石，所指不

详，可能是指产地。

[144]《陈氏香谱》里面即有"未详，或异名"，说明当时已不知"鉴临"所指。三本皆作"详或异名"，脱"未"字。

瑞龙香

沉香一两　占城麝檀三钱　占城沉香三钱　迦阑木[145]二钱　龙涎一钱　龙脑二钱（金脚者[146]）　檀香半钱　笃耨香半钱　大食水[147]五滴　蔷薇水不拘多少　大食栀子花[148]一钱

右为极细末，拌和令匀，于净石上磋如泥，入模脱。

[145] 迦阑木：参见前"迦阑香"。

[146] 金脚者：指龙脑中陈化有金边者。叶廷珪《香谱》："脑之中又有金脚。"《大明一统志》："其次有金脚脑。"

[147] 大食水：《陈氏香谱》"大食水"条："今按，此香即大食国蔷薇露也。"但后面又说蔷薇水。这里可能是加工方式不同。大食水按照《陈氏香谱》的记述，加工方式是："本土人每早起，以爪甲于花上取露一滴。"《陈氏香谱》记载的制法大概是讹传。取清晨花露香气呈现的效果显然不如蒸馏方式所制的效果好。参见前"蔷薇露"部分考证。

[148] 大食栀子花：指藏红花，参见前"大食栀子"条。

华盖香

龙脑一钱　麝香一钱　香附子半两（去毛）　白芷半两　甘松半两　松萮[149]一两　零陵叶半两　草豆蔻一两　茅香半两　檀香半两　沉香半两　酸枣肉（以肥、红、小者，湿生者[150]尤妙，用水熬成膏汁）

右件为细末，炼蜜与枣膏[151]溲和令匀，木臼捣之，以不粘为度，丸如鸡豆实大，烧之。

[149] 松萮：即前面言及"艾萮""艾纳"中所说的松上绿衣。参见前"艾纳"条。

[150] 湿生者：一般来说，酸枣生长在相对干燥的土质中，潮湿水边不易生长，所以这里大概并非是指生长环境。可能指的是鲜的未完全熟透的酸枣，而不是在枝上已经失去水分的酸枣。

[151]《陈氏香谱》作"用枣水煮成膏汁"。

华盖香（补）[152]

歌曰："沉檀香附兼山麝，艾萮酸仁分两同，炼蜜拌匀磁器窨，翠烟如盖满庭中。"

[152] 此条与前"法合众妙香"中"华盖香"重复。

宝林[153]香

黄熟香　白檀香　栈香　甘松[154]　藿香叶　零陵香叶　荷叶　紫背浮萍[155]　以上各一两　茅香半斤（去毛，酒浸，以蜜拌炒，令黄）

右件为细末，炼蜜和匀丸，如皂子大，无风处烧之[156]。

[153] 宝林：佛教中指极乐净土七宝之树林。《无量寿经》："七宝诸树周满世界。"有些寺院亦以此命名，如六祖大师之宝林寺（南华寺）。

[154]《陈氏香谱》作"甘松（去毛）"。

[155] 紫背浮萍：指紫萍，参见前"浮萍"条解释。荷叶，紫萍皆能去香艳甜腻之气。

[156] 无风处烧之：无风处方利于香烟成型。

巡筵[157]香

龙脑一钱[158]　乳香半钱　荷叶半两　浮萍半两　旱莲[159]半两　瓦松[160]半两　水衣[161]半两　松黄半两

右为细末，炼蜜和匀，丸如弹子大，慢火烧之，从主人起，以净水一盏引烟入水盏内，巡筵旋转，香烟接了水盏[162]，其香终而方断。

以上三方亦名"三宝殊熏[163]"。

[157] 巡筵：《陈氏香谱》作"述筵"，三本皆作"巡

筵",皆可。巡筵指在宴席上依次巡行。述筵与此类似,述在这里是循、顺次而行的意思。《说文》:"述,循也。"

[158]《陈氏香谱》作"一分"。

[159] 旱莲:古代本草称旱莲,较大可能为菊科鳢肠属植物鳢肠Eclipta prostrata L.的干燥地上部分,又称为墨旱莲、墨汁草。也可能为藤黄科金丝桃属植物黄海棠(红旱莲)(Hypericum ascyron L.)。后面用来乌发的香方中的旱莲台可以确定为墨旱莲,此处大概也是前者。如果为墨旱莲,则主要的功能可能为染色。

另外蓝果树科喜树属植物喜树(Camptotheca acuminata.)别名也称为旱莲。锦葵科木槿属植物木芙蓉(Hibiscus mutabilis Linn.)有时也被称为木莲或旱莲。这两种入香方的可能性不大。

[160] 瓦松:景天科瓦松属植物,详见前"瓦上松花"条注释。《陈氏香谱》作"风松",恐误。

[161] 水衣:古代称水衣,可指苍苔、青苔类植物,如晋张协《杂诗》:"阶下伏泉涌,堂上水衣生。"或者水中的青苔或水草之类,如唐杜甫《重题郑氏东亭》诗:"崩石欹山树,清涟曳水衣。"此处可能为泥炭藓科泥炭藓属植物,也称为"水苔"。

[162] 香烟接了水盏:三本皆作"香烟接了去水盏",

《陈氏香谱》作"香烟接了水盏"。此处指的是，香烟一直与水盏相接，在筵席间依次传递水盏，香烟与水盏间的联系不断，水盏到处，香烟即到，直到香烧完了才结束。以《陈氏香谱》文字更合理。

[163] 三宝殊熏：无碍庵本作"三宝珠熏"。《陈氏香谱》与另两本作"三宝殊熏"。

宝金香

沉香一两　檀香一两　乳香一钱（另研）　紫矿[164]二钱[165]　金颜香一钱（另研）　安息香一钱（另研）[166]　甲香一钱　麝香二钱[167]（另研）　石芝二钱　川芎一钱　木香一钱[168]　白豆蔻[169]二钱　龙脑二钱[170]

右为细末[171]拌匀，炼蜜作剂捻饼子，金箔为衣。

[164] 紫矿：指蝶形花科紫矿属植物紫铆（Butea monosperma）（旧称Erythrina monosperma）（又称胶虫树）为胶虫所伤产生的树脂类物质，色紫，干燥后形状类矿石，故称紫矿，可作为黏合剂。

[165]《陈氏香谱》作"一钱"。

[166] 此处金颜香指东南亚所产安息香，安息香为西亚所产安息香。详见前"安息香""金颜香"条注释。

[167]《陈氏香谱》作"半两"。

[168]《陈氏香谱》此二味皆作"半钱"。

[169]白豆蔻：古代白豆蔻所指非一。如果是舶来品，可能指的是姜科豆蔻属植物白豆蔻（Amomum kravanh Pierre ex Gagnep.）或爪哇白豆蔻（Amomum compactum Soland ex Maton）。若是我国本土所产，可能指的是姜科山姜属植物草豆蔻（Alpinia katsumadai Hayata）。同时因为对草豆蔻的认识模糊，导致也存在把其他山姜属植物认作白豆蔻的可能。

[170]《陈氏香谱》作"三钱（别研）"。

[171]《陈氏香谱》作"粗末"。

云盖香

艾蒳、艾叶、荷叶、扁柏[172]叶各等分

右俱烧存性[173]，为末，炼蜜和别香作剂[174]用如常法。

[172]扁柏：一般认为指柏科侧柏属植物侧柏[Platycladus orientalis（L.）Franco]，也有人认为指柏科其他植物。

[173]烧存性：中药炮制法之一。把植物药烧至外部枯黑，里面焦黄为度，使药物一部分炭化，另一部分还能尝出原有的气味，即存性。

[174]炼蜜和别香作剂：三本作"炼蜜作别香剂"，

《陈氏香谱》作"炼蜜和别香作剂",这里指的是用炼蜜把此处加工的香末与别的香来混合制香。此处香末能更好地发烟,增加其他香的视觉效果。

凝合花香

卷十八

梅花香三

梅花香一

丁香一两　藿香一两　甘松一两　檀香一两　丁皮半两　牡丹皮[1]半两　零陵香二两　辛夷半两[2]　龙脑一钱

右为末，用如常法，尤宜佩带。

[1] 牡丹皮：为芍药科（毛茛科）芍药属植物牡丹（Paeonia suffruticosa Andr.）干燥根皮。为常见中药材。

[2]《陈氏香谱》作"一分"。

梅花香二

甘松一两　零陵香一两　檀香半两　茴香半两　丁香一百枚　龙脑少许（另研）

右为细末，炼蜜合和，干湿皆可焚。

梅花香三

丁香枝杖[3]一两　零陵香一两　白茅香一两　甘松

一两　白檀一两　白梅末[4]二钱　杏仁[5]十五个　丁香三钱　白蜜半斤

右为细末，炼蜜作剂，窨七日烧之。

[3]丁香枝杖：指丁香去头后的杆。

[4]白梅末：指盐白梅存性烧后捣末，白梅参见前面"白梅"条注释。《易简方》："盐白梅烧存性，为末。"

[5]杏仁：蔷薇科植物山杏（Prunus armeniaca L.var.ansu Maxim.）、西伯利亚杏（Prunus sibirica L.）、东北杏［Prunus mandshunca（Maxim）Koehne］或杏（Prunus armeniaca L.）的干燥成熟种子。

梅花香（武）

沉香五钱　檀香五钱　丁香五钱　丁香皮五钱　麝香少许　龙脑少许

右除脑、麝二味乳钵细研，入杉木炭煤二两，共香和匀，炼白蜜杵匀捻饼，入无渗磁瓶窨久，以玉片衬烧之。

梅花香（沈）

玄参四两　甘松四两　麝香少许　甲香三钱（先以泥浆慢煮，次用蜜制）

右为细末，炼蜜作丸，如常法爇之。

寿阳公主[6]梅花香（沈）

甘松半两　白芷半两　牡丹皮半两　藁本半两　茴香一两　丁皮一两（不见火[7]）　檀香一两　降真香一两[8]　白梅一百枚

右除丁皮，余皆焙干为粗末，磁器窨月余，如常法爇之。

[6] 寿阳公主：一般认为，与梅花有密切关系的"寿阳公主"即是"会稽公主"刘兴弟，宋高祖武皇帝刘裕嫡长女，《太平御览》记载，因梅花落其额头，拂拭不去，形成梅花妆的传统，对后来唐代女性妆容影响很大。又因其喜用梅花作梅花妆，民间传为梅花神。

[7] 不见火：这里指加工过程中不能用火。比如很多香材药材加工时可能会用火焙干，这里是说不能用这类方式处理丁皮，要自然干燥。

[8] 一两：四库本、汉和本作"二钱"；无碍庵本作"二两"，《陈氏香谱》作"一两"。

李主帐中梅花香（补）

丁香一两[9]（新好者）　沉香一两　紫檀香半两　甘松半两　零陵香半两　龙脑四钱　麝香四钱　杉松麸炭末一两[10]　制甲香三分

右为细末，炼蜜放冷和丸，窨半月爇之。

[9]《陈氏香谱》作"一两一分"。

[10]《陈氏香谱》作"杉松麸炭四两"。

梅英香二

梅英香一

拣[11]丁香三钱　白梅末[12]三钱　零陵香叶二钱　木香一钱　甘松五分[13]

右为细末,炼蜜作剂,窨烧之。

[11]拣:指拣选、选择。常用于药材香材的说明中。

[12]白梅末:无碍庵本作"白梅肉",依《陈氏香谱》、四库本、汉和本,应为"白梅末"。

[13]《陈氏香谱》作"半钱"。

梅英香二

沉香三两(剉末)　丁香四两　龙脑七钱(另研)　苏合油二钱　甲香二钱[14](制)　硝石末一钱

右细末入乌香末[15]一钱,炼蜜和匀,丸如芡实大焚之。

[14]《陈氏香谱》作"二两"。

[15]乌香末:乌香在不同时代所指或有不同。宋代所指可能为东南亚地区的一种黑色香材,参见前"乌香"条注释。

梅蕊香[16]

檀香[17]一两半（建茶浸三日，银器中炒令紫色碎者，旋取之）

栈香三钱半[18]（剉细末，入蜜一盏、酒半盏，以沙盒[19]盛蒸，取出炒干）

甲香半两（浆水、泥一块同浸三日，取出再以浆水一碗煮干，更以酒一碗煮，于银器内炒黄色[20]）

玄参半两[21]（切片，入焰硝一钱、蜜一盏、酒一盏，煮干为度，炒令脆，不犯[22]铁器）

龙脑二钱（另研） 麝香当门子二字（另研）

右为细末，先以甘草半两搥碎，沸汤一斤浸，候冷取出甘草不用。白蜜半斤煎，拨去浮蜡，与甘草汤同煮，放冷，入香末。次入脑麝及杉树油节炭二两[23]和匀，捻作饼子，贮磁器内窨一月。

[16] 梅蕊香：此香方在《陈氏香谱》中作"龙涎香"，从香材配伍来看，可能为仿龙涎香调，称龙涎香比梅蕊香更合理。三本《香乘》中皆称"梅蕊香"，不知何由。

[17] 《陈氏香谱》作"紫檀"，指紫色檀香。

[18] 《陈氏香谱》作"三钱"。

[19] 沙盒：陶器之类，陶土与沙、灰等烧制的盒子，有透气性，常用于中药加工中煅烧或蒸制。《普济方》卷二百九十五："盛于沙盒或瓦罐子内。盐

泥固济。煅通赤。"
[20]《陈氏香谱》作"更以酒一碗煮干,银器内炒黄色"。
[21]三本《香乘》未写重量,依《陈氏香谱》作"半两"。
[22]不犯:不用,不接触。
[23]《陈氏香谱》作"一两"。

梅蕊香(武)(又名一枝梅)

歌曰:"沉香[24]一分丁香半,烰炭[25]筛罗五两灰,炼蜜丸烧加脑麝,东风吹绽一[26]枝梅。"
[24]《陈氏香谱》作"沉檀"。
[25]烰炭:木柴充分燃烧后经闭熄而成的木炭。又称麸炭、浮炭、桴炭、腐炭。
[26]《陈氏香谱》作"十"。

韩魏公浓梅香[27](洪谱)(又名返魂梅)

黑角沉[28]半两　丁香一钱[29]　腊茶末一钱　郁金[30]五分[31](小者,麦麸炒赤色[32])　麝香一字　定粉一米粒(即韶粉[33])　白蜜一盏

右各为末,麝先细研,取腊茶之半汤点,澄清调麝,次入沉香,次入丁香,次入郁金,次入余茶及定粉,共研细乃入蜜,令稀稠得所,收砂瓶器中窨月余取烧。久则益佳。烧时以云母石或银叶衬之。黄太史《跋》云:

"余与洪上座[34]同宿潭[35]之碧湘门[36]外舟中[37]，衡岳[38]花光仲仁[39]寄墨梅二幅[40]，扣舟而至，聚观于灯下[41]。予曰：'祇欠香耳。'洪笑，发囊[42]取一炷焚之，如嫩寒[43]清晓行孤山篱落间。怪而问其所得。云：'东坡得于韩忠献[44]家，知子有香癖而不相授，岂小谴[45]？'其后驹父集古今香方，自谓无以过此。予以其名未显易之为'返魂梅'[46]。"云。

[27] 韩魏公浓梅香：参见前"魏公香""僧作笑兰香"条。

[28] 黑角沉：黑色角状沉香，沉香之上品。《本草纲目》："角沉黑润，黄沉黄润。"

[29] 一钱：《陈氏香谱》作"一分"。

[30] 郁金：这里指姜科植物郁金。参见前"郁金香"条，及郁金香部分内容及考释。

[31] 五分：《陈氏香谱》作"半分"。

[32] 麦麸炒赤色：指在麦麸中炒成赤色。

[33] 韶粉：又称粉锡，铅粉，为用铅加工的制成的粉末状碳酸铅。因产于广东旧韶州府境，故又称韶粉。又称胡粉、朝粉，可用于绘画或者敷面用，亦作为外丹和中医用药。

[34] 洪上座：指北宋僧人惠洪（1071—1128），江西人，俗姓彭（一说姓喻），字觉范，禅宗黄龙派，著有《石门文字禅》《冷斋夜话》等。惠洪有诗名，传世诗作很多，与黄庭坚多有交游唱和。

[35] 潭：指潭州。隋开皇九年（589）改湘州置，治所在长沙县（今湖南长沙市）。辖境相当今湖南长沙、株洲、湘潭、益阳、浏阳、湘乡、醴陵等市县地。五代楚改为长沙府，北宋复为潭州，辖境略有扩大。

[36] 碧湘门：三本皆作"碧厢门"，误，依《陈氏香谱》应作"碧湘门"。碧湘门是宋代长沙府城（位于今湖南长沙市）的西门。

[37] 舟中：三本脱"中"字。

[38] 衡岳：三本作"衝岳"，误，依《陈氏香谱》应作"衡岳"，仲仁常住衡州。

[39] 花光仲仁：指花光寺仲仁长老。北宋越州会稽（今浙江绍兴）人，住衡州（治今湖南衡阳）。出家为僧，自号华光长老。善画墨梅，后人尊为"墨梅始祖"。

[40] 二幅：《陈氏香谱》作"二枝"。指的也是画。

[41] 聚观于灯下：三本皆脱"灯"字，据《陈氏香谱》补之。

[42] 发囊：《陈氏香谱》作"发谷董囊"，谷董，指杂物，谷董囊是盛放各种小东西的袋子。

[43] 嫩寒：轻寒。

[44] 韩忠献：即韩琦，见"韩魏公"条。

[45] 小谴：小罪。

[46] 三本脱"为返魂梅"四字。据《陈氏香谱》补之。

《香谱补遗》所载，与前稍异，今并录之

腊沉一两　龙脑五分[47]　麝香五分　定粉二钱　郁金[48]五钱　腊茶末二钱　鹅梨二枚　白蜜二两

右先将梨去皮，姜擦梨上[49]，捣碎旋扭汁，与蜜同熬过，在一净盏内，调定粉、茶、郁金香末，次入沉香、龙脑、麝香，和为一块，油纸裹，入磁盒内，地窖半月取出，如欲遗人，圆如芡实，金箔为衣，十圆作贴[50]。

[47] 依《陈氏香谱》，这里的五分是半钱。后面麝香与此相同。

[48] 郁金：此处概为藏红花。

[49] 依《陈氏香谱》此处应作"用姜擦子擦碎细"。所谓"姜擦子"，是用来把姜擦成碎末的器具，类似现在擦姜末蒜蓉的器具。《香乘》可能未能理解"姜擦子"的意思，误以为是用姜擦梨。

[50] 贴：量词，指一份。常用于中药。

笑梅香三

笑梅香一

榅桲[51]二个　檀香五钱　沉香三钱　金颜香四钱　麝香一钱[52]

右将榅桲割破顶子，以小刀剔去瓤并子，将沉香、檀香为极细末入于内，将原割下项子盖着，以麻缕[53]缚

定，用生面一块裹榅桲在内，慢火灰烧[54]，黄熟为度，去面不用，取榅桲研为膏。别将麝香、金颜香研极细，入膏内相和，研匀，雕花印脱[55]，阴干烧之。

[51] 榅桲：蔷薇科，榅桲属植物榅桲（Cydonia oblonga Mill.），灌木或小乔木。唐宋时作为食用水果，以关陕、沙苑（陕西大荔）所出为佳。因气味芳香，可置衣箱中。果实可入药。

[52] 《陈氏香谱》作"二钱半"。

[53] 麻缕：麻线。

[54] 慢火灰烧：炮制方法，置热灰中。三本作"慢灰火烧"，依《陈氏香谱》，应作"慢火灰烧"，指放在热灰中以微火烧，为炮制方法。

[55] 雕花印脱：《陈氏香谱》作"以木雕香花子印脱"。

笑梅香二

沉香一两　乌梅[56]一两　芎䓖一两　甘松一两　檀香五钱

右为末，入脑、麝少许，蜜和，瓷盒内窨，旋取烧之[57]。

[56] 乌梅：《陈氏香谱》作"乌梅肉"，即乌梅。乌梅为蔷薇科植物梅Prunus mume（Sieb.）Sieb.et Zucc.的干燥近成熟果实。夏季果实近成熟时采收，低温烘干后闷至色变黑。

[57] 烧之：《陈氏香谱》作"焚之"。

笑梅香三

栈香二钱　丁香二钱　甘松二钱　零陵香二钱（共为粗末）　朴硝一两[58]　脑、麝各五分[59]

右研匀，入脑、麝、朴硝、生蜜溲和，瓷盒封窨半月。

[58]《陈氏香谱》作"四两"。

[59]《陈氏香谱》作"半钱"。

笑梅香二（武）

笑梅香（武）一

丁香百粒　茴香一两　檀香五钱　甘松五钱　零陵香五钱　麝香五分[60]

右为细末，蜜和成块[61]，分爇之。

[60]《陈氏香谱》作："檀香、甘松、零陵香、麝香各二钱。"

[61] 成块：《陈氏香谱》作"成剂"。

笑梅香（武）二

沉香一两　檀香一两　白梅肉一两　丁香八钱　木香七钱　牙硝五钱（研）　丁香皮二钱（去粗皮）　麝香少许　白芨末[62]

右为细末，白芨煮糊和匀，入范子印花，阴干烧之。

[62] 白芨末：无碍庵本白芨末未入香方。

肖梅韵香[63]（补）

韶脑四两　丁香皮四两　白檀五钱[64]　桐炭[65]六两　麝香一钱

别一方加沉香一两

右先捣丁香、檀、炭[66]为末，次入脑、麝，热蜜拌匀，杵三五百下，封窨半月取爇之。[67]

[63] 肖梅韵香：《陈氏香谱》作"肖梅香"。肖：仿效，相似。

[64] 五钱：《陈氏香谱》作"二钱"。

[65] 三本皆作"桐灰"，依《陈氏香谱》应作"桐炭"。

[66] 三本作"灰"，依《陈氏香谱》作炭。

[67] 《陈氏香谱》后有："别一方加沉香一两。"

胜梅香

歌曰："丁香一两真檀半（降真白檀），松炭筛罗一两灰，熟蜜和匀入龙脑，东风吹绽岭头梅。"

鄙梅香[68]（武）

沉香一两　丁香二钱　檀香二钱　麝香五分[69]　浮萍草

右为末，以浮萍草取汁，加少许蜜，捻饼烧之。

[68]鄙梅香：字面意思为令梅鄙，令梅相形见绌之香。
[69]《陈氏香谱》作"二钱"。

梅林香

沉香一两　檀香一两　丁香枝杖三两　樟脑三两　麝香一钱

右脑、麝另器细研，将三味[70]怀干[71]为末，用煅过硬炭末[72]、香末和匀，白蜜[73]重汤煮，去浮蜡放冷，旋入臼杵捣数百下[74]，取以银叶衬焚之。

[70]三味：指沉香、檀香、丁香。
[71]怀干：即将药物放在怀中，使之干燥的方法。用于名贵芳香药材，如麝香、沉香等。这样可以避免芳香物质大量损失。
[72]硬炭末：《陈氏香谱》作"炭硬末二十两"。煅一般指密封还原烧法。
[73]《陈氏香谱》作"白蜜四十两"。
[74]《陈氏香谱》作"捣软，阴干"。

浃梅香[75]（沈）

丁香百粒　茴香一捻[76]　檀香二两　甘松二两　零陵香二两　脑、麝各少许

右为细末，炼蜜作剂，爇之。

[75] 浹梅香：浹，浸透、融合之意。浹梅香，犹言充分融入梅花之香。
[76] 一捻：捻在手指间的一点点，一小撮。《备急千金要方·七窍病下》："每旦以一捻盐内口中，以暖水含，揩齿及叩齿百遍，为之不绝。"

肖兰香二

肖兰香一

麝香一钱　乳香一钱　麸炭末一两　紫檀五两（白尤妙[77]，剉作小片，炼白蜜一斤加少汤浸一宿取出，银器内炒微烟出）

右先将麝香乳钵内研细，次用好腊茶一钱沸汤点，澄清时将脚[78]与麝香同研，候匀，与诸香相和匀，入臼杵令得所。如干，少加浸檀蜜水拌匀，入新器中，以纸封十数重，地坎窨一月蒸之。

[77] 白尤妙：此句殊难解。古代香方中所谓紫檀，多指檀香当中色紫的，如果是这样，那这里就说的是檀香中色白的，不过一般此类多称为檀香或白檀香，称紫檀又称色白者，未免过于迂回。或言指紫檀（檀香紫檀）之白皮者。一般而言，紫檀是指心材部分，外面颜色较浅的部分，称为白皮，如果是这种情况，是指白皮部分还是指带有白皮的紫檀品种，似乎都有点牵强。更大的可能，这里的紫檀指

的是加工之后的状态，而"白尤妙"则是指原料以白檀为上，白檀经过加蜜炒制之后，变成紫色，被称为"紫檀"。

[78] 将脚：这里从相关描述看，指的是茶末溶解之后，待沫饽澄清，汤底留下的浓稠茶粉溶解物。三本此处皆脱"将脚"二字。这种调麝方法的特点，参见前"韩魏公浓梅香"部分"汤点澄清调麝"条解释。及"吴顾道侍郎杏花香"部分相关说明。

肖兰香二

零陵香七钱　藿香七钱　甘松七钱　白芷二钱　木香二钱　母丁香七钱[79]　官桂二钱　玄参三两　香附子二钱　沉香二钱[80]　麝香少许（另研）

右炼蜜和匀，捻作饼子烧之。

[79]《陈氏香谱》作"二钱"。

[80]《陈氏香谱》作"沉香、麝香各少许"，无碍庵本作"香附子三钱　沉香三钱"。

笑兰香[81]（武）

歌曰："零藿丁檀沉木一[82]，六钱藁本麝差轻[83]，合和时用松花蜜[84]，爇处无烟分外清。"

[81] 笑兰香：此处笑可能开始时是"肖"的谐音，指模仿、相似。也可能有胜过兰花而笑兰之意。

[82]一：这里概指一两。

[83]差轻：（相较）稍轻。

[84]松花蜜：于松林所采花蜜，蜜中带有松花粉。

笑兰香（洪）

白檀香一两　丁香一两　栈香一两　甘松五钱　黄熟香二两　玄参一两　麝香二钱[85]

右除麝香另研外，令[86]六味同捣为末，炼蜜溲拌为膏，爇、窨如常法。

[85]《陈氏香谱》作"一分"，可能指的是二钱半。

[86]令：《陈氏香谱》作"余"。

李元老[87]笑兰香

拣丁香一钱（味辛者）　木香一钱（鸡骨者[88]）沉香一钱（刮去软者[89]）　白檀香一钱（脂腻者）[90]　肉桂[91]一钱（味辛者）　麝香五分[92]　白片脑[93]五分　南硼砂[94]二钱（先研细，次入脑麝）　回纥香附[95]一钱（如无，以白豆蔻[96]代之，同前六味为末）

右炼蜜和匀，更入马勃[97]二钱许，溲拌成剂，新油单纸[98]封裹，入瓷瓶内一月[99]取出，旋丸如豌豆状，捻饼以渍酒[100]，名"洞庭春"。每酒一瓶，入香一饼化开，笋叶密封，春三日、夏秋一日、冬七日可饮，其香特美。

[87] 李元老：宋代元老可以是对宿德耆旧的敬称，人名中元老也并不罕见。《陈氏香谱》中有"嵩州副宫李元老笑梅香"，可能与此为同一人。北宋无嵩州，金国置有嵩州。又副宫，可能为"副宫使"之略，所指何宫不详，可能为"提举嵩山崇福宫副史"或"提点嵩山崇福宫副史"之讹略，或依古称称嵩州，也可能副宫为"副官"之误。宋史和宋诗中也出现数个李元老，与此有何关系尚不可知。

[88] 鸡骨者：木香中形似鸡骨者，可能为越西木香，又称越西川木香，为川木香属植物，产四川省西南部越嶲、木里等地。或为其他川木香属植物。相对而言，广木香不大像鸡骨。

[89] 刮去软者：《陈氏香谱》作"刮净去软白"，指去掉油脂丰富柔软的部分。

[90] 白檀香一钱（脂腻者）：《陈氏香谱》作"檀香脂（腻）"。指油脂大的檀香。

[91] 肉桂：樟科樟属植物肉桂（中国肉桂Cinnamomum cassia Presl）的干燥树皮。参见"官桂"条注释。

[92] 《陈氏香谱》麝香和片脑皆作"半钱"，则此处半钱同五分。

[93] 白片脑：即片脑，见前"片脑"条注释及"龙脑香"部分考释。

[94] 南硼砂：硼砂产于南方者，称南硼砂。硼砂指天然硼酸钠，有防腐作用。用于中药外用或口服。

[95] 回纥香附：我国古来香附所指较为固定，皆指莎草属植物莎草的根茎，且古来中国即有此植物。在回鹘及后来维吾尔医学文献中，也有香附子的记载，《突厥语大辞典》称"topulǧaq"，维吾尔语称为sidi，在阿拉伯医学文献中也不难见到，叫法有所不同。这里后面说，如果没有此物，可以白豆蔻替代，姑且不说二者气味有所差异，香附于宋代并非罕见之物，《本草图经》言："今处处有之"，何须以更罕见的白豆蔻替代？可见回纥香附大概并非通常所称的香附子。

我国史籍从《魏书·西域传》起就记载波斯产香附子，《周书·异域传》《旧唐书·西戎传》等史书沿用了这个记载。为什么要从西域引进我国自古很常见的香附子？关于这一点现代学者有不同的理解。有人认为，这里面的波斯所产香附子实际为胡黄连，胡黄连与香附外形的确类似，原产印度等地，也的确从西域传来，但若用来制香似乎未有独特之处。另一种观点认为，波斯或印度有一种香附（莎草根）药效强于中国所产，目前来看，很可能还是不同植物。还有一种观点认为，推崇西域传来的香附主要是受佛教文化的影响，佛经和《医理精华》等印度本草文献中对香附有很多应用，受其影响，国人认为西域香附有神奇功效，在后来的药方中就加以特别注明，这个说法从药方沿袭的角度有一定道理，但对于用来制香的"回纥香附"，并没有很好的解释。回纥香附是否就是唐之前所说的波斯香附？只能说很可能是一种，但尚不能完全确定。关于回纥香附、波斯香附的具体所指，还有待于进一步的研究。

[96] 白豆蔻：关于白豆蔻在古代所指，参见前"白豆蔻"条。

[97] 马勃：别名马屁勃、灰包菌。为灰包科马勃属植物脱皮马勃Lasiosphaera fenzlii Reich、大颓马勃Calvatia gigantea（Batsch.exPers.）Lloyd.或紫颓马勃C.lilacinaLloyd的子实体。

[98] 油单纸：油单与油纸不同（古籍中油单与油纸有同时出现的情况），指的应该是涂油的布，又称油单、油单片或油单子。依材质不同又有布油单、绢油单等。古代可用于摊膏药。或用来封裹物品，起防湿防潮的作用。油单纸有的时候指的似乎即是油单，相比油纸更易于封裹物品，可入水中，甚至蒸煮。也有时候指的是涂油的纸，即"像油单一样的油纸"。如《普济方·卷三百十四·膏药门 方》："将油刷纸上。成油单纸。"

[99]《陈氏香谱》作"入瓷盒窨一百日"。

[100]渍酒：泡酒。

靖老[101]笑兰香（新）

零陵香七钱半　藿香七钱半　甘松七钱半　当归一条　豆蔻一个　槟榔一个　木香五钱　丁香五钱　香附子二钱半　白芷二钱半　麝香少许[102]

右为细末，炼蜜溲和，入臼杵百下，贮磁盒地坑埋窨一月，旋作饼，爇如常法。

[101]靖老：所指不详。苏轼有故交郑嘉会，字靖老。
[102]《陈氏香谱》作"半钱"。

胜笑兰香[103]

沉香拇指大　檀香拇指大　丁香二钱[104]　茴香五分[105]　丁香皮三两　樟脑五钱　麝香五分[106]　煤末五两　白蜜半斤　甲香二十片（黄泥煮去净洗）

右为细末，炼蜜和匀，入磁器内封窨，旋丸烧之。

[103]《陈氏香谱》作"胜肖兰香"。
[104]丁香二钱：《陈氏香谱》作"丁香一分"。
[105]《陈氏香谱》作"三钱"。
[106]《陈氏香谱》作"半钱"。

胜兰香（补）

歌曰："甲香一分煮三番[107]，二两乌沉一两檀[108]，水麝[109]一钱龙脑半，蜜和[110]清婉胜芳兰。"

[107] 三番：从文字来看，这里煮三次可能不换水，根据通常制法，可能用酒蜜水。

[108] 一两檀：《陈氏香谱》作"三两檀"。

[109] 水麝：字面上看概指水麝香，参见前"水麝香"条。不过水麝香仅见于一条传闻，所指不详，也未见于其他香方；而且水麝香是液体，似乎也不合用一钱来衡量。故这里很可能是误记。或为木麝，或为冰麝。

[110] 《陈氏香谱》作"异香"。

秀兰香（武）

歌曰："沉藿零陵俱半两，丁香一分麝三钱，细捣蜜和为饼子，芬芳香自禁中传。[111]"

[111] 《陈氏香谱》此句作："细捣蜜和为饼爇，芬芳香似禁中传。"

兰蕊香（补）

栈香三钱　檀香三钱　乳香二钱[112]　丁香三十枚

麝香五分[113]

右为末，以蒸鹅梨汁和作饼子，窨干，烧如常法。

[112]《陈氏香谱》作"一钱"。

[113]《陈氏香谱》作"半钱"。

兰远香（补）

沉香一两　速香一两　黄连一两　甘松一两　丁香皮五钱　紫藤香[114]五钱

右为细末，以苏合油和作饼子，爇之。

[114] 紫藤香：三本《香乘》作"紫胜香"，概误，以《陈氏香谱》作"紫藤香"，指降真香，见前"紫藤香"条解释。

木犀香四

木犀香一

降真一两　檀香一钱[115]（另为末作[116]）　腊茶半胯（碎）

右以纱囊盛降真香置磁器内，用新净器盛鹅梨汁[117]浸二宿及茶[118]，候软透去茶不用，拌檀窨烧[119]。

[115]《陈氏香谱》作"二钱"。

[116]《陈氏香谱》作"别为末作"，无碍庵本作"另为末作缠"，四库、汉和本作"另为末作厘"。

厘可解为微小之单位（长度、重量皆可），缠则可以理解为缠末，乳香中即以缠末称碎末。

[117] 用新净器盛鹅梨汁：《陈氏香谱》作"用去核凤栖梨或鹅梨汁"。凤栖梨是唐代陕州（今河南三门峡陕州等地）所产名梨。《铁围山丛谈》："昔唐太宗时，有凤仪止梨树上，因变肌肉细腻，红颊玉液，至今号'凤栖梨'也。"《宋会要辑稿》食货五六："陕州土产凤栖梨"，则宋代仍为陕州名产。鹅梨见前"鹅梨"条注释。

[118] 浸二宿及茶：指将茶末与降真同浸于鹅梨汁中。《陈氏香谱》作"浸降真及茶"。

[119] 拌檀窨烧：《陈氏香谱》作"拌檀末窨干"。

木犀香二

采木犀未开者，以生蜜拌匀（不可蜜多），实捺[120]入磁器中，地坎埋窨，日久愈佳。取出于乳钵内研，拍作[121]饼子，油单纸裹收，逐旋取烧。采花时不得犯手，剪取为妙[122]。

[120] 实捺：用手按实。

[121] 《陈氏香谱》作"匀作"。

[122] 不得犯手，剪取为妙：桂花类采摘不宜用手，对已开桂花可用摇落的方法，此处为未开桂花，不易摇落，可用剪取的方法。

木犀香三

日未出时,乘露采取岩桂花[123]含蕊开及三四分[124]者不拘多少,炼蜜候冷拌和,以温润为度,紧入不津磁罐中[125],以蜡纸密封罐口,掘地深三尺,窨一月,银叶衬烧。花大开无香[126]。

[123] 岩桂花:所谓"岩桂花",即为木犀别名之一。宋张邦基《墨庄漫录》:"木犀花,江浙多有之,清芬渢郁,余花所不及也。一种色黄深而花大者,香尤烈;一种色白浅而花小者,香短。清晓朔风,香来鼻观,真天芬仙馥也。湖南呼'九里香',江东曰'岩桂',浙人曰'木犀',以木纹理如犀也。"

[124] 开及三四分:开至三四成。

[125] 紧入不津磁罐中:《陈氏香谱》作"紧筑入有油瓷罐中"。

[126] 花大开无香:桂花大开之后香气减损,所以需选用刚开到三四成的。

木犀香四

五更初,以竹箸[127]取岩桂花[128]未开蕊不拘多少,先以瓶底入檀香少许,方以花蕊入瓶,候满,加梅花脑子糁[129]花上[130],皂纱[131]幕[132]瓶口置空所,日收夜露四五次,少用生熟蜜相半[133]浇瓶中,蜡纸封窨,爇如常法[134]。

[127]竹箸：竹筷子。
[128]岩桂花：三本皆作"岩花"，脱"桂"字，据《陈氏香谱》补之。
[129]糁：sǎn，洒，散落。
[130]三本此处皆有脱字，今依《陈氏香谱》补之。
[131]皂纱：黑色的纱。
[132]幂：覆盖。
[133]相半：三本皆作"相拌"，依《陈氏香谱》应作"相半"，即生蜜熟蜜各一半。
[134]爇如常法：三本作"烧如法"，依《陈氏香谱》作"爇如常法"。

木犀香（新）

沉香半两　檀香半两　茅香一两

右为末，以半开桂花十二两，择去蒂，研成泥，溲作剂，入石臼杵千百下即出[135]，当风阴干，爇之[136]。

[135]《陈氏香谱》作"脱花样"。指从模子中脱出。
[136]爇之：三本皆作"烧之"，依《陈氏香谱》作"爇之"。

吴彦庄[137]木犀香（武）

沉香半两[138]　檀香二钱五分　丁香十五粒　脑子

少许（另研）　金颜香[139]（另研，不用亦可）　麝香少许（茶清研泥）　木犀花五盏（已开未离披[140]）者，次入[141]脑、麝（同研如泥）

右以少许薄面糊[142]入所研三物中，同前四物和剂，范为小饼窨干，如常法爇之。

［137］吴彦庄：所指不详。

［138］《陈氏香谱》作"一两半"。

［139］《陈氏香谱》作"金颜香三钱"。

［140］离披：三本皆脱"离"字，依《陈氏香谱》作"离披"，离披，下垂，零落分散的样子。

［141］次入：《陈氏香谱》作"吹入"。

［142］薄面糊：加入面糊可帮助成型。

智月木犀香[143]（沈）

白檀一两（腊茶浸炒）　木香　金颜香　黑笃耨香　苏合油　麝香　白芨末　以上各一钱

右为细末，用皂儿胶鞭和，入臼捣千下，以花脱之，依法窨爇[144]。

［143］智月木犀香：参见前"智月龙涎香"。

［144］《陈氏香谱》作"以花印脱之，依法窨烧之"。

桂花香

用桂蕊将放者,捣烂去汁,加冬青子[145],亦捣烂去汁,存渣和桂花合一处作剂,当风处阴干,用玉版蒸[146],俨是桂香,甚有幽致。

[145] 冬青子:可指冬青果实,也可指女贞果实,见前"冬青树子"条。

[146] 用玉版蒸:玉版一般指古代刊刻文字或图案的玉片。这里指玉片。《陈氏香谱》作"以冬青树子绞汁与桂花同蒸阴干,炉内蓺之"。

桂枝香

沉香、降真香等分

右劈碎,以水浸香上一指[147],蒸干为末,蜜剂[148]烧之。

[147] 以水浸香上一指:指水面高过香材一指。

[148] 蜜剂:以蜜合剂。

杏花香二

杏花香一[149]

附子[150] 沉[151] 紫檀香 栈香 降真香 以上各一两 甲香 熏陆香 笃耨香 塌乳香[152] 以上各五钱

丁香二钱　木香二钱　麝香五分　梅花脑三分

右捣为末，用蔷薇水拌匀，和作饼子，以琉璃瓶贮之，地窨一月，爇之有杏花韵度[153]。

[149] 杏花香一：《陈氏香谱》此香方所用香材皆为此处的十倍，因皆为等比例增加（除龙脑为二钱），不再录于此。

[150] 附子：一般指毛茛科乌头属植物乌头（Aconitum carmichaeli Debx.）的干燥子根。在香方中也可能为香附子（莎草根状块茎）之略。此处为花香香方，应该指的是后者。

[151] 《陈氏香谱》此处作"附子　沉"，三本以"附子沉"为一物，误。

[152] 塌乳香：乳香之溶塌在地者。《本草纲目》："溶塌在地者为塌香。"参见前"熏陆即乳香"部分。

[153] 韵度：风韵气度。

杏花香二

甘松五钱　芎䓖五钱　麝香二分[154]

右为末，炼蜜丸如弹子大，置炉中，旖旎可爱，每迎风烧之尤妙。

[154] 《陈氏香谱》作"少许"。

吴顾道侍郎[155]杏花香[156]

白檀香五两（细剉，以蜜二两热汤化开，浸香三宿取出，于银器内裹[157]紫色，入杉木炭[158]内炒，同捣为末）　麝香一钱（另研）　腊茶一钱（汤点澄清，用稠脚[159]）

右同拌令匀，以白蜜八两溲和，入乳钵槌[160]杵数百，贮磁器，仍镕蜡固封，地窨一月，久则愈佳。[161]

[155] 吴顾道侍郎：吴栻，字顾道，瓯宁（今福建建瓯）人。宋神宗熙宁六年（1073）进士。吴栻曾出使高丽，著有《鸡林记》，记高丽事。回国后曾任开封知府，工部、户部侍郎，故此处称吴顾道侍郎。后官至龙图阁直学士。著有《论语十说》《蜀道纪行诗》三卷、《庵峰集》一卷。参见前"吴侍中龙津香"，依《陈氏香谱》为"吴侍郎龙津香"，可能与此为同一人所作。

[156] 杏花香：《陈氏香谱》作"花"。

[157] 裹：沾湿。《陈氏香谱》无此字。

[158] 《陈氏香谱》作"杉木夫炭"，指杉木麸炭。

[159] 稠脚：指当点茶茶汤澄清后，底部浓稠的茶粉溶解物。这种调麝方法的特点，参见前"韩魏公浓梅香"部分"汤点澄清调麝"条解释。

[160] 入乳钵槌：《陈氏香谱》作"入乳钵槌"，三本脱字作"乳槌"。

[161]《陈氏香谱》后面有:"若合多,可于臼中捣之。"

百花香二

百花香一

甘松一两[162] 沉香一两(腊茶同煮半日) 栈香一两[163] 丁香一两(腊茶同煮半日)[164] 玄参一两(洗净,槌碎,炒焦)[165] 麝香一钱[166] 檀香五钱(剉碎,鹅梨二个取汁浸银器内蒸)[167] 龙脑五分 砂仁[168]一钱 肉豆蔻一钱

右为细末,罗匀以生蜜溲和,捣百余杵,捻作饼子,入瓷盒封窨,如常法爇之。

[162] 甘松一两:《陈氏香谱》后有"(去土)"。

[163] 栈香一两:《陈氏香谱》后有"(剉碎如米)"。

[164] 丁香一两(腊茶同煮半日):《陈氏香谱》作:"丁香一钱(蜡茶半钱同煮半日)。"

[165]《陈氏香谱》作:"筋脉少者洗净,槌碎,炒焦。"

[166] 麝香一钱:《陈氏香谱》麝香后有"另研",龙脑后有"研"。无论是否注明,脑麝都须单独研后再与其他香材混合。

[167]《陈氏香谱》作"檀香半两(剉如豆,以鹅梨二个取汁浸银器内盛蒸三五次,以汁尽为度)"。

[168] 砂仁:《陈氏香谱》作"缩砂仁",砂仁,又名春砂仁、缩砂仁、缩沙蜜。为姜科砂仁属植物阳春

砂Amomumvillosum Lour.或海南砂A. longiligulare T. L.Wu绿壳砂A. villosum Lour. var. XanthioidesT.L.Wu et S.的果实。砂仁在宋代多称"缩砂仁""缩砂"或"缩砂蜜"。

百花香二

歌曰:"三两甘松(别本作一两)一两芎[169](别本作半两),麝香少许蜜和同,丸如弹子炉中爇,一似百花迎晓风。"

[169] 一两芎:《陈氏香谱》作"一分芎"。芎,芎䓖,一般指伞形科藁本属植物川芎(Ligusticum chuanxiong hort),详见前"芎䓖"条解释。

野花香三

野花香一[170]

栈香一两　檀香一两　降真一两　舶上丁皮五钱　龙脑五分　麝香半字　炭末五钱

右为末,入炭末拌匀,以炼蜜和剂,捻作饼子,地窨烧之。如要烟聚,入制过甲香一字。[171]

[170]《陈氏香谱》此香方用量略有不同,录于此:
"栈香　檀香　降真香各一钱　舶上丁皮三分　龙脑一钱　麝香半字　炭末半两。"

[171]《陈氏香谱》后有"即不散"三字。

野花香二

栈香三两　檀香三两　降真香三两　丁香[172]一两　韶脑二钱　麝香一字

右除脑、麝另研外，余捣罗为末，入脑、麝拌匀，杉木炭三两烧存性为末，炼蜜和剂，入臼杵三五百下，磁罐内收贮，旋取分烧之[173]。

[172]《陈氏香谱》作"丁香皮"。

[173]烧之：《陈氏香谱》作"爇之"。

野花香三

大黄一两　丁香　沉香　玄参　白檀　以上各五钱[174]

右为末，用梨汁和作饼子烧之。

[174]以上各五钱：《陈氏香谱》前面还有寒水石（也是五钱）。

野花香（武）

沉香　檀香　丁香　丁香皮　紫藤香[175]　以上各五钱　麝香二钱　樟脑少许　杉木炭八两（研）

右蜜一斤重汤炼过，先研脑、麝，和匀入香，溲蜜作剂，杵数百下，入磁器内地窨，旋取捻饼烧之。

[175]紫藤香：参见前"降真香""紫藤香"条注释。《陈氏香谱》后有"怀干"二字。

后庭花香

白檀一两　栈香一两　枫乳香[176]一两　龙脑二钱

右为末,以白芨作糊和,印花饼[177],窨干如常法。

[176] 枫乳香:概指枫香,因外形似乳香,故称。有人认为枫与乳香是二味,今三本及《陈氏香谱》皆写作一味,不可能是两味。

[177] 印花饼:《陈氏香谱》作"脱花样",意思差不多。

荔枝香(沈)[178]

沉香　檀香　白豆蔻仁　西香附子[179]　金颜香　肉桂　以上各一钱　马牙硝五分[180]　龙脑五分　麝香五分　白芨二钱　新荔枝皮二钱

右先将金颜香于乳钵内细研,次入脑、麝、牙硝,另研诸香为末,入金颜香研匀,滴水和做饼,窨干烧之。[181]

[178] 荔枝香(沈):此香方《香乘》记载的用量有误。将原方"沉香　檀香　白豆蔻仁　西香附子　金颜香　肉桂各一钱",误为"一两",若如此,后面荔枝二钱用量太少,失去命名为"荔枝香"的意义,且白芨二钱的用量也不足以合这么大量的香。马牙硝和龙脑、麝香,原方中各五

分，与前面各一钱的香材相合。今据《陈氏香谱》改之。
[179] 西香附子：此种称呼仅见于此香方，未见于他书，所指不详，西或指传入路径，参见前"回纥香附"条。
[180] 依《陈氏香谱》，此香方"五分"为半钱。
[181] 《陈氏香谱》作："滴水合剂，脱花爇。"

洪驹父荔枝香（武）

荔枝壳不拘多少　麝皮[182]一个

右以酒同浸二宿，酒高二指，封盖，饭甑上蒸之，酒干为度。日中燥之为末[183]，每一两[184]重加麝香一字，炼蜜和剂作饼，烧如常法。[185]

[182] 麝皮：《陈氏香谱》作"麝香"。
[183] 日中燥之为末：《陈氏香谱》作"白中燥之捣末"。
[184] 每一两：《陈氏香谱》作"十两"。
[185] 《陈氏香谱》作"蜜和作丸，爇如常法"。

柏子香

柏子实[186]不计多少（带青色未开破者）

右以沸汤焯过，细切[187]，酒浸密封七日取出，阴干烧之[188]。

[186] 柏子实：这里指的是侧柏的球果。制香多取其球果的外壳，称柏铃，这里是取未开的整个球果。参见前"柏子""柏子仁""柏铃"条。

[187] 三本此处脱"细切"二字，据《陈氏香谱》补之。细切肯定效果要更好一些。

[188] 烧之：《陈氏香谱》作"爇之"。

酴醿香[189]

歌曰："三两玄参二两[190]松[191]，一枝枦子[192]蜜和同，少加真麝[193]并龙脑，一架酴醿落晚风。"

[189] 酴醿香：参见前"酴醾"条注释。从此香方最后一句"一架酴醿落晚风"来看，这里酴醾指的应该是悬钩子蔷薇之类，以此香模拟此花的香气。

[190] 《陈氏香谱》作"一两"。

[191] 松：这里指甘松。

[192] 枦子：《陈氏香谱》作"楦子"，三本皆作"櫖子"。根据香方来看，"櫖子"可能为"榯子"之误。"楦子"可能为"榠子"之误。指的应该是"榠樝"，即光皮木瓜。参见前"榠樝""榠樝"条解释。

[193] 真麝：指麝香，相较于仿制品而称。

黄亚夫[194]野梅香（武）

降真香四两　腊茶一胯

右以茶为末，入井花水一碗，与香同煮，水干为度，筛去[195]腊茶，碾真香[196]为细末，加龙脑半钱和匀，白蜜炼熟[197]溲剂，作圆如鸡头[198]大，实或散烧之。

［194］黄亚夫：这里指的是黄庭坚的父亲黄庶（1019—1058），字亚夫（或作亚父），晚号青社。洪州分宁（今江西修水）人，仁宗庆历二年（1042）进士，做过一些从事、幕僚之类的官，自编《伐檀集》，今存二卷。

［195］筛去：《陈氏香谱》作"节去"。

［196］真香：《陈氏香谱》作"降真"。

［197］炼熟：《陈氏香谱》作"炼令过熟"。

［198］鸡头：无碍庵本作"鸡豆"。鸡头、鸡豆皆指芡实。下面还有多处，不一一注释。

江梅香

零陵香　藿香　丁香（怀干）　茴香　龙脑　以上各半两[199]　麝香少许（钵内研，以建茶汤和洗之）

右为末，炼蜜和匀，捻饼子，以银叶衬烧之。

［199］《陈氏香谱》此香方，前三味半两，茴香半钱，龙脑少许。更合理一些。

江梅香（补）

歌曰："百粒丁香一撮[200]苘，麝香少许可斟裁[201]，更加五味零陵叶[202]，百斛[203]浓香[204]江上梅。"

[200] 一撮：《陈氏香谱》作"一撒"。

[201] 斟裁：斟酌决定。

[202] 五味零陵叶：此句颇难解，"五味"一般指中药材或香材之五种，零陵香未见有此细分法。此处零陵香未指明用量，则此"五味"应该与用量有关，或有讹误。五味本身也可以指五味子，但五味子一般不用于合香，用在此处也不合适。

[203] 百斛：这里是夸张的说法，形容香气浓郁。

[204] 浓香：《陈氏香谱》作"浓熏"。

蜡梅香（武）

沉香三钱　檀香三钱　丁香六钱　龙脑半钱　麝香一字[205]

右为细末，生蜜和剂爇之。

[205] 一字：《陈氏香谱》作"一钱"。

雪中春信[206]

檀香半两　栈香一两二钱　丁香皮一两二钱　樟脑一

两二钱　麝香一钱　杉木炭二两

右为末,炼蜜和匀,焚、窨如常法。

[206] 雪中春信:古人言"春信"者,多指梅花。如唐郑谷《梅》:"江国正寒春信稳,岭头枝上雪飘飘。"宋人尤其喜欢以"春信"咏梅,作品极多,如李清照《渔家傲》:"雪里已知春信至。寒梅点缀琼枝腻。"此香方与后面的"雪中春信"也是借指梅花香调。

雪中春信(沈)

沉香一两　白檀半两　丁香半两　木香半两　甘松七钱半　藿香七钱半　零陵香七钱半　白芷二钱　回鹘香附子[207]二钱　当归二钱　麝香二钱　官桂二钱[208]　槟榔一枚　豆蔻一枚

右为末,炼蜜和饼如棋子[209]大,或脱花样,烧如常法。

[207] 回鹘香附子:参见前"回纥香附"条。

[208] 白芷、回鹘香附子、当归、麝香、官桂等五味《陈氏香谱》作"三钱"。

[209] 棋子:宋代围棋子直径约为1.5~3厘米不等,多在2厘米左右。

雪中春信（武）

香附子四两　郁金[210]二两　檀香一两（建茶煮）
麝香少许　樟脑一钱（石灰制）　羊胫炭四两

右为末，炼蜜和匀，焚、窨如常法。

[210] 郁金：此处可能指姜科植物郁金，如果指藏红花的话，用量似乎偏大。参见前"郁金香"条。

春消息二

春消息[211]一
丁香半两　零陵香半两　甘松半两　茴香二分[212]
麝香一分

右为末，蜜和得所，以瓷盒贮之，地穴内窨半月。[213]

[211] 春消息：春消息在唐代似无确指，亦有指梅花，宋代则多指梅花。宋无名氏《早梅香》："又探得早梅，漏春消息。"宋华镇《南岳僧仲仁墨画梅花》："不待孤根暖气回，分明写出春消息。"

[212] 茴香二分：《陈氏香谱》作"一分"。

[213] 《陈氏香谱》作："右为粗末，蜜和得剂，以瓷盒贮之，地坑内窨半月。"

春消息二
甘松一两　零陵香半两　檀香半两　丁香十颗[214]

茴香一撮　脑、麝少许

和、窨如常法。

[214] 丁香十颗：《陈氏香谱》作"百颗"。

雪中春泛[215]（东平李子新[216]方）

脑子二分[217]　麝香半钱　白檀二两　乳香七钱　沉香三钱　寒水石三两（烧）

右件为极细末，炼蜜并鹅梨汁和匀，为饼，脱花湿置寒水石末中，磁瓶合收贮。

[215] 泛：泛指浮现、露出。此香方见于元代《居家必用事类全集》。

[216] 东平李子新：此条见于《居家必用事类全集》，东平若为地名，宋为东平府，明为东平州，为今山东东平县及附近县市。李子新其人不详。

[217] 二分：《居家必用事类全集》作"二分半"。

胜茉莉香[218]

沉香一两　金颜香（研细）　檀香各二钱[219]　大丁香十粒（研细末）　脑、麝各一钱

右麝用冷腊茶清[220]三四滴研细，续入脑子同研，木犀花方开未离披者三大盏，去蒂于净器中研烂如泥，入前作六味，再研匀拌成饼子，或用模子脱成花样，密入器中

窨一月。

[218] 此条见于《居家必用事类全集》。

[219] 各二钱：无碍庵本作"各一钱"。

[220] 冷腊茶清：指蜡茶点茶过后静置一段时间茶末沉淀后的茶汤。

荼蘼香[221]

雪白芸香以酒煮，入元参、桂末、丁皮，四味和匀焚之。

[221] 荼蘼香：参见前"荼蘼"条注释。

雪兰香[222]

歌曰："十两栈香一两檀，枫香两半[223]各秤盘[224]，更加一两玄参末，硝[225]蜜同和号雪兰。"

[222] 雪兰香：此香方见于《居家必用事类全集》。

[223] 两半：指一两半。

[224] 各秤盘：指各味香材准确称量。

[225] 硝：指朴硝之类。

熏佩[1]之香　　　　　　　卷十九

[1] 熏佩：这里的熏，主要指熏衣或卧具。过去有些衣物无法洗涤，熏佩之香尤为重要。

笃耨佩香[2]（武）

沉香末一斤　金颜香末十两　大食栀子花一两　龙涎一两　龙脑五钱

右为细末，蔷薇水细细和之[3]得所，臼杵极细，脱范子。

[2] 笃耨佩香：从名字来看，应该是仿笃耨香调的佩香，参见前"笃耨香"条注释。仿香调有两种，一种是以廉价易得香材仿珍贵香材；一种是取其韵味命名，不拘贵贱。这里用较为名贵龙涎沉香等香材仿笃耨，是属于后者。

这里面用到大量金颜香末，可能因为金颜香与笃耨香香调接近。关于金颜香与笃耨香所指是否相同，有不同看法，不过大致都是今日东南亚所产的安息香属植物的树脂，或者因具体产地和具体植物而有差别，或者不同时代不同地区叫法不同。此香方也说明，我国古代至少在部分时期，这两种东西是可以区分的。

［3］细细和之：《陈氏香谱》作"徐徐和之"。

梅蕊香

丁香半两　甘松半两　藿香叶半两　香白芷[4]半两　牡丹皮一钱　零陵香一两半　舶上茴香[5]五分[6]（微炒）

同咬咀[7]贮绢袋佩之。

［4］香白芷：《陈氏香谱》作"白芷"，白芷和香白芷为一物，见前"白芷"条注释。
［5］舶上茴香：关于宋代舶上茴香所指的详细讨论，请见之前"蘹香"条注释。以八角茴香为舶上茴香是明代以后的事，宋代很可能并非如此。
［6］五分：《陈氏香谱》作"一钱"。
［7］咬咀：这里指大小，并不是真的用嘴咬，见前"咬咀"条注释。

荀令[8]十里香（沈）

丁香半两强　檀香一两　甘松一两　零陵香一两　生龙脑少许　茴香五分[9]（略炒）

右为末，薄纸贴[10]纱囊盛佩之。其茴香生则不香，过炒则焦气，多则药气，少[11]则不类花香，逐旋斟酌添使旖旎。

［8］苟令：指苟或，见前"苟或"词条。

［9］五分：《陈氏香谱》作"半钱弱"，比五分略少。

［10］薄纸贴：把香末均匀贴在薄纸上，薄纸贴常用于中药外敷。亦用于熏佩之香，以增加空气接触面积。

［11］少：四库本、汉和本作"太少"，无碍庵本作"减少"，《陈氏香谱》作"少"。

洗衣香（武）

牡丹皮一两　甘松一钱

右为末，每洗衣最后泽水入一钱。[12]

［12］《陈氏香谱》后有："香着衣上，经月不歇。"

假蔷薇面花香[13]

甘松一两　檀香一两　零陵香一两　藿香叶半两　丁香半两[14]　黄丹二分　白芷五分　香墨[15]一分　茴香三分[16]　脑、麝为衣[17]

右为细末，以熟蜜和，稀稠拌得所，随意脱花。[18]

［13］假蔷薇面花香：三本皆作"面花香"，《陈氏香谱》作"面花"。参见前"面花"条注释。这里可以指以此合香作为面花贴于面部，也可以指取其形制，综合看较大可能还是后者。

［14］丁香半两：《陈氏香谱》作"一两"。

[15] 香墨：带香味的墨，一般加龙脑麝香等香料。
[16]《陈氏香谱》作"丁香　黄丹　白芷　香墨　茴香各一钱"，无碍庵本作"茴香五分"。
[17] 为衣：指包裹在外面。
[18]《陈氏香谱》后有"用如常法"。

玉华醒醉香

采牡丹蕊与酴醾花，清酒拌，浥润得所，当风阴一宿，杵细捻作饼子，阴干[19]。龙脑为衣，置枕间。[20]

[19] 阴干：《陈氏香谱》、无碍庵本作"窨干"。
[20]《陈氏香谱》后有："芬芳袭人，可以醒醉。"

衣香（洪）

零陵香一斤　甘松十两　檀香十两　丁香皮五两　辛夷二两[21]　茴香二钱（炒）[22]

右捣粗末，入龙脑少许，贮囊佩之。[23]

[21] 丁香皮五两　辛夷二两：《陈氏香谱》作"丁香皮、辛夷各半"，"各半"所指不详，可能有脱字，也可能指前面"十两"的一半。
[22] 茴香二钱（炒）：《陈氏香谱》作"茴香六分"，无"炒"字。
[23]《陈氏香谱》后有"香气着衣，汗浥愈馥"。

蔷薇衣香(武)

茅香一两　丁香皮一两(剉碎微炒)　零陵香一两　白芷半两　细辛[24]半两　白檀半两　茴香三分(微炒)[25]

同为粗末,可佩、可爇。

[24] 细辛:一般指马兜铃科细辛属植物细辛(华细辛Asarum sieboldii Miq.)、或辽细辛[Asarum heterotropoides F. Schmidt var. mandshuricum (Maxim.) Kitag.]及汉城细辛[Asarum sieboldii Miq. f. seoulense (Nakai) C.Y. Cheng et C.S. Yang]的干燥根和根茎。虽然辽细辛很早就有记载,但直到明代才大量应用于本草,宋代所言细辛一般指华细辛。有时古代本草文献所言细辛也可能是其他细辛属植物,甚至包括杜衡(小叶马蹄香)。

[25] 茴香三分(微炒):《陈氏香谱》作"茴香一分",后无"微炒"二字。

牡丹衣香

丁香一两　牡丹皮一两　甘松一两(为末)　龙脑一钱(另研)　麝香一钱(另研)

右同和,以花叶纸[26]贴佩之。

[26] 花叶纸:古代的一种纸,韧性好,不易破,可用于过滤。《文房四谱·纸谱》:"搨纸法,用江东花

叶纸以柿油好酒浸一幅。"

芙蕖衣香[27]（补）

丁香一两　檀香一两　甘松一两　零陵香半两　牡丹皮半两　茴香二分[28]（微炒）

右为末，入麝香少许研匀，薄纸贴之，用新帕子裹，着肉。其香如新开莲花，临时[29]更入麝、龙脑[30]各少许更佳，不可火焙，汗浥愈香。

[27] 芙蕖衣香：《陈氏香谱》作"芙蕖香"。这里指模拟新开莲花香气的衣香，参见前"芙蕖"条注释。

[28] 二分：《陈氏香谱》作"一分"，后无"微炒"。

[29] 临时：正当其时。

[30] 麝、龙脑：《陈氏香谱》作"茶末、龙脑"。

御爱[31]梅花衣香（售）

零陵香叶四两　藿香叶三两[32]　沉香一两（剉）甘松三两（去土洗净秤）　檀香二两　丁香半两（捣）米脑半两（另研）　白梅霜[33]一两（捣细净秤[34]）麝香三钱[35]（另研）

以上诸香并须日干[36]，不可见火，除脑、麝、梅霜外，一处同为粗末，次入脑、麝、梅霜拌匀，入绢袋佩之，此乃内侍[37]韩宪所传。

[31] 御爱：指皇帝喜爱。

[32] 三两：《陈氏香谱》作"二两"。

[33] 白梅霜：概指白梅末，盐白梅又称霜梅，盐白梅可用肉，也可存性烧为末，此处称"捣细净"，概指白梅末。又《陈氏香谱》作"捣碎罗净"，应该是烧过捣末，否则无法用罗。

[34] 捣细净秤：《陈氏香谱》作"捣碎罗净"。

[35] 三钱：《陈氏香谱》作"一钱半"。

[36] 日干：太阳晒干。

[37] 内侍：官名。隋初始置，为内侍省的长官，唐初沿隋制。宋以内侍为内侍省宦官职名，有内侍殿头、内侍高品、内侍高班、内侍黄门诸称，后因沿称宦者为内侍。

梅花衣香（武）

零陵香　甘松　白檀　茴香[38]　以上各五钱　丁香[39]、木香各一钱

右同为粗末，入龙脑少许[40]，贮囊中。

[38] 茴香：《陈氏香谱》后有"微炒"二字。

[39] 丁香：《陈氏香谱》作"丁香一分"。

[40] 入龙脑少许：《陈氏香谱》作"入脑、麝少许"。

梅萼衣香(补)

丁香二钱　零陵香一钱　檀香一钱　舶上茴香五分(微炒)[41]　木香五分[42]　甘松一钱半　白芷一钱半　脑、麝各少许

右同剉,候梅花盛开时,晴明无风雨,于黄昏前择未开含蕊者,以红线系定,至清晨日未出时,连梅蒂摘下,将前药同拌阴干,以纸裹[43]贮纱囊佩之,旖旎可爱。

[41]微炒:《陈氏香谱》无"微炒"二字。

[42]依《陈氏香谱》此方中"五分"为半钱。

[43]纸裹:《陈氏香谱》作"纸衣"。

莲蕊[44]衣香

莲蕊一钱(干研)　零陵香半两　甘松四钱　藿香三钱　檀香三钱　丁香三钱　茴香二分(微炒)[45]　白梅肉三分[46]　龙脑少许

右为细末[47],入龙脑研匀,薄纸贴,纱囊贮之。

[44]莲蕊:睡莲科植物莲(荷花,Nelumbo nucifera Gaertn.)的雄蕊,夏季花盛开时,采取雄蕊,阴干。

[45]二分(微炒):《陈氏香谱》作"一分",后无"微炒"。

[46]三分:《陈氏香谱》作"一分"。

[47]右为细末:《陈氏香谱》作"右为末"。

浓梅衣香

藿香叶二钱　早春芽茶[48]二钱　丁香十枚　茴香半字　甘松三钱　白芷三钱　零陵香三钱[49]

同剉，贮绢袋佩之。

[48] 芽茶：《陈氏香谱》作"茶芽"。此处为单采芽头所制之茶。

[49] 甘松三钱　白芷三钱　零陵香三钱：三本《香乘》甘松、白芷、零陵香三味作"三分"，《陈氏香谱》此三味皆作"三钱"。以前面香材之用量，此三味以三钱为合理，三本《香乘》作三分，似失之过少。若为二钱半之"分"，似乎又偏多。

裛衣香[50]（武）

丁香十两（另研）　郁金[51]十两　零陵香六两　藿香四两　白芷四两　苏合油[52]三两　甘松三两　杜蘅三两　麝香少许

右为末，袋盛佩之。

[50] 裛衣香：裛衣即以香熏衣。

[51] 郁金：此处从用量来看，指的是姜科植物郁金，参见前郁金相关解释。后面类似香方中类似用量的郁金应该也是指姜科植物郁金。

[52] 苏合油：《陈氏香谱》作"苏合香"。

裛衣香（《琐碎录》）

零陵香一斤　丁香半斤　苏合油[53]半斤　甘松三两　郁金二两　龙脑二两　麝香半两

右并须精好者，若一味恶即损诸香。同捣如麻豆大小，以夹绢袋[54]贮之。

[53] 苏合油：《陈氏香谱》作"苏合香"。香方中说苏合油可指固体苏合香，也可以指液体苏合香，需根据情况来看，不一一注明。

[54] 夹绢袋：指双层的绢袋，内外层用的绢可能不一样，有一定透气性，古代常用于放置药品及香，或盛放药品在锅中煮制，类似今日茶包袋、过滤袋之类的功用。

贵人[55]浥[56]汗香（武）

丁香一两（为粗末）　川椒六十粒

右以二味相和，绢袋盛而佩之，辟绝汗气[57]。

[55] 贵人：这里是内命妇之称。东汉光武帝始置，为皇帝之妾，位次皇后。唐宋时虽不设贵人，但也可习旧称。这里从所用香材来看，可能为汉代香方。

[56] 浥：沾湿、润湿。《陈氏香谱》作"绝"，指佩戴可以避免出汗。单独看，两种都能说通。从下文"辟绝汗气"来看，"绝"更合理。

[57] 辟绝汗气：辟除汗的气味。

内苑[58]蕊心衣香（《事林》[59]）

藿香半两　益智仁[60]半两　白芷半两　蜘蛛香半两　檀香二钱　丁香三钱　木香二钱[61]

同为粗末，裹置衣笥[62]中。

[58] 内苑：皇宫之内的庭院，代指皇宫。

[59] 《事林》：这里的《事林》似乎指的是南宋末元初建州崇安（今属福建）人陈元靓撰的《事林广记》，但《事林广记》中未见此条记载。此条载于《陈氏香谱》中，香材用量略有不同。

[60] 益智仁：为姜科山姜属植物益智Alpinia oxyphylla Miq.的果实。益智在晋代《南方草木状》中已有记载，宋代在我国岭南已常见。苏颂《本草图经》："益智子，生昆仑国，今岭南郡州往往有之。"

[61] 檀香二钱　丁香三钱　木香二钱：《陈氏香谱》作"檀香、丁香、木香各一钱"。

[62] 衣笥：竹衣箱。

胜兰衣香

零陵香二钱　茅香二钱　藿香二钱　独活一钱　甘松一钱半　大黄一钱　牡丹皮半钱　白芷半钱　丁香[63]半

钱　桂皮半钱

以上先洗净候干,再用酒略喷,碗盛蒸少时,入三赖子[64]二钱(豆腐浆水蒸,以盏盖定。)各为细末[65],以檀香一钱剉合和匀,入麝香少许。

[63] 丁香:《陈氏香谱》作"丁皮"。

[64] 三赖子:即山奈,又称山辣。姜科山奈属植物山奈（Kaempferia galanga Linn.）的根茎。参见前"三柰子"条。

[65] 各为细末:《陈氏香谱》无此句。

香爨[66]

零陵香、茅香、藿香、甘松、松子（搥碎）、茴香、三赖子（豆腐蒸）、檀香、木香、白芷、土白芷[67]、肉桂[68]、丁香、丁皮、牡丹皮、沉香各等分　麝香少许

右用好酒喷过,日晒令干,以刀切碎[69],碾为生料,筛罗粗末,瓦坛收顿。

[66] 香爨:爨本义为烧火做饭,此处香方可能与烧火做饭相关,从加工方式看,较为粗放,"碾为生料"指其在使用时还需要再进行某些操作,后面又说装在瓦坛里,也与通常合香不同,具体用途不详。

[67] 土白芷:一般指山矾根,山矾科植物山矾Symplocos caudata Wall.的根。

[68] 肉桂:三本皆作"桂肉",误,依《陈氏香谱》应

作"肉桂"。

[69] 以刀切碎：《陈氏香谱》作"以剪刀切碎"。

软香[70]八

软香一

笃耨香半两　檀香末半两　苏合油三两　金颜香五两（牙子者[71]）　银朱[72]一两　麝香半两　龙脑二钱[73]

右为细末，用银器或磁器于沸汤锅釜内顿放，逐旋倾出，苏合油内搅匀，和停为度，取出泻入冷水中，随意作剂。

[70] 软香：指质地柔软的合香，一般含有较大比例树脂类香料，通过加热混合均匀，冷却制成后较为柔软，便于成型。
[71] 牙子者：《陈氏香谱》作"牙子香为末"，牙子应该指金颜香的形态。
[72] 银朱：人工制成的赤色硫化汞。又称灵砂，心红，水华朱，猩红，紫粉霜等，鲜红色针状结晶，质重，有金属光泽，入药。
[73] 二钱：《陈氏香谱》作"三钱"。

软香二

沉香十两　金颜香二两　栈香二两　丁香一两　乳香半两　龙脑五钱[74]　麝香六钱[75]

右为细末，以苏合油和，纳磁器内，重汤煮半日，以稀稠得中为度，入臼捣成剂。

［74］五钱：《陈氏香谱》作"一两半"。

［75］六钱：《陈氏香谱》作"三两"。

软香三

金颜香半斤（极好者，于银器汤煮化，细布扭净汁[76]）　苏合油四两（绢扭过）　龙脑一钱（研细）　心红[77]不计多少（色红为度[78]）　麝香半钱（研细）

右先将金颜香搨[79]去水，银石铫[80]内化开。次入苏合油、麝香，拌匀。续入龙脑、心红。移铫去火，搅匀取出，作团如常法。

［76］细布扭净汁：指保留经过细布扭出金颜香的液体，去除渣滓。下面苏合油的"绢扭过"也是同理。

［77］心红：硫黄与汞经人工制成的纯红色的硫化汞，又称"猩红"，也叫银朱。参见"银朱"。

［78］色红为度：指最后合香呈现的颜色为红色。

［79］搨：搨本义为按压或握持，这里指通过不断按压并擦拭，去除其中的水分。

［80］银石铫：三本皆作"银石器"，《陈氏香谱》作"银石铫"，后文有"移铫去火"，似以《陈氏香谱》为是，银石器亦无不可。"铫"是煮水或其他东西的器具，参见前"铫子"注释。银石器不伤药性，故加工中药、丹药、香药等时常用为煎煮熬制

的用具。

关于银石器的所指,有学者认为是一种未知的特殊材质。其实,银石器即指材质为银或石,相对于铜铁等材质而言更适于制药而已。《普济方·卷五十一·面门》:"熬时不得用铜铁器,须银石器内熬。"除了银石器外,制药有时还可用瓷、瓦(陶)等器,但以银石器为多,方便耐用,铜铁器在很多情况下不可用。

软香四

黄蜡[81]半斤(溶成汁,滤净,却以净铜铫内下紫草[82],煎令红[83],滤去草滓)

金颜香三两(拣净秤,别研细,作一处) 檀香一两(碾令细筛过)[84]

沉香半两(极细末)

滴乳香三两(拣明块者,用茅香煎水煮过,令浮成片如膏[85],须[86])冷水中取出,待水干[87],入乳钵研细,如粘钵则用煅醋淬滴赭石[88]二钱入内同研,则不粘矣)

苏合香油三钱(如临合时,先以生萝卜擦乳钵则不粘,如无则以子代之[89])

生麝香[90]三钱(净钵内以茶清滴研细,却以其余香拌起一处)

银朱随意加入(以红为度[91])

右以蜡入瓷器大碗内，坐重汤中溶成汁，入苏合油和匀，却入众香，以柳棒[92]频搅极匀即香成矣。欲软，用松子仁三两揉[93]汁于内，虽大雪[94]亦软。

[81] 黄蜡：蜂蜡的俗称。因色黄，故称。明李时珍《本草纲目·虫一·蜜蜡》："蜡乃蜜脾底也。取蜜后炼过，滤入水中，候凝取之，色黄者俗名黄蜡。"另有沉香品种称"黄蜡"与此不同，须了解。

[82] 紫草：作为中药材，一般指紫草科（Boraginaceae）植物新疆紫草［Arnebia euchroma（Royle）Johnst］、内蒙紫草（火黄花紫草Arnebia gutata Bunge）的干燥根，此二种称软紫草。也可指或紫草（Lithospermum erythrorhizon Sieb.et Zucc.，称硬紫草）、或滇紫草（Onosma paniculatum Bur. et Fr.）的干燥根。紫草除了药用，也是一种重要的植物染料。

[83] 煎令红：紫草作为紫红色染色原料植物历史悠久，《山海经》和《韩非子》中即有记载，这也是紫草名称的来源。

[84]《陈氏香谱》作："檀香，就铺买细屑，碾令细，筛过，二两。"檀香在当时香谱中即有以细屑形式出售者。

[85] 令浮成片如膏：指乳香于茅香水表面凝结成片。

[86] 须：三本皆作"倾"，依《陈氏香谱》作"须"，指候茅香水变冷后取出。

[87] 待水干：指乳香片表面的水干。
[88] 煅醋淬滴赭石：煅醋淬是中药炮制中淬法之一种。药物经过高温处理后，立即投入醋中，使之骤然冷却，达到疏松崩解，使药物易于粉碎，便于煎出药效成分。这里使用煅醋淬赭石，具体方法是取净赭石砸成小块，置耐火容器内，用武火加热，煅至红透，立即滴入（冷）醋液淬制，如此反复煅淬至质地酥脆。《陈氏香谱》此处作"煅过醋淬来底赭石"。
[89] 如无则以子代之：《陈氏香谱》此句无"以子"二字。三本皆作"以子代之"，指萝卜籽，即莱菔子。古时蔬菜难以长期保存，莱菔子则相对容易长期保存，故有此说。
[90] 生麝香：亦称遗香，为麝在春季时因腺袋内的香泌过重，而感疼痛，自以爪剔出，着尿溺中覆之，常在一处固定不移。其质最好，但非常难得。
[91] 以红为度：指加的量要使最后的成品颜色达到红色。
[92] 柳棒：柳木（退皮）制成的小棒，常用来搅拌膏类。《普济方》："用退皮湿柳棒折二寸粗，长二尺一根，搅一十遍。"
[93] 搡：音sǎng，用力地推挤。《陈氏香谱》作"揉"。
[94] 大雪：此处指大雪节气，很冷的时候。

软香五[95]

檀香一两（为末）　沉香半两　丁香三钱　苏合香油半两

以三种香拌苏合油，如不泽再加合油。

[95] 软香五：《陈氏香谱》有一软香方，与此类似，亦有出入，或非一方，录于此，以备参考。

"檀香一两（白梅煮锉碎为末）　沉香半两　丁香三钱　苏合香油半两　金颜香二两（蒸，如无，捡好枫滴乳香酒煮过代之）　银朱随意

右诸香皆不见火，为细末，打和，于甑上蒸碾成。为香加脑麝亦可，先将金颜碾为细末去滓。"

软香六

上等沉香五两　金颜香二两半　龙脑一两

右为末。入苏合油六两半，用绵滤过，取净油和香，旋旋看稀稠得所入油。如欲黑色，加百草霜[96]少许。

[96] 百草霜：又称灶突墨、锅底灰等，为杂草经燃烧后附于灶突或烟囱内的烟灰。

软香七

沉香三两　栈香三两（末）　檀香三两　亚息香[97]半两（末）　梅花龙脑半两　甲香半两（制）　松子仁半两　金颜香一钱　龙涎一钱　笃耨油随分　麝香一钱　杉木炭（以黑为度[98]）

右除龙脑、松仁、麝香、糯油外，余皆取极细末，以笃糯油与诸香和匀作剂。

[97] 亚息香：指"亚悉香"，参见前"亚悉香"条及"辛押陀罗亚悉香"条。

[98] 以黑为度：指加的量要使最后成品颜色达到黑色。

软香八

金颜香三两　苏合油三两　笃糯油一两二钱　龙脑四钱　麝香一钱[99]

先将金颜香碾为细末，去滓用，苏合油坐熟，入黄蜡一两坐化，逐旋入金颜坐过，了入脑、麝、笃糯油、银朱打和，以软笋箨毛[100]缚收。欲黄入蒲黄[101]，绿入石绿[102]，黑入墨，欲紫入紫草，各量多少加入，以匀为度。[103]

[99]《陈氏香谱》此方后还有"银朱四两"。

[100] 软笋箨毛：箨，音tuò。指竹笋上一片一片的皮。箨毛，应作"箨芼"，即箨。《陈氏香谱》作"软笋箨包缚收"。

[101] 蒲黄：中药材，为香蒲科香蒲属植物东方香蒲（Typha orientalis Presl）、水烛香蒲（狭叶香蒲T. angustifolia L.）、宽叶香蒲（T. latifoliaL.）长苞香蒲（Typha domingensis Pers.）及其同属植物的花粉。黄色。

[102] 石绿：孔雀石所制的绿色颜料。国画常用，亦入药。

[103]《陈氏香谱》此部分有建议用量：蒲黄为二两、石绿为二两、墨一二两。

软香（沈）

丁香一两（加木香少许同炒） 沉香一两 白檀二两 金颜香二两 黄蜡二两 三奈子二两 心子红[104]二两[105]（作黑不用[106]） 龙脑半两（或三钱亦可） 苏合油不计多少 生油[107]不计多少[108] 白胶香半斤（灰水[109]于沙锅内煮，候浮上，掠入凉水捣块，再用皂角水三四碗复煮，以香白为度，秤二两香用）

右先将黄蜡于定磁碗[110]内溶开，次下白胶香，次生油，次苏合，搅匀取碗置地，候温，入众香。每一两作一丸，更加乌笃耨[111]一两尤妙。如造黑色者，不用心子红入香，墨二两烧红为末，和剂如常法。可怀可佩，置扇柄把握极佳[112]。

[104]心子红：即心红，参见前"心红"条。

[105]二两：《陈氏香谱》作"一两"。

[106]作黑不用：如果做黑色软香的话，就不用心红。

[107]生油：只经压榨而尚未熬炼的芝麻油。对熟油而言。见前"熟油"条。也有称花生油为生油的。此处应指芝麻油。

[108]《陈氏香谱》作"少许"。

[109]灰水：用于制香或制药中若单言灰水一般指草木

[110] 定磁碗：定窑瓷碗，定窑为唐宋时期名窑，多白色器。因窑址在今河北省曲阳县，在宋代属定州（今河北省定州市），故名。这里是宋代香方，所以用当时常见之定瓷碗。碗内溶开，一般是指坐于在烧的沸水（即重汤）或热水中。

[111] 乌笃耨：指黑笃耨，参见前笃耨香部分关于黑笃耨的说明及笃耨香的解释中对黑笃耨的分析。

[112] 置扇柄把握极佳：指软香作为扇坠使用，在宋代较为常见。

软香（武）

沉香半斤（为细末）　金颜香二两[113]　龙脑一钱（研细）　苏合油四两

右先将沉香末和苏合油，仍入冷水和成团，却搦去水，入金颜香、龙脑，又以水和成团，再搦去水，入臼杵三五千下，时时搦去水，以水尽杵成团有光色为度。如欲硬，加金颜香；如欲软，加苏合油

[113] 金颜香二两：《陈氏香谱》作"半斤（细末）"。

宝梵院主[114]软香

沉香三两[115]　金颜香半斤[116]　龙脑四钱　麝香五

钱[117]　苏合油二两半　黄蜡一两半

右细末，苏合油与蜡重汤溶和，捣诸香，入脑子，更杵千下用。

[114] 宝梵院主：指宝梵院的主事僧，具体所指不详。宝梵院从名称来看，可能为大寺院下属的子院。比如宋代开封的大相国寺即有宝梵院。

[115] 沉香三两：《陈氏香谱》作"二两"。

[116] 金颜香半斤：三本皆作五钱，《陈氏香谱》作"半斤（细末）"。从香方来看，除了脑麝用量为几钱，其他都是几两，金颜香也应该是几两的量级。故依《陈氏香谱》作"半斤"。参见下一条"广州吴家软香"香方用量与此相近。

[117]《陈氏香谱》作"二钱"。

广州吴家[118]软香（新）

金颜香半斤（研细）　苏合油二两　沉香一两（为末）　脑、麝各一钱（另研）　黄蜡二钱　芝麻油一钱（腊月经年者尤佳[119]）

右将油蜡同销镕，放微温，和金颜、沉末令匀，次入脑麝，与合油[120]同溲，仍于净石板上以木槌击数百下，如常法用之。

[118] 广州吴家：广州吴家为宋代著名制香作坊。南宋叶寘《坦斋笔衡》："有吴氏者，以香业于五羊

城中，以龙涎著名。"《陈氏香谱》"南方花"条中也提到"吴家香"。南宋顾文荐的《负暄杂录》："番禺有吴监税菱角香，乃不假印，手捏而成，当盛夏，烈日中一日而干，亦一时之绝品，今好事之家有之。"可能指的也是吴家香（菱角指其形状）。此条记录可见于本书"诸品名香"条引《稗史汇编》。此外《能改斋漫录》中也提到"吴家心字香"。

[119] 腊月经年者尤佳：这里的芝麻油可能为水代法所制。因水分含量高，易变质，故言腊月经年。

[120] 合油：《陈氏香谱》作"苏合油"，指苏合油。

翟仲仁运使[121]软香[122]

金颜香半斤　苏合油（以拌匀诸香为度）　龙脑一字　麝香一字　乌梅肉[123]二钱半（焙干）

先以金颜、脑、麝、乌梅肉为细末，后以苏合油相和，临合时相度硬软得所，欲红色加银朱二两半[124]，欲黑色加皂儿灰[125]三钱，存性[126]。

[121] 翟仲仁运使：三本皆作"翟仁仲运使"，误。依《陈氏香谱》应作"翟仲仁运使"。运使，宋转运使的简称。亦称转运。经度一路全部或部分财赋，监察各州官吏，并以官吏违法、民生疾苦情况上报朝廷。

[122]《陈氏香谱》此方用量有所不同,录于此:"全颜香半两 苏合油三钱 脑、麝各一匙 乌梅肉二钱半(焙干)。"
[123]乌梅肉:参见前"乌梅"注释。
[124]《陈氏香谱》作"二钱半",更为合理,二两半太多了。
[125]皂儿灰:指皂角种子烧灰。皂儿指豆科植物皂荚Gleditsia sinen-sis Lam的种子。参见前"皂儿白"条。
[126]存性:指烧皂儿灰用存性烧法。参见前"烧存性"解释。

熏衣香二

熏衣香一

茅香四两(细剉,酒洗微蒸) 零陵香半两 甘松半两 白檀二钱[127] 丁香二钱半[128] 白梅[129]三个(焙干取末)

右共为粗末,入米脑少许,薄纸贴佩之。

[127]《陈氏香谱》作"白檀二钱(错末)"。
[128]二钱半:《陈氏香谱》作"二钱"。
[129]白梅:《陈氏香谱》作"白干"。应该也是指白梅干。

熏衣香二[130]

沉香四两　栈香三两　檀香一两半　龙脑半两　牙硝二钱　麝香二钱　甲香四钱（灰水浸一宿，次用新水洗过，后以蜜水爁[131]黄）

右除龙脑、麝香别研外，同为粗末，炼蜜半斤和匀，候冷入龙脑、麝香。

[130] 熏衣香二：《陈氏香谱》此香方有几味用量略有不同："牙硝半两　甲香半两　麝香一钱。"

[131] 后以蜜水爁黄：《陈氏香谱》作"复以蜜水去黄制用"。从甲香制法来看，有一种是以蜜水炒至金黄色，爁，音làn，本意为烤，烧。《陈氏香谱》所谓"去黄"颇难解。

蜀主[132]熏御衣香（洪）

丁香一两　栈香一两　沉香一两　檀香一两　麝香二钱　甲香一两[133]（制）

右为末，炼蜜放冷，和令匀，入窨月余用。

[132] 蜀主：此处蜀主可指五代十国时期前蜀或后蜀的国君。较大可能指的是后蜀的君主孟昶。

[133]《陈氏香谱》此方作"麝香一两、甲香三钱"。

南阳公主[134]熏衣香(《事林》)

蜘蛛香一两　白芷半两　零陵香半两　砂仁半两　丁香三钱　麝香五分　当归一钱　豆蔻一钱[135]

共为末,囊盛佩之。

[134]南阳公主：中国历史上有多位南阳公主。较为有名又与所引资料年代相近的,可能指隋南阳公主,隋炀帝长女。下嫁许国公宇文述之子宇文士及,士及之兄宇文化及弑杀隋炀帝,公主后遁入空门,与士及誓不相见。史籍称她"美风仪,有志节"。

[135]《陈氏香谱》作"丁香、麝香、当归、豆蔻各一分"。

新料熏衣香[136]

沉香一两　栈香七钱　檀香五钱　牙硝一钱　米脑四钱　甲香一钱

右先将沉香、栈、檀为粗散[137],次入麝拌匀,次入甲香、牙硝、银朱一字,再拌炼蜜和匀,上糁[138]脑子,用如常法。

[136]新料熏衣香：《陈氏香谱》此香方有所不同：

"沉香一两　栈香七钱　檀香半钱　牙硝一钱　甲香一钱(制如前)　豆蔻一钱　米脑一钱　麝

香半钱"。因下文有"入麝拌匀",故《香乘》中脱"麝香"一味。其他香材用量亦有所不同,需加以注意。

[137] 粗散:《陈氏香谱》作"粗末"。

[138] 糁:三本皆作"掺",《陈氏香谱》作"糁"。

糁:指洒、散落。二字皆可用,但此处既言"上糁",以糁字为宜。

《千金月令》熏衣香[139]

沉香二两　丁香皮二两　郁金香二两(细剉)　苏合油一两　詹糖香一两(同苏合油和匀,作饼子)　小甲香四两半(以新牛粪汁三升、水三升火煮,三分去二,取出净水淘,刮去上肉焙干。又以清酒二升,蜜半合火煮,令酒尽,以物挠[140],候干以水淘去蜜,暴干别末[141])

右将诸香末和匀,烧熏如常法。

[139]《千金月令》熏衣香:《千金月令》旧传是唐代孙思邈所作的医药治疗养生书籍。存于《说郛》之中。东京大学图书馆藏本《千金月令》中的熏衣香,略有不同且更详细,详录于下。

沉香五两(别捣)　丁香一两(别捣)　白檀半两(别捣)　詹糖香一两(同苏合蜜和研令稠,如不得稠以火煖之)　郁金香二两(切令细)　小甲香四两半(以新牛粪汁二升、水三升和煮,三分减二分,以水净陶，刮去上目暴干之。以清酒二升，蜜半合和煮，令酒尽，以物搅，候甲香干，即以水洗去香上蜜，又暴令干，和天阴即以火炙干，别捣作末）苏合香一两

右五味各细捣和，即取占甲二味相合，按令合散，以蜜和硬软得所。盛于瓷瓶中，埋地中，出口二寸许，密封裹口，勿使气泄，旋旋取烧。

香方中"别捣"指单独捣碎。另外此书还收录了香粉方、裹衣香方各一种，感兴趣的香友可以查阅。

《陈氏香谱》所录《千金月令》熏衣香与《香乘》几乎完全相同，《香乘》中此香方可能是从《陈氏香谱》转录的。

[140] 挠：此处为搅动的意思。和《千金月令》中的"搅"同。

[141] 别末：单独捣成末。《陈氏香谱》作"另为末"。

熏衣梅花香[142]

甘松一两 木香一两 丁香半两 舶上茴香三钱 龙脑五钱

右拌捣合粗末，如常法烧熏。

[142] 熏衣梅花香：《陈氏香谱》此香方有所不同，录于下。

甘松 舶上茴香 木香 龙脑各一两 丁香半两 麝香一钱 右件捣合粗末，如常法烧熏。

除了舶上茴香和龙脑用量差别，《香乘》中少麝香一味。

熏衣芬积香（和剂）

沉香二十五两（剉） 栈香二十两[143] 藿香[144]十两 檀香二十两（腊茶清炒黄[145]） 零陵香叶十两 丁香十两 牙硝十两 米脑三两（研） 麝香一两五钱[146] 梅花龙脑一两[147]（研） 杉木麸炭二十两 甲香二十两（炭灰煮两日洗，以蜜酒同煮令干[148]） 蜜[149]（炼和香）

右为细末，研脑麝，用蜜[150]和，溲令匀，烧熏如常法。[151]

[143] 栈香二十两：《陈氏香谱》后有"剉"字。

[144] 藿香：《陈氏香谱》作"藿香叶"。

[145] 腊茶清炒黄：《陈氏香谱》作"剉，腊茶清炒黄"。

[146] 一两五钱：《陈氏香谱》作"五两"。

[147] 一两：《陈氏香谱》作"二两"。

[148] 《陈氏香谱》作"制法如前"。《陈氏香谱》此香方前一条为"熏衣梅花香"，无甲香。再前一条即《千金月令》熏衣香，有甲香制法。

[149] 蜜：《陈氏香谱》作"蜜十斤"。

[150] 蜜：《陈氏香谱》作"蜜十斤"。

[151] 《陈氏香谱》无此句。

熏衣荷香

生沉香六两（剉）　栈香六两　生牙硝六两[152]　檀香十二两[153]（腊茶清浸炒）　生龙脑二两[154]（研）麝香二两[155]（研）甲香一两[156]　白蜜（比香斤加倍炼熟[157]）

右为末，研入脑麝，以蜜溲和令匀，烧熏如常法。

[152] 六两：《陈氏香谱》作"十二两"。

[153] 十二两：无碍庵本作"二十两"。

[154] 二两：《陈氏香谱》作"九两"。

[155] 二两：《陈氏香谱》作"九两"。

[156] 一两：《陈氏香谱》作"六两（炭灰煮二日洗净，再加酒蜜同煮干）"。

[157] 白蜜（比香斤加倍炼熟）：《陈氏香谱》作"白蜜（比香斤加倍用，炼熟）"。指白蜜用量是前面所有用量的总和加倍。汉和本、四库本将蜜脾置于甲香前，误。又三本皆作"蜜脾香（斤两加倍炼熟）"，误把原方中"香斤加倍"中的"香"字与蜜脾合用。导致重量加倍比较的对象不明，应是误用。

此处香方中各香材的用量《香乘》与《陈氏香谱》颇有不同，保留《香乘》原书的用量，记录《陈氏香谱》用量以备参考。《陈氏香谱》中龙脑、麝香用量颇为惊人，不过作为衙香，也并非没有可能。关于白蜜用法,《香乘》当为误记,以《陈氏香谱》为是。

熏衣笑兰香(《事林》[158])

歌曰:"藿苓松芷木茴丁[159],茅赖芎黄和桂心[160],檀麝牡皮加减用[161],酒喷日晒绛囊盛。"

右以苏合香油和匀。松茅酒洗[162],三赖米泔浸,大黄蜜蒸,麝香逐旋添入[163]。熏衣加僵蚕[164]。常带[165]加白梅肉。

[158]《事林》:此方载《事林广记后集》。

[159] 藿苓松芷木茴丁:汉和本、四库本作"藿零甘芷木茴香",无碍庵本作"藿零甘芷木茴沉",《陈氏香谱》作"藿苓甘芷木茴丁"。依《事林广记后集》,应作"藿苓松芷木茴丁"。

其中,"甘"和"松"指的都是甘松,这个并无分歧。后面"丁"指的是丁香。从这个角度看,《陈氏香谱》与原方相同,三本《香乘》皆有误。

《香乘》中用"零",指的是零陵香,而《事林广记后集》和《陈氏香谱》用"苓",一般指茯苓,也不乏以"苓"指代零陵香的做法。

其余,藿指的是藿香,芷指的是白芷,木指的是木香,茴指的是茴香。

[160] 茅赖芎黄和桂心:此句中,茅指茅香,赖指三赖

子即山奈，芎指芎䓖，黄指大黄，桂心指肉桂去掉外皮后（称桂通），再去掉内皮（色淡的部分），留下色深的中心部分。

[161] 檀麝牡皮加减用：此句中，檀指檀香，麝指麝香，牡皮指牡丹皮。加减用，酌量加减。

[162] 松茅酒洗：甘松和茅香用酒洗。从此也可以看出，前面香方应该用"松"字比"甘"字更合适。

[163] 逐旋添入：《陈氏香谱》和《事林广记后集》作"逐裹脮/俵入"。

[164] 熏衣加僵蚕：三本此处皆作"加檀（香）、僵蚕"。《陈氏香谱》《事林广记后集》无檀香。前面香方已有檀香，此处似不应再加檀香。为蚕蛾科昆虫家蚕蛾Bombyx mori Linnaeus的幼虫在未吐丝前，因感染白僵菌Beauveria bassiana（Bals.）Vuillant而发病致死的干燥体。

[165] 常带：指经常佩戴。

涂傅之香

傅身[166]香粉（洪）

英粉[167]（另研）、青木香、麻黄根[168]、附子（炮[169]）、甘松、藿香、零陵香各等分右件除英粉外，同捣罗为末，以生绢袋盛，浴罢傅身。

[166] 傅身：傅，附着，使附着。傅身就是附着在身上。

[167] 英粉：又称粉英，古代妇女搽面之化妆品，呈粉状，用米研成。北魏贾思勰《齐民要术·种红花蓝花栀子第五十二》："作米粉法，粱米第一，粟米第二，……著冷水以浸米。日满，更汲新水，就瓮中沃之，……稍出。著一砂盆中熟研，以水沃搅之，接取白汁，绢袋滤。著别瓮中，粗沉者，更研之，水沃接取如初。……以三重布贴粉上，以粟糠著布上，糠上安灰，灰湿更以干者易，灰不复湿止，然后削去四畔粗白无光润者，别收之，以供粗用。其中心圆如钵形，酷似鸭子，白光润者，名曰粉英。"或作香粉，或染成红色，以涂面颊。《陈氏香谱》作"英粉"，可能是"英粉"之误。

[168] 麻黄根：麻黄一般指麻黄科植物草麻黄Ephedrasinica Stapf.、木贼麻黄Ephedra cquisetinaBge及中麻黄Ephedra intermedia Scbren-ket Mey，一般以干燥草质茎入药。麻黄的根也可以入药，与茎功效不同，这里用的是根。

[169] 炮：附子的炮制，历代有多种方法，汉晋之时有火炮法（《本草经集注》以塘灰火炮），南北朝又有黑豆制附子（《雷公炮炙论》），唐五代又有蜜炙、醋制，以及以生熟汤、米粥、糟曲等制。宋代

又有加生姜、黄连等制法，以及水浸制、煮制、醋浸制、盐水浸（后再焙干或晒干）等法。明代又有米泔水、蛤粉、地黄汁、甘草为辅料的制法，现代的几种制法又有所不同。此处制法当为宋代制法，具体不详。

和粉香[170]

官粉[171]十两　蜜陀僧[172]一两　白檀香一两　黄连五钱　脑、麝各少许　蛤粉[173]五两　轻粉[174]二钱　朱砂二钱　金箔[175]五个　鹰条[176]一钱

右件为细末，和匀傅面。

[170] 此方见于《居家必用事类全集》。

[171] 官粉：化妆用的白粉。

[172] 蜜陀僧：粗制氧化铅块状物或粉末。古代入本草（主要是外用），也可入化妆品。主要含氧化铅（PbO），并含少量的铅及二氧化铅等。关于其制法，宋《本草图经》："今岭南、闽中银铜冶处亦有之，是银铅脚。"指其为炼银炉底渣。明《余冬录》记嵩阳制铅业"黄丹渣为密陀僧"。指的是黄丹（主要成分为三氧化二铅）高温加热导致部分氧游离而成密陀僧（氧化铅）。现代制法与此原理相同。

[173] 蛤粉：为蛤蜊科动物四角蛤蜊Mactra quadrangularis

Deshayes等贝壳的灰白色粉末。主要成分为氧化钙、碳酸钙等。蛤粉入中药，也是中药炮制的重要辅料。蛤粉也是国画重要颜料（白色）。

[174] 轻粉：又称汞粉、峭粉、水银粉、腻粉、银粉等，水银及明矾、食盐等升华粗制成的氯化亚汞结晶，为白色片状结晶，体轻，手捻易碎成白色粉末。主要含氯化亚汞，并含少量的氯化汞及氯化亚铁。轻粉入中药，也是炼丹用的药物，本品毒性很小，但与水共煮，则分解而生氯化汞及金属汞，后二者都有剧毒。

[175] 金箔：关于金箔的大小重量。明宋应星《天工开物》卷一四："凡金箔每金七厘造方寸金一千片，粘铺物面，可盖纵横三尺。"明代一厘约为0.03克，由此可知明代五片金箔重量。

[176] 鹰条：本指鹰粪中化未尽之毛。《本经逢原》："（鹰）屎中化未尽之毛，谓之鹰条，入阴丹阳丹，不特取其翮之善脱，以治难脱之病，并取屎中未化之羽，以消目中未脱之翳。后来也有以鹰粪来作为鹰条的。明朱橚《普济方》卷一百六十九"软金丸"下有"黄鹰条"一味，下注："即鹰粪也。"

十和香粉[177]

官粉一袋（水飞[178]）　朱砂三钱　蛤粉（白熟者[179]，水飞）　鹰条二钱　蜜陀僧五钱　檀香五钱　脑、麝各少许　紫粉[180]少许　寒水石（和脑、麝同研）

右件各为飞尘[181]，和匀入脑麝，调色似桃花为度。

[177] 此方见于《居家必用事类全集》，名称作"麝香十和粉方"。

[178] 水飞：中药炮制法之一。是取得药材极细粉末的方法。将不溶于水的药材与水共研细，加入多量的水，搅拌，较粗粉粒即下沉，细粉混悬于水中，倾出的混悬液沉淀后，分出，干燥，即成极细的粉末。多用于矿物药，这里是让官粉更加细腻，以利于化妆使用。参见前"飞"注释，前面朱砂的飞法也是用的水飞。

[179] 白熟者：指制过的蛤粉，取蛤蜊壳入炭火中烧煅后研成细粉。

[180] 紫粉：在丹道中，紫粉是一种炼丹的初步生成物，成分所指并不唯一。可能是金属铅或铅粉焙烧后生成的氧化物，《抱朴子·黄白》："取销铅为候，猛火炊之，三日三夜成，名曰紫粉。"丹道认为紫粉再加铅等提炼可制成金银。有时紫粉也可能指汞的氧化物或其他物质，银朱也被称为紫粉霜。除此之外，紫矿（见前"紫矿"条解释）制成粉也被称为紫粉。还有

一种用于化妆品的紫粉，由英粉等染色而成。明徐光启《农政全书》："作紫粉法：用白米英粉三分，胡粉一分，（不著胡粉，不著人面。）和合匀调。取葵子熟蒸，生布绞汁和粉，日曝令干。若色浅者更蒸，取汁重染如前法。"这里较大可能是最后一种。

[181] 飞尘：一种边研边扇的加工工艺，最后只保留那些极细的可以飞起的细粉。

利汗红粉香[182]

滑石一斤（极白无石者[183]，水飞过）　心红三钱　轻粉五钱　麝香少许

右件同研极细用之，调粉如肉色为度，涂身体香肌利汗。

[182] 此方见于《居家必用事类全集》。

[183] 无石者：指去除天然滑石中杂石的纯滑石。

香身丸[184]

丁香一两半　藿香叶、零陵香、甘松各三两　香附子、白芷、当归、桂心、槟榔、益智仁各一两　麝香二钱[185]　白豆蔻仁二两

右件为细末，炼蜜为剂，杵千下，丸如桐子大，噙[186]化一丸，便觉口香，五日身香，十日衣香，十五日他人皆

闻得香。又治遍身炽气[187]、恶气及口齿气。

[184]此香方见于《居家必用事类全集》。

[185]《居家必用事类全集》作"半两",无碍庵本作"一两"。

[186]噙:指含在嘴里。

[187]炽气:指中医所指的热邪之气。

拂手香[188](武)

白檀三两(滋润者,剉末,用蜜三钱化汤一盏许,炒令水尽[189]。稍觉浥湿[190]再焙干,杵罗极细) 米脑五钱[191](研) 阿胶[192]一片

右将阿胶化汤打糊,入香末,溲拌令匀,于木臼中捣三五百[193],捏作饼子或脱花,窨干,中穿一穴,用彩线悬胸前。

[188]拂手香:拂手香,本指宋代真腊占城等地所制的一种合香。见前"涂肌拂手香"条,录于宋叶廷珪《香谱》之中。这里指的是一种香调与东南亚拂手香类似的合香。

[189]无碍庵本作"用一钱",误。四库本、汉和本与《陈氏香谱》大致相同,今依陈氏香谱。

[190]浥湿:湿润。

[191]《陈氏香谱》作"一两"。

[192]阿胶:为马科动物驴的皮去毛后熬制而成的胶

块。以山东东阿县产者为著,因用东阿县阿井之水熬制,故名。

[193] 三五百:三本皆作"三五百/三五百下"。《陈氏香谱》作"三五日"。

梅真香

零陵香叶半两　甘松半两　白檀香半两　丁香半两　白梅末半两　脑、麝少许

右为细末,糁衣傅身[194]皆可用之。

[194] 糁衣傅身:糁,是洒,散落的意思,这里是说香粉洒在衣服上或者涂在身上都可以。

香发木犀香油(《事林》)

凌晨摘木犀花半开者,拣去茎蒂令净,高量一斗[195],取清麻油[196]一斤,轻手拌匀,置磁罂中,厚以油纸蜜封罂口,坐于釜内重汤煮一饷[197]久取出,安顿稳燥处,十日后倾出,以手沘[198]其清液[199]收之。最要封闭紧密,久而愈香,如以油匀入黄蜡为面脂[200],尤馨香也。

[195] 高量一斗:满斗上面还加一点,比一斗多一点。

[196] 清麻油:未经精炼的芝麻油,颜色较浅,即上文的"生油",多用于制外用药、点灯等。见前"熟麻油"条。

［197］一饷：片刻，或作一顿饭的时间。
［198］沘：汉和本、四库本作"沘"，误。无碍庵本作"批"，《陈氏香谱》作"沘"。这里"沘"同"批"指的是刮去表面的清液。
［199］清液：四库本、汉和本作"青液"，误。《陈氏香谱》、无碍庵本作"清液"，指的是上层澄清的液体。
［200］面脂：亦称"面泽"。古代搽面用的油膏。用以敷脸，可使面部白润光泽。宋高承《事物纪原·冠冕首饰·面脂》："《广志》曰：'面脂自魏兴以来始有之。'"清王先谦《释名疏证补》考证："两汉时已尚之。"

乌发香油[201]（此油洗发后用最妙）

香油二斤　柏油[202]二两（另放）　诃子[203]皮一两半　没石子[204]六个　五倍子[205]半两　真胆矾[206]一钱　川百药煎[207]三两　酸榴皮[208]半两　猪胆[209]二个（另放）　旱莲台[210]半两

右件为粗末，先将香油熬数沸，然后将药末入油同熬，少时倾油入罐子内，微温，入柏油搅，渐入猪胆[211]又搅，令极冷入后药：

零陵香、藿香叶、香白芷、甘松各三钱　麝香一钱

再搅匀，用厚纸封罐口，每日早、午、晚各搅一次，

仍封之。如此十日后，先晚洗发净，次早发干搽之，不待数日其发黑绀[212]，光泽香滑，永不染尘垢，更不须再洗，用之后自见也。黄者转黑。旱莲台，诸处有之，科生[213]一二尺高，小花如菊，折断有黑汁，名猢狲头。

又此油最能黑发[214]

每香油一斤，枣枝一根剉碎，新竹片一根截作小片，不拘多少，用荷叶四两入油同煎，至一半去前物，加百药煎四两与油再熬，冷定加丁香、排草、檀香、辟尘茄[215]，每净油一斤大约入香料两余。

[201] 此方见于《居家必用事类全集》，作"乌头麝香油方"。

[202] 柏油：指柏子仁压榨制成的油。《福建通志》："柏油，柏子所压者，诸县俱出。"

[203] 诃子：指使君子科植物诃子，参见前"珂子"条。

[204] 没石子：亦作"没食子""无食子"，为没食子蜂科昆虫没食子蜂的幼虫寄生于壳斗科植物没食子树Quercus infectoria Olivier幼枝上所产生的虫瘿。

[205] 五倍子：为倍蚜科昆虫五倍子蚜和倍蛋蚜寄生在漆树科植物盐肤木Rhus chinensis Mill.青麸杨Rhus potaninii Maxim.或红麸杨Rhus punjabensis Stew.var. sinica（Diels）Rehd.et Wils.叶上形成的虫瘿。

[206] 胆矾：胆矾为硫酸盐类矿物胆矾Chalcanthite的晶体（主要成分为五水硫酸铜），或为人工制成的含水硫酸铜。真胆矾指前者。

[207] 川百药煎：参见前"百药煎"条。所谓川百药煎，即是用四川所产的五倍子（川五倍子）所制成，故称。

[208] 酸榴皮：为石榴皮之别名，为石榴科植物石榴Punica granatum.L.的果皮。

[209] 猪胆：为猪科动物猪Sus scrofa domesticaBrisson的胆汁。

[210] 旱莲台：菊科鳢肠属植物鳢肠Eclipta prostrata L.的干燥地上部分，又称为墨旱莲、墨汁草。参见前"旱莲"条解释。

[211] 这里指上文所说两个猪胆的胆汁。

[212] 绀：微带红的黑色。

[213] 科生：丛生。

[214] 下方《居家必用事类全集》作"搽头竹油方"。但没有后面加丁香、排草、檀香、辟尘茄的做法。

[215] 辟尘茄：指毕澄茄，又写作荜澄茄，是外国语的音译。一般指樟科木姜子属植物山鸡椒Litsea cubeba（Lour.）Pers. 的干燥成熟果实。中药领域也有称同属植物毛叶木姜子或木姜子为毕澄茄的。因为山鸡椒的名字本身也用来称呼木姜子类植物，所以混用的情况比较多。

《本草纲目》卷三二《果部·毕澄茄》集解："（陈）藏器曰：毕澄茄生佛誓国。状似梧桐子及蔓荆子而微大。""（李）时珍曰：海南诸番皆有之。蔓生，春开白花，夏结黑实，与胡椒一类二种，正如大腹之与槟榔相近耳。"

合香泽法[216]

清酒浸香（夏用酒令冷，春秋酒令暖，冬则小热）

鸡舌香（俗人以其似丁子，故为丁子香也）、藿香、苜蓿、兰香凡四种，以新绵裹而浸之（夏一宿、春秋二宿、冬三宿），用胡麻油两分，猪脂[217]一分纳铜铛[218]中，即以浸香酒和之，煎数沸后，便缓火微煎，然后下所浸香煎，缓火至暮，水尽沸定乃熟。以火头[219]内浸，中作声者，水未尽；有烟出无声者，水尽也。泽欲熟时，下少许青蒿以发色，绵幂[220]铛嘴，瓶口泻。（贾思勰《齐民要术》[221]）

香泽者，人发恒枯瘁[222]，此以濡泽之也。唇脂以丹[223]作之，象唇赤也。（《释名》[224]）

[216] 合香泽法：香泽指涂发的香油。香泽古已有之，汉桓宽《盐铁论·殊路》："故良师不能饰戚施，香泽不能化嫫母也。"此香泽制法见于《齐民要术》。

[217] 不同版本此处有所不同，《香乘》此处写作"猪脂"，其他文献有的写作"猪腹"，有的写作"猪胵"或"猪胰"。胵即胰，都是指胰脏。猪胰脏加入洗涤用品的历史悠久，至今很多地方肥皂

仍有"胰子"的叫法,综合来看,此处指猪胰脏的可能性较大,猪脂、猪腹可能是误记。

[218] 铛:釜属炊具,釜无足而铛有三足。汉代已有使用。可做温热或烹调器具,有陶、铜、金、银、铁等材质,依用途又可分为茶铛、酒铛等等。汉服虔《通俗文》:"鬴有足曰铛。"

[219] 火头:火焰、火苗。

[220] 绵幂:绵幂作为一个词是指稠密地覆盖着,这里是两个词,指的是用绵来遮挡。绵,指精细的丝絮。

[221] 贾思勰《齐民要术》:此段出《齐民要术》卷五,被《农政全书》等书所引。

[222] 枯瘁:枯槁。

[223] 丹:一般认为,这里的丹指朱砂。汉代存在以朱砂作为原料的唇脂,这种做法一直延续到后代,唐代朱砂仍然是唇脂主要的显色剂之一。

[224]《释名》:东汉末年刘熙编撰的一本探求语源的训诂学著作,又称《逸雅》。刘熙,字成国,生卒年不详,北海人。东汉亦有刘珍所撰三十卷本《释名》,和刘熙所撰《释名》的关系不详,一般认为今本《释名》为刘熙所撰。

香粉

法惟多着丁香于粉盒中,自然芬馥。(同上[225])

[225] 同上：这里指的是《齐民要术》，此句出《齐民要术》卷五。

面脂香

牛髓[226]（若牛髓少者，用牛脂[227]和之。若无髓，只用脂亦得）

温酒浸丁香、藿香 二种（浸法如前泽法[228]）

煎法一同合泽，亦着青蒿以发色，绵滤着磁漆盏[229]中令凝，若作唇脂者，以熟朱调和[230]青油[231]裹之。（同上）

[226] 牛髓：为牛科动物黄牛Bos taurus domesticus Gmelin 或水牛Bubalusbubalis L.的骨髓。入中药。

[227] 牛脂：为牛科动物黄牛Bos taurus domesticus Gmelin 或水牛Bubalusbubalis L.的脂肪。入中药。

[228] 指前面"合香泽法"中清酒浸香的方法。

[229] 磁漆盏：瓷盏或漆盏。

[230] 以熟朱调和：熟的朱砂。指炮制过的朱砂，南北朝时期朱砂炮制的方法包括水煮、火煅、加辅料等等。炮制过的朱砂毒性很大，不能食用。

[231] 青油：指前面加了青蒿发色的油。

八白香[232]（金章宗宫中洗面散[233]）

白丁香[234]　白僵蚕[235]　白附子[236]　白牵牛[237]　白茯苓[238]　白蒺藜[239]　白芷　白芨

右等分，入皂角（去皮弦）共为末，绿豆粉拌之，日用面如玉矣。

[232] 八白香：指八种名字带"白"字的香材合成的面散。参见前金章宗条。此香方可见于《居家必用事类全集》，书中作"八白散（金国宫中洗面方）"。

[233] 洗面散：洗面用的香粉。

[234] 白丁香：又名雀苏、雄雀矢、青丹、麻雀粪。系文鸟科动物麻雀Passer mon-tanus（Linnaeus）的粪便。去净泥土或杂质，晒干。

[235] 白僵蚕：即僵蚕，参见前"僵蚕"条。蚕蛾科昆虫家蚕蛾Bombyx moriL. 的幼虫感染白僵菌Beauveria bassiana（Bals.）Vuill. 而僵死的干燥全虫。因为白色，所以也叫白僵蚕。《本草纲目》卷三九《虫部·蚕》："蚕病风死，其色自白，故曰白僵。"

[236] 白附子：白附子与附子不同，见前"白附子"条。

[237] 白牵牛：指白色的牵牛子。牵牛子为旋花科植物裂叶牵牛Pharbitis nil（L.）Choisy或圆叶牵牛Pharbitis purpurea（L.）Voigt的干燥成熟种子。

一般来说，圆叶牵牛种子为黑色；裂叶牵牛花色深，紫色或紫红色者，种子色黑；花色浅，白色或粉红者种子为淡黄白色。

[238] 白茯苓：即茯苓。去掉黑色外皮，里面为白色。

[239] 白蒺藜：蒺藜科蒺藜属植物蒺藜（ribulus terrester L.）的果实。

金主[240]绿云[241]香[242]

沉香　蔓荆子[243]　白芷　南没石子[244]　踯躅花[245]　生地黄[246]　零陵香　附子　防风[247]　覆盆子[248]　诃子肉　莲子草[249]　芒硝[250]　丁皮

右件各等分，入卷柏[251]三钱，洗净晒干，各细剉，炒黑色[252]，以绢袋盛入磁罐内。每用药三钱，以清香油[253]浸药，厚纸封口七日。每遇梳头，净手蘸油摩顶心[254]令热，入发窍，不十日发黑如漆，黄赤者变黑，秃者生发。

[240] 金主：如无特殊说明，一般香方中所谓"金主"指的大多是金章宗。

[241] 绿云：指喻女子乌黑光亮的秀发。唐杜牧《阿房宫赋》："绿云扰扰，梳晓鬟也。"宋代常以绿云称女子秀发。《绮谈市语·身体门》："头发：绿云；乌云。"

[242] 此方见于《居家必用事类全集》，称为"金主绿

云油方"。

[243] 蔓荆子：马鞭草科植物单叶蔓荆 Vitex trifolia L. var. simplicifolia Cham. 或蔓荆 Vitex trifolia L. 的干燥成熟果实。

[244] 南没石子：古代没食子主产于希腊、土耳其、伊朗、印度等地，我国似无所产。所谓"南没石子"可能指的是由南方海路舶来的没食子。

[245] 踯躅花：又称闹羊花、羊踯躅花等，为杜鹃花科植物羊踯躅 [Rhododendron molle（Blume）G. Don] 的花。有毒，羊食时往往踯躅而死亡，故此得名。

[246] 生地黄：地黄，指玄参科植物地黄 Rehmannia glutinosa Libosch. 的新鲜或干燥块根。分为鲜地黄、干地黄和熟地黄。生地黄在宋代以前很多时候指的是鲜地黄，取其汁用。宋代可能指鲜地黄，也可能指干地黄，今日所称的生地黄指的是干地黄。宋《本草图经》："地黄……二月、八月采根阴干……阴干者是生地黄。"生地黄指的是阴干的地黄。这里指的也是干地黄。

[247] 防风：见前"防风粥"条。

[248] 覆盆子：现在所称覆盆子，一般指蔷薇科植物悬钩子属植物掌叶覆盆子（Rubus chingii Hu）或覆盆子（Rubus idaeus L）。历史上很多同属植物有时也都被称为覆盆子，很多本草文献记载的覆盆

子其实是插田泡（Rubus coreanus Miq.）。除此之外，依产地不同，还可能是山莓、灰毛果莓、拟覆盆子、悬钩子、桉叶悬钩子等。

[249] 莲子草：现在所称莲子草一般指苋科莲子草属植物莲子草［Alternanthera sessilis（L.）DC.］，但历史上也可能指菊科鳢肠属植物鳢肠（Eclipta prostrata L.），又称旱莲或旱莲台。参见前鳢肠条解释。这里用于乌发，指的应该就是鳢肠。

[250] 芒硝：硫酸盐类芒硝族天然矿物芒硝经精制而成的结晶体。主含含水硫酸钠（$Na_2SO_4 \cdot 10H_2O$）。

[251] 卷柏：依产地不同，为卷柏科植物卷柏 Selaginella tamariscina（Beauv.）Spring 或垫状卷柏 Selaginella puluinata（Hock.et.Grev.）的全草。

[252] 炒色：古人一般认为炒至不同程度（炒黑、炒黄、炒焦、炒炭等）功效不同，炒黑有益于气血运行。

[253] 清香油：即清麻油，见前"清麻油"条。

[254] 顶心：头顶的中央。

莲香散（金主宫中方）

丁香三钱　黄丹三钱　枯矾[255]末一两

共为细末，闺阁中以之敷足，久则香入肤骨，虽足纨[256]常经洗濯，香气不散。

金章宗文房精鉴[257],至用苏合香油点烟制墨,可谓穷幽极胜[258]矣。兹复致力于粉泽香膏,使嫔妃辈云鬓益芳,莲踪增馥。想见当时,人尽如花,花尽皆香,风流旖旎。陈主、隋炀[259]后一人也。

[255] 枯矾:即煅白矾,主含硫酸铝钾[$KAl(SO_4)_2$]。参见后"白矾"条。

[256] 足纳:裹脚用的长布条,多指女性缠足所用者,但不限于女性使用。

[257] 精鉴:精于鉴别。

[258] 穷幽极胜:深入探求微妙美好的事物。

[259] 陈主、隋炀:指陈后主陈叔宝、隋炀帝杨广,都是极尽奢华的皇帝。

香属

卷二十

烧香用香饼[1]

凡烧香用饼子,须先烧令通红,置香炉内,候有黄衣[2]生,方徐徐以灰覆之,仍手试火气紧慢。(《沈谱》)

[1] 香饼:香饼有二义,一是焚香用的炭饼,二是香料制成的小饼,可佩戴,也可焚烧。这里提到的香饼指的都是前者。参见前"香饼"条。

[2] 黄衣:指表面变黄色。

香饼三

香饼一

坚硬羊胫骨炭三斤(末)　黄丹五两　定粉五两[3]　针砂[4]五两　牙硝五两　枣一升(煮烂,去皮、核)

右同捣拌匀,以枣膏和剂,随意捻作饼子。

[3] 黄丹和定粉可以让炭饼燃烧时产生金属光泽,即前面所说"黄衣"的效果。

[4] 针砂:别名钢砂、铁砂。制钢针时磨下的细屑。

香饼二

木炭三斤末　定粉三两　黄丹二两[5]

右拌匀,用糯米为糊和成,入铁臼内细杵,以圈子脱作饼,晒干用之。

[5]《陈氏香谱》作"定粉、黄丹各二钱"。

香饼三

用栎炭和柏叶[6]、葵菜[7]、橡实为之,纯用栎炭则难熟[8]而易碎,石饼[9]太酷不用。

[6] 柏叶:柏科植物侧柏的干燥叶。
[7] 葵菜:锦葵科锦葵属植物冬葵,民间称冬寒菜、冬苋菜、滑菜、木耳菜、豆腐菜等。葵菜上古时为重要蔬菜,被称为"百菜之主""五菜之首"。
[8] 难熟:《陈氏香谱》作"焦熟"。
[9] 石饼:无碍庵本作"石灰",汉和、四库本同《陈氏香谱》作"石饼"。"石饼"指锻石饼,即石灰。古人认为石灰药性酷烈,故此处称"石灰太酷"。《神农本草经》"锻石"条,陶弘景:"性至烈,人以度酒饮之。"

香饼(沈)

软炭[10]三斤(末)　蜀葵[11]叶或花一斤半

右同捣令粘匀作剂,如干更入薄面糊[12]少许,弹子大捻饼晒干，贮磁器内，烧香旋取用。如无葵则炭末中拌入红花滓[13]，同捣以薄糊和之亦可。

[10] 软炭：软炭指质地较软的木炭之类，相对于"石炭"（煤）和硬炭而言。《宋会要·选举二三》："河南、河北诸石炭场、京西软炭场。"

[11] 蜀葵：锦葵科蜀葵属植物，蜀葵［Althaea rosea (Linn.) Cavan.］。

[12] 薄面糊：《陈氏香谱》作"薄面糊"，三本皆脱"面"字。

[13] 红花滓：这里的红花指菊科红花属植物红花Carthamus tinctorius L.。所谓"红花滓"大概是指红花经过提取汁液（用于织物染色或胭脂等）后剩下的渣滓。

耐久香饼

硬炭末五两　胡粉[14]一两　黄丹一两

右用捣细末，煮糯米胶和匀，捻饼晒干。每用，烧令赤，炷香经久，或以针砂代胡粉煮，枣代糯胶。

[14] 胡粉：亦称铅粉、粉锡等，主要成分为碱式碳酸铅，可作颜料或化妆品，用以涂面，亦用以涂墙或作画。胡粉可以指铅粉，也可以指由铅粉加入其他物质加工而成的化妆品。这里指的是前者。

长生香饼

黄丹四两　干蜀葵花二两烧灰　干茄根[15]二两烧灰　枣肉半斤（去核）

右为粗末，以枣肉研作膏，同和匀捻作饼子，晒干置炉内，大可耐久而不息。

[15] 茄根：又称茄母，为茄科植物茄Solanum melongena L.的干燥带茎基的根。入中药。

终日香饼

羊胫炭一斤（末）　黄丹一分　定粉一分　针砂少许（研匀）　黑石脂[16]一分（分字去声[17]）

右煮枣肉拌匀，捻作饼子，窨二日，便于日中晒干。如烧香毕，水中蘸灭可再用。

[16] 黑石脂：石脂之黑色者，一般为致密块状土状石墨。通常产于变质岩中，是煤或碳质岩石（或沉积物）受区域变形或岩浆侵入作用的影响而成。《陈氏香谱》无黑石脂。

[17] 分字去声：这里是说，此配方中的"分"并非重量单位的"一分"（十分之一钱），而是"一份"。具体一份是多少不详，可参照前面其他香饼配方。

丁晋公文房七宝[18]香饼

青州枣一斤（去核[19]）　木炭二斤[20]（末）　黄丹半两　铁屑二两[21]　定粉一两　细墨[22]一两　丁香二十粒

右用捣为膏，如干时再入枣，以模子脱作饼如钱许[23]，每一饼可经昼夜。

[18] 七宝：这里指加入七种材料。
[19] 去核：《陈氏香谱》作"和核用"。
[20] 《陈氏香谱》作"二升"。
[21] 铁屑二两：《陈氏香谱》后有"造针处有"，此处铁屑就是前面说的针砂。
[22] 细墨：指质地细腻的墨。《墨史》："若研之以辨其声，细墨之声腻，粗墨之声麁。粗谓之打砚，腻谓之入砚。"细墨在宋代常入药用。
[23] 如钱许：宋钱大小基本上在2.5厘米至3厘米之间，不同年代略有不同。

内府香饼

木炭末一斤　黄丹三两　定粉三两　针砂二两[24]　枣半斤

右同末，熟枣肉杵作饼晒干，用如常法，每一饼[25]可度终日。

[24] 《陈氏香谱》作"三两"。

[25]每一饼：《陈氏香谱》作"每一板"。

贾清泉香饼[26]

羊胫炭一斤[27]　定粉四两　黄丹四两

右用糯粥或枣肉和作饼晒干，用如常法，或茄叶[28]烧灰存性[29]，用枣肉同杵，捻饼晒干用之。

[26]贾清泉香饼：此香饼是否即是《归田录》所说之"清泉香饼"，待考。参见上文"清泉香饼"条。
[27]《陈氏香谱》后有"（末）"字，其实无论是否有"末"字，加工香饼的炭都是用末的。
[28]叶：《陈氏香谱》作"蘴"。
[29]烧灰存性：《中国医学大词典》："植物药品之应烧者，宜煅之如炭，使之枯而不碎。盖以瓦钵，使热气不外泄而自冷，则性质存而不散，若过用火力，使之散碎而成死灰，则无用矣。"见前"烧存性"条注释。

制香煤

近来焚香取火，非灶下即踏炉[30]中者，以之供神佛、格[31]祖先，其不洁多矣，故用煤[32]以扶接[33]火饼。（《香史补遗》）

[30]踏炉：又称脚炉、足炉、蹈炉，冷天烘脚用的小

炉。《陈氏香谱》此处作"蹈炉"。

[31] 格：感通。

[32] 煤：这里指的是下面说的"香煤"，引火的粉状物，和煤炭无关。详见下面"香煤"条。

[33] 扶接：扶持，帮助。

香煤[34] 四

[34] 香煤：这里的香煤，指的是易燃的灰粉，可以引火保温，起到上文"扶接火饼"的辅助作用。香饼主要成分为炭，引燃需持续加热，如果用灶或脚炉中的炭火来引燃，又不洁净，所以通过用纸即可点燃的香煤来加热引燃。除了引燃香饼，也可以在香煤上直接焚香。

香煤一

茄蒂[35]（不计多少，烧存性，取四两） 定粉三钱 黄丹二钱 海金砂[36]二钱[37]

右同末拌匀，置炉上[38]烧纸点，可终日。

[35] 茄蒂：为茄科植物茄Solanum melongena L. 的宿萼。《陈氏香谱》作"茄叶"。

[36] 海金砂：又名左转藤灰、海金沙、金沙粉。为海金沙科植物海金沙Lygodium japonicum （Thunb.）Sw.的成熟孢子。

［37］《陈氏香谱》此方用量作："定粉三十、黄丹二十、海金砂二十。"未写单位。从用量看，也不可能是前面茄蒂（茄叶）的单位——两。《香乘》的用量还是合理的，《陈氏香谱》的单位可能是"分"。

［38］《陈氏香谱》作"置炉灰上"。

香煤二

枯茄荄[39]烧成炭于瓶内，候冷为末，每一两入铅粉二钱、黄丹二钱半拌匀，和装灰中。

［39］茄荄：茄蒂。荄，音gāi，根。《陈氏香谱》作"茄树"。

香煤三

焰硝　黄丹　杉木炭

右各等分糁炉中，以纸烬点。

香煤四

黑石脂，一名石墨，一名石涅，古者捣之以为香煤[40]。张正见诗："香散绮幕室，石墨雕金炉。[41]"

［40］古者捣之以为香煤：此条未见于其他香谱。石墨分子稳定，很难燃烧，不可能作为引燃物质"香煤"，这大概是作者的误会。古代有称为"石脂水"的石油，倒是易燃，不过也不适合作为香煤。

［41］此诗见于南朝陈张正见的《置酒高殿上》。原文作

"名香散绮幕，石砚凋金炉"。即便如有些版本写作"石墨雕金炉"也只可能是香炉制作成分中有石墨，不可能是香煤。

香煤（沈）

干竹筒干柳枝（烧黑炭[42]各二两）　铅粉二钱[43]
黄丹三两　焰硝六钱[44]

右同为末，每用匕许[45]，以灯爇着，于上焚香[46]。

[42]《陈氏香谱》作"烧黑灰"。
[43]《陈氏香谱》作"三钱"。
[44]焰硝六钱：《陈氏香谱》作"焰硝二钱"。
[45]匕许：匕，本义为挹取食物用的匙子，这里指古代盛药量器，犹今之药匙，有钱匕、方寸匕、三分匕、五分匕等。关于一匕的大小，学者有不同看法，而且不同时代的认识似乎也不相同。有认为一匕盛金石药末约2克，草木药末约1克。也有认为一匕的量比这要大得多。
[46]于上焚香：这里香煤的用法似乎是直接作为焚香的热源。

月禅师[47]香煤

杉木烰炭四两　硬羊胫炭二两　竹烰炭一两[48]　黄

丹半两　海金砂半两

右同为末拌匀，每用二钱，置炉中，纸灯[49]点，候透红以冷灰薄覆。

[47] 月禅师：《陈氏香谱》作"日禅师"。

[48] 竹烨炭一两：《陈氏香谱》作"二两"。

[49] 纸灯：纸制灯具，如纸灯笼。这里指从纸灯引火。

阎资钦[50]香煤

柏叶多采之，摘去枝梗洗净，日中曝干剉碎（不用坟墓间者），入净罐内，以盐泥[51]固济[52]，炭火煅之[53]，倾出细研。每用一二钱置香炉灰上，以纸灯点，候匀遍，焚香时时添之，可以终日。[54]

香饼、香煤好事者为之。其实用只须栎炭一块！[55]

[50] 阎资钦：宋代医家阎孝忠，一名季忠，字资钦。大梁（今河南开封）人，一称许昌（今属河南）人。曾任宣教郎。自幼屡患重病，经钱乙治愈，长而研求钱乙治病之术，多方收集钱氏医方及著作。先后得钱乙婴幼论说、方证数十条、晚年杂方及京师某些传本，参校编次而成《小儿药证直诀》三卷。

[51] 盐泥：炮制中的封口材料。为黄土加适量的食盐，用清水和成的稠糊状物。具有湿润不易开裂的性能，主要用于药物在煅炭时，在容器的接缝处进行

封固。

[52] 固济：粘结。

[53]《陈氏香谱》作"煅之（存性）"。

[54]《陈氏香谱》后面还有一句："或烧柏子存性作火尤妙。"

[55] 其实用只须栎炭一块：这里是作者的评议。在作者所在的时代，宋代的香道传统很多都已失传，对于香饼、香煤的使用，作者似乎不太理解。其实香饼、香煤的作用并不仅仅是提供热源，以宋代香道的精细程度，不同香材香方对热源温度、稳定性和持续性有不同的要求，香饼和香煤适用的场景也不一样，并不是"栎炭一块"就能解决的问题。

制香灰[56]

香灰十二法

细叶杉木[57]枝烧灰，用火一二块[58]养之经宿，罗过装炉。

每秋间，采松须[59]曝干，烧灰用养香饼。

未化石灰[60]捶碎罗过，锅内炒令红，候冷又研又罗，一再为之，作香炉灰[61]洁白可爱，日夜常以火一块养之，仍须用盖，若尘埃则黑矣[62]。

矿灰[63]六分、炉灰[64]四分[65]和匀,大火养灰蓺性[66]。

香蒲[67]烧灰装炉如雪。

纸灰、石灰[68]、杉木灰各等分,以米汤同和,煅过用。[69]

头青[70]、朱红[71]、黑煤[72]、土黄[73]各等分,杂于纸中装炉,名锦灰[74]。

纸灰炒通红罗过,或稻糠[75]烧灰皆可用。

干松花[76]烧灰装香炉最洁。

茄灰[77]亦可藏火,火久不息。

蜀葵枯时烧灰妙[78]。

炉灰松则养火久,实则退,今惟用千张纸[79]灰最妙,炉中昼夜火不绝,灰每月一易佳,他无需也。

[56] 香灰:传统香道的香灰与现在所说烧香后剩下的灰烬不同。现在一般所用的线香或盘香出现得较晚,传统香道中很多香品是放在香灰上隔火薰蒸或直接焚烧的,对香灰的用材质地有一定的要求,需要专门制备。

[57] 杉木:杉科杉木属植物杉木[Cunninghamia lanceolata (Lamb.) Hook.]。

[58] 用火一二块:指炭火一二块。

[59] 松须:指松针,松树的叶子。

[60] 未化石灰:指生石灰,参见前"石灰"条注释。

[61] 香炉灰：《陈氏香谱》作"香炉灰"，三本皆作"养炉灰"。
[62] 若尘埃则黑矣：如果不用盖，落尘埃炉灰就变黑了。
[63] 矿灰：石灰的别名，参见"石灰"条。
[64] 炉灰：这里的炉灰按照常理指的是其他炉中烧过的炭灰。
[65] 四分：《陈氏香谱》作"四钱"。
[66] 大火养灰爇性：《陈氏香谱》原作"大火养灰爇性"，三本皆作"大火养灰焚炷香"，把下一句香蒲的"香"字断在上面这一句，可能是误会。另外"焚炷香"的用法也不符合宋代的习惯。
[67] 香蒲：三本把香字误断在上一句，依《陈氏香谱》应作"香蒲"。指香蒲科香蒲属植物东方香蒲（Typha orientalis Presl）、水烛香蒲（狭叶香蒲T. angustifolia L.）、宽叶香蒲（T. latifoliaL.）、长苞香蒲（Typha domingensis Pers.）及同属多种植物的全草。又称蒲，睢，醮，甘蒲，蒲黄草、水蜡烛、蒲包草等，参见前"蒲黄"条。
[68] 纸灰、石灰：三本皆作"纸石灰"，脱"灰"字，依《陈氏香谱》应作"纸灰、石灰"。纸灰：纸烧成的灰，古代写字的纸一般不会随意丢弃（敬惜之意），会在字纸炉中烧灰，故纸灰易得。
[69] 《陈氏香谱》作："以米汤和，同煅过，勿令偏。"
[70] 头青：石青之一种，是指制造石青时，当最后除出

砂杂后，提取淀出底下的第一层石青，色最深，谓头青。石青，又名扁青，或名大青，为铜的化合物，国画主要颜料之一，入本草。

[71] 朱红：通常指朱砂那样鲜艳的红色，这里指国画颜料，一般由朱砂制成。

[72] 黑煤：又称煤黑，以墨灰为主要成分配制而成的黑色颜料。

[73] 土黄：国画颜料，用黄色土加以煅制而成，其色近似雄黄但比雄黄稳定，不易变色。

[74] 锦灰：这里取"锦"字多彩之意，前面四种都是国画颜料。历史上锦灰也可以指锦的灰，或者绘画纹样等。

[75] 稻糠：三本《香乘》作"稻梁"，误。依《陈氏香谱》应作"稻糠"。从制灰的角度，稻糠显然更合理。

[76] 松花：即松花粉，松科植物马尾松Pinus massoniana Lamb.、油松Pinus tabuli formis Carr.或其同属植物的干燥花粉。

[77] 茄灰：指干燥的茄树（根茎叶）烧灰，《普济方》卷六十六：用陈茄树烧灰。先用露蜂房煎汤灌漱。却以茄灰敷之。参见前"茄根"条。

[78] 《陈氏香谱》作"装炉大能养火"。

[79] 千张纸：又称木蝴蝶，紫葳科木蝴蝶属植物木蝴蝶[Oroxylum indicum（Linn.）Kurz]的干燥种子和种皮（荚内白膜）。其种子多数，圆形，周翅薄如

纸，故有千张纸之称。种子和荚内白膜焚灰用，可入药。

香珠

香珠之法见诸道家[80]者流，其来尚矣，若夫茶药之属，岂亦汉人含鸡舌香之遗制乎？兹故录之，以备见闻，庶几耻一物不知之意云。[81]

［80］道家：这里指的是道教系统。
［81］这段文字是《陈氏香谱》中的话。

孙功甫廉访[82]木犀香珠

木犀花蓓蕾未全开者，开则无香矣。露未晞时，用布幔[83]铺，如无幔，净扫树下地面。令人登梯上树，打下花蕊，择去梗叶，精拣花蕊，用中样[84]石磨磨成浆。次以布复包裹，榨压去水，将已干花料盛贮新磁器内。逐旋取出，于乳钵内研，令细软，用小竹筒为则度筑剂[85]，或以滑石[86]平片刻窍取则，手搓圆如小钱[87]大，竹签穿孔置盘中，以纸四五重衬，借日傍阴干。稍健[88]可百颗作一串，用竹弓绷[89]挂当风处，吹八九分干取下。每十五颗以洁净水略略揉洗，去皮边青黑色，又用盘盛，于日影中映干[90]。如天阴晦，纸隔之，于慢火上焙干。新绵裹收，时时观则香味可数年不失。其磨乳丸洗之际忌污秽，妇、铁器、油盐等触犯。

《琐碎录》云：木犀香念珠须入少西木香[91]。

[82] 廉访：《陈氏香谱》作"孙廉访"。孙功甫，生平不详。廉访，本义为察访，这里指廉访使。宋曾改走马承受官为廉访使者，元代为肃政廉访司长官，明、清有提刑按察使，其职掌与肃政廉访使略同，故尊称为廉访。

[83] 布幔：布制的帷幕。

[84] 中样：中等。

[85] 用小竹筒为则度筑剂：用小竹筒作为量具来填充材料。则度，法度、大小。

[86] 滑石：这里是用滑石画刻度，参见前"滑石"条。

[87] 小钱：指重量或质量较制钱小的铜钱。

[88] 健：指香珠阴干后变硬。

[89] 绷：此处同"绷"。

[90] 日影中映干：日影是日光照射物体所成的阴影，在阴影里干燥，比一般的室内阴干要更干一点。

[91] 入少西木香：无碍庵本作"入少许木香"。《陈氏香谱》、汉和本、四库本作"入少西木香"，西木香指西亚、中亚、印度等地所产的木香，其基源植物可能为土木香（Inula helenium L.）。参见前木香条，对各种不同时代、不同文献中木香所指的分析。

龙涎香珠

大黄一两半　甘松一两二钱[92]　川芎一两半　牡丹皮一两二钱　藿香一两二钱　三柰子[93]一两一钱[94]

以上六味并用酒发[95]，留一宿，次日五更以后药[96]一处拌匀，于露天安顿，待日出晒干。

[92]《陈氏香谱》作"一两三钱"。

[93] 三柰子：三本作"柰子"，依《陈氏香谱》作"三柰子"，参见前"三柰子"条。

[94]《陈氏香谱》牡丹皮、藿香、三柰子皆作一两三钱。

[95] 发：《陈氏香谱》作"发"，汉和本、四库本作"酒泼"，无碍庵本作"酒浸"。

[96] 后药：指后加入的香材，即下文的"白芷二两……"等。

后药

白芷二两　零陵香一两半　丁皮一两二钱[97]　檀香三两　滑石一两二钱（另研）　白芨六两（煮糊）均香[98]二两（洗干另研[99]）　白矾[100]一两二钱（另研）　好栈香二两　秦皮[101]一两二钱　樟脑一两　麝香半字

圆[102]晒如前法，旋入龙涎、脑、麝。

[97] 一两二钱：《陈氏香谱》作"一两三钱"，此香方其他"一两二钱"的地方，《陈氏香谱》都作"一

两三钱"。
[98] 均香：《陈氏香谱》、汉和、四库本作"均香"，无碍庵本作"芸香"。均香所指不详，未见于其他文献。如果说是芸香（香方中一般指白胶香），《陈氏香谱》作"炒干"，若是白胶香，不应该用炒干的方法加工。
[99] 洗干另研：《陈氏香谱》作"炒干"。
[100] 白矾：又名矾石、明矾、生矾，为含钾、铝等硫酸盐类矿物明矾石精制而成的结晶。
[101] 秦皮：《陈氏香谱》作"秦皮"，汉和、四库本作"春皮"，无碍庵本作"椿皮"。秦皮，又名蜡树皮、苦榴皮、梣皮。为木犀科植物苦枥白蜡树Fraxi-nus rhynch-ophylla Hance或白蜡树F. chinensisRoxb.等的树皮。椿皮，又名樗白皮、臭椿皮、苦椿皮、樗木皮。苦木科植物臭椿Ailanthus altissima（Mill.）Swingle的干燥根皮和干皮。这里应该是前者"秦皮"。
[102] 圆：指搓圆，制成圆珠形。

香珠二

香珠一

天宝香一两　土光香半两[103]　速香一两　苏合香半两　牡丹皮二两[104]　降真香半两　茅香一钱半　草香一钱

白芷二钱（豆腐蒸过）　三柰二钱[105]（同上[106]）　丁香半两[107]　藿香五钱　丁皮一两　藁本半两　细辛二分　白檀一两　麝香檀一两　零陵香二两　甘松半两　大黄二两　荔枝壳二两[108]　麝香不拘多少　黄蜡一两　滑石量用　石膏五钱　白芨一两

　　右料蜜梅酒[109]、松子、三柰、白芷。[110]糊：夏白芨，春秋琼枝[111]，冬阿胶。黑色：竹叶灰、石膏。黄色：檀香、蒲黄。白色：滑石、麝檀[112]。菩提色[113]：细辛、牡丹皮、檀香、麝檀、大黄、石膏、沉香。噀湿[114]，用蜡圆打[115]，轻者用水噀打。

[103] 土光香半两：天宝香、土光香之名除了《陈氏香谱》和《香乘》引《陈氏香谱》，皆未见他书，不详所指，或宋代指某种沉香类香材。

[104] 二两：《陈氏香谱》作"一两"。

[105] 二钱：《陈氏香谱》作"二分"，似以二钱为合理。

[106] 同上：指"豆腐蒸过"。

[107] 半两：《陈氏香谱》作"半钱"。

[108] 二两：《陈氏香谱》作"二钱"。

[109] 蜜梅酒：加入蜂蜜酿成的梅子酒。

[110] 此句疑有脱字，此四味未说明用量和作用。

[111] 琼枝：石花菜科石花菜属藻类石花菜（Gelidium amansii Lamouroux），有黏性，可制作琼胶，这里用来作为黏合剂。

[112] 麝檀：《陈氏香谱》无"檀"字。

［113］菩提色：此处可能指菩提子（今日所称星月菩提）的颜色，菩提子常用来做念珠。
［114］噀湿：嘴中含水喷湿，参见前"噀"字解释。
［115］用蜡圆打：《陈氏香谱》作"用蜡丸打"。蜡丸是中药制剂之法，用蜂蜡熔化为黏合剂，与药料细粉混合制成。

香珠二

零陵香（酒洗） 甘松（酒洗） 木香°（如川芎）少许[116] 茴香等分 丁香等分 茅香（酒洗） 川芎°少许 藿香°（如川芎）（酒洗，此物夺香味，少用） 桂心°少许 檀香等分 白芷（面裹煨熟，去面） 牡丹皮（酒浸一日晒干） 三柰子（如白芷制少许[117]） 大黄（蒸过，此项收香味，且又染色，多用无妨[118]）

右件圈者（°）少用，不圈等分如前制度，晒干和合为细末，用白芨和面打糊为剂，随大小圆，趁湿穿孔，半干用麝香檀稠调水为衣。

［116］《陈氏香谱》木香置于茴香之后，换言之，指的是前三味（零陵香、甘松、茴香）等分，并不包含木香，木香是和后面的香材在一起的。三本《香乘》应该是香材位置放错了。
［117］如白芷制少许：《陈氏香谱》作"加白芷治（少用）"。
［118］《陈氏香谱》无此四字。

收香珠法[119]

凡香环佩带念珠之属，过夏后须用木贼草[120]擦去汗垢，庶不蒸坏[121]。若蒸损者，以温汤洗过晒干，其香如初。（温子皮[122]）

[119] 收香珠法：指平时收放香珠的办法。
[120] 木贼草：又名锉草、节节草、节骨草，木贼科木贼属植物木贼（Equisetum hyemale L.）的干燥地上部分。夏、秋二季采割，除去杂质，晒干或阴干。此草有节，面糙涩，除了入中药，还常用于传统木家具抛光，故称为木贼。
[121] 蒸坏：这里指人体热气带来香珠的损坏。
[122] 温子皮：指此条引自温子皮《温氏杂录》，参见前"温子皮"条。《陈氏香谱》未言此条出自温子皮。

香珠烧之香彻天

香珠，以杂香捣之，丸如桐子大，青绳[123]穿，此三皇[124]真元之香珠也，烧之香彻天。（《三洞珠囊》）

[123] 青绳：青色的绳子。古时用于缠束图版、界划天子经过的御道和围范帝王郊祀的坛场。
[124] 三皇：三皇在不同的古文献中所指不同，这里是道教神仙名称，指天皇、地皇、人皇。

交趾香珠

交趾以泥香[125]捏成小巴豆状,琉璃珠间之,彩丝贯之,作道人[126]数珠,入省地[127]卖,南中[128]妇人好带之。[129]

[125] 泥香:泥香是《桂海虞衡志》记载的古代交趾一带所合的软香。参见前"槟榔苔宜合香"条。

[126] 道人:这里指佛教修行之人,出家僧人。

[127] 省地:这里指国内,广南西路(广西)一带。

[128] 南中:古时川南云贵一带称南中,亦指岭南地区,亦可以泛指南方。这里指和交趾接壤的南方地区,依范成大所述,在今广西一带。

[129] 此条出范成大《桂海虞衡志》。

香药[130]

[130] 香药:香药有不同用法。古时香与药难以截然分开,香材又可称香药,如宋时之香药库。此处"香药"指的是香材香料用于药用。

丁沉煎圆[131]

丁香二两半 沉香四钱 木香一钱 白豆蔻二两 檀

香二两　甘松[132]四两

　　右为细末,以甘草和膏[133]研匀为圆,如芡实大[134]。每用一圆噙化,常服调顺三焦[135],和养荣卫[136],治心胸痞满[137]。

[131] 煎圆:中药之一种形制。指的是将药材煎为膏状后制成药丸,如"艾煎圆""蓬煎圆"等,但也不一定限于煎制,只要是膏状合剂也可以称"煎圆"。

[132] 甘松:三本皆作"甘松",《陈氏香谱》作"甘草"。从中药药性的角度看,甘松、甘草皆可入脾胃经。下文有"甘草和膏"。此处为甘松或甘草还不能确定。

[133]《陈氏香谱》作"熬膏"。

[134] 如芡实大:《陈氏香谱》作"如鸡头大",与此意同。

[135] 三焦:中医六腑之一。分"上焦""中焦"和"下焦"。

[136] 荣卫:中医指人体血气循环所起的滋养与护卫作用。

[137] 痞满:中医证名。多指胸腔部痞塞满闷,而外无胀急之形,并无疼痛的病症。

木香饼子[138]

　　木香、檀香、丁香、甘草、肉桂、甘松、缩砂[139]、

丁皮、莪术[140]各等分

莪术醋煮过，用盐水浸出醋浆，水浸[141]三日，为末，蜜和，同甘草膏为饼，每服三五枚。

［138］木香饼子：从香材配伍来看，此方为调理脾胃之方。

［139］缩砂：即砂仁，见前"砂仁"条。

［140］莪术：姜科姜黄属植物莪术（蓬莪术Curcuma phaeocaulis Valeton）、广西莪术（C. kwangsiensis S. Lee et C.F.Liang）、或温郁金（C. wenyujin Y.H.Chen et C. Ling）的根茎。

［141］《陈氏香谱》作"米浸"，以"水浸"为宜。

豆蔻香身丸[142]

丁香、青木香、藿香、甘松各一两　白芷、香附子、当归、桂心、槟榔、豆蔻各半两　麝香少许

右为细末，炼蜜为剂，入少酥油[143]，丸如梧桐子大。每服二十丸，逐旋噙化咽津，久服令人身香。

［142］参见前"香身丸"条。

［143］酥油：牛羊乳中提取的油脂。我国制酥的历史悠久，南北朝《齐民要术》中即有生酥与熟酥的制法。酥油在唐宋时期应用普遍，在宋代多用于制作糕点。

透体麝脐丹

川芎、松子仁、柏子仁、菊花、当归、白茯苓、藿香叶各一两

右为细末,炼蜜为丸,如桐子大,每服五七丸,温酒茶清任下,去诸风,明目轻身,辟邪少梦,悦泽[144]颜彩,令人身香。

[144] 悦泽:光润悦目。

独醒香

干葛[145]、乌梅、甘草、缩砂各二两　枸杞子四两　檀香半两　百药煎半斤

右为极细末,滴水为丸如鸡头大,酒后三二丸细嚼之,醉而立醒。

[145] 干葛:晒干的葛根。葛根为豆科葛属植物葛[野葛Pueraria lobata(willd.) Ohwi]的块根。

香茶[146]

[146] 香茶:指加了香料的茶。这里的茶一般指宋代的蒸青末茶。宋代茶加入香料是常见做法。

经进[147]龙麝香茶

白豆蔻一两（去皮）　白檀末七钱　百药煎五钱　寒水石五钱[148]（薄荷汁制[149]）　麝香四分[150]　沉香三钱[151]　片脑二钱[152]　甘草末三钱　上等高茶[153]一斤

右为极细末，用净糯米半升煮粥，以密布绞取汁，置净碗内放冷和剂。不可稀软，以硬为度。于石板上杵一二时辰，如粘黏用小油[154]二两煎沸，入白檀香三五片。脱印时以小竹刀刮背上令平。（卫州[155]韩家方[156]）

[147] 经进：指曾经进献给皇上。

[148] 五钱：《陈氏香谱》作"五分"。

[149] 薄荷汁制：此处制法参见下面"孩儿香茶"的"造薄荷霜法"。

[150]《陈氏香谱》作"四钱"。

[151]《陈氏香谱》作"沉香三钱（梨汁制）"。

[152]《陈氏香谱》作"二钱半"。

[153] 高茶：好茶、上等茶。

[154] 小油：一般指植物油，具体哪种植物油视具体情况而定，在宋代很可能指芝麻油。

[155] 卫州：北周宣政元年（578）置，治所在汲郡（今河南浚县西南淇门渡）。隋开皇初郡废，大业初改为汲郡。唐武德元年（618）复置卫州。贞观元年（627）移治汲县（今卫辉市）。天宝元年（742）改为汲郡，乾元元年（758）复为卫州。辖

境相当今河南新乡、卫辉、辉县、浚县、淇县、滑县、新乡等市县地。

[156] 韩家方：《陈氏香谱》未注"卫州韩家方"。

孩儿香茶[157]

孩儿香一斤　高茶末三两[158]　麝香四钱　片脑二钱五分（或糠米者[159]，韶脑不可用[160]）　薄荷霜[161]五钱　川百药煎一两（研极细）

右六件一处和匀，用熟白糯米一升半淘洗令净，入锅内放冷水高四指，煮作糕糜[162]取出，十分冷定，于磁盆内揉和成剂，却于平石砧上杵千余转，以多为妙。然后将花脱[163]洒油少许，入剂作饼，于洁净透风筛子顿放阴干，贮磁器内，青纸[164]衬里密封。

附造薄荷霜法。寒水石研极细末，筛罗过，以薄荷二斤加于锅内，倾水一碗，于下以瓦盆盖定，用纸湿封四围，文武火蒸熏两顿饭久，气定方开，微有黄色尝之，凉者是。[165]

[157] 孩儿香茶：以孩儿香和茶为主料制成。孩儿香的所指参见前"孩儿香"条。

[158] 《陈氏香谱》作"高末茶"。

[159] 糠米者：指外观像糠米的龙脑。

[160] 韶脑不可用：韶脑属于樟脑，与龙脑相比，味道刺激性更大。

［161］薄荷霜：见下文"附造薄荷霜法"。

［162］糕糜：又称膏糜，一种较稠的粥类食品，由糯米或其他米所制。有人认为糕糜属于糕类点心，应该是误解。

［163］花脱：花模，用于成型。参见前"香脱"条注释。

［164］青纸：深蓝色的纸，通常为蓝靛所染。

［165］三本皆脱此段薄荷霜造法，今据《陈氏香谱》补之。

香茶二

香茶一

上等细茶[166]一斤　片脑半两　檀香三两　沉香一两　缩砂三两　旧龙涎饼[167]一两

右为细末，以甘草半斤剉，水一碗半煎取净汁一碗，入麝香末[168]三钱和匀，随意作饼。

［166］细茶：宋代所称细茶即是蒸青末茶。

［167］旧龙涎饼：即古龙涎香，古龙涎香是宋代常见的一类成品合香，参见前"古龙涎香"条，及该部分各条香方。

［168］麝香末：《陈氏香谱》作"麝香末"。三本作"麝香米"，如果是麝香米，可能指的是当门子，参见前"当门子"条。

香茶二

龙脑　麝香（雪梨汁制[169]）　百药煎　楝草[170]　寒水石各三钱　高茶一斤　硼砂一钱　白豆蔻二钱[171]

右同碾细末，以熬过熟糯米粥净布巾绞取浓汁匀和，石上杵千余下方脱花样。

[169] 雪梨汁制：《陈氏香谱》作"雪梨汁制"，三本无"汁"字。"雪梨汁制"可能指麝香加雪梨汁研磨。《居家必用事类全集》记载了一种用梨汁制麝香的方法，录于此处："拣去毛令净，研开，用尤制沉香梨汁和为泥，摊在磁盏内或银器内，上用纸糊口，用针透十数孔，慢火焙干，研为末，再于盏内焙热，合和前料，其香满室，此其法也。"该书用的是鹅梨制沉香后剩下的梨汁。

[170] 楝草：三本写作"拣（拣）草"，《陈氏香谱》作"楝草"。无论拣草或楝草皆不明所指。综合来看，可能指拣过的甘草。不大可能指楝、山练草、练石草等植物。

[171] 《陈氏香谱》作"三钱"。

印篆诸香(上) [1]

卷二十一

[1] 印香(香印)、篆香(香篆)为合香中一大类。后代印香的一般用法是,先在炉中将灰平整,将印香模置于灰上,将合香粉置于香模之中,平整后以平板状物压印而成,点燃后,香粉顺着印香纹路依次均匀燃烧。又因有的印香形态回环萦绕,如同篆字,也被称为"香篆"、"篆香"。

不过从下文的一些介绍来看,宋代的印香模(至少一部分)很可能是有底的,压实之后再翻过来置于香灰之上,然后通过敲击脱落,之后再点燃焚爇。

宋洪刍《香谱·香之事》"香篆"条:"镂木以为之,以范香尘,为篆文。然于饮席或佛像前,往往有至二三尺径者。"香篆因为燃烧时间长且均匀,有的香篆在古代也有计时的功能。《香谱·香之事》"百刻香"条:"近世尚奇者,作香篆,其文准十二辰,分一百刻,凡然昼夜乃已。"

定州公库[2]印香

栈香　檀香　零陵香　藿香　甘松　以上各一两　大黄半两　茅香半两（蜜水酒炒令黄色）

右捣罗为末，用如常法。凡作印篆，须以杏仁末少许拌香，则不起尘及易出脱[3]，后皆仿此。

[2] 定州公库：指定州公使库，见前"定州""公库"条注释。

[3] 易出脱：指从印模中出脱以成型。

和州[4]公库印香

沉香十两（细挫）　檀香八两（细挫如棋子）　生结香八两　零陵香四两　藿香叶四两（焙干）　甘松四两（去土）　草茅香[5]四两（去尘土）　香附二两（色红者去黑皮）　麻黄二两（去根细剉）　甘草二两（粗者细剉）　乳香缠[6]二两（头高秤[7]）　龙脑七钱（生者尤妙）　麝香七钱　焰硝半两

右除脑、麝、乳、硝四味别研外，余十味皆焙干捣罗细末，盒子盛之，外以纸包裹，仍常置暖处，旋取烧之，切不可泄气阴湿此香。于帏帐中烧之悠扬，作篆熏衣亦妙。别一方与此味数分两皆同，惟脑麝焰硝各增一倍。草茅香须茅香[8]乃佳，每香一两仍入制过甲香半钱。本太守冯公由义子宜行[9]所传方也。

[4] 和州：北齐天保六年（555）置，治所在历阳县（即今安徽和县）。《舆地纪胜》卷四八引《元和志》："北齐以两国协和，故谓之和州。"辖境相当今安徽和县、含山等县地。隋大业初改为历阳郡。唐武德三年（620）复为和州。天宝初又改为历阳郡，乾元初复为和州。

[5] 草茅香：所指不详，从下文来看，可能就是指茅香，但茅香本身也有不同所指，参见前"茅香"条解释，及茅香部分各种文献中所指的分析。

[6] 乳香缠：《陈氏香谱》无"缠"字。若依《香乘》，"乳香缠"指的是乳香缠末，即乳香的碎末。参见前"乳香缠末"条。

[7] 头高秤：三本皆作"高头秤"，误。依《陈氏香谱》应作"头高"，指称重量是秤头高抬，即比标记重量略多一些。

[8] 草茅香须茅香：三本作"草茅香须茅香"。《陈氏香谱》作"章草香须白茅香"，颇难解。前面香方中只有"草茅香"，此处应该还是"草茅香"。

[9] 本太守冯公由义子宜行：三本皆作"本太守冯公由义子宜行"，《陈氏香谱》作"本太守冯公义子宜"。本太守指本州（和州）太守（知州）。冯氏生平不详。

百刻印香

栈香一两[10]　檀香　沉香　黄熟香　零陵香　藿香　茅香　以上各二两　土草香[11]半两（去土）　盆硝[12]半两　丁香半两　制甲香七钱半（一本七分半）　龙脑少许（细研作篆时旋入）

右为末，同烧如常法。

[10] 一两：《陈氏香谱》作"三两"。

[11] 土草香：此种称呼似乎仅见于此香方，所指不详。

[12] 盆硝：芒硝的别名。见前"芒硝"条解释。

资善堂[13]印香

栈香三两　黄熟香一两　零陵香一两　藿香叶一两　沉香一两　檀香一两　白茅香花[14]一两　丁香半两　甲香（制）三分　龙脑香三钱　麝香三分[15]

右杵罗细末，用新瓦罐子盛之。昔张全真[16]参政[17]传，张德远[18]丞相甚爱此香，每日一盘，篆烟不息。

[13] 资善堂：官学名。宋大中祥符八年（1015）置，为

皇帝子孙读书处。有直讲、翊善等官，均由儒臣充任，主讲解经史，喻导德义。这里是资善堂日常用的印香香方。

[14] 白茅香花：《陈氏香谱》作"白茅花香"。这里所指不详，宋代所言白茅香一般指岩兰草（Andropogon muricatus）。但一般称"白茅香花"指的还是茅香（Hierochlo eodorata（L.）Beauv.）的白花，而不是白茅香的花。而若为"白茅花香"则可能指白茅（Imperata cylindrica（L.）Beauv.）的花。参见前"茅香""白茅香""白茅"条。

[15] 《陈氏香谱》作"三钱"。

[16] 张全真：张守（1084—1145），字全真，一字子固，常州晋陵人（今江苏常州）。北宋末南宋初大臣，建炎四年，拜参知政事。著有《毗陵集》。

[17] 参政：官名。宋代参知政事官的简称，相当于宰相的副职。

[18] 张德远：张浚（1097—1164），字德远，世称紫岩先生。汉州绵竹县（今四川省绵竹市）人。北宋至南宋初年名臣、学者。著有《紫岩易传》等。近人辑有《张魏公集》。三本皆写作"张瑞远"，误。《陈氏香谱》作"张德远"。

龙麝[19]印香

檀香　沉香　茅香　黄熟香　藿香叶　零陵　以上各十两　甲香七两半　盆硝二两半　丁香五两半　栈香三十两（剉）

右为细末和匀，烧如常法。

[19] 龙麝：四库、汉和本作"龙麝"，无碍庵本作"龙涎"，《陈氏香谱》作"龙脑"。龙涎、麝香、龙脑三味在香方中皆未有体现，在下面的"又方"中，有龙脑、麝香二味，暂依汉和、四库本。

又方[20]（沈谱）

夹栈香半两　白檀香半两　白茅香二两　藿香二钱　甘松半两（去土）　甘草半两　乳香半两　丁香半两　麝香四钱　甲香三分　龙脑一钱　沉香半两

右除龙、麝、乳香别研，余皆捣罗细末，拌和令匀，用如常法。

[20] 又方：此方《香乘》和《陈氏香谱》颇有出入，录《陈氏香谱》香方于此："夹栈香半两　白檀香半两　白茅香二两　藿香一钱　甘松半两　乳香半两　栈香二两　麝香四钱　甲香一钱　龙脑一钱　沉香半两"。

乳檀印香

　　黄熟香六斤[21]　　香附子五两　　丁皮五两　　藿香四两　　零陵香四两　　檀香四两　　白芷四两　　枣半斤焙　　茅香二斤　　茴香二两　　甘松半斤　　乳香一两（细研）　　生结香四两

　　右捣罗细末，烧如常法。

[21] 六斤：四库、汉和本作"六两"，《陈氏香谱》、无碍庵本作"六斤"。此香为黄熟为主的香方，如用六两无法压制茅香藿香等香气，应以无碍庵本和《陈氏香谱》为是。

供佛印香

　　栈香一斤　　甘松三两　　零陵香三两　　檀香一两　　藿香一两　　白芷半两　　茅香五钱[22]　　甘草三钱　　苍脑[23]三钱（别研）

　　右为细末，烧如常法。

[22] 五钱：《陈氏香谱》作"三钱"。

[23] 苍脑：和木屑混杂的碎龙脑。《诸蕃志》卷下："与木屑相杂者谓之苍脑。"这里的"苍"指的是灰白色，有时苍脑会微带红色，如下文的"赤苍脑"，总之是品级比较低的龙脑。

无比印香

零陵香一两　甘草一两　藿香一两　香附子一两　茅香二两（蜜汤浸一宿，不可水多，晒干微炒过）

右为末，每用先于模擦紫檀末少许[24]，次布香末。

[24]《陈氏香谱》作"每用先于花模椮紫檀少许"。紫檀，指深色檀香。这里的做法是在香模中先加入少量紫檀香，然后再加前面配方的香粉。如果这里用的是有底的印香模，那么烧的时候经过翻转，紫檀香是在表面的，这样效果比较理想。如果是将最贵重的紫檀香置于香粉最下方，起到的效果就大打折扣了。

梦觉庵妙高印香[25]（共二十四味，按二十四炁[26]，用以供佛）

沉速[27]　黄檀[28]　降香　乳香　木香　以上各四两　丁香　捡芸香[29]　姜黄　玄参　牡丹皮　丁皮　辛夷　白芷　以上各六两　大黄　藁本　独活　藿香　茅香　荔枝壳　马蹄香[30]　官桂　以上各八两　铁面马牙香[31]一斤　官粉一两　炒硝一钱

右为末，和成入官粉炒硝印用之，此二味引火，印烧无断灭之患。

[25]梦觉庵妙高印香：此香方未见于《陈氏香谱》，仅

见于《香乘》及《遵生八笺》，应该是明代的香方。《遵生八笺》的香方多淮产末香一斤，而无官粉。此香后面讲官粉、炒硝为引火物，此二物不可缺少。妙高：妙高山，亦称须弥山，佛经中所言诸山之王。

[26] 二十四炁：二十四炁是道教的观念，可指二十四节气，又和二十四治有对应关系，也可指二十四炁君（神仙）。从这里看，应该就是指二十四个节气，并无其他特指。

[27] 沉速：无碍庵本作"沉香"，汉和本、四库本作"沉速"。参考《遵生八笺》作"沉速"。沉速指等级较低的沉香，似乎是明代常用的称呼。参见前"速香"条。

[28] 黄檀：叶廷珪《香录》："皮在而色黄者谓之黄檀。"但在后来，黄色檀香都可称为黄檀。《格古论》："黄檀最香。"

[29] 捡芸香：经过挑捡（挑拣）的芸香。

[30] 马蹄香：香方涉及的马蹄香有两种，一种是沉香，以其形似命名；一种是马兜铃科植物杜衡。一般我们从其在香方中的位置和文献时间，可大致判断。这里应该是后者，后面如无特殊说明，一般都是后者。参见前"马蹄香"条注释。

[31] 铁面马牙香：单称马牙香可以指马牙硝也可以指一种沉香。这里称铁面，用量又为一斤，指的是沉香

之一种。

水浮印香^[32]

柴灰一升（或纸灰）　黄蜡两块（荔枝大）

右同入锅内，炒烛尽为度^[33]，每以香末脱印如常法，将灰于面上摊匀，以裁薄纸依香印大小衬灰，覆放敲下置水盆中，纸自沉去，仍轻手以纸炷香^[34]。

[32] 水浮印香：可浮在水上的印香。宋洪刍《香谱》"水浮香"条："然（燃）纸灰以印香篆，浮之水面，燕竟不沉。"

[33] 炒烛尽为度：《陈氏香谱》作"炒烛尽为度"，三本脱"烛"字。

[34] 此一部分的操作，加以简要说明。这里的篆香香范（香模）和今日市场上的香篆不同，应该是有底的。此处用通常篆香的香范，加入香粉之后，再在表面摊一层黄蜡和柴灰混合物（柔软，非粉末），之后再裁一张大小合适的纸盖在上面，然后再把这些一起翻过来，敲击香范，使香粉脱出。这个时候，最下面是纸，中间是柴灰黄蜡混合物，上面是成型的篆香粉。将这个东西放在水盆中，最下层的纸受潮沉入水中，柴灰黄蜡混合物浮于水面上，上面是篆香香粉。最后用纸点燃即可。

宝篆香（洪）

沉香一两　丁香皮一两　藿香叶一两　夹栈香二两[35]　甘松半两　零陵香半两　甘草半两　甲香半两（制）　紫檀三两（制）　焰硝三分[36]

右为末和匀，作印时旋加脑麝各少许。

[35]二两：无碍庵本作"三两"。

[36]三分：《陈氏香谱》作"二分"。

香篆（新）（一名寿香）

乳香　旱莲草[37]　降真香　沉香　檀香　青布片[38]（烧灰存性）　贴水荷叶[39]　男孩胎发[40]一个　瓦松木律[41]　野蓣[42]　麝香少许　龙脑少许　山枣子[43]底用云母石

右十四味为末，以山枣子揉和[44]前药阴干用。烧香时，以玄参末蜜调箸梢上，引烟写字、画人物皆能不散。[45]欲其散时，以车前子[46]末弹于烟上即散。

又方

歌曰："乳旱降沈檀，藿青贴发山，断松雄律字，脑麝馥空间"[47]。

每用铜箸引香烟成字，或云入针砂等分[48]，以箸梢夹磁石[49]少许，引烟任意作篆。

[37]旱莲草：三本作"干莲草"，依《陈氏香谱》作

"旱莲草",菊科鳢肠属植物鳢肠Eclipta prostrata L.的干燥地上部分,参见前"旱莲草"条注释。

[38] 青布片（烧灰存性）：三本作"青皮（片烧灰作炷）",依《陈氏香谱》作"青布片（烧灰存性）"。

[39] 贴水荷叶：贴在水面上的荷叶。

[40] 胎发：初生婴儿未剃过的头发。易于发烟。

[41] 木律：三本皆作"木律",木律是胡杨（胡桐）树的汁液因虫食滴落后形成的片状物。又名胡桐泪、石泪。《陈氏香谱》作"木栎",此处不大可能加入栎木之类,此"木栎"应该通"木律"。

[42] 野蓣：此香方《陈氏香谱》与《香乘》记载有所差别,《陈氏香谱》多"野蓣"一味,无"底用云母石"五字。下面说"十四味为末"显然是不包括云母石底的,《香乘》应该是少了"野蓣"这一味。蓣一般指薯蓣,即山药,野蓣大概指野生的山药。

[43] 山枣子：此处指酸枣仁,酸枣仁有聚烟、令烟不散的作用。

[44] 揉和：《香乘》三本作"搭和",《陈氏香谱》作"揉和"。这里酸枣仁是粉末,其他香材也是粉末,不合用"搭和"。

[45] 这里是说用蜜调玄参涂于筷子头上,可以让烧香的烟吸附于筷子头,于是可以用筷子引导烟的形状,写字作画。下文用铜箸、箸夹磁石,都是类似的做法。

[46] 车前子：为车前科车前属植物车前（Plantago asiatica L.）、大车前（Plantago major L.）、平车前（Plantago depressa Willd.）、海滨车前（Plantago camtschatica Link.）、长叶车前（Plantago lanceolata L.）等的种子。历史上称车前子，主要是车前、大车前、平车前这三类车前的种子。

[47] 此方与上面的香方有所不同，依文字对涉及香材加以罗列：乳香、旱莲、降真、沉香、檀香、藿香、青纸、贴水荷叶、胎发、山枣子、断□、瓦松、雄□、木律、字□、龙脑、麝香。"断"和"雄"字难解，如果解释成续断、雄黄之类的药材也缺乏依据。"字"字可能不是指香材。但单独一个字不好说有什么意义。

依《陈氏香谱》，四句应为："乳旱降沉香，檀青贴髮山，断松椎栎蓣，脑射腹空间"则包括：乳香、旱莲、降真、沉香、檀香、贴水荷叶、胎发、山枣子、断□、瓦松、椎□、木栎（木律）、野蓣、龙脑、麝香。"断"字、"椎"字难解。

[48] 入针砂等分：指针砂的用量与前面其他香材相同。

[49] 磁石：为等轴晶系氧化物类矿物尖晶石族磁铁矿 Magnetite 的矿石，主含四氧化三铁（Fe_3O_4）。

丁公美香篆[50]

乳香半两（别本一两） 水蛭[51]三钱 郁金一钱 壬癸虫[52]二钱（蝌蚪是） 定风草[53]半两（即天麻苗） 龙脑少许

右除龙脑、乳香别研外，余皆为末，然后一处和匀，滴水为丸[54]如梧桐子大。每用先以清水湿过手，焚香烟起时以湿手按之，任从巧意[55]，手要常湿。

歌曰："乳蛭壬风龙欲煎，兽炉爇处发祥烟，竹轩清夏寂无事，可爱翛然逐昼眠[56]。"

[50] 丁公美香篆：《陈氏香谱》记此香方出于《沈谱》，丁公所指不详，或为丁谓。

[51] 水蛭：环节动物水蛭科蚂蟥Whitmania pigra Whitman、水蛭Hirude nipponica Whitman或柳叶蚂蟥W.acranulata Whitman的干燥全体。加入水蛭也是增强发烟效果。

[52] 壬癸虫：依下文应指蝌蚪。壬癸虫的称呼很罕见，可能是当时特定叫法，或因壬癸为水，指水中之虫蝌蚪。

[53] 定风草：天麻的别名，兰科天麻属植物天麻（Gastrodia elata Bl.）的干燥根茎。依下文说是天麻苗。定风草有两种说法。一种指其苗，金《脾胃论》："其（指天麻）苗为定风草。独不为风所动也。"另一种指天麻，并不专指其苗。《证类本

草》："赤箭脂，一名天麻，又名定风草。"即便是指"天麻苗"，此处入药的大概还是根茎（块茎）。

[54] 滴水为丸：加水合成丸状。

[55] 指湿的手可以引导香烟形态，类似前面说的箸的作用。

[56] 逐昼眠：《陈氏香谱》作"迎昼眠"。

旁通香图

旁通香图[57]一

旁通香图							
	凝香	清神	衣香	清速	芬积	常料	文苑
四和降真	麝一钱 丁香半两[60]	藿半两	脑一钱 零陵半两	茅香半两	檀三钱[58] 栈半两	降真半两	沉一两一分[59] 檀半两
百花	檀一两半		麝一钱	生结三分	沉一分[61]		栈一分[62]
百和花蕊	甲香一钱 结香一钱	麝一钱 脑一钱	木香半钱[63] 檀一分[65]	脑半钱 沉一分	降真半两 麝一分[66]	檀半两 甘松半两	甘松一分[64] 玄参二两
宝篆	甘草一钱 栈一钱[67]	栈一两 脑一钱	藿一分[68] 丁香半两	麝一分[69] 檀半两	脑一分 甲香一分[71]	枫香半两 茅香四两	丁皮一分[70] 麝三钱[72]
清真	脑一钱	沉半两					

旁通香图二

旁通香图

	凝和	醒心	锦囊	清远	笑兰	新料	文苑
四和	麝香一钱	藿香一分[73]	脑子一钱		檀香三钱[74]		沉香二两一钱
凝香	丁香半两	麝香六钱	零陵半两	茅香半两	栈香半两	降真半两	檀香半两
百花	檀香一两半	脑香一钱	麝香一钱		沉香一分		栈香一分
碎琼	甲香一钱	栈香一两	木香半两	生结三分	降真半两	檀香半两	甘松一分
云英	结香一钱	沉香半两	檀香半两	沉香一分	麝香一钱	甘松半两	玄参一两
宝篆	甘草一分	脑子一钱	藿香一分	麝香一钱	脑子一钱	白芷半两	丁皮一分
清真	脑子一钱		丁香半钱	檀香半两	甲香半两	茅香四两	麝香一分

以上碾为细末，用蜜少许拌匀，如常法烧于内，惟宝篆香不用蜜。

旁通二图一出本谱，一载《居家必用》[75]，互有小异，因两存之。

[57]《陈氏香谱》作"叶太社旁通香图"。所谓叶太社，概指姓叶的太社令。所谓太社，本指古时王者为群姓所立之社。宋代有太社局，掌巡视四郊及社稷坛壝，主管日常清扫及祭祀事务，以太社令为长官，隶太常寺。

[58]《陈氏香谱》作"一两"。

[59]《陈氏香谱》作"一钱"。
[60]《陈氏香谱》作"丁香枝"。
[61]《陈氏香谱》作"一钱"。
[62]《陈氏香谱》作"一钱"。
[63]《陈氏香谱》作"半两"。
[64]《陈氏香谱》作"一钱"。
[65]《陈氏香谱》作"一钱"。
[66]《陈氏香谱》作"一钱"。
[67]《陈氏香谱》作"一分"。
[68]《陈氏香谱》作"一钱"。
[69]《陈氏香谱》作"一钱"。
[70]《陈氏香谱》作"一钱"。
[71]《陈氏香谱》作"一钱"。
[72]《陈氏香谱》作"二钱"。
[73]《居家必用事类全集》作"一钱"。
[74]《居家必用事类全集》作"二钱"。
[75]《居家必用》：指《居家必用事类全集》，十卷。不著撰人，一般认为是元人所撰。其书主要记载历代名贤格训及居家日用等事宜，是一部当时民间日用的百科全书。本书中多条未见于《陈氏香谱》的香方都可以在《居家必用事类全集》中找到，应该是作者主要的参考资料之一。

信灵香（一名三神香[76]）

汉明帝[77]时真人燕济[78]居三公山[79]石窟中，苦毒蛇猛兽邪魔干犯，遂下山改居华阴县[80]庵中。栖息三年，忽有三道者投庵借宿，至夜谈三公山石窟之胜，奈有邪侵。内一人云："吾有奇香，能救世人苦难，焚之道得，自然玄妙，可升天界。"真人得香，复入山中，坐烧此香，毒蛇猛兽，悉皆遁去。忽一日，道者散发背琴，虚空而来，将此香方写于石壁，乘风而去。题名三神香，能开天门地户，通灵达圣，入山可驱猛兽，可免刀兵瘟疫，久旱可降甘霖，渡江可免风波。有火焚烧，无火口嚼，从空喷于起处，龙神护助，静心修合[81]，无不灵验。

沉香　乳香　丁香　白檀香　香附　藿香　甘松　以上各二钱　远志[82]一钱　藁本三钱　白芷三钱　玄参二钱　零陵香、大黄、降真、木香、茅香、白芨、柏香[83]、川芎、三柰各二钱五分[84]

用甲子[85]日攒和[86]，丙子日捣末，戊子日和合，庚子日印饼，壬子日入盒收起，炼蜜为丸，或刻印作饼，寒水石为衣，出入带入葫芦为妙。

又方（减入香分两，稍异）。

沉香、白檀香、降真香、乳香各一钱　零陵香八钱　大黄二钱　甘松一两　藿香四钱　香附子一钱　玄参二钱　白芷八钱　藁本八钱

此香合成藏净器中，仍用甲子日开，先烧三饼，供养

天地神祇毕，然后随意焚之，修合时切忌妇人鸡犬见。

［76］三神香：三神指下文燕济（戴孟）遇到的三位神仙。

［77］汉明帝：刘庄（28—75），字子丽，东汉第二位皇帝，公元57年即位。

［78］燕济：道士戴孟，姓燕名济，字仲微，汉明帝时道士（一说汉武帝时人，一说东晋时人），得清灵真人裴君秘传，修炼有成，飞升成仙。戴孟是武当山早期著名道士。

［79］三公山：这里指的是华山三公山，在华山主峰西南，海拔两千米。《道学传》："（戴孟）初入华阴山，服术及大黄精，种云母、雄黄、丹砂、芝草也。周游名山，后居武当山。"

［80］华阴县：西汉高帝八年（前199）改宁秦县置，属京兆尹，为京辅都尉治。治所在今陕西华阴市东南五里。《寰宇记》卷二九华阴县："以在太华山之阴，故名之。"东汉改属弘农郡。

［81］修合：一般指中药的采集、加工、配制过程。这里指配制此香。

［82］远志：远志科远志属植物远志（Polygala tenuifolia Willd）或卵叶远志（polygala sibirica L.）的干燥根。

［83］柏香：此处可能指柏木香。

［84］此香方除了《香乘》，还可见于《遵生八笺》和《居家必用事类全集》。《遵生八笺》与此香方相同，《居家必用事类全集》则和下面的"又方"相

同。道家人士认为前香方不合道家配伍规则，可能有讹误或有意为之（掩人耳目）。

[85] 甲子：在中国古代的历法中，甲、乙、丙、丁、戊、己、庚、辛、壬、癸被称为"十天干"，子、丑、寅、卯、辰、巳、午、未、申、酉、戌、亥叫作"十二地支"。两者按固定的顺序互相配合，组成了干支纪年、纪月、纪日、纪时法。甲子为干支之始，凡事之始，用甲子日最吉。所以后面有的香方以甲子日合香或开香，不再一一解释。

[86] 攒和：收集原料。

印篆诸香(下)

卷二十二

五夜香刻[1]（宣州石刻）

穴壶为漏[2]，浮木为箭[3]，自有熊氏[4]以来尚矣，三代[5]两汉迄今遵用，虽制有工拙而无以易此。国初得唐朝水秤，作用精巧，与杜牧[6]宣润[7]秤漏[8]颇相符合。后燕肃[9]龙图[10]守梓州[11]作莲花漏[12]上进，近又吴僧瑞新[13]创杭湖等州秤漏，例皆疏略。庆历戊子年[14]初，预班朝[15]十二日[16]，起居[17]退宣，许百官于朝堂观新秤漏，因得详观而默识焉。始知古今之制都未精究，盖少第二秤之水㳄[18]，致漏滴有迟速也。亘古之阙[19]，由我朝构求[20]而大备邪。尝率愚短[21]窃仿成法，施于婺睦二州[22]鼓角楼。熙宁癸丑[23]岁大旱，夏秋愆雨[24]，井泉枯竭，民用艰饮，时待次[25]梅溪[26]，始作百刻香印以准昏晓，又增置五夜香刻如左。

[1] 五夜香刻：旧时将一夜分为甲、乙、丙、丁、戊五段，谓之五夜，又谓五鼓、五更。香刻是以燃香来记录时间的设置。《陈氏香谱》误为"五香夜刻"。从下文香刻图画的说明可知，此香刻是宋代

沈立在任宣州知州（知宣城郡）时所刻。沈立即是宋代《香谱》中"沈谱"的作者，参见前"沈谱"条。沈立是北宋大臣，不仅精于香事，对水利河防也颇有研究，著有《河防通议》。又藏书颇丰，可称藏书家。从此处看，他对古代的计时器也有很深的研究。

[2] 穴壶为漏：在壶上打孔制成漏壶以计时。早期的漏壶是用铜壶盛水，壶底穿一个小洞，壶中插一杆标竿，它的上面刻有度数。壶里的水逐渐滴漏下去，箭上的度数陆续显现，用它来计时。后来逐渐发展为更为复杂的成套的漏壶。漏壶也分为：观测容器内的水漏泄减少情况来计量时间，叫作泄水型漏壶；另一种是观测容器（底部无孔）内流入水增加情况来计量时间，叫作受水型漏壶。后期以受水型漏壶为主。

[3] 浮木为箭：指刻漏上指示时间的标尺。刻漏分为沉箭漏和浮箭漏，这里指后者。浮箭漏是由两只漏壶组成：一只是播水壶（亦称供水壶或泄水壶）；另一只是受水壶，壶内装有指示时刻的箭尺，故通常称为箭壶。箭壶承接由播水壶流下的水，随着壶内水位的上升，安在箭舟上的箭尺随之上浮，所以称作浮箭漏。

[4] 有熊氏：黄帝之号，指黄帝。

[5] 三代：夏、商、周三朝。

[6] 杜牧：803—约852，字牧之，号樊川居士，京兆万年（今陕西西安）人，唐代诗人。

[7] 宣润：杜牧曾探访高人，对刻漏进行过深入研究，且亲自实践造出水平很高的刻漏。杜牧著有《造池州城楼刻漏记》，简要介绍了他在池州造刻漏的前后经历。其中言及，他造刻漏之法得之于处士王易简，王易简曾奉唐宗室曹王李皋之命造刻漏。这里的宣润指的是杜牧曾任职的宣州和曾经过并留下名句的润州。杜牧是否在这两个地方造过刻漏还不太清楚。

[8] 秤漏：秤漏是刻漏的一种，由北魏道士李兰创制，用杆秤称量流入受水壶中水的重量，以之计量时间，精度比之前浮漏高，为隋唐至宋的主要计时器之一。杜牧所制是否是秤漏，并不能确定。

[9] 燕肃：（960—1040），字穆之，北宋青州益都（今山东益都）人。官至礼部侍郎。燕肃学识渊博，精通天文物理，发明指南车、记里鼓、莲花漏等。著有《海潮论》，绘制《海潮图》以说明潮汐原理。燕肃同时也工诗善画，是文人画的先驱人物。

[10] 龙图：燕肃官至龙图阁直学士，以礼部尚书致仕，人称"燕龙图"。

[11] 梓州：今四川三台县一带。

[12] 莲花漏：莲花漏南北朝时已有，燕肃加以改进，大大提高了精确度。仁宗年间在全国推广使用，广受

好评。

［13］瑞新：不详，北宋金山寺有僧瑞新，重建金山寺建筑，善作诗，时间地点与此接近，不知是否即此。《释门正统》："推穷理道，则有沙门瑞新之壸。"也提到了瑞新制秤漏事。

［14］庆历戊子年：公元1048年（宋仁宗时）。

［15］班朝：朝廷按官位排秩序，也指朝廷官员。

［16］十二日：三本作"十二日"。《陈氏香谱》作"十二月"。

［17］起居：唐代门下省起居郎、中书省起居舍人省称。宋代亦作为起居郎、起居舍人省称，也可泛指修起居注的官员。

［18］水查：装水的匣子。从"第二秤"的说法看，这个秤漏是多级的。

［19］阙：空缺、缺憾。

［20］构求：三本作"构求"。构求：谋求。《陈氏香谱》作"讲求"。讲求：喜好，重视。

［21］愚短：愚钝无能（之人）。谦辞。

［22］婺睦二州：婺州和睦州。婺州，隋开皇九年（589）分吴州置，治所在吴宁县（今浙江金华市）。辖境相当今浙江金华江、衢江流域各市县地。大业初改为东阳郡。唐武德四年（621）复置婺州，垂拱二年（686）后辖境缩小至今浙江省金华江流域及兰溪、浦江诸市县地。

睦州，隋仁寿三年（603）置，治所在新安县（今浙江淳安县西千岛湖威坪岛附近）。辖境相当今浙江淳安、桐庐二县地。大业三年（607）改遂安郡，徙治雉山县（今浙江淳安县西千岛湖南山岛附近）。唐武德四年（621）复为睦州。万岁通天二年（697）移治建德县（今浙江建德市东北五十里梅城镇）。辖境相当今浙江建德、淳安、桐庐等市县地。北宋宣和三年（1121）改为严州。

[23] 熙宁癸丑：公元1073年，宋神宗时。
[24] 愆雨：久旱无雨。
[25] 待次：旧时指官吏授职后，依次按照资历补缺。
[26] 梅溪：称梅溪之地甚多，这里概指浙江湖州之梅溪。

百刻香印[27]

百刻香印以坚木为之，山梨[28]为上，楠樟[29]次之。其厚一寸[30]二分，外径一尺一寸，中心径一寸，无余用文处，分十二界迂曲其文[31]。横路二十一重，路皆阔一分半，锐其上[32]，深亦如之[33]。每刻长二寸四分，凡一百刻通长二百四十分，每时率二尺，计二百四十寸。凡八刻，三分刻之一，其近中狭处六晕相属[34]：亥子也、丑寅也、卯辰也、巳午也、未申也、酉戌也，阴尽以至阳也（戌之末则入亥，以上六长晕外各相连）。阳时[35]六皆顺行，自小以入大，从微至著也。其向戌亥，阳终以入阴也（亥之末则至子，以上六狭处内各相连）。阴时[36]六皆逆行，从大以入小，阴生阳减也。并无断际，犹环之无端也。每起火，各以其时，大抵起午正[37]（第三路近中是），或起日出（视历日日出卯初卯正几刻[38]），不定断际，起火处也。

[27] 百刻香印：依下文说明，百刻香法是沈立得之于广德吴正仲并记录下来的。

[28] 山梨：指山梨木，又称樗。以其野生山中，与梨同类，故称。古代山梨木涉及范围很广，广义上包括很多非梨属硬木，如花梨、铁梨等。

[29] 楠樟：楠木和樟木。

[30] 一寸：关于宋代尺寸，宋代一尺大约为30~32厘米，十尺一丈，一尺十寸，一寸十分。宋代除了官尺，各地还有私造尺，与官尺长度有所不同，一般文献以官尺为准。

[31] 迂曲其文：纹路迂回曲折。

[32] 锐其上：三本皆作"锐其上"，《陈氏香谱》作"镜其上"，镜意牵引。

[33] 深亦如之：深也是一分半。

[34] 相属：相连接。

[35] 阳时：与一般所指六阳时"子、丑、寅、卯、辰、巳、午"不同，这里六阳时指"子、寅、辰、午、申、戌"六个时辰，这六个时辰，香的行进路线是从内圈向外烧的。

[36] 阴时：指"丑、卯、巳、未、酉、亥"六个时辰，香的行进路线是从外圈向里烧。

[37] 午正：正午十二时。

[38] 这句是说如果按从日出开始算，就要根据历书来看日出的时间具体是什么时候。

卯初卯正，古代一个时辰（两个小时）分为八刻（每刻十五分钟），前四刻为初，后四刻为正。就卯时而言，卯初就是5点至6点，卯正就是6点至7点。"卯初"三本作"卯视"，依《陈氏香谱》作"卯初"。

五更印刻[39]（十三）

上印最长，自小雪后，大雪、冬至、小寒后单用，其次有甲乙丙丁四印，并两刻用。

中印最平，自惊蛰后至春分后单用，秋分同其前后，有戊巳印各一，并单用。

末印最短，自芒种前及夏至后小暑后单用，其前有庚辛壬癸四印，并两刻用。

[39] 五更印刻：依下文共有十三个香印：即上中下三印和甲乙丙丁戊己庚辛壬癸十印。在不同季节，气温不同，香粉燃烧的速度也有所不同，所以印刻的长度也有所不同。气温越低，香粉燃烧越快，香印更长；反之气温越高，燃烧越慢，香印就更短。

大衍篆香图

（凡合印篆香末，不用栈、乳、降真等，以其油液涌沸令火不燃也[40]，诸方详列前卷）

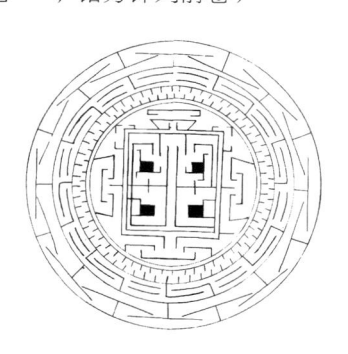

邹象浑见授此图，象浑名继隆，字绍南，豫章人也，宦寓[41]澧之慈利[42]，好古博雅，善诗能文，尤善于易，贤士大夫多所推重，岁次己巳天历[43]二年良月[44]朔旦[45]中斋居士书。

[40] 指含有油脂过多导致篆香燃烧过程中断点。

[41] 宦寓：（因为）当官居住在。

[42] 指澧州下属慈利县。三本皆作"豐（丰）之慈利"，误。慈利，指慈利县，隋开皇十八年（598）改零陵县置，属崇州。治所即今湖南慈利县。大业初属澧阳郡。唐属澧州。元元贞元年（1295）升为慈利州，治所在今慈利县北。

[43] 天历：元明宗、文宗年号（1328—1330）。

［44］良月：指十月。

［45］朔旦：每月的初一日。

百刻篆香图

百刻香若以常香即无准[46]，今用野苏[47]、松球[48]二味相和令匀，贮于新陶器内，旋用。野苏（即荏叶也），待秋前采，曝为末，每料用十两。松球（即枯松球也），秋冬取其自坠者曝干，剡去心，为末，每料用八两。

昔尝撰《香谱》，序百刻香，[49]未甚详。广德[50]吴正仲[51]制其篆刻并香法见贶[52]，较之颇精审，非雅才妙思孰能至是？因镌于石，传诸好事者。熙宁甲寅[53]岁仲春[54]二日，右谏议大夫知宣城郡沈立[55]题。

其文准十二辰，分一百刻，凡燃一昼夜。

［46］无准：指燃烧迟速不定。

［47］野苏：依下文"荏叶"的解释，这里野苏指的是白

苏叶。白苏为唇形科紫苏属植物紫苏［Perilla frutescens（L.）Britt.］。白苏、紫苏是从叶子颜色来分，在植物学上是同种。一般说荏叶，指的是白苏。

［48］松球：又名松实、松元、松树塔。松科松属植物油松（Pinus tabulaefoemis Carr.）或马尾松（Pinus massoniana Lamb.）或云南松（P.yunnanensis Franch.）等的球果。

［49］三本作"著《香谱》，叙百刻香"，依《陈氏香谱》作"撰《香谱》，序百刻香"。这里是沈立的自述。

［50］广德：指广德军或广德县。广德县，东汉末吴分故鄣县置，属丹阳郡。治所在今安徽广德县西南。西晋属宣城郡。南朝梁属广梁郡。陈属陈留郡。隋开皇九年（589）并入石封县。唐至德二年（757）改绥安复置，治所即今广德市。北宋太平兴国四年（979）为广德军治。广德军，五代南唐保大八年（950）于广德县置广德制置司。北宋太平兴国四年（979）升为广德军，治所在广德县（今安徽广德市）。辖境相当今安徽广德、郎溪二市县地。

［51］吴正仲：生平不详，依梅尧臣记录，应该是湖州梅溪人，在宣城时（广德属宣城）与梅尧臣交好，多所唱和。

［52］贶：赐予。

［53］熙宁甲寅：1074年，宋神宗时。

[54] 仲春：二月。

[55] 右谏议大夫知宣城郡沈立：沈立曾任右谏议大夫，晚年在宣城任知州。沈立生平见前"《沈谱》"条。唐代设左右谏议大夫，分属门下省和中书省，掌谏谕得失，侍从赞相。宋沿唐制，并为谏院长官。

五夜篆香图（十三）

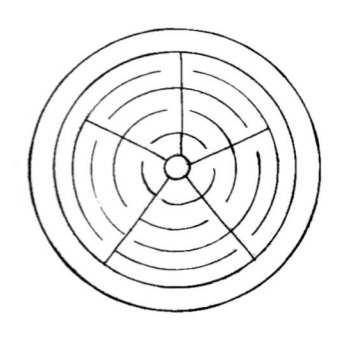

小雪后十日至大雪、冬至及小寒后三日

上印六十刻，径三寸三分，长二尺七寸五分，无余

小寒后四日至大寒后二日
小雪前一日至后十一日同
甲印五十九，五十八刻，径三寸二分，长二尺七寸
大寒后三日至十二日
立冬后四日至十三日同

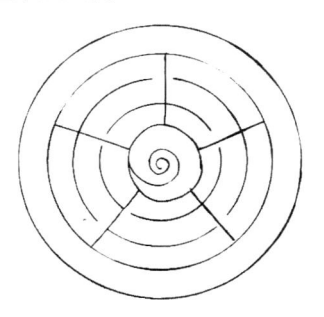

立春前三日至后四日
立春前五日至后三日同
乙印五十七，五十六刻，径三寸二分，长二尺六寸
立春后五日至十二日
霜降前四日至后十日同

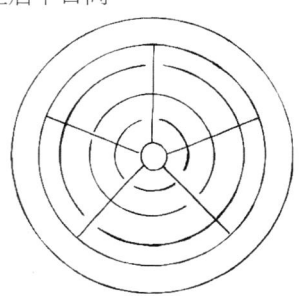

雨水前三日至后三日

霜降前二日[56]至后三日同

丙印五十五，五十四刻，径三寸二分，长二尺五寸

雨水后四日至九日

寒露后六日至后十二日同

[56]无碍庵本作"一日"。

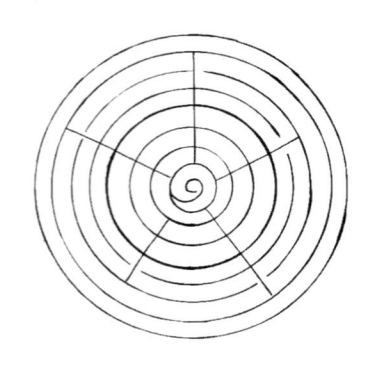

雨水后十日至惊蛰节日

寒露前一日[57]至后五日同

丁印五十三，五十二刻，径三寸，长二尺四寸

惊蛰后一日至六日

秋分八日至十三日同

[57]无碍庵本作"二日"。

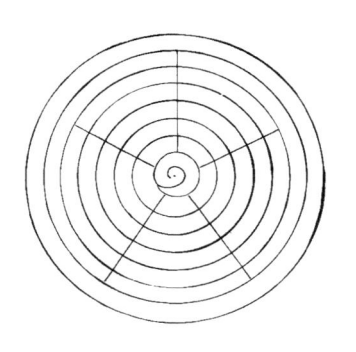

惊蛰后七日至十二日

秋分后三日至后八日同

戊印五十一刻，径二寸九分，长二尺三寸

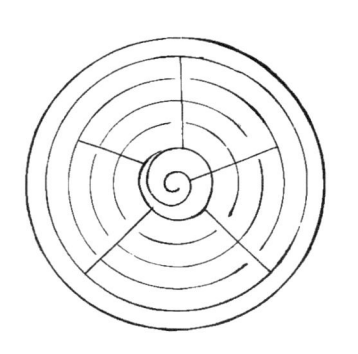

惊蛰后十三日至春分后三日

秋分前二日至后二日同

中印五十刻，径二寸八分，长二尺二寸五分，无余

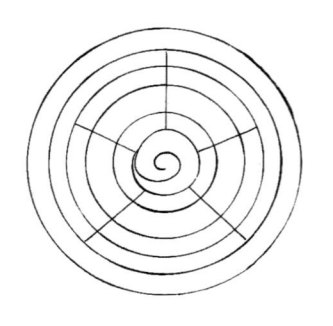

春分后四日至八日
白露后七日至十二日同
巳印四十九刻，径二寸八分，长二尺二寸，无余

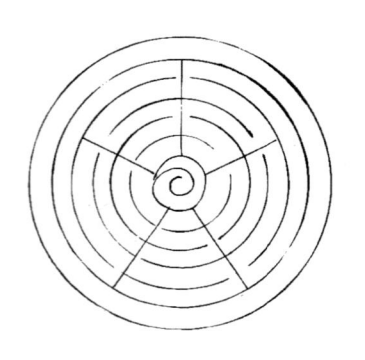

春分后九日至十二日同
白露后一日至六日同
庚印四十八，四十七刻，径二寸七分，长二尺一寸五分
清明前一日至后六日同
处暑后十一日至白露节日同

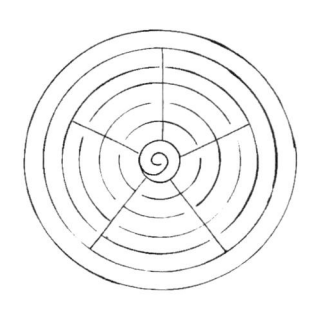

清明后七日至十二日

处暑后四日至十日同

辛印四十六，四十五刻，径二寸六分，长二尺五分

清明后十三日至谷雨后三日

立秋后十二日至处暑后三日同

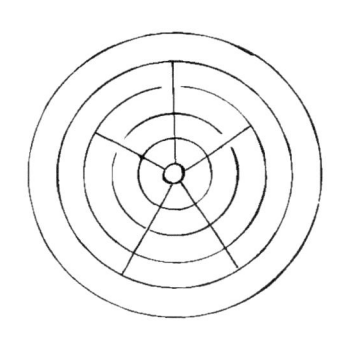

谷雨后四日至后十日

立秋后五日至十一日同

壬印四十四，四十五刻，径二寸五分，长一尺九寸五分

谷雨后十一日至立夏后三日
大暑后十二日至立秋后四日同

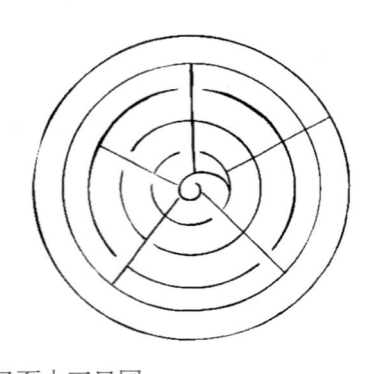

立夏后四日至十三日同
大暑后二日至十一日同
癸印四十二，四十一刻，径二寸四分，长一尺八寸
五分
小满前一日至后十一日
小暑后四日至大暑后一日同

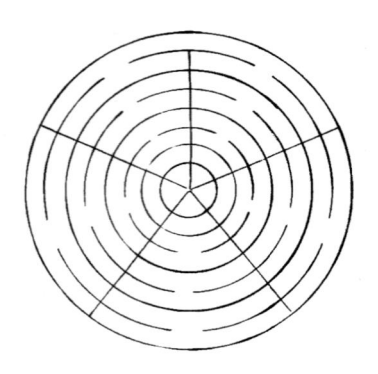

芒种前三日至小暑后三日

未印中十刻，径二寸三分，长一尺七寸五分，无余

福庆香篆

寿征香篆

长春篆香图

延寿篆香图

万寿篆香图

内府篆香图

炉熏散馥，仙灵降而邪恶遁，清修之士室间座右固不可一刻断香烟。炉中一丸易尽，印香绵远，氤氲特妙，雅宜寒宵永昼。而下帷[58]工艺者心驰铅椠[59]，不资焚爇，时觉飞香浮鼻，诚足助清气、爽精神也。右图范二十有一，供神祀真、宴叙清游，酌宜用之。其五夜百刻诸图秘相授受，按晷量漏[60]，准序符度[61]，又当与司天侔，衡璇玑斗巧也[62]。

[58] 下帷：放下帷幕，引申为闭门苦读，专心研究。

[59] 铅椠：古人书写文字的工具，引申为写作校勘。这句是说文人专心案头，没有时间经常燃香，如果用印香的话，就会不时闻到香气，助发思维。

[60] 晷、漏是古时计时器。

[61] 符度：符合法度。

[62] 司天，掌握自然界的气候变化，也可以指掌管有关天象事物之人；侔，相同；衡，指张衡；璇玑，指浑天仪。

晦斋香谱 [1]

卷二十三

[1] 晦斋香谱：除了《香乘》收录之外，未见于他书，整理成书于景泰年间，作者不详。从内容看部分内容为明代所撰，部分香方也可能来源于宋代香谱。历史上以晦斋为号者众多，最著名者为南宋大儒朱熹，除此以外，还有谢希孟等人，此处明代晦斋所指不明。

晦斋香谱序

香多产海外诸番,贵贱非一,沉、檀、乳、甲、脑、麝、龙、栈,名虽书谱,真伪未详。一草一木乃夺乾坤之秀气,一干一花皆受日月之精华,故其灵根结秀,品类靡同。但焚香者要谙味之清浊,辨香之轻重,迩则为香,迥则为馨[2]。真洁者可达穹苍,混杂者堪供赏玩。琴台书几最宜柏子沉檀,酒宴花亭不禁龙涎栈乳。故谚语云:"焚香挂画,未宜俗家[3]",诚斯言也。余今春季偶于湖海[4]获名香新谱一册,中多错乱,首尾不续。读书之暇,对谱修合,一一试之,择其美者,随笔录之,集成一帙,名之曰:《晦斋香谱》,以传好事者之备用也。景泰壬申[5]立春月晦斋述。

[2] 迩则为香,迥则为馨:这里说,传的近为"香",传的远为"馨"。这是因为馨的本义是散布很远的香气。《说文》:"馨,香之远闻者也。"

[3] 焚香挂画,未宜俗家:南宋吴自牧《梦粱录》卷十九:"俗谚云:'烧香点茶、挂画插花,四般闲事,不宜累

家。'"此谚语概由此宋代谚语演化而来。
[4] 湖海：江湖、民间。
[5] 景泰壬申：景泰，明代宗朱祁钰年号（1450—1457）。景泰壬申，1452年。

香煤

凡香灰用上等风化石灰不拘多少，罗过，用稠米饮[6]和成剂，丸如球子[7]如拳大晒干，用炭火煅通红，候冷碾细罗过装炉。次用好青橺炭[8]灰亦可，切不可用灶灰及积下沉灰，恐猫鼠秽污，地气蒸发，焚香秽气相杂，大损香之真味。

[6] 米饮：米汤。
[7] 球子：球形。
[8] 青橺炭：即青冈炭，用壳斗科青冈属植物青冈（Quercus glauca Thunb.）烧制的炭。青冈炭火力足，燃烧持久，是优质木炭。

四时烧香炭饼

坚硬黑炭三斤　黄丹、定粉、针砂、软炭各五两

右先将炭碾为末罗过，次加丹粉砂硝[9]同碾匀，红枣一升煮，去皮核，和捣前炭末成剂。如枣肉少，就加煮枣汤。杵数百，作饼大小随意，晒干。用时先埋于炉中，

盖以金火引子[10]小半匙，用火或灯点焚香。

[9]硝：此方中只有"黄丹、定粉、针砂"，"硝"应指焰硝之类，此方中并没有体现，可能有所遗漏。

[10]金火引子：见下文。

金火引子

定粉　黄丹　柳炭

右同为细末，每用小半匙盖于炭饼上，用时着火或灯点然。

五方真气香

东阁藏春香

（按，东方青气属木，主春季，宜华筵焚之，有百花气味。）

沉速香二两　檀香五钱　乳香　丁香　甘松各一钱　玄参一两　麝香一分

右为末，炼蜜和剂作饼子，用青柏[11]香末为衣焚之。

[11]青柏：指青柏叶，柏科常绿乔木植物侧柏的嫩枝及叶。青柏为衣显青绿色。应东方之气。

南极庆寿香

（按，南方赤气属火，主夏季，宜寿筵焚之。此是南极真人[12]瑶池庆寿香。）

沉香、檀香、乳香、金砂降[13]各五钱　安息香、玄参各一钱　大黄五分　丁香一字　官桂一字　麝香三字[14]　枣肉三个（煮、去皮核）

右为细末，加上枣肉以炼蜜和剂托出，用上等黄丹为衣焚之[15]。

[12] 南极真人：南极真人上皇赤帝，道教神仙。
[13] 金砂降：无碍庵本作"金砂降"，汉和、四库本作"金沙降"。指小叶降真。参见前"降真香"条解释。金砂是明代说法，概即今日所谓金丝、麻丝、金星等等，从断面看呈现金黄色散点。
[14] 以上三味，四库、汉和本作"字"，无碍庵本作"分"。
[15] 黄丹为衣焚之：黄丹为衣，黄丹有橙黄或橙红色，这里是表面为橙红色。应南方之气。

西斋雅意香

（按，西方素[16]气主秋，宜书斋经阁内焚之。有亲灯火，阅简编[17]，消酒[18]襟怀之趣云。）

玄参（酒浸洗四钱）　檀香五钱　大黄一钱　丁香三

钱　甘松二钱　麝香少许

右为末，炼蜜和剂作饼子，以煅过寒水石[19]为衣焚之。

[16] 素：白色。

[17] 这里用了韩愈诗《符读书城南》"灯火稍可亲，简编可卷舒"的典故，指灯下读书。

[18] 消酒：解酒。

[19] 寒水石：寒水石为衣呈白色。应西方之气。

北苑名芳香

（按，北方黑气主冬季，宜围炉赏雪焚之，有幽兰之馨。）

枫香二钱半　玄参二钱　檀香二钱　乳香一两五钱

右为末，炼蜜和剂，加柳炭末[20]以黑为度，脱出焚之。

[20] 柳炭末：外表呈黑色。应北方之气。

四时[21]清味香

（按，中央黄气属土，主四季月[22]，画堂书馆、酒榭花亭皆可焚之。此香最能解秽。）

茴香一钱半　丁香一钱半　零陵香五钱　檀香八钱[23]　甘松一两　脑麝少许（另研）

右为末,炼蜜和剂作饼,用煅铅粉黄[24]为衣焚之。

[21] 四时:这里是土主四时的观念。具体指,辰、戌、丑、未之四季月之最后十八日,亦称为四维。《管子·四时篇》说:"中央曰土,土德实辅四时入出,以风雨节土益力。"《素问·太阴阳明论》云:"帝曰:脾不主时何也?岐伯曰:脾者土也,治中央,常以四时长四脏各十八日寄治,不得独主于时也。"《素问·刺要论》则曰:"脾动则七十二日四季之月。"参见下"四季月"解释。

[22] 四季月:一年四季的末月,即农历的三、六、九、十二月。

[23] 无碍庵本作"五钱"。

[24] 煅铅粉黄:无碍庵本无"黄"字。这里显然是希望外表呈黄色。这里大概是指铅粉高温加热后成为黄色的氧化铅。偏黄色的黄丹亦属此类。黄色以应中央之气。

醍醐香

乳香　沉香各二钱半　檀香一两半
右为末,入麝少许,炼蜜和剂,作饼焚之。

瑞和香

金砂降、檀香、丁香、茅香、零陵香、乳香各一两　藿香二钱

右为末,炼蜜和剂,作饼焚之。

宝炉香

丁香皮、甘草、藿香、樟脑各一钱　白芷五钱　乳香二钱

右为末,入麝一字,白芨水和剂,作饼焚之。

龙涎香

沉香五钱　檀香、广安息香[25]、苏合香[26]各二钱五分

右为末,炼蜜加白芨末和剂,作饼焚之。

[25] 广安息香:应指东南亚所产安息香,见前"安息香"条详细解释。

[26] 苏合香:无碍庵本作"苏合油"。

翠屏香(宜花馆翠屏间焚之)

沉香二钱半　檀香五钱　速香(略炒)、苏合香各七

钱五分

右为末，炼蜜和剂，作饼焚之。

蝴蝶香（春月花圃中焚之，蝴蝶自至）

檀香、甘松、玄参、大黄、金砂降、乳香各一两　苍术二钱半　丁香三钱

右为末，炼蜜和剂，作饼焚之。

金丝香

茅香一两　金砂降、檀香、甘松、白芷各一钱

右为末，炼蜜和剂，作饼焚之。

代梅香

沉香、藿香各一钱半　丁香三钱　樟脑一分半

右为末，生蜜和剂，入麝一分，作饼焚之。

三奇香

檀香、沉速香各二两　甘松叶一两

右为末，炼蜜和剂，作饼焚之。

瑶华清露香

沉香一钱　檀香二钱　速香二钱　薰香[27]二钱半

右为末，炼蜜和剂，作饼焚之。

[27] 薰香：可能指薰草（熏草），即零陵香，见前零陵香部分考证。

三品清香（已下皆线香[28]）

[28] 已下皆线香：这是明确的线香香方。关于线香出现和普及的时间，据扬之水考证，线香大致出现于元代而普及于明清时。在元之前线香出现并无确据，此处香方应该是明代香方。

瑶池清味香

檀香、金砂降、丁香各七钱半　沉速香[29]、速香、官桂、藁本、蜘蛛香、羌活各一两　三柰、良姜[30]、白芷各一两半　甘松、大黄各二两　芸香[31]、樟脑各二钱　硝六钱　麝香三分

右为末，将芸香脑麝硝另研，同拌匀。每香末四升，兑柏泥[32]二升，共六升，加白芨末一升，清水和，杵

匀，造作线香。

[29] 沉速香：四库本、汉和本作"沉速香"，无碍庵本作"沉香"，沉速香是明代的叫法，从名字来说可能介于沉香与速香之间。参见前"沉速香"条解释。后面还有多个汉和本作"沉速香"、无碍庵本作"沉香"的情况，不再一一注明。

[30] 良姜：古代本草文献所称良姜，一般指姜科山姜属植物高良姜（Alpinia officinarum Hance）。

[31] 芸香：这里指白芸香，即金缕梅科植物枫香树（Liquidambar formosana Hance）的树脂。见前芸香条解释，下面香方中所称芸香，除非特别说明，基本都是同类，不再一一说明。

[32] 柏泥：此处概指柏木泥。今日藏地仍有柏泥砖法，柏树枝干磨成浆，晒成砖（柏泥砖），使用时磨粉，可用来制作线香。

玉堂清霭香

沉速香、檀香、丁香、藁本、蜘蛛香、樟脑各一两　速香、三奈各六两　甘松、白芷、大黄、金砂降、玄参各四两　羌活、牡丹皮、官桂各二两　良姜一两　麝香三钱

右为末，入焰硝七钱，依前方造[33]。

[33] 依前方造：指瑶池清味香最后一段造法。

璖林[34]清远香

沉速香、甘松、白芷、良姜、大黄、檀香各七钱　丁香、丁皮、三柰、藁本各五钱　牡丹皮、羌活各四钱　蜘蛛香二钱　樟脑、零陵各一钱

右为末，依前方造。

[34] 璖林：璖同"琼"，琼林。

三洞真香[35]

[35] 四库本、汉和本作"二洞真香"，依无碍庵本作"三洞真香"。三洞，依道教"洞"义是"通"，三洞指洞真、洞玄、洞神，三部义理深邃而又贯通，类似于佛教三藏。二洞在道教指人的头顶和上腭，与此处不相干。又后面有三香方，故此处以"三洞"为宜。

真品清奇香

芸香、白芷、甘松、三柰、藁本各二两　降香三两　柏苓[36]一斤　焰硝六钱　麝香五分

右为末，依前方造，加兜娄[37]、柏泥[38]、白芨。

[36] 柏苓：即柏铃，见前"柏铃"条注释。

[37] 兜娄：一般而言，明代所称兜娄（兜娄婆，兜娄和

兜娄婆本指不同，明代有所混淆），可能指的是藿香。参见前"兜娄香"解释。但这里是造香的基材，应该类似白芨、柏泥之类有一定黏性，应该不是藿香，具体所指不详。有可能如明之前所称，是苏合之类的树脂类香料，具体不详。

[38] 柏泥：四库本、汉和本作"香泥"。指的也是柏泥，制线香的基地材料之一。还有一种可能，断句为"兜娄香泥"，以兜娄香制香泥，这种做法不见于其他香方。

真和柔远香

速香末二升[39]　柏泥四升　白芨末一升
右为末，入麝三字，清水和造。

[39] 二升：明代一升约合今日960毫升。

真全嘉瑞香

罗汉香[40]、芸香各五钱　柏铃三两
右为末，用柳炭末三升、柏泥、白芨，依前方造。

[40] 罗汉香：罗汉香之名见于宋代，具体所指不详，从其出现的情况来看，应该指一种香材而非合香。楝科浆果楝属植物浆果楝 [Cipadessa baccifera (Roth) Miq.] 也被称为罗汉香，似乎与此无关。

另有佛教中所用敬奉罗汉的香，称罗汉香，也与此不同。

黑芸香

芸香五两　柏泥二升　柳炭末[41]二升

右为末，入白芨三合[42]，依前方造。

[41] 柳炭末：无碍庵本作"柳炭灰"。

[42] 三合：十合为一升。

石泉香

枫香一两半　罗汉香三两　芸香五钱

右为末，入硝四钱，用白芨、柏泥造。

紫藤香

降香四两　柏铃三两半

右为末，用柏泥、白芨造。

榄脂香

橄榄脂[43]三两半　木香（酒浸）、沉香各五钱　檀香一两　排草（酒浸半日炒干）、枫香、广安息、香附子

（炒去皮，酒浸一日炒干）各二两半　麝香少许　柳炭八两

右为末，用兜娄、柏泥、白芨、红枣（煮去皮核用肉）造。

[43]橄榄脂：又称榄香脂，指橄榄科橄榄属部分植物的软树脂。

清秽香（此香能解秽气避恶气）

苍术八两　速香十两

右为末，用柏泥、白芨造。一方用麝少许。

清镇香（此香能清宅宇，辟诸恶秽）

金砂降、安息香、甘松各六钱　速香、苍术各二两　焰硝一钱

右用甲子日合就，碾细末，兑柏泥、白芨造。待干，择黄道日[44]焚之。

[44]黄道日：吉日。道家谓十二神轮流值日，如子日青龙、丑日明堂、寅日天刑、卯日朱雀、辰日金匮、巳日天德、午日白虎、未日玉堂、申日天牢、酉日玄武、戌日司命、亥日勾陈。当青龙、明堂、金匮、天德、玉堂、司命六辰值日时，诸事皆宜，不避凶忌。是为"黄道日"。

首序自云：此谱得从湖海，中多错乱，首尾不续，似未得其完全者收之，其五方、五清、翠屏、蝴蝶等香更又备诸家之所未载，殊为此乘[45]之一助云。

[45]此乘：指《香乘》这本书。

墨娥小录香谱[1]

卷二十四

[1]墨娥小录香谱：《墨娥小录》一书中《香谱》部分的摘录。《墨娥小录》，杂记各类修身养性方面的知识，原作者不详，其成书年代不详，序言中说传世的版本是隆庆二年寻阳人吴继发现整理的。从书中涉及的人物来看，基本都是元末时人，成书大概应在元末明初。

四叶饼子香

荔枝壳　松子壳　梨皮　甘蔗渣[2]

右各等分为细末,梨汁和,丸小鸡头大,捻作饼子,或搓如粗灯草[3]大,阴干烧妙,加降真屑、檀末同碾尤佳。

[2] 此四味相合被称为"穷四和"以和"沉檀龙麝"大四和相对。

[3] 灯草:剥去外皮的灯心草的茎。白色多孔,质轻。可供点灯,也可入药。这里指线香的粗细。

造数珠

徘徊花[4](去汁秤二十两,烂捣碎)　沉香一两二钱　金颜香半两(细研)　脑子半钱(另研)

右和匀,每湿秤一两半作数珠二十枚,临时大小加减。合时须于淡日[5]中晒,天阴令人着肉干[6]尤妙,盛日中不可晒。

［4］徘徊花：概指玫瑰花，明田汝成《西湖游览志馀·委巷丛谈》："玫瑰花……宋时宫院多采之，杂脑麝以为香囊，芬氲袭袭不绝，故又名徘徊花。"

［5］淡日：半阴半晴。

［6］着肉干：贴身佩戴令干。

木犀印香

木犀（不拘多少，研一次晒干为末，每用五两）　檀香二两　赤苍脑[7]末四钱　金颜香三钱　麝香一钱半

右为末，和匀作印香烧。

［7］赤苍脑：粉色的苍脑，参见前"苍脑"条解释。

聚香烟法

艾蒳（大松上青苔衣）　酸枣仁

凡修诸香须入艾蒳和匀焚之，香烟直上三尺，结聚成球，氤氲不散，更加酸枣仁研入香中，其烟自不散。

分香烟法

枯荷叶

凡缸盆内栽种荷花，至五月间候荷叶长成用蜜涂叶上，日久自有一等小虫食尽叶上青翠，其叶纱枯[8]。

摘取去柄，晒干为细末。如合诸香入少许焚之，其烟直上，盘结而聚，用箸任意分划，或为云篆[9]，或作字体皆可。

[8] 纱枯：指荷叶只留叶脉、像薄纱一样的干枯状态。
[9] 云篆：道家符箓之字，即所谓的元始天书。字体似篆文而笔画多曲叠。据称系由天空云气转化而成，故名。

赛龙涎饼子

樟脑一两　东壁土[10]三两捣末　薄荷（自然汁）

右将土汁[11]和成剂，日中晒干，再捣汁浸，再晒，如此五度。候干研为末，入樟脑末和匀，更用汁和作饼，阴干为香，钱焚之。[12]

[10] 东壁土：房屋之东壁上土。古人认为，其感旭日之精华，太阳初升之时火力方兴未艾，正午时已由盛转衰，所以东壁比南壁土还要好。
[11] 土汁：指东壁土和薄荷汁。
[12] 汉和本作"阴干为香，用香钱隔火焚之"。四库本作"阴干为香，钱隔火焚"。无碍庵本作"阴干为度，用香钱隔火焚之"。今据国图藏聚好堂本《墨娥小录》（以下简称《墨娥小录》）。大概意思相同，都是用钱来衬烧。

出降真油法

将降真截二寸长，劈作薄片，江茶[13]水煮三五次，其油尽去也。

[13] 江茶：宋代对江南诸路茶的统称，大致相当于今日长江下游产茶区。南宋李心传《建炎以来朝野杂记》："江茶在东南草茶内，最为上品，岁产一百四十六万斤。其茶行于东南诸路，士大夫贵之。"在宋代，相对于建茶来说，江茶多为蒸青草茶（散茶）。

制檀香

将香剉如麻粒[14]，慢火炒令烟出，候紫色，去尽腥气，即止。

又法劈片用酒慢火煮，略炒。

又法制降檀[15]须用腊茶同浸，滤出微炒。

[14] 麻粒：麻粒在古代可以指芝麻粒，也可以指出天花后留下的疤斑。这里应该是前者。

[15] 降檀：这里指降真和檀香。

制茅香[16]

择好者剉碎，用酒蜜水[17]洒润一宿，炒令黄色为度。

[16] 制茅香：此条出《陈氏香谱》，前已记录。《墨娥小录》引用此条，也被作者收录。

[17] 酒蜜水：酒和蜜水混合物。

香篆盘

春秋中昼夜各五十刻，篆盘径二寸八分，蟠屈[18]共长二尺五寸五分，不可多余，但以此为则。或欲增减，量昼夜刻数为之。

[18] 蟠屈：盘曲（指香的总长度）。

取百花香水

采百花头[19]满甑装之，上以盆合盖，周回络以竹筒半破，就取蒸下倒流香水贮用，谓之花香。[20]此乃广南真法[21]，极妙。

[19] 花头：花朵。

[20] 这里是取花类的蒸馏纯露。做法是用甑来蒸花朵。蒸馏出的花露顺着盆沿下流，再通过四周剖开的竹筒收集。

[21] 广南真法：从此处看，此法应自海上传来，可能来自于阿拉伯地区。花露之类早就传入中国，但制法何时传入还不清楚。宋代《铁围山丛谈》有关于制法的简略记述，但似乎当时所用仍以海外传入为

主。从此处的记述看,元明时代,此类简易制法在国内已较为普及了。

蔷薇香

茅香一两　零陵一两　白芷半两　细辛半两　丁皮一两微炒　白檀半两　茴香一钱

右七味为末,可佩可烧。

琼心香

白檀三两[22]　梅脑[23]一钱

右为末,面糊作饼子焚之。[24]

[22] 三两:无碍庵本作"二两"。

[23] 梅脑:指梅花脑,见前"梅花脑子"条。

[24]《墨娥小录》作"面糊脱饼子"。

香煤一字金

羊胫骨炭、杉木炭各半两　韶粉五钱半

右和匀,每用一小匙烧过如金[25]。

[25] 烧过如金:因加入韶粉,烧过有类似金属光泽。

香饼

纸钱灰[26]　石灰　杉树皮毛烧灰

右为末,米饮和成饼子。

又

羊胫骨[27]一斤　红花滓[28]、定粉各二两

右为末,以糊和作饼子。

又

炭末五斤　盐[29]、黄丹、针砂各半斤

右以糊捻成饼,或捣蜀葵和尤佳。

又

硬木炭十斤　盐十两　石灰一斤　干葵花[30]一斤四两　红花十二两　焰硝十二两

右为末,糯米糊和匀,模脱,烧香用之火不绝。

[26]纸钱灰:纸钱烧的灰。

[27]羊胫骨:指羊胫炭。见前"羊胫炭"条注释。

[28]红花滓:三本皆作"红花泽",未见香材名红花泽,概为"红花滓"之误。见前"红花滓"条。聚好堂《墨娥小录》此条作"黄丹,定粉各二两"。红花滓、黄丹相去甚远,应该不是抄写失误,可能版本不同,此处保留红花滓。

[29]盐:加盐可产生焰色反应,产生黄色火焰。

[30]葵花:这里指的是蜀葵。参见前"长生香饼"条。向日葵传入中国的时间一般认为是明代。《墨娥小

录》原本此条之前的一条也是写的"干蜀葵花"。

驾头[31]香

好栈香五两　檀香一两　乳香半两　甘松一两　松纳衣[32]一两　麝香三分[33]

右为末，用蜜一斤炼，和作饼，阴干。

[31] 驾头：帝王出行时仪仗队中的宝座。也泛指帝王出行的仪仗。

[32] 松纳衣：指艾蒳，见前"艾蒳"条。

[33] 三分：《墨娥小录》、无碍庵本作"五分"。

线香

甘松、大黄、柏子[34]、北枣[35]、三奈、藿香、零陵、檀香、土花[36]、金颜香、熏花[37]、荔枝壳、佛泥降真[38]各五钱　栈香二两　麝香少许

右如法制造[39]。

又

檀香、藿香、白芷、樟脑、马蹄香[40]、荆皮[41]、牡丹皮、丁皮各半两　玄参、零陵、大黄各一两　甘松、三赖、辛夷花各一两半　芸香、茅香各二两　甘菊花四两

右为极细末，又于合香石上挞之，令十分稠密细腻，却依法制造。前件料内入蚯蚓粪[42]，则灰烬拳[43]连不

断；若入松树上成窠苔藓如圆钱者[44]，及带柄小莲蓬，则烟直而圆。

[34]《墨娥小录》作"柏香"。柏香、柏子通常都是指柏铃，见前"柏铃"条。

[35] 北枣：枣之产于北方者，入药最佳。

[36] 土花：指苔藓类植物，常附贴于潮湿的泥土或墙壁之上，形状似花，故称土花。

[37] 熏花：《墨娥小录》此处作"薰花"，所指不详。薰花一般指在有火炉的半地下暖室中种植的花卉，和此处无关。或为薰草之误。

[38] 佛泥降真：佛泥国所产降真香。佛泥即"渤泥国"，见前"渤泥"条注释。

[39] 右如法制造：三本作"右如前法制造"。《墨娥小录》作"右如法制造"。前面不是线香，不可能如前法制造。而此香方又为线香部分的第一个香方，所谓如法所指亦不详，可能是《墨娥小录》在抄录其他书过程中记录下来的。

[40] 马蹄香：此香方因罗列混杂，不好判断属于哪种马蹄香，较大可能还是指杜衡。

[41] 荆皮：土荆皮，松科金松属植物金钱松（Pseudolarix kamepferi Gord.）的干燥根皮或近根树皮。另外，豆科植物紫荆Cercis chi-nensis Bge.的树皮称紫荆皮。此处从香方以及名称使用惯例来看，应该是土荆皮。

［42］蚯蚓粪：蚯蚓的排泄物，制香加入增加黏性。
［43］拳：无碍庵本作"蜷"，此处"拳"通"蜷"，卷曲之义。
［44］指艾蒳。

飞樟脑

樟脑不问多少研细，同筛过细壁土拌匀，摊碗内，挼薄荷汁洒土上，又用一碗合定，湿纸条固缝了，蒸之少时，其樟脑飞上碗底，皆成冰片脑子[45]。

前十五卷内已载数法，兹稍异，亦存之。

［45］冰片脑子：冰片脑一般指龙脑，这里指的是这种制法制成的樟脑。

熏衣笑兰梅花香

白芷四两（碎切）　甘松　零陵一两　三赖一两[46]　檀香片　丁皮　丁枝[47]半两　望春花[48]一两（辛夷也）　金丝茅香[49]三两　细辛二钱　马蹄香二钱　川芎二块　麝香少许　千斤草[50]二钱　粕脑[51]少许（另研）

右各㕮咀[52]，杂和筛下屑末，却以麝、脑乳[53]极细入屑末和匀，另置锡盒中密盖。将上项随多少作贴后，却撮屑末少许在内[54]，其香不可言也。今市中之所卖者皆无此二味[55]，所以不妙也。

[46]《墨娥小录》中"三赖（三奈）"是和后面"檀香片""丁皮""丁枝"在一起的，也是半两。

[47]丁枝：又称丁香枝，桃金娘科蒲桃属植物丁香［Syzygium aromaticum（L.）Merr. & L. M. Perry］的树枝。

[48]望春花：木兰科植物望春玉兰（辛夷花）Magnolia biondii Pamp.的干燥花蕾。

[49]金丝茅香：常见茅香未见有金丝者，所指不详。或指禾本科金发草属植物金丝草［Pogonatherum crinitum（Thunb.）Kunth］，也被称为金丝茅，可入药。

[50]千斤草：又作"千金草"，指的是兰草，即菊科泽兰属植物佩兰（Eupatorium fortunei Turcz.）。参见前"都梁香"条解释。方回《续古今考·兰说》："古之兰草即今之千金草。"

[51]䊗脑：䊗指碎米，䊗脑指碎的龙脑香、米脑。

[52]咬咀：三本和《墨娥小录》皆作"哎咀"，误，见前"哎咀"条注释，这里指的是切碎或剉碎。

[53]乳：这里是研磨的意思。

[54]这里的做法是将除了脑麝之外的香材锉碎，较大的碎块用来合香，细的屑末与龙脑的屑末混合均匀放在密封的锡盒里。在合香结束，每次随身佩戴的时候，加入屑末混合物。

[55]二味：指脑麝。

红绿软香

金颜牙子[56]四两　檀香末半两　苏合油半两　麝香五分

右和匀，红用板砵，绿用砂绿[57]，约用三钱，以黄蜡镕化和就。古人止有红者，盖用辰砂[58]在内，所以闻其香而食其味[59]皆可。以辟秽气也。

[56]金颜牙子：三本皆作"金颜香牙子"，依《墨娥小录》作"金颜牙子"，即金颜香牙子。参见前"金颜香"条。在前面的"软香"部分也有"金颜香五两（牙子者）"。

[57]红用板砵，绿用砂绿：这里指染色。板砵：或指板状的天然朱砂，或指朱砂制成的包装成板状的成品。砂绿：传统颜料，主要成分是$Cu_2(OH)_3Cl$。

[58]辰砂：即朱砂，见前"朱砂"条。

[59]食其味：古人认为朱砂是可以食用的，有镇惊安神的功效。但是砂绿是不能食用的，作者的意思是，古代只用朱砂，所以可以食用（现在不行）。

合木犀香珠器物

木犀（拣浸过年压干者[60]）一斤　锦纹大黄半两

黄檀香（炒）一两　白墡土[61]（拆二钱大一块）

　　右并挞碎，随意制造。

[60] 拣浸过年压干者：见下"藏木犀花"条说明。

[61] 白墡土：指白垩，沉积岩类岩石白垩的块状物或粉末，主要含有碳酸钙、硅酸铝等成分；多产于白垩纪之沉积岩中。

藏春不下阁香

　　栈香（二十两加速香三两）　黄檀并射檀[62]各五两　乳香二钱　金颜香二钱　麝香一钱　脑子一钱　白芨二十两

　　右并为末，挞极细，水和印成饼，一个一个摊漆桌上，于有风处阴干，轻轻用手推动，翻置竹筛中阴干，不要揭起，若然则破碎不全。

[62] 射檀：射檀是较少见香材，元汪大渊《岛夷志略》"民多朗"条下记物产有"射檀"。民多朗所指有多种说法，总之位于东南亚地区。南宋《宝庆四明志》"外化蕃船"下记录"射檀香"，亦来自海外。从名字看，可能是有麝香香气的檀香，和前面所说的宋代的麝香檀可能是一种，当然麝香檀有海南和内地所产，如果是一种，应该是类似海南所产的。宋以后海南此类品种不见记录，可能是灭绝了或者叫法发生了改变。

藏木犀花

木犀花半开时带露打下,其树根四向先用被袱[63]之类铺张以盛之。既得花,拣去枝叶虫蚁之类,于净桌上再以竹篦[64]一朵朵剔择过,所有花蒂及不佳者皆去之。然后石盆略舂令扁,不可十分细。装新瓶内按筑[65]令十分坚实,却用干荷叶数层铺面上,木条擒定[66],或枯竹片尤好(若用青竹则必作臭)。如此放了用井水浸(冬月五日一易水,春秋三二日,夏月一日)。切记装花时须是:以瓶腹三分为率,内二分装花,一分着水。若要用时逼去水,去竹木、去荷叶,随意取了,仍旧如前收藏。经年不坏,颜色如金。

[63]被袱:被单。
[64]竹篦:无碍庵本作"竹箅",误。汉和、四库本和《墨娥小录》原作"竹篦"。竹篦,竹制梳头用具,即竹制的篦子。
[65]按筑:按压、捣杵(使坚实)。
[66]擒定:指(在荷叶上方用木条)卡住。

长春香[67]

川芎、辛夷、大黄、江黄[68]、乳香、檀香、甘松(去土)各半两 丁皮、丁香、广芸香、三赖各一两 千金草[69]一两 茅香、玄参、牡皮[70]各二两 藁本、白

芷、独活、马蹄香（去土）各二两[71]　藿香一两五钱　荔枝壳（新者）一两[72]

右为末，入白芨末四两作剂阴干，不可见大日色[73]。

[67]《墨娥小录》此条作"线　长春"。

[68] 江黄：他处未见专称"江黄"的香材，可能为姜黄，见前"姜黄"条注释。

[69] 千金草：菊科泽兰属植物佩兰（Eupatorium fortunei Turcz.），见前"千斤草"条注释。

[70] 牡皮：指牡丹皮，见前"牡丹皮"条注释。

[71]《墨娥小录》作"各四两"。

[72] 后二味《墨娥小录》未属用量。

[73] 大日色：日色指阳光，大日色指强烈的阳光、暴晒。

太膳白酒麯[74]

木香、沉香各一两　檀香[75]、丁香、甘草、砂仁、藿香各五两　白芷、干桂花、茯苓各二两半　白术[76]一两　白莲花[77]一百朵（取须用[78]）　甜瓜[79]五十个（捣取自然汁）

右为细末，用面六十斤，糯米粉四十斤，和匀瓜汁，拌成饼为度。每米一斗官用麯[80]十两下水八升。

先称面粉拌匀，次入药末，又再拌其药末，逐旋撒入令匀。然后作二起，以瓜汁拌和得所，切不可湿了，搓令无块，却下箱踏，只可七八分厚。每隔须用白面糁得厚，勿令粘。切作七八寸阔大，用纸逐片包，挂当风处四十日，出晒三两日收。瓜用粗布滤去渣，并瓜子莲须研碎下料。

如造酒，每米一斗官用麴十两下水八升。若要燥，水头放宽，酵麴在外，只用清水者。昔文宗[81]御奎章阁[82]命光禄寺[83]造此酒，博览文翰之余，阁老近臣得赐饮，虽近臣不与焉。[84]

[74] 太膳白酒麴：此条未见于《墨娥小录》卷十二香谱部分，而见于《墨娥小录》卷三"太膳白酒麴"部分，亦见于明代《竹屿山房杂部》，被称为"大禧白酒麹"。无论是麹，还是麴，都是用来酿酒的。三本名字和配方皆和原文有所出入，而无碍庵本误作香面，更背离本义甚远了。

从文后的说明来看，这个是元文宗时期的酒曲方。

在后面操作说明部分，三本《香乘》遗漏内容也非常多，完全无法读通。今依《墨娥小录》参照《竹屿山房杂部》订正。

[75]《墨娥小录》《竹屿山房杂部》有"檀香五两"，三本皆缺失。

[76] 白术：菊科苍术属植物白术（Atractylodes macrocephala Koidz.）的根状茎。白术很少入香方，多入食疗方。

[77] 白莲花：指白色荷花（Nelumbo SP.）。

[78] 取须用：三本皆作"去须用"，误。依《墨娥小录》《竹屿山房杂部》作"取须用"，意为只用莲须（花蕊）。

[79] 甜瓜：葫芦科黄瓜属植物甜瓜（Cucumis melo L.），甜瓜尤其是薄皮甜瓜在我国栽种历史悠久，先秦时期即有记录，这里指的也是薄皮甜瓜（瓜皮可食的甜瓜）。

[80] 麴：即上文此香方制成的"饼"。这个说明是两个部分，前面讲如何制麴，后面讲造酒的配方，这句话讲的是造酒的配方，和前面的制麴不要混淆。

[81] 文宗：指元文宗孛儿只斤·图帖睦尔（1304—1332），蒙古帝国大汗、元朝第八位皇帝。

[82] 奎章阁：元朝都城大都皇宫内的殿阁。位于兴圣宫兴圣殿西。建于天历二年（1329）。元文宗诏令大臣搜集历代经史书籍收藏于此。

[83] 光禄寺：官署名。秦置中尉，汉代改为光禄勋，为皇帝的侍从武官长，后职能代经变迁，逐渐成为掌膳官署，元光禄寺隶属于宣徽院，秩正三品，掌起运米麴诸事，领尚饮、尚酝局，沿路酒坊，各路布种事。

[84] 这句是说，文宗只有在奎章阁赏赐其中的文士近臣，其他一般近臣得不到此赏赐。

制香薄荷[85]

寒水石研极细筛罗过，以薄荷二斤交加于锅内，倾水二碗，于上以瓦盆盖定，用纸湿封四围，文武火蒸熏两顿饭久。气定方开，微有黄色，尝之凉者是，加龙脑少许用。（扬州崔家方）

采诸谱于重复外随类附部，独《晦斋谱》与此全收之。《墨娥》内香饼删去二方移本集，香薄荷附香麹后。

[85] 参见前"孩儿香茶"条"附造薄荷霜法"。

猎香新谱[1] 卷二十五

[1] 猎香新谱：从后面的说明来看，《猎香新谱》是《香乘》作者周家胄依其见闻，自己收集整理的当时的一些香方。

宣庙[2]御衣[3]攒香[4][5]

玫瑰花四钱　檀香二两（咀细片茶叶煮）　木香花[6]四两　沉香二两（咀片[7]蜜水煮过）　茅香一两（酒蜜煮，炒黄色）　茴香五分（炒黄色[8]）　丁香五钱　木香一两　倭草[9]四两（去土）　零陵叶三两（茶卤[10]洗过）　甘松一两（蜜水蒸过）　藿香叶五钱　白芷五钱（共成咀片）　麝二钱　片脑五分　苏合油一两　榄油二两

共合一处研细拌匀（秘传）。

[2] 宣庙："庙"为已死皇帝在宗庙中的称呼，一般是称呼同朝代皇帝。"宣庙"指的是明宣宗朱瞻基（1399—1435），明朝第五位皇帝（1425—1435年在位），年号"宣德"。

[3] 御衣：天子穿的衣服。

[4] 攒香：攒香具体所指，未见详细说明，多见于明清时期皇家使用，往往与线香，降香等并列，且用的包装量词与线香的"炷"不同，用的是"包"，明

清时代制成饼丸的合香相对减少，较多为线香和香粉。《清实录》还有"细攒香"的说法，言粗细，又确定非线香，疑攒香为合香粉。攒，本义聚集，这里指用香粉聚集成堆燃烧。

[5] 此条汉和本排版有误，中间混入二页后面的香方，今据无碍庵本、四库本。

[6] 木香花：蔷薇科蔷薇属植物木香花（Rosa banksiae Ait.）的花朵。

[7] 咀片：咀片原意指用牙咬成小片小块，后来仅仅指用工具加工成小块、小片、细丝等，和是否用牙咬没关系。前面的咀细片就是加工成细片的意思。

[8] 黄色：汉和本、四库本作"荷色"，无碍庵本作"黄色"。

[9] 倭草：倭草之名，似乎仅见于《香乘》，不知所指。或为倭青草之略，倭青草指竹节菜，为鸭跖草科鸭跖草属植物竹节菜（节节草，Commelina diffusa Burm. f.）。注意竹节菜也称竹节草，但和禾本科金须茅属草本植物竹节草[Chrysopogon aciculatus（Retz.）Trin.]并非一物。前者入药，且有倭青草之别名，后者没有。本草文献中所说竹节草一般都是指前者。

[10] 茶卤：无碍庵本作"茶酒"，茶卤：浓茶汁。

御前香

沉香三两五钱　片脑二钱四分　檀香一钱　龙涎五分　排草须[11]二钱　唵叭[12]五钱　麝香五分　苏合油一钱　榆面[13]二钱[14]　花露[15]四两

印饼用。

[11] 排草须：见前"排草香"条注释。排草须指唇形科排草香属植物［Anisochilus carnosus（L. f.）Benth. et Wall］的须根，是香气比较集中的部分。

[12] 唵叭：见前"唵叭香"条，明清皇室所用"唵叭"应该指西藏进贡之唵叭香。为一种由树脂类香料加工而成的黑色软香，具体成分不详。

[13] 榆面：用榆树皮磨成的粉，灾年用以充饥，合香的时候是作为黏合剂。

[14] 五钱：无碍庵本作"三钱"。

[15] 花露：明代除了阿拉伯进口花露（古剌水），本土用花制成花露的方法也已经普及，见前"取百花香水"条。李渔《闲情偶寄》："富贵人家，则需花露。花露者，摘取花瓣入甑，酝酿而成也。"并且记录用来擦脸拍身。不过宫廷所用，可能还是进口花露，因花种和工艺的原因，进口花露的品质更好一些。

内[16]甜香

檀香四两　沉香四两　乳香二两　丁香一两　木香一两　黑香[17]二两　郎苔[18]六钱　黑速[19]四两　片麝[20]各三钱　排草三两　苏合油五两　大黄五钱　官桂五钱　金颜香二两　零陵叶[21]二两

右入油和匀，加炼蜜和如泥，磁罐封，一次用二分[22]。

[16] 内：这里指内府、皇室所用。
[17] 黑香：从《长物志》："（唵叭）一名黑香，以软净色明、手指可捻为丸者为妙。"来看，黑香可能即是唵叭香。
[18] 郎苔：罕见香材，可能指白郎苔，即莎草科苔草属三方草（亚大苔草，Carex brownii Tuckerm），入本草。注意并非也称三方草的莎草科莎草属的碎米莎草（Cyperus iria L.）。
[19] 黑速：黑色的速香。
[20] 片麝：指冰片和麝香。二者常等量合用，见前"冰麝"条。
[21] 零陵叶：四库、汉和本作"陵叶"，皆指零陵香叶。
[22] 四库、汉和本作"一次二分"，无碍庵本作"每用二三分"。

内府香衣香牌

檀香八两　沉香四两　速香六两　排香[23]一两　倭草二两　苓香三两[24]　丁香二两　木香三两　官桂二两　桂花二两　玫瑰[25]四两　麝香三钱[26]　片脑五钱　苏合油四两　甘松六两　榆末[27]六两

右以滚热水和匀，上石碾碾极细，窨干，雕花[28]。如用玄色[29]，加木炭末。

[23] 排香：排香可以指占城所产的一种大片沉香，见前"排香"条。也可能指唇形科排草香属植物排草香（Anisochilus carnosus Wall），一般香方中多为后者，此处虽不能完全确定，大概率还是后者。

[24] 此处疑为零苓香之脱，无碍庵本作"零陵香二两"。

[25] 玫瑰：指玫瑰花，见前"玫瑰花"条解释。

[26] 三钱：无碍庵本作"五钱"。

[27] 榆末：榆树皮捣末，可作为黏合剂。

[28] 雕花：此处不用模印而是雕花工艺。

[29] 玄色：此处指黑色。

世庙[30]枕顶[31]香

栈香八两　檀香　藿香　丁香　沉香　白芷　以上各四两　锦纹大黄　茅山苍术[32]　桂皮　大附子[33]（极大者研末）　辽细辛[34]　排草[35]　广零陵香　排草须

以上各二两　甘松　三奈　金颜香　黑香　辛夷　以上各三两　龙脑一两　麝香五钱　龙涎五钱　安息香一两　茴香一两

共二十四味为末，用白芨糊入血结[36]五钱，杵捣千余下，印枕顶式[37]阴干制枕。

余屡见枕板香块自大内出者，旁有"嘉靖某年造"填金[38]字，以之锯开作扇牌等用，甚香，有不甚香者，应料有殊等[39]。上用者香珍，至给宫嫔平等料[40]耳。

[30] 世庙：和一般意义上所称世庙（皇帝、世祖之庙等）不同，这里的世庙指的是明世宗。明世宗朱厚熜（1507—1567），明朝第十一位皇帝（1521—1567），年号"嘉靖"。

[31] 枕顶：枕头的两端。

[32] 茅山苍术：古来以茅山所产苍术为佳，称为茅苍术。为菊科苍术属植物苍术［Atractylodes Lancea（Thunb.）DC.］，今日茅山野生苍术已很难见到，没有商品流通，但仍以茅苍术作为［Atractylodes Lancea（Thunb.）DC.］的习用名。

[33] 大附子：这里指大个的附子，见前"附子"条解释。

[34] 辽细辛：指东北所产马兜铃科细辛属植物辽细辛［Asarum heterotropoides F. Schmidt var. mandshuricum（Maxim.） Kitag.］或汉城细辛［Asarum sieboldii Miq. f . seoulense（Nakai） C.Y .Cheng et C.S. Yang］。后者产量比前者少得多，一般是指前者。

[35] 排草：因为后面有"排草须"条，这里的"排草"应该指的是根状茎，而排草须指的是须根。如果单言"排草"，则须根或根状茎都有可能。

[36] 血结：指血竭，棕榈科黄藤属植物麒麟竭 Daemonorops draco Bl.果实或树干中渗出的树脂，或百合科龙血树属植物剑叶龙血树 Dracaena cochinchinensis（Lour.）S. C. Chen树干提取的树脂。相对而言，前者较晚（可能晚至民国时期）才成为中药中血竭的主流，古代本草文献中的血竭来源一般指的是后者（龙血树）。后者除了原产国外的剑叶龙血树外，也包括我国所产的同属植物海南龙血树（Dracaena cambodiana Pierre ex Gagn.）。

[37] 印枕顶式：按枕顶的形状印模。

[38] 填金：一种手工工艺。在底料的花纹图案中填上金箔金丝等。

[39] 殊等：不同等级。

[40] 平等料：普通、平常的原料。

香扇牌

檀香一斤　大黄半斤　广木香[41]半斤　官桂四两　甘松四两　官粉一斤　麝五钱　片脑八钱　白芨面一斤

印造各式。

[41] 广木香：菊科云木香属植物云木香（Saussurea

costus），参见前"木香"条。

玉华香

沉香四两　速香四两（黑色者）　檀香四两　乳香二两　木香一两　丁香一两　郎苔六钱　唵叭香三两　麝香三钱　龙脑三钱　广排草三两（出交趾者）　苏合油五钱　大黄五钱　官桂五钱　金颜香二两　广零陵[42]（用叶）一两[43]

右以香料为末，和入苏合油揉匀，加炼好蜜再和如湿泥，入磁瓶，锡盖蜡封口固，每用二三分。

[42] 广零陵：见前"广零陵香"条。

[43] 一两：无碍庵本作"二两"。

庆真香

沉香一两　檀香五钱　唵叭一钱　麝香二钱　龙脑一钱　金颜香三钱　排香[44]一钱五分

用白芨末成糊，脱饼焚之。

[44] 排香：此处排香应为排草香属植物排草香，见前"排草香"条。

万春香

沉香　结香[45]　零陵香　藿香　茅香　甘松　以上各十二两　甲香、龙脑、麝各三钱　檀香十八两　三奈五两　丁香三两

炼蜜为湿膏，入磁瓶封固，取焚之。

[45] 结香：指"生结香"，见前"结香"条注释。

龙楼香[46]

沉香一两二钱　檀香一两五钱　片速[47]、排草各二两　丁香五钱　龙脑一钱五分　金颜香一钱　唵叭香一钱　郎苔二钱　三奈二钱四分　官桂三分　芸香三分　甘麻然[48]五分　榄油五分　甘松五分　藿香五分　撒馥香[49]五分　零陵香一钱　樟脑一钱　降香五分　白豆蔻一钱　大黄一钱　乳香一钱　焰硝一钱　榆面一两二钱

散用[50]。如印饼，和蜜去榆面。

[46] 一般来说，因为汉代太子宫门有名龙楼，故龙楼指太子居所，亦用来代指太子，此处不知是否与此相关。

[47] 片速：片状速香。《遵生八笺》："片速香，俗名鲫鱼片，雉鸡斑者佳，有伪为者，亦以重实为美。"

[48] 甘麻然：指金颜香。《安南志略》卷十五："金颜，一名甘麻然，俗烧辟邪。"甘麻然、金颜，都是马来语Kemenyan的对音。见前"金颜香"条。此

香方前已有全颜香，此处又言甘麻然，可能是产地来源不同。

[49] 撒馥香：四库、汉和本作"撒馥兰"，无碍庵本作"撒馥香"，指的都是藏红花，参见前"撒馥香"条注释。

[50] 散用：作香粉用。

恭顺寿香饼[51]

檀香四两　沉香二两　速香四两　黄脂[52]一两　郎苔一两　零陵二两　丁香五钱　乳香五钱　藿香三钱　黑香五钱　肉桂五钱　木香五钱　甲香一两　苏合一两五钱　大黄二钱　三柰一钱　官桂一钱　片脑一钱　麝香一钱五　龙涎一钱五分　撒馥兰五钱

以白芨随用为末印饼。

[51] 恭顺寿香饼：指恭顺侯吴氏所制寿香饼。吴氏一族为归化蒙古人，明代制香名门。详见前"吴恭顺寿字香饼"条注释。前面撒馥香条中，作者认为吴家恭顺寿香饼的特殊之处就在于加入了撒馥香（撒馥兰），也就是藏红花。但四库本、汉和本都没有撒馥兰这味，可能是遗漏了，也可能只是普通香方，并非吴家的升级版香方。无碍庵本有"撒馥香五钱"，今据无碍庵本。

[52] 黄脂：未见文献说明，现加以分析。首先可排除硫

黄、雄黄类，也不大可能是黄石脂，当然更不可能是动物脂类（鱼子、蟹子）。松香（松脂）虽然黄色，但味道强烈，不适合入香。蜂蜡也不合放在此处。从其在香方中所处位置，推测为树脂类香料。这样可能为枫香脂中较黄者。而从后文称"黄胆"，以及用于"黄龙挂香"而不用于"黑龙挂香"，推测可能有染色的作用。这样综合来看，较大可能为藤黄，即藤黄科藤黄属植物藤黄（Garcinia hanburyi Hook.f.）的树脂。

臞仙[53]神隐香

沉香、檀香各一两　龙脑、麝香各一钱　棋楠香、罗合榄子[54]、滴乳香各五钱

右味为末，炼蔗浆[55]和为饼焚用。

[53] 臞仙：臞仙的典故来源于司马相如。《史记·司马相如列传》："相如以为列仙之传居山泽间，形容甚臞，此非帝王之仙意也，乃遂就《大人赋》。"后以此典形容士人隐居山林，容貌清瘦。但是这里的臞仙可能特指朱权。

朱权（1378—1448），明太祖朱元璋第十七子，封号宁王，别号臞仙、涵虚子、丹丘先生等。朱权学识渊博，多才多艺，对道教、历算、医卜方面颇有研究，尤好戏曲，剧作不少；而且在古琴、茶道、香道

方面皆有造诣。著有《茶谱》、古琴曲谱等多种。

[54] 罗合榄子：三本皆以"罗合""榄子"为二味，依《遵生八笺》，"罗合榄子"为一味。所谓罗合，本为器物名，为罗筛和盒子的合体，不能作为一味香材，而只能是榄子香的修饰词。榄子香可以指橄榄脂，也可以指橄榄果，也可以指一种形似橄榄核的虫漏沉香（见前"榄子香"条），这里应该不是指橄榄果，具体为何物尚不能完全确定。

[55] 蔗浆：甘蔗浆。我国甘蔗制糖的历史很久远，唐代已有丰富的甘蔗制糖商品，甘蔗浆经过熬煮所制为红糖，进一步加工可成白糖，这里炼蔗浆味道更接近于红糖。

西洋[56]片香

黄脂一两　龙涎二钱　安息一钱　黑香二两　乳香二两　官桂五钱　绿芸香[57]三钱　丁香一两　沉香二两[58]　檀香二两　酥油一两　麝香一钱　片脑五分　炭末六两　花露一两

右炼蜜和匀为度，乘热作片印之。

[56] 西洋：所指地域和海域因不同时期不同载籍而异。大略元至明代中期的部分载籍如《大德南海志》《瀛涯胜览》《星槎胜览》等，指今南海西部和印度洋及其周围地域，爪哇岛及加里曼丹岛南部一带

不包括在内；明中期至清初的部分载籍如《东西洋考》《明史》等，以文莱为东西洋界，指东经110°（中国雷州半岛及加里曼丹岛西岸）以西的地域及其周围海域；明末清初以后则多指今大西洋或欧美各国。

从香方来看，都是树脂类或者香料类香材，缺少我国本土常用的本草香材，说明香方应该是来自国外，具体来源不详。

[57] 绿芸香：这里指泛绿色的白胶香。绿芸香有时可指草本芸香，但这里从香方来看，应该还是指白胶香。

[58] 二两：无碍庵本作"一两"。

越邻香[59]

檀香六两　沉香四两　黑香四两　丁香二两五钱　木香一两　黄脂一两　乳香一两　藿香二两　郎苔二两　速香六两　麝香五钱　片脑一钱　广零陵二两　榄油一两五钱　甲香五钱

以白芨汁和，上竹篾。

[59] 越邻香：言香气远播，邻家可闻到。

芙蓉香

龙脑三钱　苏合油五钱　撒馥兰[60]三分　沉香一两

五钱　檀香一两二钱　片速三钱　生结香一钱　排草五钱　芸香一钱　甘麻然五分　唵叭五分　丁香一钱　郎苔三分　藿香三分　零陵香三分　乳香二分　三柰二分　榄油二分　榆面八钱　硝一钱

和印或散烧。

[60]撒馤兰：指藏红花，见前"撒馤兰"条。

黄香饼[61]

沉速香六两　檀香三两　丁香一两　木香一两　乳香二两[62]　金颜香一两　唵叭香三两　郎苔五钱　苏合油二两　麝香三钱　龙脑一钱　白芨末八两　炼蜜四两

和剂印饼用。

[61]黄香饼：此处的黄香饼与下文的黑香饼都是当时常见的商品香。《长物志》："黄黑香饼，恭顺侯家所造大如钱者妙甚，香肆所制小者及印各色花巧者皆可用，然非幽斋所宜，宜以置闺合。"恭顺侯即吴家，见前"吴恭顺寿字香饼"注释。《遵生八笺》："黄香饼。王镇住东院所制黑沉色无花纹者，佳甚。伪者色黄，恶极。"

[62]二两：无碍庵本作"一两"。

黑香饼[63]

用料四十两[64] 加炭末一斤 蜜四斤 苏合油六两 麝香一两 白芨半斤 榄油四斤 唵叭四两

先炼蜜熟，下榄油化开，又入唵叭，又入料一半，将白芨打成糊入炭末，又入料一半，然后入苏合油、麝香，揉匀印饼。

[63] 黑香饼：《遵生八笺》："黑香饼。都中刘二钱一两者佳，前门外李家印各色花，巧者亦妙。"参见上条"黄香饼"注释。

[64] 用料四十两：此处未指明所用为何料。如果说是指上文黄香饼，但在《遵生八笺》中前面并不是黄香饼方。如果说即指此香方全部香材，后面加工过程中，入料又和其他香材是分开的。如果说这种料就是黑香，好像也不太合理。需要找到原始出处才能明了。

撒馣兰香

沉香三两五钱 龙脑二钱四分 龙涎五分 檀香一钱 唵叭五分 麝香五分 撒馣兰一钱 排草须二钱 苏合油一钱 甘麻然三分 蔷薇露四两 榆面六钱

印作饼烧之佳甚。

玫瑰香[65]

花一斤

入丸，三两磨汁入绢袋，灰干。有香花皆然。

[65] 此条制法不太明确，可能有脱文。

聚仙香

麝香一两　苏合油八两　丁香四两　金颜香六两（另研）　郎苔二两　榄油一斤　排草十二两　沉香六两　速香六两　黄檀香一斤　乳香四两（另研）　白芨面十二两　蜜一斤

以上作末为骨[66]，先和上竹心子作第一层；趁湿又滚檀香二斤、排草八两、沉香八两、速香八两为末，作滚第二层；成香纱筛掠干。一名安席香，俗名棒儿香[67]。

[66] 指香的芯（内层）。

[67] 棒儿香：又称棒香，指有竹心（竹签）的香，制法是在竹签外面裹香，如此处所述。相比于一般的线香，因为有竹签，更易于插住。

沉速棒香

沉香二斤　速香二斤　唵叭香三两　麝香五钱　金颜香四两　乳香二两　苏合油六两　檀香一斤　白芨末一斤

八两　炼蜜一斤八两

　　和成滚棒如前[68]。

[68] 制法如上一条。

黄龙[69]挂香[70]

　　檀香六两　沉香二两　速香六两　丁香一两　黑香三两　黄脂[71]二两　乳香一两　木香一两　三奈五两　郎苔五钱　麝香一钱　苏合五钱　片脑五分　硝二钱　炭末四两[72]

　　右炼蜜随用和匀为度，用线在内作成炷香[73]，银丝[74]作钩。

[69] 黄龙：黄言其色，龙言其形。后面黑龙挂香与此类似。

[70] 挂香：是指吊起来烧的线香，香内有线，倒挂在金属钩子上，从下向上烧。

[71] 四库、汉和本作"黄胭"，无碍庵本作"黄脂"，黄胭概为黄脂之他称。

[72] 无碍庵本无炭末。挂香加入炭末是为了放慢燃烧速度，无碍庵本可能有所遗漏。

[73] 炷香：此处指线香。

[74] 银丝：无碍庵本作"铜丝"。

黑龙挂香

檀香六两　速香四两　黄熟二两　丁香五钱　黑香四钱　乳香六钱　芸香一两　三柰三钱　良姜一钱　细辛一钱　川芎二钱　甘松一两　榄油二两　硝二钱　炭末四两

以蜜随用同前,铜丝作钩。

清道引路香

檀香六两　芸香四两　速香二两　黑香四两　大黄五钱　甘松六两　麝香壳[75]二个　飞过樟脑二钱　硝一两　炭末四两

右炼蜜和匀,以竹作心,形如"安席[76]",大如蜡烛。

[75]麝香壳:为鹿科动物麝Moschus moschiferus L. 的香腺囊的外皮。

[76]安席:即指棒儿香,见前"聚仙香"条文后制法说明。

合香

檀香六两　速香六两　沉香二两　排草六两　倭草三两　零陵香四两　丁香二两　木香一两　桂花二两　玫瑰一两　甘松二两　茴香五分(炒黄)　乳香二两　广蜜[77]

六两　　片、麝各二钱　　银硃[78]五分　　官粉四两

　　右共为极细末。香皁[79]如合香，料止去硃一种，加石膏灰六两，炼蜜和匀为度。

[77] 广蜜：广东广西所产的蜜，古人认为不同地方所产的蜜性质有所不同。《本草纲目》："闽、广蜜极热，以南方少霜雪，诸花多热也；川蜜温；西蜜则凉矣。"

[78] 银硃：即银朱，见前"银朱"条。

[79] 无碍庵本"皁"字作"甚"字，则意义不同，断句为："右共为极细末，香甚，如合香，料止去硃一种，加石膏灰六两，炼蜜和匀为度。"从四库本和汉和本的文字来看，提到了香皂，香皂明代已有，但此香方并未加皂角皂荚之类，也没有猪胰或豆类，是否能作为香皂使用，令人生疑。

卷灰寿带[80]香

　　檀香六两　　速香四两　　片脑三分　　茅香一两　　降香一钱　　丁香二钱　　木香一两　　大黄五钱　　桂枝三钱　　硝二钱　　连翘[81]五钱　　柏铃三钱　　荔枝核五钱　　蚯蚓粪八钱　　榆面六钱

　　右共为极细末，滚水和[82]作绝细线香。

[80] 卷灰寿带："卷灰"指香燃烧打卷而不断，寿带可能指香灰形状，寿带一般指相面时指从鼻两侧向下

延伸过下颌的纹理。这里可能指绶带，言香灰打卷如绶带丝结。也有可能是指其中加入了连翘，连翘又被称为黄绶带或黄绶丹。

［81］连翘：木犀科连翘属植物连翘（Forsythia suspensa），果实入药。

［82］滚水和：榆面用滚水和有较好的黏性。

金猊玉兔香[83]

用杉木烧炭六两，配以栎炭四两，捣末，加炒硝一钱，用米糊和成揉剂[84]。先用木刻猊猊、兔子二塑[85]肖形，如墨印法，大小任意。当兽口开一线，入小孔。兽形头昂尾低是诀[86]。将炭剂一半入塑中，作一凹，入香剂一段，再加炭剂，筑完将铁线针条作钻从兽口孔中搠[87]入，至近尾止，取起晒干。猊猊用官粉涂身，周遍上盖黑墨。兔子以绝细云母粉胶调涂之，亦盖以墨。二兽俱黑，内分黄白二色。每用一枚将尾向灯火上焚灼，置炉内，口中吐出香烟，自尾随变色样。金猊从尾黄起焚，尽形[88]若金妆蹲踞炉内，经月不散，触之则灰灭矣。玉兔形俨银色，甚可观也。虽非雅供，亦堪游戏。其中香料精粗，随人取用[89]，取香和榆面为剂，捻作小指粗段长八九寸，以兽腹大小量入，但令香不露出炭外为佳。

［83］金猊玉兔香：指造成金猊和玉兔形状的香。从下文来看最外层是涂色剂和黑墨，中间是碳粉软剂，最

里面是合香。猊,狻猊,指狮子。

此制法亦见于《遵生八笺》,《遵生八笺》在制法后还言及有一些其他造型。

[84] 揉剂:指柔软易变形的状态。

[85] 塑:形象,这里指木刻模具,应该是对称两半的。

[86] 诀:关键。

[87] 搠:插、刺入。

[88] 尽形:指香烧完。

[89] 香料精粗,随人取用:这里只是介绍了此类制法,至于里面填充何种香料,是可以随意选择的。

金龟香灯(新)[90]

香皮:每以好烰炭研为细末,纱筛过,用黄丹少许和,却使白芨研细,米汤调胶,烰炭末勿令太湿。香心:茅香、藿香、零陵香、三奈子、柏香印香[91]、白胶香用水煮如法,去柏烟性[92],漉[93]出,待干成惟碾不成饼。[94] 以上等分,剉为末,和令停。独白胶香中半亦研为末。以白芨末水调和捻作一指大,如橄榄形,以烰炭为皮,如裹馒头[95],入龟印。却用针穿自龟口插,从尾出,脱出龟印。将香龟尾捻合焙干。烧时从尾起,自然吐烟于头,灯明而且香,每以油灯心或油纸捻点之。

[90] 金龟香灯(新):此处"(新)"指《新纂香谱》(《陈氏香谱》),此香方见于《陈氏香谱》卷三。

下面的金龟延寿香后面的"（新）"也是此意。

[91] 柏香印香：原文无断句，印香一般指形制制法，不是一种香材，故断为"柏香印香"，即柏木香制成的印香，类似于柏泥。见前"柏香"条。

[92] 去柏烟性：《陈氏香谱》作"去松烟性"。这里用煮这个工序，因为香灯不希望如普通燃香有那么大的烟。

[93] 漉：过滤（捞出，水渗下）。

[94] 三本作"待干成堆碾不成饼"，误。依《陈氏香谱》应作："待干成惟碾不成饼。""碾不成饼"是指干的程度。

[95] 如裹馒头：《陈氏香谱》作"如裹馒头"。三本作"如枣馒头"，误。这里指用调过的软焯炭来包裹合香。宋代的馒头和今日所称馒头有所不同，是有馅的，这一点有点像今日的包子，但是外形类似今日馒头形状，即无褶的隆起圆形。所谓"如裹馒头"，就是像馒头裹馅一样，把合香包起来。

金龟延寿香（新）

定粉半钱　黄丹一钱　焯炭一两（并为末）

右研和，薄糊调成剂。[96] 雕两片龟儿印，脱里，别香在腹内，以布针[97] 从口中穿到腹，香烟出从龟口内。烧过灰冷，龟色如金。

[96] 四库本、汉和本作"右研和作薄糊调成剂"。理解成只要调和成糊状就可以成剂，这几味没有任何粘性，显然是不可能的。依《陈氏香谱》原文，是用"薄糊"（面糊）调成剂。无碍庵本作"研和白芨作糊"，白芨当然有粘合性，但《陈氏香谱》原文并未提到白芨。此处依《陈氏香谱》。

[97] 布针：缝布的大针。《灵枢识》卷六："布针用缝布大针也。"

窗前省读[98]香

菖蒲根、当归、樟脑、杏仁、桃仁各五钱　芸香二钱

右研末，用酒为丸，或捻成条阴干。读书有倦意焚之，爽神不思睡。

[98] 省读：阅读。

刘真人[99]幻烟瑞球香

白檀香　降香　马牙香[100]　芦香[101]　甘松　三柰　辽细辛　香白芷　金毛狗脊[102]　茅香　广零陵　沉香　以上各一钱　黄卢干[103]　官粉　铁皮[104]　云母石　磁石　以上各五分[105]　水秀才[106]一个（即水面写字虫）　小儿胎毛一具（烧灰存性）

共为细末，白芨水调作块，房内炉焚，烟俨垂云。

如将萌花根下津[107]用瓶接，津调香内，烟如云垂天花也。若用猿毛、灰桃毛和香，其烟即献猿桃象。若用葡萄根[108]下津和香，其烟即献葡萄象。若出帘外焚之，其烟高丈余不散。如喷水烟上，即结蜃[109]楼人马象。大有奇异，妙不可言。

[99] 刘真人：所指不详，或为明初道教领袖长春真人刘渊然。

[100] 马牙香：从所处位置来看，这里应该指一种沉香，马牙言其形状。关于马牙香在不同上下文中所指不同，见前相关注释。

[101] 芦香：芦香在本草文献中出现频率很低，从《普济方》中"芦香叶"的称呼来看，也不大可能是芦花、芦根、芦茎之类，如果说是芦苇的叶子，好像也不大能说通。有认为是藿香之类，分析其出现过的药方，可以说得通。尤其从《普济方》"五香汤"方来看，如果把芦香理解成藿香是合理的。《普济方》中还有"芦香叶（去土焙）"的说法，也更像是藿香而非芦苇叶。

[102] 金毛狗脊：为蚌壳蕨科植物金毛狗脊Cibotium barometz (L.) J.Sm.的干燥根茎。

[103] 黄卢干：概指黄栌，漆树科黄栌属植物（黄栌Cotinus coggygria Scop.），其干燥根或树枝供药用。

[104] 铁皮：关于此处铁皮是指通常意义的铁皮还是本草中的铁皮（如"铁皮石斛"或者"铁皮附

子"），从在香方中出现的位置来看，应该不是本草；从功能来看，也应该是金属铁屑，功能等同于宋代类似香烟方中的针砂。此处为何用铁皮费力制成细末而不用针砂，令人费解，可能和材料来源难易有关。

[105] 各五分：无碍庵本作"各五钱"，应以"五分"为是。

[106] 水秀才：半翅目黾蝽科昆虫水黾（Aquarium paludum Fabricius）。明代常称其为水秀才（能在水面上写字）。《物理小识》："水秀才（中通曰：水面长足虫）。"

[107] 将萌花根下津：即将绽放的花苞下面的花柄上的津液。这里的花根，指的是花柄（花梗）而非植物的根。

[108] 葡萄根：指葡萄果实的柄上的津液。

[109] 结蜃：结成蜃景，如海市蜃楼般的景象。

香烟奇妙

沉香　藿香　乳香　檀香　锡灰[110]　金晶石[111]

右等分为末成丸，焚之则满室生云。

[110] 锡灰：有二种，黑者为黑锡灰即铅灰，白者为白锡灰，为锡经熔炼后剩下的渣滓。本草中一般用的是黑锡灰。

[111] 金晶石：又作"金精石"，硅酸盐类矿物水金云母Vermiculite。

窨[112]酒香丸

脑麝（二味同研）　丁香　木香　官桂　胡椒　红豆[113]　缩砂　白芷　以上各一分　马勃少许

右除龙麝另研外，余药同捣为细末，蜜和为丸，如樱桃大。一斗酒置一丸于其中，却封系令密，三五日开饮之，其味特香美。

[112] 窨：这里是使染上香味的意思。
[113] 红豆：可指豆科红豆属植物红豆树（红豆树Ormosia hosiei Hemsl. et Wils.）、相思子属植物相思子（Abrus precatorius L.）及海红豆属植物海红豆（Adenanthera pavonlna）。也可指豆科豇豆属植物红小豆（Vigna umbellata）。考察二者用于本草的情况，此处所用大概指后者，即日常食用的赤小豆。红豆入酒之方颇多，可见《事林广记别集》《居家必用事类全集》等。

香饼

柳木灰七钱　炭末三钱

用红葵花[114]捣烂为丸。此法最妙，不损炉灰，烧过莹白如银丝数条。

又

槿木灰[115]一两五钱　杭粉[116]六钱　榆树皮六钱　硝四分

共为极细末，用滚水为丸。

[114] 红葵花：红色蜀葵，见前"葵花"条。

[115] 槿木灰：可能指锦葵科木槿属植物木槿（Hibiscus syriacus Linn.）烧灰。具体情况不详。但从道家的说法来看，槿木另有所指，此处不详。

[116] 杭粉：即铅粉，见前"铅粉"条注释。"杭"本指产地。

烧香难消炭

灶中烧柴下火取出，罈[117]闭成炭，不拘多少捣为末，用块子石灰化开，取浓灰和炭末，加水和匀，以猫竹[118]一筒劈作两半合，脱成铇晒干，烧用终日不消。

[117] 罈：同"坛"。

[118] 猫竹：禾本科刚竹属植物毛竹［Phyllostachys heterocycla（Carr.）Mitford cv.Pubesce］。《农政全书》："猫竹：一作茅竹，又作毛竹。干大而厚，异于众竹。"猫竹其实是毛竹的本来写法，又称猫头竹。范成大《桂海虞衡志·志草木》："猫头竹，质性类筋竹。"《通雅·植物》：

"潜谷曰：'笋如猫头，故名。'"

烧香留宿火

好胡桃[119]一枚烧半红埋热灰[120]中，经夜不减。

香饼，古人多用之。蔡忠惠[121]以未得欧阳公清泉香饼为念。诸谱制法颇多，并抄入香属。近好事家谓香饼易坏炉灰[122]，无需此也，止用坚实大栎炭一块为妙。大炉可经昼夜，小炉亦可永日荧荧[123]。聊收一二方以备新谱之一种云。

[119] 胡桃：即核桃。胡桃科胡桃树植物核桃（Juglans regia L.）去掉外果皮的果实。
[120] 热灰：无碍庵本作"石灰"。
[121] 蔡忠惠：蔡襄的谥号为"忠惠"。见"蔡君谟"条。此处指蔡襄未能得到欧阳修清泉香饼作为润笔，颇为遗憾。本书前文有载。
[122] 易坏炉灰：指香饼如果原料复杂，烧过之后破坏炉灰的纯净。
[123] 荧荧：指炭中火光闪动的样子。

煮香[124]

香以不得烟为胜，沉水[125]隔火已佳，煮香尤妙。法用小银鼎注水,安炉火上,置沉香一块,香气幽微,翛然有致。

[124] 煮香:这里是将香料置于水中,通过加热煮香来散放香气的做法。

[125] 沉水:指沉水香、沉香。

面香药[126](除雀斑酒刺)

白芷　藁本　川椒　檀香　丁香　三奈　鹰粪　白藓皮[127]　苦参　防风　木通[128]

右为末,洗面汤[129]用。

[126] 面香药:用于面部的药妆类制品。此方需视皮肤而用,敏感者可导致过敏。

[127] 白藓皮:芸香科白藓属植物白藓[Dictamnus albus L. ssp. dasycarpus(Turcz.)Wint.]的根皮。

[128] 木通:木通科木通属植物木通[Akebia quinata(Thunb.)Decne]、三叶木通[Akebia tri foliata(Thunb.)Koidz.],或白木通[Akebia tri oliata(Thunb.)Koidz.ar.australis(Diels)Rehd.]的干燥藤茎。

[129] 洗面汤:洗脸的热水。

头油香(内府秘传第一妙方)

新菜油[130]十斤　苏合油三两(众香浸七日后入之)　黄檀香五两(槌碎)　广排草五两(去土细切)　甘松二两(去土切碎)　茅山草[131]二两(碎)　三柰一两(细切)　辽细辛一两(碎)　广零陵三两(碎)　紫草三两(碎)　白芷二两(碎)　干木香花一两(紫心白蒂)　干桂花一两

将前各味制净,合一处听用。屋上瓦花[132]去泥根净四斤,老生姜刮去皮二斤,将花姜二味入油煎数十沸,碧绿色为度,滤去花姜渣,熟油入坛冷定,纳前香料封固好,日晒夜露[133]四十九日开用,坛用铅锡妙。

又方

茶子油[134]六斤　丁香三两(为末)　檀香二两(为末)　锦纹大黄一两　辟尘茄三两　辽细辛一两　辛夷一两　广排草二两

将油隔水微火煮一炷香取起,待冷入香料。丁、檀、辟尘茄为末,用纱袋盛之,余切片入,封固,再晒一月用。

[130]菜油:指菜籽油,唐宋以来常见的食用油类。
[131]茅山草:他处未见此味本草,此处恐有脱字。茅山草药甚多,不合称"茅山草",或为"山茅草",即禾本科香茅属植物芸香草[Cymbopogon distans(Nees ex Steud.)W.Wats]之误。

[132] 瓦花：即瓦松，见前"瓦松"条注释。
[133] 日晒夜露：在古人看来，此做法可以达到"采阳采阴"的效果。
[134] 茶子油：又称茶油、楂油、榕树子油，为山茶科油茶属植物油茶Camellia oleiferaAbel种子的脂肪油。可食用和药用。

两朝[135]取龙涎香

嘉靖三十四年[136]三月司礼监[137]传谕户部取龙涎香百斤，檄[138]下诸藩，悬价每斤偿一千二百两。往香山澳[139]访买，仅得十一两以归，内验不同，姑存之，亟取真者。广州狱夷囚马那别的[140]贮有一两三钱上之，黑褐色。密地都密地山[141]夷人上六两，褐白色。问状，云："褐黑色者采在水，褐白色者采在山，皆真不赝。"而密地山商周鸣和等再上，通前十七两二钱五分，驰进内辩。万历二十一年[142]十二月，太监孙顺[143]为备东宫[144]出讲，题买五斤，司劄[145]验香把总蒋俊访买。二十四年正月进四十六两再取，于二十六年十二月买进四十八两五钱一分，二十八年八月买进九十七两六钱二分。自嘉靖至今，夷舶闻上供，稍稍以龙涎来市，始定买解[146]事例，每两价百金，然得此甚难。（《广东通志》[147]）

[135] 两朝：此处指嘉靖和万历两朝。
[136] 嘉靖三十四年：公元1556年。见"嘉靖"条。

[137]司礼监:明代宦官二十四衙门中的首席衙门,掌理宫中礼仪之事。
[138]檄:这里指征召的文书。
[139]香山澳:又称香山澳,广东珠海市西南海澳、今澳门一带。明中叶以后为海商会聚之所。
[140]夷囚马那别的:外国囚犯名为"马那别的"。
[141]三本作"密也都密地山",依万历《广东通志》应作"密地都密地山",密地山为山名,密地都为地名,因为仅见于此条史料(万历《广东通志》《东西洋考》《名山藏》《本草纲目》所引为同一条史料),具体所指不详。
[142]万历二十一年:万历,明神宗朱翊钧年号(1573—1620)。万历二十一年为1593年。
[143]孙顺:神宗时为内承运库管库太监,内承运库掌宫内珠宝等宝货的收藏管理。
[144]东宫:指太子。
[145]劄:一种公文,这里指下令蒋俊去买香。
[146]解:运送。
[147]《广东通志》:从年代看,此处概指明万历版《广东通志》,由郭棐、王学曾、袁昌祚等人负责,1602年完成。

龙涎香(补遗)

海旁有花,若木芙蓉[148]花,落海,大鱼吞之腹中。先食龙涎花咽入,久即胀闷,昂头向石上吐沫,干枯可用,惟粪者[149]不佳。若散碎,皆取自沙渗,力薄。欲辨真伪,投没水中,须臾突起,直浮水面。或取一钱口含之,微有腥气,经一宿细沫已咽,余结胶舌上,取出就淖[150]称之,亦重一钱。将淖者又干之,其重如故。虽极干枯,用银簪烧热钻入枯中,抽簪出,其涎引丝不绝,验此不分褐白褐黑皆真。(《东西洋考》[151])

[148] 木芙蓉:一般指锦葵科木槿属植物木芙蓉(Hibiscus mutabilis L.)。

[149] 粪者:排泄出来的。

[150] 淖:nào,湿润。

[151]《东西洋考》:记载明代中后期中西海上交通的著作,明张燮(1574—1640)撰,十二卷。张燮,字绍和,别号海滨逸史,漳州龙溪(今福建龙海)人。由于当时海外贸易的需要,张燮应海澄县令陶熔之请撰写了《东西洋考》,所谓东西洋实际上皆属东南亚,东洋系指南海东部及附近诸岛,反之则称西洋。

丁香（补遗）

丁香东洋仅产于美洛居[152]。夷人用以辟邪，曰："多置此则国有王气"，故二夷之所必争[153]。（同上）

又

丁香生深山中，树极辛烈，不可近。熟则自堕，雨后洪潦[154]漂山，香乃涌溪涧而出，捞拾数日不尽，宋时充贡。（同上）

[152] 美洛居：即今印度尼西亚马鲁古群岛（Maluku Islands），以盛产丁香、肉豆蔻、胡椒等香料著名，故亦称香料群岛。

[153] 二夷之所必争："二夷"指佛郎机（葡萄牙）和红夷（荷兰），葡萄牙人先发现的马鲁古群岛，和当地人发生冲突并掌控资源，随后荷兰人进入，之间发生激烈争夺，最后荷兰人获胜。

[154] 洪潦：多雨后的大水。

香山[155]

雨后香堕，沿流满山，采拾不了，故常带泥沙之色，王每檄致之，委积充栋[156]以待。他坏[157]之售民间，直取余耳。（同上）

[155] 此条在《东西洋考》中位于"美洛居"条之后，这里的"香"仍然指丁香。

[156] 委积充栋：堆积装满屋子。
[157] 他坏：其他不好的。

龙脑（补遗）

脑树出东洋文莱国[158]，生深山中，老而中空乃有脑，有脑则树无风自摇，入夜脑行而上，瑟瑟有声，出枝叶间承露，日则藏根柢[159]间，了不可得，盖神物也。夷人俟夜静持革索就树底巩[160]束，震撼自落。（同上）

[158] 文莱国：旧译婆罗乃。中国史籍称渤泥国、渤泥、浡尼。在今加里曼丹岛西北部，北临南海。公元6世纪即与中国有贸易往来。13~15世纪处于印度影响之下。15世纪建苏丹国。16世纪起，葡萄牙、西班牙、荷兰等国相继入侵，1888年沦为英国保护国。1983年获得完全独立。
[159] 柢：树根。
[160] 巩：用皮革捆东西。

税香

万历十七年提督军门[161]周详允陆饷[162]香物税例

檀香成器[163]者每百斤税银五钱，不成器者每百斤税银二钱四分

奇楠香每斤税银二钱四分

沉香每十斤税银一钱六分

龙脑每十斤上者税银三两二钱，中者税银一两六钱，下者税银八钱

降真香每百斤税银四分

束香[164]每百斤税银二钱一分

乳香每百斤税银二钱

木香每百斤税银一钱八分

丁香每百斤税银一钱八分

苏合油每十斤税银一钱

安息香每十斤税银一钱二分

丁香枝每百斤税银二分

排草每百斤税银二钱

万历四十三年恩诏量减诸香料税课

[161] 提督军门：明代命文臣总督军务或提督军务，称之为军门。

[162] 陆饷：明代海关税目之一。政府征收接买外货铺商税，称为陆饷。税额根据进口货物多寡或价值高低计算，或按量抽税，或随价抽税。

[163] 成器：成材、大块的。

[164] 束香：即"速香"。

余发未燥[165]时留神香事，锐志[166]此书，今幸纂成，不胜种松成鳞[167]之感。诸谱皆随朝代见闻修采，此所收录一惟国朝大内及勋珰夷贾[168]，以至市行时

尚、奇方秘制，略备于此。附两朝取香、税香及补遗数则，题为《猎香新谱》。好事者试拈一二，按法修制，当悉其妙。

[165] 发未燥：本指幼童之时，亦引申指年轻时。

[166] 锐志：意志坚决。

[167] 种松成鳞：王维《春日与裴迪过新昌里访吕逸人不遇》："闭户著书多岁月，种松皆老作龙鳞。"形容长时间闭门著书。

[168] 勋珰夷贾：权宜外商。

香炉类

卷二十六

炉之名

炉之名始见于《周礼》：冢宰[1]之属，宫人寝中共炉炭[2]。

[1] 冢宰：《周礼》天官之长。亦作大（太）宰。居六卿之首，主管宫廷供御事务，参掌大政，总领百官及财赋之政。
[2] 按此句出《周礼·天官》。原文："宫人……凡寝中之事，扫除，执烛，共炉炭。"

博山香炉[3] 五

汉朝故事，诸王出阁[4]则赐博山香炉。

又

《武帝内传》有博山香炉，西王母遗帝者。（《事物纪原》[5]）

又

皇太子服用 则有铜博山香炉[6]。（《晋东宫旧

事》[7]）

又

泰元二十二年[8]皇太子纳妃王氏，有银涂博山连盘三升香炉二。[9]（同上）

又

炉象海中博山，下有盘贮汤，使润气蒸香以象海之回环。此器世多有之，形制大小不一。（《考古图》[10]）

古器款式必有取义，炉盖如山，香从盖出，宛山腾岚气[11]，绕足盘环，以呈山海象。古人茶用香料印作龙凤团，炉作狻猊、凫鸭等形。古今去取若此之不倦也。

[3] 博山香炉：古代的一种香炉。上有盖，下有底盘。盖上雕镂成山峦形，山上雕出人物、奇兽怪禽。晋葛洪《西京杂记》卷一："作九层博山香炉，镂为奇兽怪禽，穷诸灵异，皆自然运动。"宋吕大临《考古图》："博山香炉者，炉象海中博山，下盘贮汤，润气蒸香，象海之回环，故名。"

[4] 出阁：这里指皇子出就藩封。《南齐书·江谧传》："诸皇子出阁，用文武主帅，皆以委谧。"

[5]《事物纪原》：考证事物起源和沿革的专门性类书，十卷，宋高承编撰。高承，开封（今属河南）人，元丰间（1078—1085）在世。

[6]《晋东宫旧事》原文作："皇太子初拜，有铜博山香炉一枚。"服用：指使用物品。

[7]《晋东宫旧事》：晋张敞（一作张敝）撰，晋代宫廷之事。原书十卷已佚，辑存一卷收于《说郛》中。

[8]泰元二十二年：泰元即指太元（376—396），是东晋孝武帝司马曜的年号。太元年号共有二十一年，此处言二十二年，恐误。

[9]《太平御览》此句作："泰元中，皇太子纳妃王氏，有银涂博山莲盘三斗香炉一。"

[10]《考古图》：现存年代最早的古器物图录，著录当时宫廷及民间的古器。十卷（外加释文一卷）。宋吕大临撰。成书于元祐七年（1092）。吕大临，字与叔。生年不详。京兆兰田（今陕西蓝田）人，宋代经学家、金石学家。

[11]岚气：山中的雾气。

绿玉博山炉[12]

孙总监[13]千金市绿玉一块，嵯峨如山，命工治之，作博山炉。顶上暗出香烟，名"不二山"。

[12]绿玉博山炉：此条出《清异录》，原文作："吴越孙总监承佑富倾霸朝。用千金市得石绿一块，天质嵯峨如山，命匠治为博山香炉，峰尖上作一暗窍，出烟一则聚，而且直穗凌空，实美观视。亲朋效之，呼'不二山'。"

[13]孙总监：指吴越王钱俶王妃之兄孙承祐，《续资治

通鉴》卷七："承祐，俶妃之兄，以妃故，贵近用事，专其国政，时谓之'孙总监'，言其无所不领辖也。"

九层博山炉

长安巧工丁缓[14]制九层博山香炉，镂为奇禽怪兽，穷诸灵异，皆自然运动。（《西京杂记》）

[14] 丁缓：汉代长安著名工匠。此条和下条见于《西京杂记》。《西京杂记》："长安巧工丁缓者。为常蒲灯，七龙五凤，杂以芙蓉莲藕之奇。又作卧褥香炉。一名被中香炉。本出房风，其法后绝，至缓始更为之。为机环，转运四周而炉体常平，可置之被褥，故以为名。又作九层博山香炉，镂为奇禽怪兽，穷诸灵异皆自然运动。又作七轮扇，连七轮，大皆径丈，相连续，一人运之，满堂寒颤。"

被中香炉[15]

丁缓作卧褥香炉，一名被中香炉。本出防风[16]，其法后绝，至缓始更为之。为机环，转运四周而炉体常平，可置于被褥，故以为名。即今之香球[17]也。（同上）

[15] 被中香炉：见于《西京杂记》，原文见上条注释。卧褥香炉的原理与后世熏香球相同。

[16] 防风：《西京杂记》及无碍庵本作"房风"。盖指防风氏，上古时候的部落首领，与大禹同时代，其生活范围大概在今浙江湖州德清一带。
[17] 香球：古代中国香具。金属制的镂空圆球。内安一能转动的金属碗，无论球体如何转动，碗口均向上，焚香于碗中，香烟由镂空处溢出。

熏炉[18]

尚书郎入直[19]台中[20]，给女侍史[21]二人，皆选端正，指使从直，女侍史执香炉熏香以从，入台中给使护衣。（《汉官仪》）

[18] 熏炉：《汉官旧仪》："给尚书郎伯二人，女侍史二人，皆选端正者从直。伯送至止车门还，女侍史执香炉烧熏，从入台护衣。"
[19] 入直：亦作"入值"，谓官员入宫值班供职。
[20] 台中：指尚书台。秦和两汉称尚书署，东汉称尚书台，也称中台、内台，设在宫中。
[21] 侍史：此处指宫中侍女。

鹊尾香炉

《法苑珠林》云：香炉有柄可执者曰鹊尾炉。[22]
又

宋王贤[23]，山阴[24]人也。既禀女质[25]，厥志弥高，年及笄[26]应，适[27]女兄许氏，密具法服登车，既至夫门，时及交礼[28]，更着黄巾裙[29]，手执鹊尾香炉，不亲妇礼，宾客骇愕，夫家力不能屈，乃放还出家。梁大同[30]初，隐弱溪之间。

又

吴兴费崇先[31]少信佛法，每听经常以鹊尾香炉置膝前。（王琰《冥祥记》[32]）

又

陶弘景有金鹊尾香炉。[33]

[22] 此处非《法苑珠林》原文，法苑珠林只是讲了下文费崇先听经的故事。这里应该是《法苑珠林》的注疏一类的文字。

[23] 宋王贤：《陈氏香谱》作"宋玉贤"，《三洞珠囊》作"女冠宋玉贤"，指其为女道士。

[24] 山阴：在今浙江绍兴。见前"会稽山阴"条注释。

[25] 既禀女质：身为女性。

[26] 笄：指女子十五岁成年。

[27] 适：此处指女子出嫁。

[28] 交礼：婚礼中新人交拜的礼仪。

[29] 黄巾裙：女冠服饰。

[30] 大同：梁武帝年号（535—546）。

[31] 费崇先：南朝宋时人，虔信佛教。

[32] 王琰《冥祥记》：《冥祥记》，佛教灵应故事集。

王琰约生于宋孝建元年（454），卒于梁天监、普通间（502—527）。仕齐为太子舍人，仕梁为吴兴令。王琰是佛教居士，此书系感于观世音金像显验而著。

[33]《东坡诗集注》："《杜（少）陵集》载：陶贞白有金鹊尾香炉。"

麒麟炉

晋仪礼大朝[34]会节[35]，镇官阶[36]以金镀九天麒麟大炉。唐薛逢[37]诗云："兽坐金床吐碧烟"是也。

[34] 大朝：臣见君称朝，天子大会诸侯群臣叫大朝，别于平日常朝。
[35] 会节：谓行礼之节期。
[36] 镇官阶：此为"镇宫阶"之误，宫阶指宫殿台阶。《唐诗鼓吹》注释下文薛逢"兽坐金床吐碧烟"："晋礼仪大朝防，即镇宫阶以金镀九尺麒麟大炉。"
[37] 按三本皆作"薛能"，误。此句出唐薛逢《金城宫》诗"龙盘藻井喷红艳，兽坐金床吐碧烟"。薛逢，字陶臣，蒲州河东人。

天降瑞炉

贞阳观有天降炉自天而下，高三尺，下一盘，盘内出莲花一枝，十二叶，每叶隐出十二属[38]。盖上有一仙人带远游冠[39],披紫霞衣[40],形容端美。左手支颐[41],右手垂膝,坐一小石。石上有花竹、流水、松桧之状,雕刻奇古,非人所能,且多神异。南平王[42]取去复归,名曰瑞炉。

[38]十二属:指十二生肖。

[39]远游冠:古代天子以下诸王专用之冠。初为楚制,系楚庄王所戴。后秦统一中国后,采楚制为远游冠,为诸王加官时之冠服,只有皇太子及王者可作为常服。

[40]霞衣:轻艳如彩霞的衣服,亦指仙人或道士之服。

[41]颐:下巴。

[42]南平王:概指五代十国时南平国国王高氏。

金银铜香炉

御物[43]三十种,有纯金香炉一枚,下盘百副[44]。贵人[45]、公主有纯银香炉四枚,皇太子有纯银香炉四枚,西园贵人[46]铜香炉三十枚。(魏武《上杂物疏》[47])

[43]御物:皇帝御用的物品。

[44]百副:《艺文类聚》作"自副"。

[45]贵人:东汉之贵人和后世泛称贵人不同,指皇帝之妾,位次皇后,见前"贵人"条。

[46]西园贵人:《汉书·安帝纪》释诸园贵人:"谓宫人无子,守陵园者也。"指的是没有后代、守陵园的妃嫔。

[47] 魏武《上杂物疏》：曹操所写《上杂物疏》，是东汉末年曹操上给汉献帝的，当时曹操并未称帝，"武帝"的称号是其子曹丕篡汉后追尊的。见于《太平御览》等书。

梦天帝手执香炉

陶弘景字通明，丹阳秣陵[48]人也。父贞孝昌令[49]，初弘景母郝氏梦天人手执香炉来至其所，已而有娠。

[48] 丹阳秣陵：丹阳郡秣陵县，秦始皇三十七年（前210）改金陵邑置，属会稽郡。治所即今江苏南京江宁区南五十里秣陵镇。西汉属丹杨郡。东汉建安十七年（212）孙权自京口（今镇江市）徙治于此，改名建业，移治今南京市。西晋太康元年（280）灭吴，复名秣陵；三年分淮水（今秦淮河）南为秣陵县，北为建邺县。东晋义熙九年（413）移治京邑，在斗场柏社（今南京市武定桥东南）。元熙元年（419）移治扬州府禁防参军署（今南京市中华门外故报恩寺附近）。

[49] 孝昌令：孝昌县令。

香炉堕地

侯景[50]篡位。景床东边香炉无故堕地，景呼东西南

北皆谓为厢，景曰：此东厢香炉那忽[51]下地。议者以为湘东军[52]下之征。(《梁书》[53])

[50] 侯景：503—552，字万景，北魏怀朔镇（今内蒙古固阳南）鲜卑化羯人。先投尔朱荣，后投高欢，再投梁武帝。548年，侯景叛乱，起兵攻破梁朝都城建康，551年篡位自立。后被击溃身死。

[51] 那忽：怎么，如何。汉和、四库本作"郍"，同那。

[52] 湘东军：指湘东王萧绎的军队（陈霸先、王僧辩麾下军队）。

[53] 《梁书》：包含本纪六卷、列传五十卷，无表、无志。它主要记述了南朝萧齐末年及萧梁皇朝（502—557）五十余年的史事。撰者姚思廉（557—637），本名简，以字行，雍州万年（今陕西西安）人，唐太宗时在其父姚察原稿基础上奉命撰成此书。

覆炉示兆

齐建武[54]中，明帝[55]召诸王，南康王子琳[56]侍读江泌[57]忧念子琳，访志公[58]道人，问其祸福。志公覆香炉灰示之曰：都尽无余。后子琳被害。(《南史》)

[54] 建武：南朝齐明帝萧鸾的年号（494—498）。

[55] 明帝：萧鸾（452—498），字景栖，小名玄度，南朝南兰陵（治今常州西北）人，南齐的第五任皇

帝，庙号高宗。为始安王萧道生之子、齐高帝萧道
成之侄。
[56] 南康王子琳：齐朝南康王萧子琳，字云璋，永泰元
年被杀。
[57] 江泌：字士清，济阳考城人，历仕南齐南中郎行参
军，国子助教，梁武帝萧赜以为南康王子琳侍读。
[58] 志公：宝志禅师（418—514），亦称保志，南朝
齐、梁时高僧，金城（今甘肃兰州）人，俗姓朱。

凿镂香炉

石虎冬月为复帐[59]，四角安纯金银凿镂香炉。
（《邺中记》[60]）
[59] 复帐：古代冬季使用的一种华丽的夹帐子。
[60] 《邺中记》：晋陆翙撰，记录邺城（今河北临漳、
河南安阳交界处）的宫殿园林的情况，主要以石虎
时代的故事为主。陆翙，国子监助教，西晋东晋之
交时人。

凫藻炉[61]

冯小怜[62]有足炉曰辟邪，手炉曰凫藻，冬天顷刻不
离，皆以其饰得名。
[61] 凫藻炉：此条见于《琅嬛记》引《采兰杂志》。凫

藻，谓凫戏于水藻。比喻欢悦。这里是说炉的外形装饰。
[62] 冯小怜：冯小怜是北齐后主高纬的淑妃。高纬宠幸小怜，荒唐丧国，小怜几经转赠，后被逼死。

瓦香炉

衡山芝冈[63]有石室，中有仙人往来其处，有刀锯、铜铫及瓦香炉。（傅先生《南岳记》[64]）

[63] 芝冈：依杨慎的说法，芝冈是衡山的别名。《杨升庵集》："衡山，一名芝冈。"
[64] 傅先生《南岳记》：原书已佚，具体情况不详。

祠坐置香炉

香炉：四时祠[65]坐侧皆置炉。（卢谌《祭法》[66]）

[65] 四时祠：祭祀春夏秋冬四时之祠，在山东琅琊（山东临沂）。《史记·封禅书》："四时主，祠琅邪。琅邪在齐东方。"
[66] 卢谌《祭法》：三本作"卢詡《祭法》"，应作"卢谌《祭法》"。祭祀礼法之书，东晋卢谌撰。卢谌（284—350），字子谅，范阳涿（今属河北）人，东晋大臣。

迎婚用香炉

婚迎车前用铜香炉二（徐爰《家仪》[67]）

[67]徐爰《家仪》：徐爰所作的家庭礼仪之书。原书已佚，部分零篇存于他书之中。徐爰（394—475），本名瑗，字长玉，琅邪开阳（今江苏句容附近）人，晋末宋初时大臣。

熏笼

太子纳妃有熏衣笼，当亦秦汉之制。（《东宫旧事》）

筮香炉

吴郡吴泰能[68]筮[69]。会稽卢氏失博山香炉，使泰筮之。泰曰：此物质虽为金，其象实山，有树非林，有孔非泉，闾阎[70]风至，时发青烟，此香炉也。语其至处，求即得之。（《集异记》[71]）

[68]能：善于。

[69]筮：占卜。

[70]闾阎：依《艺文类聚》应作"阛阓"，指居室、住宅。

[71]《集异记》：《集异记》有多种，此《集异记》

为南朝宋郭季产所作。非是唐朝薛用弱撰的《集异记》。

贪得铜炉

何尚之[72]奏庾仲文贪贿得：嫁女具铜炉，四人举乃胜。

[72] 何尚之：382—460，字彦德。南朝宋庐江潜县（今霍山）人。著名学者、大臣、佛教护法居士。庾仲文和他是同时期的大臣，时任吏部尚书。《南史》载因为此次上奏，"帝乃可有司之奏，免仲文官，卒于家。帝录其宿诚，追赠本官。"

焚香之器[73]

李后主长秋[74]周氏[75]居柔仪殿，有主香宫女，其焚香之器曰：把子莲、三云凤、折腰狮子、小三神、卍字金、凤口罂、玉太古、容华鼎，凡数十种，金玉为之。

[73] 焚香之器：此条见于《清异录》。

[74] 长秋：皇后。原指长秋宫，汉太后长居此宫，后亦用为皇后代称。

[75] 周氏：李后主皇后有大小周后。大周后，周娥皇南唐司徒周宗长女，十九岁入宫为妃，得到后主李煜恩宠。建隆二年（961），李煜继位，册封周娥皇为国

后。乾德二年（964），周娥皇因病逝于瑶光殿，史称大周后。小周后，南唐司徒周宗次女，周娥皇（大周后）之妹。开宝元年（968）十一月，立为国后，南唐亡国后，随后主被俘入北宋京师（今开封）。

文燕香炉[76]

杨景猷[77]有文燕香炉。

[76] 文燕香炉：此条见于《琅嬛记》引《采兰杂志》。文燕，指刻镂彩饰成燕形。

[77] 杨景猷：杨师道（？—647），字景猷，弘农华阴（今陕西省华阴市）人，初唐宰相。

聚香鼎[78]

成都[79]市中有聚香鼎，以数炉焚香环于前，则烟皆聚其中。（《清波杂志》[80]）

[78] 聚香鼎：《清波杂志》："毗陵士大夫有仕成都者，九日药市，见一铜鼎，已破缺，旁一人赞取之。既得，叩何用，曰：'归以数炉炷香环此鼎，香皆聚于中。'试之，果然，乃名'聚香鼎'。初不知何代物而致此异。"

[79] 成都：成都可为县名，也可为府、路名，治所都是在今成都市。宋代为成都府路。

[80]《清波杂志》：笔记，宋周煇撰，作者曾居住在杭州清波门，故名。内容为宋代的名人轶事，典章风物，据自序说是作者晚年回忆年青时的见闻。周煇（1126—1198后），字昭礼，泰州海陵（今江苏泰州）人，祖居钱塘（今浙江杭州），南宋学者，藏书大家。

百宝香炉[81]

洛州[82]昭成佛寺有安乐公主[83]造百宝香炉，高三尺。（《朝野佥载》）

[81]百宝香炉：《朝野佥载》："洛州昭成佛寺，有安乐公主造百宝香炉。高三尺，开四门。绛桥勾栏，花草飞禽走兽，诸天妓乐，麒麟鸾凤，白鹤飞仙。丝来线去，鬼出神入。隐起钑镂，窈窕便娟。真珠玛瑙，琉璃琥珀，颇梨珊瑚，车渠琬琰，一切宝贝，用钱三万，库藏之物，尽于是矣。"

[82]洛州：北魏泰常八年（423）改豫州置，治所在金墉城（今河南洛阳市东北汉魏故城西北角）。太和十七年（493）移治洛阳城（今河南洛阳市东北汉魏故城），改为司州。东魏天平初复改为洛州。隋大业初移治河南县（今河南洛阳市），改为河南郡。唐武德四年（621）又改为洛州。永淳初，辖境相当今河南济源市、温县以南，嵩县及登封、禹

州二市以北，洛宁、渑池等县以东，荥阳市汜水镇及新密市以西地。开元元年（713）改为河南府。

[83] 安乐公主：685—710，唐中宗李显之女。韦后所生，小名裹儿。先嫁武三思之子武崇训，后改嫁武承嗣之子武延秀。恃势骄横，生活极为奢侈，与其母韦氏图谋临朝，后被李隆基诛杀。

迦业香炉[84]

钱镇州[85]诗虽未离五季[86]余韵，然回旋读之，故自娓娓可观。题者多云"宝子[87]"，弗知何物。以余考之，乃迦业之香炉。上有金华，华内有金台，台即为宝子，则知宝子乃香炉盖耳。亦可为此诗张本，但若圜重规[88]，岂汉丁缓之制乎[89]？（《黄长睿集》[90]）

[84] 迦业香炉：此段文字出黄伯思《东观余论》卷下《跋钱镇州回文后》。原文应作"迦叶香炉"。黄可能因为见于佛大弟子迦叶像所持而命名，其实这里面说的宝子是香料容器而非香炉。

[85] 钱镇州：钱惟治（949—1014），字世和，吴越忠逊王倧长子，吴越王钱俶养子。后归宋，领镇国军节度，进检校太尉。

[86] 五季：指五代，唐宋之间的后梁、后唐、后晋、后汉、后周。

[87] 宝子：据近人考证，宝子并非香炉，应该指的是盛

放香炉所用香料的容器（香料盒、香料瓶）。壁画中常见香炉与香宝子结合的配套供养具，当香炉的香料用完后，从香宝子中取出添加。

[88] 若圜重规：指两套圆形的形制相合，黄据此作出下面的猜测。

[89] 指前文提到汉代丁缓所制被中香炉的制法。当然这个是黄长睿的猜想，和实际情况不符。

[90]《黄长睿集》：黄伯思（1079—1118），字长睿，别字霄宾，号云林子，黄履孙，邵武（今福建邵武）人。北宋金石文物大家，著有《东观余论》、《博古图说》《燕几图》等。

金炉口喷香烟

贞元[91]中崔炜[92]坠一巨穴，有大白蛇负至一室，室有锦绣帏帐，帐前金炉，炉上有蛟龙、鸾凤、龟、蛇、孔雀，皆张口，喷出香烟，芳芬蓊郁。（《太平广记》[93]）

[91] 贞元：唐德宗李适的年号（785—805）。

[92] 崔炜：《太平广记》引唐传奇，称他为已故监察御史崔向之子，乐善好施，后得道成仙。

[93]《太平广记》：宋代编撰的一部大型类书，由李昉、扈蒙等十三人受宋太宗之命编撰，成书于太平兴国年间，故名。此书收集了大量宋代之前的野史小说等，保存了很多珍贵的资料。按此段故事出自

唐代裴铏的《传奇》，被《太平广记》收录。

龙文鼎[94]

宋高宗[95]幸张俊，其所进御物有龙文鼎、商彝[96]、高足彝、商父彝等物。（《武林旧事》）

[94] 龙文鼎：《武林旧事》所记张俊进奉的龙文鼎，是上古的青铜器，很难说和香有什么关系，作者收录于此有点勉强。

[95] 宋高宗：赵构，见前"高宗"条。

[96] 彝：彝本是礼器的泛称，或者用来指盛酒器。但是在宋代，彝之名被指称一些青铜器，这些青铜器实际上涵盖了多个种类，包括簋、盂等等，不能确定其具体所指。也有一些器型宋人称彝的做法被延续下来，比如方彝。

肉香炉

齐赵[97]人好以身为供养[98]，且谓两臂为肉灯台，顶心[99]为肉香炉。（《清异录》）

[97] 齐赵：指古齐赵之地，大致包括山东河北山西等省部分地区。

[98] 以身为供养：指以自己的身体作为供养的宗教行为。

[99] 顶心：头顶中央。

香炉峰

庐山有香炉峰,李太白[100]诗云"日照香炉生紫烟",来鹏[101]诗云"云起香炉一炷烟[102]"。

[100] 李太白:见前"李白"条。
[101] 来鹏:豫章(今江西南昌)人。家贫。累举进士不第。曾入幕宣州。卒于中和(881—885)年间。唐朝诗人。
[102]《全唐诗》作"云起炉峰一炷烟",出自《宛陵送李明府罢任归江州》。

香鼎[103]

周公谨云:余见薛玄卿[104]示以铜香鼎一,两耳有三龙交蟠,宛转自若,有珠能转动,及取不能出。盖太古物,世之宝也。张受益藏两耳彝炉,下连方座,四周皆作双牛,文藻并起,朱绿交错,花叶森然。按此制非名"彝",当是"敦[105]"也。

又小鼎一,内有款曰:※且※,文藻甚佳,其色青褐。

赵松雪[106]有方铜炉,四脚两耳,饕餮面,回文,内有东宫二字,款色正黑。此鼎《博古图》[107]所无也。

又圆铜鼎一,文藻极佳,内有款云:"瞿父癸鼎",蛟脚。

又金丝商嵌小鼎,元贾氏物,纹极细。(皆《云烟过

眼录》）

季雁山见一炉，幕[108]上有十二孔，应时出香。

[103] 这里有些为上古青铜器，本来与香道无关，后来可能也被用于焚香。

[104] 薛玄卿：薛羲（1289—1345），又名玄曦，字玄卿，河东人，徙居贵溪，字玄卿，号上清外史，宋末元初著名道士，善诗文。

[105] 敦：中国古代食器，在祭祀和宴会时盛放黍、稷、稻、梁等作物。出现在春秋时期，后来逐渐演变出盖。到战国时多为盖形同体。常为三足，有时盖也能反过来使用。宋代有很多青铜器被归到"彝"名下，但其实本来属于其他种类，此中的"敦"现在可能被称为"簋"。

[106] 赵松雪：赵孟頫（1254—1322），字子昂，号松雪，松雪道人，又号水晶宫道人、鸥波，中年曾署孟俯，吴兴（今浙江湖州）人。元代著名画家，书法家，著有《松雪斋文集》等。

[107] 《博古图》：即《宣和博古图》，宋徽宗命大臣编绘宣和殿所藏古器，修成《宣和博古图》三十卷。凡20类，839件，多为北宋出土精品。后人因此也将绘有瓷、铜、玉、石等古代器物的图画叫作"博古图"。

[108] 幕：盖子。

香诗汇[1]

卷二十七

[1] 此部分只注作者、写作背景、文字错讹或不同版本文字差异。具体字词意思恐繁不详注。《香乘》原文或有错讹，或与通常版本不同，每篇原文皆参照权威版本校对，不再一一注明来源。

烧香曲（李商隐）

细龙[2]蟠蟠牙比鱼，孔雀翅尾蛟龙须。章宫[3]旧样博山炉，楚娇捧笑开芙蕖。八蚕茧融绵小分炷，兽焰微红隔云母。白天月色寒未冷[4]，金虎含秋向东吐。玉佩呵光铜照昏，帘波日暮冲斜门[5]。西来欲上茂陵树，柏梁已失栽桃魂。露庭月井大红气，轻衫薄袖当君意。蜀殿琼人[6]伴夜深，金銮不问残灯事。何当巧吹君怀度，襟灰为土填清露。

[2] 细龙：一作"钿云"，无碍庵本作"钿龙"。
[3] 章宫：一作"漳宫"，无碍庵本作"漳公"。
[4] 白天月色寒未冷：一作"白天月泽寒未冰"，无碍庵本作"白天月色寒未冰"。
[5] 冲斜门：四库、汉和本作"邪冲门"。
[6] 琼人：四库、汉和本作"铜人"。

香[7]（罗隐[8]）

沉水良材食柏珍，博山炉暖玉楼春。怜君亦是无端物，贪作馨香忘却身。

[7] 香：一作"咏香"。
[8] 罗隐：833—909，原名横，字昭谏，自号江东生，余杭新城（今属杭州）人，晚唐文学家。20岁应进士第，因十举不第，乃改名为隐。著有《谗书》及《两同书》等。

宝熏[9]（黄庭坚）

贾天锡惠宝熏，以"兵卫森画戟，燕寝数清香"十诗赠之。

险心游万仞，躁欲生五兵。隐几香一炷，灵台湛空明。

昼食鸟窥台，晏坐日过砌。俗氛[10]无因来，烟霏作舆卫。

石蜜化螺甲，榠樝[11]煮水沉。博山孤烟起，对此作森森。

轮囷香事已，郁郁[12]著书画。谁能入吾室，脱汝世俗械[13]。

贾侯怀六韬，家有十二戟。天资喜文事，如我有香癖。

林花飞片片，香归衔泥燕。闭阁和春风，还寻蔚宗传。

公虚采蘋[14]宫，行乐在小寝。香光当发闻，色败不可稔。

床帐夜气馥，衣桁晚香[15]凝。瓦沟鸣急雨[16]，睡鸭照华灯。

雉尾应鞭声，金炉拂太清。班近开香早，归来学得成。

衣篝丽纨绮[17]，有待乃芬芳，当念真富贵，自熏知见香。

[9] 宝熏：此诗写作背景，见前"意和香有富贵气"条的说明。

[10] 俗氛：四库、汉和本作"俗气"，依无碍庵本及其他版本应作"俗氛"。

[11] 椶櫖：一作"椶櫨"，所指一物，见前相关注释。

[12] 郁郁：四库、汉和本作"都梁"，依其他版本及无碍庵本，应作"郁郁"。

[13] 械：四库、汉和本"秽"，依其他版本及无碍庵本，应作"械"。

[14] 蘋：四库、汉和本"芹"，依其他版本及无碍庵本，应作"蘋"。

[15] 香：一作"烟"。

[16] 雨：一作"雪"。

[17] 纨绮：四库、汉和本作"沉绮"。

帐中香[18]（前人）

百炼香螺沉水，宝熏近出江南。一穗黄云绕几，深禅相对同参。

螺甲割昆仑耳,香材屑鹧鸪斑。欲雨鸣鸠日永,下帷睡鸭春闲。

[18] 此诗为黄庭坚所作《有惠江南帐中香戏答六言》。

戏用前韵二首[19] 有闻帐中香以为熬蜡香（前人）

海上有人逐臭,天生鼻孔司南。但印香严本寂,不必丛林[20]遍参。

我读蔚宗香传,文章不减二班。误以甲为浅俗,却知麝要防闲。

[19] 此诗为黄庭坚所作《有闻帐中香以为熬蜡者戏用前韵二首》。

[20] 不必丛林：四库、汉和本作"丛林不必"，依无碍庵本及其他版本应作"不必丛林"。

和鲁直韵[21]（苏轼）

四句烧香偈子,随风遍满东南。不是文思所及,且令鼻观先参。

万卷明窗小字,眼花只有斓斑。一炷香烧[22]火冷,半生心老身闲[23]。

[21] 此诗是苏轼和黄庭坚上诗所作。

[22] 香烧：一作"烟消"。

[23] 心老身闲：一作"身老心闲"。

次韵答子瞻[24]（黄庭坚）

置酒未容虚左，论诗时要指南。迎笑天香满袖，喜君先赴朝参。

迎燕温风旎旎，润花小雨斑斑。一炷烟中得意，九衢尘里偷闲。[25]

［丹青已非[26]前世，竹君时窥一班。五字还当靖节，数行谁是高闲[27]。］[28]

[24] 此诗为黄庭坚再和苏轼答诗，题目作《子瞻继和复答二首》。

[25] 四库、汉和本遗漏此诗，即《子瞻继和复答二首》之二，而以苏轼再答之诗列其下，误。今补录于此。

[26] 已非：他本多作"已自""已是"，和四库、汉和本义反，但四库本亦说得通。

[27] 高闲：四库、汉和本作"亭闲"。

[28] 此诗为苏轼再答黄庭坚之诗，四库、汉和本误列于黄诗之下。

印香（苏轼）

子由[29]生日以檀香观音像、新合印香银篆盘为寿。

栴檀波律[30]海外芬，西山老脐柏所熏。香螺脱厣[31]来相群，能结缥缈风中云。一灯如萤起微焚，何时度尽缪篆文。缭绕无穷合复分，绵绵浮空散氤氲。东坡持是寿卯君，君少与我师皇坟。旁资老聃释迦文，共厄中年点蝇蚊。晚遇[32]何足云，君方论道承华勋。我亦旗鼓严中军，国恩当报敢不勤。但愿不为世所熏[33]，尔来白发不可耘。问君何时返乡枌，收拾散亡理放纷。此心实与香俱焄，闻思大士应已闻。

后卷载东坡《沉香山子赋》亦为子由寿香。供上真上圣者，长公两以致祝，盖敦友爱之至。

[29] 子由：苏轼的弟弟苏辙（1039—1112），字子由，一字同叔，眉州眉山（今四川眉山）人，自号颍滨遗老。北宋文学家、政治家，唐宋八大家之一。有《栾城集》等行于世。

[30] 波律：一作"婆律"，波律、婆律皆可，都是指龙脑。

[31] 厣：四库、汉和本作"压"。一作"鴈"，一作"甲"，综合考察，似以"厣"为合理。

[32] 晚遇：一作"斯须"。

[33] 熏：一作醺。四库、汉和本作�，误。

沉香石[34]（苏轼）

壁立孤峰倚砚长，共疑沉水得顽苍。欲随楚客纫兰佩，谁信吴儿是木肠。山下曾闻[35]松化石[36]，玉中还有辟邪香。早知百和皆灰烬，未信人间[37]弱胜刚。

[34] 沉香石：此诗为苏轼《次韵滕大夫三首》中的第三首《沉香石》。

[35] 闻：一作"逢"。

[36] 松化石：一作"化松石"。

[37] 人间：一作"人言"。

凝斋香（曾巩[38]）

每觉西斋景最幽，不知官是古诸侯。一樽风月身无事，千里耕桑岁共秋。云水洗心鸣好鸟，玉泉清耳漱长流。沉烟细细临黄卷，凝在香烟[39]最上头。

[38] 曾巩：1019—1083，字子固，世称"南丰先生"。建昌南丰（今江西南丰）人。后居临川（今江西抚州）。北宋文学家、政治家，唐宋八大家之一。有《元丰类稿》和《隆平集》传世。

[39] 香烟：一作"香炉"。

肖梅香（张吉甫[40]）

江村招得玉妃魂，化作金炉一炷云。但觉清芬暗浮动，不知碧篆已氤氲。春收东阁帘初下，梦想江湖被更熏。真似吾家雪溪上，东风一夜隔篱闻。

[40] 张吉甫：北宋诗人，神宗朝为都官员外郎。

香界[41]（朱熹[42]）

幽兴年来莫与同，滋兰聊欲洗[43]光风。真成佛国香云界，不数淮山桂树丛。花气无边熏欲醉，灵芬[44]一点静还通。何须楚客纫秋佩，坐卧经行向此中。

[41] 香界：此诗是朱熹《伏读秀野刘丈闲居十五咏谨次高韵率易拜呈伏乞痛加绳削是所愿望》中第五首。
[42] 朱熹：见"《言行录》"条。
[43] 洗：一作"沉"。
[44] 芬：一作"氛"。

返魂梅次苏借[45]韵（陈子高[46]）

谁道春归无觅处，眠斋香雾作春昏。君诗似说江南信，试与梅花招断魂。

花开莫奏伤心曲，花落休矜称面妆。只忆梦为蝴蝶去，香云密处有春光。

老夫粥后惟耽睡，灰暖香浓百念消。不学朱门贵公子，鸭炉烟里逗风标。

鼻根无奈重烟绕，偏处春随夜色匀。眼里狂花开底事，依然看作一枝春。

漫道君家四壁空，衣篝沉水晚朦胧。诗情似被花相恼，入我香奁境界中。

[45] 苏借：也作苏籍，字季文，眉山（今四川眉山）人，居毗陵（今江苏常州）。苏轼之孙（苏过之子）。高宗时历任太常寺主簿等官。

[46] 陈子高：陈克（1081—1137），字子高，自号赤城居士，宋代词人，临海（今浙江临海）人，侨居金陵。著有《天台集》（已佚）等。陈克在郦琼叛国时被俘，宁死不屈，就义成仁。

龙涎香[47]（刘子翚[48]）

瘴海骊龙供素沫，蛮村花露浥清滋。微参鼻观犹疑似，全在炉烟未发时。

[47] 龙涎香：此诗为刘子翚《邃老寄龙涎香二首》的第一首。

[48] 刘子翚：1101—1147，字彦冲，一作彦仲，号屏山，建州崇安（今福建武夷山市）人，宋代理学家、诗人，著有《屏山集》。

焚香[49]（邵康节[50]）

安乐窝中一炷香，凌晨焚意岂寻常。祸如许免人须谄，福若待求天可量。且异缁黄徼庙貌，又殊儿女裛衣裳。中孚起信宁烦祷，无妄生灾未易禳。虚室清冷都是白，灵台莹静别生光。观风御寇心方醉，对景[51]颜渊坐正忘。赤水有珠涵造化，泥丸无物隔青苍。生为男子仍身健，时遇昌辰更岁穰。日月照临功自大，君臣庇荫效何长。非图闻道至于此，金玉谁家不满堂。

[49] 此诗四库本缺失甚多，参照他本补全。

[50] 邵康节：邵雍（1011—1077），字尧夫，谥号康节，宋朝著名学者、易学大师、诗人。并著有《皇极经世》《观物内外篇》《先天图》《渔樵问对》《伊川击壤集》《梅花诗》等。

[51] 景：一作"境"。

焚香（杨廷秀[52]）

琢瓷作鼎碧于水，削银为叶轻似纸。不文不武火力均，闭阁[53]下帘风不起。诗人自炷古龙涎，但令有香不见烟。素馨欲开茉莉折，底处龙涎[54]和栈檀[55]。平生饱食[56]山林味，不奈此香殊妩媚。呼儿急取蒸木犀，却作书生真富贵。

[52] 杨廷秀：此处指杨万里（1127—1206），字廷秀，

号诚斋，自号诚斋野客。吉州吉水（今江西吉水）人。南宋官员、著名诗人，中兴四大诗人之一。三本皆作"杨庭秀"，为"廷秀"之误。与杨万里同时，北方金朝有诗人名杨庭秀，但这首诗是杨万里所作，杨庭秀并非此诗作者。

[53] 閤：一作"阁"。
[54] 龙涎：一作"龙麝"。
[55] 栈檀：一作：沉檀。
[56] 食：一作"识"。

焚香（郝伯常[57]）

花落深庭日正长，蜂何撩乱燕何忙。匡床不下凝尘满，消尽年光一炷香。

[57] 郝伯常：郝经（1223—1275），字伯常，陵川（今山西陵川）人，金末（南宋末）元初人，著名学者，曾代表蒙古出使南方求和议，被贾似道扣押多年。著有《续后汉书》《陵川集》等。

焚香[58]（陈去非[59]）

明窗延静昼，默坐消[60]诸缘。即[61]将无限意，寓此一炷烟。当时戒定慧，妙供均人天。我岂不清友，于今心醒然。炉香袅孤碧，云缕霏[62]数千。悠然凌空去，缥缈随风还。世事有过现,熏性无变迁。应是水中月,波定还自圆。

［58］焚香:一作"烧香"。
［59］陈去非:陈与义(1090—1138),字去非,号简斋,洛阳(今河南洛阳)人,北宋南宋之间著名诗人。著有《简斋集》。
［60］消:一作"息"。
［61］即:一作"聊"。
［62］霏:一作"飞"。

觅香[63]

罄室[64]从来一物无,博山惟有一铜炉[65]。而今荀令真成癖,秖欠清芳[66]袅坐隅。

［63］觅香:此诗见于《陈氏香谱》,亦未署作者。
［64］罄室:《陈氏香谱》作"磬室"。
［65］铜炉:《陈氏香谱》作"香炉"。
［66］清芳:《陈氏香谱》作"精神"。

觅香(颜博文[67])

王希深合和新香,烟气清洒,不类寻常,可以为道人开笔端消息。

玉水沉沉影,铜炉袅袅烟。为思丹凤髓,不爱老龙涎。

皂帽真闲客，黄衣小病仙。定知云屋下，绣被有人眠。

[67] 颜博文：见前"《香史》"条注释。

香炉[68]（古诗）

四座且莫喧，听我[69]歌一言。请说铜香炉，崔嵬象南山。上枝似松柏，下根据铜盘。雕文各异类，离娄自相连。谁能为此器，公输与鲁般。朱火燃其中，青烟飏其间。顺风入君怀[70]，四座莫不欢。香风难久居，空令蕙草残。

[68] 此诗为汉代乐府，作者不详。

[69] 听我：《陈氏香谱》作"愿听"。

[70] 顺风入君怀：《陈氏香谱》作"顺入君怀里"。

博山香炉（刘绘[71]）

参差郁佳丽，合沓纷可怜。蔽亏千种树，出没万重山。上镂秦王子，驾鹤乘紫烟。下刻盘龙势，矫首半衔莲。旁为伊水丽，芝盖出岩间。后有[72]汉女游[73]，拾翠弄余妍。荣色何杂糅，褥绣更相鲜。麚麖[74]或腾倚，林薄草芊蓨。掩[75]华如不发，含熏未肯然。风生玉阶树，露湛[76]曲池莲。寒虫飞夜室，秋云漫晓天。

[71] 刘绘：字士章。彭城（今江苏徐州）人。南朝齐大
　　 臣、文学家。

［72］后有：一作"复有"。

［73］女游：一作"游女"。

［74］麢麚：《陈氏香谱》作"麋鹿"。

［75］掩：《陈氏香谱》作"撩"。

［76］湛：《陈氏香谱》作"浥"。

和刘雍州绘博山香炉诗[77]（沈约[78]）

范金诚可则，摛思必良工。凝芳俟朱燎，先铸首山铜。环奇[79]信岩崿，奇态实玲珑。峰磴互相拒，岩岫杳无穷。赤松游其上，敛足御轻鸿。蛟螭盘其下，骧首盼层穹。岭侧多奇树，或孤或复丛。岩间有佚女，垂袂似含风。翠飞若未已，虎视郁余雄。登山起重障，左右引丝桐。百和清夜吐，兰烟四面充。如彼崇朝气，触石绕华嵩。

［77］此诗是沈约和上文刘绘的诗作。刘雍州绘，指刘绘，刘绘曾领雍州刺史。

［78］沈约：441—513，字休文，吴兴武康（今浙江湖州德清）人，历仕宋、齐、梁三朝，南朝史学家、文学家、诗人，后人辑有《沈隐侯集》，著有《宋书》等。

［79］环奇：《陈氏香谱》作"环姿"。

迷香洞[80]［史凤（宣城妓）］

洞口飞琼佩羽霓，香风飘拂使人迷。自从邂逅芙蓉帐，不数桃花流水溪。

［80］迷香洞：见本书第十卷"迷香洞"。

传香枕[81]

韩寿香从何处传，枕边芬馥恋婵娟。休疑粉黛加鋋刃，玉女旌檀侍佛前。

［81］传香枕：此诗亦传为史凤所作，传香枕亦参见本书第十卷"迷香洞"。

十香词[82]（出《焚椒录》[83]）

辽道宗[84]萧后[85]姿容端丽，能诗，解音律，上所宠爱。会后家与赵王耶律乙辛[86]有隙。乙辛蓄奸图后。后尝自谱词，伶官赵惟一奏演，称后意。宫婢单登者，与之争能，怨后不知己。而登妹清子，素为乙辛所昵，登每向清子诬后与惟一通，乙辛知之，乃命人作十香词，阴嘱清子使登乞后手书[87]，用为诬案。狱成，后竟被诬死。[88]

青丝七尺长，挽出内家妆。不知眠枕上，倍觉绿云香。
红绡一幅强，轻兰白玉光。试开胸探取，犹比颤酥香。
芙蓉失新艳，莲花落故妆。两般总堪比，可似粉腮香。

蜻蜓那足并,长须学凤凰。昨宵欢臂上,应惹领边香。
和羹好滋味,送语出宫商。定知郎口内,含有煖甘香。
非关兼酒气,不是口脂芳。却疑花解语,风送过来香。
既摘上林蕊,还亲御苑桑。归来便携手,纤纤春笋香。
咳唾千花酿,肌肤百和装。元非啖沉水,生得满身香。
凤靴抛合缝,罗袜解轻霜。谁将暖白玉,雕出软钩香。
解带色已战,触手心愈忙。那识罗裙内,消魂别有香。

[82] 十香词:此诗是耶律乙辛命人所作,诬陷萧后的作品。详见诗前背景介绍。

[83]《焚椒录》:辽代笔记,辽王鼎撰,存一卷。记道宗时大臣耶律乙辛、张孝杰等相互勾结,诬陷宣懿后至死的经过,以及其前后各事。王鼎,字虚中,涿州(今河北涿州)人,辽代文学家,官观察判官、翰林学士。

[84] 辽道宗:耶律洪基(1032—1101),字涅邻,小字查刺。辽朝第八位皇帝。雅好汉文化,颇有诗才,在位时与宋交好。但政治上昏昧少察,致耶律乙辛擅权,导致辽国衰落。

[85] 萧后:萧观音(1040—1075),辽代女作家,辽道宗(无碍庵本作太祖,误)耶律洪基懿德皇后,死后追谥宣懿。她爱好音乐,善琵琶,工诗,能自制歌词,曾做《回心院》十首。此诗序讲述其被诬陷赐死的悲剧经历。

[86] 耶律乙辛:?—1081,辽朝权臣,字胡睹衮,五院

部人。素谋不轨，除了诬陷害死萧后，还构陷害死太子，后被辽道宗察觉，坐罪缢死。

[87]《焚椒录》此处的记述颇有疑点，今后另有文章对此做详细分析。

[88] 无碍庵本此处附简要的故事介绍，今修订后录于此。

焚香诗（高启[89]）

艾蒳山中品，都夷海外芬。龙洲传旧采，燕室试初焚。奁印灰萦字，炉呈玉镂文。乍飘犹掩冉，将断更氤氲。薄散春江雾，轻飞晓峡云。销迟凭宿火，度远托微熏。着物元无迹，游空忽有纹。天丝垂袅袅，地浪动沄沄。异馥来千和，祥霏却众荤。岚光风卷碎，花气日浮焄[90]。灯灺宵同歇，茶烟午共纷。褒惟嫌放早，引㶿记添勤。梧影吟成见，鸠声梦觉闻。方传媚寝法，灵着辟邪勋。小阁清秋雨，低帘薄晚曛。情惭韩掾染，恩记魏王分。宴客留鹓侣，招仙降鹤群。曾携朝罢袖，尚浥舞时裙。囊称缝罗佩，篝宜覆锦熏。画堂空捣桂，素壁漫涂芸。本欲参童子，何须学令君。忘言深坐处，端此谢尘氛。

[89] 高启：1336—1373，字季迪，号槎轩，长洲（今江苏苏州）人，元末明初著名诗人。著有《高太史大全集》《凫藻集》等。高启后因对朱元璋不恭顺的态度，被朱元璋找借口腰斩。

[90] 浮焄：一作"蒸醺"。

焚香（文徵明[91]）

银叶荧荧宿火明，碧烟不动水沉清。纸屏竹榻澄怀地，细雨轻寒燕寝情。妙境可能[92]先鼻观，俗缘都尽洗[93]心兵。日长自展南华读，转觉逍遥道味生。

[91] 文徵明：1470—1559，原名壁，字徵明。四十二岁起以字行，更字征仲。因先世衡山人，故号衡山居士，世称"文衡山"，明代画家、书法家、文学家。长州（今江苏苏州）人，著有《甫田集》等。

[92] 能：一作"参"。

[93] 洗：一作"况"。

香烟六首（徐渭[94]）

谁将金鸭衔浓息，我只磁龟待尔灰。软度低窗领风影，浓梳高髻绾云堆。丝游不解黏花落，缕嗅如能惹蝶来。京贾渐疏包亦尽，空余红印一梢梅。

午坐焚香枉连岁，香烟妙赏始今朝。龙挐云雾终伤猛，蜃起楼台不暇飘。直上亭亭才伫立，斜飞冉冉忽逍遥。细思绝景双难比，除是钱塘八月潮。

霜沉欛竹更无他，底事游魂演百魔。函谷迎关才紫气，雪山灌顶散青螺。孤萤一点停灰冷，古树千藤泻影拖。春梦婆今何处去，凭谁举此似东坡。

蕃蔔花香形不似，菖蒲花似不如香。揣摩慰宗鼻何暇，应接王郎眼倍忙。沧海雾蒸神仗暖，峨眉雪挂佛灯凉。并侬三物如堪促[95]，促付孙娘刺绣床。

说与焚香知不知，最怜[96]描画是烟时。阳成罐口飞逃汞，太古空中刷袅丝。想见当初劳造化，亦如此物辨恢奇。道人不解供呼吸，间香须臾变换嬉。

西窗影歇观虽寂，左柳笼穿息不遮。懒学吴儿煅银杏，且随道士袖青蛇。扫空烟火香严鼻，琢尽玲珑海象牙。莫讶因风忽浓淡，高空刻刻改云霞。

[94] 徐渭：1521—1593，山阴（今浙江绍兴）人，初字文清，后改字文长，号天池山人，或署田水月、田丹水，青藤老人、天池渔隐、金回山人、山阴布衣、白鹇山人、鹅鼻山侬等别号，明代文学家、书画家。著有《徐文长集》《徐文长三集》《徐文长逸稿》《路史分释》《南词叙录》及杂剧《四声猿》等。

[95] 促：此"促"和下句"促"字，《徐文长文集》作"捉"。

[96] 最怜：《徐文长集》作"最堪"。

香球[97]（前人）

香球不减橘团圆，橘气香球总可怜。虮虱窠窠逃热瘴，烟云夜夜辊寒毡。兰消蕙歇东方白，炷插针牢[98]北斗旋。一粒马牙联我辈，万金龙脑付婵娟。

[97]香球：此诗一般和前面六首徐渭的《香烟》诗放在一起，作为第七首。

[98]牢：四库本作"穿"。

诗句

百和裹衣香。[99]

金泥苏合香[100]。

红罗复斗帐，四角垂香囊[101]。（古诗）

卢家兰室桂为梁，中有郁金苏合香[102]。（梁武帝）

合欢襦熏百和香[103]。（陈后主[104]）

彩墀散兰麝，风起自生香[105]。（鲍照[106]）

灯影照无寐，清心闻妙香[107]。

朝罢香烟携满袖，衣冠身惹御炉香[108]。（杜甫[109]）

燕寝凝清香[110]。（韦应物[111]）

袅袅沉水烟[112]。

披书古芸馥[113]。

守帐然香着[114]。

沉香火暖茱萸烟[115]。（李贺[116]）

豹尾香烟灭[117]。（陆厥[118]）

重熏异国香[119]。（李廓[120]）

多烧荀令香[121]。（张正见[122]）

烟斜雾横焚椒兰[123]。

然香气散不飞烟[124]。（陆瑜[125]）

旧赐罗衣亦罢熏[126]。（胡曾[127]）

沉水熏衣白壁堂[128]。（胡宿[129]）

丙舍无人遗炉香[130]。（温庭筠）

夜烧沉水香[131]。

但见香烟横碧缕[132]。（苏东坡）

蛛丝凝篆香[133]。（黄山谷）

焚香破今夕[134]。

燕坐独焚香[135]。（简斋[136]）

焚香澄神虑[137]。（韦应物）

群仙舞即香[138]。

向来一瓣香，敬为曾南丰[139]。（后山[140]）

博山炉中百和香，郁金苏合及都梁[141]。（吴筠[142]）

金炉绝沉燎[143]。

熏炉鸡舌香。

博山炯炯吐香雾[144]。（古诗）

龙炉传日香[145]。

炉烟添柳重[146]。

金炉兰麝香[147]。（沈佺期[148]）

炉香暗徘徊[149]。

金炉细炷通[150]。

睡鸭香炉换夕熏[151]。

荀令香炉可待熏[152]。（李义山）

博山吐香五云散[153]。（韦应物）

浥浥炉香初泛夜[154]。（苏轼）

蓬莱宫绕玉炉香[155]。（陈陶[156]）

喷香瑞兽金三尺[157]。（罗隐）

绣屏银鸭香蓊朦[158]。（温庭筠）

日烘荀令炷炉香[159]。（黄山谷）

午梦不知缘底事，篆烟烧尽一盘香[160]。（屏山[161]）

微风不动金猊香[162]。（放翁[163]）

[99] 此句出南朝梁王筠《行路难》，原诗作"已缫一茧催衣缕，复捣百和裛衣香"。王筠（481—549），南朝梁文学家，琅琊临沂（今属山东）人。

[100] 此诗出古诗《秦王卷衣》："玉检茱萸匣，金泥苏合香。"（参见《玉台新咏》卷六）

[101] 此诗出《古诗为焦仲卿妻作》，即《孔雀东南飞》，（参见《玉台新咏》卷一）。

[102] 此句出梁武帝萧衍《河中之水歌》："河中之水向东流，洛阳女儿名莫愁。十五嫁为卢家妇，十六生儿字阿侯。卢家兰室桂为梁，中有郁金苏合香。"

[103] 此句出陈后主《乌栖曲》："合欢襦熏百和香，床中被织两鸳鸯。乌啼汉没天应曙，只持怀抱送郎去。"

[104] 陈后主：553—604，名陈叔宝，字元秀，南北朝时代南朝陈国末代皇帝。

[105] 此句出鲍照《中兴歌十首》第三："碧楼含夜月，紫殿争朝光。彩墀散兰麝，风起自生芳。"

[106] 鲍照：约415—470，南朝宋文学家、诗人。字明远，东海（今属江苏）人，有《鲍参军集》。
[107] 此句出杜甫《大云寺赞公房四首》："灯影照无睡，心清闻妙香。夜深殿突兀，风动金银铎。"
[108] 此句出杜甫《和贾舍人早朝》。
[109] 杜甫：712—770，字子美，自号少陵野老，盛唐诗人，被尊为"诗圣"。原籍湖北襄阳，生于河南巩县。
[110] 此句出韦应物《郡斋雨中与诸文士燕集》："兵卫森画戟，燕寝凝清香。"
[111] 韦应物：737—792，唐代诗人。长安（今陕西西安）人，因做过苏州刺史，世称"韦苏州"。
[112] 此句出唐李贺《贵公子夜阑曲》："袅袅沉水烟，乌啼夜阑景。"
[113] 此句出唐李贺《秋凉诗，寄正字十二兄》："披书古芸馥，恨唱华容歇。"
[114] 此句出唐李贺《送秦光禄北征》："守帐然香暮，看鹰永夜栖。"
[115] 此句出唐李贺《屏风曲》："沈香火暖茱萸烟，酒觥绾带新承欢。"
[116] 李贺：三本作李义山，误。以上四句诗皆出李贺。李贺（790—816），字长吉，祖籍陇西，生于福昌县昌谷（今河南洛阳宜阳县）。唐代诗人，人称"诗鬼"。

[117] 此诗出陆厥《李夫人及贵人歌》:"属车挂席尘,豹尾香烟灭。"

[118] 陆厥:字韩卿,吴郡吴人。南朝宋、齐间诗人。

[119] 此句出唐李廓《杂曲歌辞·长安少年行十首》:"划戴扬州帽,重熏异国香。"

[120] 李廓:三本作"李廊",误。李廓,9世纪唐朝诗人。

[121] 此句出张正见《艳歌行》:"满酌胡姬酒,多烧荀令香。"

[122] 张正见:字见赜,清河东武城人。南朝梁、陈间文学家。

[123] 此句出杜牧《阿房宫赋》:"烟斜雾横,焚椒兰也。"

[124] 此句出陆瑜《东飞伯劳歌》:"然香气歇不飞烟,空留可怜年一年。"

[125] 陆瑜:四库、汉和本作"陆蹦"。陆瑜,字干玉,吴郡吴人,南朝梁、陈间诗人。

[126] 此句出胡曾《杂曲歌辞·妾薄命》:"阿娇初失汉皇恩,旧赐罗衣亦罢熏。"四库、汉和本脱"旧赐"二字。

[127] 胡曾:四库、汉和本作"胡增",胡曾,9世纪唐代诗人,以咏史诗著称。

[128] 此句出胡宿《侯家》:"彩云按曲青岑醴,沉水薰衣白璧堂。"

[129] 胡宿：唐代诗人，生卒不详。
[130] 此句出温庭筠《走马楼三更曲》："帘间清唱报寒点，丙舍无人遗烬香。"
[131] 此句出苏轼《和陶拟古九首》："夜烧沉水香，持戒勿中悔。"苏辙的和答诗中亦有此句。
[132] 三本脱"但见"二字，此句出苏轼《送刘寺丞赴余姚》："玉笙哀怨不逢人，但见香烟横碧缕。"
[133] 此句出黄庭坚《三月壬申同尧民希孝观渠名寺经藏得弘明集中》："鸟语杂歌颂，蛛丝凝篆香。"
[134] 此句出陈与义《八关僧房遇雨》："世故方未阑，焚香破今夕。"
[135] 此句出陈与义《放慵》："云移稳扶杖，燕坐独焚香。"
[136] 简斋：三本误作"商斋"，简斋是陈与义的号，见"陈与义""陈去非"条。
[137] 此句出韦应物《晓坐西斋》："盥漱忻景清，焚香澄神虑。"
[138] 群仙舞即香：无碍庵本作"群仙舞印香"。
[139] 此句出陈师道《观兖文忠公家六一堂图书》："向来一瓣香，敬为曾南丰。"
[140] 后山：陈师道（1053—1102），北宋诗人，字履常，一字无己，号后山居士，彭城（今江苏徐州）人。

[141] 此句出吴均《行路难》。

[142] 吴筠：一作"吴均"，469—520，字叔庠，吴兴故鄣受荣里（今浙江省湖州市安吉县西亩受荣村）人。南朝齐、梁时期的文学家、史学家。此处非指唐朝吴筠。

[143] 此句出江淹《休上人怨别》："金炉绝沉燎，绮席遍浮埃。"

[144] 此句出刘禹锡《更衣曲》："博山炯炯吐香雾，红烛引至更衣处。"

[145] "传"似应作"傍"。此句出杨巨源《圣寿无疆词十首》："凤扆临花暖，龙炉傍日香。"

[146] 此句亦出杨巨源《圣寿无疆词十首》："炉烟添柳重，宫漏出花迟。"

[147] 三本脱"秦子"二字，此句出沈佺期《杂歌谣辞·古歌》：燕姬彩帐芙蓉色，秦子金炉兰麝香。

[148] 沈佺期：约656—约714或715，唐代诗人，字云卿，相州内黄（今属河南）人。

[149] 炉香暗徘徊：出张籍《宛转行》："炉氲暗徘徊，寒灯背斜光。"

[150] 此句出唐李贺《恼公》："桂火流苏暖，金炉细炷通。"

[151] 此句出李商隐《促漏》："舞鸾镜匣收残黛，睡鸭香炉换夕熏。"

[152] 此句出李商隐《牡丹》："石家蜡烛何曾剪，苟

令香炉可待熏。"
[153] 此句出韦应物《横吹曲辞·长安道》："下有锦铺翠被之粲烂，博山吐香五云散。"
[154] 此句出苏轼《台头寺步月得人字》："泿泿炉香初泛夜，离离花影欲摇春。"按此诗三本置于韦应物下，恐误，今移之。
[155] 此句出陈陶《朝元引四首》："帝烛荧煌下九天，蓬莱宫晓玉炉烟。"
[156] 陈陶：晚唐诗人，字嵩伯，自号三教布衣，岭南（一云鄱阳，一云剑浦）人。
[157] 此句出罗隐《寄前宣州窦常侍》："喷香瑞兽金三尺，舞雪佳人玉一围。"
[158] 此句出温庭筠《生禖屏风歌》："绣屏银鸭香蓊蒙，天上梦归花绕丛。"
[159] 此句出黄庭坚《观王主簿家酴醿》："露湿何郎试汤饼，日烘荀令炷炉香。"
[160] 此句出刘子翚《次韵六四叔村居即事十二绝》："午梦不知缘底破，篆烟烧遍一盘花。"
[161] 屏山：刘子翚（1101—1147），字彦冲，号屏山，一号病翁，建州崇安（今属福建）人，著有《屏山集》。朱熹的老师。
[162] 此句出陆游《大风登城书雨》："锦绣四合如坦墙，微风不动金猊香。"
[163] 放翁：指南宋诗人陆游，参见"《老学庵笔

冷香拈句[164]

苏老泉[165]一日家集，举香冷二字一联为令。首唱云："水向石边流出冷，风从花里过来香[166]。"东坡云："拂石坐来衣带冷，踏花归去马蹄香[167]。"颖滨[168]云："（缺）冷[169]，梅花弹遍指头香。"小妹云："叫月杜鹃喉舌冷，宿花蝴蝶梦魂香。[170]"

谢庭咏雪[171]于此两见之。

[164] 冷香拈句：此段出明蒋一葵《尧山堂外纪》，是民间传说。

[165] 苏老泉：苏洵（1009—1066），字明允，号老泉，汉族，眉州眉山（今四川眉山）人，北宋文学家，与其子苏轼、苏辙合称"三苏"。著有《嘉祐集》《谥法》。

[166] 此诗出宋释师观《颂古三十三首 其一》，师观禅师比苏洵晚出，苏洵不可能引用师观的禅诗，这里只是民间故事。

[167] 此句出唐诗《芙蓉堂》："拂石坐来衫袖冷，踏花归去马蹄香。"

[168] 颖滨：指苏辙，参见前"子由"条。

[169] 原文缺失含"冷"字句。

[170] 苏辙和苏小妹所云，未见前人记载，可能是故事

编撰者所作。

[171] 谢庭咏雪：指东晋谢道韫咏雪的故事。

木犀（鹧鸪天）（元裕之[172]）

桂子纷翻浥露黄，桂花高静爱年芳[173]。蔷薇水润宫衣软，婆律膏清月殿凉。

云岫句，海仙方，情缘心事两难忘。褁莲[174]枉误秋风客，可是无尘袖里香？

[172] 元裕之：金朝诗人元好问（1190—1257），字裕之，号遗山，世称遗山先生，太原秀容（今山西忻州）人。好问被尊为"一代文宗"，诗词文章俱佳，文学批评精当，于史学亦有建树。著有《元遗山先生全集》《中州集》等。参见"《元遗山集》"条注释。

[173] 高静爱年芳：《元遗山集》作"高韵静生芳"。

[174] 褁莲：《元遗山集》作"衰莲"。

龙涎香（天香）（王沂孙[175]）

孤峤蟠烟，层涛蜕月，骊宫夜采铅水。汛远槎风，梦深薇露，化作断魂心字。红瓷候火，还乍识、冰环玉指。一缕萦帘翠影，依稀海风[176]云气。

几回殢[177]娇半醉，翦春灯[178]，夜寒花碎。更好故溪风飞雪,小窗深闭。荀令如今顿老,总忘却,尊前旧风味。谩[179]惜余熏,空篝素被[180]。

[175] 王沂孙:？—1290,字圣与,号碧山、中仙、玉笥山人,会稽(今浙江绍兴)人,宋末元初词人,著有词集《碧山乐府》,一称《花外集》。

[176] 海风:一作"海天"。

[177] 殢:四库、汉和本脱"殢"字。

[178] 翦春灯:四库、汉和本作"翁青灯"。

[179] 谩:四库、汉和本作"慢"。

[180] 被:四库、汉和本脱"被"字。

软香(庆清朝慢)(詹天游[181])

熊讷斋请赋,且曰赋者不少,愿扫陈言。

红雨争飞,香尘[182]生润,将春都作成泥。分明惠风微露,花气迟迟。无奈汗酥浥透,温柔香[183]里湿云痴。偏厮称,霓裳霞佩,玉骨冰肌。

难品处,难咏处[184],蓦然地不在。着意[185]闻时,款款生绡扇底,嫩凉动个些儿。似醉浑无气力,海棠一色睡胭脂。甚[186]奇绝,这般风韵,韩寿争知?

[181] 詹天游:詹玉,字可大,号天游,古郢(今湖北江陵)人,一说江西人,南宋末元初词人,入仕元朝,著有《天游词》一卷。

[182] 香尘:《陈氏香谱》作"芳尘"。

[183] 温柔香：《陈氏香谱》作"温柔乡"。
[184] 难品处，难咏处：《陈氏香谱》作"谁品处、谁咏处"。
[185] 着意：《陈氏香谱》作"洎意"。
[186] 甚：《陈氏香谱》作"真"。

词句

玉帐鸳鸯喷兰麝[187]。（太白）

沉檀烟起盘红雾[188]。（徐昌图[189]）

寂莫绣屏香一炷[190]。（韦庄[191]）

至今犹惹御炉香[192]。（薛昭蕴[193]）

博山香炷融[194]。

炉香烟冷自亭亭[195]。（李后主）

香草续残炉[196]。（谢希深[197]）

炉香静逐游丝转[198]。

四和袅金凫[199]。

尽日沉香水一缕[200]。

玉盘香转看徘徊[201]。

金鸭香凝袖[202]。（谢无逸[203]）

衣润费炉烟[204]。（周美成[205]）

朱射掌中香[206]。

长日篆烟消[207]。

香满云窗月户[208]。

炉熏熟水留看[209]。

绣被熏香透[210]。

[187] 此句出唐李白《清平乐》："禁闱清夜，月探金窗罅。玉帐鸳鸯喷兰麝，时落银灯香炧。"

[188] 此句出五代徐昌图《木兰花》："沉檀烟起盘红雾，一箭霜风吹绣户。"

[189] 徐昌图：南唐词人，后入宋。莆田（一作莆阳）人。生卒年均不详。三本作徐昌国，误。

[190] 此句出韦庄《应天长》，原作"寂寞绣屏香一炷"，三本作"春一缕"。

[191] 韦庄：836—910，字端己，杜陵（今陕西省西安市附近）人，曾任前蜀宰相，谥文靖。三本作韦应物，误。

[192] 此句出薛昭蕴《小重山》，原作"至今犹惹御炉香"。三本作"衣惹御炉香"。

[193] 薛昭蕴：字澄州，河中宝鼎（今山西荣河县）人，前蜀词人。

[194] 此句出毛熙震《更漏子》，三本未署作者，毛熙震，后蜀词人。

[195] 此句出李煜《望远行》："余寒欲去梦难成，炉香烟冷自亭亭。"

[196] 此句出谢绛《诉衷情》："银缸夜永影长孤，香草续残炉。"

[197] 谢希深：谢绛（994或995—1039），字希深，浙江

富阳人。北宋文学家,词人。

[198] 此句出晏殊《踏莎行》:"翠叶藏莺,朱帘隔燕,炉香静逐游丝转。"

[199] 此句出秦湛《卜算子》(春透水波明)。

[200] 此句出晏几道《蝶恋花》(欲减罗衣寒未去),原作:"尽日沉香烟一缕,宿酒醒迟,恼破春情绪。"

[201] 此句出赵令畤《思远人》(素玉朝来有好怀),原作"玉盘香篆看徘徊"。

[202] 此句出谢逸《南歌子》(雨洗溪光净)。

[203] 谢无逸:谢逸(?—1113),字无逸,号溪堂,宋代词人,诗人。

[204] 此句出周邦彦《满庭芳·夏日溧水无想山作》:"地卑山近,衣润费炉烟。"

[205] 周美成:周邦彦(1056—1121),字美成,自号清真居士,钱塘(今浙江杭州)人,宋代著名词人。

[206] 此句出元好问《促拍丑奴儿·皇甫季真汤饼局,二女则牙牙学》,原作"朱麝掌中香"。

[207] 此句出元好问《浪淘沙》(云外凤凰箫)。

[208] 此句出元好问《鹊桥仙·乙未三月,冠氏紫微观桃符上,开花》。

[209] 此句出元好问《西江月》(悬玉微风度曲),原作"熏炉熟水留香"。

[210] 此句出元好问《惜分飞·戏王鼎玉同年》。

香文汇[1]

卷二十八

[1] 此部分只注作者、写作背景、文字错讹或不同版本文字差异。具体字词意思恐繁不详注。

《香乘》原文或有错讹,或与通常版本不同,每篇原文皆参照权威版本校对,不再一一注明来源。

天香传（丁谓[2]）

香之为用，从上古矣。可以奉神明，可以达蠲洁，三代禋享，首惟馨之荐，而沉水、熏陆无闻焉。百家传记萃众芳之美，而萧苓郁鬯不尊焉。

《礼》云："至敬不飨味而贵气臭也[3]。"是知其用至重。采制粗略，其名实繁而品类丛脞矣。观乎上古帝王之书、释道经典之说，则记录绵远，赞颂严重，色目至众，法度殊绝。

西方圣人曰："大小世界上下内外种种诸香。"又曰："千万种和香，若香、若丸、若末、若涂，以香花、香果、香树，诸[4]天合和之香。"又曰："天上诸天之香。"又"佛土国名'众香'，其香比于十方人天之香，最为第一。"

道书曰："上圣焚百宝香，天真皇人焚千和香，黄帝以沉榆蒉荚为香。"又曰："真仙所焚之香皆闻百里，有积烟成云，积云成雨。"然则与人间共所贵者，沉香熏陆也。故经云："沉香坚株"，又曰："沉水香坚，降真之夕傍尊位而捧炉香者，[5]烟高丈余，其色正红，得非天上诸天之香耶？"《三皇宝斋》香珠法，其法杂而末之，色色至细，然后丛聚杵之三万，缄以银器，载蒸载和，豆分而丸之，珠贯而曝之。且日此香焚之，上彻诸天，盖以沉香为宗，熏陆副之也。

是知古圣钦崇之至厚，所以备物实妙之无极，谓变世寅奉香火之荐，鲜有废者。然萧茅之类，随其所备，不足观也。

祥符初，奉诏充天书扶持使[6]，道场科醮无虚日，永昼达夕，宝香不绝，乘舆肃谒则五上为礼（真宗每至玉皇、真圣、圣祖位前皆五上香），馥烈之异，非世所闻。大约以沉香、乳香为本，龙脑和剂之。此法实禀之圣祖，中禁少知者，况外司耶？八年，掌国计而镇旄钺，四领枢轴，俸给颁赉随日而隆，故芯芬之羞，特与昔异。袭庆奉祀日赐供内乳香一百二十斤（入内[7]副都知张继能为使），在宫观密赐新香，动以百数（沉乳降真黄速[8]），由是私门之内，沉乳足用。

有唐杂记言：明皇时异人云："蘸席中，每蓺乳香，灵祇皆去。"人至于今传之。真宗时新禀圣训："沉乳二香所以奉高天上圣，百灵不敢当也，无他言。"上圣即政之六月，授诏罢相，分务西雒，寻迁[9]海南。忧患之中一无尘虑，越惟永昼晴天，长霄垂象，炉香之趣益增其勤。

素闻海南出香至多，始命市之于闾里间，十无一假。有裴鹗者，唐宰相晋公[10]中令之裔孙也，土地所宜，悉究本末，且曰："琼管之地黎母山酋之四部境域皆枕山麓，香多出此山，甲于天下。然取之有时，售之有主，盖黎人皆力耕治业，不以采香专利。闽越海贾惟以余杭船即香市，每岁冬季，黎峒待此船至方入山寻采，州人役而贾贩尽归船商，故非时不有也。"

香之类有四：曰沉、曰栈、曰生结、曰黄熟。其为状也，十有二，沉香得其八焉。曰乌文格，土人以木之格，其沉香如乌文木之色而泽，更取其坚格，是美之至也。曰黄蜡，其表如蜡，少刮削之，黳紫相半，乌文格之次也。曰牛目与角及蹄，曰雉头泊髀若骨[11]，此沉香之状。土人则曰：牛目、牛角、鸡头、鸡腿、鸡骨。曰昆仑梅格，栈香也，似梅树也，黄黑相半而稍坚，土人以此比栈香也。曰虫镂，凡曰虫镂，其香尤佳，盖香兼黄熟，虫蛀及攻，腐朽尽去，菁英独存者也。曰伞竹格，黄熟香也，如竹色黄白而带黑，有似栈也。曰茅叶，有似茅叶至轻，有入水而沉者，得沉香之余气也，然之至佳。土人以其非坚实，抑之为黄熟也。曰鹧鸪斑，色驳杂如鹧鸪羽也。生结香者，栈香未成沉者有之，黄熟未成栈者有之。凡四名十二状，皆出一本，树体如白杨，叶如冬青而小肤表也。标末也质轻而散，理疏以粗，曰黄熟。黄熟之中，黑色坚劲者，曰栈香。栈香之名相传甚远，即未知其旨，惟沉水为状也。骨肉颖脱，芒角锐利，无大小，无厚薄，掌握之有金玉之重，切磋之有犀角之劲，纵分断琐碎而气脉滋益，用之与臬块者等。鹗云："香不欲大，围尺以上虑有水病，若斤以上者，中含两孔以下，浮水即不沉矣。"又曰："或有附于枯栵[12]，隐于曲枝，蛰藏深根，或抱贞[13]木本，或挺然结实，混然成形，嵌如穴谷[14]，屹若归云，如矫首龙，如峨冠凤，如麟植趾，如鸿啜翮，如曲肱，如骈指，但文理致密，光彩射人，斤斧之迹一无所及，置器以验，如石投水，此宝香[15]也，千百一而已矣。"夫如是，自非一气粹和之凝结，百神祥异之含育，则何以群木之中独禀灵气，首出庶物，得奉高天也？

占城所产栈沉至多，彼方贸迁，或入番禺，或入大食。大食[16]贵重沉栈香与黄金同价。乡耆云："比岁有大食番舶为飓风所逆，寓此属邑，首领以富有自大肆筵设席，极其夸诧。"州人私相顾曰：以赀较胜，诚不敌矣。然视其炉烟蓊郁不举，干而轻，瘠而焦，非妙也。遂以海北岸者即席而焚之，其烟杳杳，若引东溟，浓腴浯浯，如练凝淹，芳馨之气特久益佳，大舶之徒由是披靡。

生结香者，取不候其成，非自然者也。生结沉香品与栈香等，生结栈香品与黄熟等，生结黄熟品之下也，色泽浮虚而肌质散缓，燃之辛烈，少和气，久则溃败，速用之即佳。若沉栈成香，则永无朽腐矣。

雷、化、高、窦，亦中国出香之地，比海南者，优劣不侔甚矣。既所禀不同而售者多，故取者速也。是黄熟不待其成栈，栈不待其成沉，盖取利者戕贼之深[17]也；非如琼管皆深峒黎人，非时不妄剪伐，故树无夭折之患，得必皆异香。

曰熟香、曰脱落香，皆是自然成者。余杭市香之家有万斤黄熟者，得真栈百斤则为稀矣。百斤真栈，得上等沉香十数[18]斤亦为难矣。

熏陆、乳香之长大而明莹者出大食国。彼国香树连山络野，如桃胶、松脂，委于石地，聚而敛之。若京坻香山，多石而少雨。载询番舶则云："昨过乳香山，彼人云此山不雨已三十年矣。"香中带石末者，非滥伪也，地无土也。然则此树若生泥涂则香不得为香矣。[19]天地植物其有自乎？

赞曰："百昌之首，备物之先，于以相禋，于以告虔，孰歆至荐[20]，孰享芳烟，上圣之圣，高天之天。"

[2] 丁谓：见前"丁晋公"条注释。

[3] 此句出《礼记·卷二十五·郊特牲第十一》，三本作"至敬不享味贵气臭"。

[4] 四库、汉和本脱此"诸"字。

[5] 《天香传》《陈氏香谱》作"圣降之夕，神导从有捧炉香者"。

[6] 扶持使：三本作"状持使"，误。

[7] 入内：三本皆作"入留"，误。《天香传》《陈氏香谱》作"入内"。

[8] 黄速：《天香传》《陈氏香谱》作"等香"。

[9] 迁：《天香传》《陈氏香谱》作"遣"。

[10] 晋公：指唐代名相裴度（765—839），字中立，河东闻喜（今山西闻喜东北）人。以功封晋国公，世

称"裴晋公"。

［11］曰雉头泊髀若骨：很多人据此认为"雉头泊髀、若骨"是三种沉香称谓，其实这里面"泊"、"若"都是连接词，类似于前一句的"与""及"。此三种香也就是下文的"鸡头、鸡腿、鸡骨"的意思。

［12］枯楺：三本作"柏楺"，误。《天香传》《陈氏香谱》作"枯楺"。

［13］贞：三本作"真"，误。《天香传》《陈氏香谱》作"贞"。

［14］穴谷：《天香传》《陈氏香谱》作"岩石"。

［15］宝香：《天香传》《陈氏香谱》作"香宝"。

［16］大食：三本脱"大食"二字，据《天香传》《陈氏香谱》补之。

［17］戕贼之深：三本脱"深"字，据《天香传》《陈氏香谱》补之。

［18］十数：三本作"数十"，据《天香传》《陈氏香谱》应作"十数"。数十与百相去不远，应为"十数"。

［19］三本此句有颠倒错讹，按《天香传》及《陈氏香谱》正之。

［20］至荐：《天香传》《陈氏香谱》作"至德"。

和香序[21]（范蔚宗）

麝本多忌，过分必害；沉实易和，盈斤无伤。零藿虚燥，詹唐粘湿。甘松、苏合、安息、郁金、奈多、和罗之属，并被珍于外国，无取于中土。又枣膏昏钝，甲煎浅俗，非唯无助于馨烈，乃当弥增于尤疾也。

此序所言，悉以比类朝士："麝本多忌"，比庾炳之；"零藿虚燥"，比何尚之；"詹唐粘湿"，比沈演之；"枣膏昏钝"，比羊玄保；"甲煎浅俗"，比徐湛之；"甘松、苏合"，比慧琳道人；"沉实易和"，以自比也。

[21] 此段《香乘》脱讹较多，今据《宋书》校订，不再一一注明。

香说[22]

秦汉以前，二广未通中国，中国无今沉脑等香也。宗庙炳萧茅、献尚郁，食品贵椒，皆非今香也。至荀卿氏[23]方言椒兰，汉虽已得南粤，其尚臭之极者，椒房[24]、郎官以鸡舌奏事而已。较之沉脑，其等级之高下甚不类也。惟《西京杂记》载："长安巧工丁缓作被中香炉"，颇疑已有今香。然刘向[25]铭博山香炉亦止曰："中有兰绮，朱火青烟。"《玉台新咏集》亦云："朱火然其中，青烟扬其间，好香难久居，空令蕙草残。"二文所赋皆焚兰蕙，而非沉脑,是汉虽通南粤,亦未有南粤香也。《汉武内传》载西王母降褭婴香等,品多名异,然疑后人为之。汉武奉仙,穷极宫室,帷帐器用之属,汉史备记不遗,若曾制古来未有之香,安得不记?

[22]香说:三本未属作者,《陈氏香谱》作"程泰之"。此文出自程大昌《演繁露》一书,是原书中对"香"这一条的阐释。程大昌,(1123—1195),字泰之,徽州休宁(今安徽休宁)人,南宋大臣、经学家。著有《演繁露》《考古编》《雍录》等书。

《演繁露》:南宋笔记,程大昌撰。原十六卷,存一卷。程鉴于其时《春秋繁露》残缺,因按条发挥,故名。

此段三本有一定出入,今按《陈氏香谱》等书校对,不一一说明。

[23]荀卿氏:荀子(前313—前238),名况,字卿。言椒兰,《荀子·礼论》:"刍豢稻梁,五味调香,所以养口也;椒兰芬苾,所以养鼻也。"

[24]椒房:指汉椒房殿,代指后妃。

[25]刘向:(前77—前6),原名刘更生,字子政,沛郡丰邑(今江苏徐州)人。汉朝宗室大臣、文学家。撰《别录》,是我国最早的图书公类目录。今存《新序》《说苑》《列女传》《战国策》《列仙传》《五经通义》等。编订《楚辞》,联合儿子刘

歆共同编订《山海经》。

博山炉铭（刘向）

嘉此正气[26]，崭岩若山，上贯太华，承以铜盘，中有兰绮，朱火青烟。

[26] 嘉此正气：三本作"嘉此王气"，依《陈氏香谱》《古今事文类聚》等书，作"嘉此正气"。

香炉铭（梁元帝[27]）

苏合氤氲，飞烟若云，时浓更薄，乍聚还分，火微难烬，风长易闻，孰云道力，慈悲所熏。

[27] 梁元帝：见前"金楼子"条注释。

郁金香颂[28]（古九嫔[29]）

伊此奇香，名曰郁金，越此殊域，厥弥来寻，芬芳酷烈，悦目欣心，明德惟馨，淑人是钦，窈窕淑媛，服之襟襟，永垂名实，旷世弗沉。

[28]《陈氏香谱》《艺文类聚》等书与《香乘》所录有所不同，今录于此，不同之处不一一标注。

"晋左九嫔郁金颂曰：伊此奇草，名曰郁金。越自殊域，厥珍来寻。芬香酷烈，悦目欣心。明德惟馨，淑人是钦。窈窕妃媛，服之禘衿。永垂名实，旷世弗沉。"

[29] 古九嫔：左芬，字兰芝，齐国临淄（今山东临淄）人，左思之妹。少好学，擅作文，晋武帝纳为嫔妃。泰始八年（272）封为修仪，后封贵嫔，也称左贵嫔，又称左九嫔。

藿香颂[30]（江淹）

桂以过烈，麝似太芬，摧沮天寿，夭抑人文，讵如藿香，微馥微熏，摄灵百仞，养气青云。

[30] 藿香颂：此文不同文献所载颇有出入，《香乘》与《艺文类聚》版较为接近。"讵如藿香"《艺文类聚》作"谁及藿草"。

瑞香宝峰颂并序[31]（张建[32]）

臣建谨按，《史记·龟策列传》[33]曰："有神龟在江南嘉林中，嘉林者，兽无狼虎，鸟无鸱鸮，草无螫毒，野火不及，斧斤不至，是谓嘉林。龟在其中，常巢于芳莲之上。胸[34]书文曰：'甲子重光'，'得我为帝王'。"观是书文，岂不伟哉！

臣少时在书室中雅好焚香，有海上道人白臣言曰："子知沉香所出乎？请为子言。盖江南有嘉林，嘉林者美木也。木美则坚实，坚实则善沉。或秋水泛溢，美木漂流，沉于海底，蛟龙蟠伏于上，故木之香清烈而恋水。涛濑淙激于下故，木形嵌空而类山。"

近得小山于海贾，巉岩可爱，名之瑞沉宝峰。不敢藏诸私室，谨斋庄洁，诚昭进玉陛以为天寿圣节瑞物之献。

臣建谨拜手稽首而为之颂曰：

大江之南，粤有嘉林。嘉林之木，入水而沉。蛟龙枕之，香冽自清。涛濑漱之，峰岫乃成。海神愕视，不敢阏藏。因朝而出，瑞我明昌。明昌至治，如沉馨香。明昌睿算，如山久长。臣老且耄，圣恩曷报。歌此颂诗，以配天保。

[31] 瑞香宝峰颂并序：这是张建向金章宗进献沉香"瑞香宝峰"时，为之写的颂和序。当时年号为明昌，所以下文颂中有"瑞我明昌""明昌至治"云。

[32] 张建：字吉甫，自号兰泉老人。蒲城（今陕西蒲城）人。金代诗人，金章宗时大臣。

[33] 《史记·龟策列传》：《龟策列传》是《史记》中记载卜筮活动的类传。原书早已失传，现存的《龟策列传》是经褚少孙所补的。

[34] 胸：依原文，应作"胁"。

迷迭香赋[35]（魏文帝）

播西都之丽草兮，应青春之凝晖。流翠叶于纤柯兮，结微根于丹墀。方暮秋之幽兰兮,丽昆仑之英芝。信繁华之速逝兮,弗见凋于严霜。既经时而收采兮,配幽兰以增芳。去枝叶而持御兮,入销縠之雾裳。附玉体以行止兮,顺微风而舒光。

[35]迷迭香赋:关于此文中迷迭香,参见前"迷迭香"条注释。《艺文类聚》所载与此处文字有出入,且文句顺序不同,录于下:

"播西都之丽草兮,应青春而发晖。流翠叶于纤柯兮,结微根于丹墀。信繁华之速实兮,弗见彫于严霜。芳暮秋之幽兰兮,丽昆仑之芝英。既经时而收采兮,遂幽杀以增芳。去枝叶而特御兮,入绡縠之雾裳。附玉体以行止兮,顺微风而舒光。"

郁金香赋(傅玄[36])

叶萋萋以翠青,英蕴蕴以金黄。树晻蔼以成荫,气芬馥以含芳。凌苏合之殊珍,岂艾蒳之足方。荣耀帝寓,香播紫宫,吐芳扬烈,万里望风。

[36]傅玄:傅玄(217—278),字休奕。北地郡泥阳县(今陕西铜川耀州区)人。魏晋时期名臣及文学家、思想家。著有《傅子》(已佚),后人辑有《傅鹑觚集》。四库、汉和本作"傅云",无碍庵本作"傅元",皆误。

芸香赋[37]（傅咸[38]）

携昵友以逍遥兮，览伟草之敷英。慕君子之弘覆兮，超托躯于朱庭。俯引泽于丹壤兮，仰吸润乎太清。繁兹绿叶，茂此翠茎，叶芰苡以纤折兮，枝婀娜以回萦，象春松之含曜兮，郁蓊蔚以葱菁。

[37] 此文四库、汉和本错讹较多，今依《艺文类聚》及《陈氏香谱》校订，不一一注明。

[38] 傅咸：239—294，字长虞，北地泥阳（今陕西铜川耀州区）人，西晋文学家。傅玄之子。后人辑有《傅中丞集》。四库、汉和本作"傅盛"，误。

鸡舌香赋并序[39]（颜博文）

沈括以丁香为鸡舌，而医者疑之。古人用鸡舌，取其芬芳，便于奏事。世俗蔽于所习，以丁香之状于鸡舌，大不类也。乃慨然有感为赋，以解之云。

嘉物之产，潜窜山谷，其根盘行，龙隐蛇伏。期微生之可保，处幽翳而自足。方吐英而布叶，似于世而无欲。醺醺娇黄，绰绰疏绿，偶咀嚼而味馨，以奇功而见祸。攘肌被逼，粉骨遭辱，虽功利之及人，恨此身之莫赎。惟彼鸡舌，味和而长，气烈而扬，可与君子，同升庙堂。发胸臆之藻绘，桨齿牙之冰霜。一语不忌，泽及四方。溯日月而上征，与鸳鸯而同翔。惟其施之得宜，岂凡物之可当。

世以疑似，犹有可议。虽二名之靡同，眇不失其为贵。彼凤颈而龙准，谓蜂目而乌喙。况称谓之不爽，稽形质而实类者也。殊不知天下之物，窃名者多矣。鸡肠乌喙，牛舌马齿；川有羊蹄，山有鸢尾，龙胆虎掌，猪膏鼠耳，鸱脚羊眼，鹿角豹足，麊颅狼跋，狗脊马目；燕颔之黍，虎皮之稻，莼贵雉尾，药尚鸡爪；葡萄取象于马乳，波律谬称于龙脑；笋鸡胫以为珍，瓠牛角而贵早；亦有鸭脚之葵，狸头之瓜，鱼甲之松，鹤翎之花；以鸡头龙眼而充果，以雀舌鹰爪而名茶。彼争工而擅价，咸好大而喜夸，其间名实相叛，是非迭居。得其实者，如圣贤之在高位；无其实者，如名器之假盗躯。嗟所遇之不同，亦自贤而自愚。彼方逐臭于海上，岂芬芳之是娱？嫫姆饰貌而荐衾，西子掩面而守闱。饵醯酱而委醍醐，佩碔砆而捐琼琚。舍文茵而卧籧篨，习薙露而废笙竽。剑作锥而补履，骥垂头而驾车，蹇不遇而被谤，将栖栖而焉图。是香也，市井所缓，廊庙所急，岂比马蹄之近俗，燕尾之就湿。听秋雨之淋淫，若苍天为兹而雪泣。若将有人依龟甲之屏，炷鹊尾之炉，研以凤咮，笔以鼠须，作蜂腰鹤膝之语，为鹄头虿脚之书，为兹香而解嘲，明气类之不殊，愿获用于贤相，蔼芳烈于天衢。

[39] 鸡舌香赋并序：《陈氏香谱》作"鸡舌香赋"。这篇赋文是颜博文为了批评沈括以丁香为鸡舌香的观点而作，但作者也没有说清楚鸡舌香究竟是什么？陈藏器以公丁香为丁香，母丁香为鸡舌香，后来多

沿用此说。作者或大概也是这种观点。

今参照《陈氏香谱》加以修订，不一一注明。

铜博山香炉赋[40]（昭明太子[41]）

禀至精之纯质，产灵岳之幽深。探众倕之妙旨，运公输之巧心。有蕙带而岩隐，亦霓裳而升仙。写嵩山之巃嵷，象邓林之阡眠。方夏鼎之环异，类山经之俶诡。制一器而备众质，谅兹物之为侈。於时青女司寒，红光翳景，吐圆舒于东岳，匿丹曦于西岭。翠帷已低，兰膏未屏，爨松柏之火，焚兰麝之芳，荧荧内曜，芬芬外扬，似庆云之程色，若景星之舒光。齐姬合欢而流盼，燕女巧笑而蛾扬。超公闻之见锡，粤女惹之留香。信名嘉而器美，永尔玩於华堂。

[40] 此文脱讹之处颇多，参照《艺文类聚》校订，不一一注明。

[41] 昭明太子：萧统（501—531），字德施，小字维摩，南朝梁代文学家，南兰陵（今江苏常州）人，梁武帝萧衍长子、太子。主持编撰中国现存最早的诗文总集《文选》，史称《昭明文选》。后人辑有《昭明太子集》。

博山香炉赋（傅咸[42]）

器象南山，香传西国。丁缓巧铸，兼资匠刻。麝火埋朱，兰烟毁黑。结构危峰，横罗杂树。寒夜含暖，清霄吐雾。制作巧妙，独称珍俶。景澄明而衮篆，气氤氲长若春。随风本胜于酿酒，散馥还如乎硕人[43]。

[42] 傅縡：字宜事，北地灵州（宁夏灵武）人。南朝陈大臣、文学家、佛教居士。有集十卷，已佚。

[43] 此句《全陈文·初学记》，四库、汉和本等皆作"随风本胜千酿酒，散馥还如一硕人"。今据无碍庵本。

沉香山子赋[44]（子由生日作）（苏轼）

古者以芸为香，以兰为芬，以郁鬯为裸，以脂萧为焚，以椒为涂，以蕙为熏，杜蘅带屈，菖蒲荐文，麝多忌而本膻，苏合若香而实荤。嗟吾知之几何，为六入[45]之所分，方根尘之起灭，常颠倒其天君。每求似于仿佛，或鼻劳而妄闻。独沉水为近正，可以配薝卜而并云。矧儋崖之异产，实超然而不群。既金坚而玉润，亦鹤骨而龙筋。惟膏液而内足，故把握而兼斤。顾占城之枯朽，宜爨釜而燎蚊。宛彼小山，巉然可忻。如太华之倚天，象小孤[46]之插云。往寿子之生朝，以写我之老勤。子方面壁以终日，岂亦归田而自耘。幸置此于几席，养幽芳于帨帉。无一往之发烈，有无穷之氤氲。盖非独以饮东坡之寿，亦所以食黎人之芹。

[44] 此赋写于元符元年（1098），是为苏辙六十岁生日

而作，当时苏轼被贬海南，以沉香山子作为生日贺礼，送给苏辙。

此赋参照《陈氏香谱》《东坡全集》校订，不一一注明。

[45] 六入：三本作"方入"。结合下文"根尘"之说，应为六入，佛教谓六根（眼、耳、鼻、舌、身、意）为内六入，六尘（色、声、香、味、触、法）为外六入；六根、六尘互相涉入，即眼入色，耳入声，鼻入香，舌入味，身入触，意入法，而生六识。今依《苏东坡集》。

[46] 小孤：三本作"小姑"，亦可。太华、小孤皆山名。

香丸志[47]

贞观时有书生，幼时贫贱，每为人侮害，虽极悲愤而无由泄其忿。一日闲步经观音里，有一妇人姿甚美，与生眷顾。侍儿负一革囊至曰："主母所命也。"启视则人头数颗，颜色未变，乃向侮害生者也。生惊欲避去。侍儿曰："郎君请无惊，必不相累，主母亦素仇诸恶少年，欲假手于郎君。"生愧谢弗能。妇人命侍儿进一香丸曰："不劳君举腕，君第扫净室，夜坐焚此香于炉，香烟所至，君急随之，即得志矣。有所获，须将纳于革囊，归勿畏也。"生如旨焚香，随烟而往，初不觉有墙壁碍行处，皆有光亦不类暗夜。每至一处，烟袅袅绕恶少年颈三绕而头自落,或独宿一室,或妻子共床寝,或初就枕。侍儿执巾若尘尾如意,围绕未敢退,悉不觉不知。生悉以头纳革囊中,若梦中所为,殊无畏意。于是烟复袅袅而旋生,复随之而返到家,未三鼓也,烟甫收火已寒矣。探之,其香变成金色,圆若弹,倏然飞去,铿铿有声,生恐妇复须此物,正惶急间,侍儿不由门户,忽尔在前。生告曰:"香丸飞去。"侍儿曰:"得之久矣。主母传语郎君:'此畏关也,此关一破,无不可为。姑了天下事,共作神仙也'。"后生与妇俱徙去,不知所之。

[47] 此文字见于元龙辅《女红余志》,书中题为"香丸妇人"。此文后也被明代各传奇收录。这里的文字和原书文字出入很大,应该是作者加以提炼,或者后来其他书中收录的版本。《女红余志》为元代文言琐谈小说。龙辅生平不详,据其书原序称,龙辅为武康常阳之妻。称其外父为兰陵郡守元度公之后。因为身份神秘,也有人认为这些是好事者的托词。

上香偈[48](道书)

谨焚道香、德香、无为香、无为清净自然香、妙洞真香、灵宝惠香、朝三界香,香满琼楼玉境,遍诸天法界,以此真香腾空上奏。

焚香有偈:返生宝木,沉水奇材,瑞气氤氲,祥云缭绕,上通金阙,下入幽冥。

[48] 上香偈：此文见于《陈氏香谱》，题为"香偈"，应该是宋代道教的上香偈文。文中"焚香"，《陈氏香谱》皆作"爇香"。

修香（陆放翁《义方训》[49]）

空庭一炷，上达神明。家庙一炷，曾英祖灵。且谢[50]且祈，特[51]此而已，此而不为，吁嗟已矣。

[49]《义方训》：义方，行事应该遵守的规范和道理。古人常称教子之书为"义方训"。此条《陈氏香谱》仅标注"陆放翁"，未言"《义方训》"。从此文内容看，应该是告诫家族以香祷祀之词。

[50] 且谢：《陈氏香谱》无此二字。

[51] 特：《陈氏香谱》作"持"。

附诸谱序

河南陈氏曾合四谱为书[52]，后二编为陈辑[53]者，并为余纂建勋，诸序汇此，以存异代同心之契。

[52] 指《陈氏香谱》是合洪、颜、沈、叶四家香谱而成。

[53] 辑：四库、汉和本作"序"。

叶氏香录序[54]

古者无香,燔柴炳萧,尚气臭而已。故香之字虽载于经,而非今之所谓香也。至汉以来,外域入贡,香之名始见于百家传记。而南番之香独后出焉,世亦罕知,不能尽之。余于泉州[55]职事[56],实兼舶司,因蕃商之至,询究本末录之,以广异闻,亦君子耻一物不知[57]之意。绍兴二十一年[58],左朝请大夫[59]知泉州军州事[60]叶廷珪序。

[54] 叶氏香录序:指叶廷珪《香录》的序。

[55] 泉州:周久视元年(700)分泉州置武荣州,景云二年(711)改名泉州,治所即今福建泉州市。

宋元祐二年(1087)于泉州城置市舶司(即文中所称舶司)。经南宋至元州城均是全国最繁盛的对外贸易中心,城内有"蕃坊",为阿拉伯等国商人聚居处。

[56] 职事:绍兴十八年,叶廷珪出知泉州。

[57] 耻一物不知:汉扬雄《法言·君子》:"圣人之于天下,耻一物之不知。"

[58] 绍兴二十一年:1151年。绍兴是宋高宗年号,见前"绍兴乾淳"条。

[59] 朝请大夫:隋炀帝大业三年(607)始置,正五品散官。唐朝定为文散官,从五品下。诸王众子出身封郡公者,由此叙阶。北宋沿置。神宗元丰三年

(1080)废文散官,改为新寄禄官,从六品,取代旧寄禄官前行郎中。

[60] 知泉州军州事:即泉州知州。宋代官名,为地方建制州的长官。宋制规定,各州长官实行军制:派京朝官掌州郡事,称"权知某州军州事",后称"知州军事",简称"知州",统管一州的军、民之政。

颜氏香史序[61]

焚香之法,不见于三代,汉唐衣冠之儒稍稍用之,然返魂飞气出于道家,旃檀伽罗盛于缁庐[62]。名之奇者,则有燕尾、鸡舌、龙涎、凤脑;品之异者,则有红蓝、赤檀、白茅、青桂;其贵重,则有水沉、雄麝;其幽远,则有石叶[63]、木蜜、百濯[64]之珍,罽宾月支之贵;泛泛如喷珠雾,不可胜计。然多出于尚怪之士,未可皆信其有无。彼欲刓凡剔俗,其合和窨造自有佳处,惟深得三昧者乃尽其妙。因采古今熏修之法,厘为六篇,以其叙香之行事,故曰《香史》。不徒为熏洁也,五脏惟脾喜香[65],以养鼻观、通神明而去尤疾焉。然黄冠缁衣[66]之师久习灵坛之供,锦鞴[67]纨绔之子少耽洞房之乐,观是书也不为无补。云龛居士序。

[61] 颜氏香史序:指为颜博文所著《香史》而作的序,作者一般认为是云龛居士李郁。但从文中口气来

看，很像是作者的自序而非他序，可能颜博文亦有号名云麓居士。

[62] 缁庐：寺院，代指佛教。

[63] 石叶：见前"石叶香"条。

[64] 百濯：百濯香，吴主孙亮用之，本书前面有述。

[65] 脾喜香：从《素问》的理念出发，中医家认为"脾为湿土，恶湿而喜香燥"。

[66] 黄冠缁衣：道士与僧人。

[67] 锦鞯：锦制车缨，同下文"纨绔"一样，言其奢华。

洪氏香谱序[68]

《书》[69]称"至治馨香""明德惟馨"。反是则曰"腥闻在上"。《传》[70]以"芝兰之室""鲍鱼之肆"为善恶之辨。《离骚》以兰蕙、杜蘅为君子，粪壤、萧艾为小人。君子澡雪其身心，熏被以道义，有无穷之闻，余之谱香亦是意云。

[68] 指洪刍所作的《香谱》的自序。

[69] 《书》：指《尚书》。"至治馨香""明德惟馨"这些都出自《尚书·周书·君陈》。

[70] 《传》：后面的典故出《孔子家语·六本》："与善人居，如入芝兰之室，久闻而不知其香，即与之化矣。与不善人居，如入鲍鱼之肆，久而不闻其臭，亦与之化矣。"《孔子家语》一般不

称为《传》，只有《左传》之类的书才常省略为《传》，此处可能是误记。

陈氏香谱序[71]

香者五臭[72]之一，而人服媚[73]之。至于为香作谱，非世宦[74]博物、尝杭[75]舶浮海者不能悉也。河南陈氏《香谱》自中斋至浩卿[76]，再世乃获博采。洪、颜、沈、叶诸谱具在此编，集其大成矣。《诗》《书》言香，不过黍稷萧脂，故香之为字，从黍作甘[77]。古者自黍稷之外，可焫者萧，可佩者兰，可鬯者郁[78]，名为香草者无几，此时谱可无作。《楚辞》所录名物渐多，犹未取于遐裔[79]也。汉唐以来，言香者必南海之产，故不可无谱。浩卿过彭蠡[80]，以其谱视钓者熊朋来[81]俾[82]为序。钓者惊曰：岂其乏使而及我耶？子再世成谱亦不易，宜遴序者。岂无蓬莱玉署怀香握兰之仙儒？又岂无乔木故家芝芳兰馥之世卿？岂无岛服夷言夸香诧宝之舶官？又岂无神州赤县进香受爵之少府？岂无宝梵琳房闲思道韵之高人？又岂无瑶英玉蕊罗襦芗泽之女士？[83]凡知香者，皆使序之。若仆也，灰钉[84]之望既穷，熏习之梦已断，空有庐山一峰以为炉，峰顶片雪以为香，子并收入谱矣。每忆刘季和香癖[85]，过炉熏身，其主簿张坦以为俗。坦可谓直谅之友，季和能笑领其言，亦庶几善补过者，有士如此。如荀令君至人家[86]，坐席三日香；如梅学士[87]每晨以袖覆炉，撮袖而出，坐定放香；是富贵自好者所为，未闻圣贤为此，惜其不遇张坦也。按礼经：容臭者，童孺所佩；茝兰者，妇女所采；大丈夫则自有流芳百世者在。故魏武犹能禁家内不得熏香[88]，谢玄佩香囊则安石恶之[89]。然琴窗书室不得此谱则无以治炉熏，至于自熏，知见亦存乎其人。遂长揖谢客鼓棹去，客追录为香谱序。至治壬戌[90]兰秋[91]彭蠡钓徒熊朋来序。

又

韦应物扫地焚香，燕寝为之凝清[92]；黄鲁直隐几炷香，灵台为之空湛[93]。从来韵人胜士，炉烟清昼，道心纯净，法应如是。汴[94]陈浩卿于清江出其先君子·中斋公所辑《香谱》。如铢熏初褪，缥缈愿香。悟韦郎于白傅之香山[95]，识涪翁于黄仙之叱石[96]，是谱之香远矣。浩卿卓然肯构，能使书香不断。经传之雅馥方韶，骚选之靓酺初曙[97]，方遗家谱可也。袖中后山瓣香[98]，亦当询龙象法筵，拈起超方回向[99]。至治壬戌夏五[100]长沙梅花溪道人李琳[101]书。

[71] 熊朋来为陈氏父子《陈氏香谱》所作的序。熊朋来见下文注释。

[72] 五臭：关于五臭，有多种说法，这里指的是"膻、薰、香、鯹、腐"五种味道，出自《庄子·天地》。

[73] 服媚：喜爱佩戴。

[74] 世宦：《香乘》作"世官"，误。

[75] 杭：《香乘》作"阅"，依《陈氏香谱》应作"杭"，通"航"。
[76] 中斋至浩卿：指《陈氏香谱》作者陈敬、陈浩卿父子。中斋，陈敬的号。
[77] 从黍作甘：指"香"字的结构，上禾下甘。
[78] 可邕者郁：见前"郁邕"条。邕，古代祭祀时所用的香酒。
[79] 遐裔：远方；边远之地。
[80] 彭蠡：鄱阳湖。
[81] 熊朋来：1246—1323，字与可，号天慵子、天慵先生、彭蠡钓徒。豫章（今江西南昌）人。宋末元初大儒、经学家、音乐家。著有《天慵文集》《五经说》《瑟谱》等。
[82] 俾：使。
[83] 前面这部分是熊朋来的谦辞，觉得自己没有资格作序。
[84] 灰钉：石灰和铁钉，用作敛尸封棺，借指身死。
[85] 刘季和香癖：见前"刘季和爱香"条。
[86] 荀令君至人家：见前荀彧"令公香"条。
[87] 梅学士：见前梅询"性喜焚香"条。
[88] 魏武犹能禁家内不得熏香：见前"熏香 考证二则"第二条。
[89] 谢玄佩香囊则安石恶之：见前"紫罗香囊"条。
[90] 至治壬戌：公元1322年，至治（1321—1323）为元

仁宗年号。
［91］兰秋：农历七月。
［92］韦应物《郡斋雨中与诸文士燕集》："兵卫森画戟，燕寝凝清香。"
［93］黄庭坚《宝熏》："隐几香一炷，灵台湛空明。"
［94］汴：古州名，代指今河南开封一带。
［95］白傅之香山：白傅指白居易，晚年任太子少傅，世称白傅，白居易又和洛阳龙门香山寺有很深因缘，号香山居士。前韦郎指韦应物，其亦曾游历香山寺并题诗。
［96］黄仙之叱石：指东晋黄初平叱石成羊的故事。他一声呼喊能把石头变成许多只羊。黄庭坚《次韵和台源诸篇九首之仙桥洞》："叱石元知牧羊在，烂柯应有看棋归。"涪翁指黄庭坚。
［97］指这本书让古来香道的传统发扬光大。
［98］后山瓣香：指陈师道《观究文忠公家六一堂图书》："向来一瓣香，敬为曾南丰。"见前"后山"条及所引诗。
［99］这句是佛教用语。龙象指佛门栋梁之才；法筵，法会坐席，也可指法会。超方，禅语，超脱于通常规式，多谓彻悟者具有卓越的机用施设。回向，指把自己所修功德转而使众生归向佛道。
［100］夏五：夏五月。
［101］李琳：宋末元初时人，有诗词传世，生平不详。

辛巳年[1]诸公助刻此书，工过半矣，时余存友，海上归，则梓人[2]尽毙于疫。板寄他所，复遘[3]祝融[4]成毁，数奇[5]可胜太息。癸未[6]秋，欲营数椽[7]，苦资不给，甫用拮据。偶展《鹤林玉露》，得徐渊子[8]诗云："俸余拟办买山钱，复买端州古研砖，依旧被渠驱使在，买山之事定何年？"颇嘉渊子之雅，尚乃决意移赀剞劂[9]。因叹时贤著述，朝成暮梓，木与稿随；余兹纂历壮逾衰，岁月载更，梨枣[10]重灾，何艰易殊人太甚耶？友人慰之曰："事物之不齐，天定有以齐之者。[11]"脱稿日用书颠末[12]云尔，是岁八月之望[13]。

[1]辛巳年：指崇祯十四年，1641年。
[2]梓人：印刷刻版的工人。
[3]遘：遇到。
[4]祝融：指火灾，祝融为火神。
[5]数奇：命数不好，命运太差。
[6]癸未：崇祯十六年，1643年。
[7]欲营数椽：想要建（或谋求）几间房子。

[8]徐渊子：徐似道（生卒年未详），字渊子，号竹隐，黄岩县上琯（今属温岭市）人，南宋大臣，诗词俱佳，有《竹隐集》十一卷。

[9]移赀剞劂：把建（或买）房的钱用来刻版。赀，同资。剞劂，雕刻，这里指书籍的刻版。

[10]梨枣：古代印书的木刻板，多用梨木或枣木刻成，所以称雕版印刷的版为梨枣。

[11]世间事有不平衡的地方，上天自然会平衡它。

[12]颠末：自始至终的事情经过情形。

[13]之望：月圆之日。此时脱稿，亦是圆满之意。

索引

A

阿勃参香 160

阿叱厘国 058

阿迦嚧香 004

阿胶 795

阿鲁 434

阿鲁国 517

阿那婆达多池 252

阿魏 085

阿紫 325

艾纳香 163

艾蒳 163、385、664

艾叶 507

安定 307

安乐公主 971

安禄山 053

安南 134

安石 448

安息国 075

安息香 075

安席 935

安业坊 473

唵叭 920

唵叭国 232

唵叭香 232

按筑 911

暗海 311

B

八白香 803

《八朝穷怪录》 472

八会之汤 322

巴东 369

拔宅升天 500

跋遮那 035

白丁香 803

白豆蔻 711、731

白矾 826

白茯苓 803

白附子 803、594

白芨末 616

白蒺藜 803

白僵蚕 803

白胶香 058、223

白角扇 473

白居易 419

白乐天 446

白莲花 912

白蔹 652

白茅 196、620

白茅香 194、196、672

白梅 668、781

白梅末 717、719

白梅肉 690

白梅霜 763

白蜜 577

白片脑 731

白牵牛 803

白沙蜜 582

白墡土 910

白熟者 793

白术 912

白素 153

白檀 044

白藓皮 946

白岳山 353

白芸香 678

白芷 174

百宝香炉 971

百草霜 775

百沸 602

百刻香印 864

百辟 302

百药煎 205

百英粉 267

百丈禅师 387

百濯 1032

百濯香 330

柏梁台 399

柏苓 892

柏铃 635

柏泥 890

柏麝 483

柏香 856

柏叶 811

柏油 797

柏子 675

柏子仁 619

柏子实 749

败蜡 649

《稗史汇编》 007

班朝 860

班固 153

板硃 909

半秤 697

半时 573

榜葛剌国 218

棒儿香 933

薄荷汁制 835

薄面糊 741

薄纸贴 759

宝梵院主 778

宝历 107

宝林 347、709

宝球香 664

宝刹 282

宝子 972

保大 109

保靖 134

《葆光录》 553

报达国 405

《抱朴子》 389

鲍照 997

杯渡 260

《北户录》 025

北魁星 321

北枣 905

背阴草 598

被袱 911

被中香炉 959

棑 029

焙笙炭 469

《本草》 076

《本草拾遗》 021

《本传》 249、279

《本集》 544

鼻观 10

匕 588

匕许 818

辟邪 334

沘 796

笔格 542
《笔谈》 069
鄙梅香 727
必栗香 381
闭门羹 415
苾刍 437
荜拨 547
饆 530
碧湘门 722
碧篆 13
篦刀 074
嬖孥 334
鞭和 645
扁柏 712
卞敬 188
卞山 349
汴 413、1035
汴都 112
《汴故宫记》 413
便用 586
骠 513
宾童龙 228
宾瞳胧 128
槟榔 644

槟榔苔 385
冰脑香 517
冰片脑子 907
冰麝 584
冰澌木稼 215
冰纨 318
栟榈 163
并州 345
波利质多天树 051
波利质国多香树 463
波律 584
波律膏 556
波岐国 318
波斯 058
波斯国 076
玻璃母 209
钵怛罗 179
钵露郫国 338
勃罗间 005
勃泥 021
亳州 382
舶上 007
舶上茴香 759
《博古图》 975

博山炉 269
博山香炉 956
博骰 682
《博物志》 170
渤泥 005
樊 525
擘指 394
卜剌哇国 204
卜室 032
卜哇剌国 522
卜筑 443
（补）618
补陀岩 159
不犯 720
不见火 718
不津 585
不空 053
布幔 824
布针 939
步非烟 450
步辇 280
步辇夫 280

C

《采兰杂志》 265
采香径 398
菜油 947
蔡京 490
蔡君谟 542
《蔡絛丛谈》 006
蔡忠惠 945
参政 842
《骖鸾录》 540
苍龙脑 597
苍脑 845
苍术 679
苍梧 130
藏春香 669
操觚者 226
曹溪 346
漕臣郑可间 424
草豆蔻 357
草茅香 840
草野潜夫 299
岑之敬 493
岑州 082
曾巩 984

茶卤 918
茶子油 947
查子 615
槎 004
柴世宗 209
萿 174
单于 058
颤风香 158
昌州 378
菖蒲根 396
菖蒲荐文 544
《常新录》 033
厂盒 589
𩛩 087
巢寇 122
朝脑 574
朝请大夫 1031
《朝野佥载》 028
炒黑色 804
车前子 849
掣鞢 148
辰砂 909
沉水 945
沉水香 004

沉速 846
沉速香 890
沉香 002
沉香亭 376、407
陈藏器 044
陈承 058
陈后主 997
陈郡 478
陈平为宰 104
《陈谱》 006
陈去非 250、988
陈陶 999
陈宣华 036
陈主、隋炀 807
陈子昂 186
陈子高 985
谌姆 195
铛 800
成帝 266
成都 970
成都府 355
《成都记》 355
成化 212
成器 952

《成实论》 051
城堑 078
《澄怀录》 040
橙 564
橙柚 567
秤漏 860
螭锦 319
魑胶 148
池馆 167
驰驿 287
齿刷子 642
赤苍脑 899
赤土国 253、336
炽气 795
铳 097
抽替 414
仇士良 430
稠脚 744
筹禅师 422
臭味 10
出阁 956
出其光 702
《初学记》 532
除夜 002

厨料 416
滁州 704
楮树 037
《楚词》 166
《楚词注》 447
《楚辞》 360
楚襄王 401
处士 030
川百药煎 797
川椒 507
《传灯录》 258
《传芳略记》 031
《传信方》 148
窗槅 414
创例 546
《春明退朝录》 503
《春秋释例》 143
《春秋元命苞》 431
春膳膏香 388
春消息 754
淳熙 384
淳祐 554
醇醨 428
茈胡 569

索引 | 1047

慈利 867

磁漆盏 802

磁石 849

刺史 035

赐紫 283

《从征记》 348

崔安潜 332

崔寔 429

崔万安 146

崔炜 973

崔贤妃 702

崔允 336

毳车 307

翠尾 108

存性 712

剉 577

D

礎石 692

大朝 962

《大戴礼》 360

大丁香 632

大风 148

大附子 922

大观 424

大黄 611

大家 110

《大明一统志》 007

大秦国 058

大日色 912

大石芎 705

大食水 707

大食勿拔国 058

大食栀子 703

大食栀子花 707

《大唐西域记》 045

大同 393、961

大吴 358

大西洋国 215

大小龙茶 542

大兴善寺 491

大雪 773

大业 423

《大业杂记》 423

岱舆山 357

带胯 045、228

带香 641

带性烧 628

待次 860
待制侍讲 427
戴逵 250
戴延之 413
丹 800
丹丹国 318
丹藁 343
丹阳 171
丹阳秣陵 964
儋崖 006
胆矾 797
淡日 898
淡洋 434
弹子 628
当归 524
当垆 280
当门子 703
珰 209
刀圭第一香 336
盗跖 561
道家 824
道人 831
道州 171
稻糠 821

德庆州 345
灯草 575、898
灯法 453
登流眉 007
《登罗山疏》 386
等差 415
滴乳香 222
狄香 486
《荻楼杂抄》 352
地榆 620
《典略》 185
奠帛 537
铫子 574
丁公美香篆 852
丁缓 959
丁晋公 039
丁皮 608
丁谓 1012
丁香 067
丁香皮 594
丁香枝杖 716
丁枝 907
顶心 804、974
定磁碗 777

定风草 852

定碗 598

定香 256

定州 037

定州公库 840

铤 649

东壁土 900

东都 406

东方朔 317

东阁 701

东阁云头香 289

东宫 948

东莞 022

东海 067

东湖 553

东华软红香土 527

东平李子新 755

《东坡集》 040

《东西洋考》 950

东溪老 684

《东轩笔录》 039

冬青 004

冬青树 659

冬青子 742

冬蛰 045

栋 110

《洞天清录》 540

洞真 694

都昆 179

都昆国 157

都梁县 167

都下 472

都夷香 327

兜娄 892

兜娄婆香 179、240

兜娄香 162、705

兜木香 314

兜纳香 161

豆蔻香 225

豆蔻 097

窦侍中 153

阇婆 476

阇提 564

阇维 255

独活 623

独角仙人 366

《独异记》 462

犊车 490

笃耨 148
笃耨佩香 758
笃耨皮 642
笃耨香 080
杜甫 997
杜蘅 188
杜蘅带屈 544
杜鲁香 057
杜牧 860
杜若 273
《杜阳杂编》 025
杜预 143
杜仲 507
度录 134
度支 273
蠹 004
蠹鱼 167、381
煅醋淬滴赭石 772
煅铅粉黄 887
煅炭 582
敦 975
《敦煌新录》 317
顿逊国 179
《遁斋闲览》 567

多伽罗香 057
多摩罗跋 179
多天香 256
咄鲁瑟剑 150
堕波登国 556

E
莪术 833
峨嵋山 469
鹅梨 007、285
《尔雅》 165
《尔雅翼》 167
珥 146
《二教论》 352
二十二祖摩拏罗 258
二十四炁 846
二十五有 685

F
发囊 722
发未燥 953
法华 245
《法华经》 179
《法华经注》 140

索引 | 1051

《法苑珠林》 059、250
法制 596
番降香 634
番降真香 659
番禺 031、149、290
番栀子 650
燔燎 456
繁缯 326
犯关 122
饭甑 004
范成大 007
范金 588
范石湖 540
范蔚宗 544
方响 056
《方舆胜览》 411
《方舆胜略》 088
方丈 275
方丈山 303
防风 804、959
防风粥 419
放翁 999
飞 573
飞尘 793

飞燕 269、471
飞云履 446
《非烟传》 450
非烟香 700
榧实 107
篚 209
费崇先 961
分字去声 813
芬陀利华 034
《焚椒录》 992
粉壁 045
《风赋》 401
风松石 426
风肿 044
枫肪 506
枫乳香 748
枫香 058
枫香脂 619
枫脂 058
《封禅记》 302
冯盎 026
冯当世 293
冯谧 104
冯小怜 966

冯仲柔 662、671
凤管 311
凤毛金 319
奉宸库 209
俸入 111
佛藏 237
佛打泥 097
《佛灭度后棺敛葬送经》 255
佛泥降真 905
佛桑 564
佛誓国 097
佛图澄 078
缶 209
麸炭 602
凫鸭 452
凫藻炉 966
扶芳 423
扶南 025
扶余国 426
芙蕖 409
芙蕖衣香 763
芙蓉 088
拂林 084
拂林国 160、352
拂手香 650、795
苻蓠 569
茯苓 059
祓除 171
浮木为箭 860
浮萍 598
浮萍草 632
浮石 205
符水 494
烰炭 721
涪阳 460
福邸 414
福庆公主 437
幞头 027
《负暄杂录》 122
咬咀 662、759、907
附子 194、742
阜螽 396
复帐 966
副墨子 443
傅身 789
傅咸 1024
傅玄 1023

傅縡 1026

覆盆子 804

G

甘孛智 523

甘草 579

甘菊 623

甘菊蕊 699

甘麻然 926

甘泉宫 266

甘松蕊 619、630

甘松香 177

橄榄香 220

橄榄汁 661

橄榄脂 894

橄榄子 420

干葛 834

干吕 307

干木瓜 507

高茶 835

高丽 030、370

高启 994

《高僧传》 078

高仙芝 323

《高斋漫录》 505

高宗 502

膏脉 004

膏子香 636

糕糜 836

藁本 194、659

藁本香 201

告身 054

歌曰 628

革沉 004

阁老 535

《格古论》 045

《格古要论》 351

隔火 677

隔火气 690

葛尚书 498

根柢 536

艮岳 365

《艮岳记》 365

耕香 198

耿先生 110

公会 546

公库 704

宫掖 263

恭顺寿香饼 927
姑臧 177
菰蒲 395
古九嫔 1020
古龙涎花子 670
古龙涎香 209
骨咄犀 388
固济 819
挂屏 414
挂香 934
观察使 054
观州倅 350
官法酒 487
官粉 791
官桂 643
莞 569
管仲 264
光和 318
光禄寺 913
光州 114
光宗 289
广安息香 888
广德 868
广东 134

《广东通志》 948
广海 042
广化里 280
广陵 146
广零陵 925
广零陵香 171
广蜜 935
广明 122
广木香 144
广南 148
广南真法 902
广排草 676
广西 134
《广艳异编》 332
广右 008
广与泉 059
《广志》 058
《广州图》 067
广州吴家 779
《广州志》 140
归朝 503
《归田录》 486
归州 346
珪玉 302

《癸辛杂识》 469
《癸辛杂识外集》 293
贵妃 105
贵人 767
桂蠹香 468
《桂海志》 008
《桂海虞衡志》 007
桂林东江 220
桂末 662
桂醑 429
桂烟 531
桧香蜜 382
滚水和 936
郭元振 468
国朝 042
国朝贡唵叭香 233
国初 294
国色 472
《国语》 529
蛤粉 791

H

孩儿香 200
孩儿香茶 836

海北 006
海底珊瑚 13
海国 215
海金砂 816
海獠 031
海棠 378
海盐 554
海晏禅师 258
《海药本草》 134
海隅 329
骇鸡犀 389
含笑 478
韩君平 452
韩朋拱木 102
韩平原 290
韩侍郎 256
韩寿 331
韩司椽 106
韩魏公 482
韩偓 441
韩熙载 127
韩愈 467
韩忠献 722
寒计 537

寒具 437
寒水石 651、757
《汉官典职》 072
《汉官仪》 072
汉光武 321
汉灵帝 328
汉明帝 856
汉武帝 052
《汉武洞冥记》 311
《汉武故事》 266
《汉武内传》 315
《汉武外传》 312
汉中 134
旱莲 709
旱莲草 849
旱莲台 797
菡萏 564
暵 682
翰林 419
《翰林志》 054
翰墨 127
杭粉 944
《好事集》 467
郝伯常 988

诃黎勒香 323
诃陵国 281
诃子 797
合欢殿 399
何尚之 969
何希深 409
《和香序》 544
和州 840
河东 114
河朔 044
河西县 045
河中 122
河中府 213
阖闾 398
贺怀智 105
《鹤林玉露》 248
黑笃耨 649、678
黑角沉 721
黑煤 821
黑石脂 813
黑速 921
黑炭 818
黑甜 13
黑线香 521

黑香 921
黑香饼 932
衡岳 030、722
蘅薇 321
蘅薇水 283
蘅芜香 322
红豆 943
红粉 028
红芙蓉 107
红花淬 812
红葵花 943
红蓝花草 087
红罗 211
虹 325
洪、颜、沈、叶 13
洪册 269
洪刍《香谱》 285
洪驹父 675
《洪谱》 349
洪上座 722
洪武 139
鸿羽 403
侯景 964
后山 998

后山瓣香 1035
后唐 283
后唐明宗 286
后土祠 146
忽鲁谟斯国 204
胡曾 998
胡道洽 393
胡粉 812
胡麻 682
胡麻膏 580
胡瓶 110
胡桃 945
胡宿 998
斛 10、066
鹄 311
湖海 882
湖岭诸州 170
虎兰 569
户牖 411
瓠瓢 080
花光仲仁 722
花距 405
花露 676、920
花面国 522

花蕊夫人 440
花头 902
花脱 637
花叶纸 762
花子 649
花子香 637
华盖香 664
华清温泉汤 275
华戎 302
华亭 553
《华严经》 238
《华夷草木考》 113
《华夷续考》 058、154
华阴县 856
滑石 574、824
化度寺 603
桦桃 454
桦烛香 454
怀干 728
《淮南》 183
褱香 187
蘹香 188
《蘹香赞》 188
桓温 392

桓哲 123
黄沉 004
黄丹 607
黄道日 895
《黄帝》 493
黄帝 302
黄涪翁 485
黄甘菊 667
黄冠缁衣 1032
黄鹤山人 509
黄巾裙 961
黄蜡 772
黄连 509、660
黄连香 660
黄龙 934
黄卢干 940
黄门郎 072
黄山谷 126
黄熟香 004、022、516
黄太史 630
黄太史四香 682
黄檀 846
黄香饼 931
黄亚夫 751

黄衣 810
《黄长睿集》 972
黄脂 927
灰钉 1034
灰水 777
灰煮 666
虺 045
徽宗 055
回纥香附 731
回鹘 520
回回 045
茴香 594
会昌 426
会稽山阴 250
会节 962
晦斋香谱 881
惠能 261
惠骐骥院 538
惠山泉 542
慧忠国师 387
蕙 359、362
火行 008
火浣布 037
火齐 403

火头 800
火玉 426
藿香 179

J

击球 284
鸡翎 574
鸡舌汤 433
鸡舌香 698
鸡头 613、751
鸡头子 629
《鸡跖集》 318
剞劂 13
笄 961
基法师 385
嵇康 115
《稽神录》 146
激箭 395
吉里地闷 045
吉阳 008
极高煮酒 661
《集古录》 542
《集异记》 968
济阴园客 364

继颠 441	夹栈香 672
罽宾 088	甲拆 192
骥 307	甲煎 002
伽毗国 088	甲香 213
伽耶舍多 261	甲帐 324
加减用 620	甲子 856
迦阑木 707	贾超山 325
迦阑香 159	贾充 331
迦算香 179	贾清泉香饼 815
迦业香炉 972	贾思勰 800
挟纩 538	贾天锡 537
浃梅香 728	驾 272
家礼 537	驾头 905
家孽 357	煎令红 772
嘉遁 688	煎香 004、129
嘉靖 212	煎圆 831
《嘉靖闻见录》 042	煎泽草 568
嘉祥寺 250	缣囊 109
嘉兴府 554	拣 719
嘉颖 343	拣甘草 658
嘉州 213	茧栗 004
夹沉栈香 612	茧栗角 006
夹绢袋 767	捡芸香 846
夹马营 287	检校秘书郎 186

简斋 998
《翦胜野闻》 297
见事 538
饯送 305
建昌 390
建宁 594
建武 321、965
建元 307
剑门 045
剑南道 194
《江表传》 494
江茶 901
江淮 044
江黄 911
江陵 392
江泌 965
江南李主 597
《江南异闻录》 109
江湘 171
《江淹集》 530
茳蓠 567
姜黄 524
浆水 580
蒋捷 540

降檀 901
降香 517
降真香 134
绛缯 392
交礼 961
交阯国 105
交趾 007
交州 004
胶煤 127
椒 403
椒房 1018
椒浆 429
椒涂 484
鲛人 205
角 336
角沉 004
绞绡 447
阶下 297
节 040
劫波育 255
结䗩 941
结香 609、926
婕妤 267
羯婆罗香 096

羯婆罗香树 096
解脱知见香 549
《戒德香经》 242
戒香 242
《戒香经》 255
界尺 033
借色 606
巾柿 334
斤 577
金箔 791
《金光明经》 087
金函石匮 334
金简 352
金脚者 707
金晶石 942
金陵 550
《金楼子》 501
《金銮密记》 419
金轮王 437
金毛狗脊 940
金猊玉兔香 937
金人之神 266
金日磾 315
金砂降 885

《金石弄》 689
金丝茅香 907
金丝之帐 471
金粟 607
金屑 107
金颜香 155
金颜牙子 909
金银香 154
金章宗 296
金主 804
锦鞴 1032
锦步障 284
锦城 233
锦灰 821
锦纹大黄 653
锦绣 414
《锦绣万花谷》 272
槿木灰 944
进名 294
晋安 082
《晋东宫旧事》 957
晋公 1013
《晋宫殿名》 185
《晋书》 143

晋熙 114
禁闼 700
禁中 031
缙绅 476
京师 490
荆南 433、481
荆皮 905
《荆州记》 167
精溺 114
井花水 692
景焕 443
净饭王 245
敬宗 027
靖老 735
靖长官 034
九光 312
九和握香 468
九畹 362
九星 144
九真 179
九州山 516
九座山 384
酒蜜水 901
酒香山 425

旧港 154
旧乐府 407
旧龙涎饼 837
《旧相禅学录》 066
拘物头 272
《居家必用》 854
裾 334
（局方） 632
菊 562
咀片 918
举乐 305
龃龉 580
柜邕 483
聚窟州 306
聚香鼎 970
聚香团 430
卷柏 804
卷灰寿带 936
璚林 892
军士 556
《均藻》 525
君迁子 376
钧天 454
筠冲 411

筠州 660

《郡国志》 398

K

《开宝本草》 070

开宝寺塔 295

开成 107

开候 068

开皇 405

龛 297

看果 288

康漕 697

康国 105

康居 075

糠米者 836

《考古图》 957

珂子 209

科生 798

《孔平仲谈苑》 006

枯矾 806

苦参 654

苦练花 673

苦楝 076

苦弥哆 177

库额 289

胯 630

匡胤 287

纩衣 107

矿灰 821

奎章阁 913

葵 188

葵菜 811

葵花 904

昆仑 044

昆仑国 067

昆明池 400

昆明国 002

昆邪王 266

髡 296

L

剌撒国 204

腊茶清 577

腊梅 563

腊日 450

蜡沉 004、037

来鹏 975

癞 115

兰 359
兰操 363
兰秋 1035
兰若 382
兰苏昐蠿 532
兰台 401
兰台石室 185
兰汤 360
兰亭 402
兰香 358
兰烟 532
栏槛 568
榄糖 154
榄油 667、678
榄子香 221
郎苔 921
郎中 605
《瑯嬛记》 319
《老学庵笔记》 382
《老学庵日记》 070
酪 379
《乐善录》 111
雷敩 067
《楞严经》 050

冷腊茶清 755
冷谦 550
狸豆 378
离披 741
梨人 115
梨枣 1038
黎峒 006
黎洞 523
黎母山 006
黎戎国 006
褵 451
篱落 410、676
蠡 213
礼忏 421
《礼图》 183
李白 407
李次公 601
李夫人 052
李辅国 334
李杲 044
李汉 028
李贺 997
李衡公 333
李后主 285

李建勋 040
李璟 284
李廓 997
李琳 1035
李泌 500
李商隐 115
李少君 324
李时珍 044
李苏沙 028
李太白 975
李维桢 10
李先生 13
李孝美 128、444
李珣 067
李元老 731
利州平痾镇 348
沥青 221
栗棘房 019
栗蓬 020
蓠麻 175
历阳公 684
连蝉锦 450
连翘 936
莲花 679

莲花藏香 252
莲花漏 860
莲蕊 765
莲子草 804
廉访 824
廉姜 420
炼蜜 551
炼形 10
楝草 838
楝花 692
良姜 890
良月 867
凉州 177
梁简文 025
《梁书》 965
《梁四公记》 103
梁武帝 024
梁元帝 1020
两府 293
两相 540
辽道宗 992
辽细辛 922
辽州 177
獠人 515

料 690

《列仙传》 135

猎香新谱 917

林氏国 275

林公 051

林龙江 557

林邑 032

临安 045

临安江 553

临高 007

淋池 460

灵宝寺 250

灵壁石 351

灵波殿 400

灵龟之膏 325

灵兰之室 401

灵猫囊 115

灵苗 343

灵物 307

灵犀香 389、698

《灵苑方》 069

铃下马走 538

绫纸 054

零陵 166、170

零陵香 170

零陵叶 921

《岭表异录》 445

《岭外杂记》 205

令公 465

溜山洋国 204

刘贵妃 290

刘绘 990

刘季和 466

刘家河 307

刘梦得 148

刘寔 417

刘向 1018

刘欣期 179

刘恂 445

刘真人 940

刘子翚 986

留夷 166

蕌葂 568

流黄 157

流黄香 059

流螺 213

琉球 134、372

柳棒 773

《柳氏传》 452
柳炭末 886
柳州罗城县 088
柳宗元 467
六入 1027
六天 034
六祖南华 347
《龙藏寺碑》 255
龙池寺 252
龙耳 580
龙宫 352
龙鳞香 678
龙脑香 096
龙朔 401
龙图 860
龙文鼎 974
龙涎香 204、986
《龙须志》 442
龙牙加猊 519
龙枣 569
卢谌《祭法》 967
卢眉娘 477
《卢氏杂记》 332
芦头 144

芦香 940
庐陵 697
庐山 370
炉灰 821
栌子 750
卤 432
陆厥 997
陆探微 689
陆饷 952
陆瑜 997
录事 104
漉 938
露坛 464
鸾 418
罗公远 053
罗汉香 893
罗合榄子 928
罗斛香 086
罗毂 547
罗纨绮绣 471
罗文恭洪先 550
罗衣 556
罗隐 979
罗州 445

《洛阳宫殿簿》 185
洛州 971
落梅妆阁 468
落霞之琴 311
雒阳 413
闾阖 968
吕洞宾 499
履组 270
绿熊席 270
绿洋 005
绿玉博山炉 958
绿云 804
绿芸香 929
绿珠 471

M

麻豆 598
麻黄根 798
麻粒 901
麻缕 724
麻树香 085
麻叶 005
麻逸冻 519
马八儿国 156

马勃 731
《马氏日抄》 339
马蹄香 188、846、905
马通薪 538
马尾筛 603、687
马尾香 057
马希范 027
马牙香 597、846、940
马牙硝 595
马愈 338
马志 067
麦门冬 088
馒头 938
满剌加 434
蔓荆子 804
慢火灰烧 725
芒硝 804
猫竹 944
茅根 196
茅山苍术 922
茅山草 947
茅香 194、580
茅香花 196
茂州 176

懑膺 269
没石子 797
没香树 140
玫瑰 676、922
梅花 067
梅花龙脑 600
梅花脑 650
梅花脑子 641
梅花曲 478
梅腊香 607
梅脑 903
梅蕊香 720
梅溪 860
梅学士询 492
梅英 007
楣栋 407
美洛居 951
幪头 105
猛火油 215
孟昶 440
孟蜀 555
孟养 353
孟知祥 437
孟州 395

迷迭香 165
迷楼 271
蘼芜 170
蘼芜香 363
米寳 453
米豆 602
米泔 620
米粿 357
米脑 636
《米襄阳志林》 356
米饮 146
米元章 356
秘书省 401
密县 373
蜜多罗 245
蜜剂 696
蜜酒 577
蜜梅酒 828
蜜脾 004、610
蜜陀僧 791
《蜜县志》 395
蜜香 140
蜜香纸 143
蜜渍 159

绵滤过 614

绵幂 800

缅甸 524

面膏 171

面花 097

面香药 946

面脂 796

庙朝 209

缙 209

敏真诚国 520

名公 466

《名医别录》 568

明帝 965

明妃 346

《明皇杂录》 275

明堂 024

明驼使 106

明宗 437

楔查 673

楔櫨 979

楔樝 670

《冥祥记》 961

摩勒香 057

摩婆 209

抹罗短咤国 096

茉莉 082

莫诃婆伽 114

秫刺耶山 044

秣罗矩咤国 044

墨娥小录香谱 897

《墨客挥犀》 152、536

《墨谱》 444

《墨庄漫录》 108

牡丹 215

牡丹会 489

牡丹皮 716

牡皮 911

木鳖肉 507

木芙蓉 950

木骨都束国 204

木兰 377

木律 849

木难 206

木芍药 407

木麝 654

木通 946

木犀 377

木香 144、679

木香花 676
木贼草 830
幕 739、976
穆宗 277

N

《南部烟花记》 271
《南番香录》 005
南蕃 644
《南方草木状》 179
南海郡 355
南离位 512
南极真人 885
南康王子琳 965
南没石子 804
南木香 144
南硼砂 731
南平王 963
《南史》 494
南巫里 139
南阳公主 783
南岳夫人 497
《南岳记》 967
《南越志》 004
南粤 022
南中 115
《南州异物志》 088、144
难头、和难龙王 243
喃哎哩 517
楠樟 864
挠 583
脑麝 205
脑子 617
淖 950
《内典》 257
内府 638
内官 035
内侍 763
内苑 768
泥香 173、831
倪云林 040
腻理 205
腻香 215
辇 272
鸟窠禅师 260
《涅槃经》 179
宁王 282

牛僧孺 473

牛髓 802

牛头栴檀 246

牛脂 802

暖阁 414

搦 771

女弟 269

女冠 110

女红 478

O

瓯 213

欧阳纥 393

欧阳公 382

欧阳通 128

欧阳文忠 542

欧阳永叔 109

P

排草 196、922

排草香 197

排草须 920

排香 224、922、925

徘徊花 898

潘谷 293

盘盘 044

判官 433

炰 682

炮 580

裴休 033

佩帨 361

盆硝 842

彭城 166

彭乘 152

彭坑 518

彭蠡 1034

披香殿 399

毗耶离城 435

《埤雅》 058、287

《埤雅广要》 006

脾喜香 1032

脾泄 146

痞满 832

辟尘茄 798

辟尘犀 280

骈盖 460

片脑 607

片麝 921

片速 926

剽国 161

飘风 498

平等料 923

平露金香 322

平蜀 284

枰 105

屏山 999

瓶杓 404

瓶香 198

坡公 546

婆菜 008

婆利国 096

婆律 126

婆律膏 096

婆律国 097

婆律香 096

婆斯国 096

婆陀婆恨 093

菩提色 828

蒲诃散 218

蒲黄 776

朴硝 582

《普达王经》 244

Q

妻斋沉香 039

七里香 375

戚夫人 266

戚里 490

齐桓公 304

《齐民要术》 070

《齐语》 264

齐赵 974

岐伯 401

岐王 471

奇蓝香 227

畦 166

琪楠香 521

棋楠 539

《棋谈》 107

棋子 107、753

旗亭 280

蕲州 114

起居 860

芑舆 165

契丹国 391

千斤草 907

千金草 911

《千金方》 070

《千金月令》熏衣香 784

千张纸 821

铅华之粉 483

铅椠 879

签盖 597

铃辖 290

钱俶 030

钱方义 125

钱塘 606

钱镇州 972

乾符 038

乾陀罗耶香 313

乾元节 486

黔州 405

芡实 482

椠人 533

羌活 623

羌夷 114

蔷薇花 647

蔷薇露 215

蔷薇水 002、664

茄蒂 816

茄荄 817

茄根 813

茄灰 821

郄诜 442

藕车 568

藕车香 165

钦州 007

秦桧 454

秦嘉 461

秦皮 826

秦王俊 407

秦州 114

《琴操》 363

噙 794

青柏 884

青蚨 113

青榈炭 883

青桂香 608

青棘香 248

青缣白绫 072

青黎 206

青鸾 569

青木香 632

青钱 097

青绳 830
青苔 648
青油 802
青云 307
青纸 836
《青州杂记》 032
青州枣 658
轻粉 791
轻素 451
《清波杂志》 970
清茶 595
清江镇 159
清麻油 796
清门 030
《清平调》三章 407
《清赏集》 037
《清赏录》 428
《清暑笔谈》 512
清泰 481
清献 496
清香油 804
清液 796
《清异录》 030
清真香 628

庆历 492
庆元 290
《穷怪录》 343
琼、崖 005
琼佩 530
琼山 007
琼瑶 215
琼卮 647
琼枝 533、828
蚯蚓粪 905
球子 883
区拨 179
屈宋诸君 10
屈膝 036
麯 912
渠那花 564
甋瓽 403
朧仙 928
衢州 492
曲室 586
去柏烟性 938
去仁 619
全州 171
荃 567

泉 022
泉南 009
泉州 1031
却尘之褥 471
《群谈采余》 454

R

热汤 586
热汤化 638
人气 212
壬癸虫 852
仁寿 422
日干 763
日华子 070
日南 221
日南郡 329
日晒夜露 947
日影中映干 824
荣卫 832
揉剂 937
肉荳蔻 146
肉桂 731
乳钵 575
乳香 057

乳香缠 840
乳香缠末 601
乳香树 058
入律 307
入直 960
软笋箨毛 776
软炭 811
软香 770
瑞香花 370
瑞新 860
若圜重规 972
弱水 160
弱水西国 305
弱渊 307

S

撒馣香 234、926
撒马儿罕 088
三班 486
《三宝感通录》 405
三代 860
《三洞珠囊》 144
《三洞珠囊隐诀》 320
三佛齐 021

三公山 850
《三国志》 264
《三国志注》 494
三皇 830
三焦 832
三赖子 769
三泺 005
三昧 229
三名香 384
三柰子 625
三清 412
三色芽茶 424
三神香 850
三危 441
三衅三沐 264
《三余帖》 036
三匀四绝 476
糁 739
桑柴灰 623
搔 773
骚人 363
色正黄 682
僧伽 249
僧伽罗国 246

僧继晓 212
沙盒 720
沙梨 697
纱縠 404
纱枯 899
砂绿 909
砂仁 745
刹竿 057
山矾 533
山阜 283
山谷 483
山谷道人 684
《山海经》 170
《山居四要》 212
山梨 864
山戎 304
山麝 664
山西 019
山阴 961
山枣子 849
山茱萸 067
杉木 820
杉木炭 744
埏土 588

索引

上都 473
上林苑 305
上清、大雄 298
上圣 675
上香偈 1029
《上杂物疏》 963
上真 051
尚方 212
《尚书》 529
尚书郎 002
烧存性 712
烧灰存性 815
韶粉 721
韶脑 666
韶州 346
邵化及 370
邵康节 987
绍圣 546
绍兴乾淳 290
蛇床 363
舍利佛 435
射策第一 442
射檀 910
麝父 114

麝檀 695
麝檀香 692
麝香 114
麝香花 564
麝香壳 935
麝香木 128
麝香肉 703
麝香檀 129、628
什器 503
《神农本经》 568
《神异记》 556
神芝 343
《神州塔寺三宝感应录》 252
（沈） 594
沈阿翘 056
沈彬 474
沈存中 069
沈立 868
《沈谱》 576
沈佺期 998
沈约 991
蜃 325
蜃气楼台 205

蜃脂 454

慎恤胶 274

生地黄 804

生结香 594

生绢 605

生龙脑 111

生麝香 772

生土 611

生香 661

生油 777

牲币 287

绳床 078

省地 831

圣帝 255

圣寿堂 075

胜沉香 045

胜雪 424

《诗》 451

《诗注》 527

施州 134

湿生者 708

湿香 620

十二属 962

十二叶之英 483

十香词 992

十小诗 537

《十州记》 307

石饼 811

石崇 417

石虎 075

石灰 574

石季伦 029

《石林燕语》 289

石绿 776

石塔寺 482

石炭 542

石盐 432

石叶 1032

石叶香 327

石芝 665

石脂 639

实捺 738

拾遗 028

《拾遗记》 029

史凤 415

《史讳录》 276

《史记·龟策列传》 1021

史论 382

始元 460

驶卒 454

世庙 922

《世说》 417

《世说新语》 051

世祖 288

世尊 675

势力 214

《事林》 768

《事略》 535

《事物纪原》 956

侍史 960

侍中 072

《释名》 800

释氏 044

《释氏会要》 238

守亮 333

寿邸 106

寿阳公主 718

（售） 662

售用录 617

《书》 1033

《书记洞筌》 462

叔静 487

殊等 923

《淑清录》 496

疏梅 420

熟麻油 623

熟蜜 601

蜀葵 811

蜀主 782

鼠须栗尾笔 542

薯蓣 140

束香 953

《述异记》 130

数珠 134

水飞 793

水浮印香 848

水精 432

水硷 860

水麝 736

水麝香 121

水松 373

水沃地 395

水仙 563

水秀才 940

水衣 709

水蛭 852

《说文》 087

朔旦 867

司空掾 331

司礼监 948

司马温公 505

司门 290

司天 879

司天主簿 310

丝绦 471

思利毗离芮 513

斯调国 085

四渎 287

四和 670

四季月 886

四时 886

四时祠 967

四香 408

四香亭 409

笥 310

笥箧 586

松 628

《松窗杂录》 447

松花 821

松花蜜 730

《松漠纪闻》 520

松纳衣 905

松蕳 708

松潘 176

松球 868

松须 820

松州 177

嵩山 364

宋高宗 974

宋景公 481

宋清 476

《宋史》 109

宋王贤 961

宋文帝 395

搜和 603

《搜神记》 102

溲 608

苏方木 134

苏恭 058

苏合国 147

苏合香 147

苏合油 148

《苏集》 487

苏老泉 1005
苏门答剌 139
苏内翰 605
苏颂 044
苏韬光 690
苏文忠 228
《苏州日志》 038
苏子瞻 505
酥油 833
窣堵波 253
素琴 461
素馨 216
素馨花 649
速香 517
速栈香 023
塑 937
狻猊 452
酸榴皮 797
酸仁 664
酸枣仁 611
《隋书》 406
隋炀帝 025
随郡 114
岁除 135

岁时 490
孙承佑 111
孙亮 330
孙茂深 689
《孙升谈圃》 006
《孙氏瑞应图》 368
《孙氏谈圃》 192
孙顺 948
孙兴公 463
孙兆 552
孙真人 469
孙仲奇妹 440
孙总监 958
荪 567
梭子 004
缩砂 832
《琐碎录》 082

T
塌乳香 742
踏炉 815
胎发 849
台中 960
太和 122

太康 143

太平公主 028

《太平广记》 973

《太平御览》 153

太清 304

太清宫 382

太膳白酒麴 912

太上 209

太守 123

太尉 152

太学 006

太液池 317

太一宫 635

太乙 456

太真 694

《谈苑》 115

谈紫霄 475

潭 722

檀 044

檀那 491

檀香 044

檀越 250

饧 306

饧片 228

唐昌观 473

《唐纪》 028

唐室 437

《唐书》 334

《唐书南蛮传》 513

唐肃宗 334

唐太宗 026

《唐太宗实录》 272

唐晅 331

唐玄宗 053、104

唐昭宗 336

堂 272

棠梨 058

陶谷 032

陶翰林 032

陶弘景 114

《陶家瓶余事》 444

陶隐居 497

陶仲文 212

特迦香 338

特遏香 160

藤实杯 439

提督军门 952

缇室 206

《天宝遗事》 053
天蚕丝 338
天都 481
天方 411
天妃宫 307
天福 035
天花 704
天监 346
天历 867
天门山 431
天目山 321
天人玉女 329
天台山 368
天禧寺 297
《天游别集》 039
天真 695
天竺 058
天竺教 282
田宗显 405
甜参 621
甜瓜 912
填金 923
贴 724
贴水荷叶 849

铁面马牙香 846
铁皮 940
《铁围山丛谈》 209
铁淬 209
汀州 191
通天犀角 389
《通志》 273
《通志·草木略》 568
同昌公主 280
同光 057
《同声歌》 486
头风 623
头高秤 840
头青 821
透关 115
荼矩么 087
荼蘼 562
酴醾 215
酴醾香 750
土白芷 769
土草香 842
土花 905
土黄 821
土续断 568

团茶 424
推官 614
《陀罗尼经》 243

W

瓦 586
瓦官寺 463
瓦棺 555
瓦花 947
瓦上松花 507
瓦矢实 518
瓦松 709
外库 305
外邪 152
宛 439
皖山石乳香 059
万安 006
万安军 007
万佛山 278
万佛山香 518
万岁枣木香 372
王安石 175
《王百谷集》 548
王博文 505
王大世 030
王敦 417
王将明 639
王晋卿 527
王蒙 509
王母 312
王审知 412
王十朋 562
王文正 152
王衍 284
王琰 961
王沂孙 1006
王易度 322
王柷 294
王右军 402
王元宝 410
《王子年拾遗记》 303
王子乔 528
忘忧之草 357
望春花 907
葳蕤 368
微行 276
韦丹尚书 447
韦温 484

韦武 484
韦应物 997
韦庄 1008
帏中香 602
帷幄 265
帷帐 462
维摩诘 435
《维摩诘经》 435
维扬 10
卫国 333
卫州 835
未化石灰 820
猬皮 020
魏道辅 483
《魏略》 087
《魏王花木志》 140
魏文帝 165
魏武 074
温麐 385
温室 403
温庭筠 468
温子皮 564、830
榅桲 724
文柏 028

文车 327
文登 057
文莱国 952
文石 349
文武火 573
文绣 403
文燕香炉 970
文英香 692
文徵明 995
文州 114
闻思香 485、673
闻思修 485
倭草 918
倭筯 589
猧子 105
沃汤 682
握君 441
乌爹国 200
乌笃耨 777
乌浒国 198
乌里香 225
乌梅 725
乌梅肉 780
乌茶国 104

乌香 521
乌香末 719
《无生论》 259
无石者 794
吴恭顺寿字香饼 234
吴顾道侍郎 744
吴会 494
吴监税 290
吴筠 998
吴郡 423
吴门 561
《吴时外国传》 157
吴侍中 654
吴兴 474
吴隐之 039
吴元济 056
吴越王 111
吴正仲 868
吴荣荑 507
梧桐子 643
五倍子 797
《五车韵瑞》 347
五臭 1034
《五代史》 412
五更印刻 866
五季 972
五灵脂 205
五七十 577
《五色线》 074
五香 144
五羊 418
五夜香刻 860
《五杂俎》 160
午正 865
（武） 601
武伯英 350
武冈州 171
《武林旧事》 502
武平 179
武宗 279
《物类相感志》 342
《物理论》 149

X

西番 233
西海 097
《西京杂记》 269
西戎 157

西施 265

《西使记》 391

西香附子 748

西小湖 038

西洋 929

《西域传》 075、148、155

西园贵人 963

《西征记》 413

西主贵妃金香 289

郗嘉宾 250

《奚囊橘柚》 325

粞脑 907

犀槌 056

锡盒 652

锡灰 942

锡兰山国 204

溪峒 045

溪洞 121

《溪蛮丛话》 134

熙宁 109

僖宗 122

熹平 328

歙匠朱逢 127

习凿齿 392

袭人 216

檄 948

洗面散 803

洗面汤 946

细艾 163

细茶 837

细墨 814

细辛 762

霞衣 963

下降 437

下帷 687

《下帷短牒》 346

《夏诗》 547

夏五 1035

夏月 080

《仙佛奇踪》 196

仙公 498

《仙公起居注》 499

仙萸 699

暹罗 045

《闲窗括异志》 553

咸通 280

咸阳山 096

涎 213
涎沫 204
显德 034
线香 890
《相感志》 102
相国寺 483
相思子 102
香白芷 632、759
香秉 547
香饼 542、810
香茶 834
香槎 057
香枨 670
香城 352
香爨 769
香范 589
香霏亭 378
香附子 194、199
香环 649
香灰 820
香积如来 435
香狸 391
香奁 215、440
《香录》 019

香露 343
香螺厴 269
香猫 391
香煤 816
香墨 760
香盘 587
香皮纸 445
香蒲 821
香球 490、959
香茸 191
香山 345
香山澳 948
《香史》 583
香鼠 394
香说 1018
香脱 598
香象 387
香象渡河 387
香药 831
香药纲 614
香药库 289
香缨 451
香泽 070
香祖 359

厢 272
湘东军 965
湘之源 171
襄国 078
《襄阳记》 465
祥符 294
响犀 056
响屧廊 398
象藏 238
象床 029
肖梅韵香 727
萧后 992
萧撝 549
萧总 343
硝 584、756、883
硝石 608
藕 567
小饼 634
小珰 296
小鬟 490
小龙 682
《小名录》 448
《小品》 463
小钱 824

小油 835
笑兰香 730
谢遏 448
谢无逸 1008
谢希深 1008
谢玄晖 273
媟服 404
緤 094
薤根 612
獬豸 586
蟹爪文 045
心红 771
心子红 777
心字香 540
辛押陀罗 705
辛夷 676
（新） 626
新安国寺 282
新都 353
新罗国 518
新岁 243
《新岁经》 243
馨烈侯 414
《星槎胜览》 045

星池 342
腥渍 587
行商坐贾 546
行香 294
《行营杂录》 295
邢太尉 637
兴古 179
兴庆宫 275
杏仁 717
芎藭 257
芎须 623
熊朋来 1034
休屠王 266
修合 856
修禊 402
须萨析罗婆香 223
徐昌图 1008
徐锴 175
徐渭 995
徐铉 480
徐渊子 1038
徐爱《家仪》 968
许昌 167
许慎 087

许远游 329
许真君 195
《叙闻录》 468
《续博物志》 006
《续江氏传》 393
《续世说》 027
《续搜神记》 123
《续仙传》 380
《续玄怪录》 125
《续韵府》 126
婿 501
宣城 415
宣和 293、424
宣和贵妃王氏 617
宣炉 589
宣庙 918
宣润 860
宣事 537
《宣室志》 426
《宣武盛事》 411
宣阳门 127
宣政 289
宣州 054
宣宗 279

玄参 551、601

玄解 277

玄脯 322

玄色 922

《玄山记》 479

玄台香 200

玄珠 460

旋 596

旋波 471

旋旋 577

璇玑 879

薛稷 528

薛灵芸 327

薛玄卿 975

薛昭蕴 1008

穴壶为漏 860

雪梨膏 638

雪梨汁制 838

雪中春信 752

血结 923

勋珰夷贾 953

熏花 905

熏笼 500

熏炉 960

熏陆 058

熏佩 757

窨 551、943

薰 171

熏陆香 057

薰香 890

旬日 122

寻 316

巡筵 709

荀令 759

荀令君 466

荀卿氏 1018

荀彧 465

噀湿 828

Y

鸦鬓 561

牙侩 337

牙香筹 450

牙硝 617

牙子者 770

芽茶 766

崖州 002

徛香 487

雅蒿 183
亚湿香 158
亚四和 678
亚息香 775
亚悉香 293、705
砑 282
砑金 035
胭脂木 479
延安郡公 613
延和 307
《言行录》 495
岩桂 388
岩桂花 739
炎帝 343
《炎徼纪闻》 515
《研北杂志》 457
盐梅 674
盐泥 819
阎资钦 819
《颜史》 589
颜氏香史序 1032
颜籀 192
厣 213
晏公 452

晏驾 437
宴戏 404
焰硝 629
燕都 233
燕济 856
燕肃 860
《燕翼贻谋录》 294
《燕语》 10
燕昭王 303
扬州 430
《扬州事迹》 430
羊胫骨 904
羊胫骨炭 697
羊胫炭 687
羊桃 076
《羊头山记》 075
阳时 864
《杨妃外传》 106
杨孚 088
杨国忠 106
杨吉老 640
杨景猷 970
杨收 054、332
杨素 406

杨廷秀 987
《炀帝开河记》 271
摇光 471
瑶林琼树 473
瑶英胜 702
耶律乙辛 992
野人 481
野苏 868
野悉蜜香 219
野蕻 849
《叶谱》 418
叶廷珪 005
邺 075
《邺侯外传》 500
《邺中记》 966
一伏时 551
一国香 253
一捻 728
一升 577
一石 428
《一统志》 023
一饷 796
一炷 480
一字 602

伊蒲之供 247
衣袂 216
衣笥 768
饴 076
遗芳梦 322
谿门 289
彝 974
以蕙为熏 544
以椒为涂 544
以身为供养 974
旖旎 008
旖旎山 030
《义方训》 1030
义阳 114
艺林 13
艺祖 296
《异物志》 225
《异苑》 035
易出脱 840
驿使 287
《益部谈资》 233
《益期笺》 059
益智仁 768
益州 114

裛 744
裛衣 177
裛衣香 766
意和香 537
阴德 546
阴时 865
茵墀香 328
茵褥 417
殷七七 380
银器 610
银石铫 771
银丝冰茶 424
银夏 569
银叶 586
银朱 770
银硃 936
银字筝调 540
饮香亭 414
印花饼 748
印香 194
印枕顶式 923
英粉 789
英州 109
婴香 482、613

婴蒬 149
罂 589
鹰条 791
《桯史》 031
瀛洲 275
颍滨 1005
颍州 419
颖楮 299
影娥池 374
邕州 121
雍州 114
永昌 140
永徽 037、252
永嘉 409
永乐 307
永隆 297
永明寿公 259
永顺 134
永兴县 394
永州 171
幽兰 568
油单纸 731
油煎赤 641
油瓦 075

油纸 566
莸 191
有熊氏 860
《酉阳杂俎》 053
右司命君 322
于吉 494
于阗 368
盂 327
鱼朝恩 334
鱼英酒酸 032
鱼子笺 445
羿 282
渔蓑 020
渝州 366
《渝州图经》 366
瑜石珷玞 404
榆面 920
榆末 922
《虞衡志》 135
与乐 244
《语林》 333
玉版 742
玉池国 501
玉牒 352

玉衡 429
玉垒山 443
玉门之枣 312
《玉茗堂集》 548
玉钱 618
玉蕤 467
玉蕊花 473
玉蕊香 695
《玉堂闲话》 045
《玉堂杂记》 427
芋魁 112
郁邑 087
郁金 045、087、700、721、724、754、766
郁金屋 413
郁金香 087、088
《郁离子》 547
郁林 130
郁林郡 087
《浴佛功德经》 257
御爱 763
御蝉香 371
御带 290、690
御物 963

御香 287
御衣 918
豫章 123
鬻香长者 238
鸢 386
元城先生 504
元帝 317
元封 315
元和 473
元嘉 395
元若虚总管 703
《元遗山集》 350
元祐 295
元裕之 1006
元载 410
元宗 444
员峤 342
袁象先 492
《援神契》 456
远条馆 470
远游冠 963
远志 856
苑令 414
月氏 153

月桂子 378
《月令》 429
月支 307
岳阳 425
阅古堂 290
越邻香 930
越王鸟 386
越州 250
云锦 312
云龛居士 589
《云林遗事》 041
《云林异景志》 480
《云麓漫钞》 537
云母 096
云南 134
云头香 701
《云烟过眼录》 037
云篆 900
芸香 183
韫秀 470
韵度 743
《韵府群玉》 555
蕴藉 007

Z

簪组 561
攒香 918
《藻林》 532
皂儿灰 780
皂儿白 598
皂儿膏 639
皂儿胶 645
皂儿仁 636
皂儿水 636
皂纱 739
皂子 605
皂子胶 641
泽香 243
箦 566
缯 285
甑 663
剳 948
札 492
翟仲仁运使 780
旃檀 044
《旃檀树经》 242
旃檀香 613
詹糖香 082
詹天游 1007
薝卜 478、562
薝蔔香 756
薝葡 289
占城 005
占腊沉 650
占香 159
栈 515
栈香 004
张邦基 482
张伯雨 457
张道陵 321
张德远 842
张功甫 489
张衡 486
张吉甫 985
张骞 439
张建 1021
张俊 502
张全真 842
张三丰 042
张受益 074
张说 466
张天锡 379

张香桥 352
张遇 296
张质夫 546
张仲谋 537
章台柳 451
章子厚 10
长秋 969
长兴 437
昭帝 460
昭君 346
昭君村 346
昭明太子 1026
昭王 304
昭阳殿 269
昭仪 269
爪哇 045
爪哇国 386
赵后 267
《赵后外传》 267
赵破奴 317
赵清献 495
赵清献公 601
赵松雪 975
赵州 066

肇庆新兴县 140
浙东 107
蔗浆 928
着肉干 898
贞观 272
贞明 457
贞元 973
针砂 810
《真诰》 497
真腊 005
《真腊记》 134
真陵山 428
真麝 750
真香茗 369
真宗 152
枕顶 922
镇官阶 962
镇江 171
镇犀 479
《征文玉井》 466
蒸坏 830
蒸三溜 597
正旦 505
《证治准绳》 552

郑旦 418
郑和 516
郑康成 483
郑文宝 006
郑玄 087
郑注 122
支道林 463
支法存 035
芝冈 967
芝菌 004
枝柯 228
知府 690
知泉州军州事 1031
栀子 564
脂粉 561
脂胶 204
脂萧 544
蜘蛛香 176
职方 206
职事 1031
踯躅花 804
纸灯 819
纸灰 821
纸钱灰 904

至元 156
至正辛卯 509
志公 965
制沉香 579
制茅香 901
制檀香 577
《炙毂子》 439
智感禅师 261
智积 252
智药 346
智月 646
雉鸡 023
中贵 276
中国 040
中使 295
中侍 297
中书令 465
中台山谷 114
中庭 165
中兴复古香 289
中州 007、215
《中宗朝宗纪》 484
忠懿钱尚甫 503
终南 248

钟火山 367
种松成鳞 953
冢宰 956
仲春 183、868
众香国 10、356
重迦罗 045
重明枕 446
重汤 582
州治 409
周必大 427
周公谨 037
周江左 10
《周礼》 388
周美成 1008
《周秦行记》 473
周祖 288
朱波 513
朱矾 479
朱府 446
朱红 821
朱宽 372
朱陵 320
朱砂 598
朱万初 506

朱文公 569
朱崖郡 354
朱紫 250
珠幌 418
《诸番记》 336
诸葛亮 074
诸国 179
铢 697
猪胆 797
竹篦 911
竹步国 204
竹纸 682
竺法深 463
竺法真 386
逐旋 585
主簿 466
主藏吏 454
《渚宫故事》 392
煮酒蜡 649
煮香 945
注漏子香 647
驻颜膏 450
炷 597
炷香 350、934

祝融 1038
箸 588
《传》 1033
篆香 414
庄公 264
拙贝罗 075
《卓氏藻林》 531
卓文君 348
资善堂 842
缁庐 1032
子韦 481
子休氏 298
子由 983
梓人 1038
梓州 860
紫背浮萍 709
紫草 772
紫宸殿 452
紫粉 793
紫矿 711
紫润降真香 658
紫述香 087
紫檀 050、606、640

紫檀香 045、610
紫藤香 633、737
紫心者 676
《自警编》 504
字香 491
渍晬时 682
宗楚客 028
宗少文 688
宗奭 058
总管 290
驺虞 275
足纨 806
俎 192
祖法儿国 058
祖钦仁 186
祖述 226
《纂异记》 528
《左传》 530
佐法儿国 204
作剂 606
作祟 538
作一炷 616